增材智造混凝土结构

孙晓燕　王海龙　藺喜强　著

中国建筑工业出版社

图书在版编目（CIP）数据

增材智造混凝土结构/孙晓燕，王海龙，蔺喜强著
．—北京：中国建筑工业出版社，2022.12（2024.5 重印）
ISBN 978-7-112-27983-8

Ⅰ.①增… Ⅱ.①孙…②王…③蔺… Ⅲ.①混凝土结构 Ⅳ.①TU37

中国版本图书馆 CIP 数据核字（2022）第 176710 号

本书是关于增材智造混凝土结构的首部著作，系统介绍了增材智造混凝土材料及打印建造技术的发展现状，增材智造混凝土材料的配合比优化设计方法，打印成型混凝土的微细观结构，打印混凝土的工作性能、宏观力学性能及耐久性能，多种配筋增强打印混凝土技术，微筋增强、柔性筋材与刚性筋材增强打印混凝土结构构件的基本性能，提出了打印混凝土结构基本构件的承载性能计算方法，为混凝土增材智造结构设计、施工及管理提供了科学依据。通过作者团队相关研究成果的工程应用阐释了相关技术的可靠性，为增材智造技术的工程推广提供了范例。

本书有助于科研与工程技术人员了解、学习和掌握增材智能建造技术及设计分析方法，可供土木、水利等领域从事智能建造理论、技术、方法研究的科研工作者和工程技术人员阅读，亦可作为高等院校教师、研究生以及高年级本科生教学参考。

责任编辑：徐仲莉　王砾瑶
责任校对：张惠雯

增材智造混凝土结构
孙晓燕　王海龙　蔺喜强　著
*
中国建筑工业出版社出版、发行（北京海淀三里河路 9 号）
各地新华书店、建筑书店经销
北京科地亚盟排版公司制版
建工社（河北）印刷有限公司印刷
*
开本：787 毫米×1092 毫米　1/16　印张：22¼　字数：550 千字
2023 年 2 月第一版　2024 年 5 月第三次印刷
定价：**96.00** 元
ISBN 978-7-112-27983-8
（40126）

前　言

中国工程科技发展研究表明：中国将成为传统工程领域科技创新最重要的战场，信息化、智能化将是带动传统产业升级和基础设施建设工业化的最佳抓手。随着智能制造为主导的工业 4.0 的兴起，必将使得土木工程基础设施智能建造成为国家的重要战略方向之一。目前，我国正在积极探索智慧基础设施、智能建造的实现方法。作为“具有工业革命意义的制造技术”，3D 打印以增材制造为理念，是数字化、机械化和信息化高度交叉融合的一种智能技术，在土木工程建设中推广应用无疑会促进工程建设的智能化水平。

3D 打印混凝土增材制造技术实现了混凝土工程的免模施工、数字建造与信息控制，然而由于逐层打印、堆积成型的技术特点，使得打印成型混凝土的性能与浇筑成型混凝土迥异。3D 打印混凝土破坏形态常带有显著的脆性特征，无筋空间建造还无法满足现代结构建造与安全性、适用性需求，因此探寻与增材制造兼容的配筋方式，揭示配筋构件的破坏模式和性能变化规律，并建立配筋 3D 打印混凝土结构构件的承载能力计算方法，对推动此新型增材智造技术的推广应用有着重要的意义。因此，本书系统阐释增材智造混凝土材料的配合比设计、微细观结构和宏观力学性能及耐久性能，基于多种配筋增强技术提出打印混凝土结构基本构件的承载性能计算方法，为混凝土增材智造结构设计、建造及管理提供了科学依据。

本书共 9 章，介绍了近 8 年来作者团队在混凝土增材智造方面的部分研究成果。第 1 章梳理了建筑结构的建造发展历程，对增材建造混凝土材料与结构的研究进展和应用现状进行总结与讨论，由王海龙、孙晓燕执笔。第 2 章介绍了 3D 打印混凝土的配合比优化方法、3D 打印混凝土的力学性能与耐久性能、打印混凝土微细观结构与材料性能的映射关系、打印参数和打印工艺对混凝土力学性能的影响规律，以及各类特种增材建造混凝土材料，由孙晓燕、王海龙执笔。第 3 章揭示了打印混凝土中界面与孔隙的空间分布规律，对打印混凝土界面参数进行了统计分析，研究了打印层条界面对混凝土力学性能的影响，并建立了打印混凝土的受拉、受压与剪切本构模型，由王海龙、孙晓燕执笔。第 4 章介绍了微筋增强混凝土技术，展示了微筋增强混凝土的抗拉、抗弯与抗剪性能，并提出了抗拉、抗弯与抗剪承载力计算模型，由孙晓燕、王海龙执笔。第 5 章介绍了 3D 打印混凝土的配筋增强技术，以及柔性钢丝绳和刚性筋材与打印混凝土的粘结性能，由孙晓燕、王海龙执笔。第 6 章介绍了 3D 打印永久模板-钢筋混凝土叠合梁受弯性能、受剪性能，与叠合柱的受压性能，由王海龙、孙晓燕执笔；介绍了 3D 打印永久模板-钢筋混凝土叠合墙的受力性能，由蔺喜强、张涛、霍亮、王海龙执笔。第 7 章介绍了柔性配筋增强 3D 打印混凝土梁与混凝土拱式构件的受力性能及承载力计算方法，由孙晓燕、王海龙执笔。第 8 章介绍了 BFRP 筋增强 3D 打印混凝土梁式构件的抗弯与抗剪性能、装配式钢筋增强打印混凝土技术以及钢筋增强 3D 打印混凝土柱受压性能，由孙晓燕、王海龙执笔。第 9 章介绍了混凝土增材智造技术的工程应用情况及该技术的发展趋势，由蔺喜强、张涛、霍亮、王海龙执笔。

本书的研究工作得到了国家自然科学基金“面向智能建造的3D打印混凝土配筋结构基本性能与设计方法（52079123）”“面向水下智能建造的3D打印混凝土材料与结构关键技术研究（52279141）”，浙江省重点研发计划“智能建造新型增材制造技术研究及应用——面向工程建设智能建造的3D打印装备、材料与建造一体化技术（2021C01022）”，浙江省“尖兵”“领雁”研发攻关计划（2022C04005，2023C01154），山西浙大新材料与化工研究院资助项目，浙江大学平衡建筑研究中心科研计划等科技项目的大力支持。在长期的研究过程中，浙江大学智能建造研究团队的邹道勤、田冠飞、汪群、高君峰、高超、陈杰、陈龙、叶柏兴、张静、徐飞、沈俊逸等老师和研究生为该方向研究付出了辛勤的工作并做出了自己的贡献。赵聪、吴振楠、范大章、赵嘉威等研究生协助完成了本书相关章节的编排。在此一并表示感谢！

鉴于混凝土增材智造是一个涉及多学科交叉的复杂问题，书中难免存在疏漏和不足之处，敬请读者予以批评指正。

2022年8月于求是园

目　录

第1章 绪　论

1.1　混凝土结构建造技术的发展

1.1.1　建筑结构建造发展历程

建筑结构是人类改造自然的主要工业产品之一，与社会发展、制造水平息息相关。人类社会长期处在刀耕火种，生产力极其低下的原始农业模式，最初的主要建筑材料为天然木材、天然纤维、天然黏土、天然石材，建筑结构为采用人力和简单器械制作完成的木骨泥屋、天然砌体结构等形式。人类在公元前2668年建造了高度达146.59m的巨石砌体结构金字塔，公元前2600年建造了巨石阵，公元前1800年建造了长达183m的多跨木桥，公元前221年修建了6700km的长城，公元617年建造的跨径为37m的石拱桥至今仍然结构完整，这些建筑被视为当时人类依靠自然能源进行工程建造的技术巅峰。随着认知的进化和制造能力的提升，人类使用和制造的工具由旧石器、中石器、新石器、青铜器、铁器不断演进。建筑材料也由天然材料进入人工砖材、加工石材的砌体结构建造时期。由于砖材需要烧制，石材需要切割，材料能耗、建造速率导致建筑结构形式有所局限，发展缓慢。

18世纪中叶，手工业领域中飞梭和纺纱机的发明[1]引发了技术革新的连锁反应，揭开了人类社会第一次工业革命的序幕。随着机器生产越来越多，原有自然能源，如人、畜、风、水等无法满足发展需要。1785年，蒸汽机的发明是第一次工业革命的标志，推动人类社会进入以煤炭和石油为主要能源、以机械化为主要特征的“蒸汽时代”（1760-1860）。制造模式发生本质变化，工厂制代替了手工工场，机器代替了手工劳动，推进了各个工业领域的发展。1779年，世界上第一座生铁桥梁在英国建造完成，跨径30.7m。1824年，波特兰水泥的发明实现了常温下硬化成型建筑材料的制作。1851年，以金属材料和玻璃材料建造的温室结构成为建筑向工业化、机械化发展的里程碑。1860年，成本低廉的Bessemer转炉炼钢技术使钢铁工业化生产成为可能，建筑材料制造技术日益成熟。

1866年，以发电机、电动机的发明[2]为特征的第二次工业革命推动电力工业和电器制造业迅速发展，人类社会跨入“电气时代”（1860-1950）。机械设备在建筑行业的使用极大地解放了劳动力，这一阶段劳动生产率大幅度提高，生产成本大幅降低，促进形成现代钢铁一体化制作技术，推动了工程建造飞速发展。钢筋混凝土楼板、构件相继出现，使建筑结构具有更丰富的造型能力，更大的空间跨越和更高的建造效率，为现代混凝土结构的诞生奠定了基础。钢筋混凝土结构的材料制作、建造工艺和施工方式形成技术和行业标准，被视为传统建筑结构与现代建筑结构的分水岭。1886年预应力张拉钢筋的混凝土楼板的技术专利出现。1889 年突破人类历史建造高度的埃菲尔铁塔（324m）建成，突破结构建造跨度的机械馆（115m）建成标志着结构建造由人力时代经蒸汽机械时代进入电气机械时代。1939 年，工程建造形成有效的预应力张拉、锚固技术，人类社会建筑结构形式从土木结构、砌体结构，向钢筋混凝土结构、预应力钢筋混凝土结构逐渐演变。

从 20 世纪四五十年代开始，以计算机及信息技术[3]为代表，原子能、航天技术和材料合成、生物和遗传工程等高新技术引发了“第三次工业革命”，引导人类社会进入“自动化时代”。1946 年，人类发明第一代电子管计算机。机械化设备上采用了各种高精度的导向、定位、进给、调整、检测、视觉系统，保证产品装配生产高精度，产品制造周期缩短，推进制造业转型。始于 1946 年的微机绘图程序 CAD 技术不断完善，已经取代了传统绘图工具。始于 1965 年的有限元分析系统不断完善，1979 年形成线性结构静、动力分析程序，开启了在汽车、航空、机械、材料、建筑等行业的广泛应用。建筑结构设计、结构计算从人工绘图，数学力学公式推导进入计算机辅助设计和有限元数值分析；建筑结构的材料制作和施工建造由工业加工进一步向精细化、数字化、装配化发展。以计算机辅助设计和计算为基础，预应力钢筋混凝土结构和钢结构建造技术在第三次工业革命中逐渐形成技术标准和施工工艺，建造出被视为人类社会技术挑战最高的大型工业制造产品：一座座摩天大楼（最高 828m）和跨海大桥（最长 165km），成为现代工业社会生产力的象征（图 1-1）。

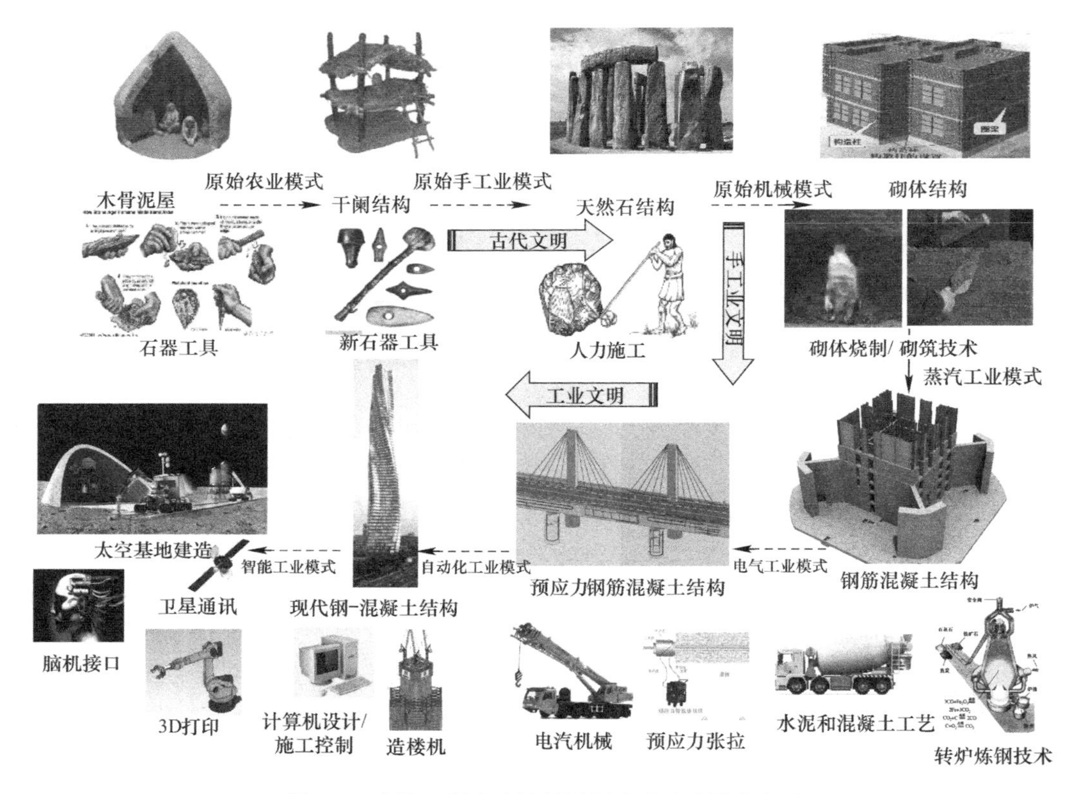

图 1-1　建筑工程建造随材料制造及建造技术发展

建筑工程建造技术发展循序渐进，经历了机械化建造、数字化建造和信息化建造三大发展阶段，当前处于第三次工业革命到第四次工业革命的过渡期。随着计算机数字建模、机电控制技术、信息技术与材料与化学等诸多领域的技术发展，以人工智能、数据分析、3D技术、网络通信为核心技术，以“智能化”为主要特征的第四次工业革命[4]已蓄势待发，必将对建筑材料的制作、工程结构的设计与建造产生冲击与促进，将建筑结构建造从人工化、机械化、自动化引入智能化结构建造时代。

智能建造是工程建造的高级阶段，通过信息技术与建造技术的深度融合以及智能技术的不断更新应用，基于大数据进行数字设计、增材智能建造和结构智能管理维护，达到建筑结构智能建造维管模式的根本性变革。

1.1.2 建筑材料制造技术及其发展趋势

随着工业技术的进步和计算机科学的发展，材料制造发展经历了等材制造、减材制造、增材制造三个阶段。等材制造[5]，是指通过铸、锻、焊等方式生产制造产品，材料重量基本不变，已有3000多年的历史。减材制造[6]，是指在工业革命后，使用车、铣、刨、磨等设备对材料进行切削加工，以达到设计形状，已有300多年的历史。增材制造[7]（Additive Manufacturing，AM）技术是伴随着第三次工业革命浪潮发展起来的新型材料制造技术，采用逐渐累加的方法制造实体，相对于传统的材料去除-切削加工技术，是一种“自下而上、积少成多”的制造方法。以数字模型文件为基础[8]，通过软件与数控系统将专用的金属材料、非金属材料以及医用生物材料，按照挤压、烧结、熔融、光固化、喷射等方式逐层堆积，制造产品，融合了计算机辅助设计、材料加工与成形技术，是现代制造技术的新兴技术和发展方向。

建筑材料的制作和使用与工业技术水平息息相关，人类原始农耕模式阶段的建筑材料为黏土加工制作的砌块，在掌握了石器工具的制作和火的使用技术之后，烧制砖材和切割木材成为人类建造主体材料。随着技术的不断进步，对金属的冶炼促进了建筑材料制造的发展，切割石材和空心砖砌体、陶瓷砖砌体逐渐进入建筑材料领域，为原始手工业和原始机械生产模式下大型工程建造提供支撑。在第一次工业革命之前，建筑材料以等材制造的各类砌体和减材制造的木材、石材为主。波特兰水泥的出现和金属冶炼技术的工业化发展，以及工业玻璃加工技术的提升，成为现代建筑材料更新换代的标志性特征。随着工业革命的发生和推进，蒸汽机和电气机械将钢材加工产业化，减材制造的高强钢材和等材制造的浇筑混凝土组合成为现代世界最为广泛应用的结构形式。增材制造技术随着第三次工业革命的出现，将钢材与混凝土分别从减材制造和等材制造导引进入增材制造方式，焕发了新的技术生命力，改变工程建造升级成为智能建造生产模式，如图1-2所示。

工业制造经历了5个阶段：机械化、电气化、自动化、智能化到最后的智慧化。这也就是所谓的从工业1.0到工业5.0。智能建造由基于BIM技术、云计算技术的数字化策划、机器人操作、基于大数据技术的系统化管理和网络化控制组成，满足以下条件：信息化驱动；互联网传输；数字化设计；机械化施工。

1.1.2.1 3D打印增材制造成型工艺及其发展

3D打印是一种伴随着第四次工业革命浪潮发展起来的新型增材制造技术，被誉为“第四次工业革命最具标志性的生产工具”。作为数字化智能建造技术，3D打印通过软件与数控系统将金属或非金属材料以挤压、烧结、光固化、熔融、喷射等形式逐层堆叠成型。凭借其机械化程度高、节约材料、提高生产效率等优势，迅速成为一种全新的制造方式，在航空航天、生物医疗、轨道交通、智能建造等战略领域均展示出巨大的技术优势以及广阔的应用前景，也引领土木工程基础设施智能建造成为国家重要战略方向。积极规划和探索智慧基础设施、智能建造等概念及其实现方法，推动绿色化建造的发展，不仅可以解决目前土木工程行业面临的劳动力不足、机械程度低、模板支护费工费时等一系列困境和难题，还可以为现代工业化建造和建设工程艺术化建造提供有力的支撑（图 1-2）。

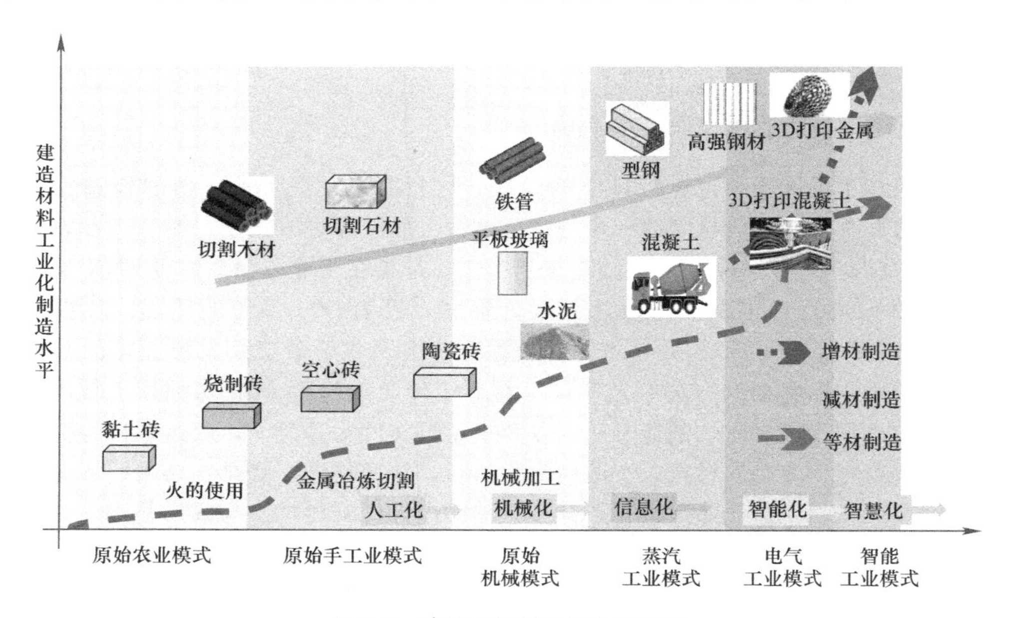

图 1-2　建筑材料制造技术的发展

至今为止，3D 打印技术主要经历了三个发展阶段[9]，基本上每十年有一个质的飞跃。第一个阶段是 20 世纪 80 年代后期至 90 年代初期，第一台商用 3D 打印机问世，打印技术处于初级阶段，只能使用塑料类材料，打印速度、精度和质量水平有限，仅适用于制造小型构件。因此，当时 3D 打印技术多出现在艺术、工业设计、服装、建筑等领域，被用于制作设计原型或概念模型。和传统工艺相比，3D 打印的原型制作速度快，设计变更成本较低，设计师可以更轻松地测试不同的产品版本，根据客户反馈及时修改方案，缩短设计时间。

第二个阶段是 20 世纪 90 年代后半期，塑料不再是 3D 打印的唯一原材料，新型打印机的出现使金属合金和耐高温聚合物加入这一行列，大大丰富了 3D 打印原型制作的种类。更关键的是，3D 打印可以制作金属模具，用于取代传统制造技术中所需的造价高昂、工艺复杂、耗时冗长的定制模具。3D 打印技术不仅可以在几个小时内完成之前数周的模具制造量，而且制作过程中的废料量较之传统工艺下降了 40%，其中 95%-98%的废料都可以回收利用[10]。由此节约了大量的时间成本和材料成本。

21 世纪开始，3D 打印技术迈入了第三个阶段。随着材料和设备的不断改进，3D 打印的成本逐渐降低，其速度、质量、精度和材料特性已经发展到可以直接制作成品的程度。3D 打印不再是制造技术中的一个配角，而有能力取代整个生产环节，实现全数字化的生产过程。资料表明[11]：2020 年，3D 打印的成品产量在所有 3D 打印制品中占的比例达到 50%。现今的 3D 打印技术不再局限于试验室和工厂，在人们日常生活中的普及度越来越高，商店、教室等场所都可以看到3D打印机的身影。未来这项技术必将完成从商用到民用的转化，实现3D打印家庭制造的模式。人们无需购买产品，而是购买下载产品的数据文件通过打印机制作成型，十分方便快捷。3D打印成为人们手中的纸笔，三维实体的设计和制作像绘画一样简单，每个人都可以轻松实现产品的私人定制（图1-3）。

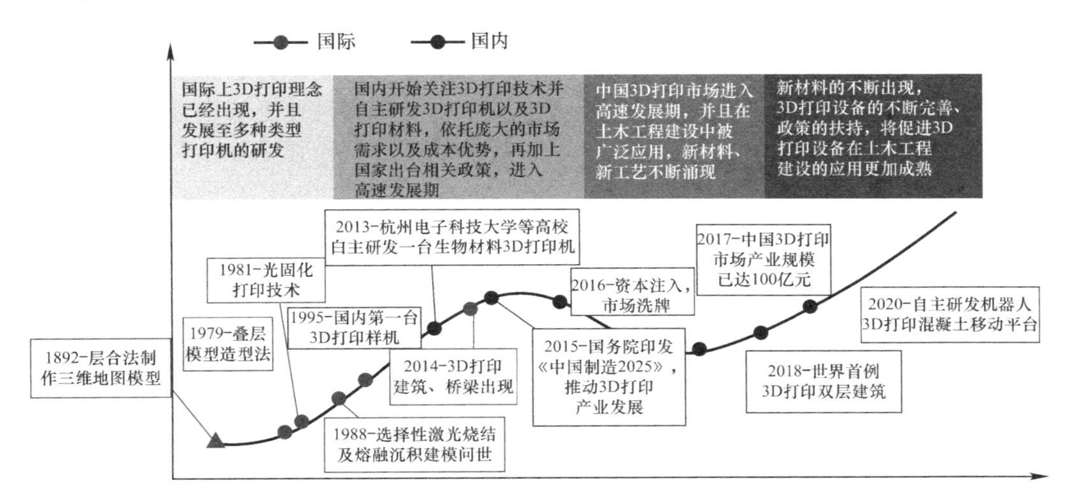

图1-3 3D打印技术时变发展曲线

目前，3D打印技术依据原材料及打印方式分为以下几类：光固化成型技术（SLA）、选择性激光烧结成型技术（SLS）、熔融沉积成型技术（FDM）、粉末铺层成型技术（3DP）、材料挤出分层实体制造技术（LOM）、熔丝制造技术（FFF）、电子束熔融成型技术（EMB）等。3D Science Valley统计数据[12]显示，当前光固化（SLA）设备占据主流，市场占比39.8%，其次是选择性激光烧结成型技术（SLS）和材料挤出分层实体制造技术（LOM）设备。2019年全国已经以上海、浙江为中心形成了分布全国的打印产业规模，如图1-4所示。

1.1.2.2 混凝土增材制造技术

混凝土是工程建筑中用量最大、范围最广的建筑材料，传统混凝土采用模具浇筑成型的方式进行工程建造，属于等材制造方式，具有工序繁杂、依赖人力、质量良莠不齐等技术局限。混凝土增材制造融合信息技术与工业制造技术，以灵活、多变的生产方式来适应空间造型，具有无模生产、便捷高效、节约材料、绿色环保、一体性好等优点，拥有无可比拟的优势，在建筑领域得到探索应用和工程推广。采用3D打印技术进行混凝土增材制造，结构施工[13,14]可以减少建筑垃圾30%-60%，节约劳动力成本50%-80%，节约生产时间50%-70%，具有重要的工程研究和推广应用价值。

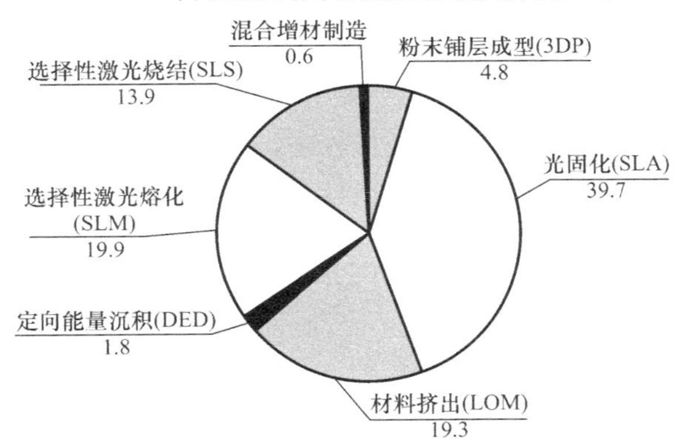

图1-4 2019年中国3D打印行业分析

（1）选择性粘结增材制造混凝土技术

1995年，美国学者Pegna提出利用蒸汽喷射粘结剂选择性粘结砂石，被视为3D打印建造技术的起点。2010年，意大利工程师Enrico Dini发明了基于选择性粘结砂石的3D打印建筑技术——D-shape设备。将3D打印机砂子或砾石等建筑材料堆放在一起，根据计算机提供的图形文件，通过打印喷头选择性地散布粘合剂，实现建筑的一体化成型。2012年，西班牙Catalonia高级建筑研究所的Novikov研发了一种使用砂和土作为打印材料的粉末粘结打印系统。2014年，欧洲空间研究与技术中心采用月球土壤和金属氧化物为粉末材料，以$MgCl_2$为粘结剂，铺设层厚为5mm，打印得到抗压强度20.3MPa，抗弯强度7.1MPa的混凝土材料。2018年，Xia等[15]基于D-shape工艺，采用矿渣粉和偏硅酸钠为粉末材料，以水和2-吡咯烷酮为粘结剂制备了打印建筑材料，抗压强度15.7-16.5MPa（图1-5）。

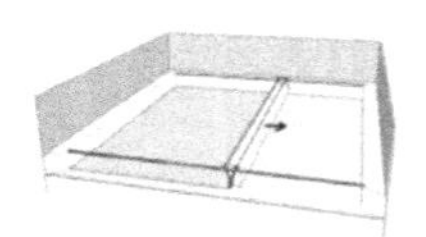
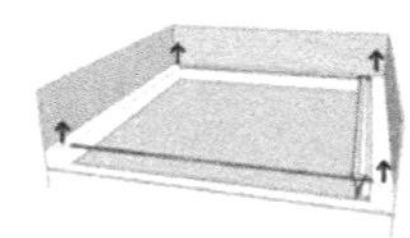

图1-5　选择性粘结增材制造混凝土技术

D-shape工艺的打印自由度高，适合建造复杂的异形结构，但打印结构尺度局限于打印设备大小，且后处理工程量较大。由于独有造型优势，2013年，荷兰建筑师Janjaap Ruijssenars使用D-shape建造了一座超现实主义的景观别墅Landscape House。该房屋设计借鉴了“莫比乌斯环”，外形呈现自环绕式，房屋的内壁面能够扭转成外壁面和拱背，线条十分优美流畅。主体建筑结构通过D-shape 3D打印技术完成，建筑外部使用钢纤维混凝土来进行填充。同年，知名建筑师和承包商Adam Kushner计划将D-shape技术应用于建设位于纽约Gardiner的一座现代庄园。建筑总体设计为大跨度的空间结构，内部少有支撑柱，如同一张张收紧的网倒扣在地面上形成穹顶，施工难度极大。但D-shape技术可以在较短的时间内精准完成此类异形结构的建造，并且可以省下一大部分人工和材料成本（图1-6）。2014年，加泰罗尼亚先进建筑学院（IAAC）采用D-shape技术设计建造了世界上第一座3D打印行人桥，2016年12月14日在马德里正式对公众开放。D-shape技术使得材料仅在需要的地方使用，在形状方面具有完全自由造型的能力，应用生成算法挑战传统施工技术，使材料最佳分配，并在建造过程中材料循环利用。

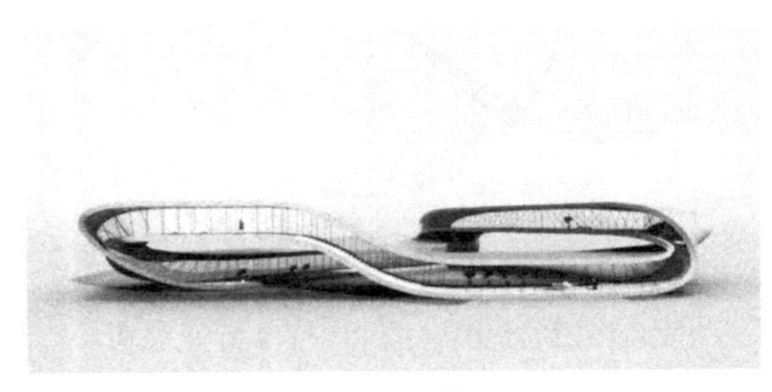

(a) Landscape House

(b) Gardiner

图1-6　D-shape技术增材建造混凝土结构

除此之外，D-shape 技术还可以应用于防护和修补桥梁、堤坝等基础设施。对于受损的桥梁墩柱、河堤、水坝，首先运用三维扫描技术探查其损伤情况，确定修补方案，然后就地取材，从河床中挖出砂子铺设作为打印材料，再通过 3D 打印无机粘合剂进行修复加固处理。

（2）轮廓成型增材制造混凝土技术

2004 年，南加利福尼亚大学（USC）的 Behrokh Khoshnevis 教授提出轮廓工艺[16]（Contour Crafting，简称“CC”）。这一技术利用起重机或机械臂带动打印喷头，沿着程序设定的轮廓路径挤出打印材料，逐层堆积形成建筑结构。一般可使用的建筑材料包括混凝土、地质聚合物、石膏、塑料、特殊金属合金等。CC 技术的建造效率非常高，可以在 24h 之内打印出一栋 2500 平方英尺（约 232m^2）的二层楼房。经过十多年的发展，CC 技术不仅能进行建筑外墙的制作，还可以铺设地板、水管、电线，甚至连上漆、贴墙纸这些工序都能全自动化实现，其应用领域也不再局限于住房、商业综合体、办公楼和政府建筑等基本的建筑结构，已经开始应用于地基基础、桥梁、铁塔等基础设施的建设。目前 Behrokh Khoshnevis 教授与美国国家航空航天局（NASA）达成进一步的合作，未来将利用 CC 技术在月球和火星上打印建筑，为人类进行行星探索提供一个外星栖息地。主要的建筑材料可以取自月球风化物等原位资源，其余材料可从地球通过宇宙飞船进行运输。这项技术在各个国家的多项航空计划中都获得了高度的认可[17]。

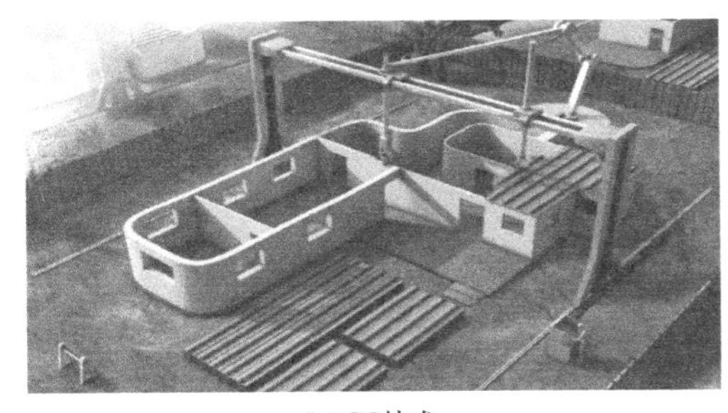
(a) CC技术

(b) CC技术太空应用

图 1-7 CC 技术及其应用

基于轮廓工艺挤压成型的技术原理，各类新兴的 3D 打印建筑技术层出不穷。2013 年，荷兰的 CyBe 建筑公司推出了世界上第一台移动 3D 混凝土打印机，底部采用坦克式履带，即使在崎岖的地形上也可以平稳移动。在机械臂的打印过程中，通过可伸缩的液压支脚使打印机保持稳定，这一装置同时还能增加总的可打印高度。这一设计使原本体积庞大、造价昂贵的 3D 打印机变得自由灵活，可以直接进入施工现场，原位完成建筑打印，节省了大量的运输打印板坯或结构的成本。

2015 年，意大利 WASP 公司研发了基于轮廓工艺的 Big-Delta 打印机，长 12m，打印直径为 6m。2015 年，俄罗斯 Apis Cor 公司摒弃传统三轴坐标打印设置理念，发明了一款圆形柱坐标 3D 打印机。打印机放置在中央平台上，通过旋转底座，利用伸缩臂由内而外地打印整个建筑物。这种做法大大减小了 3D 打印机的尺寸和重量，可以利用标准卡车进行移动，降低设备成本的同时还令施工更加快速便捷。2019 年 11 月 17 日，我国中建技术中心研制了长宽高为 16m×17m×10m 的框架式混凝土打印设备，和中建二局华南公司合作建成世界首例原位3D打印双层示范建筑。建筑总高度7.2m，建筑面积约$230m^2$，该项目采用轮廓工艺打印中空墙体和构造柱，混凝土层条宽5cm、厚2.5cm，打印速率为15cm/s。同规模的常规施工建筑建设周期约60d，施工人员需要15人左右，而该3D打印建筑主体打印部分用时仅3d，打印完成净用时约48.5h，同时节省了人工和成本。该建筑的打印建造表明我国在混凝土增材智能建造的设备和施工技术方面位居世界前列。

(a) 荷兰CyBe

(b) 意大利WASP Big-Delta

(c) 俄罗斯Apis Cor

(d) 中建技术中心框架式打印设备

图1-8　轮廓工艺增材制造混凝土设备

1.1.3　增材建造混凝土结构技术发展

1.1.3.1　混凝土增材建造技术（3DPC）的发展

随着混凝土增材建造技术和设备的不断发展，现阶段已经可实现中小型民用建筑结构的智能建造，其发展趋势如图1-9所示。虽然D-shape工艺具有更丰富的空间造型能力，但需要循环处理砂石废料，造成材料和工时浪费和施工不便。而轮廓工艺免模施工，工序简便，便于形成数字设计智能建造一体化管理系统，日益成为混凝土增材建造结构主流技术。基于挤出式轮廓成型工艺形成的中国工程建设标准化协会标准《混凝土3D打印技术规程》T/CECS 786—2020，已于2021年5月正式施行。

增材智能建造混凝土结构建造技术包括BIM（建筑信息模型）在内的数字建模、新型建筑材料设计加工、智能机器人和机-电一体化装备集成管理于一体，按既定设计和建设目标构建预期建（构）筑物的自动化建造技术。

现有增材智能建造混凝土打印建造硬件系统包括控制主机、打印设备、搅拌设备、泵送设备和动力驱动设备。通过控制主机发送操作命令给搅拌设备进行混凝土备料并泵送至于打印设备，通过信号转换将命令发送给所属的控制电机实现打印头三维位移运动和打印材料挤出速度的控制。打印硬件控制系统通过参数设置实现对打印头三维方向位置调节、打印行走速度控制以及打印设备移动控制，通过预设路径和具体参数实现打印不同尺寸、大小及高度构件（图 1-10）。

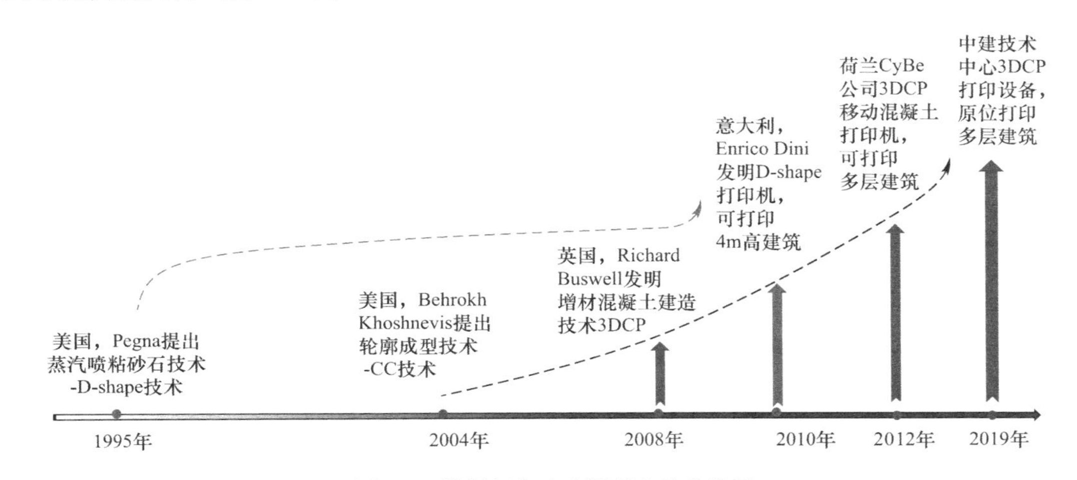

图 1-9 增材智能建造混凝土技术发展

现有增材智能建造软件系统包括数字模型输入、切片设计、打印定位、路径输入、参数设定、路径优化、图形显示、后台监测等多种功能。用户可以使用软件包含的绘图软件进行设计，并导入打印软件完成打印。同时支持通用商业 3D 建模软件导入数字模型完成打印。打印软件系统支持断点打印，可以在打印过程中的任意位置停止、启动打印，对打印过程中的突发状况例如材料准备不足等问题进行解决，满足现场施工管理和布筋建造需求。同时打印系统根据设定打印流程进行打印头运动轨迹动画模拟，可辅助开展打印工艺优化和智能建造管理。用户可以设置打印头挤料速度、移动速度和设备行走速度，控制打印材料的挤出宽度和打印质量，根据材料设计和数字模型需求实现增材混凝土结构智能建造（图 1-10）。

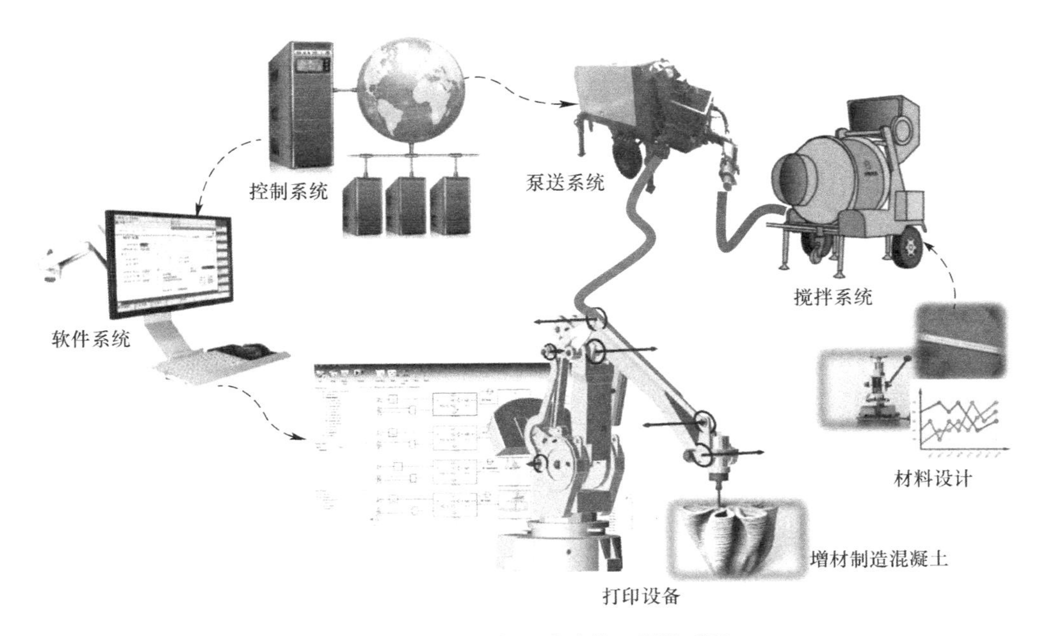

图 1-10 增材混凝土建造软、硬件系统

2017年，加泰罗尼亚高级建筑研究所（IAAC）用机器人和无人机组成3D打印建筑设备。通过大型电缆来驱动3D打印机器人，并以无人机辅助，利用特有的摄像机空中捕捉已打印构件热量信息，监控结构硬化干燥情况。2018年，新加坡南洋理工大学开发出一种并行3D打印方法（称为群体打印），由两台机器人协同工作，对混凝土结构进行3D打印，为移动机器人团队在未来打印更大的结构铺平了道路（图1-11）。

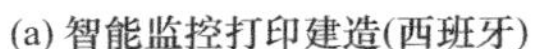

(a) 智能监控打印建造(西班牙)

(b) 协同打印(新加坡)

图1-11　轮廓工艺增材制造混凝土结构建造技术

1.1.3.2　针对混凝土3D打印建造结构的配筋增强技术发展

由于传统结构增强方式难以与3D打印工艺相融合，目前3D打印混凝土结构主要以高强度、高模量的短细纤维[18-21]和连续筋、线、绳材等增强材料[17,22-24]进行增强。按打印过程与增强工序的先后顺序可分为：打印前增强、打印时增强、打印后增强。

打印前增强主要通过掺入短切纤维改善3D打印材料性能，能够快速有效改善打印混凝土性能。柔性短切纤维的掺入可在对打印工艺无明显影响的前提下大幅提升打印混凝土的抗拉性能，提升效率与掺量显著相关。3mm玻璃纤维掺量为1.0%时打印混凝土试件的抗拉强度比纤维含量为0.25%时试件的抗拉强度提高了93.6%[18]；受限于对混凝土可打印性的要求，打印混凝土的纤维掺量一般小于2%，限制了该增强工艺的工程使用范围。其次，纤维模量越高，增强效率越显著。长度均为12mm且掺量均为2.0%时，聚乙烯纤维增强混凝土的极限应变约是聚乙烯醇纤维增强效果的3.9倍[25]。PVA纤维与聚乙烯纤维（PE）因弹性模量高、重量轻、耐腐蚀，可有效提高材料的延展性、拉伸强度与刚度，可作为柔性纤维种类首选。钢纤维的强度提升效率最高，只是与打印工艺兼容性较差。Pham等[26]对比了钢纤维的长度（3mm和6mm）与掺量（0-1%）对打印混凝土力学性能的影响，发现钢纤维增强3D打印混凝土的抗压强度可提高17%-26%，抗折强度可提高14%-16%；Arunothayan等[27]发现，与未掺加钢纤维的混凝土基体相比，13mm钢纤维掺量为2%时3D打印混凝土的抗压强度提升了16%-26%，层间粘结强度增大了88.9%，抗折强度提高了145%-242%，弯曲韧性提升了3550%-7250%。此外，高模量纤维在混凝土材料的挤出过程中会形成短切纤维定向效应，导致打印工艺各向异性更为显著，在成型后混凝土力学性能分析时需要予以注意。

目前打印时增强是在挤压混凝土堆叠成型的过程中采用机械臂或者与3D打印兼容的智能建造技术实现节段植筋[16]、布设钢缆[22-24]、钢丝网[17]等刚度较小的柔性增强材料进行结构增强。尽管节段植筋采用的筋材面积、强度和刚度都满足配筋增强要求，但由于与打印流程兼容导致筋材节段单向分布，无法形成连续增强骨架，混凝土结构整体性和抗震性能难以保障。采用与打印工艺兼容的柔性连续增强材料形成混凝土结构，由于柔性材料多处在松弛状态与湿态打印混凝土一体化成型，承载力提升率不高，难以保障结构安全。混凝土增材叠制的方式导致打印过程中增强成为较为困难的技术障碍，也因此限制了3D打印混凝土结构更为广泛的应用。针对这一技术困境，孙晓燕等[28]提出一种智能建造的装配式配筋增强方式，用具有嵌扣功能的多向套管实现预制离散筋材空间组合形成增强骨架的技术，使混凝土轮廓工艺3D打印过程与配筋过程结合成为一体化建造打印混凝土配筋增强结构，如图1-12(c)所示。

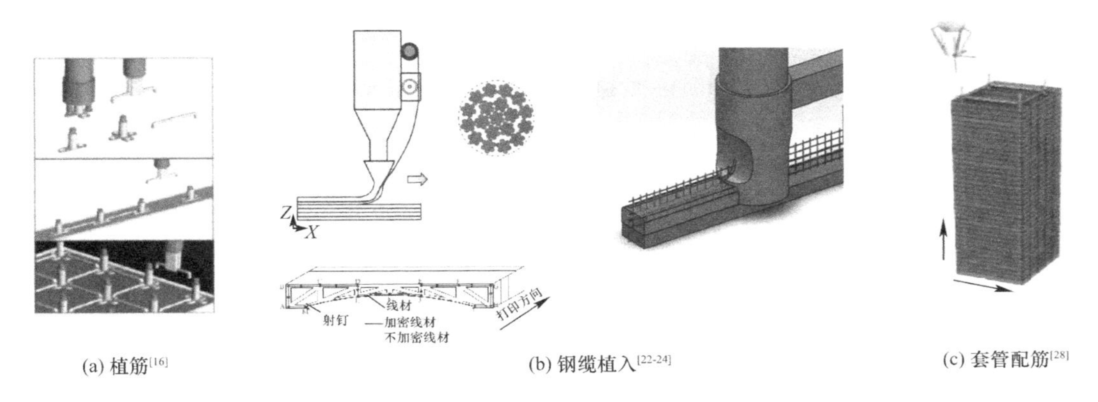

(a) 植筋[16]　　(b) 钢缆植入[22-24]　　(c) 套管配筋[28]

图1-12　增材智能建造混凝土结构（打印时增强）

打印后增强是将混凝土构件打印成型后再通过增强材料进行增强与增韧形成整体结构，目前见诸报道的主要有两种工艺，第一种是后张预应力增强配筋方式。该工艺与传统建造方式技术兼容，可省却模板施工的繁杂工序，显著提高打印混凝土的承载能力与变形能力。但与其他增强方式相比，这种方式具有耗时多、工序繁的特点，而且如果构件为空间曲面形态，很容易在张拉过程中由于应力集中造成施工阶段失效。第二种是利用轮廓打印混凝土制作永久模板，将传统的钢筋骨架与增材制造混凝土组合成为新型叠合结构。3D打印湿料挤出、堆叠成型的工艺导致打印混凝土具有天然层条纹理、提供了永久混凝土模板所需的界面粗糙度，省却了现浇混凝土永久模板的制作工序。参考《混凝土结构设计规范》GB 50010—2010、《装配整体式钢筋焊接网叠合混凝土结构技术规程》T/CECS 579—2019中钢筋混凝土现浇梁和U形叠合梁的构造，结合3D打印混凝土打印工艺和混凝土结构构造要求，对打印混凝土模板厚度取工程适用条带宽度作为侧模厚度，多条带高度作为底模厚度进行轮廓工艺智能建造。由于叠合成型，模板表面具有凹凸差不小于4mm的粗糙面，具有较好的协作工作性能。这一工艺充分利用3D打印技术的数字设计和工业制造特点，具有准确率高、造型丰富的优势，解决传统混凝土结构中模板施工的工序烦琐和效率低下等难题，再与现浇钢筋混凝土结构建造形成整体，突破了3D打印混凝土结构配筋桎梏，解决了打印混凝土结构承载不足的技术难题，一方面简化了模板支拆工程，加快了施工进度；另一方面实现了3D打印工艺与传统钢筋混凝土施工的优化组合，提升了建造效率，是现阶段增材智能建造混凝土结构较为可行的施工方式，具有节省模板、协作良好、施工便捷、造型多变、安全可靠等技术优势（图1-13）。

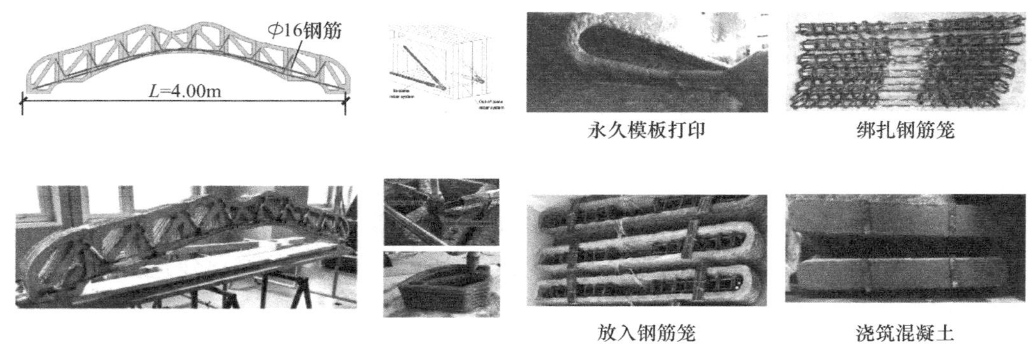

(a) 体外预应力增强[29]　　(b) 打印模板+整体钢筋笼配筋[30]

图 1-13　增材智能建造混凝土结构（打印后增强）

现阶段国内外建筑工程领域不断开展增材智能建造的技术尝试和工程应用，业已形成较为成熟的增材混凝土一体化智能建造工艺，利用三维数字建模技术和打印混凝土材料配合比设计技术，与机械设备控制技术和信号管理技术相结合，如图 1-14 所示。

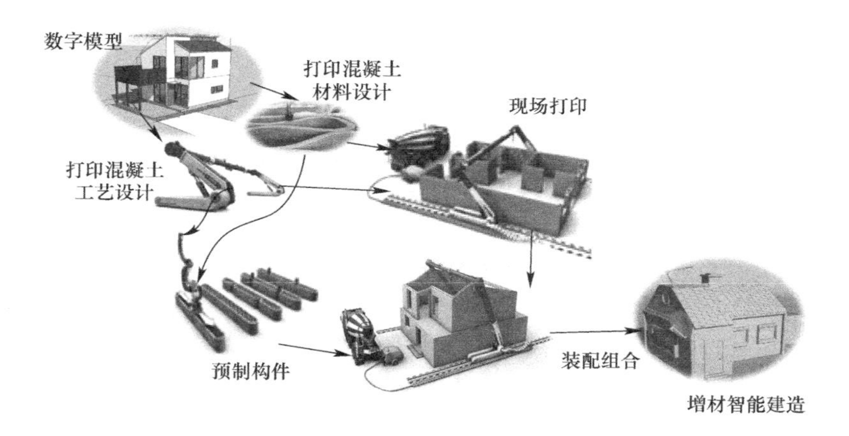

图 1-14　增材智能建造混凝土结构工程建造

2021 年，美国纽约 3D 打印的房屋获得建筑许可证，一所建筑面积约 130m² 的民用建筑，由三名工人采用轮廓工艺以 49h 建造完成，比同区采用传统方式建造的建筑成本低 50%，建筑周期快了十倍。与此同时，法国的 3D 打印民用公寓建筑也逐渐进入市场。上海盈创公司建设了 3D 打印古典中式庭院、交通枢纽设施、别墅、移动门房等，并且将技术出口国外建造了 3D 打印迪拜政府办公楼。2019 年中国建筑集团在广东建设基地打印完成 7.2m 高的双层办公楼，这是世界首例原位 3D 打印双层示范建筑，标志着我国原位 3D 打印技术在建筑领域取得突破性进展。2021 年，清华大学徐卫国团队在山西打印民用建筑，建筑面积为 40m²，可满足 4 人居住需求，布局可根据实际居住需求灵活调整，以高效的建造效率、低廉的建造成本和多变的建筑设计彰显出增材智能建造混凝土结构相对传统建筑结构的技术优势，标志着我国 3D 打印技术在建筑领域进入工程普及阶段。2022 年，浙江大学智能建造团队与杭州冠力智能科技有限公司、灵砼科技在甘肃金昌火星一号基地打印建造了巢穴酒店，采用变截面圆柱形空间异形结构，单幢建筑面积约 90m²，具有良好的抗风性能和结构稳定性能，是国内外首次混凝土增材智能建造非线性空间结构的工程探索。

随着3D打印在建筑领域的应用技术逐渐成熟，人们不再满足于3D打印房屋的成功，更多着眼于将3D打印技术作为公共基础设施的建设方式，如道路、桥梁、高塔、烟囱等，其中由于桥梁的造价、造型和施工难度等因素，利用3D打印技术可以突破现有的施工模式，有望降低其工程造价，并可以高效快速地完成桥梁建设，实现更优美复杂的桥梁形式，所以3D打印桥梁已成为当下的研究热点之一。2018年，埃因霍芬理工大学联合BAM建设集团，利用CC技术于荷兰北布拉班特建造了世界上第一座3D打印自行车桥，整座桥为钢筋混凝土结构，桥长8m，由厚度为1cm的混凝土打印层沿桥长方向逐段打印拼接后预应力后张而成。该桥设计可承受40辆卡车的重量，安全储备高；2019年，清华大学徐卫国教授团队利用轮廓工艺打印混凝土建造了目前世界上最大的3D打印混凝土人行桥，该桥全长26.3m、宽3.6m，采用单拱结构承受荷载，拱脚间距14.4m。整体工程打印采用两台机器臂3D打印系统，共耗时450h。与同等规模的桥梁相比，它的造价只有普通桥梁造价的三分之二；河北工业大学马国伟团队以1∶2缩尺打印了中国古代赵州桥结构，并进行预制拼装，桥长28.1m，净跨径为17.94m；2021年，苏黎世联邦理工学院在威尼斯建造了一座16m跨无筋3D打印混凝土桥。材料以特定角度空间应用，不需要加固或后张力，且块状打印拼装，可轻松拆除，重新组装，便于运输和回收，非常低碳环保（图1-15）。

(a) 2016年盈创迪拜办公楼

(b) 2021年清华大学山西住宅

(c) 2020年中建技术中心广州办公楼

(d) 2018年荷兰BAM后张预应力桥

(e) 2019年河北工业大学天津人行桥

(f) 202年苏黎世理工威尼斯拼装桥

图1-15 增材智能建造混凝土结构工程案例

1.1.4 其他增材建造结构技术及总体发展趋势

现阶段，除了增材智能建造混凝土材料，建筑领域也在积极进行其他建筑材料的打印尝试和其他智能建造技术的工程探索。2017年，荷兰MX3D公司成功研发了可应用于3D打印的新型金属材料，并利用六轴机器人在阿姆斯特丹市中心制作完成了世界上第一座3D打印钢桥，桥长约12m，具有独特的艺术形态，可供行人和自行车通过。桥梁在制作过程中被植入大规模的传感器网络，可以进行桥梁健康情况的实时监测，所有位移、应变、振动等数据将导入到一个大型计算机模型，准确模拟 3D 打印钢桥的工作状态。2018 年，德国德累斯顿工业大学 Mechtcherine 等[31]使用气体-金属电弧焊对钢筋进行 3D 打印，如图 1-16 所示；通过粘结试验得到 3D 打印钢筋与混凝土的粘结力可相当于普通钢筋与混凝土的粘结力。由于打印钢筋采用激光熔融工艺，工作温度很高，如不能快速冷却的话很难与室温下打印混凝土一体化建造。此外，混凝土与钢材具有相近的温度线膨胀系数，是两者形成性能良好一体化构件的物理基础。但线膨胀系数绝对值与晶体结构和键强度密切相关，随温度升高而快速增加，在德拜特征温度以上趋于常数。打印钢材由于工作温度与混凝土的协作变形物理基础不稳定，对于结构复合设计是不利因素。但钢材打印制作后冷却回缩，打印成型混凝土因此收到压应力，产生类预应力效应对两者成型期协作承担外荷载又是有利的。因此，打印钢筋与打印混凝土的增材智能建造技术需要在打印工艺与设计方法上深入试验，形成工程适用的一体化建造工艺。

(a) 2017荷兰MX3D钢桥12m

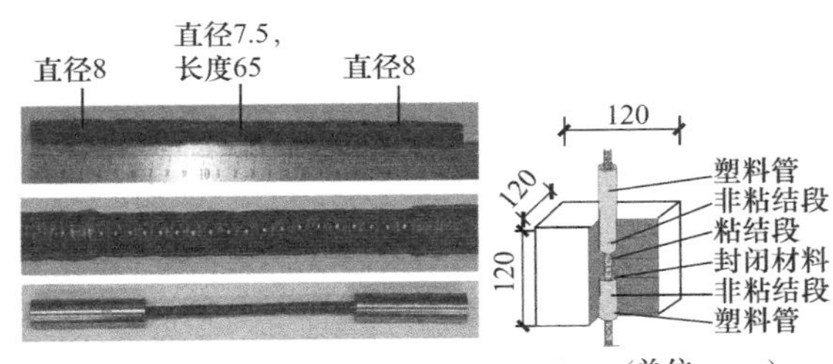

(b) 气体-金属电弧焊打印钢筋[31]（单位：mm）

图 1-16　3D 打印钢材建造技术

2017 年，苏黎世联邦理工学院提出了钢筋网模板的新型建造方法，首先采用机器人系统打印钢筋网格模板结构，然后在钢筋网格模板内填充喷射混凝土，最后对结构表面进行抹平处理，以此工艺完成了两层建筑 DFAB house 的智能建造，如图 1-17 所示。2020 年，Mechtcherine 等[32]提出了一种碳纤维预浸筋连续编织法，首先采用机械臂系统自动编织碳纤维预浸筋，可用于增强 3D 打印混凝土结构的力学性能，但截至目前，该方法尚未实现混凝土和碳纤维预浸筋的同步打印。与此同时，高分子材料和工程塑料等材料也以各种方式工程领域开展增材智能建造结构尝试，如上海同济大学采用工程塑料制作了国内首个 3D 打印人行天桥，跨度分别为 4m 和 11m，但因其材质承重能力不足，暂时仅做观赏用途。

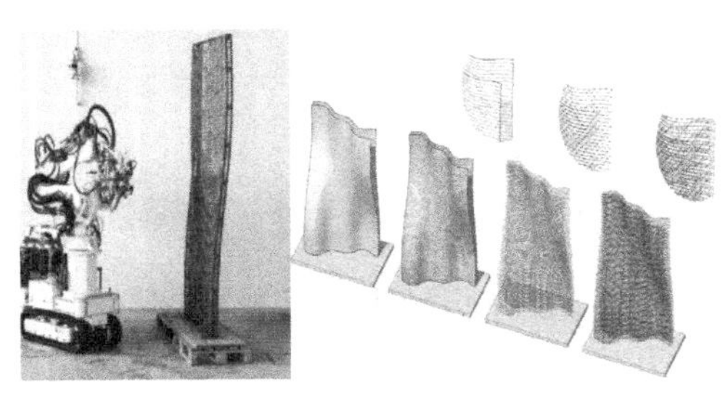

(a) 打印钢筋网格模板

(b) DFAB house

图 1-17　3D 打印钢筋增强喷射混凝土智能建造结构

智能建造技术的发展在全世界范围仍处于起步状态，缺少系统基础技术和理论支持，因此亟待寻求核心关键技术突破和深入融合发展。对建设工程行业来说，信息技术的应用提高了建设工程行业的管理能力和水平，大大提高了生产力及其效率，推动了建设工程行业的跨越式发展。对于建筑工程方向来说，智能建造概念的提出可以使建筑工程朝着智能化、信息化的方向发展。建筑工程从设计到施工到后期运营维护都可以进行精细化管理。工程建设中的机械设备可以在BIM等系统的辅助下进行模拟建造。建筑内的各类设备可以接入物联网，方便管理和运维。建设工程行业将与互联网、人工智能等行业结合得更加紧密。智能建造的兴起必将会引领整个建筑行业的变革，进一步解放劳动力，全面提高施工的效率。智能建造是建筑行业的发展趋势，有着十分广阔的前景。

1.2 增材建造混凝土材料

3D打印混凝土在性能方面的研究主要可分为湿态工作性能、硬化后力学性能与耐久性能。由于3D打印混凝土需要在材料搅拌后连续通过管道泵送至打印机，并在打印挤出后堆叠成型，因此对混凝土的湿态工作性能提出了更高的要求。

1.2.1 3D打印混凝土材料配合比设计

3D打印混凝土（简称3DPC）需要满足一定的流变性、可打印性能与成型后力学性能，以适应在制作过程中泵送、挤压、堆叠成型、硬化承载等不同阶段的要求，其材料组分有别于现浇混凝土。由于输送系统尺寸限制，目前3D打印胶凝材料体系中不建议使用粒径超过5mm的骨料，少量研究[33]使用了粒径为10mm的粗骨料。现有的3D打印混凝土在原材料的组成可分为胶凝材料、细骨料、水、纤维以及外加剂。其中胶凝材料以硅酸盐水泥或硫铝酸盐水泥为主，以高炉粒渣矿粉、粉煤灰、硅灰、石灰石填料等工业废渣为辅助材料。为控制物料的工作性能与开放时间，还使用了减水剂、促进剂和缓凝剂等外加剂。材料组分及比例对3D打印混凝土性能有较显著的影响。国内外研究表明：水与胶凝材料之比在0.23-0.45，细骨料与胶凝材料之比在0.6-1.2，能够获得较好的打印性能和后期力学强度。

1.2.1.1 水泥及胶凝材料

3DPC要求材料性能具备适用的凝结时间与较高的早期强度。现有研究大多数采用普通硅酸盐水泥，其凝结时间长，早期强度较低，可采用一定剂量速凝剂调整。硫铝酸盐水泥含有大量的C_4A_3矿物成分，具备早强、高强、高抗渗、高抗冻等优良特点，但会过快凝结。因此针对两者开展试验研究以获得3D打印适用的凝结及早期性能成为研究趋势。Sun等[34]采用了硫铝酸盐水泥结合葡萄糖酸钠缓凝剂调节凝固时间，将新拌混凝土的初凝时间控制在20-60min内。楚宇扬等[35]进行了硅酸盐水泥与硫铝酸盐水泥复掺，硫铝酸盐水泥替换硅酸盐水泥14wt%-20wt%，快硬硫铝酸盐水泥促凝效果明显，净浆凝结时间与砂浆凝结时间都得到了有效地降低，初凝时间可控制在40-70min，满足打印建造需求，同时提升1d抗压与抗折强度强度约20%。Soltan等[36]使用铝酸钙水泥制备了纤维增强3D打印混凝土，获得材料流动性系数为1.2-1.4，满足3D打印的要求，同时具备较高的早期强度，7d强度为30-38MPa。

针对新型水泥开展3D打印材料探索一直是增材建造的热点方向，Panda等[37]采用反应性氧化镁基水泥（MgO-SiO_2），获得了高强度（28d抗压强度38.3-44.3MPa）、低坍落度（最大10mm）、高流动度（100-180mm）以及良好打印性的打印水泥基材料。相较于普通硅酸盐水泥1450℃的煅烧温度，其煅烧温度仅为700℃，生产过程中的碳排放量更小，并可从废物中提取研制。Weng等[38]开发了磷酸镁钾水泥（MKPC）应用于3D打印混凝土，具备低碳环保的特点，含有质量分数60wt%的粉煤灰与10wt%的硅粉，具备快速硬化能力，初凝时间为5-25min。试验证明材料及配合比可用于3D打印，能够完成20层和180mm高度的试件打印。除此之外，还有使用土基材料配合海藻酸盐等生物聚合物作为打印材料，打印的试件生坯强度与传统土基材料的抗压强度接近，分别为1.21±0.03MPa与1.22±0.04MPa[39]。基于地质聚合物的材料同样适合用于3D打印。Xia等[15]所制备的基于地质聚合物的材料能够实现足够的可打印性，可用于基于粉末的3D打印工艺。文献[40]采用了地质聚合物作为3D打印的胶凝材料，进行了流变性研究，获得了材料配合比的静态屈服应力为0.4-1.6kPa。研究表明：静态屈服应力为0.6-1.0kPa时，地质聚合物砂浆可以满足可挤出性能，开放时间为10-50min，获得了较好的打印性能，成功打印了高度60cm、宽度35cm的柱结构。

1.2.1.2 **辅助胶凝材料（SCM）**

目前国内外最为广泛应用的辅助胶凝材料为粉煤灰、高炉矿渣、硅灰以及偏高岭土等，其内部均含有矿物质成分，在水泥水化过程中会引起二次水化反应，通常称为火山灰反应。这些材料部分替代胶凝材料可以改善3D打印混凝土拌合物与硬化后的力学性能，如抗压强度、抗折强度、抗渗性能等，同时节省了原材料成本。目前已经有较多研究采用SCM替代部分胶凝材料，取得了较好的打印效果与材料性能。

Chen等[41]分析了3D打印混凝土中使用SCM的可行性，归纳总结使用硅粉和粉煤灰可代替高达45wt%比例的水泥，获得了良好的可打印性能。Chen等[42]使用掺量1wt%-3wt%的偏高岭土，提升了水泥浆体的静态屈服应力，结构变形从7.69%减小到4.87%，获得良好的触变性，提升了3D打印混凝土结构的堆积稳定性。Panda等[43]使用大量粉煤灰（45wt%-75wt%）替代了水泥，同时加入少量的硅灰，提高了材料的触变性。Nerella[44]研究表明：与仅使用水泥的3D打印混凝土材料相比，含有55wt%水泥、30wt%粉煤灰和15wt%硅微粉的胶凝材料的3DPC具有更高强度，同时硬化后力学性能呈现的各向异性幅度获得了较大程度的降低，界面粘结强度降低幅度更小。Sun等[34]使用水泥质量64wt%矿粉、18wt%硅灰两种胶凝辅助材料，获得了115-120MPa的28d力学强度，可打印性能优异，可打印单条未封闭结构40层，单条封闭圆形结构80层。Ma等[45]使用了胶凝材料质量20wt%粉煤灰与10wt%硅灰，获得了41-55MPa的28d力学强度，打印以8mm厚度每层累计20层，其垂直变形仅为0.5%-2.8%，具备较好的可打印性能。Zhang等[46]使用了2wt%硅灰替代了部分硅酸盐水泥，试件打印最大高度为260mm，生坯强度1-7MPa，获得了较好的可打印性能与力学性能。使用过程中可复合掺入两种掺合料形成胶凝材料三元体系，更好地改善拌合物性能与硬化后的材料性能[47]，超细矿物掺合料的掺入可以增加堆积密度，填充到水泥颗粒之间的孔隙，形成“滚珠效应”，改善材料的流动性。辅助胶凝材料的使用比例见表1-1。

现有3D打印混凝土材料配合比归纳 表1-1

研究者	材料组成							
	水泥	矿粉	硅灰	粉煤灰	细骨料	水胶比	减水剂	纤维
Le[48]	1.00	—	0.14	0.29	1.51	0.28	1-2	1.2
Chen[42]	1.00	—	—	—	—	0.35	0.003	—
Panda[43]	1.00	—	0.1-0.25	0.9-4	1.35	0.40	—	—
Nerella[44]	1.00	—	—	—	2.22	0.42	0.75	—
Kazemian[49]	1.00	—	0.1-0.11	—	2.30	0.43	0.05-0.16	1.18
Kruger[50]	1.00	—	0.14	0.28	1.41	0.32	1.48	—
Sun[34]	1.00	0.64	0.18	—	0.49	0.35	0.2	0.8-1.5
Zhang[51]	1.00	—	0.02-0.02	—	1.00	0.35	0.26	—
* Soltan[36]	1.00	0.19-0.33	—	0.29-0.7	0.25-0.91	0.18-0.63	0.3-0.8	2
Xiao[33]	1.00	—	—	—	0.75-1	0.35-0.385	0.75-0.83	—
Ting[52]	1.00	—	0.14	0.29	1.20	0.46	—	—
Weng[53]	1.00	—	0.50	1.00	0.50	0.30	1.3	—

注：水胶比为水的质量除以胶凝材料质量，其余组分以水泥为单位1的相对比例，减水剂、纤维单位均为%；
*研究中纤维以体积分数表示。

1.2.1.3 骨料

骨料是3D打印混凝土材料的重要组成部分。骨料的类型、细度将会较大程度地影响材料的流变行为和可打印性能[45-47,49,54]。3D打印混凝土因挤压成型，材料中最大粒径不能影响打印机绞龙旋转，同时需要适应喷嘴的尺寸。Kazemian[49]使用最大粒径为2.36mm，细度模数2.9的人工砂用作细骨料。Zhang[54]测试了三种粒径范围不同的细骨料，最大粒径与细度模数分别为4.75mm-2.61、1.18mm-2.02、2.36mm-2.33，研究表明：骨料比例影响拌合物需水量，骨料含量从1195kg/m^{3}增大至1455kg/m^3，为保持拌合物的可建造性，需水量从183kg/m^{3}降低至170kg/m^3。

Ma等[45]提出了一种低碳环保的水泥混合物，发现铜尾矿替代部分骨料可以增强混凝土的流动性，但降低可建造性。铜尾矿替代人工砂0-30wt%时，打印20层试件（每层8mm）的最终高度为117-140mm，但替代比例为30wt%-50wt%时，最终高度分别为83mm和72mm。通过考虑流动性，早期刚度和形状保持性能，优化得出铜尾矿代替30%的天然砂为最佳配合比，获得了更好的力学性能和可建造性，试件垂直变形比例为1.2%。

Weng等[53]采用不同级配的硅砂与天然砂，基于富勒汤普森理论和Marson-Percy模型获得最大密度和最小孔隙含量的水泥基3D打印材料，对比了均匀分级、间隙分级方法以及天然河砂级配。研究表明：连续级配骨料制备的混凝土具有最佳的可建造性，可打印40层而不发生明显变形。Zhang等人[51]使用河砂作为骨料，开发了一种高触变性3D打印混凝土，研究表明砂与水泥的比例（S/C）从0.6增大至1.5，流动度减小6.0%-21.1%；S/C为1.2与S/C为0.6时相比，材料的初始黏度和屈服应力分别增加16.4%和129.8%。Xiao等人[33]使用粉碎废弃混凝土之后的再生砂作为3DPC的骨料，细度模数为1.53，最大粒径0.9mm，对比使用最大粒径同为0.9mm，细度模数为1.62的天然砂，研究表明：用再生砂替代25wt%天然砂之后，新拌材料生坯强度提高了38%，且硬化后的力学性能没有明显降低，28d抗压强度差异在15%以内，证实了再生砂替代河砂的可行性。Ting等人[52]使用再生玻璃作为3D打印混凝土骨料，研究表明：再生玻璃作为骨料的

3D打印混凝土相比于砂骨料混凝土拥有更低的塑性黏度、静态以及动态的屈服应力，流动性更好，但抗压强度、弯曲强度和抗拉强度分别比砂骨料试件低50%、30%和80%。

1.2.1.4 外加剂

增粘剂加入新拌合混凝土后会影响材料的流变行为，增强材料的内聚力，从而提高触变性。常用的增粘剂（VMA）可分为羟丙基甲基纤维素类（HPMC）、多糖类、微二氧化硅类，以及纳米黏土类。

羟丙基甲基纤维素类可以降低屈服应力，提高塑性黏度，可预防在泵送挤压过程中的偏析，提高触变性。Soltan等人[36]研究表明：通过改变HPMC和水泥与粉煤灰的比例控制黏度，可以成功地将流动性从1.2调整至1.4，满足材料的可打印范围。加入胶凝材料0.8wt%的多糖VEA，在水胶比为0.44的情况下，增加了3倍的材料静态屈服应力[55]。

3D打印混凝土需具备快速成型、硬化的工作性能要求。使用普通硅酸盐水泥凝结速度较慢，可以通过使用适当的促凝剂[56]，以实现快速凝固和硬化。目前广泛应用的是通过复掺普通硅酸盐水泥与硫铝酸钙（CSA）、铝酸钙水泥（CAC）等。铝酸盐水泥具备快速硬化的特性，调节到合适的比例（替代水泥比例0-10wt%）能够很好地控制凝结时间[57]。当使用以硫铝酸盐水泥等快速硬化水泥为主要成分时，可通过加入缓凝剂调节凝结时间，常用缓凝剂为酒石酸、葡萄糖酸钠[34]等。

1.2.1.5 其他改性材料

添加纳米材料可明显改善3D打印混凝土流变性、力学性能和耐久性。目前常见的用于打印混凝土的纳米材料为碳纳米管、石墨烯、纳米二氧化硅、纳米黏土等。Sun等人[34]研究表明：用量0.02wt%-0.05wt%的碳纳米管能提高3DPC的3d早期强度33.6%，但对7d和28d强度的贡献较小，强度增加在4.7%以内。Kruger等人[50]研究发现，由于纳米二氧化硅的面积与体积之比很大，纯度高且直径小，即使是低掺量加入纳米二氧化硅，也可显著改变水泥基材料的流变性。添加1%wt可获得8Pa/s的再絮凝速率，显著提高了触变性。加入纳米二氧化硅后孔隙结构更加细化，使得3DPC有致密的微观结构，加速火山灰效应，可提升混凝土强度和耐久性。

纳米黏土可增加3D打印混凝土的塑性黏度和内聚力，与高效减水剂的组合可以得到具有低动态屈服应力、高触变性和高静态屈服应力的3D打印混凝土。目前较多学者使用纳米黏土作为触变剂来提升混凝土的可建造性。Zhang[51]通过添加2wt%纳米黏土和硅粉至水泥基材料，促进了水泥浆的结构重建，在泵送挤压过程中具有良好的流动性（192.5-294mm），较高的触变性（7500-11000Pa/s）和较高的力学强度（44-58MPa）。Soltan[36]使用0.5wt%和0.8wt%掺量的纳米黏土，配合铝酸钙水泥使用可降低流动度损失，60min内流动性系数大于1.0，保证了较好的可加工性。

1.2.2 3D打印混凝土材料湿态工作性能

混凝土湿态工作性能是保障其实现可3D打印增材制造的关键，主要包括可挤出性、可建造性和开放时间三个方面，不同性能之间存在关联。

1.2.2.1 可挤出性

打印混凝土材料的可挤出性能定义为新拌合混凝土通过料斗和泵送系统输送到喷嘴的能力，要求能够连续顺畅不中断地挤出才能满足智能增材建造的技术要求，该指标与流动度有密切相关的联系[45,46]。Ma等人[45]使用宏观试验方式，测试连续挤出2000mm混凝土打印条带，观察断裂与堵塞等现象以评估材料的可挤出性能。Le等人[48,58]通过连续挤出打印条带总长度进行材料的可挤出性能的量化评估。研究表明：流动度需介于150-230mm的大致范围，良好的流动性可确保混凝土在大部分打印建造设备中的可泵送性和可挤出性。

1.2.2.2 **可建造性**

可建造性描述了3D打印混凝土经过挤压堆叠成型后保持形状稳定以及抵抗自身重力变形的能力，为3D打印湿态混凝土早期重要力学性能指标。材料可建造性不佳，会导致建造过程中发生较大的变形或者坍塌。破坏模式可分为材料破坏（图1-18a）和稳定性失效[59]（图1-18b）。材料破坏取决于重力与材料的屈服强度随时间变化的相对关系。在材料屈服应力大于重力效应的情况下，胶凝材料打印条带在沉积后不会变形，反之则会产生变形，直至屈服应力与重力效应平衡后停止变形。Roussel[60]、Perrot[61]建立起了结构堆积率和屈服应力与时间变化的联系，用以描述在结构堆积过程中材料内部应力的增长，建立了静态屈服应力与拌合物可建造性之间的关系。稳定性失效更多的是由于打印物件的尺寸设计、几何形状引起的受力不平衡，从而导致的屈曲现象。

(a) 材料失效[59]

(b) 稳定性失效[59]

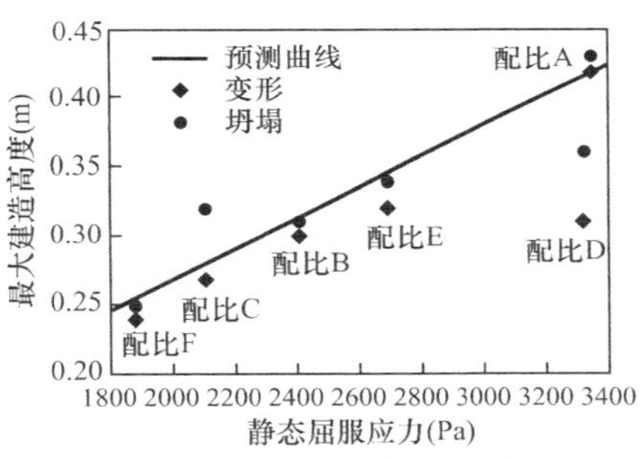

(c) 最大打印高度与静态屈服应力[62]

(d) 通过打印层数评估可建造性

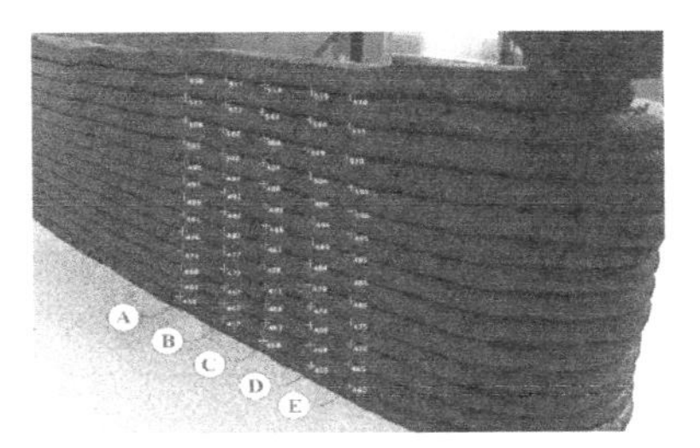

(e) 通过底层压缩率评估可建造性[53]

图1-18 新拌混凝土材料的建造稳定性

可建造性指标的衡量方式在国内外研究并不统一，大体可分为两种。一种为直接宏观测试，通过打印一定层数的构件观测混凝土打印条带在湿态下的变形[45]或者测试湿态混凝土堆叠打印的最大高度[48,58]。Ma等人[45]通过测试打印试件的整体垂直变形，比较了不同掺量的尾铜矿对可建造性的影响，研究发现尾铜矿代替30%的天然砂可以获得良好的可建造性和较高的力学强度。Le等人[48]将开放时间延长至100min，剪切强度为0.55kPa，混合物可以堆积多达61层，打印过程中没有发生明显的变形。Yuan等人[62]通过打印过程中测试新拌合砂浆的变形大小评估了3D打印砂浆的可建造性，设计了变形监测装置，以监测堆叠时打印层的变形；另一种为采用基于流变学的间接测试方式，通过测试湿态混凝土材料的屈服应力，塑性黏度、触变环面积[46,48,63]间接评估建造性能。高屈服应力、高触变性以及低塑性黏度的材料更适合3D打印，能够获得良好的可建造性与可泵送性。Weng等人[53]建立起材料屈服应力与宏观最大打印高度的联系，如图1-18（c）所示。Zhang等人[46]根据宾汉姆流体理论，阐述了可印刷混凝土材料的黏度、屈服应力和触变性的设计原则，研究了砂胶比（S/C）和开放时间对材料性能的影响，使用可见变形或塌陷来评估打印材料的可建造性，用流变性参数进行表征，证实了纳米黏土（NC）或硅灰（SF）能够提高材料的可建造性150%和117%。

1.2.2.3 开放时间

开放时间被定义为湿态混凝土维持可挤出状态的时间范围。开放时间不仅与混凝土的凝结时间相关，更准确地表示了材料的可加工性随时间变化的状态。混凝土的工作性能各参数存在复杂的交互机制，可泵送与可挤出性能与流动度呈现正相关，而可建造性与可挤出性存在需求矛盾。同时，开放时间内材料的可打印性能随时间变化过程，工作参数需要根据打印结构尺寸、建造规模统一协调设计。现阶段增材制造混凝土材料工作性能研究以水泥基材料的初凝时间作为材料的开放时间。Le[48]使用了剪切叶片装置测量剪切强度随时间的变化，进行对开放时间的参数表征。研究表明：适用于增材建造的混凝土材料初凝时间为20-142min。

现阶段国内外针对轮廓工艺智能建造混凝土材料开展了较为充分的研究，基本可满足现有工程建造的技术要求，其湿态工作性能的成果汇总如表1-2所示。

现有3D打印水泥基材料工作性能　　表1-2

学者	可挤出性	可打印性	可建造性
Le[58]	L_t＝4500mm	剪切强度：0.55-2.60kPa	打印最大层数61层
Paul[64]	—	流动系数：1-3.0mm	—
Soltan[36]	—	流动系数1.1-1.9	—
Zhang[51]	—	流动度：192.5-294.0mm	层叠高度260mm、生坯强度7kPa
Ma[45]	L_t＝2000mm	流动度：192-221mm	平均垂直应变0.8%-2.8%
Yuan[62]	—	流动度：230.0±5.0mm	20层建造变形：0.09%-0.20%
Sun[34]	—	流动度：154.0-160.0mm	叠高度800mm，2h沉降0.3mm

注：L_t表示连续挤出长度；流动系数测试参考《水硬性水泥灰浆流动性的标准试验方法》ASTM C1437，流动度测试参考《混凝土3D打印规程》T/CECS 786—2020。

1.2.3 3D打印混凝土微细观空间物相结构

由于3D打印混凝土材料纤维定向效应、挤出密实效应以及层叠成型工艺特点，使得成型3D打印混凝土在三维方向上存在正交各向异性，如图1-19所示，与传统混凝土空间特征差异较大。材料组分与打印工艺对增材智能建造混凝土材料硬化成型后空间受力性能造成影响，必须在结构设计中予以考量和分析，这也是新型智能建造混凝土结构计算亟待解决的关键技术参数和力学根本问题。

由于材料和制作工艺，混凝土中天然存在孔隙，孔径从1×10^{-9}-1×10^{-3}m。依据物相研究[65]，把混凝土材料从微观到宏观分为四个尺度：原子尺度（1×10^{-9}-1×10^{-7}m），粒子尺度（1×10^{-6}-1×10^{-4}m），微组构尺度（1×10^{-3}-1×10^{-1}m）和宏观尺度（1-1×10^{3}m），如图1-20所示。混凝土材料的破坏机理需要在多种尺度下进行，一般认为材料某一尺度表现的力学性能可以借助低一层次尺度材料和结构性质加以解释。

3D打印混凝土泵送挤出，逐层打印，免模施工，堆叠成型的制造工艺导致成型后混凝土存在不可避免的层条界面，具有更多微细观缺陷和孔隙。孔隙空间分布和微观形态显著影响固体材料宏观力学性能，XCT利用X射线衰减特性使材料的内部结构可视化，扫描分辨率为24.15μm，测试最小孔径为105μm，正好处于微组构尺度，因此可借助孔隙率、孔体积、孔径大小以及孔连通特征分析混凝土宏观力学性能影响机制，近年被用于对比传统现浇混凝土与3D打印混凝土的微细观孔隙形态差异。

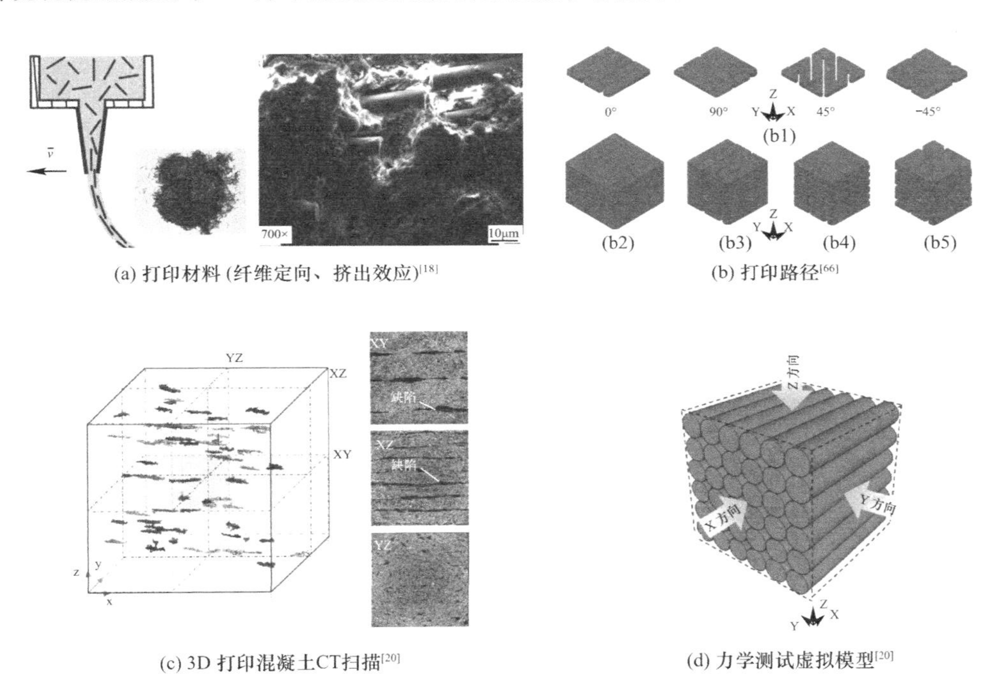

(a) 打印材料(纤维定向、挤出效应)[18]　(b) 打印路径[66]

(c) 3D打印混凝土CT扫描[20]　(d) 力学测试虚拟模型[20]

图1-19 3D打印混凝土性能各向异性

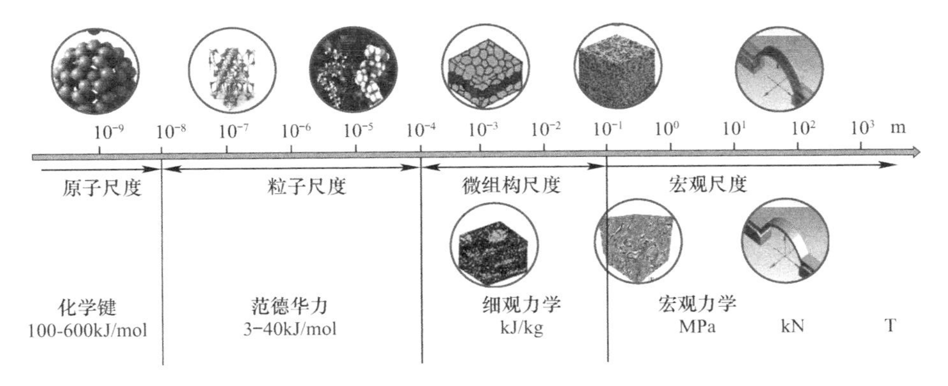

图1-20 混凝土材料层次结构分析机制

对比 3D 打印混凝土与现浇混凝土的孔隙大小分布特征[58]，打印混凝土试件孔隙与现浇混凝土对比更大（1.6-4.0mm），且多位于打印层间与条间，如图 1-21(a)所示。3D 打印混凝土孔隙率为 2.2%-4.2%[67-69]，混凝土内部孔隙分布与打印工艺（如喷嘴移动速度、挤出速度、打印间隔时间等）和材料（如黏度特性等）相关。研究表明：打印间隔时间大于 30min，更容易出现扁平状孔隙，如图 1-21(b)所示。Lee 等人[70]使用体素尺寸为 70μm 的 μ-CT 测定了 3D 打印混凝土的平均孔隙率在 5%-6%，研究表明：层间孔隙率比平均孔隙率高出 2.15%-6.66%。Van Der Putten[67]使用了 μ-CT 扫描，测得 3D 打印混凝土的孔隙率约为 3%。使用“平面度”指标，从 0.1 到 0.45 描述了空隙的形态变化，发现层间包含了更多的扁平与细长的孔。Kloft 等人[68]使用 GE phoenix 锥形 X 射线 CT 设备扫描试件，测量 3D 可打印混凝土的平均孔隙率为 3.4%。Kruger[69]使用 GE Nanotom S 扫描仪测试得现浇混凝土孔隙率平均为 6.8%，3D 打印试样孔隙率为 7.9%，打印混凝土基体的孔隙率为 4.2%，孔径测试范围为 0.2-2mm。

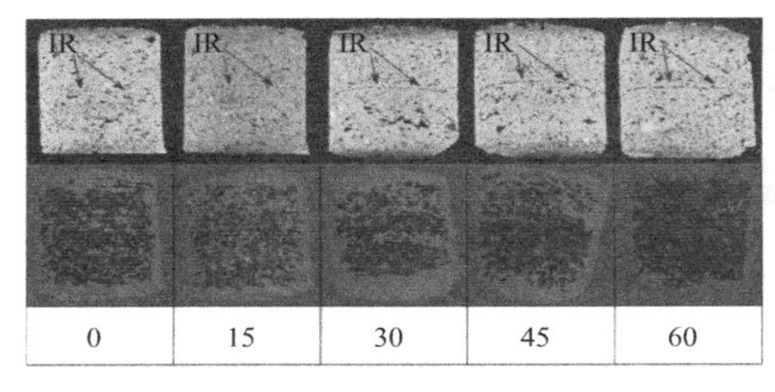

(a) 孔隙形态与打印时间间隔的关系[69]

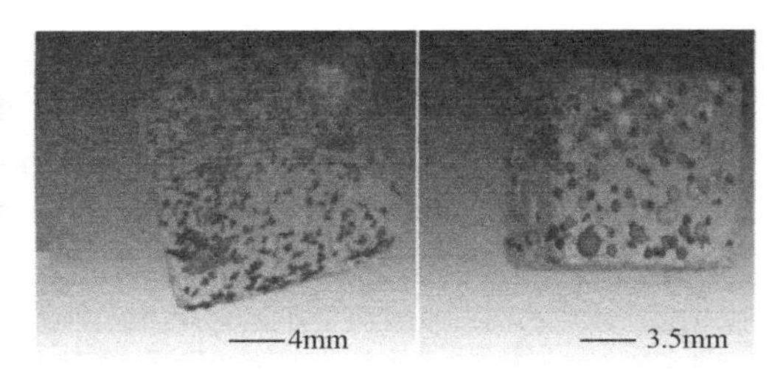

(b) 现浇/3D打印混凝土[71]

图 1-21　3D 打印混凝土孔隙形态

1.2.4　3D 打印混凝土材料力学性能

目前，针对 3D 打印混凝土硬化性能的研究表明[20,21,27,44,64,66,71-80]：轮廓成型后硬化混凝土强度有较为明显的各向异性。由于试验材料、测试方向差异，为汇总比较，将材料强度归一化处理，以打印成型 F_x 方向为基准进行归一化统计抗压强度，分别用现浇成型 M、打印成型 F_y 方向、打印成型 F_z 方向除以打印成型 F_x 方向获得相对强度比值，如图 1-22 所示。强度的变化规律如图 1-23 与图 1-24 所示。

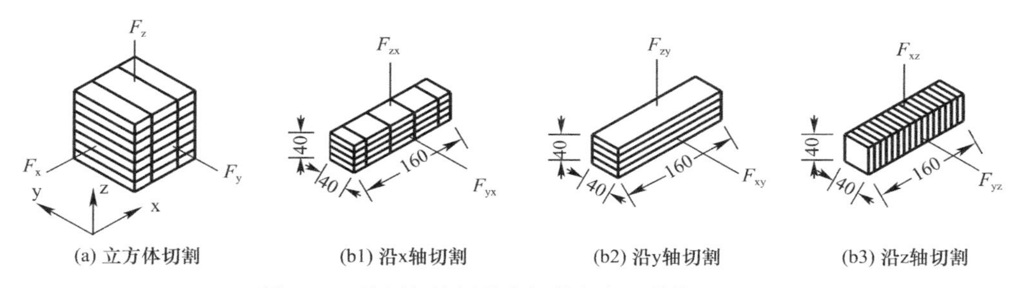

(a) 立方体切割　(b1) 沿x轴切割　(b2) 沿y轴切割　(b3) 沿z轴切割

图 1-22　抗压与抗折强度加载方向（单位：mm）

抗折试件 F_{yx} 表示沿着 x 轴切割，沿着 y 方向加载，其余切割、加载方向同理

由于各研究材料、设备和打印工艺的差别，导致试验数据存在离散性。为了降低材料和打印制作引起的误差，将各试验数据以 F_x、F_{yx} 方向强度为基准进行归一化分析。试验

表明：由于打印层条界面存在孔隙缺陷，现浇混凝土的立方体抗压强度普遍大于3D打印混凝土。Le[58]、Feng[72]、Ma[20,73]、Arunothayan[78]研究表明在高泵送压力下，沿打印条方向的抗压强度可达到最高，甚至超过模具成型的抗压强度。F_z 的抗压强度普遍高于 F_x 抗压强度，其增大范围为2.94%-167%。而 F_y 的强度却存在不确定性，Rahul[80]、Zhang[51]的研究表明 F_y 抗压强度小于 F_x，降低范围为2.57%-10%；Nerella[44]与Wolfs[77]的研究表明 F_y 与 F_x 两个方向的抗压强度无明显差异性；其余研究均大于1，增加范围为2.27%-44.8%。抗折强度的试验数据以 F_{yx} 为基准进行分析，研究发现 F_{yz} 强度最大，与 F_{yx} 相比增加范围为9.3%-22.5%，F_{zx} 最小，与 F_{yx} 相比降低范围为9.33%-50%。3D打印挤出层条的几何空间组成与层条间界面性能最终反映在3D打印混凝土宏观力学性能上的显著差异。将强度差异与材料配比中水胶比、纤维掺量、长径比等参数开展分析，可以看出材料配比对力学各向异性有显著的影响，如图1-25所示，但其作用机制还有待进一步分析明确。

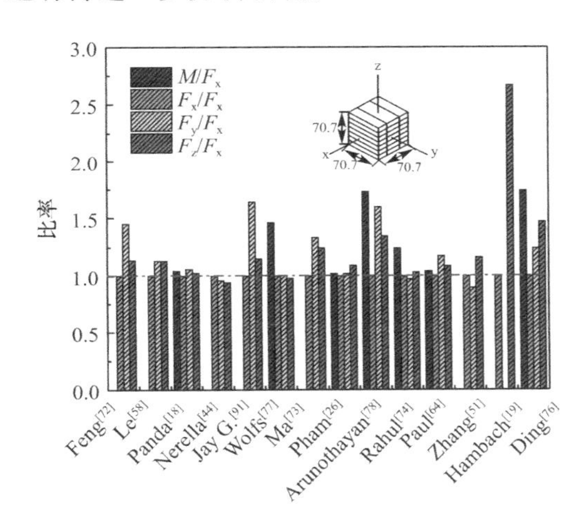

图1-23 抗压强度各向异性（单位：mm）

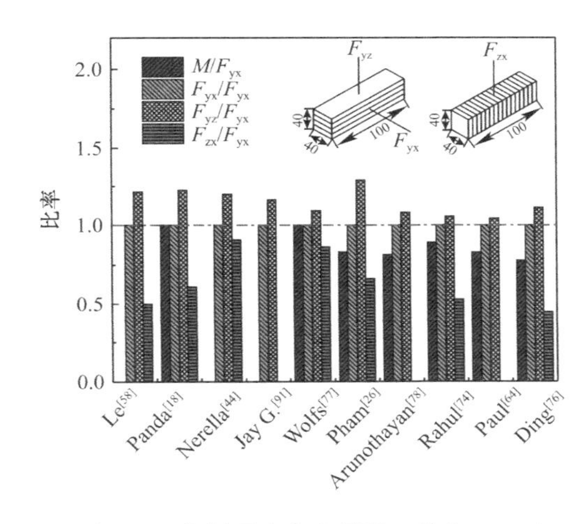

图1-24 抗折强度各向异性（单位：mm）

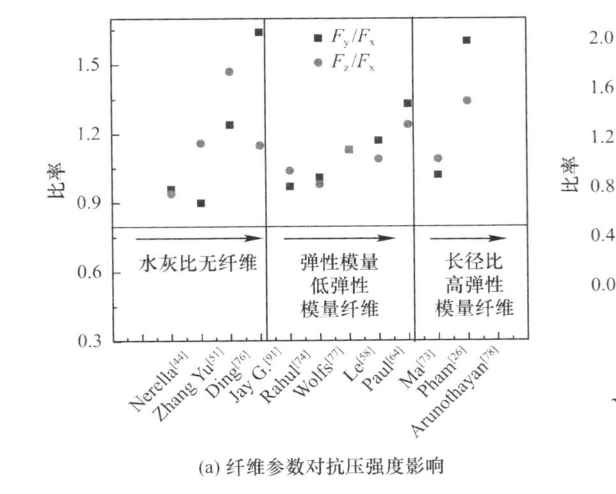

(a) 纤维参数对抗压强度影响

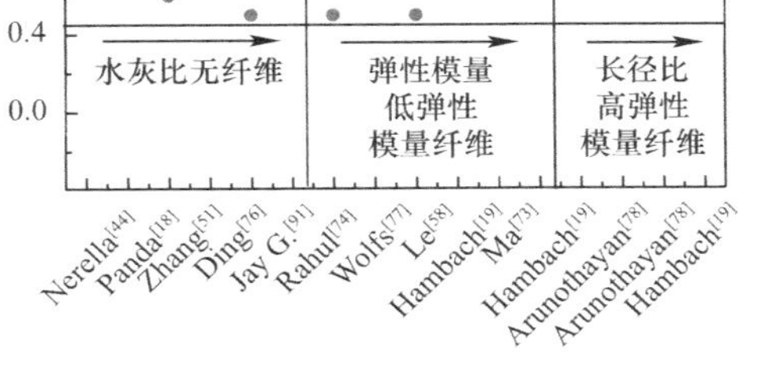

(b) 纤维参数对抗折强度影响

图1-25 纤维参数对力学强度影响

1.2.5 3D打印混凝土耐久性能

混凝土在长期使用过程中，有害离子的侵入会导致结构发生损伤与损坏，例如氯化物渗透或碳化引起的钢筋腐蚀，硫酸盐侵蚀，冻融损伤，盐分结垢等。混凝土的渗透性是衡量其耐久性的重要指标，而决定混凝土中离子运输的关键因素是孔隙率和孔径分布。3D打印混凝土的层状结构在界面处孔隙率较大，这些孔隙将成为腐蚀性物质的优先进入路径，从而加速结构力学性能的降低[68,81]。孔径较小的孔隙（凝胶孔隙）会影响收缩和蠕变，而孔径较大的孔隙（毛细孔隙）会对胶凝材料的抗压强度和渗透性产生更大的影响。另外，缺少模板以及过高的胶凝材料含量会使3D打印混凝土更易于收缩。Zhang等人[51]研究了3D打印混凝土的干燥收缩，研究表明70d收缩率基本稳定在（807-840）$\times 10^6$微应变之间，具备较低的收缩率。汪群[82]研究了打印混凝土沿不同方向的碳化和抗渗性能，试验表明：打印层条界面对渗透和碳化性能均造成显著的影响，在其耐久性评估中必须予以重视。但目前针对3D打印混凝土的耐久性研究较少，有待开展更为深入系统的研究。

1.3 增材智造混凝土结构研究进展

1.3.1 基于3D打印混凝土层间性能的建造工艺优化

堆叠成型的混凝土打印工艺导致建造成型构件存在层条界面缺陷，因此相邻层条界面粘结是挤压式轮廓成型3D打印混凝土力学性能评估中最重要的问题之一。混凝土材料与结构性能受打印工艺如打印时间间隔、喷嘴空间位置、打印速度、挤出速率等参数影响[83,84]，同时与水泥基材料种类、矿物掺料、外加剂、纤维掺量类型等材料组分[44,85-88]以及复杂多变的建造环境均有关联，各因素之间影响机制可由空间四面体模型所示（图1-26）。本质上，打印混凝土层间粘结强度的下降主要源于表面自由水分的蒸发[85,89,90]，打印工艺、材料配比或者环境因素致使层条表面局部缺水，减弱了界面材料的水化程度进而形成层条缺陷。由于挤出装置内壁形成润滑层及渗透速率的增长导致新挤出的混凝土层条出现泌水现象，造成短时间内界面含水率高[91,92]。界面含水率随打印时间间隔延长下降，层条

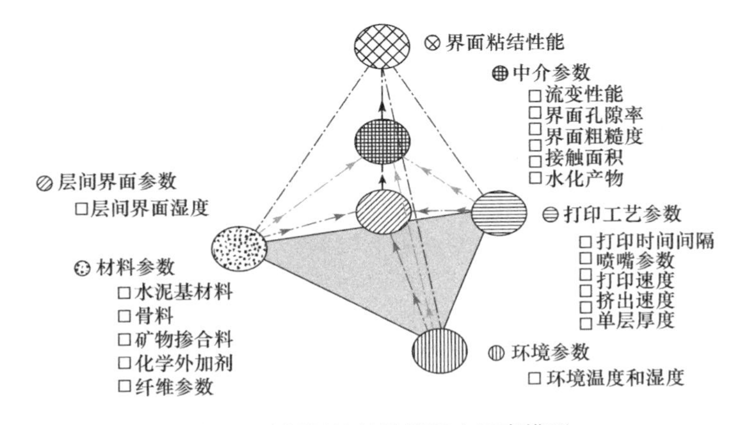

图1-26 层间粘结性能影响因素模型

界面随水分流失出现较大的缺陷（图 1-27）。3D 打印混凝土层间粘结性能由流变特性、界面孔隙、表面粗糙度、接触面积、水化产物等多类"中介变量"共同作用交互影响。相较于复杂的材料组分、不可控的环境条件，打印工艺的可控性高，可优化分析，工程改进。因此，本节整理了现阶段国内外轮廓打印工艺对成型后混凝土层间粘结性能试验数据，从打印时间间隔、喷嘴参数、打印速度三方面探讨层间粘结的影响机制，以期对智能建造工艺流程的优化和改进提供借鉴和参考。

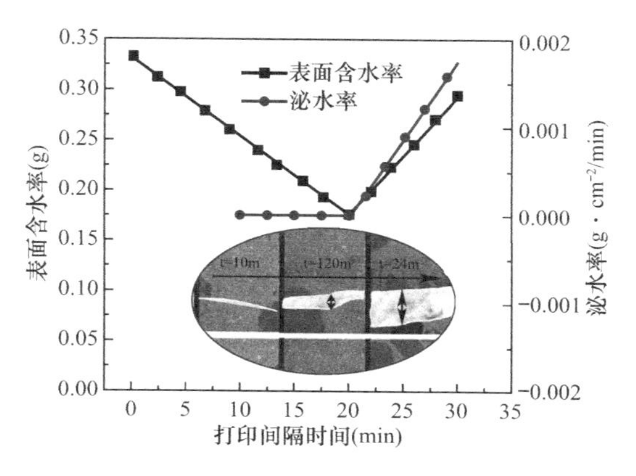

图 1-27 打印时间间隔与界面含水率模型

打印时间间隔，是层间粘结强度的最主要影响因素[58]，统一定义为自打印起始时间点至打印至第二层相同位置所需的时间。表 1-3 列出了近几年国内外学者关于打印混凝土打印时间间隔与层间粘结的研究成果。

增材建造混凝土打印时间间隔与层间粘结的研究成果 表 1-3

学者	力学性能	胶凝材料	打印时间间隔（t/h）	研究结果
Le 等[58]	拉伸	硅酸盐水泥	0.25/0.5/1/2/4/8/18	15min 发生层间界限破坏
Tay 等[93]	拉伸	硅酸盐水泥	0.017/0.08/0.17/0.33	5-20min 出现显著层间失效
Panda 等[94]	拉伸	地质聚合物	0.017/0.08/0.17/0.25/0.33	20min 强度下降约 75.4%
Van Der Putten 等[95]	拉伸	硅酸盐水泥	0/0.17/1	粘结强度损失 57.5%-96.5%
Nerella 等[96]	抗弯	硅酸盐水泥	0.017/0.17/24	粘结强度损失 9.9%-91.9%
Sakka 等[97]	拉伸	硅酸盐水泥	0/0.08/0.17/0.25	粘结强度损失 19.9%-52.0%
刘致远等[98]	拉伸	硅酸盐水泥	0.08/1.5/3.5/7/24/72	粘结强度损失 16.7%-40%
Wolfs 等[77]	抗弯	硅酸盐水泥	0/1/4/7/24	24h 强度降低 16%
	劈拉	硅酸盐水泥	0/4/24	24h 劈裂抗拉强度降低 21%

以现阶段最常用的混凝土打印原料硅酸盐水泥为例，其水化通常分四个阶段[99-102]：预诱导期以水泥熟料溶解为主，水化物在诱导期逐渐成核，达到临界尺寸开始生长并进入加速期，大规模水化作用在加速期和后加速期完成，材料达到预期强度。基于水化过程探讨水泥模量与水化时间变化规律，由图 1-28 可知：主要水化产物体积比与宏观力学性能在大规模水化作用发生前、后变化迥异。水泥模量随水化反应的进行基本保持增长趋势，大规模水化发生前（图 1-28a），由于仅生成少量的 C-S-H、AFt 等水化产物致使水泥模量偏低，而诱导期水化速率低致使模量增长缓慢；大规模水化发生后（图 1-28b），模量增长趋势与主要水化产物 C-S-H 的占比变化规律表现一致。

按照混凝土制作流程和打印工艺进行分析：

$$T_{hy} = T_i + \Delta_t \tag{1-1}$$

其中，T_{hy} 为水泥水化时间，以水泥与水混合开始计算；T_i 为打印时间间隔，以打印第一层参照位置时间为起始点，按实际打印流程计算；Δ_t 为材料制作及输运时间，由搅拌时间 t_s、运料时间 t_{tr}、泵送时间 t_p 构成：$\Delta_t = t_s + t_{tr} + t_p$，根据常见设备工况，$t_s =$

3-5min，t_{tr}＝3-5min，t_{p}＝10-15min，考虑到水泥材料水化特点和打印工艺，Δ_{t}控制在20-30min为宜。

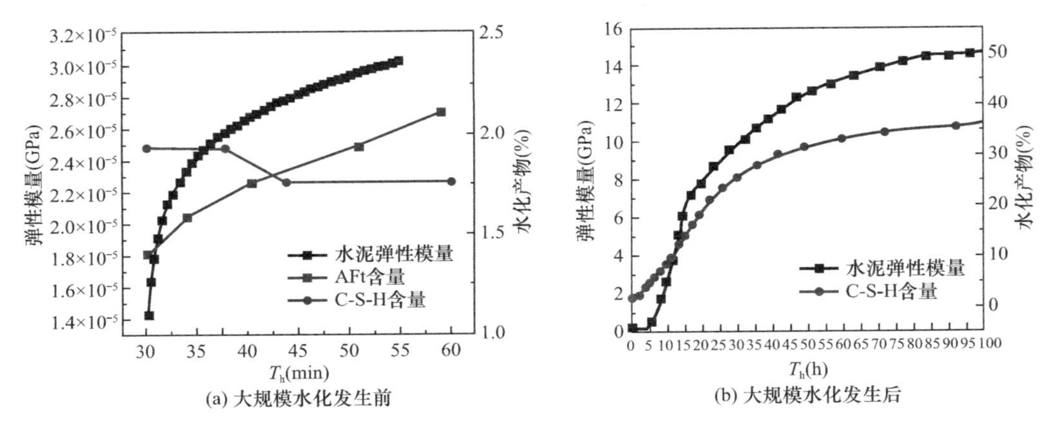

图 1-28　水泥水化作用与弹性模量的时变规律

按照轮廓成型工艺，自下而上逐层打印堆叠成型。底层混凝土条带的水泥模量随时间推移而增加，刚度增大引起界面硬化。上层对底层在重力作用下加压，当覆盖沉积应力不足以打破界面硬化应力时，则上下层难以触变成型，界面孔隙率增大[93]，引起宏观层间粘结强度下降。同样地，按照水泥水化过程将打印时间间隔分为大规模水化作用发生前，大规模水化作用发生后两个阶段，对现有文献试验数据分别进行统计分析（图 1-29）。

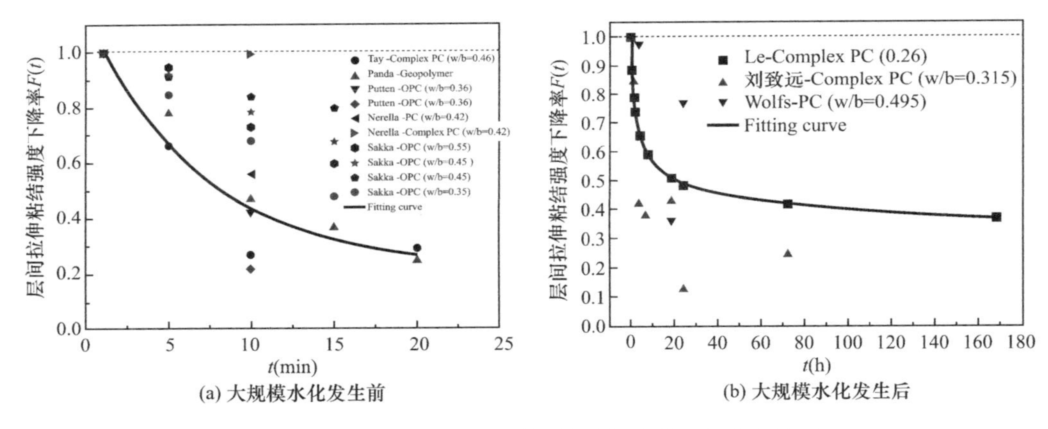

图 1-29　打印时间间隔与层间拉伸粘结强度退化率模型

试验表明：层间拉伸粘结强度随打印时间间隔的延长而下降，可建立如下两阶段强度退化模型：

$$
\begin{cases}
F(t)=0.9225\times \mathrm{e}^{\frac{t}{7.05782}}+0.21325 & (t<T_{\mathrm{i}}) \\
F(t)=0.80166\times t^{-0.1532} & (t>T_{\mathrm{i}})
\end{cases}
\tag{1-2}
$$

其中，$F(t)$ 为层间拉伸粘结强度下降率，t 为打印时间间隔；按水泥水化过程大规模水化作用发生的临界时间大致处于水化诱导期结束阶段，推算打印时间间隔 T_{i} 为 20-30min。

3D打印混凝土通过喷嘴挤出、逐层堆叠成型，构件的层间粘结性能受控于喷嘴参数，现有研究表明：影响层间粘结性能的喷嘴参数主要归纳为两类——喷嘴几何参数和喷嘴位置参数。喷嘴的几何参数，如形状、尺寸直观影响构件的成型及力学性能[39,64,103,104]，相关研究如表1-4所示。方、矩形喷嘴打印混凝土具备更好的建造稳定性，圆形喷嘴能适应各个打印角度，但易产生更多层条孔隙，三角形挤出形状能促进层条间的压实，提高界面机械咬合力；矩形喷嘴打印成型构件具有比圆形喷嘴高35.2%-46.3%的抗压强度，而三角形挤出构件的抗压强度比圆形、矩形喷嘴分别高41.7%、31.4%；另外，同形状大尺寸的喷嘴在同体积流量下，其构件拥有着更少的层、条间接触，力学性能也越强。

喷嘴空间位置作为打印工艺的可调控参数，其高度变化影响层间粘结效果。为统一对比相关研究成果，喷嘴高度定义如下：

$$H = D + S \tag{1-3}$$

其中，H为喷嘴高度，D为层条厚度，S为当前打印条带顶面至喷嘴的距离（图1-30）。

鉴于各打印设备差异导致初始喷嘴高度不同，为排除该影响，以喷嘴高度比评估层间粘结强度变化率：

$$H_r = H/H' \tag{1-4}$$

$$S_r = S/S' \tag{1-5}$$

其中，H_r为喷嘴高度比，H'为初始喷嘴高度，H为喷嘴高度；S_r为层间粘结强度变化率，S'为初始喷嘴高度下测量的强度，S为各喷嘴高度下测量的强度。

喷嘴几何参数与层间粘结性能的研究 **表1-4**

学者	力学参数	喷嘴形状	喷嘴尺寸（mm）	试验参数	试验取值
孙晓燕等[104]	抗压 抗弯	—	—	喷嘴形状/尺寸	三角形/正方形/圆形 15mm、20mm、25mm
Panda等[94]	拉伸	方形	20×20	喷嘴高度	0mm、20mm、40mm
Wolfs等[77]	抗弯	—	—	喷嘴高度	8mm、9.5mm、11mm
Ding等[76]	劈裂抗拉	圆形	直径3	喷嘴高度	0mm、5mm、10mm
Panda等[105]	拉伸	方形	20×20	喷嘴高度	15mm、20mm

多试验样本受材料、打印工艺参数不同，层间粘结强度与喷嘴高度比的数据分析离散度较高（图1-31）。层间粘结强度随喷嘴高度的增加而减弱，尤其当$H \geqslant 2H'$时，更容易引起条带落位误差，降低了层条有效接触面积，该条件下的层间粘结显著受控于喷嘴高度变化。

因此，针对喷嘴高度比H_r建立层间粘结强度降低模型如下：

$$S_r = 1.68368 \times e^{\frac{-H_r}{0.64236}} + 0.65648 \tag{1-6}$$

打印混凝土条带接触面积是影响层间粘结强度的重要变量，受材料收缩、挤出速率等其他因素，打印条带与目标尺寸存在差值，现有打印工艺可保证打印条带宽度误差在10%内[49]。打印速度是智能建造主要工艺参数之一，对构件成型及相关力学性能具有显著影响。条带尺寸对打印速度的变化敏感性较高，已有研究[106]表明条带顶表面积随打印速度的增加而降低，如图1-32所示，Panda[94]、Van Der Putten[95]等均发现层间拉伸粘结强度与打印速度呈负相关。各研究采用的打印速度范围不一致，选取共有的打印速度范围数据（v=70-110mm/s）建立了打印速度与层间拉伸粘结强度、条带面积的衰退模型（图1-33）。

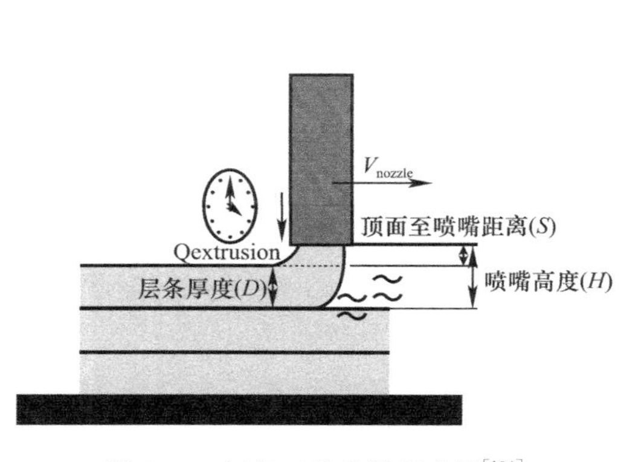

图 1-30　打印工艺参数示意图[104]

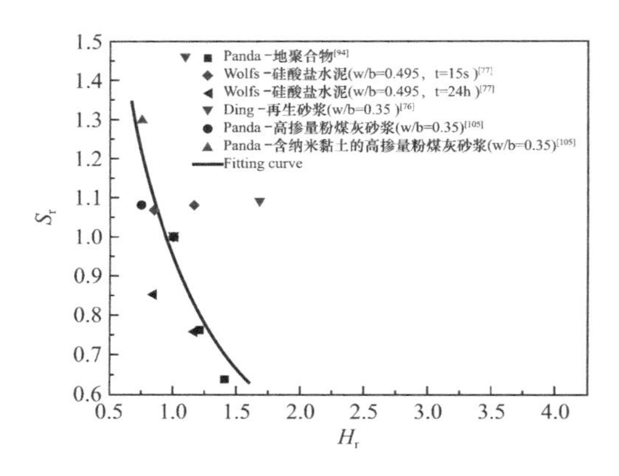

图 1-31　喷嘴高度比与层间粘结强度模型

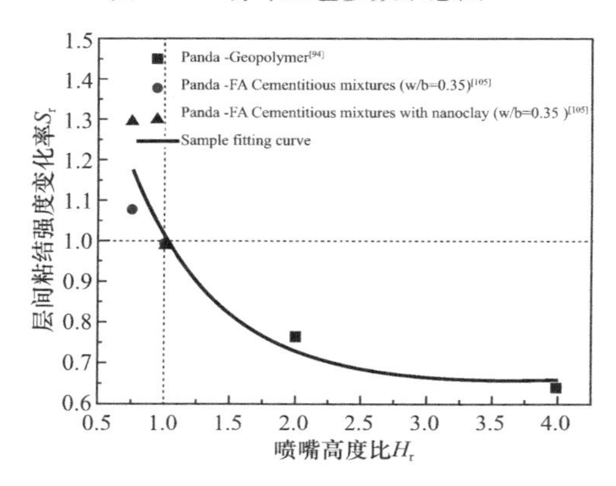

图 1-32　喷嘴高度比与层间粘结模型

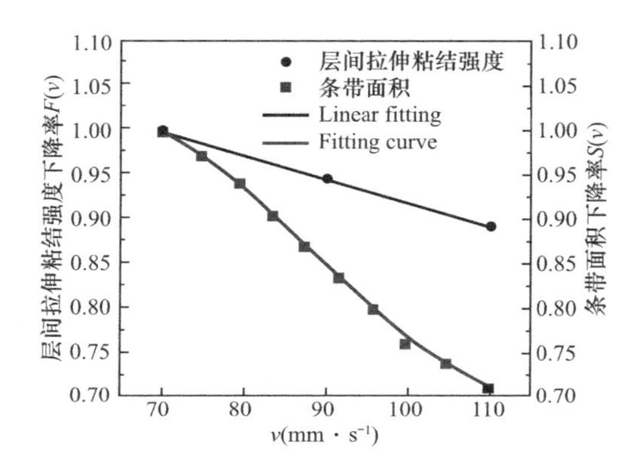

图 1-33　打印速度与层间粘结模型

层间拉伸粘结强度下降率 $F(v)$、条带顶表面积下降率 $S(v)$ 的数学模型如下：

$$F(v)=1.1875-0.00268\times v \tag{1-7}$$

$$S(v)=0.62+\frac{19.81272}{0.29721\sqrt{2\pi}v}e^{\frac{-\left(\ln\frac{v}{72.65455}\right)^2}{2\times0.29721^2}} \tag{1-8}$$

由于当前试验研究不足，且参数取值差异较大，拟合层间拉伸粘结强度模型存在一定偏差，亟待后续研究予以改进。

1.3.2　面向增材智造的混凝土结构拓扑优化设计

1.3.2.1　拓扑优化空间结构设计

拓扑优化技术（Topology Optimization）是一种根据给定的负载情况、约束条件以及性能指标，借助计算机分析得到给定区域内材料空间分布的数学优化方法。自 1988 年提出均匀化方法进行拓扑优化后，陆续提出了变密度法、水平集法、ICM 法、渐进结构优化法、双向渐进结构优化法等，已经成为成熟的结构设计计算体系。结构经过拓扑优化设计的空间几何结构造型复杂，传统建造技术难以适用，而增材制造技术可以免模制造、数字成型，为了充分发挥 3D 打印自由建造的能力，而不是依赖于传统结构构型以及设计者的经验，将拓扑优化应用到模型建立上，通过有限元技术在设计域内指定边界条件和作用荷载下开展多自由度新颖高效的概念设计，保证结构具有良好的力学性能和美观度的同时，避免过度设计和减少材料浪费，结合增材制造开展结构拓扑优化设计分析，整合形成数值设计、信息建造一体化计算技术，具有广阔的发展前景。

建筑结构最普遍应用的钢筋混凝土结构在增材制造导向下如何考虑打印配筋造成承载性能空间各向异性，在结构空间和多几何维度探索建筑结构多运营工况、多材料建造、多服役性能和多极限状态下的优化算法和设计方法，是当前土木工程智能制造产业升级的核心技术。

1.3.2.2 建筑结构拓扑优化研究进展

拓扑优化算法根据离散体和连续体分为两类，离散体算法主要代表有桁架设计原理，后经改进得出了不同应力和位移约束下平面桁架应满足最小重量布局的标准；连续体算法主要代表有含有惩罚因子的匀质材料法以及渐进结构优化算法，经过数十年的发展，衍生出全局寻优能力更强的反向渐进结构优化、双向渐进结构优化、遗传演化结构优化、平滑渐进结构优化和加窗渐进结构优化等多种算法，成为较为完整的设计计算体系，广泛应用于建筑结构的设计分析中。

陈寅等[107]在超高层建筑方案设计中，基于各楼层水平荷载以顶点位移最小化为设计目标进行悬臂均质体交叉支撑结构拓扑优化；张鹄志等[108]分别对4根支座约束条件不同的双侧开洞深梁、4根开洞情形不同的两端固定铰支深梁以及3根支座约束与开洞情形均有一定差别的连续深梁进行拓扑优化。陈华婷等[109]以应变能最小为目标函数、体积限值为约束条件，研究不同支承条件下轨道交通30m标准跨径简支高架U形梁的最优结构形式，采用形状优化消除截面应力集中的影响。谭凯军等[110]采用变密度法以质量最小为优化目标，对一品桁架工字钢梁在不同工况下的载荷情况与力学性能进行了拓扑优化，提升了质量利用率。蔡安江等[111]基于变密度拓扑优化法，以柔度最小为优化目标，对振动台面加强筋进行布局优化，获得了合理的振动台面结构。白鸿宇等[112]以材料用量最小，同时保证结构稳定性及强度为优化目标针对新型复合材料桥梁结构进行拓扑优化；江旭东等[113]以结构动柔顺度最小为目标，融合等效静载荷方法与双向渐进结构优化方法，提出了动载荷作用下连续体结构动刚度拓扑优化方法。朱黎明等[114]以结构刚度、强度为约束条件结构总质量最小为目标函数采用拓扑优化实现钢桥结构总质量降低54%。祝明桥等[115]采用加窗渐进结构优化方法进行了双层交通混凝土箱梁腹板开孔设计。荣见华等[116]对均布荷载下两端固结210m×21m桥梁平面以跨中位移限值为0.1m进行拓扑优化，得到拱上立柱倾斜拱设计方案。李志强等[117]对均布荷载两端固结40m×8m平面域以体积分数为0.29进行拓扑优化，得到拱上立柱倾斜拱结构。陈艾荣等[118]对均布荷载下两端固结矢跨比1/10.0、1/5.0、1/3.3、1/2.5的长方体进行拓扑优化，发现矢跨比在1/10.0-1/2.5优化形成较为合理的拱曲线。

1.3.2.3 增材制造建筑结构拓扑优化设计

拓扑优化技术可以将力学和优化方法引入到结构设计中，通过空间搜索满足设计要求的最优结构，充分发挥3D打印复杂造型的建造潜力，形成的数字模型可直接用于3D打印智能建造，完善基于BIM的施工优化和全寿命管理系统，有利于数字化经济的发展和工程建造的智能化水平提升。

(1) 增材制造建筑材料的各向异性

由于采用分层制造技术，增材制造建筑材料在宏观层面都表现出一定程度的各向异性。增材制造建筑钢材时，金属在极高温度下熔融挤出急速冷却成型，因为各种原因造成内部结构缺陷。3D 打印混凝土往往打印时掺入高模量复合纤维增强增韧，在挤出作用下纤维定向排列使得材料弹性模量、强度以及延性具有更显著的各向异性。

钢材 3D 打印技术以 PBF 中的选择性激光熔融技术为主，相比于传统工艺锻造或铸造的钢材，3D 打印钢材一般具有更高强度和更低的延性，相关研究表明：由于激光扫描后，熔池内晶体会沿着冷却速率最快的方向生长，而加载方向垂直于构建方向试样的内部晶体会形成互锁现象，导致加载方向垂直于构建方向的试样拥有较高的屈服强度和极限抗拉强度。但由于材料成分差异研究结论存在一定离散性。由于相关试验中锻造样品的晶粒尺寸比 3D 打印样品的晶粒尺寸小，Kim 等[119]研究发现 3D 打印钢材强度、延性均降低。Kong 等[120]的研究表明，3D 打印钢材结构的抗压性能同样具有各向异性，与沿 Z 轴加载的构件相比，沿 X 轴和 Y 轴加载的构件具有更强的抗压性能，但在热处理后，三向抗压性能趋于一致。Ni 等[131]对 3D 打印 316L 不锈钢进行 EBSD 试验研究，在 XOY 平面中观察到比在 XOZ 平面中更多的小角度边界，导致 XOY 平面上孔的低伸长率和大纵横比。Yang 等[132]研究发现 3D 打印 316L 不锈钢顶面主要由蜂窝状结构组成，而侧面以柱状结构为主，这导致结构磨损各向异性在低荷载下十分突出，具体表现为，构件的侧面在不同滑动方向上表现出的耐磨性能差异显著。Riemer 等[133]研究表明，3D 打印 316L 不锈钢的疲劳性能具有各向异性，这也与材料的晶粒生长方向密切相关。除结构的加载方向与构建方向的角度外，扫描路径也能够通过对晶粒生长方向的影响导致结构的各向异性[134]，如图 1-34(a) 所示。

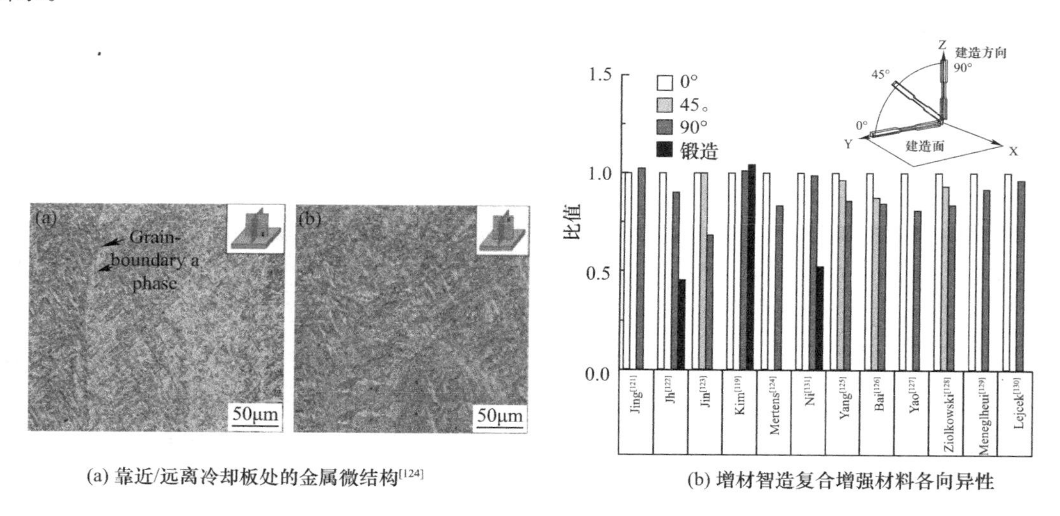

(a) 靠近/远离冷却板处的金属微结构[124]　　(b) 增材智造复合增强材料各向异性

图 1-34　增材智造建筑材料的各向异性形成机制

针对 3D 打印混凝土硬化性能的研究表明：在抗压强度方面，结构顶面方向（Z 方向）的抗压强度较高，但大多数研究表面强度仍然低于模具成型的力学强度。沿打印层方向（X 方向）最低。沿打印条方向（Y 方向）的研究结论存在不同。Le[58]、Feng[72]、Ma[73]、Arunothayan[78]等研究表明：在高泵送压力下，沿打印条的方向的抗压强度可达到最高，甚至超过模具成型的强度。Zhang[51]、Pham[26]、Rahul[80]等沿打印条方向（Y 方向）测试的抗压强度偏低。Wolfs[77]与 Nerella[44]等通过较好的打印工艺未曾观测到抗压强度有明显的各向异性。

（2）打印路径和配筋增强对各向异性的影响

Heras Murcia 的测试结果表明[66]：虽然 3D 打印混凝土试块在三个方向上表现出明显不同的力学性能，但同一方向不同打印路径下材料极限抗压强度、破坏应变、弹性模量差异性并不显著，如图 1-35(a)所示。Ma 等[20]设立了三种打印路径分别对素混凝土和钢缆增强混凝土进行测试发现：钢缆增强后，打印路径对抗弯强度提升了 5 倍以上。孙晓燕等[136]通过数值分析了纵向、横向和组合打印路径对拱形混凝土构件承载力的影响，研究表明：打印路径造成的承载力差异在 15%左右，如图 1-35(b)所示。打印路径对成型后结构性能影响与打印材料、打印尺度与配筋增强均有一定影响，但目前尚缺乏针对性系统性的研究。

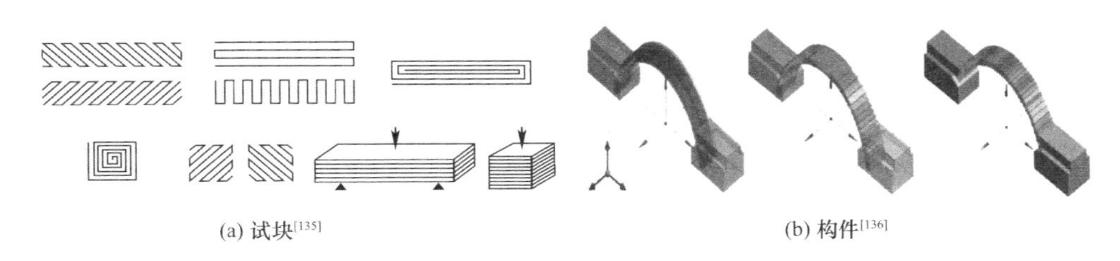

(a) 试块[135]　　(b) 构件[136]

图 1-35　打印路径引起的各向异性

（3）考虑材料各向异性的拓扑优化

针对正交各向异性材料拓扑优化算法较为容易实现，其中基于变密度法的将正交各向异性材料刚度矩阵代入原算法实现了正交各向异性拓扑优化。对于水平集法，梁森等[137]将正交各向异性材料的物质导数引入 Lagrange 泛函进行敏感度分析，通过边界的合并与分裂来改变嵌入其内的零水平面上设计结构的拓扑结果来实现对各向异性材料结构的拓扑优化过程。龚曙光等[138]将无网格 Galerkin 法引入正交各向异性薄板的结构拓扑优化中，建立了以节点相对密度为设计变量、以结构柔度为目标函数的结构拓扑优化模型。王伟伟等[139]采用正交各向异性材料的刚度矩阵插值函数针对静力学和动力学方面对板壳结构进行了优化。国内外也开发了新的算法以支持更加复杂材料的拓扑优化。Kim 等[140]使用均匀化方法和基于投影的后处理方法对纤维分布和取向进行了设计，将亥姆霍兹滤波和亥维赛投影结合，实现了对纤维材料的拓扑优化。李增聪等[141]提出面向集中力扩散的回转曲面加筋拓扑优化方法。李晶等[142]以统一应力强度作为准则从而实现了算法对混凝土、铸铁等抗拉强度与抗压强度不对等材料的拓扑优化。但现阶段的材料各向异性优化局限于单一材料和单一运营工况下的分析，尚缺乏针对复合材料空间服役状态下的优化分析方法。

（4）考虑打印路径的结构各向异性拓扑优化

相较于材料性能改善，通过修改打印路径提高结构性能更为显著且具有较低的经济成本，但需要建立迭代次数较多的拓扑优化算法。Xu 等[143]基于固体各向异性材料的惩罚和双平滑投影方法，提出了一种考虑复合沉积路径模式和各向异性材料特性的结构优化设计方法。优化后的结构由实体部分和边界层组成，实体部分由单向之字形沉积路径和自定义填充图案填充，边界则由轮廓偏移沉积路径填充。然而只是将切片程序所可能规划的打印路径进行力学分析，并不是空间力学最优解。Jantos 等[144]提出了一种带有中间密度惩罚的连续密度插值方法和基于哈密顿原理的热力学优化方法，同时优化各向异性三维材料的材料取向和拓扑结构。研究发现[145]，使用水平集法进行的拓扑优化可以实现规划打印路径与主应力方向可以很好地匹配，基于混合路径规划的形状拓扑优化算法同时对形状和路径进行灵敏度分析，可在多种规划中选取结构力学性能最优解，但变量较多，计算速度较慢，且只适用于熔融沉积制造（图 1-36）。

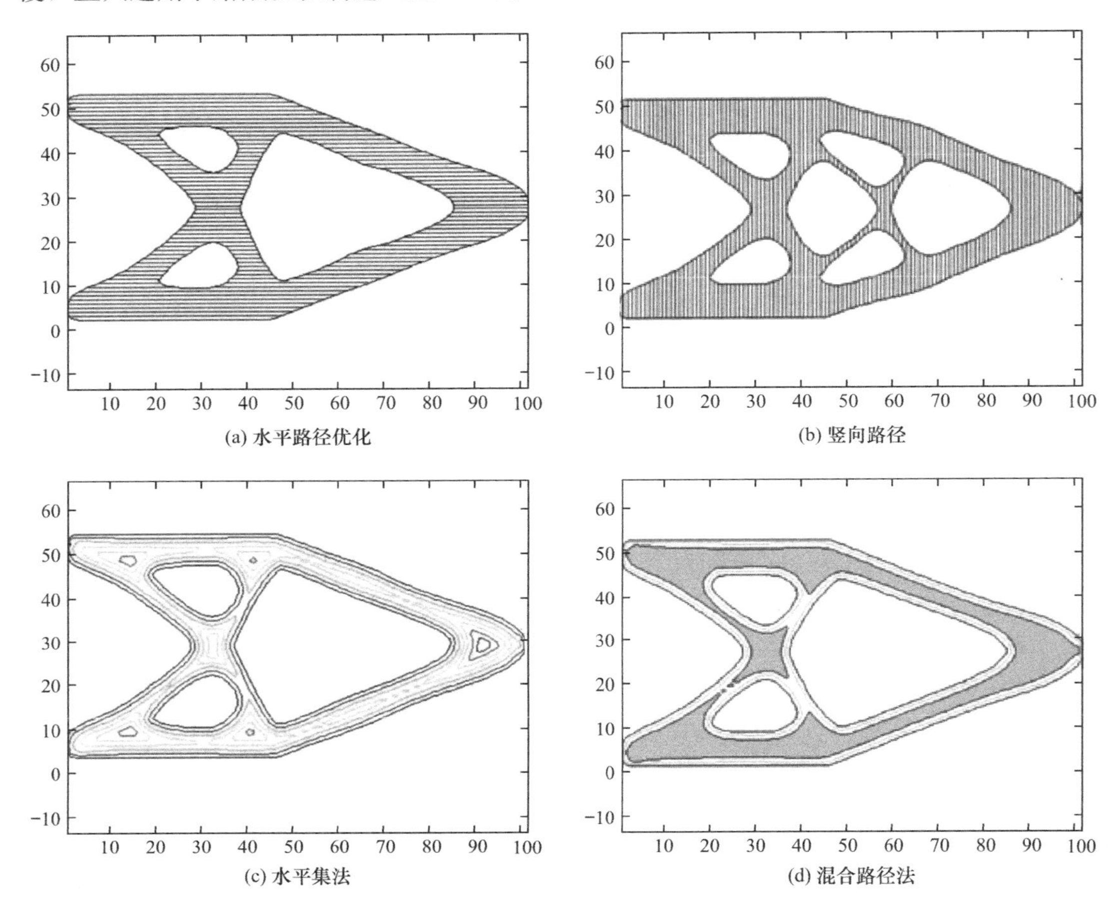

图 1-36　考虑路径和算法的拓扑优化结果对比[145]

1.3.3　增材智造建筑结构工程实践

由于增材智造所需的打印建筑材料、打印配筋增强材料以及装配化智能建造工艺的日益成熟，世界各地研究机构积极探索拓扑优化结构设计和工程应用。现有的增材智造建筑结构拓扑优化综合考虑现有建筑材料和最新增材建造工艺，逐渐形成从空间形态-打印路径-配筋增强-结构优化的层次渐进设计框架，如图 1-37 所示，并开展了工程探索和技术尝试。

利用增材制造数字设计打印成型钢筋混凝土结构作为新一代智能建造建筑结构具有很强的技术可行性，但是现阶段的结构拓扑优化的算法尚无针对打印混凝土成型工艺、打印路径和配筋优化的各向异性开展，也不能充分考虑空间结构服役期间多运营荷载工况下的静力性能和动力响应开展优化分析和结构设计。现阶段针对打印成型配筋混凝土结构的设计、计算方法很是缺乏，尚无针对增材智造建筑结构的极限状态分析方法。

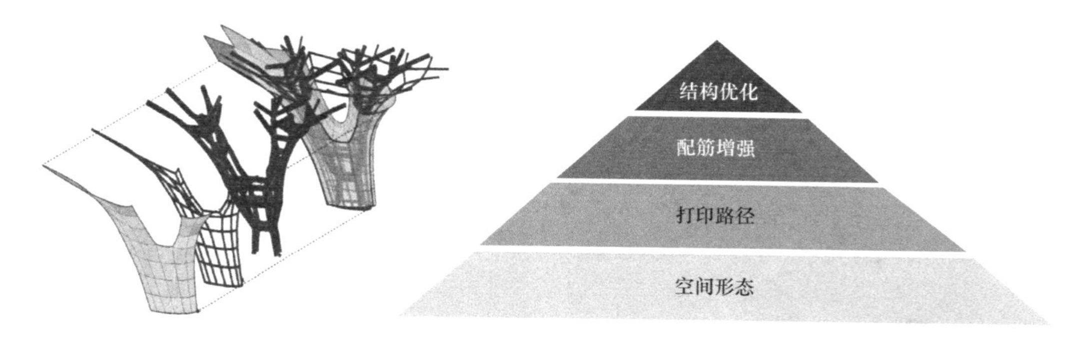

图 1-37 面向增材制造配筋复合结构的渐进层次拓扑优化方法

1.3.3.1 基于拓扑优化的混凝土板 D-shape 打印建造

2016 年，苏黎世联邦理工学院的 Jipa 等[146]等针对拓扑优化在混凝土板设计、增材制造方面开展了研究。首先采用 Millipede 软件对设计域为 1.8m×1m×0.15m 的混凝土板在上表面均布荷载、底面设置三点支撑的条件下，以减少 80%的材料用量为目标进行设计，打印制造了如图 1-38(a)所示的混凝土板。随后，将约束条件改为下底面四点支撑，以减少 82%的材料用量为设计目标，利用 SIMULIA ABAQUS 进行优化，打印出如图 1-38(b)所示的结构。采用 D-shape 工艺打印制作，在后处理的过程中去除未固结部分，并以环氧树脂渗透提高结构强度。结果表明：经过拓扑优化设计的混凝土板能够减少 70%以上的材料用量，且在 $2500kN/m^2$ 均布荷载下结构受力情况良好，这也证实了 3D 打印的拓扑优化设计混凝土板在工程实践中的可靠性。

(a) 三支撑

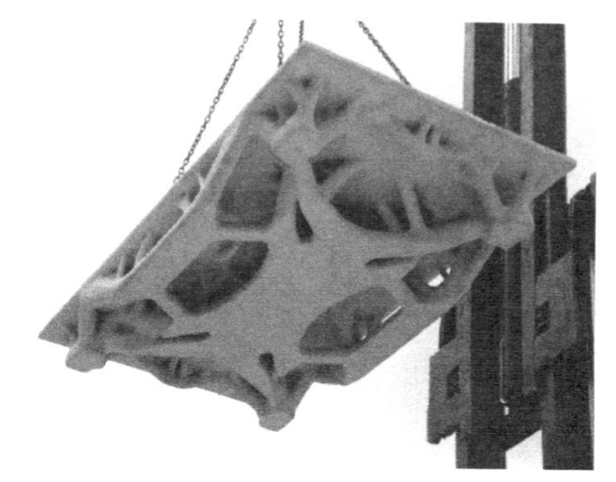

(b) 四支撑

图 1-38 混凝土平板拓扑优化[146]

1.3.3.2 基于拓扑优化的改性塑料人行桥打印建造

2017 年，袁烽等[147]展示了以改性塑料（MP）采用层积式打印技术（类似于 FDM）制作的两座人行桥，跨度分别为 11m 和 4m。桥梁设计利用三种数值方法进行三步设计：悬链线方程、拓扑优化和有限元建模。首先采用悬链线方程确保轴向荷载占主导地位，结构的荷载通过悬链曲线进行传递，在 Kangaroo 软件上模拟悬链线，设置边界条件并施加荷载，就得到了桥梁的基本结构曲线。设计运用了基于 SIMP 算法的拓扑优化，限制了结构的刚度，将优化目标定为最小结构自重。最后将优化结果采用有限元方法进行检验，避免出现结构局部应力过大的情况。最后的桥梁实体在试验室分段打印（图 1-39a），并在现场组装完成（图 1-39b）。

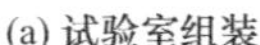

(a) 试验室组装

(b) 桥梁展示现场

图 1-39　3D 打印 MP 人行天桥[147]

1.3.3.3　**基于拓扑优化的人行桥打印建造**

2016 年，西班牙加泰罗尼亚学院采用 D-shape 工艺，以最小自重为目标拓扑优化设计，采用微型钢筋和砂胶材料以 D-shape 工艺增材智能建造了一座人行桥。该结构长 12m、宽 1.75m（图 1-40）。

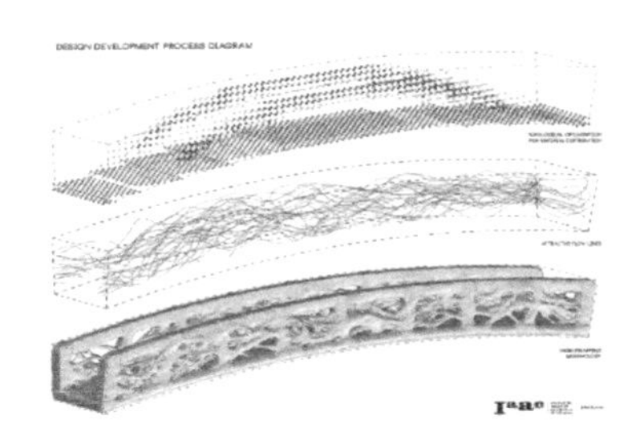

图 1-40　IAAC 人行桥的设计建造

1.3.3.4　**混凝土梁拓扑优化、轮廓打印及后张成型**

2018 年，以色列理工学院的 Amir 和 Shakour 对后张预应力混凝土梁进行了 2D 的拓扑优化设计[148]。2020 年 4 月，根特大学 Vantyghem 等[149]在此基础上进行精细化设计，梁设计域的跨高比为 10∶1，梁跨度定为 4m，利用变密度法对结构进行优化设计。为了实现张拉和 3D 打印模块的自支撑，梁被分为 18 个梁段分别打印（图 1-41a），端块使用传统制造方法。组装阶段，先用少量支撑将梁段定位，再将钢筋固定到位（图 1-41b），对纵向钢筋施加 5kN 的预应力张紧整体结构后，用泡沫枪密封梁段之间空隙。在梁上钻出 4 个灌注孔以高强度砂浆形成最终结构（图 1-41c）。在最后阶段，梁体施加了 50kN 的预应力。基于力学性能测试，材料节省达 20%，对于基于拓扑优化设计的混凝土 3D 打印实际应用有很高的参考借鉴价值。

1.3.3.5　**3D 打印混凝土永久模板现浇配筋混凝土刚架桥拓扑优化**

2019 年，笔者团队考虑混凝土材料的特性和 3D 打印技术的可实施性，利用拓扑优化方法采用不中断线条连贯流畅组成藤树形状的墩梁一体三跨树形混凝土刚架桥，如图1-42所示。考虑水深、通航特点，布置3跨30m桥梁跨径，桥面宽度4-5.5m。桥面系钢架纵梁断面60cm×40cm，横梁尺寸为40cm×20cm。桥面板采用厚40mm钢化夹胶玻璃，栏杆树枝采用半圆形钢管，围挡采用20mm厚钢化夹胶玻璃。桥墩立柱断面为异形混凝土藤树干造型，平均直径2.5m，藤枝分9种类型，直径0.6-1.0m。由3D打印混凝土制作外模，内部分段放置钢筋笼，最后现浇混凝土，各节段以打印混凝土和钢筋的交错搭接完成节段拼装。

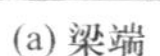

(a) 梁端

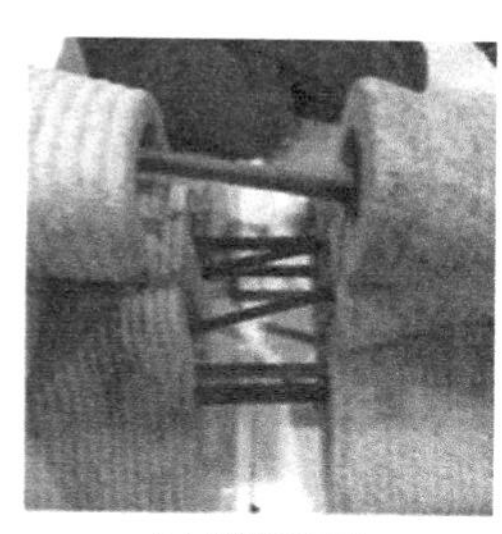

(b) 钢筋位置

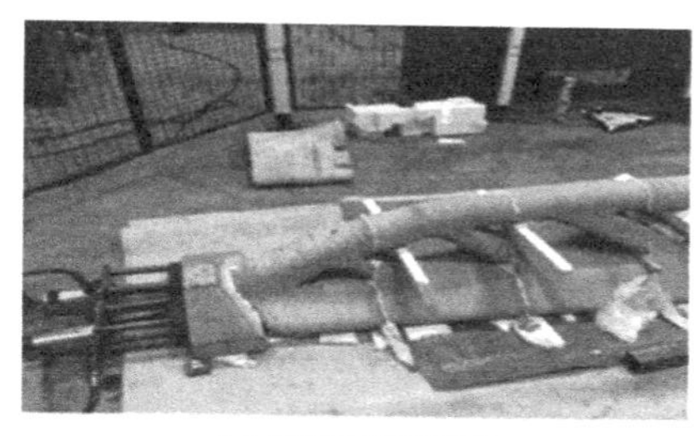

(c) 组装和灌注过程

图1-41 拓扑优化后张预应力3D打印混凝土梁组装过程[149]

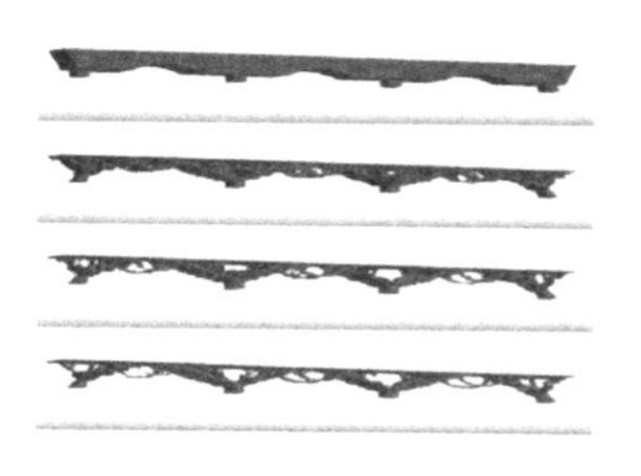

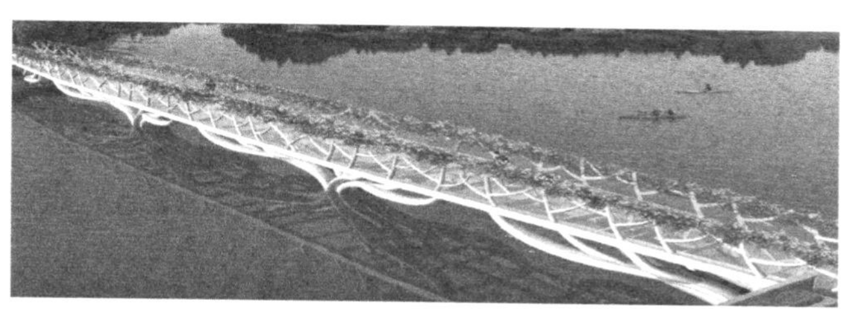

图1-42 拓扑优化3D打印混凝土刚架桥

1.4 本章小结

本章阐述了建筑结构工程建造发展历程，通过建筑材料的制作技术和增材智能建造技术的梳理，分析增材智造混凝土结构的发展趋势。针对智能建造混凝土打印材料的研究进展，归纳了现有打印材料的配合比设计、湿态工作性能、打印成型混凝土的微细观空间组成和成型后力学性能、耐久性能关键参数，同时针对智能建造混凝土结构总结了智能建造工艺优化和结构拓扑优化设计等技术进展，并对现阶段国内外增材智能建造工程案例进行简单介绍，为增材智造混凝土结构的发展提供了借鉴和实践基础。

参考文献

[1] Goodfriend M, Mcdermott J. Industrial development and the convergence question [J]. The American

Economic Review. 1998，88(5)：1277-1289.
[2] 钱学森. 运用现代科学技术实现第六次产业革命——钱学森关于发展农村经济的四封信 [J]. 生态农业研究，1994(03)：1-5.
[3] 闫泽涛. 产业革命：过去、现在和未来——从近代历史开始以来谈起 [J]. 河西学院学报，2019，35(6)：88-94.
[4] 黄奇帆. 数字经济时代，算力是国家与国家之间竞争的核心竞争力 [J]. 中国经济周刊，2020(21)：106-109.
[5] 周安亮，王德成，屈贤明. 基于历史发展的等材制造智能化趋势研究 [J]. 机电产品开发与创新，2018，31(02)：10-12.
[6] 杜修力，刘占省，赵研. 智能建造概论 [M]. 北京：中国建筑工业出版社，2021.
[7] 李艳芹，张德海，何文斌等. 增材制造 Ti 合金数字散斑相关方法应变检测及成形极限构建综述 [J]. 精密成形工程. 2021，9(2)：1-12.
[8] 徐卫国. 数字建筑设计与建造的发展前景 [J]. 当代建筑，2020(02)：20-22.
[9] 鲍跃全，李惠. 人工智能时代的土木工程 [J]. 土木工程学报，2019，52(05)：1-11.
[10] 丁烈云，徐捷，覃亚伟. 建筑 3D 打印数字建造技术研究应用综述 [J]. 土木工程与管理学报，2015，32(03)：1-10.
[11] 陈应. 融合创新 绿色建造与智能建筑共赢新时代 [J]. 智能建筑，2020(01)：45-46.
[12] 李佩娟. 中国 3D 打印行业竞争格局及市场份额 [Z]. 2021.
[13] 王子明，刘玮. 3D 打印技术及其在建筑领域的应用 [J]. 混凝土世界，2015(1)：50-57.
[14] Gosselin C，Duballet R，Roux P，et al. Large-scale 3D printing of ultra-high performance concrete-a new processing route for architects and builders [J]. Materials & Design，2016，100：102-109.
[15] Xia M，Sanjayan J. Method of formulating geopolymer for 3D printing for construction applications [J]. Materials & Design，2016，110：382-390.
[16] Khoshnevis B. Automated construction by contour crafting—related robotics and information technologies [J]. Automation in Construction，2004，13(1)：5-19.
[17] Marchment T，Sanjayan J. Mesh reinforcing method for 3D concrete printing [J]. Automation in Construction，2020，109：102992.
[18] Panda B，Chandra Paul S，Jen Tan M. Anisotropic mechanical performance of 3D printed fiber reinforced sustainable construction material [J]. Materials Letters，2017，209：146-149.
[19] Hambach M，Volkmer D. Properties of 3D-printed fiber-reinforced Portland cement paste [J]. Cement and Concrete Composites，2017，79：62-70.
[20] Ma G，Li Z，Wang L，et al. Mechanical anisotropy of aligned fiber reinforced composite for extrusion-based 3D printing [J]. Construction and Building Materials，2019，202：770-783.
[21] Ding T，Xiao J，Zou S，et al. Anisotropic behavior in bending of 3D printed concrete reinforced with fibers [J]. Composite Structures，2020，254：112808.
[22] Ma G，Li Z，Wang L，et al. Micro-cable reinforced geopolymer composite for extrusion-based 3D printing [J]. Materials Letters，2019，235：144-147.
[23] Lim J H，Panda B，Pham Q. Improving flexural characteristics of 3D printed geopolymer composites with in-process steel cable reinforcement [J]. Construction and Building Materials，2018，178：32-41.
[24] Bos F，Ahmed Z，Jutinov E，et al. Experimental exploration of metal cable as reinforcement in 3D printed concrete [J]. Materials，2017，10(11)：1314.
[25] Li L G，Zeng K L，Ouyang Y，et al. Basalt fibre-reinforced mortar：rheology modelling based on

water film thickness and fibre content [J]. Construction and Building Materials, 2019, 229: 116857.

[26] Pham L, Tran P, Sanjayan J. Steel fibres reinforced 3D printed concrete: influence of fibre sizes on mechanical performance [J]. Construction and Building Materials, 2020, 250: 118785.

[27] Arunothayan A R, Nematollahi B, Ranade R, et al. Development of 3D-printable ultra-high performance fiber-reinforced concrete for digital construction [J]. Construction and Building Materials, 2020, 257: 119546.

[28] 孙晓燕，王海龙，陈杰等. 一种3D打印编织一体化成型建筑的建造方法[P]. CN201811038630.2. 2019-01-18.

[29] Asprone D, Auricchio F, Menna C, et al. 3D printing of reinforced concrete elements: technology and design approach [J]. Construction and Building Materials, 2018, 165: 218-231.

[30] 高君峰. 3D打印永久性混凝土模板及其叠合构件试验研究 [D]. 浙江大学，2020.

[31] Mechtcherine V, Grafe J, Nerella V N, et al. 3D-printed steel reinforcement for digital concrete construction-Manufacture, mechanical properties and bond behaviour [J]. Construction and Building Materials, 2018, 179: 125-137.

[32] Mechtcherine V, Michel A, Liebscher M, et al. Mineral-impregnated carbon fiber composites as novel reinforcement for concrete construction: material and automation perspectives [J]. Automation in Construction, 2020, 110: 103002.

[33] Xiao J, Zou S, Yu Y, et al. 3D recycled mortar printing: system development, process design, material properties and on-site printing [J]. Journal of Building Engineering, 2020, 32: 101779.

[34] Sun X, Wang Q, Wang H, et al. Influence of multi-walled nanotubes on the fresh and hardened properties of a 3D printing PVA mortar ink [J]. Construction and Building Materials, 2020, 247: 118590.

[35] 楚宇扬，徐金涛，刘烨等. 快硬硫铝酸盐水泥在3D打印材料中的应用 [J]. 建筑材料学报，2020: 1-11.

[36] Soltan D G, Li V C. A self-reinforced cementitious composite for building-scale 3D printing [J]. Cement and Concrete Composites, 2018, 90: 1-13.

[37] Panda B, Sonat C, Yang E, et al. Use of magnesium-silicate-hydrate (M-S-H) cement mixes in 3D printing applications [J]. Cement and Concrete Composites, 2021, 117: 103901.

[38] Weng Y, Ruan S, Li M, et al. Feasibility study on sustainable magnesium potassium phosphate cement paste for 3D printing [J]. Construction and Building Materials, 2019, 221: 595-603.

[39] Perrot A, Rangeard D, Courteille E. 3D printing of earth-based materials: processing aspects [J]. Construction and Building Materials, 2018, 172: 670-676.

[40] Panda B, Tan M J. Experimental study on mix proportion and fresh properties of fly ash based geopolymer for 3D concrete printing [J]. Ceramics International, 2018, 44(9): 10258-10265.

[41] Chen Y, Veer F, Copuroglu O, et al. Feasibility of using low CO_2 concrete alternatives in extrusion-based 3D concrete printing [Z]. Cham: Springer International Publishing, 2019269-276.

[42] Chen M, Yang L, Zheng Y, et al. Yield stress and thixotropy control of 3D-printed calcium sulfoaluminate cement composites with metakaolin related to structural build-up [J]. Construction and Building Materials, 2020, 252: 119090.

[43] Panda B, Tan M J. Rheological behavior of high volume fly ash mixtures containing micro silica for digital construction application [J]. Materials Letters, 2019, 237: 348-351.

[44] Nerella V N, Hempel S, Mechtcherine V. Effects of layer-interface properties on mechanical per-

formance of concrete elements produced by extrusion-based 3D-printing [J]. Construction and Building Materials, 2019, 205: 586-601.

[45] Ma G, Li Z, Wang L. Printable properties of cementitious material containing copper tailings for extrusion based 3D printing [J]. Construction and Building Materials, 2018, 162: 613-627.

[46] Zhang Y, Zhang Y, Liu G, et al. Fresh properties of a novel 3D printing concrete ink [J]. Construction and Building Materials, 2018, 174: 263-271.

[47] Jiao D, Shi C, Yuan Q, et al. Effect of constituents on rheological properties of fresh concrete-A review [J]. Cement and Concrete Composites, 2017, 83: 146-159.

[48] Le T T, Austin S A, Lim S, et al. Mix design and fresh properties for high-performance printing concrete [J]. Materials and Structures, 2012, 45(8): 1221-1232.

[49] Kazemian A, Yuan X, Cochran E, et al. Cementitious materials for construction-scale 3D printing: laboratory testing of fresh printing mixture [J]. Construction and Building Materials, 2017, 145: 639-647.

[50] Kruger J, Zeranka S, Van Zijl G. An ab initio approach for thixotropy characterisation of (nanoparticle-infused) 3D printable concrete [J]. Construction and Building Materials, 2019, 224: 372-386.

[51] Zhang Y, Zhang Y, She W, et al. Rheological and harden properties of the high-thixotropy 3D printing concrete [J]. Construction and Building Materials, 2019, 201: 278-285.

[52] Ting G H A, Tay Y W D, Qian Y, et al. Utilization of recycled glass for 3D concrete printing: rheological and mechanical properties [J]. Journal of Material Cycles and Waste Management, 2019, 21(4): 994-1003.

[53] Weng Y, Li M, Tan M J, et al. Design 3D printing cementitious materials via Fuller Thompson theory and Marson-Percy model [J]. Construction and Building Materials, 2018, 163: 600-610.

[54] Zhang C, Hou Z, Chen C, et al. Design of 3D printable concrete based on the relationship between flowability of cement paste and optimum aggregate content [J]. Cement and Concrete Composites, 2019, 104: 103406.

[55] Leemann A, Winnefeld F. The effect of viscosity modifying agents on mortar and concrete [J]. Cement & Concrete Composites. 2007, 29(5): 341-349.

[56] Won J, Hwang U, Kim C, et al. Mechanical performance of shotcrete made with a high-strength cement-based mineral accelerator [J]. Construction & Building Materials, 2013, 49: 175-183.

[57] Khalil N, Aouad G, El Cheikh K, et al. Use of calcium sulfoaluminate cements for setting control of 3D-printing mortars [J]. Construction & Building Materials, 2017, 157: 382-391.

[58] Le T T, Austin S A, Lim S, et al. Hardened properties of high-performance printing concrete [J]. Cement and Concrete Research, 2012, 42(3): 558-566.

[59] Suiker A S J, Wolfs R J M, Lucas S M, et al. Elastic buckling and plastic collapse during 3D concrete printing [J]. Cement and Concrete Research, 2020, 135: 106016.

[60] Roussel N, Coussot P. "Fifty-cent rheometer" for yield stress measurements: from slump to spreading flow [J]. Journal of Rheology (New York : 1978), 2005, 49(3): 705-718.

[61] Perrot A, Rangeard D, Pierre A. Structural built-up of cement-based materials used for 3D-printing extrusion techniques [J]. Materials and Structures, 2016, 49(4): 1213-1220.

[62] Yuan Q, Li Z, Zhou D, et al. A feasible method for measuring the buildability of fresh 3D printing mortar [J]. Construction and Building Materials, 2019, 227: 116600.

[63] Buswell R A, Leal De Silva W R, Jones S Z, et al. 3D printing using concrete extrusion: a roadmap for research [J]. Cement and Concrete Research, 2018, 112: 37-49.

[64] Paul S C, Tay Y W D, Panda B, et al. Fresh and hardened properties of 3D printable cementitious materials for building and construction [J]. Archives of Civil and Mechanical Engineering, 2018, 18(1): 311-319.

[65] 廉慧珍，童良，陈恩义. 建筑材料物相研究基础 [M]. 北京：清华大学出版社，1996.

[66] Heras Murcia D, Genedy M, Reda Taha M M. Examining the significance of infill printing pattern on the anisotropy of 3D printed concrete [J]. Construction and Building Materials, 2020, 262: 120559.

[67] Van Der Putten J, Deprez M, Cnudde V, et al. Microstructural characterization of 3D printed cementitious Materials [J]. Materials (Basel), 2019, 12(18).

[68] Kloft H, Krauss H, Hack N, et al. Influence of process parameters on the interlayer bond strength of concrete elements additive manufactured by shotcrete 3D printing (SC3DP) [J]. Cement and Concrete Research, 2020, 134: 106078.

[69] Kruger J, du Plessis A, van Zijl G. An investigation into the porosity of extrusion-based 3D printed concrete [J]. Additive Manufacturing, 2021, 37: 101740.

[70] Lee H, Kim J J, Moon J, et al. Correlation between pore characteristics and tensile bond strength of additive manufactured mortar using X-ray computed tomography [J]. Construction and Building Materials, 2019, 226: 712-720.

[71] Cicione A, Kruger J, Walls R S, et al. An experimental study of the behavior of 3D printed concrete at elevated temperatures [J]. Fire Safety Journal, 2021, 120: 103075.

[72] Feng P, Meng X, Chen J, et al. Mechanical properties of structures 3D printed with cementitious powders [J]. Construction and Building Materials, 2015, 93: 486-497.

[73] Ma G, Zhang J, Wang L, et al. Mechanical characterization of 3D printed anisotropic cementitious material by the electromechanical transducer [J]. Smart Materials and Structures, 2018, 27(7): 75036.

[74] Rahul A V, Santhanam M, Meena H, et al. Mechanical characterization of 3D printable concrete [J]. Construction and Building Materials, 2019, 227: 116710.

[75] Wang L, Tian Z, Ma G, et al. Interlayer bonding improvement of 3D printed concrete with polymer modified mortar: experiments and molecular dynamics studies [J]. Cement and Concrete Composites, 2020, 110: 103571.

[76] Ding T, Xiao J, Zou S, et al. Hardened properties of layered 3D printed concrete with recycled sand [J]. Cement and Concrete Composites, 2020, 113: 103724.

[77] Wolfs R J M, Bos F P, Salet T A M. Hardened properties of 3D printed concrete: the influence of process parameters on interlayer adhesion [J]. Cement and Concrete Research, 2019, 119: 132-140.

[78] Arunothayan A R, Nematollahi B, Ranade R, et al. Fiber orientation effects on ultra-high performance concrete formed by 3D printing [J]. Cement and Concrete Research, 2021, 143: 106384.

[79] Zareiyan B, Khoshnevis B. Effects of interlocking on interlayer adhesion and strength of structures in 3D printing of concrete [J]. Automation in Construction, 2017, 83: 212-221.

[80] Rahul A V, Santhanam M, Meena H, et al. 3D printable concrete: mixture design and test methods [J]. Cement and Concrete Composites, 2019, 97: 13-23.

[81] Mohan M K, Rahul A V, Van Tittelboom K, et al. Rheological and pumping behaviour of 3D printable cementitious materials with varying aggregate content [J]. Cement and Concrete Research, 2021, 139: 106258.

[82] 汪群. 3D打印混凝土拱桥结构关键技术研究［D］. 浙江大学，2019.

[83] Wangler T, Roussel N, Bos F P, et al. Digital concrete: a review [J]. Cement and Concrete Research, 2019, 123: 105780.

[84] Souza M T, Ferreira I M, Guzi De Moraes E, et al. 3D printed concrete for large-scale buildings: An overview of rheology, printing parameters, chemical admixtures, reinforcements, and economic and environmental prospects [J]. Journal of Building Engineering, 2020, 32: 101833.

[85] Geng Z, She W, Zuo W, et al. Layer-interface properties in 3D printed concrete: dual hierarchical structure and micromechanical characterization [J]. Cement and Concrete Research, 2020, 138: 106220.

[86] Panda B, Ruan S, Unluer C, et al. Improving the 3D printability of high volume fly ash mixtures via the use of nano attapulgite clay [J]. Composites. Part B, Engineering, 2019, 165: 75-83.

[87] 吴昊一，蒋亚清，潘亭宏等. 3D打印水泥基材料层间结合性能研究［J］. 新型建筑材料，2019, 46(12): 5-8.

[88] Nematollahi B, Xia M, Sanjayan J, et al. Effect of type of fiber on inter-layer bond and flexural strengths of extrusion-based 3D printed geopolymer [J]. Materials Science Forum, 2018, 939: 155-162.

[89] Keita E, Bessaies-Bey H, Zuo W, et al. Weak bond strength between successive layers in extrusion-based additive manufacturing: measurement and physical origin [J]. Cement and Concrete Research, 2019, 123: 105787.

[90] Roussel N. Rheological requirements for printable concretes [J]. Cement and Concrete Research, 2018, 112: 76-85.

[91] Sanjayan J G, Nematollahi B, Xia M, et al. Effect of surface moisture on inter-layer strength of 3D printed concrete [J]. Construction and Building Materials, 2018, 172: 468-475.

[92] Choi M, Roussel N, Kim Y, et al. Lubrication layer properties during concrete pumping [J]. Cement and Concrete Research, 2013, 45: 69-78.

[93] Tay Y W D, Ting G H A, Qian Y, et al. Time gap effect on bond strength of 3D-printed concrete [J]. Virtual and Physical Prototyping, 2019, 14(1): 104-113.

[94] Panda B, Paul S C, Mohamed N A N, et al. Measurement of tensile bond strength of 3D printed geopolymer mortar [J]. Measurement, 2018, 113: 108-116.

[95] Van Der Putten J, De Schutter G, Van Tittelboom K. The effect of print parameters on the (micro) structure of 3D printed cementitious materials [Z]. Cham: Springer International Publishing, 2019, 234-244.

[96] Nerella V N, Hempel S, Mechtcherine V. Micro-and macroscopic investigations on the interface between layers of 3D-printed cementitious elements [Z]. Chennai: 2017: 3.

[97] Sakka F E, Assaad J J, Hamzeh F R, et al. Thixotropy and interfacial bond strengths of polymer-modified printed mortars [J]. Materials and Structures, 2019, 52(4): 79.

[98] 刘致远，王振地，王玲等. 3D打印水泥净浆层间拉伸强度及层间剪切强度［J］. 硅酸盐学报，2019, 47(05): 648-652.

[99] Beaudoin J, Odler I. 5-Hydration, setting and hardening of portland cement [M]. Lea's Chemistry of Cement and Concrete (Fifth Edition), Hewlett P C, Liska M, Butterworth-Heinemann, 2019, 157-250.

[100] Aïtcin P C. 3-Portland cement [M]. Science and Technology of Concrete Admixtures, Aïtcin P, Flatt R J, Woodhead Publishing, 2016, 27-51.

[101] Marchon D, Flatt R J. 8-Mechanisms of cement hydration [M]. Science and Technology of Concrete Admixtures, Aïtcin P, Flatt R J, Woodhead Publishing, 2016, 129-145.
[102] 肖银武. 缓凝水泥浆液性能的试验研究 [D]. 安徽理工大学, 2013.
[103] Shakor P, Nejadi S, Paul G. A study into the effect of different nozzles shapes and fibre-reinforcement in 3D printed mortar [Z]. 2019: 12.
[104] 孙晓燕, 乐凯笛, 王海龙等. 挤出形状尺寸对3D打印砼力学性能影响研究 [J]. 建筑材料学报. 2020: 1-12.
[105] Panda B, Noor Mohamed N A, Paul S C, et al. The effect of material fresh properties and process parameters on buildability and interlayer adhesion of 3D printed concrete [J]. Materials, 2019, 12(13): 2149.
[106] Tay Y W D, Li M Y, Tan M J. Effect of printing parameters in 3D concrete printing: printing region and support structures [J]. Journal of Materials Processing Technology, 2019, 271: 261-270.
[107] 陈寅, 陈晓航, 黄元根. 不同高宽比3/4支撑与交叉支撑结构效率研究 [J]. 建筑结构, 2020, 50(04): 44-48.
[108] 张鹄志, 马哲霖, 黄海林等. 不同位移边界条件下钢筋混凝土深梁拓扑优化 [J]. 工程设计学报, 2019, 26(06): 691-699.
[109] 陈华婷, 孙聪, 赵蕊. 轨道交通高架U型梁结构优化设计研究 [J]. 都市快轨交通, 2020, 33(03): 85-91.
[110] 谭凯军, 程赫明. 基于变密度法的工字钢梁受弯构件数值分析与优化设计 [J]. 四川建筑科学研究, 2020, 46(06): 54-61.
[111] 蔡安江, 杨奇琦. 基于变密度法的平模台振加强筋布局优化 [J]. 计算力学学报, 2021, 38(01): 66-72.
[112] 白鸿宇, 赵超凡, 罗沪生等. 基于ANSYS有限元软件的桥梁结构拓扑优化 [J]. 山西建筑, 2020, 46(12): 54-56.
[113] 江旭东, 刘铮, 滕晓艳. 基于双向渐进结构优化方法的连续体结构动刚度拓扑优化 [J]. 哈尔滨理工大学学报, 2020, 25(05): 136-142.
[114] 朱黎明. 基于拓扑优化的钢桥结构合理构型研究 [J]. 河南大学学报 (自然科学版), 2019, 49(05): 612-617.
[115] 祝明桥, 王磊佳, 胡秀兰等. 基于拓扑优化的双层交通混凝土箱梁开孔设计 [C]. 南昌, 2019.
[116] 荣见华. 渐进结构优化方法及其应用研究 [D]. 国防科学技术大学, 2006.
[117] 李志强, 宋艳丽, 张运章. 多约束的桥梁结构拓扑优化 [J]. 钢结构, 2013, 28(07): 20-23.
[118] 陈艾荣, 常成. 渐进结构优化法在桥梁找型中的应用 [J]. 同济大学学报 (自然科学版), 2012, 40(01): 8-13.
[119] Kim T H, Bae K C, Jeon J B, et al. Building-Direction Dependence of Wear Resistance of Selective Laser Melted AISI 316L Stainless Steel Under Quasi-stationary Condition [J]. Tribology Letters, 2020, 68(3): 76.
[120] Kong D, Ni X, Dong C, et al. Anisotropy in the microstructure and mechanical property for the bulk and porous 316L stainless steel fabricated via selective laser melting [J]. Materials Letters, 2019, 235: 1-5.
[121] Jing G, Wang Z. Influence of molten pool mode on microstructure and mechanical properties of heterogeneously tempered 300M steel by selective laser melting [J]. Journal of Materials Processing Technology, 2021: 117188.

[122] Jh A，Wei C A，Zc B，et al. Microstructure，tensile properties and mechanical anisotropy of selective laser melted 304L stainless steel [J]. Journal of Materials Science & Technology，2020，48：63-71.

[123] Jin，Myoung，Jeon，et al. Effects of microstructure and internal defects on mechanical anisotropy and asymmetry of selective laser-melted 316L austenitic stainless steel - ScienceDirect [J]. Materials Science and Engineering：A，763：138152-138152.

[124] Mertens A，Reginster S，Paydas H，et al. Mechanical properties of alloy Ti-6Al-4V and of stainless steel 316L processed by Selective Laser Melting：Influence of out-of-equilibrium microstructures [J]. Powder Metallurgy，2014，57 (3)：184-189.

[125] Yang X Q，Liu Y，Ye J W，et al. Enhanced mechanical properties and formability of 316L stainless steel materials 3D-printed using selective laser melting [J]. International Journal of Minerals，Metallurgy，and Materials，2019，26 (11)：1396-1404.

[126] Bai Y，Lee Y J，Li C，et al. Densification behavior and influence of building direction on high anisotropy in selective laser melting of high-strength 18Ni-Co-Mo-Ti maraging steel [J]. Metallurgical and Materials Transactions A，2020，51 (11)：5861-5879.

[127] Yao Y，Wang K，Wang X，et al. Microstructural heterogeneity and mechanical anisotropy of 18Ni-330 maraging steel fabricated by selective laser melting：the effect of build orientation and height [J]. Journal of Materials Research，2020，35 (15)：2065-2076.

[128] Ziółkowski G，Chlebus E，Szymczyk P，et al. Application of X-ray CT method for discontinuity and porosity detection in 316L stainless steel parts produced with SLM technology [J]. Archives of civil and mechanical engineering，2014，14：608-614.

[129] Meneghetti G，Rigon D，Cozzi D，et al. Influence of build orientation on static and axial fatigue properties of maraging steel specimens produced by additive manufacturing [J]. Procedia Structural Integrity，2017，7：149-157.

[130] Lejček P，Čapek J，Roudnická M，et al. Selective laser melting of iron：multiscale characterization of mechanical properties [J]. Materials Science and Engineering：A，2021，800：140316.

[131] Ni X，Kong D，Wen Y，et al. Anisotropy in mechanical properties and corrosion resistance of 316L stainless steel fabricated by selective laser melting [J]. International Journal of Minerals，Metallurgy and Materials，2019，26(3)：319-328.

[132] Yang Y，Zhu Y，Khonsari M M，et al. Wear anisotropy of selective laser melted 316L stainless steel [J]. Wear，2019，428-429：376-386.

[133] Riemer A，Leuders S，Thöne M，et al. On the fatigue crack growth behavior in 316L stainless steel manufactured by selective laser melting [J]. Engineering Fracture Mechanics，2014，120：15-25.

[134] Carroll B E，Palmer T A，Beese A M. Anisotropic tensile behavior of Ti-6Al-4V components fabricated with directed energy deposition additive manufacturing [J]. Acta Materialia，2015，87：309-320.

[135] Hambach M，Volkmer D. Properties of 3D-printed fiber-reinforced Portland cement paste [J]. Cement and Concrete Composites，2017，79：62-70.

[136] 孙晓燕，唐归，王海龙等. 3D打印路径对混凝土拱桥结构力学性能的影响 [J]. 浙江大学学报(工学版)，2020，54(11)：2085-2091.

[137] 梁森，仪垂杰，郭健翔等. 各向异性结构拓扑优化设计理论与仿真 [J]. 系统仿真学报，2009，21(23)：7428-7432.

[138] 龚曙光，许延坡，卢海山等. 各向异性薄板的无网格法结构拓扑优化研究 [J]. 应用力学学报，

2019，36(04)：799-805.

[139] 王伟伟，叶红玲，尹芳放. 基于ICM和二分法的各向异性板壳结构屈曲拓扑优化 [Z]. 2017.

[140] Kim D，Lee J，Nomura T，et al. Topology optimization of functionally graded anisotropic composite structures using homogenization design method [J]. Computer Methods in Applied Mechanics and Engineering，2020，369：113220.

[141] 李增聪，陈燕，李红庆等. 面向集中力扩散的回转曲面加筋拓扑优化方法 [J]. 航空学报，2020：1-14.

[142] 李晶，鹿晓阳，赵晓伟. 统一强度双向渐进结构拓扑优化方法 [J]. 山东建筑大学学报，2008(01)：65-69.

[143] Xu S，Huang J，Liu J，et al. Topology optimization for FDM parts considering the hybrid deposition path pattern [J]. Micromachines (Basel)，2020，11(8)：709.

[144] Jantos D R，Hackl K，Junker P. Topology optimization with anisotropic materials，including a filter to smooth fiber pathways [J]. Structural and Multidisciplinary Optimization，2020，61(5)：2135-2154.

[145] Liu J，Ma YS，Qureshi AJ，et al.，Light-weight shape and topology optimization with hybrid deposition path planning for FDM parts [J]. The International Journal of Advanced Manufacturing Technology，2018，97(1-4)：1123-1135.

[146] Jipa A，Bernhard M，Meibodi M，et al. 3D-printed stay-in-place formwork for topologically optimized concrete slabs [Z]. San Antonio，TX，USA：Texas Society of Architects，2016，97-107.

[147] 袁烽，陈哲文，林边等. 从桥到亭——机器人三维打印 [J]. 城市建筑，2018(19)：70-73.

[148] Amir O，Shakour E. Simultaneous shape and topology optimization of prestressed concrete beams [J]. Structural and Multidisciplinary Optimization，2018，57(5)：1831-1843.

[149] Vantyghem G，De Corte W，Shakour E，et al. 3D printing of a post-tensioned concrete girder designed by topology optimization [J]. Automation in Construction，2020，112：103084.

第2章 增材智造混凝土材料

2.1 面向智能建造需求的3D打印混凝土配合比优化

作为增材智造打印材料，新拌混凝土需要具有适宜的流动性、凝结时间以及较高的早期强度，才能满足可打印性和可建造性的要求；作为结构材料，硬化混凝土还需要具备充分的材料强度，才能保障成型后结构服役安全性的要求。目前国内外研究者在3D打印混凝土工作性能研究方面取得了一些进展，代表性研究成果见表2-1。

3D打印混凝土工作性能代表性研究成果 表2-1

学者	可打印性		可建造性		强度	
	流动性（mm）	凝结时间（min）	触变性（N·mm·rpm）	稳定性	早期（MPa）	成熟期（MPa）
Hambach等[1]	—	—	—	—	—	抗折10-14
Ma等[2]	182-190	30-142	—	—	—	抗压20-50；抗折5-8
Paul等[3]	—	30-60	≥10000	—	—	抗折9-10
Le等[4]	—	20-100	—	＞62层	100min抗剪0.55	抗折11-16
蔺喜强等[5]	170-180	10-60	—	—	2h抗压10-20	抗压50-60；抗折7-8

注：材料强度按最有利的层条方向与加载方向统计。

现有3D打印水泥基材料在抗裂、高强高韧方面的性能有所欠缺，导致3D打印技术的工程应用受到限制。PVA纤维作为质轻、耐腐蚀、抗冻抗疲劳的高弹模聚合物纤维能够改善混凝土延性，提高材料的抗拉强度和刚度，成为提升3D打印混凝土抗裂性的首选材料之一。基于3D打印工艺，选用PVA纤维改进混凝土配合比，探究水胶比、砂胶比、矿粉掺量、纤维掺量四种因素对混凝土工作性能和力学性能的影响，并确定3D打印混凝土的最优配合比是可行的研究思路。现阶段3D打印混凝土的可打印性、可建造性和力学强度均基本满足智能建造需求。但打印参数对混凝土材料各向受力性能及成型后构件的受力响应有着显著的影响，如何在结构设计时考虑这些影响进行材料参数取值，开展结构性能分析尚未明确，制约着3D打印结构的设计和应用，亟待开展研究。

2.1.1 优化流程

3D打印混凝土配合比设计主要针对施工和服役需求开展强度、和易性和凝结时间设计。大量研究表明：水泥基材料的砂胶比越低，矿粉掺量越高，其强度和易性越好[6-8]。

基于紧密堆积理论结合配制经验[9]，水泥体积掺量占总粉体的 60%-70%，硅灰/水泥和矿渣/水泥分别在 0.2-0.3 以及 0.15-0.3 时，高性能混凝土材料堆积基本上可以达到最大密实状态。水胶比和纤维掺量对纤维增强混凝土的强度有很大影响[10]，其中水胶比是关键因素[11-13]。纤维掺量越高，混凝土的韧性越高，但材料的和易性会变差。现有高性能混凝土的研究中一般选用的纤维掺量在混凝土体积的 2%左右[14-16]。缓凝剂可以在对混凝土其他性能不产生影响的情况下，有效控制材料的凝结时间。根据水胶比、砂胶比、矿粉掺量和纤维掺量四个因素，针对材料的流动性和强度指标，可确定 3D 打印混凝土的配合比优化流程[17]。

2.1.2　关键参数对材料性能的影响

2.1.2.1　流动性

水胶比和矿粉掺量的增大会导致混凝土流动性的增强，而随着砂胶比和纤维掺量的增加，混凝土流动度呈现下降的趋势。其中水胶比和纤维掺量对材料流动性影响较为显著，如图 2-1所示。流动度在 160-170mm 的 PVA 纤维混凝土具有良好的触变性能和保水性能，可以满足 3D 打印泵送挤出和堆积成型的要求，如图 2-2 所示。

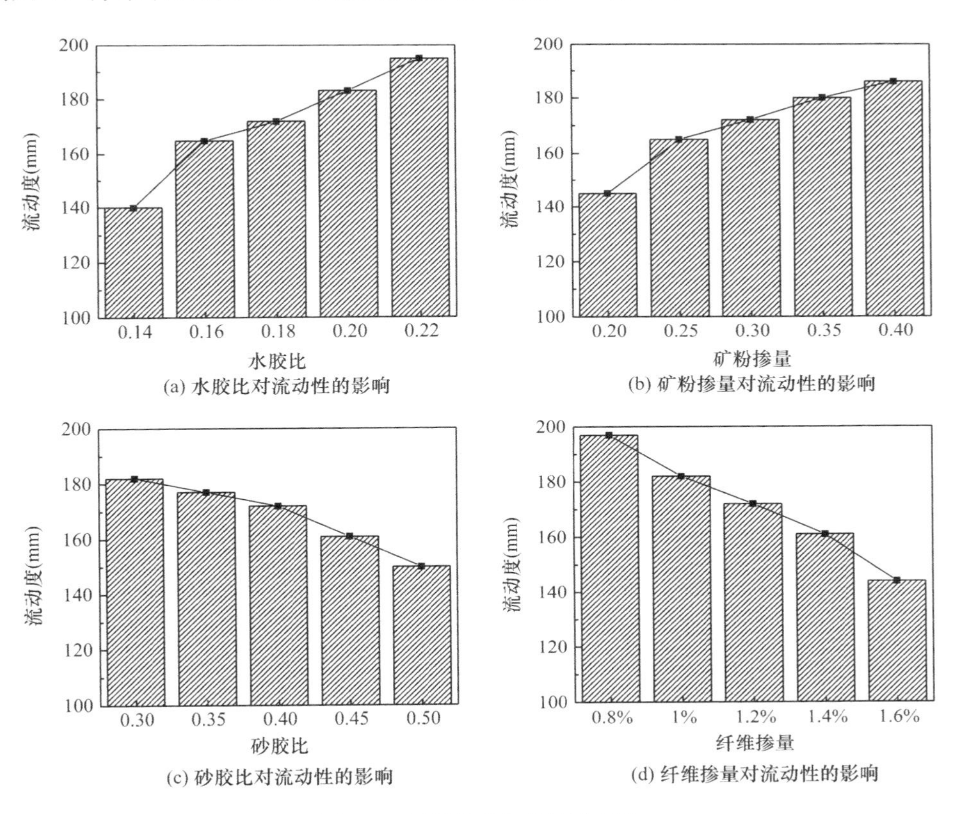

图 2-1　材料流动性的试验结果

2.1.2.2　凝结时间

在缓凝剂掺量相同（均为 0.05%）的情况下，不同配合比的混凝土凝结时间大致相同，差别不超过 10%，如图 2-3(a)所示，说明缓凝剂可稳定有效地控制混凝土的凝结时间。在同一混凝土配合比的情况下，材料凝结时间随着缓凝剂掺量的增大而增大，如图 2-3(b)所示。试验证明通过调整缓凝剂的掺量，能够实现 3D 打印混凝土材料的工作时间在一定范围内可控。

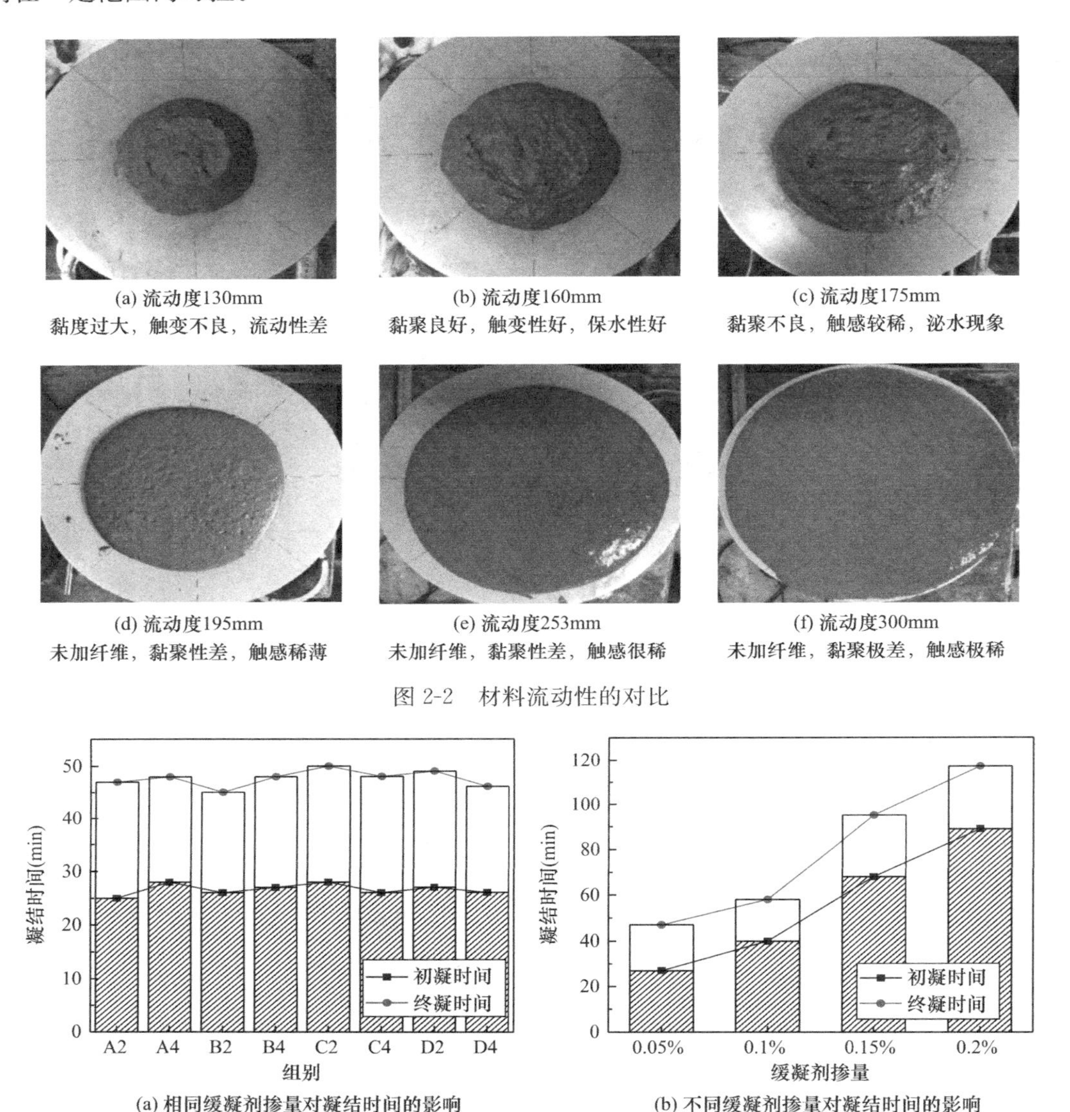

图 2-2 材料流动性的对比

图 2-3 缓凝剂掺量对凝结时间的影响

2.1.2.3 抗压强度

试验结果表明：材料具有较高的早期抗压强度，1d 强度可达到 28d 强度的 50%以上。四个因素中，水胶比对混凝土抗压强度的影响最明显，水胶比为 0.22 的混凝土 28d 强度较之水胶比为 0.14 的降低了 33%；而纤维掺量对混凝土抗压强度的影响较弱，纤维掺量 0.8%的混凝土 28d 强度较之纤维掺量 1.6%的降低了 18%，见图 2-4。

2.1.2.4 抗折强度

材料具有较高的早期抗折强度，1d 抗折强度最高可达到 28 强度的 89%。从影响曲线中可以发现，水胶比和纤维掺量对混凝土抗折强度有较大的影响，尤其是纤维掺量对早期抗折强度有较明显的增强作用，纤维掺量 1.6%的混凝土 1d 抗折强度较之纤维掺量 0.8%的提高了 38.2%，如图 2-5 所示。

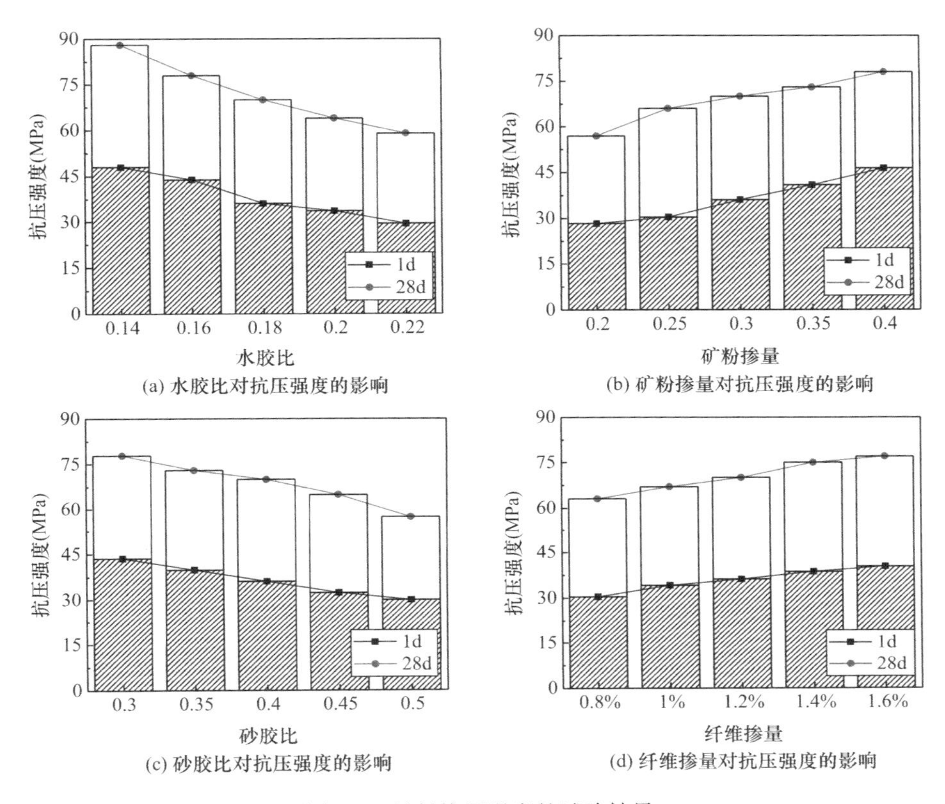

图 2-4　材料抗压强度的试验结果

2.1.3　配合比优化分析

以打印混凝土材料的湿态流动性能为控制指标，根据水胶比、矿粉掺量、砂胶比、纤维掺量四个因素对材料力学性能的影响情况，开展优化分析，如图 2-6 所示，可以确定上述各因素的最佳用量。配合比优化的分析结果显示，水胶比为 0.16 时混凝土工作性能良好，强度较高；优化后的胶凝材料由 50%水泥、40%矿粉和 10%硅灰组成；优化后的砂胶比为 0.3；优化后的 PVA 纤维体积掺量为混凝土体积的 1.2%。

对优化配合比的混凝土材料进行性能测试，试验证明该 PVA 纤维混凝土具有较高的力学性能（28d 抗压强度 80MPa，28d 抗折强度 13MPa）和良好的工作性能。采用 3D 打印机进行了打印验证，打印结构如图 2-7 所示，满足 3D 打印的工作要求。

3D 打印混凝土材料配合比优化设计要点：

（1）根据水胶比、砂胶比、矿粉掺量和纤维掺量四个因素，针对材料的流动性和强度指标，设计了 3D 打印混凝土的配合比优化方案。混凝土的优选配合比是水胶比 0.16、砂胶比 0.3，矿粉掺量为胶凝材料质量的 40%，纤维掺量为混凝土体积的 1.2%，材料具有良好的工作性能和较高的力学性能。

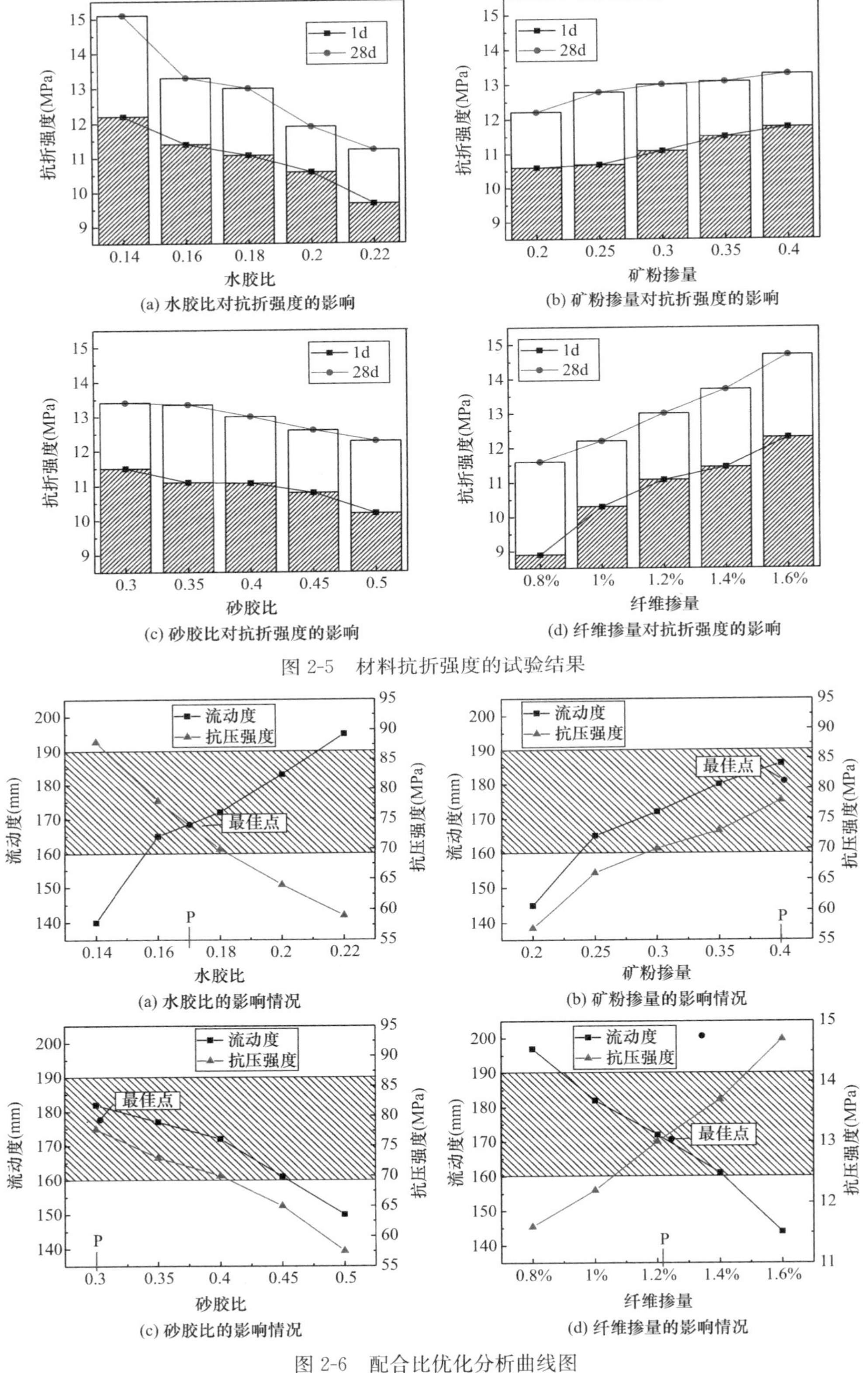

图 2-5 材料抗折强度的试验结果

图 2-6 配合比优化分析曲线图

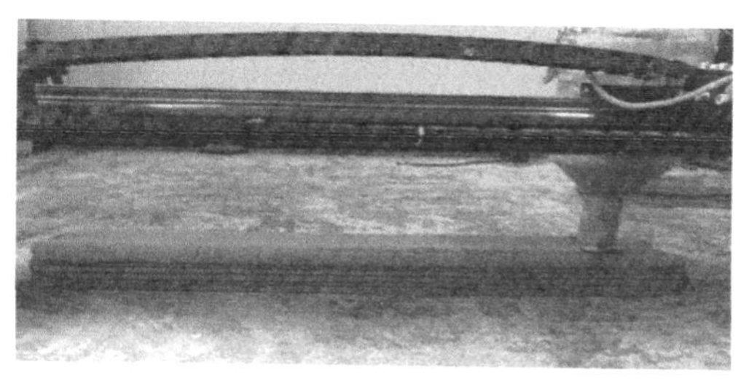

图 2-7　混凝土 3D 打印试验

（2）根据材料流动度的对比试验可以发现，流动度在 160-170mm 的 PVA 纤维混凝土具有良好的触变性能和保水性能，可以满足 3D 打印泵送挤出和堆积成型的要求。

（3）水胶比、砂胶比、矿粉掺量和纤维掺量四个因素中，纤维掺量对材料抗折强度的影响较为突出，尤其对早期抗折强度有较明显的增强作用，但在抗压强度方面的影响较弱（与其他三个因素相比）。而降低水胶比对提高材料的抗压和抗折强度都有显著的作用。

2.2　3D 打印混凝土性能空间各向异性

由于逐层打印、堆积成型的技术特点，3D 打印混凝土结构具有显著的空间各向异性。例如在材料的力学性能方面，现有对 3D 打印结构各向异性的研究结果[4,18,19]表明，结构顶面方向（如图 2-8a 中的 z 方向）的抗压强度较高，略低于甚至有可能超过整体成型的结构强度，但结构层间方向（如图 2-8a 中的 x 方向）的抗压强度较低，一般会较原有材料降低 15%-30%，但结构条间方向（如图 2-8a 中的 y 方向）的抗压强度有一些不同的结论。

Lim 等人[18]研制了一种适用于 3D 打印的高性能水泥基砂浆，打印试样的抗压强度为模具成型的 80%-100%；Le 等人[4]研制了一种强度达 100MPa 的 3D 打印混凝土，试验发现，结构层间方向的抗压强度较弱，比模具成型的试件降低了 15%，而结构条间和结构顶面方向的强度相似，降低了 5%左右。Nerella 等人[20]发现，在顶面和条间方向上加载的打印试件的抗压强度与模具成型试件相比，分别提高了 10%和 14%。

而在材料抗折强度测试中，Le 等人[4]发现打印试件顶面和条间方向的强度（16MPa 和 13MPa）均高于模具成型的试件强度（11MPa），但层间方向的强度略低，仅有 7MPa。Nerella 等人[20]的研究表明在顶面和条间方向加载的打印试件抗折强度分别高于模具成型试件的 16%和 14%。而 Paul 等人[3]在抗折强度方面也得出了与 Nerella 相似的结论，顶面和条间方向加载的打印试件强度分别高于模具成型试件的 6%和 12%。

出现这种现象的主要原因在于 3D 打印分层会对结构造成一些规律性的孔隙缺陷，这些缺陷不仅会使结构的力学性能产生各向异性，还会在一定程度上影响结构的耐久性能。

本节采用高性能混凝土材料，系统性地研究 3D 打印混凝土结构力学性能各向异性，并通过 CT 扫描技术探究结构内部孔隙分布情况，对试验结果进行佐证分析。

2.2.1　3D 打印混凝土力学性能试验研究

2.2.1.1　试验设计

由于在 3D 打印过程中受到挤压、拖曳、重力等因素的影响，由圆形打印头打印出的条带最终呈现为椭圆形截面。根据打印速度、打印高度、打印方向等条件的不同，打印条带的厚度和宽度会产生相应的变化，从细部构造上影响3D打印结构的力学性能和耐久性能。为保证在同一情况下分析3D打印结构性能的各向异性，本研究确定选用5cm/s的打印速度，打印结构的条带厚度为1cm，打印条带的宽度为3cm。在对材料的各项性能指标设计相应对比试验方案的同时，通过XCT试验扫描分析3D打印混凝土样品的孔隙缺陷情况，以深入研究其性能差异的内部机理。

2.2.1.2　**力学性能测试**

为探究3D打印结构力学性能的差异性，对模具成型的试件和打印结构中切割成型的试件测量抗压强度和抗折强度。切割试件的加载方向如图2-8所示，x为打印层间方向，y为打印条间方向，z为打印顶面方向。

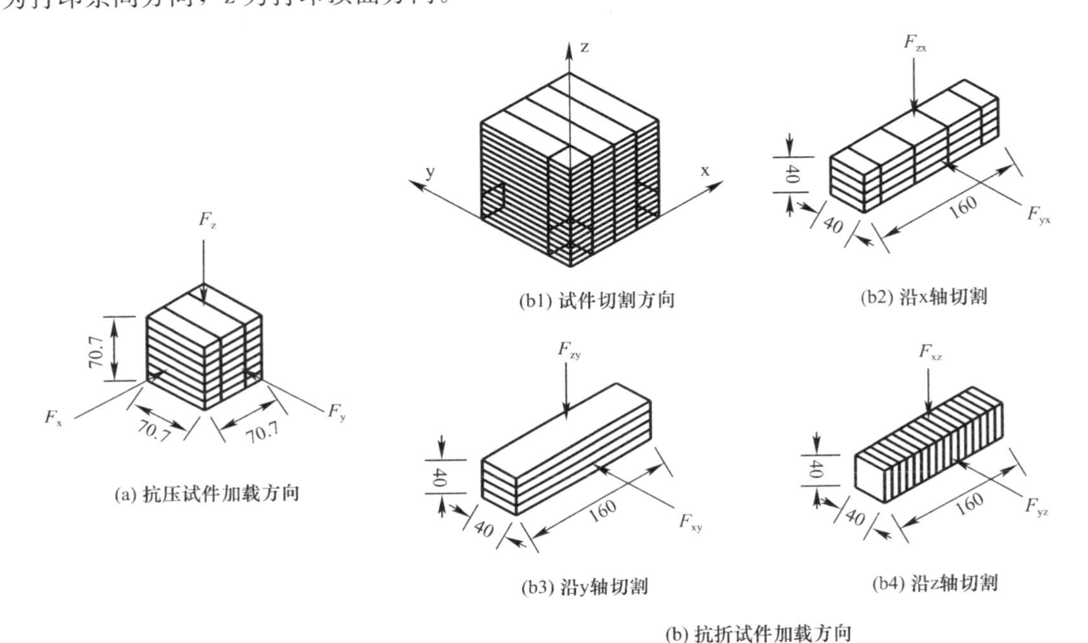

图2-8　试件切割方向和试验加载方向示意图（单位：mm）

抗压强度的测试采用《建筑砂浆基本性能试验方法标准》JGJ/T 70—2009[21]中的检测方法，一组三个试件。抗折强度的测试采用《水泥胶砂强度检验方法（ISO法）》GB/T 17671—2021[22]中的测试方法，进行三点弯曲试验，一组三个试件。在抗压强度试验中，抗压试件尺寸为70.7mm×70.7mm×70.7mm，打印结构试件加载方向如图2-9(a)所示，共有3个打印试件对比组。在抗折强度试验中，抗折试件尺寸为40mm×40mm×160mm，按照打印结构的三向异性，在三种不同切割形态的试件上各进行两组不同加载方向的抗折试验（图2-9b），共6个打印试件对比组，全方面探究3D打印层叠效果对结构强度的影响。试件成型后放入标准养护室养护至规定龄期，测试其1d、3d、7d、28d的强度，与模具成型的试件强度进行对比。

2.2.1.3　**抗压强度**

3D打印混凝土材料在1d内可以达到46MPa的早期抗压强度，28d强度可以达到

80MPa。四组试件的 1d、3d、7d、28d 抗压强度对比趋势大致相同，模具成型试件的强度略高于 3D 打印试件抗压强度，在三种不同的加载方向中，z 方向（顶部加载）的抗压强度最高，28d 抗压强度比模具成型的低 7.8%，x 方向（沿层间加载）仅次于 z 方向，28d 抗压强度下降率为 12.6%，最弱的抗压强度出现在 y 方向（沿条间加载），28d 抗压强度下降率为 17.2%，如图 2-10 所示。

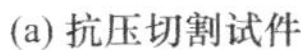

(a) 抗压切割试件

(b) 抗折切割试件

图 2-9　3D 打印切割试件

从示意图 2-8(a) 中可以看出，试件沿 z 方向上的分层缺陷是最少的，只存在两处条间缺陷，结构整体性较好，强度较高；沿 x 方向上仅存在层间缺陷，虽然结构的条间缺陷比层间缺陷更为严重，但由于层间缺陷的面积较大（共 6 处），总体影响程度比 z 方向上的条间缺陷更大，故强度略低于前者；沿 y 方向上存在条间缺陷和层间缺陷，其缺陷面积为 z 方向和 x 方向上的总和，故结构整体性不好，强度最低。由此可以发现，试件受压面上的界面缺陷和孔隙情况可以很好地解释承载能力的各向异性。

2.2.1.4　**抗折强度**

由于添加了纤维，打印混凝土材料早期抗折强度较高，1d 抗折强度为 11.61MPa，28d 抗折强度为 13.04MPa，1d 强度能达到 28d 强度的 89%。通过试验对比可以发现（图 2-11），沿 y 轴切割的试件抗折强度明显高于沿 x 轴和 z 轴切割的试件强度，和模具成型的试件强度基本相同，28d 抗折强度更是高于后者，提升率为 4%-7%。沿 x 轴切割的试件 28d 抗折强度和模具成型的试件相比，折减率为 11%-17%。沿 z 轴切割的试件抗折

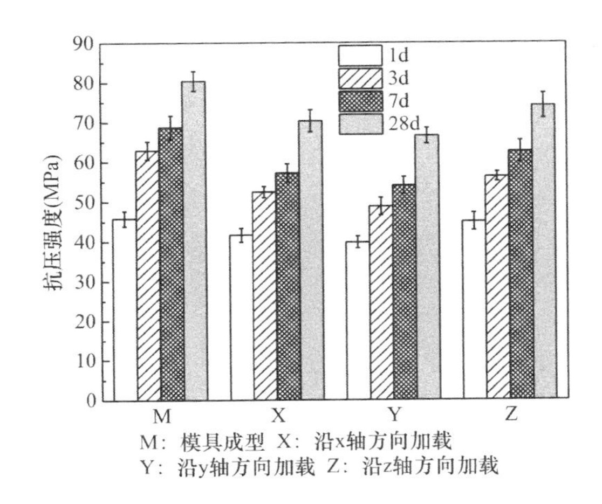

图 2-10　抗压强度对比图

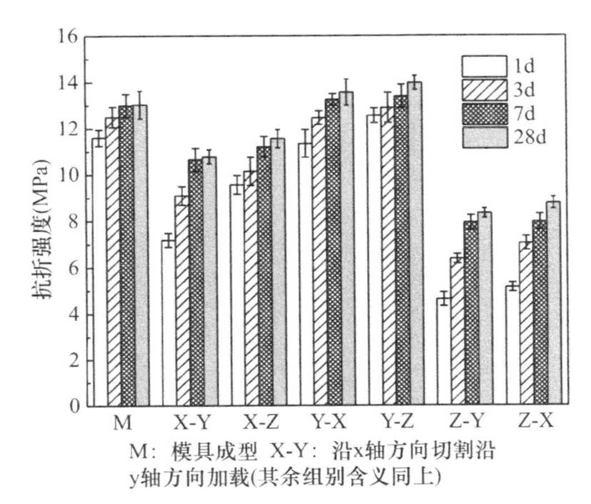

图 2-11　抗折强度对比图

强度最弱，28d抗折强度折减率为33%-36%，1d抗折强度折减率为56%-60%。另外，沿同一轴切割的试件，两个不同加载方向的强度增长趋势相同，强度差别并不明显。

造成各向抗折性能显著差异的原因，与加载面和破坏面上的打印条带分布和界面孔隙分布有关。通过图2-8(b)发现，在三点弯曲试验中，Z-Y与Z-X情况下的试件在水平方向上的分层现象最严重，沿z轴切割的试件界面缺陷较多，会导致较大程度上的强度削弱。而Y-X与Y-Z的整体性最好，试件缺陷较少，抗折强度高，界面损伤的微细观分布与宏观力学试验呈现较好的相关规律。

2.2.2 3D打印混凝土的微细观空间分布

从3D打印混凝土结构中切割尺寸约为60mm×50mm×80mm具有完整结构条间和层间的试样，经过清洗烘干处理后，进行X射线计算机断层扫描（XCT）原位试验。将获得的一系列二维投影图导入配套软件CT Pro与VG Studio MAX，进行图像重建，得到的三维模型，如图2-12所示。通过三维模型可得出结构的孔隙分布图和孔隙率，观测结构整体和局部的孔隙缺陷情况，分析3D打印对结构整体性的影响。

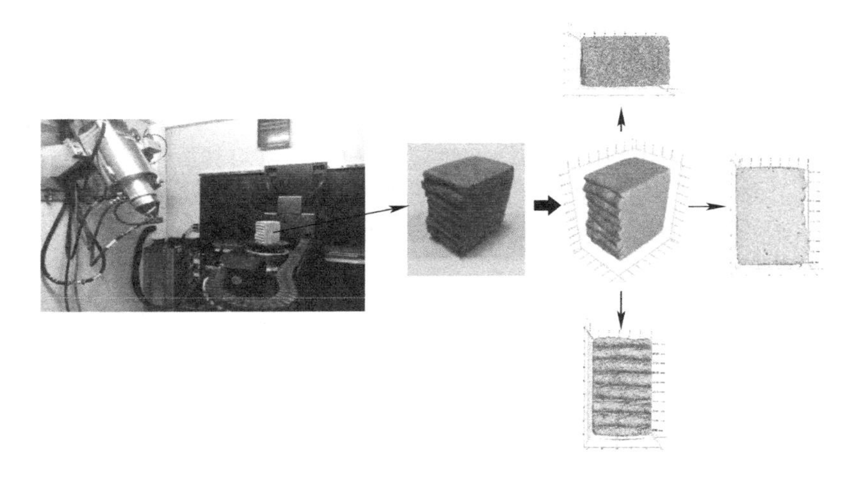

图2-12 实体结构与三维数字模型

3D打印混凝土切割试块的外观均质平整，无可见分层，无明显孔洞。选取与打印混凝土条带界面有关的代表性的区域对比研究3D打印分层对结构孔隙缺陷的影响，选区情况如图2-13所示，白色为所选区域。

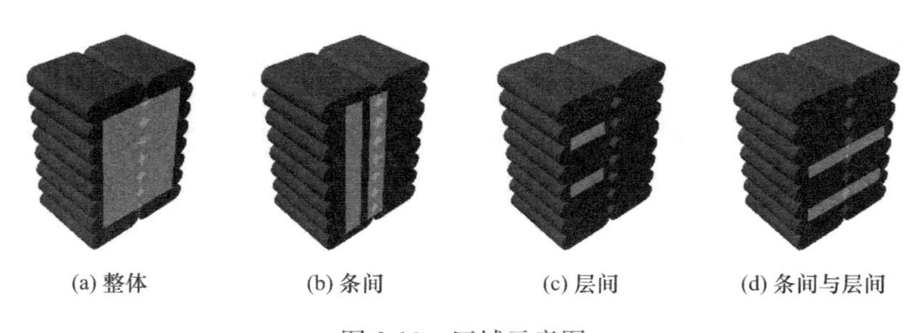

图2-13 区域示意图

利用 VG Studio MAX 重构后的试件孔隙三维图像，如图 2-14 所示。从整体孔隙分布图（图 2-14a）上可以发现，结构中存在部分规则分布的长条形孔隙，均处于打印条带间隙的位置上。选取局部区域进行分析，发现沿垂直方向的条带间隙使条间孔隙率较之非条间区域的孔隙率增加 38.4%，如图 2-14(b)所示；沿水平方向的层间间隙使局部孔隙率降低 11.07%，如图 2-14(c)所示；两种缺陷组合在一起时，孔隙率降低 30.07%，如图 2-14(d)所示。这一结果说明打印条间比打印层间存在更严重的界面缺陷。

虽然结构存在界面缺陷，但由于 3D 打印的挤压成型过程提高了混凝土的密实度，打印结构的整体孔隙率（3.08%）与浇筑成型结构的孔隙率（2.97%）并没有产生明显的差距。

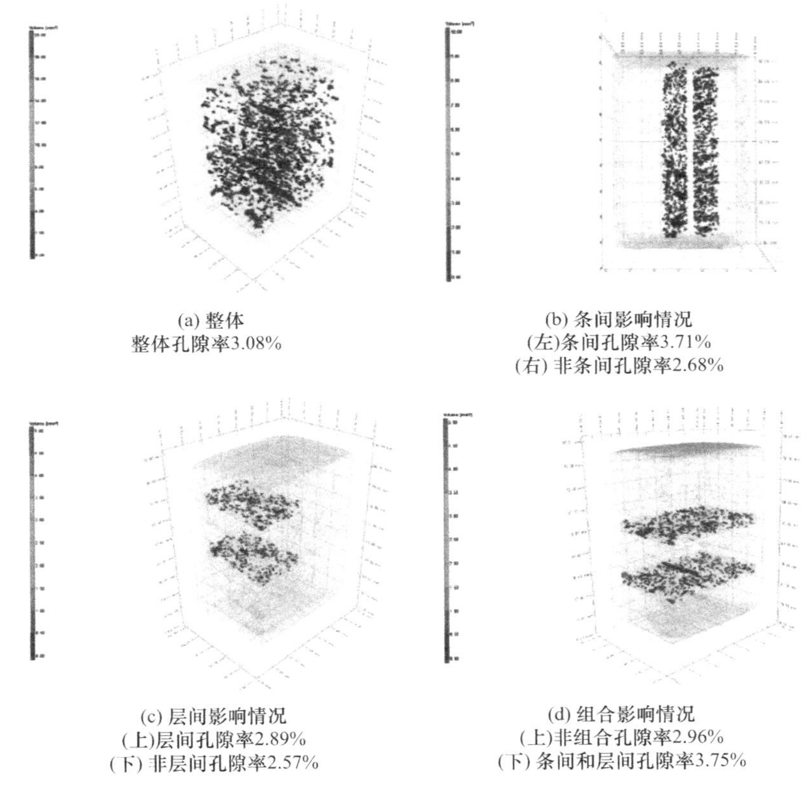

(a) 整体
整体孔隙率3.08%

(b) 条间影响情况
(左)条间孔隙率3.71%
(右) 非条间孔隙率2.68%

(c) 层间影响情况
(上)层间孔隙率2.89%
(下) 非层间孔隙率2.57%

(d) 组合影响情况
(上)非组合孔隙率2.96%
(下) 条间和层间孔隙率3.75%

图 2-14　结构孔隙分布图

相关研究表明[23]：在同一强度等级下，混凝土基本力学参数均随着孔隙率的增大而减小。在原有孔隙率的基础上，当孔隙率增加 2%时，混凝土的抗压强度为原强度的 92%，抗拉强度和弹性模量为原来的 94%；当孔隙率增加 5%时，混凝土的抗压强度约为原强度的 80%，抗拉强度和弹性模量约为原来的 85%。基于 CT 扫描，可估计层间、条间缺陷层厚度及其孔隙率。按照层条缺陷进行折减，可以估算打印成型混凝土条带界面对宏观力学强度的影响规律。

2.2.3　打印参数及打印工艺对混凝土力学性能的影响

研究和工程实践表明[1-4,18-20]：打印路径、打印时间间隔和打印挤出几何参数等均会对成型后混凝土条带界面孔隙分布造成影响，从而显著影响成型混凝土宏观力学性能。

2.2.3.1　打印路径的影响

打印路径的影响是3D打印混凝土力学性能差异的主要来源，也是现阶段研究最多的打印工艺参数。由于设备和材料的不同，打印路径引起的成型后混凝土力学性能具有较大的离散度，详见本书1.2.4中针对现有文献相关试验归一化处理及统计分析。

2.2.3.2　打印时间间隔的影响

本质上，打印混凝土层条界面粘结强度的下降主要源于表面自由水分的蒸发，界面含水率随打印时间间隔延长下降，层条界面随水分流失出现较大的缺陷，对成型后混凝土力学性能造成显著影响。详见本书1.3.1中针对各研究资料相关试验数据统计分析及影响模型。

2.2.3.3　打印形状对成型强度的影响

3D打印混凝土深受打印形状、尺寸、打印路径等参数影响，呈现空间各向异性，其力学性能演变规律异于普通混凝土。为了明确3D打印挤出形状和挤出尺寸对成型后混凝土性能的影响机制，本章研究同挤出流量下不同挤出形状，同挤出形状下不同打印条尺寸和相同形状尺寸下不同排列成型方式的混凝土断面形态、孔隙空间分布和力学性能[24]，探讨挤出形状、尺寸对打印成型混凝土性能的影响规律。

考虑同挤出流量下三种打印口形状（等边三角形边长a=30mm，面积A=389mm^2，正方形边长a=19.6mm，面积A=384mm^2，圆形d=22.2mm，面积A=397mm^2），三种打印口尺寸（圆形，直径d=15mm，20mm，25mm）和相同形状、尺寸下打印条对齐方式（对齐、错列）的影响，制作试件开展力学性能试验研究。

试验测得极限抗压与抗折强度均按照三角、方、圆的顺序依次降低，如图2-15、图2-16所示。在截面面积相同的情况下，采用三角形打印头打印的混凝土其抗压、抗折强度均为最佳。同一打印形状的情况下，打印直径越大，其力学性能越高，但均低于模具成型试块，如图2-17、图2-18所示。

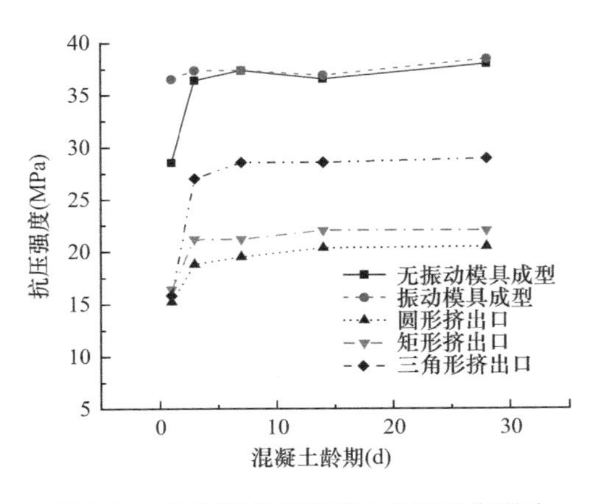

图2-15　打印形状对混凝土抗压强度影响

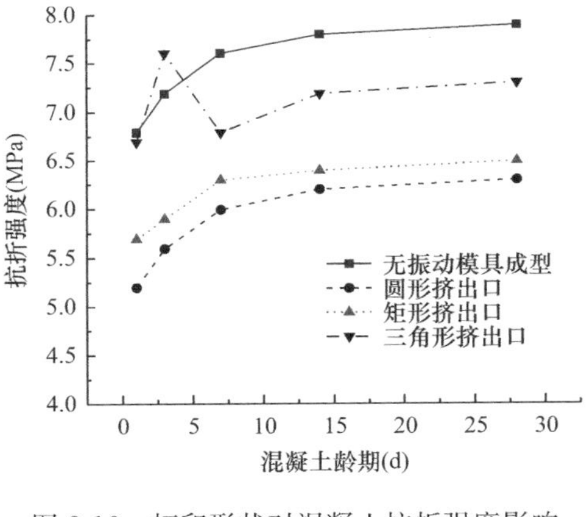

图2-16　打印形状对混凝土抗折强度影响

从破坏形态可以看出，由于添加了PVA纤维，3D打印混凝土与普通混凝土相比，破坏时并无明显的表面裂缝，极限荷载时试件裂缝条数和宽度按照角、方、圆的顺序呈现增长趋势，如图 2-19 所示。由于采用了挤出打印工艺，层叠压力作用方向与层间接触面垂直，因此条间界面缺陷的分布直接影响抗压承载性能和变形能力。

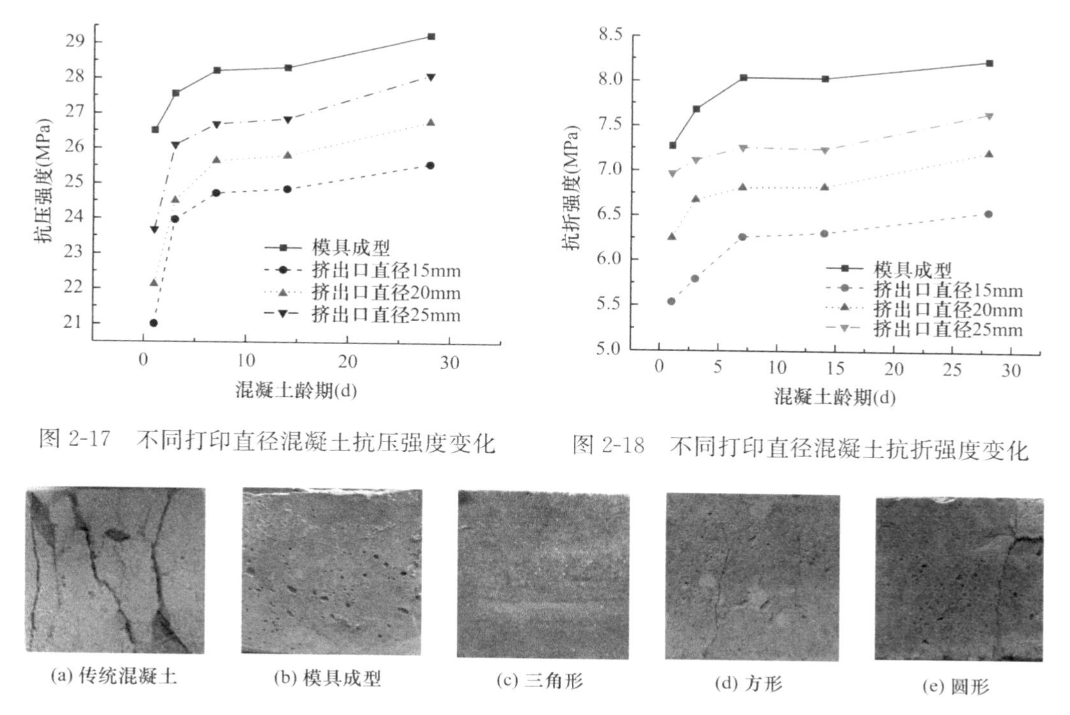

图 2-17　不同打印直径混凝土抗压强度变化

图 2-18　不同打印直径混凝土抗折强度变化

图 2-19　立方体试件受压破坏模式

抗折试块的裂缝均出现在试块中部，垂直贯穿层间和条间缺陷。由于逐条挤出，层叠打印的制作工艺导致材料缺陷呈现各向异性，与模具制作混凝土的各向同性迥异，其宏观力学性能也受层条形状和叠制方式影响。圆形相对于正方形和三角形挤出形状，其层间、条间缺陷更显著，造成更明显的抗折强度下降，如图 2-20 所示。

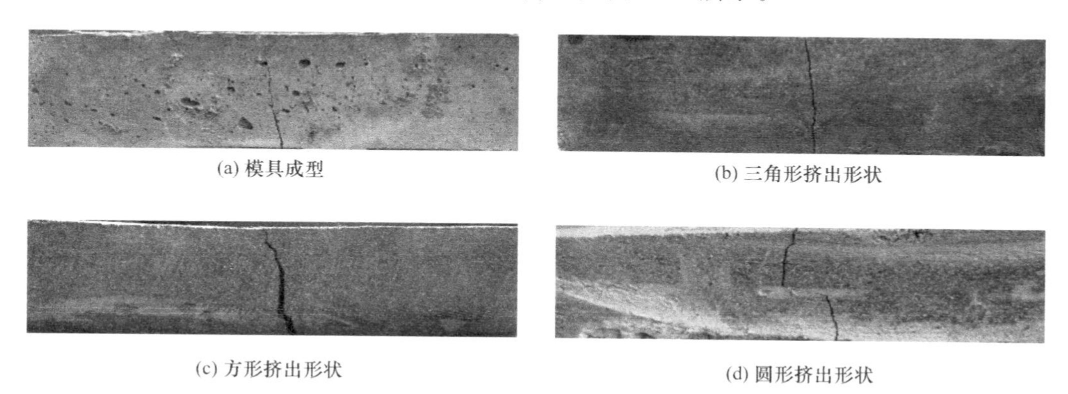

图 2-20　抗折试块破坏模式

层条错位叠制可有效提升抗折强度和抗压强度和抗拉强度，其强度提升率在 13%-47%，如图 2-21 所示。

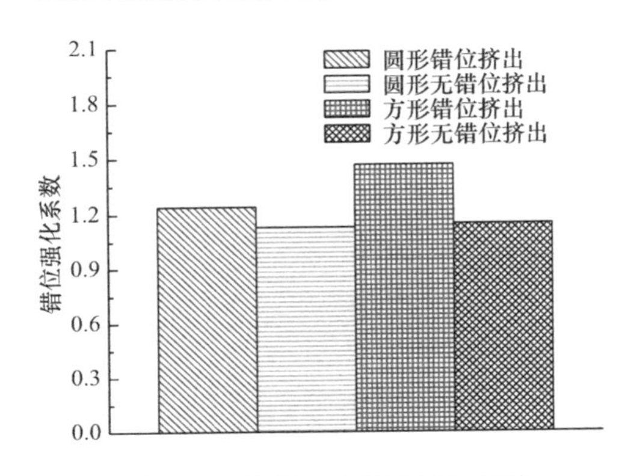

图 2-21 位错对力学性能的提升

2.2.4 3D 打印混凝土耐久性能

由于 3D 打印的层叠作用会使混凝土结构中产生一些空隙，导致材料各向异性，耐久性空间分布也呈现出一定的差异。为探究打印工艺造成空间性能各向异性对耐久性的影响，针对材料的抗碳化能力和抗氯离子渗透能力进行测试[17]，在三维方向上设计了三组不同的 3D 打印切割试件和模具成型的试件进行对比试验，具体的试件类型如图 2-22 和图 2-23 所示。

2.2.4.1 抗碳化能力

由于碳化试验的棱柱体试件是采用压力试验机劈裂的方法进行破型，同时 3D 打印结构又存在条间和层间缺陷的影响，这些因素使 3D 打印试件在碳化试验劈裂破型的过程中试验观测面更大概率出现在界面上，导致观测碳化深度会受到界面影响。

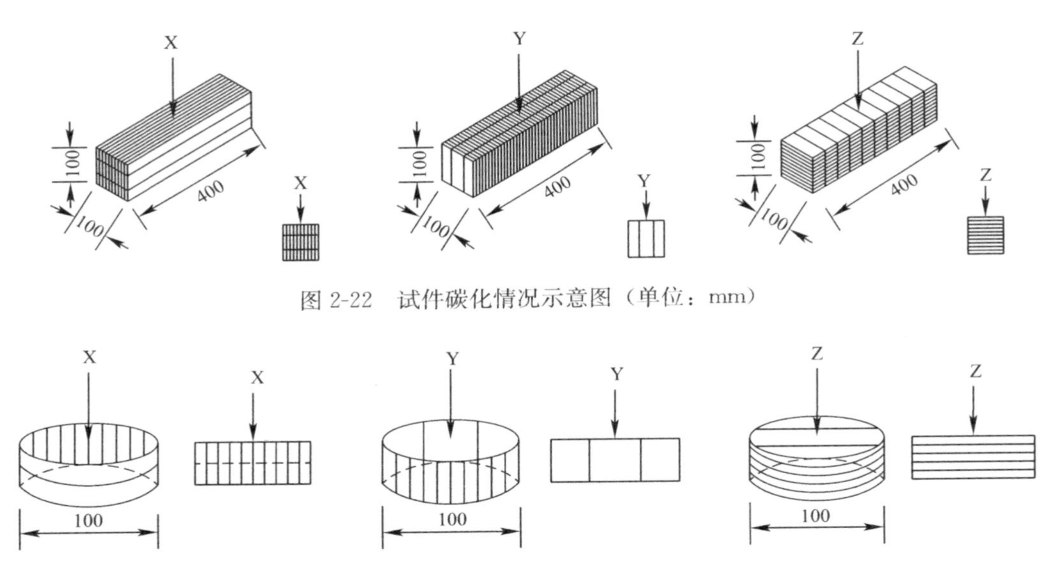

图 2-22 试件碳化情况示意图（单位：mm）

图 2-23 试件氯离子渗透情况示意图（单位：mm）

试验观测面的碳化情况如图 2-24 所示。从破型不受界面影响的 X 组（见图 2-24a）可以发现，观测面上的碳化深度一致，说明层间效果对碳化深度的影响不大。而从 Z 组（见图 2-24c）和 M 组（模具成型组，见图 2-24d）的对比情况来看，由于 Z 组的碳化深度未及结构层间，故其两者的区别仅在于 Z 组测试面为条间界面，可以很明显发现，Z 组的碳化深度比 M 组大，说明条间缺陷对碳化深度的影响较大。Y 组未观测到条间碳化增大效果主要是因为观测面为层间界面，存在整体性的界面缺陷，即使层间效果对碳化深度的影响不大，但会分散条间效果对碳化深度的影响。

从总体碳化结果来看（图 2-25），模具成型的试件抗碳化能力要优于打印试件的抗碳化能力。在打印试件中，沿 y 轴方向进行碳化的试验组具有最优的抗碳化能力，碳化深度仅比模具成型的试件高 0.16%，沿 x 轴方向的碳化深度比模具成型的试件高 15%，而沿 z

轴方向进行碳化的试件抗碳化能力最弱，碳化深度比模具成型的试件高51%。与打印混凝土微细观界面损伤分布信息呈现较为明显的规律。

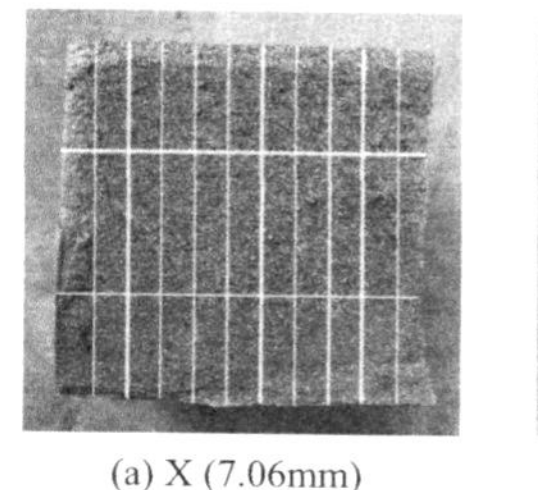

(a) X (7.06mm)

(b) Y (6.15mm)

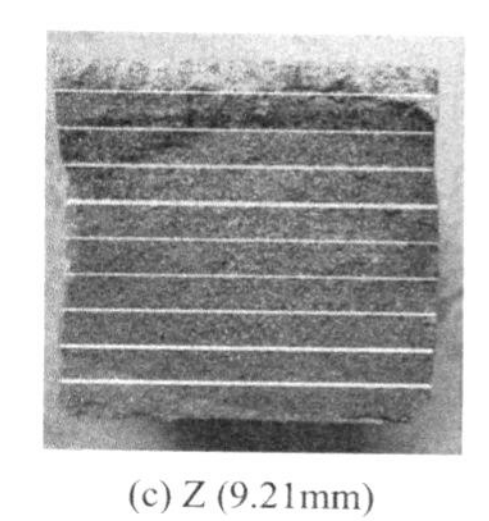

(c) Z (9.21mm)

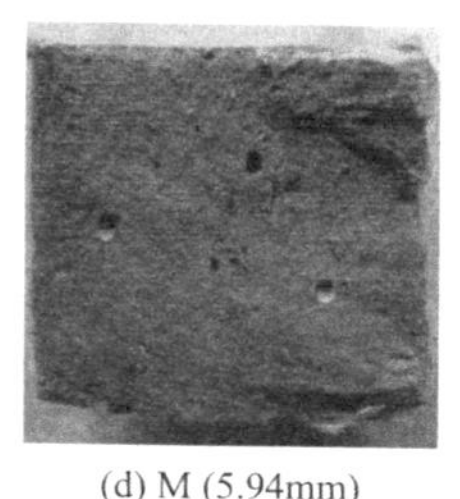

(d) M (5.94mm)

M：模具成型 X：沿x轴方向碳化 Y：沿y轴方向碳化 Z：沿z轴方向碳化

图2-24 28d碳化深度对比图（无色区为碳化区）

2.2.4.2 抗氯离子渗透能力

条间缺陷对氯离子渗透有着显著的影响，而层间缺陷使渗透深度的离散性增大，如图2-26(a)所示。这说明3D打印结构的层间和条间间隙对混凝土的抗氯离子渗透能力有一定的影响。界面缺陷的严重程度决定了抵抗力的大小，而渗透情况也随着缺陷位置的分布而发生改变。

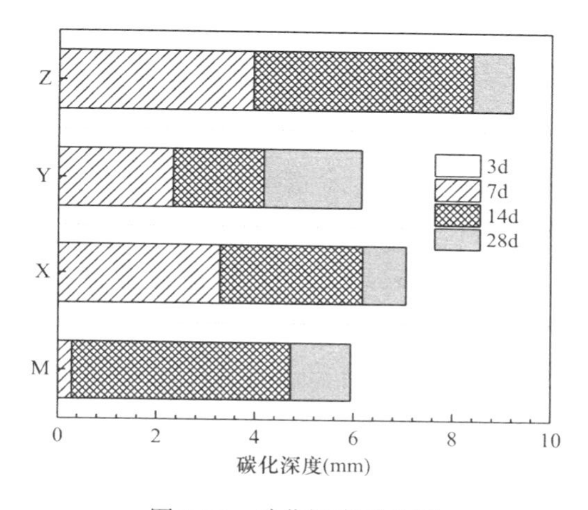

图2-25 碳化深度对比图

与模具成型的试件相比，3D打印试件具有更强的抗氯离子渗透性，如图2-27所示。3D打印试件X、Y、Z三个方向的非稳态氯离子迁移系数是模具成型的64%-81%，均小于模具成型的试件，这意味着3D打印堆积成型的特点有利于使基体更致密，而结构分层可能会对氯离子的渗透起到局部分散的作用。

与此同时，从X组的试验现象（图2-26a）可以发现，渗透情况呈线性递减，这是由于在打印逐层堆积的过程中，底部结构的密实程度和层间粘结情况要优于上部结构。

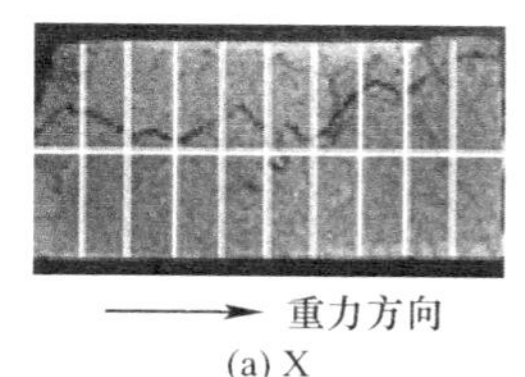

(a) X

X：沿x轴方向渗透

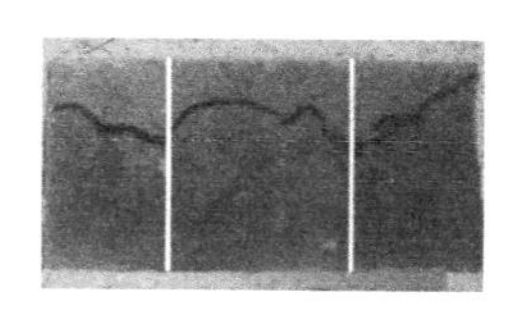

(b) Y

Y：沿y轴方向渗透

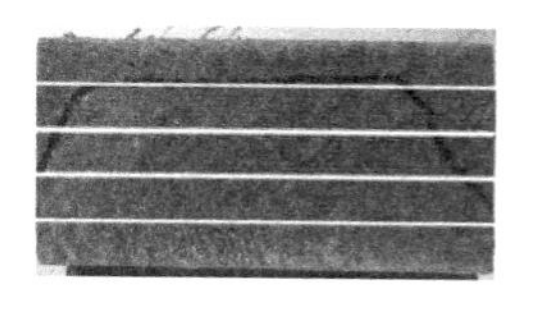

(c) Z

Z：沿z轴方向渗透

(d) M

M：模具成型

图2-26 氯离子渗透情况对比图

由图2-27可知，X组的抗氯离子渗透性能（界面和非界面情况下）均弱于Y组，这是因为X组的竖向缺陷更多，导致整体的氯离子渗透情况更加严重。故即使结构层间（X-In）的氯离子渗透系数要高于条间（Y-In）的氯离子渗透系数，但不能说明层间的抗氯离子渗透能力比条间的差，相反，由于X组的界面氯离子渗透系数（X-In）与非界面（X-Non）

的相比升高了35.8%，而Y组的升高了43%，所以结构条间作用对结构抗氯离子渗透能力的影响要大于层间作用，这与碳化试验所得出的结果是一致的。

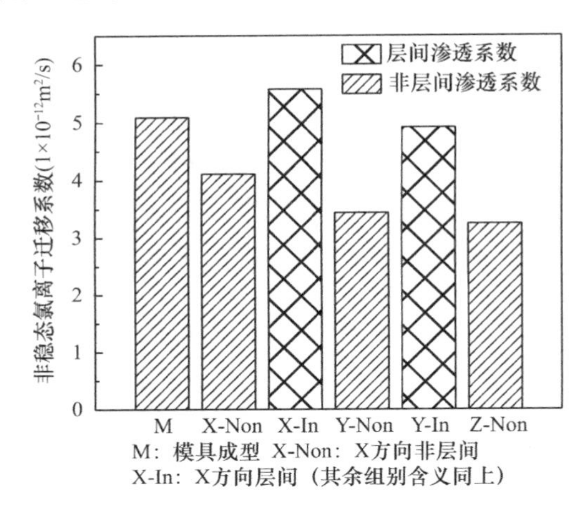

图 2-27 非稳态氯离子迁移系数对比图

2.3 纳米材料改性3D打印混凝土材料

2.3.1 纳米材料改性混凝土材料进展

水泥基材料的抗裂性可以通过两方面进行增强，一方面是通过传统纤维（如钢纤维、玻璃纤维、PVA纤维等）控制宏观尺度上的裂缝扩展，另一方面是利用纳米级纤维改善微观结构中的微裂纹。纳米材料不仅可以填充水泥和水泥、水泥和骨料之间空隙，更是能在水泥复合结构中起到一个晶核的作用，改变水化凝胶原本松散粗糙的排列形式，在原有的硬化浆体网络上建立新的网络结构，使混凝土的微观形态更加有序、紧密，从而使混凝土的强度、韧性、抗渗性和耐久性能得以提高。尤其在混凝土早期强度方面，纳米材料的作用效果十分明显，如纳米二氧化硅（SiO_2）、纳米碳酸钙（$CaCO_3$）等传统纳米材料可以使混凝土的早期抗压强度提高20%-40%[25-27]，碳纳米管等材料可以使混凝土的早期抗折强度有60%-80%的提升[28-30]。可用于混凝土改性的纳米材料一般包括：纳米二氧化硅（SiO_2）、纳米碳酸钙（$CaCO_3$）、纳米金属氧化物、碳纳米纤维/碳纳米管、石墨烯等，现将其特性和研究现状简要归纳如表2-2所示。

用于混凝土改性的纳米材料特性及代表性研究 **表 2-2**

研究者	纳米材料	改性效果
陈荣升等[25]；郭保林等[26]	纳米二氧化硅（SiO_2）	有效提高早期强度，对后期强度影响不明显；提高抗渗能力和抗冻融能力；降低流变性能，增大自收缩应变
李固华等[27]；Liu等[28]	纳米碳酸钙（$CaCO_3$）	与纳米二氧化硅类似，但价格只有前者的10%
—	纳米金属氧化物	强吸波、强导电、高敏、高精度，可用于环保混凝土、智能混凝土等

续表

研究者	纳米材料	改性效果
Vaganov等[31]；Jeevanagoudar等[32]；Konsta-Gdoutos等[33]；Musso等[34]	碳纳米纤维/碳纳米管	对混凝土早期强度的影响较大，对抗压和抗折强度均有明显的提升作用；存在一个最佳掺量
肖桂兰[35]；曹明莉等[36]；Zhao等[37]；Li等[38]	石墨烯	难溶于水和其他溶剂，提高强度，改善韧性

2.3.2　多壁碳纳米管对3D打印高强混凝土性能影响

多壁碳纳米管对水泥基材料的性能影响较多，研究结果不尽相同（如表2-3所示）。Konsta-Gdoutos等[39]探究两种长径比的碳纳米管，结果发现加入较高掺量（0.08%）的短碳纳米管和较低掺量（0.025%-0.048%）的长碳纳米管呈现出相似的机械性能，均可以使材料的抗弯强度和弹性模量提高30%-40%。Musso等[34]对普通多壁碳纳米管、退火多壁碳纳米管、羧基官能化多壁碳纳米管三种不同类型的多壁碳纳米管进行了对比试验，发现添加了0.5%的普通碳纳米管和退火碳纳米管的这两种混凝土相比于普通混凝土抗压能力提升了10%-20%，而羧基官能化碳纳米管反而使混凝土的抗压强度有85%的降低。Sobolkina等[40]对单壁、双壁、多壁的混合碳纳米管进行研究后发现，0.05%掺量的情况下，混凝土的抗压强度得到显著的提高（35%-40%），而当掺量增加至0.25%时，并没有对材料强度产生积极的影响。

碳纳米管对水泥基材料增强效率研究　　**表2-3**

研究来源	长径比	CNTs掺量（wt% of cement）	最佳掺量（%）	分散方式	强度增长率（%）	
					抗压	抗折
Konsta-Gdoutos等[39]	700	0.048，0.08，0.1	0.08	SA+UD	—	30-40
	1600	0.025，0.048，0.08	0.048			
Musso等[34]	10000	0.5	0.5	UD	11	—
Sobolkina等[40]	2000	0.05，0.25	0.05	SA+UD	30-40	—
Li等[41]	50-10000	0.5	0.5	AT+UD	19	25
Abu Al-Rub等[29]	157	0.04，0.1，0.2	0.2	WR+UD	—	269
	1250-3750	0.04，0.1	0.1	WR+UD	—	65
Kumar等[42]	10-500	0.5，0.75，1.0	0.5	UD	15	36
Morsy等[43]	50-10000	0.005，0.02，0.05，0.1	0.02	OD	11	—
Gdoutos等[30]	≥250	0.1，0.2	0.1	SA+UD	—	87

注：UD表示超声波分散；OD表示有机介质分散；SA表示表面活性剂分散；AT表示强酸强碱处理；WR表示减水剂分散。

总结各位学者的研究结果，虽然碳纳米管的最佳掺量由于材料自身性质（种类、尺寸、长径比等）和分散方式等因素而呈现一定的差异性，最佳掺量更多集中在0.02%-0.1%，如图2-28所示。

由于工程建造中对3D打印高性能混凝土的早期性能具有较高的要求，在现有打印混凝土配合比设计基础上加入多壁碳纳米管，探究不同掺量的多壁碳纳米管对3D打印高强PVA纤维混凝土力学性能（抗拉强度、抗压强度）和工作性能（流动度、凝结时间）的影响，可为3D打印混凝土工作性能优化设计和配比设置提供借鉴。

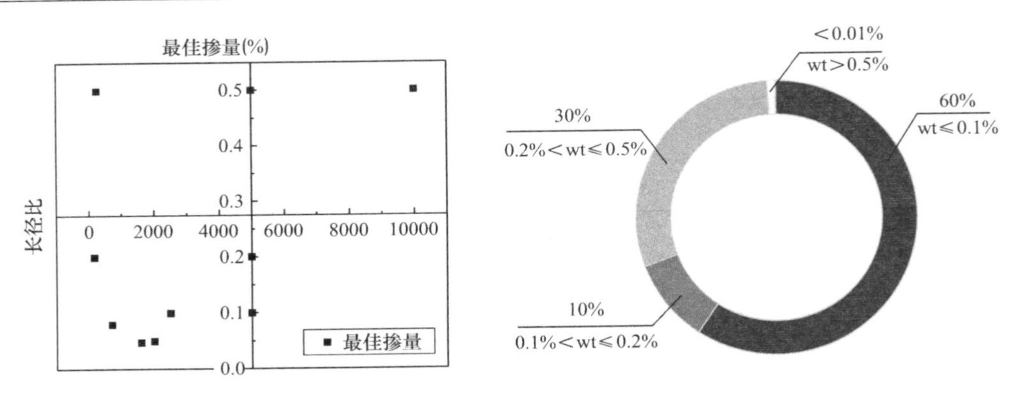

图 2-28　碳纳米管最佳掺量分布

2.3.2.1　可建造性

3D 打印混凝土需具备一定的堆积稳定性以防止出现坍塌、变形、层间缺陷等建造不利情况。利用高性能纤维混凝土（掺入 0.05wt%多壁碳纳米管和 1.2%PVA 纤维）制作 3D 打印结构，打印单条非封闭结构的堆叠高度超过 40 层；打印封闭的圆形结构（如图 2-29a 所示），可以实现 80 层以上稳定建造不发生塌陷和可见的变形。Le 等[4]对其团队研发的 3D 打印混凝土材料的堆积稳定性进行测试，在单条的情况下可以打印至 15 层不变形，5 条的情况下可以打印至 34 层不发生变形。Zhang 等[44]测试了 3D 打印混凝土材料的层叠稳定性，在封闭矩形结构中可以打印 14 层以上。Khalil[45]研发的 3D 打印砂浆，对于单条非封闭结构，在中断 1 次的情况下可以打印超过 30 层。与上述文献中的材料相比，碳纳米管改性的高强 PVA 纤维混凝土具有良好的堆积稳定性。

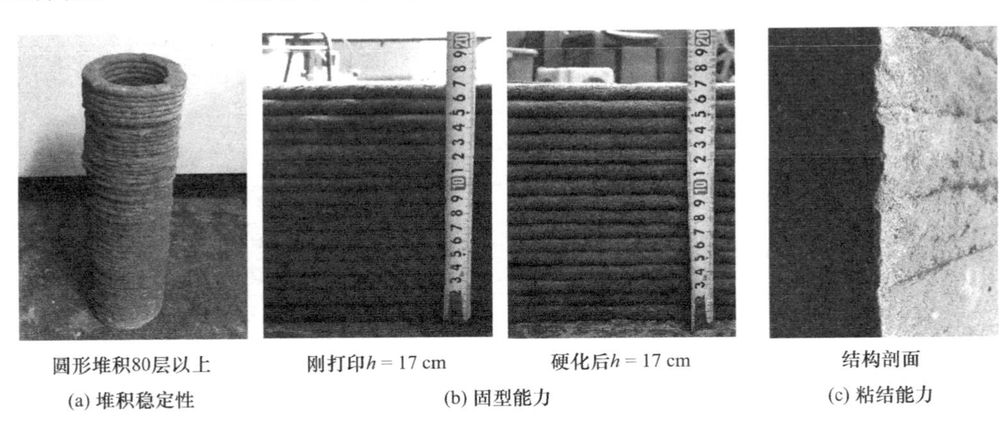

图 2-29　3D 打印结构的可建造性

通过层沉降法测试 3D 打印结构的固型能力，试验结果如图 2-29(b)所示。从图中可以清楚地看出，混凝土具有优异的可支撑性，固化前后的结构变形量极小。结构的层间缺陷受材料凝结时间、流动性、触变性等工作性能的影响，故可以通过层间缺陷来表征 3D 打印结构的完整性和材料的触变性能，主要的试验方式为剖切结构，观测层间孔洞孔隙大小和数量予以定量评定。试验结果如图 2-29(c)所示。由此可见，混凝土结构具有良好的层间粘结效果，层间没有明显的微裂纹，结构完整性强。在上述指标的基础上，可以发现多壁碳纳米管改性混凝土完全满足 3D 打印施工性能和稳定性要求。

2.3.2.2　流动性

现阶段国内外研究认为 3D 打印混凝土的流动度应在 160-190mm 以满足智能建造要求。0.1%以内掺量的多壁碳纳米管 3D 打印混凝土材料流动度均在 160mm 左右（图 2-30）。与对照组相比，含多壁碳纳米管试验组的流动度最大降低率为 3.7%，说明添加少量的多壁碳纳米管不会对 3D 打印混凝土的流动性带来明显的变化。然而，PVA 纤维对材料流动性有明显不同的影响，如图 2-31 所示。随着 PVA 纤维掺量的增加，流动性显著降低，体积掺量为 0.8%-1.5%的 PVA 纤维将导致混凝土的流动度降低 28%-45%。因此，作为纳米级材料，多壁碳纳米管可以改善材料的微观结构而不会在宏观尺度上明显改变混凝土流动性，如图 2-32 所示。

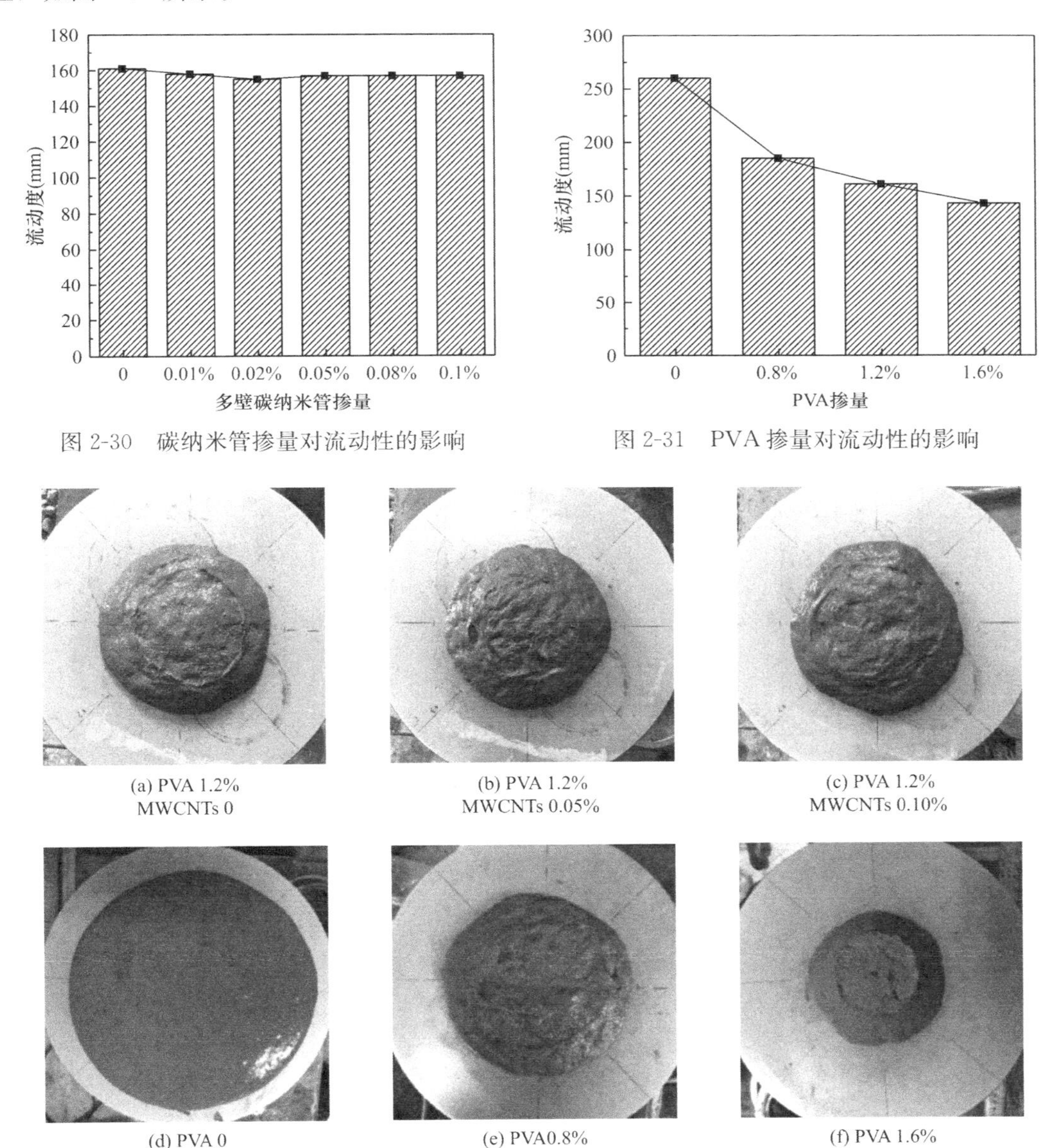

图 2-30　碳纳米管掺量对流动性的影响

图 2-31　PVA 掺量对流动性的影响

(a) PVA 1.2% MWCNTs 0

(b) PVA 1.2% MWCNTs 0.05%

(c) PVA 1.2% MWCNTs 0.10%

(d) PVA 0 MWCNTs 0

(e) PVA0.8% MWCNTs 0

(f) PVA 1.6% MWCNTs 0

图 2-32　多壁碳纳米管和 PVA 纤维对流动性的试验情况

2.3.2.3 **凝结时间**

3D打印混凝土的凝结时间一般通过缓凝剂进行调控，可控制工作时间在20-120min。在掺入定量缓凝剂的情况下，多壁碳纳米管的掺量对凝结时间的影响见图2-33，由图可见，0.01%-0.1%掺量的多壁碳纳米管对混凝土凝结时间的影响很小，变化范围在9%以内，即掺入少量的多壁碳纳米管不会显著影响3D打印混凝土的工作时间。

2.3.2.4 **抗压强度**

多壁碳纳米管对混凝土抗压能力有增强作用，但掺量和增强效果并不呈现正相关规律，如图2-34所示。由图可知，多壁碳纳米管对材料抗压强度的影响与混凝土的龄期有一定的关联。无水硫铝酸钙（C_4A_3S）作为硫铝酸盐水泥的主要成分，一经拌水，就开始水化，初始阶段的水化速度极快，在1d内可以完成44.5%的水合作用。即使在缓凝剂的作用下，3d也能达到50%-70%的水化程度[46]，大部分水化完成，随后反应速度将变慢[47]。这意味着，在材料早期的快速水化阶段，多壁碳纳米管的微桥效应是不稳定的。试验结果表明，掺入多壁碳纳米管对提升混凝土1d抗压强度的贡献很小，甚至会产生小幅度的降低效果。但其对3d抗压强度有明显增强作用，和未掺多壁碳纳米管组相比，0.1%掺量的抗压强度提高了33.6%，说明该阶段多壁碳纳米管在3d水化完成期内产生有效的增强效果。而多壁碳纳米管对3D打印混凝土7d和28d强度的影响较小，强度提升率在4.7%以内，这与Xu等[48]的研究结果相同。这是由于混凝土后期的水化反应程度趋于稳定，导致多壁碳纳米管的增强作用不再明显。

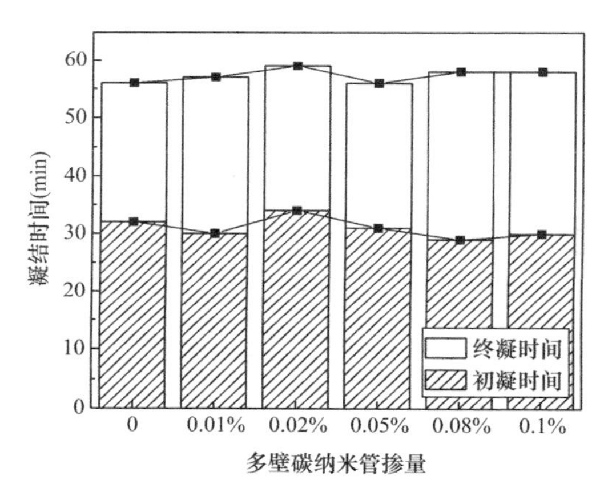

图2-33 多壁碳纳米管掺量对凝结时间的影响

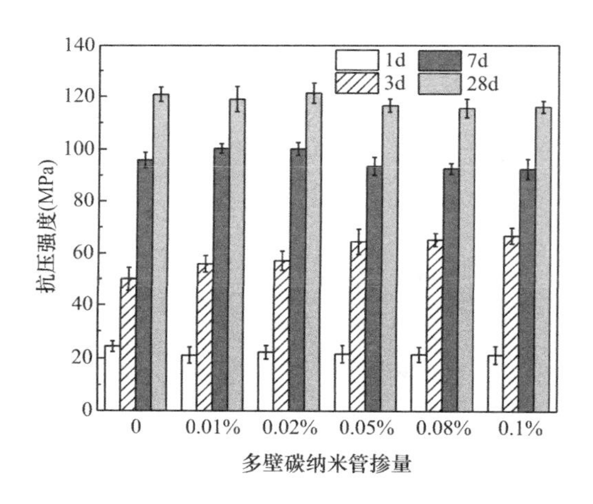

图2-34 多壁碳纳米管掺量对抗压强度的影响

2.3.2.5 **抗折强度**

多壁碳纳米管对混凝土抗折强度的影响如图2-35所示。对比可知，多壁碳纳米管对混凝土抗折强度的影响比抗压强度的更大。随着多壁碳纳米管掺量的增加，混凝土抗折强度呈现先增加后减少的趋势。与未掺多壁碳纳米管的试验组相比，掺入多壁碳纳米管的混凝土1d抗折强度显著增强，当掺量为0.05%时，强度最大增幅可达到47%。随后，多壁碳纳米管对材料抗折强度的影响在3-7d内逐渐减弱，在28d时未产生明显的增强效果。而受到水泥基体快速水化的影响，多壁碳纳米管的微观桥接效应在3d内仍不够稳定，早期抗折强度也会出现一些波动，导致材料3d抗折强度因多壁碳纳米管的掺入产生轻微的下降现象。

如上所述，少量的多壁碳纳米管可以有效改善3D打印混凝土的早期抗强度。在实际应用中，最佳掺量应在0.01%-0.05%范围内，既能满足3D打印的工作性能要求，又实现结构较高的力学性能要求。

2.3.2.6　SEM扫描分析

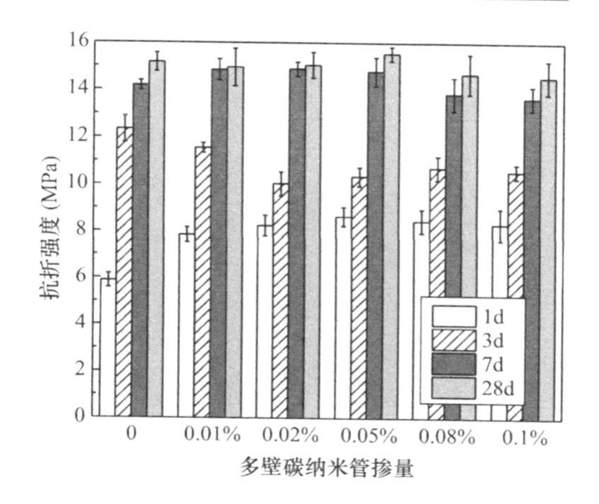

图2-35　多壁碳纳米管掺量对抗折强度的影响

为了明确多壁碳纳米管对混凝土内部机理的改善作用，对材料样品进行了SEM扫描试验。如图2-36所示，观测发现所有试样均存在多壁碳纳米管团聚和分散分布这两种情况，在掺量较少（0.01%和0.02%）的试验组中，碳纳米管的团聚状态相对较少。这是由于在相同的分散条件下，低浓度的多壁碳纳米管悬浮液要比高浓度的更易于分散。结合抗压强度和抗折强度的研究结果可以发现，多壁碳纳米管掺量这一因素对微观裂缝桥接作用的影响并不是正相关的。只有分散状态下的碳纳米管数量越多，其对混凝土早期强度的改善作用才会越明显。过多团聚状态的碳纳米管反而会影响水化物的生长，导致材料强度的降低。因此，为了有效地在混凝土中发挥多壁碳纳米管的作用，适合的掺量和分散方法至关重要。

(a) 分散状态

(b) 团聚状态

图2-36　多壁碳纳米管在混凝土中的分布

为得到较高的早期强度以满足3D打印的要求，试验采用硫铝酸盐水泥作为原材料，水化产物中可以看到很多的钙矾石（图2-37），生长在裂隙和孔洞中。在所有组别的试样中并未发现混凝土水化产物有明显差异，从微观角度说明碳纳米管对材料后期水化情况没有太大的影响，混凝土的后期强度主要由胶凝材料的性质决定。

混凝土中PVA纤维的结构如图2-38所示。可以发现，PVA纤维上游离出一些微观纤维，这些微纤维会掉落散布在水化物中（图2-39）。和碳纳米管相比，微型PVA纤维的数量更多，分布更疏散，一定程度上对微观裂缝产生桥接作用，有助于材料强度的提升。说明PVA纤维这一类聚合物纤维在微观层面上也可以提供一定的控裂作用。

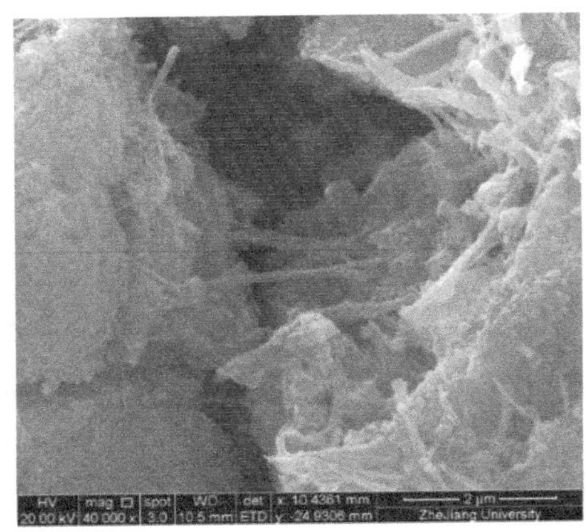

图 2-37　混凝土中的钙矾石

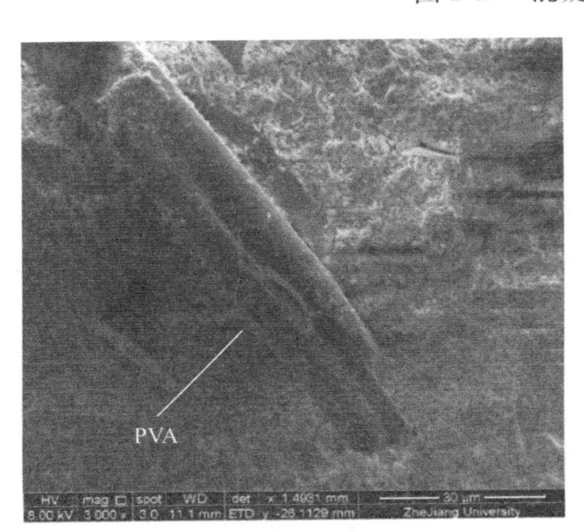

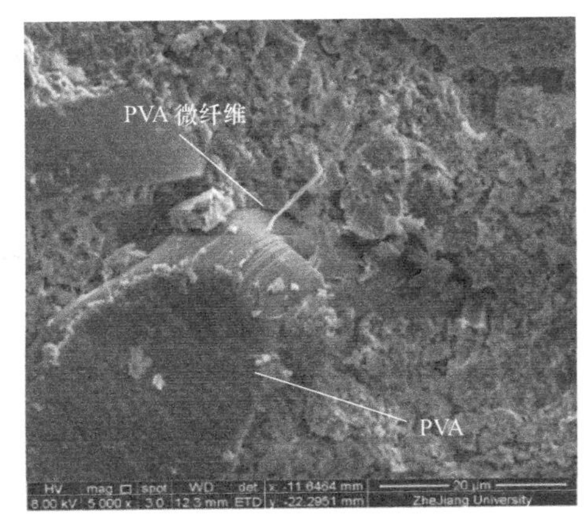

图 2-38　混凝土中的 PVA 纤维

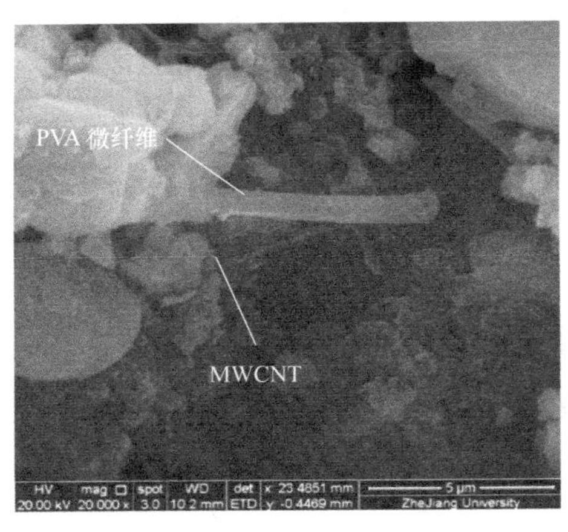

图 2-39　PVA 纤维微丝

根据试验结果，可得出以下几点结论：

（1）多壁碳纳米管对混凝土可建造性没有明显的影响，材料的堆积稳定性，固形能力和粘结能力都能满足 3D 打印的要求。同时随着多壁碳纳米管的掺入，混凝土流动性的降低率小于 3.7%，初凝时间的变化率小于 9%，说明多壁碳纳米管对混凝土的工作性能没有不利影响。然而试验发现 PVA 纤维会显著改变混凝土的可建造性和流动性。

（2）多壁碳纳米管对 3D 打印混凝土的早期强度影响很大。0.1%掺量的多壁碳纳米管使混凝土 3d 抗压强度提高了 33.6%，而掺量为 0.05%时，混凝土 1d 抗折强度提高了 47%。但是添加多壁碳纳米管对材料 28d 抗压和抗折强度没有明显的影响。

（3）碳纳米管的分散效果对于微观裂缝的有效桥接至关重要，会影响混凝土强度的改善。使用聚乙烯基吡咯烷酮（PVP）分散剂＋超声波分散方法，0.01%-0.05%掺量的多壁碳纳米管可以很好地分散到混凝土中。综合考虑多壁碳纳米管对混凝土工作和力学性能的影响以及 3D 打印的技术要求，建议将此掺量范围作为 3D 打印混凝土多壁碳纳米管的最佳掺量。

2.4　特种增材建造混凝土材料

2.4.1　可冲刷水泥基模板材料

现有的 3D 打印混凝土基于湿料挤出，堆叠成型工艺[49]，由于水泥基材料初凝时间相对其他材料（塑料、树脂等）较长[50]，且自重大，导致 3D 打印混凝土相对于其他材料 3D 打印具有一定的空间造型局限性[51]，难以一次打印成型空间复杂构件，如镂空构件[52,53]，上大下小的构件等。当进行切片制作，堆叠打印时，湿态混凝土难以完成较大角度的堆叠稳定性，容易失稳破坏[54]，如图 2-40 所示。因此现阶段的 3D 打印混凝土复杂空间造型结构需要分次、分批借助模板制造，无法充分利用增材自制，数字成型，免模施工的技术优势。

随着双打印[55]-多打印材料[56]同时成型制造的技术逐渐成熟，3D 打印混凝土也有望与一种可临时支撑成型的可冲刷模板同时打印，养护成型后冲刷成型，实现快速、便捷的混凝土复杂空间造型的打印制作[56]。现阶段对混凝土 3D 打印可冲刷模板的技术参数要求为自重轻，早期强度满足对混凝土自重的支撑作用，可建造性良好，可冲刷（图 2-41）。

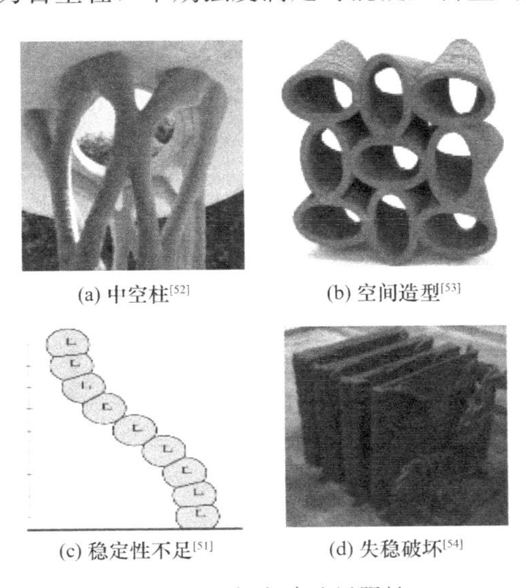

图 2-40　打印建造局限性

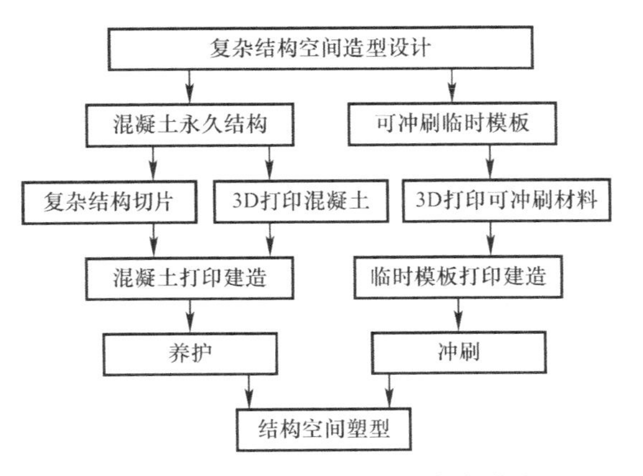

图 2-41　空间复杂造型结构打印建造

基于复杂空间造型混凝土结构打印建造技术对可冲刷3D打印模板的功能要求，开展可冲刷模板水泥基材料基准配合比优化分析，针对试件可打印性，可造型性，可冲刷性能等设计目标探索材料性能作用机制，基于层次分析得到关键参数并开展试验性能优化，建立了3D打印可冲刷模板的设计优化流程并得到满足可冲刷要求的3D打印水泥基材料，可为打印复杂造型混凝土空间结构提供技术借鉴。

2.4.1.1 **优化设计流程**

新拌水泥基材料的可打印性能，硬化后力学性能，与材料、配合比和打印工艺均有关系[57]，具有复杂的交互作用机制。可冲刷模板需要满足可冲刷、可打印和可造型的功能目标，其配合比设计和优化需要在现有打印设备，打印工艺和常见建造环境下针对各个性能指标进行材料性能测试，并在工况适用的基础上进行递进试验，分层优化，直至实现多重设计目标。

首先，以3D打印可冲刷模板的设计目标选择胶凝材料、骨料和掺合料。硫氧镁水泥是气硬性水泥基胶凝材料，在水中不硬化，密度一般为1600-1800kg/m^3，具有质量轻、凝结速度快、早强、粘结力强等优点[58]，可作为冲刷模板的胶凝材料。高岭土本身并不与硫氧镁水泥发生反应，并且可作为微小颗粒，填补混凝土中的空隙，从而改善湿料的可挤出性。SAP具有吸水速率高、吸水倍率高、膨胀性高、凝胶强度较大、保水性好等特点[59]，可以有效降低硫氧镁混凝土强度和密度，有利于临时模板的冲刷和3D打印结构的空间成型，因此，基于混凝土可打印性能选用掺加材料为高岭土与吸水性树脂（SAP）。

研究[60]表明：MgO与$MgSO_4$摩尔比（氧硫比）越高，硫氧镁水泥的抗压强度越高，软化系数越低。根据可冲刷模板技术使用需求，采用氧硫比为10。石英砂掺量（石英砂与MgO质量比）对硫氧镁混凝土的软化系数有着较大影响，对抗压强度的影响较小，在掺量为0.3时，硫氧镁混凝土的软化系数最小，为0.55[61]。根据课题组前期3D打印水泥基材料配合比设计，纤维掺量（纤维与MgO质量比）初步定为1%。综上所述，确定基准配合比如下：氧硫比、石英砂与MgO质量比、纤维与MgO质量比保持不变，各组分质量比为MgO：$MgSO_4 \cdot 7H_2O$：石英砂：纤维＝100：62.9：30：1。根据实测性能确定调整配合比基本参数，得到满足可冲刷模板功能需求的最优配合比，为了便于混凝土硬化成型后，完成冲刷，空间造型强度不能过高。参考水泥基材料质量、强度及冲刷高压水枪压力，确定可冲刷模板材料的抗压强度范围在2-10MPa。在该强度范围内探索可打印性可建造性的水泥基材料。A组根据可挤出性为基准目标，B组根据可建造性为基准目标，C组根据可冲刷性为基准目标，针对吸水性树脂（SAP）掺量、高岭土掺量设计梯度变化，对每个因素设计4个变化梯度搜索优化目标并试验验证优化结果。试验设计见表2-4。

配合比设计方案 **表2-4**

编号	SAP/MgO	高岭土/MgO	水胶比
A-1	10%	0	0.36
A-2	20%		0.47
A-3	30%		0.56
A-4	40%		0.67

续表

编号	SAP/MgO	高岭土/MgO	水胶比
B-1	10%	0	0.77
B-2		10%	0.80
B-3		20%	0.80
B-4		30%	0.83
C-1	5%	30%	0.48

2.4.1.2 性能测试

可冲刷模板的首要性能为力学性能，通过测试早期抗折强度与抗压强度予以测评。参考水泥胶砂材料技术标准，制作尺寸为40mm×40mm×160mm的棱柱体强度测试抗折试块[22]，折断后的棱柱体进行抗压强度测试。考虑到可冲刷混凝土临时模板使用周期。测试龄期为1d及3d。

水泥基材料的可打印性评估指标为流动性[62]和开放时间[21]。混凝土振捣均匀后，以出料直径为10mm，以2cm/s的速度均匀稳定挤出。参考现有相关研究的可建造性评估方法[2,3,43,63-66]，以连续挤出长度为评价参数，具体测试方法如下：沿着X方向将混凝土长条均匀挤出长度25cm，沿Y方向延续排列，打印至长条断裂或打印至混凝土长条总长为125cm停止，如图2-42(a)所示。每组打印三次，取三组连续打印长度的中间值作为结果。可建造性通过层叠稳定高度与层叠时随变形进行评价。沿着X方向将混凝土长条均匀挤出，沿Y方向延续排列，连续打印3条长度为25cm的混凝土长条，再沿Z方向连续打印，逐层堆叠，如图2-42(b)所示。堆叠到堆积物部分破裂时测量堆积高度，随机取三处进行测量，取平均值。

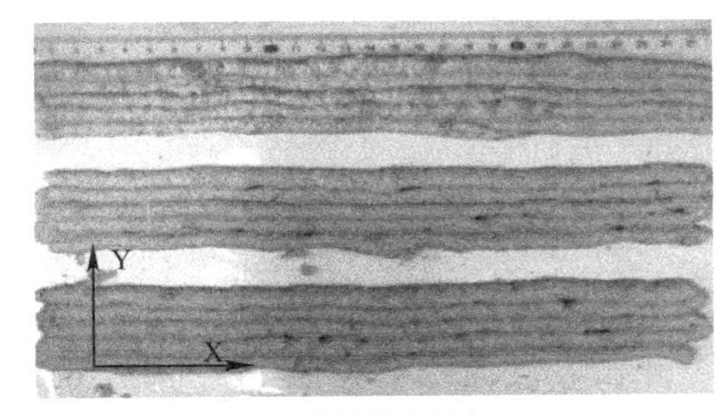

(a) 连续挤出长度

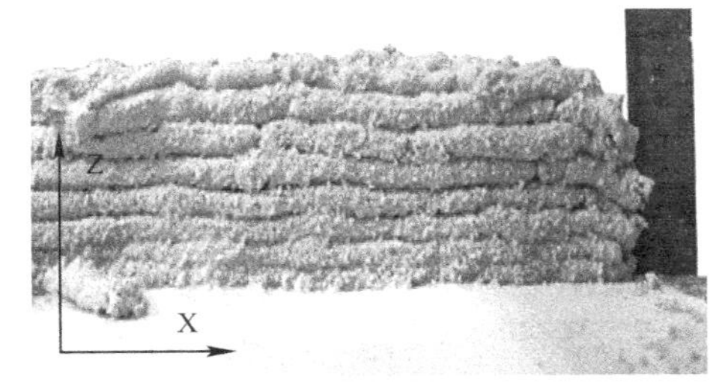

(b) 层叠稳定高度

图2-42 可建造性能测试

层叠时随变形测量测试对象制作方法与层叠稳定高度相同，沿Y方向打印3条再沿Z方向堆叠5层。因为层叠变形微小且随时演变，传统监测技术难以实现，因此在层间插入回形针进行定位，在堆叠完成后采用数字图像相关法（DIC）相关设备以动态采样频率为1Hz进行图像采集、识别，监测时变稳定性，如图2-43所示。

图2-43 DIC设备监测打印混凝土变形分析

为测试混凝土被冲刷能力，按照每分钟冲刷深度评估该项性能。制作尺寸为40mm×40mm×

160mm 的混凝土试块，一组 3 块，养护 3d 后进行冲刷试验。使用压力为 10MPa 的高压水枪，以 15mm 水流直径和 10cm 距离对试块底面中心进行冲刷。分别在冲刷 1min、2min、3min 时测量最大冲刷深度，取平均值作为试验结果。

2.4.1.3 **结果与分析**

首先通过满足冲刷打印混凝土模板要求的强度确定 SAP 的掺量。SAP 掺量对混凝土 3d 强度的影响如图 2-44 所示。混凝土目标抗压强度定为 2-10MPa，鉴于材料的流动性优化需求会降低硫氧镁水泥的强度[60]，因此在力学性能优化的试验基础上，将 SAP 掺量设定为 10%，予以打印建造性调试。

针对高岭土掺量进行了梯度试验，B 组试验的加水量以混凝土恰好能从手动打印机中挤出为基准，进行力学性能、打印建造性能测试和优化分析。试验表明：随着高岭土掺入量的增大，混凝土抗压强度与抗折强度均先增大后减小，在高岭土与 MgO 质量比为 10% 时达到最大值，如图 2-45 所示。研究表明：偏高岭土掺量为 10%时，混凝土的流动性显著下降，与同类文献基本一致[67]。流动度为 170-183mm 时能够满足小口径 3D 打印泵送挤出的要求。出于可打印性和可建造性考虑，高岭土掺量优选为 30%。

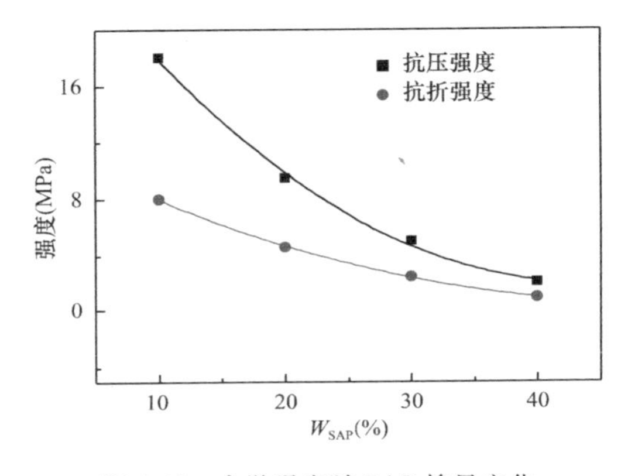

图 2-44 力学强度随 SAP 掺量变化

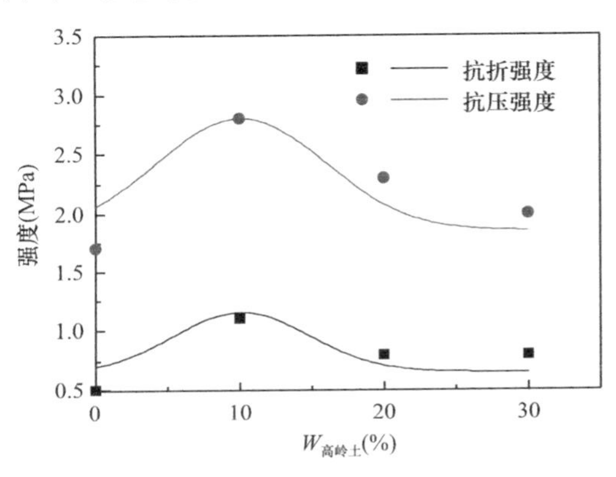

图 2-45 力学强度随高岭土掺量变化

3D 打印混凝土需要能够顺利在泵送运输并且在打印后快速成型，因此混凝土的开放时间意味着湿料可泵送运输挤出打印的时间。按照建筑结构的速度，一般在 1-3h。B 组各配合比打印开放时间均在 2.5h，差别不超过 10%。C 组试验 SAP 掺量为 B 组的一半，开放时间为 2h，比 B 组减少了 20%。以连续挤出长度为打印材料可挤出性表征参数。高岭土掺量增加，有利于混凝土的可挤出性。未掺加高岭土的混凝土拌合物颗粒感强烈，虽能连续打印 119cm 长条，但存在多条裂缝，难以满足建造稳定性和安全性需求。随着高岭土掺量增加，打印混凝土长条表面逐渐光滑，具有更强的形塑能力。10%-30%高岭土掺量的打印混凝土具有较好的可挤出性，均能完成 125cm 条带的连续打印。层叠稳定高度反映了混凝土的可建造性。与可挤出性相一致，高岭土的掺量越高，混凝土的层叠稳定高度越高。冲刷深度存在一定的离散度，反映了混凝土的可冲刷性能，如图 2-46 所示。

冲刷深度随着高岭土掺量的增加，先减小后增大，与抗压强度、抗折强度的变化趋势恰好相反，3min 冲刷具有较为明显的趋势，如图 2-47 所示。堆叠稳定性与其上层叠数量和水化时间均有关系。作为可冲刷模板，层叠时随变形也反映了模板的形状保持能力。选择 SAP/MgO 为 10%，高岭土/MgO 为 30%的可冲刷混凝土作为试验材料，通过 DIC 监测层间分析各点堆叠时变稳定性，由图 2-48 可知材料总体变形较小，1h 的总体变形量为总高度的 0.02%，满足模板对形状保持能力的功能需求。

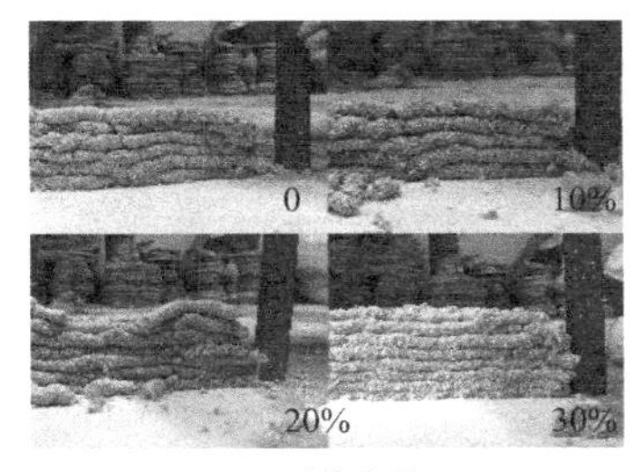

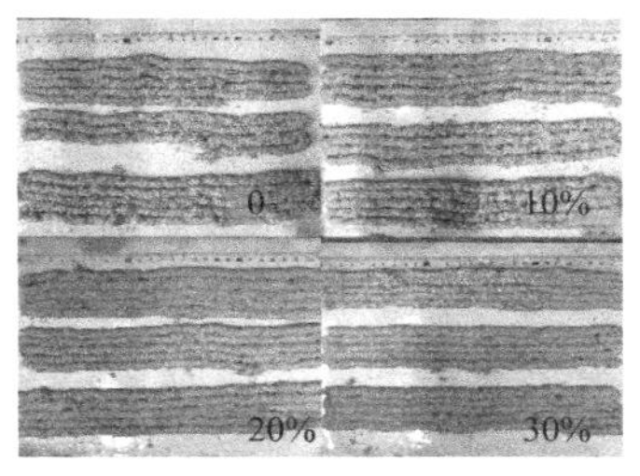

(a) 可挤出性　　(b) 可建造性　　(c) 可冲刷性

图 2-46 SAP 掺量对混凝土的打印建造性和可冲刷性影响

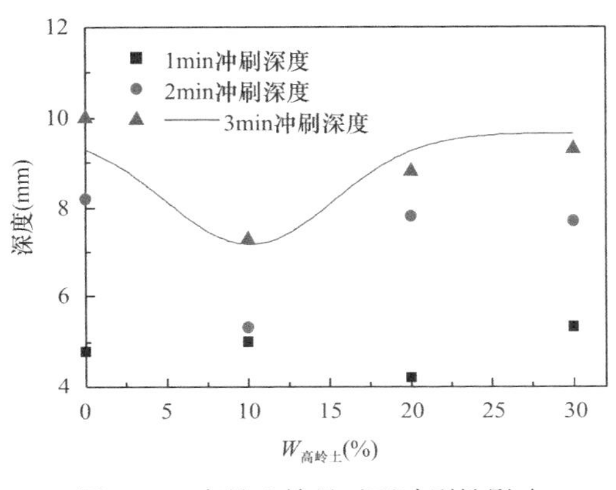

图 2-47 高岭土掺量对可冲刷性影响

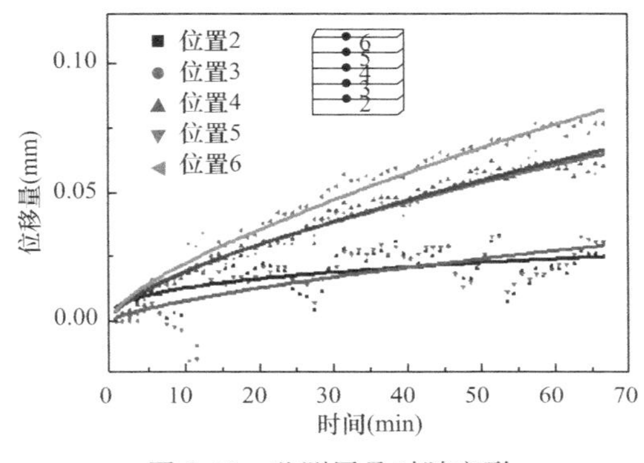

图 2-48 监测层叠时随变形

根据各点变形可求解单层时变稳定性，基于监测数据建立单层时变压缩变形模型如下：

$$\delta(t)=\alpha n[\ln(t)-1.6] \tag{2-1}$$

其中：α 为材料凝结性能系数，对于硫氧镁水泥基材料取 0.005，n 为自下而上层叠数量，t 为打印时间，考虑监测时间误差，t 大于 5min。该变形模型与试验数据具有良好的吻合性，如图 2-49 所示，可用于冲刷模板材料时变压缩变形预测和总变形精度控制。高岭土掺量对连续打印长度与层叠稳定高度的影响趋势相同，以材料的层叠稳定高度与冲刷深度作为控制指标，配合比优化分析得到最佳高岭土掺量为 30%，如图 2-50 所示。

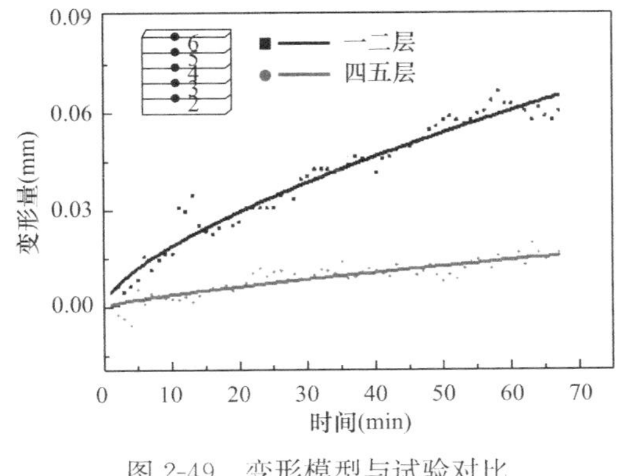

图 2-49 变形模型与试验对比

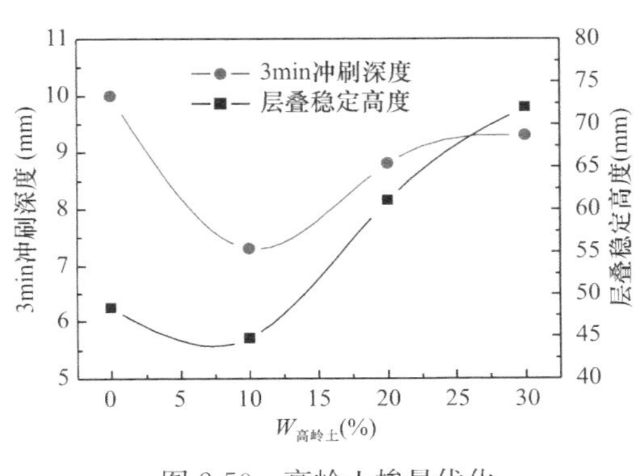

图 2-50 高岭土掺量优化

2.4.2 水下打印混凝土材料

随着陆地资源紧缺，我国开始陆海统筹，不断维护和拓展海洋经济，加快海洋强国建设，与高层建筑、桥梁隧道、港口大坝等建筑结构息息相关的水下打印智能建造也将成为深地深海工程开发的必经之路。因此，面向水下智能建造探索3D打印混凝土材料与结构建造技术，是水利和土木行业建造智能化发展的迫切需求。

水下混凝土采用水上拌制、水下灌注，利用重力自流平效应，具有自密实、高保水、抗离析等优良性能，被称为全新的、划时代的混凝土材料，广泛用于桥梁、港口及建筑深桩等建筑工程（如图2-51a所示）。3D打印因免模板施工、高度机械化、精细化成型（如图2-51b所示），可降低建造成本35%-60%[68,69]，同时显著提升结构智能建造水平，促进建筑结构施工一体化[70,71]。随着对海洋的深度开发，3D打印技术有望应用于沿海与近海的桥墩、锚锭，以及基础结构施工、维护和加固[72]，显著降低施工人力成本及建造成本，提升施工速度，探索应用于水下免模板建造的混凝土材料具有重要的工程意义。

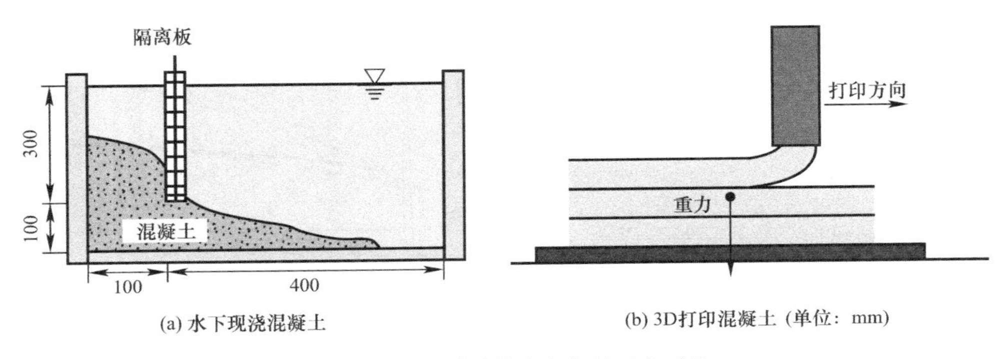

(a) 水下现浇混凝土　　(b) 3D打印混凝土（单位：mm）

图2-51　水下建造技术与智能工艺对比

国内外针对水下混凝土开展了较为系统的研究，水下混凝土在絮凝剂的改性作用下，其抗分散性能显著提升。迄今为止，水下3D打印混凝土的研究鲜见报道，文献［72］针对水胶比和抗分散剂掺量开展了水下打印水泥基拌合物新拌性能分析，通过测量并优化屈服应力，结构堆积率，渗透性和弹性模量探索了砂浆的水下3D打印，发现屈服应力与弹性模量直接影响沉积层承受自身重量的能力，高屈服应力可防止结构因自身重量而倒塌，拌合物的弹性模量将会影响结构打印建造稳定性。但目前，针对水下3D打印混凝土的可打印性、力学性能和水下抗分散性的试验研究和量化评估指标，以及兼顾各项性能的配合比设计方法仍是技术空白。本节根据材料组分开展配合比设计试验，研究水泥基拌合物的可打印性能与力学性能、水下工作性能的影响机制，建立了水下3D打印混凝土的优化设计流程，并根据可打印性、力学性能与水下工作性能调整水胶比、砂级配与砂胶比、矿粉掺量、絮凝剂、触变剂等材料组分与比例，为水下3D打印混凝土工程提供技术基础和理论参考。

2.4.2.1 基于力学性能与可打印性能的配合比优化试验

（1）配合比优化流程

打印混凝土材料以连续挤出长度为可挤出性表征，以层叠稳定高度为可建造性表征。水下打印混凝土一方面需要满足泵送挤出、层叠成型的水下打印工艺，另一方面需要具有适用的变形性能，足够的成型强度和水下长期工作的耐久性。其材料成分、配合比例和打印参数对可打印性、可建造性和水下工作性能具有复合作用机制。以硫铝酸盐水泥为主要胶凝材料，以打印混凝土工作性能为优化目标，采用最大密实度理论[9,73]确定基准配合比，针对 3D 混凝土可打印性能与力学性能的敏感影响参数，包括水胶比（W/B）、砂胶比（S/B）、矿粉比（M/B）、触变剂掺量（NC）以及絮凝剂掺量（AWA），进行参数对比研究，建立优化流程，并开展序列试验研究[74]。

（2）试验材料

采用 42.5 级的硫铝酸盐水泥，S95 矿粉，硅灰作为胶凝材料，掺入矿粉、硅灰改善水下混凝土的工作性能以及力学性能，360 目细度的凹凸棒土提升触变性能，聚羧酸系高效减水剂改善流动度，采用酒石酸缓凝剂控制凝结时间配合 3D 打印混凝土的打印工艺流程，聚乙烯醇纤维（PVA）增加韧性，UWB-Ⅲ絮凝剂提升水下工作性能。

（3）基于可打印性和力学性能的配合比设计

基于水下 3D 打印混凝土工作性能与力学性能要求确定基准配合质量比如表 2-5 所示，针对水胶比（W/B）、矿粉比（M/B）、砂胶比（S/B）、絮凝剂掺量（AWA）（%）以及触变剂掺量（NC）（%）进行参数序列试验。在基准配合比基础上，对水胶比以 0.18、0.21、0.24、0.27、0.30 为序列，矿粉比以 0.2、0.25、0.3、0.35、0.4 为序列，砂胶比以 0.3、0.4、0.5、0.6、0.7、0.8、1.1、1.4 为序列，絮凝剂掺量以 1.0%、1.5%、2.0%、2.5%、3.0%为序列，砂级配分别以细、中、粗为序列，触变剂掺量以 0、0.5%、1%、1.5%、2%为序列，按照正交试验方法和优化流程设计了 27 组配合比[74]，开展力学性能、可打印性、可建造性试验。

水下 3D 打印混凝土材料基准配合比　　表 2-5

水泥	矿粉	硅灰	砂	水	减水剂	缓凝剂	纤维	触变剂	絮凝剂
0.6	0.3	0.1	0.5	0.24	0.003	0.001	0.02	0.01	0.02

（4）试件制作与测试

模具成型混凝土的抗压强度[22]、流动度[62]、水下不分散工作性能[75]按照相应规程进行测试。打印混凝土试件采用 ϕ30mm 的圆形喷头以 2.5cm/s 的挤出速度，5cm/s 的打印速度，通过陆地打印与水下打印两种方式成型，如图 2-52 所示。打印完成后参照《水泥胶砂强度检验方法（ISO 法）》GB/T 17671—2021[22]切割为 70.7mm×70.7mm×70.7mm

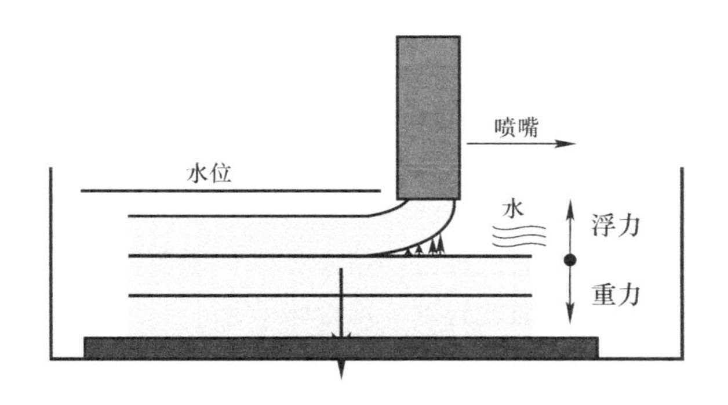

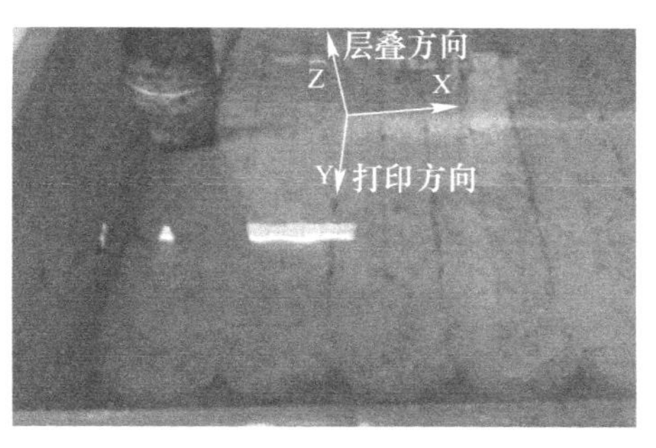

图 2-52　水下打印智能建造

的立方体试件，并按照规程[22]测试强度，计算 7d、28d 的水陆强度比。针对长宽高分别为 400mm×120mm×200mm 的打印试件，以第一层条带等间距荧光定位确定位移坐标，采用 DIC 设备监测挤出条带在建造过程中竖向动态竖向位移，如图 2-53 所示。A 组、B 组、C 组测试力学强度和流动性，D 组测试力学强度、流动性和水下不分散性，E 组、F 组、G 组测试建造稳定性。

图 2-53　可建造性测试

2.4.2.2　试验结果与讨论

（1）力学性能

水胶比、矿粉掺量、砂胶比、絮凝剂掺量四个变量均对力学强度有显著影响。试验表明：水胶比、矿粉掺量和砂胶比的增长对成型后混凝土 1d、28d 抗压强度均造成降低趋势，其中，水胶比影响最显著，其次为矿粉掺量，砂胶比变化对材料的强度影响较小，絮凝剂的掺入对材料的强度影响最小，如图 2-54 和图 2-55 所示。

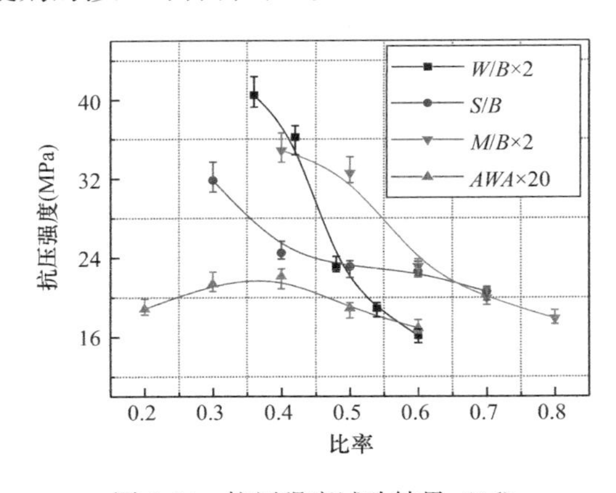

图 2-54　抗压强度试验结果（1d）

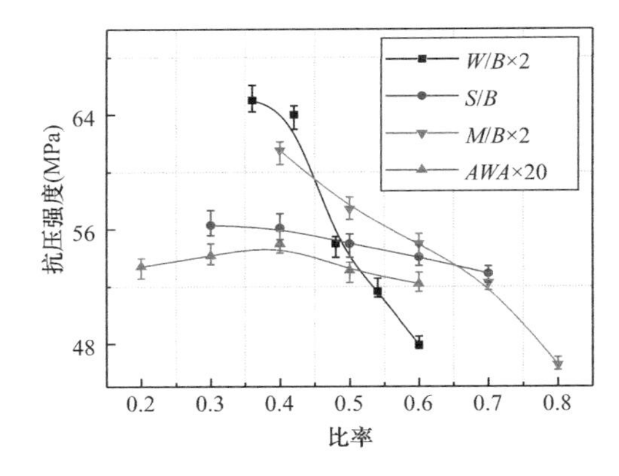

图 2-55　抗压强度试验结果（28d）

水胶比增大，致使水泥浆无法充分包裹细骨料表面，难以粘结成整体，导致孔隙率偏大，强度降低。矿粉与水泥产生火山灰效应，对砂浆强度起到一定增强效果[76-78]，但降低了硫铝酸盐水化产物（AFt、$Al(OH)_3$）的相对比例，作为水泥的替代物会造成混凝土强度随矿粉掺量增加而下降。砂胶比增大降低了水泥相对比例，细骨料增加形成更多孔隙，引起强度降低[79]。絮凝剂改性混凝土增强了材料黏聚性，在一定范围内提升强度，但过量会造成材料结团，导致拌合不均，强度下降，试验最佳掺量约为2%。

混凝土28d抗压强度（f_{cu}）与胶凝材料强度（f_{ce}）及水胶比（W/B）符合鲍罗米公式[9,73,74]，基于测试参数，针对砂级配、砂胶比、絮凝剂掺量以及矿粉掺量提出了水下混凝土成型后28d抗压强度计算模型：

$$f_{cu,0}=\theta\mu\sigma\gamma 1.04 f_{ce}\left(\frac{B}{W}+2.58\right) \tag{2-2}$$

其中：θ为细骨料级配影响系数，细砂取0.95，中砂取1，粗砂取1.04；μ为砂胶比影响系数；σ为絮凝剂影响系数；γ为矿粉掺量影响系数，根据试验数据拟合确定：

$$\mu=\left[-6.02\left(\frac{S}{B}\right)+57.9\right]/100 \tag{2-3}$$

$$\sigma=\left[-1.73(AWA)^2+6.24AWA+48.9\right]/100 \tag{2-4}$$

$$\gamma=\left[-70.3\left(\frac{M}{B}\right)+75.64\right]/100 \tag{2-5}$$

其中：S/B为砂胶比，AWA为絮凝剂掺量（%），M/B为矿粉比。

模型预测与试验测试$f_{cu}/f_{cu,0}$均值为0.998，标准差为0.31，具有较高的精度。

（2）可打印性

3D打印混凝土新拌性能可使用流动度与可建造性评估，确保材料可泵性、可挤出性[2]，可建造成型并保持形状稳定。

1）流动性

水泥砂浆的流动度与水胶比、矿粉掺量、砂胶比、絮凝剂掺量四个因素均相关。其中水胶比和矿粉掺量均增大流动度。水胶比的影响高于矿粉掺量。絮凝剂掺量和砂胶比会降低流动度，絮凝剂掺量对流动度降低程度比砂胶比更为显著，如图2-56所示。随着流动度的增加，黏聚性不断减小，当流动度超过200mm时会导致泌水现象，如图2-57所示。适用于泵送挤出和层叠成型的流动度范围为165-190mm，过低难于挤出，过高难于建造。根据打印适用流动度确定絮凝剂掺量为2%左右。

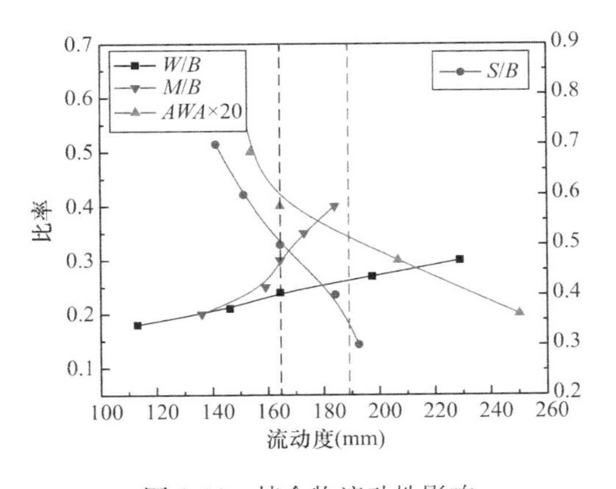

图2-56 拌合物流动性影响

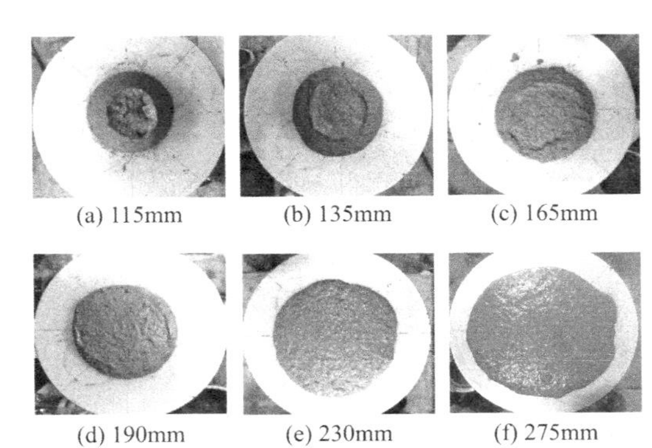

图2-57 材料流动性的对比

2）可建造性

可建造性试验表明：砂胶比0.5时，打印条带变形过大难以稳定建造；砂胶比0.8时，打印条带变形较小具有建造稳定性；砂胶比1.1及以上，打印条带干硬引起打印中断；骨料采用细砂，细度模数 1.67 时，打印条带变形过大难以稳定建造；骨料采用中砂，细度模数 2.36 时，打印条带变形较小具有建造稳定性；采用粗砂，细度模数为 4.74 时，打印条带干硬引起打印中断；添加触变剂 0.5%-2%有效减少了打印过程的层条变形，如表 2-6 所示。

可建造性效果对比　　表 2-6

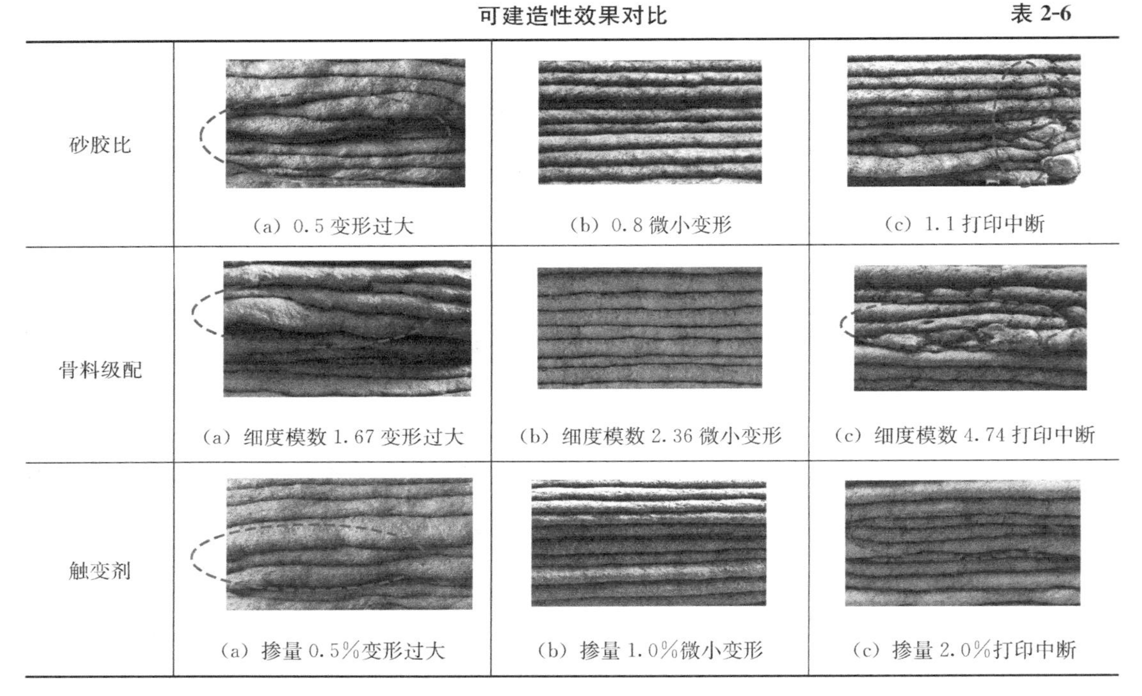

砂胶比	(a) 0.5 变形过大	(b) 0.8 微小变形	(c) 1.1 打印中断
骨料级配	(a) 细度模数 1.67 变形过大	(b) 细度模数 2.36 微小变形	(c) 细度模数 4.74 打印中断
触变剂	(a) 掺量 0.5%变形过大	(b) 掺量 1.0%微小变形	(c) 掺量 2.0%打印中断

研究发现：随着砂胶比和触变剂掺量增大，建造变形及其增长速率均呈现减小趋势，如图 2-58、图 2-59 所示，其中砂胶比过大时（$S/B=1.4$）、采用粗砂时以及触变剂过量时，打印过程材料干硬断裂，难以打印堆叠成型 20 层高度，无法监测变形。

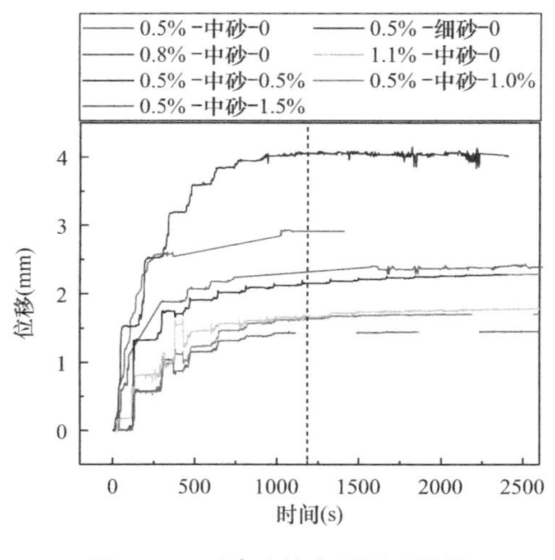

图 2-58　可建造性变形测试结果

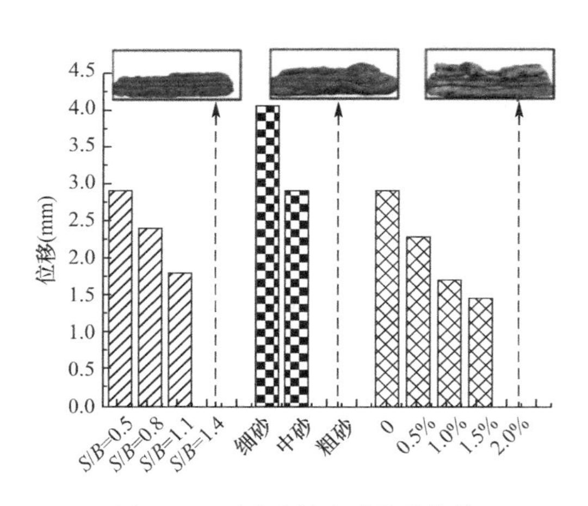

图 2-59　可建造性变形位移终值

硫铝酸盐水泥水化产物主要为钙矾石（AFt），水化硅酸钙凝胶（C-S-H）与 $Ca(OH)_2$[80,94]。由于胶凝材料水化过程中的成核效应引起宏观屈服应力随时增长[81,82]，材料抵抗变形能力逐渐增大，屈服应力随着静置时间线性增长[83]：

$$\tau_0(t)=\tau_{0,0}+A_{\text{this}}t \tag{2-6}$$

式中，$\tau_{0,0}$为初始状态下结构静态屈服应力。A_{this}为结构堆积率，表示屈服应力在静置下的增长速率。$\tau_0(t)$为时变静态屈服应力。t为静置时间。

材料搅拌、泵送挤出20-40min，以3cm/s的打印速度建造试件需要约1200s，处在初凝之前且经受其上20层条带叠制建造动态扰动，变形呈现阶梯状增长，变形量占整体变形的96.5%-98.7%。材料初凝后在恒定静载下稳定变形。基于各配合比试样测点竖向变形随时间发展的监测规律，建立时变竖向变形模型如下：

$$D_t=D_0+A_\varepsilon e^{-t/m} \tag{2-7}$$

式中，D_0为初凝位移，A_ε反映结构堆积建造过程中竖向变形增长速率，m反映变形时变特征。基于试验测试分析得到：

采用中砂时：

$$D_0=0.275\times(-3.83\times S/B+5.797)\times(-97.6\times NC+2.817) \tag{2-8}$$

$$A_\varepsilon=-0.3\times(-2.50\times S/B+4.537)\times(-109.6\times NC+3.212) \tag{2-9}$$

$$m=0.875\times(337.2\times S/B-46.47)\times(-200\,NC^2+417NC+0.113) \tag{2-10}$$

采用细砂时：

$$D_0=0.372\times(-3.83S\times S/B+5.797)\times(-97.6\times NC+2.817) \tag{2-11}$$

$$A_\varepsilon=-0.373\times(-2.5\times S/B+4.5367)\times(-109.6\times NC+3.212) \tag{2-12}$$

$$m=1.90\times(337.2\times S/B-46.47)\times(-200\,NC^2+417NC+0.113) \tag{2-13}$$

该模型在建造期竖向变形预测上具有较高的精度，模型误差受砂胶比、触变剂掺量和砂粒径影响，其中砂粒径影响最为显著。粗砂造成打印建造成型困难，中砂具有较大的模型预测误差，细砂竖向变形大但模型预测精度较高，最大误差率小于11%，如图2-60所示。

（3）水下不分散工作性能

试验表明：悬浊液pH、悬浊度、水泥流失量均随絮凝剂掺量增加逐渐降低，如图2-61所示。当絮凝剂掺量大于2%时，材料的抗分散性能增长趋于稳定。以胶凝材料质量2%絮凝剂进行水中打印，对比在陆地、水下打印的试件强度，7d水陆强度比为88.5%，28d水陆强度比达到93.9%，如图2-62所示。

传统水下不分散混凝土施工时，通过泵压输送、垂直导管、开底吊桶、装袋叠罗等施工工艺，施工时更容易受到直接受到水流冲刷造成强度的损失。3D打印混凝土通过旋转挤压、喷嘴挤出，较普通混凝土更为致密，其适宜建造的流动度范围为165-190mm，从而具备更好的抗水下冲刷的能力。国内规范[75]指出，水下施工混凝土7d水陆强度比须高于60%，28d水陆强度比须高于70%。日本、韩国的相应规范以水陆强度比作为衡量水下混凝土力学性能的重要因素，28d水陆强度比须大于80%[84]。对比国内外学者针对水下不分散混凝土的水陆强度比的试验数据，本试验的水陆强度比均高于相关技术规范要求，且水下3D打印混凝土在力学强度损失上相比普通水下不分散混凝土更低，如图2-63所示，表明了水下智能建造的技术可行性和应用优势。

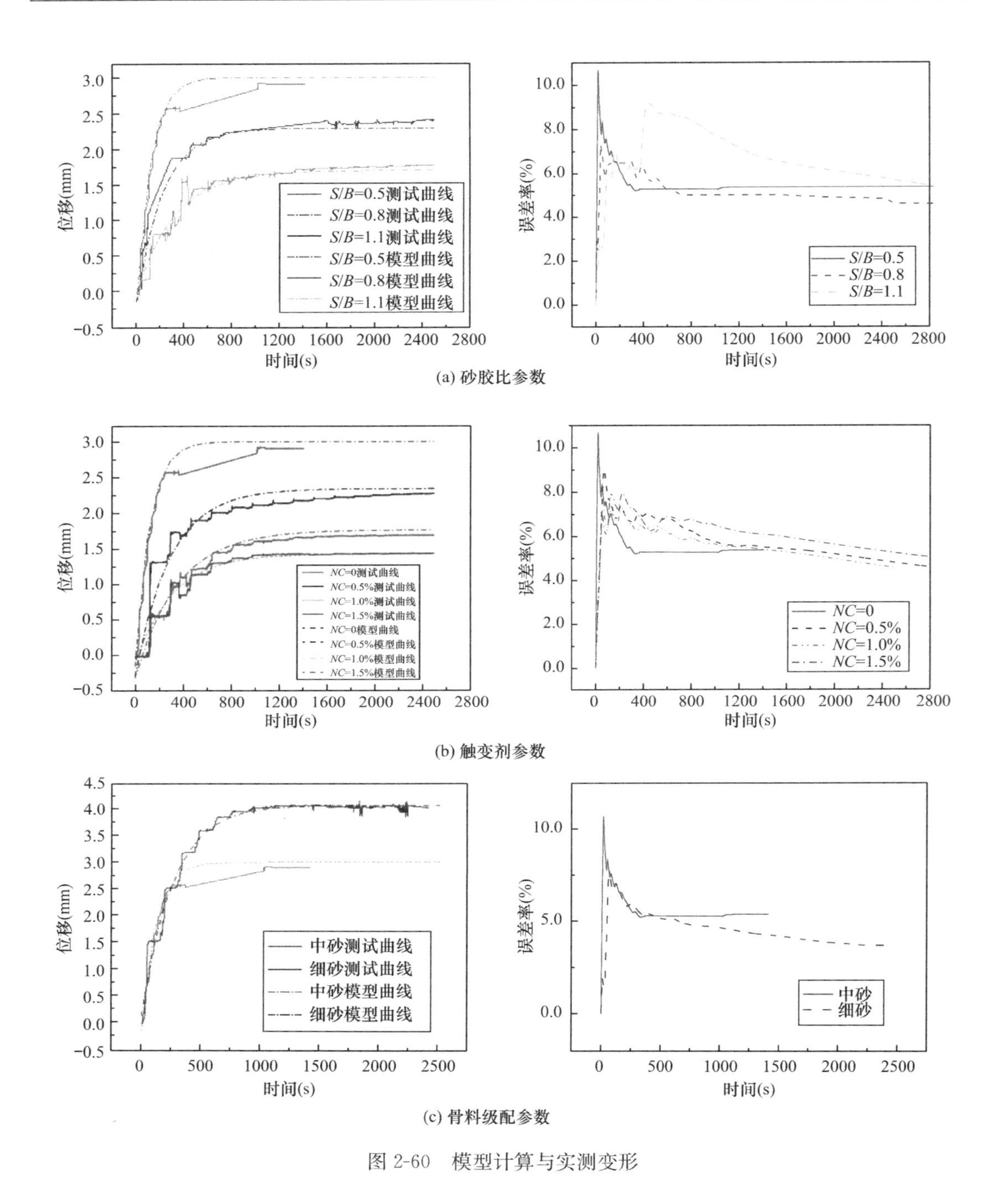

(a) 砂胶比参数

(b) 触变剂参数

(c) 骨料级配参数

图 2-60 模型计算与实测变形

水下混凝土抗分散性与流动性相关[85,86]。絮凝剂作为大分子量的生物多聚糖，高分子长链结构的相互缠绕改变了水泥颗粒的表面性能，增强了材料的凝聚性，使得拌合物分散体系形成更为稳定的网状结构[87,88]，拌合物流动度显著降低，同时析出水泥明显减少，导致悬浊液 pH 值降低。对于水下 3D 打印混凝土，水下不分散性与流动性的关联机制尚无文献数据可循。试验表明：两者近似线性相关，如图 2-64 所示。

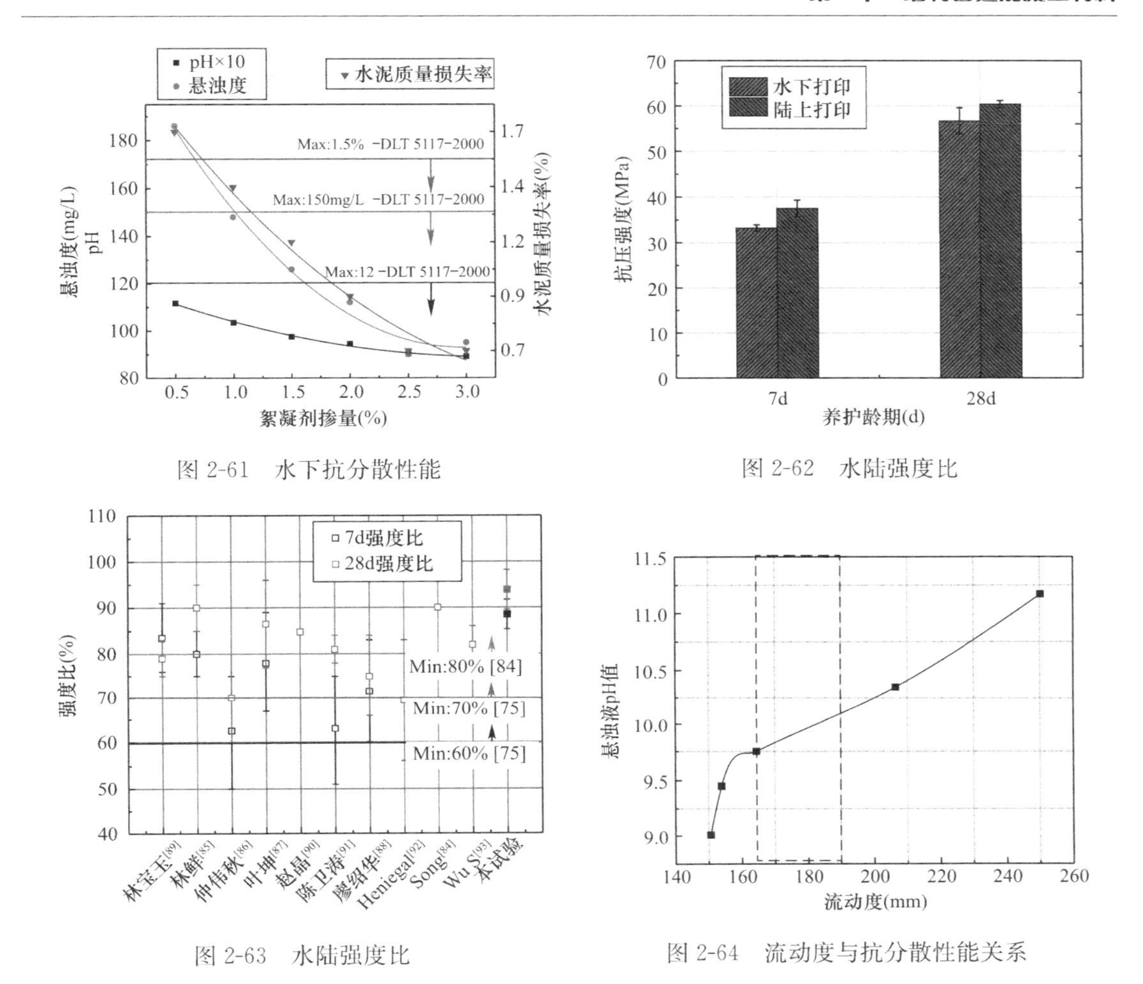

图 2-61　水下抗分散性能

图 2-62　水陆强度比

图 2-63　水陆强度比

图 2-64　流动度与抗分散性能关系

2.4.3　极端环境 3D 打印混凝土

2.4.3.1　防核爆 3D 打印混凝土

3D 打印技术可以信息化建模，机械化施工，适合恶劣环境下的结构建造。由于核电建筑维修加固和核战争状态下掩体建造难以人工施工，因此，有必要根据 3D 打印工艺探索抗核爆，屏蔽辐射的 3D 打印混凝土以适应极端工况下的工程建造需求。当前的抗爆和抗辐射混凝土配合比设计分别通过添加纤维提升抗爆耐磨能力，提升混凝土的密度增加抗冲击能力，增加吸收辐射的材料实现辐射的屏蔽能力。

我国《防辐射混凝土》GB/T 34008—2017 检测标准中明确规定，干表观密度不小于 $2800kg/m^3$、用于防护和屏蔽核辐射的即为防辐射混凝土。现有技术可实现抗爆耐磨混凝土制备[94]，采用钢渣、矿渣[95-97]、重晶石[98]等材料实现抗核爆防辐射功能，但现有的抗爆抗辐射混凝土尚难以增材自制，叠合成型，不能满足 3D 打印的工作性要求。3D 打印混凝土的配合比设计方面，已经有可适应不同强度，不同打印流程和工作性能的混凝土配合比设计[80]，但现有的 3D 打印混凝土无法实现抗核爆和屏蔽辐射的功能，无法应对特殊的工况要求。

孙晓燕等[99]以硼元素、镉、锂和结晶水掺入量控制防辐射量级，通过表观密度流动度，流动度，强度，抗冲击性能保障 3D 打印混凝土抗核爆防辐射，具有表观密度高、良好的工作性能和力学性能，可以实现在危险环境下自动化免模施工，可打印性能好（流动性 171），28d 抗压强度大于 35MPa，具有抗冲击（破坏冲击次数大于 150）、高密实（3550kg/m^3），成本适宜等技术优势。

2.4.3.2　**低温抗冻 3D 打印混凝土**

3D 打印具有机械化施工的优势，适合低温环境下建筑工程的无人自动化建造。当前极寒环境下混凝土配合比设计通过在混凝土中加入抗冻剂提升抗分散性能，提高混凝土的黏度[100,101]，形成了多种抗冻混凝土及其制备方法[102-110]。但现有的抗冻打印混凝土尚难以增材自制，叠合成型，不能满足打印的工作性要求，现有的 3D 打印混凝土无法实现低温环境下建造成型。为了准确表达寒冷程度，气温－40-9.9℃为低温环境，抗冻混凝土具有良好抗冻性能和力学性能，开发可打印的抗冻混凝土，满足低温环境下的建造需求是当前技术需求，适用于低温环境下 3D 打印，实现特殊气候环境下无人建造，免模施工，对我国极地开发和低温环境下的工程建造具有现实工程意义。

混凝土抗冻性一般以抗冻等级表示。抗冻等级是采用龄期 28d 的试块在吸水饱和后，承受反复冻融循环，以抗压强度下降不超过 25%，而且质量损失不超过 5%时所能承受的最大冻融循环次数来确定，划分为 F50、F100、F150、F200、F250、F300、F350、F400 和>F400。抗冻打印混凝土材料[111]具有适宜打印的流动度，适宜增材智能建造的终凝时间，1d 打印成型切割标准化试块抗压强度在 15MPa 以上，28d 抗压强度 60MPa 以上，抗冻性 F250 以上，抗冻性能和力学性能优越，具备适合 3D 打印的流动度和触变性，又具有耐寒抗冻的低孔隙率和密实度，可适应低温恶劣环境下的免模自动建造。

2.4.3.3　**月壤 3D 打印混凝土**

（1）月壤

月球蕴含着丰富的资源，月壤中蕴含有 100 万-500 万吨的氦-3，可作为清洁能源长期使用[112]，月球富含铁钛矿，还有超过 70 万亿吨的 TiO_2 储备，蕴含丰富的钾、铀、磷和稀土元素[113]，合理利用月球资源，将对地球人类社会与文明的发展与进步产生极大促进。为了实现月球资料的研究、开发和利用，在完成登月计划之后，建立稳固安全适用的月球基地采集利用丰富的矿产资源成为人类的下一个进取的科研目标。由于环境限制，3D 打印技术将成为月球基地建造中必不可少的要素，如何在现有的材料和工艺上，根据月壤成分和力学性能，考虑月球环境下结构建造的技术难点和功能需求，整合当前建造设备、建筑材料和施工工艺上的最新技术并予以技术改进和探索，是现阶段探月工程技术核心问题。

月球结构由表层、月壳、月幔、月核组成，表层是 3-20m 覆盖月表的广义月壤层，其化学成分及细度分布如图 2-65、图 2-66 所示[114]。月壤的力学特性由其物理特性决定，包括颗粒形态、粒径分布、颗粒比重、相对密度等，其中粒径对混凝土原材料的水化和硬化影响较为显著[115]。根据颗粒形态和粒径等参数分为月岩（直径≥1cm）、狭义月壤（直径<1cm）和月尘（直径<20μm）。根据其化学成分和细度分布，可以看出月壤中含有天然高比例的类地球水泥原材料，月表丰富的含铁玄武岩，即保障了粗骨料和刚性增强材料的来源，并且月球冰储备量达到 0.1 亿-3 亿吨[116]，这使生产混凝土的用水问题也得到解决，因此就地取材用于建造月球混凝土结构作为空间研究基地成为研究热点技术[117,118]。

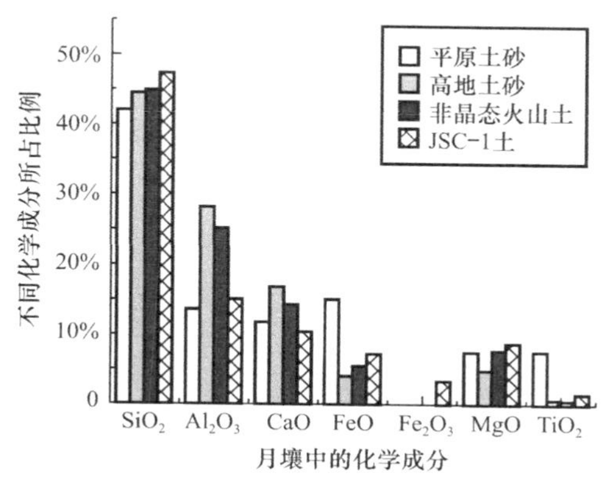

图 2-65 月壤成分及比例

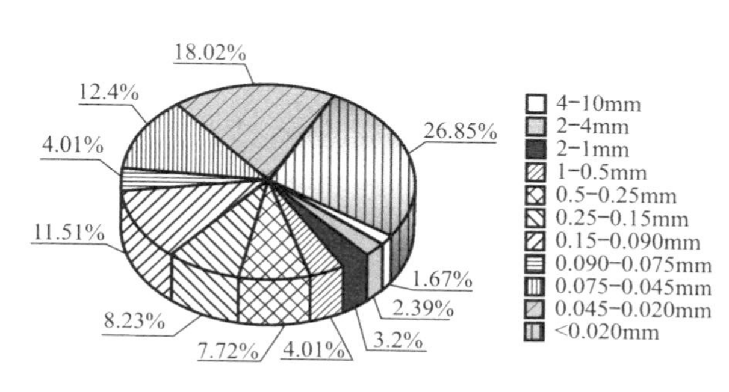

图 2-66 月壤细度分布

(2) 月球的空间环境对建造结构的功能需求

月球表面的温差在－190-＋137℃，以昼（14d）夜（14d）温变循环。月球每年发生月震约300次，其震级较小（最大为4级），且重力加速度只有地球表面的1/6，对建筑物的力学性能可不特殊考虑。月球没有大气层和足够的磁场以阻止各类陨石和带电粒子对月球表面的撞击，各类陨石坠落速度高达20-40m/s，月球表面各类放射线见表2-7[119]。研究认为：在建筑物上加盖2m厚的土或砂砾，可免受陨石碎片的破坏，同时还可起到屏蔽辐射的作用[120]。在距离月表层1m以下的部位，其温度稳定在－30℃左右。设计在月表下建筑物，可避免超低温、温变循环和宇宙射线对材料和结构的不利影响。

辐射屏蔽用混凝土除了应满足一般工程技术要求之外，在设计中还要重点考虑对γ射线和中子的屏蔽。目前国内外在辐射屏蔽混凝土技术方面主要有三个方向：①提升混凝土的表观密度提升屏蔽作用[121]；普通集料配制混凝土表观密度一般为2600kg/m³，而辐射混凝土要求表观密度在3000-7000kg/m³。一般通过选用密度较大的重集料和提升混凝土流动性和工作性能的掺合料调整级配实现；②选用具有屏蔽作用的富含氢、硼等元素的重集料[122]如铁矿石、重晶石、赤铁矿、蛇纹石、硼铁矿、硼镁石、橄榄石、玄武岩等或者掺合料，如磁铁粉、钢渣粉和铬矿粉等；③选取适用外加剂提升屏蔽作用[123]，如缓凝剂、膨胀剂、减水剂、引气剂和结晶水调节剂。

月球表面带电粒子环境[118]　　表 2-7

来源	核子能量（MeV）	质子通量（N/cm²·s）	穿透深度（cm）
太阳风	10^{-3}	10^{8}	10^{-6}
太阳宇宙射线	1-10^{2}	10^{2}	10^{-3}-1
银河宇宙射线	10^{2}-10^{4}	1	1-10^{3}

(3) 月球混凝土配合比及力学性能

月球空间环境下对混凝土提出如下技术要求：

1) 生产能耗应低于钢材、铝材；

2) 性能可适应－150-＋120℃温度变化的真空环境；

3) 能够吸收伽马射线。

目前国内外主要有两种技术思路进行月球混凝土配合比设计：一种是水拌模式，这与地球混凝土相似；另一种是干拌模式，一般是高温蒸压拌合，以硫磺或者低熔点金属为骨料粘结剂。

由于最初并不确认月球有足够的水，因此首先探索干拌工艺。1986 年 Lin 等[124]提出了热熔分离月壤，提取水泥成分采用 175-203℃高温蒸压拌合的工艺。2018 年 Lee 等[125]采用月壤配合比，在试验室模拟月球环境下采用热压工艺制造了月球混凝土块体，强度在 2-5MPa。采用硫磺作为热熔剂，加热温度 130-140℃制作的硫磺混凝土，其强度通过添加金属纤维最高可达到 43MPa，但耐火性差，造价高。

在月球上发现足够的冰储备之后，水拌模式的研究日益得到重视。Lin 等[126]利用 Apollo 16 月壤样品配制月球混凝土，搅拌成型后蒸汽养护后砂浆抗压强度可达 75.7MPa，将其反复暴露于真空，剩余强度仍在 80%以上。Toutanji 等[127]采用 JSC-1 模拟月壤进行小规模室内试验，并获得较好结果。而 Happel[128]和 Ruess[129]等调查总结后发现在室内试验条件下，这种月球混凝土性能优良，抗压强度可达 39-75.7MPa，弹性模量为 21.4GPa，表观密度为 2600kg/m^3，温度变形系数为 5.4×10^{-6}/℃。而且，月球低重力场对混凝土的强度的影响很小，在 1/6g 重力场下，强度损失在 10%以内。我国学者基于月壤研制出 CAS-1[130-132]、NAO-1[133]、CUG-1A[134]等模拟月壤土，现有月球混凝土的配合比见表 2-8，配制而成的混凝土强度多在低强度范围，还有待进一步研究予以提升。

月球 3D 打印混凝土结构可以利用月壤就地取材，增材自制，是一种可行的基地建造方案。现有针对低温和辐射环境混凝土配合比设计较为充分，现有地球用 3D 打印混凝土已可以实现简单结构建造，但针对月壤成分真空失重环境下的 3D 打印混凝土研究不足；现有的模拟月壤混凝土多以“模拟月壤+水泥+水”的砂浆型式进行，研究方法和试验条件各有不同，且试验规模较小，结果分散，未考虑粗骨料的影响，仅涉及月球混凝土的强度、弹性模量等简单物理指标，并未对月球混凝土中月壤与水泥的化学作用、水化特性及微结构的演化机理等问题开展深入研究。

仅月面表层 5cm 厚的沙土就含有上亿吨铁，而整个月球表面平均 10m 厚的月壤主要成分为月海玄武岩，含铁量异常丰富，且便于开采和冶炼。将铁矿提炼，高温加工，并且在 3D 制作混凝土时作为结构性能增强和辐射吸收材料掺入，是一个可行的技术路线。但现阶段此方面的研究尚未见报道。

现有月球混凝土的配合比及其力学性能 **表 2-8**

参考文献	配合比	抗压强度（MPa）
Lee(2018)等[125]	90%KOHLS-1 和 10%PE 的样品	12.9
Lin(1992)等[126]	阿波罗 16 号月壤样品	75.7
Horiguchi(1998)等[135]	模拟月球水泥+沙子+水	14.6
Horiguchi(1998)等[135]	模拟月球水泥+沙子+水+石膏	5.75
Horiguchi(1998)等[135]	模拟月球水泥+沙子（DM/SI）	24.3
Faierson(2010)等[136]	67%模拟月壤土+33%铝	10-18
Toutanji(2011)等[137]	65%JSC-1 模拟月壤土+35%硫黄	31.0
Roedel(2014)等[138]	有机-地聚合物型硬脂白云石生物复合材料	3.6-12.5
Sik(2015)等[139]	90%月球模拟物+10%聚合物（123℃）	12.6-12.9

2.4.4 低碳环保增材建造混凝土材料

2.4.4.1 再生骨料打印混凝土

近几十年来，国内外大量的学者开展了再生骨料混凝土的研究工作，系统探索了再生骨料能否作为混凝土组分的可行来源。但是，现有的研究多是针对再生粗骨料的利用，对于再生细骨料，由于其自身强度低于天然细骨料，如不加以改性或者和天然砂混掺使用，直接利用会导致混凝土强度和耐久性能的明显下降。因此，作为再生粗骨料的衍生物，再生细骨料如何被有效利用是实现再生骨料全利用的焦点，也是提升再生骨料利用率的重要手段。

从破坏模式、竖向荷载-位移曲线、横向变形、静置时间及杨氏模量对比天然砂和再生砂3D打印再生砂浆的早期性能[140-141]，研究表明：再生砂的掺入使打印砂浆的单轴受压破坏由塑性、可变的行为发展成具有横向小变形、明显剪切破坏面的状态，材料由可塑性变形转为相对刚性，掺有再生砂试件的杨氏模量随时间发展更快。

笔者团队系统研究了再生砂取代率对混凝土流动性的影响，研究结果表明：再生砂取代率的增大导致混凝土流动性下降，主要因再生砂颗粒表面粗糙、形状多为不规则所致，尤其当取代率从50%增加至75%时，流动度由167mm降至156mm；当再生砂取代率高达75%及以上时，其流动度小于160mm，不宜用于打印。因此，在保证再生砂尽可能高掺量的前提下，选取50%再生砂取代率较为适宜。全天然砂和利用50%再生砂取代天然砂的混凝土抗压性能和抗折性能如图2-67所示。由图可见，当细骨料中掺入50%再生砂时，模具成型试块与打印成型试件X、Y、Z方向抗压强度比天然砂试块降低34.8%、52.4%、37.8%、40.7%。对比掺入的细骨料，天然河砂自身强度相对较高，而再生砂内各类杂质过多，骨料表面存在多处细微观裂缝，导致掺再生砂试块的整体抗压强度均弱于天然砂试块，且在打印过程中可明显观察到，掺有再生砂的挤出条带呈现不均匀的状态，条带表面坑坑洼洼，光滑度较差。

对比全天然砂试块，掺再生砂试块的28d抗折强度在模具成型、X方向切割、Y方向切割及Z方向切割分别降低14.0%、14.8%、13.6%、20.7%。由图2-67还可以发现：模具成型与X方向切割打印试件的抗折强度基本相当；X方向切割的试块由完整的打印条带承受弯曲，受喷嘴挤压的影响，挤出条带较浇筑成型更为密实，且因逐层堆叠的工艺特点，X方向切割的试块其底部区域的压实性更有利于提高抗弯承载力，另外，棱柱体跨中所受的拉力与条带“延伸”方向平行，PVA纤维在该方向上的桥接作用致使其抗折强度相对较高。而Y方向切割与Z方向切割的试块受弯时，棱柱体跨中部分所受的拉力方向与条间界面、层间界面垂直，层间与条间缺陷较多，而且掺入的PVA纤维大部分在条带基体内部，对条间、层间的抗拉增强作用很小，因此二者的抗折强度均较低。

相关的研究也表明[141]：聚乙烯（PE）纤维的掺入可在一定程度弥补再生砂带来的缺陷，各向的抗弯强度与断裂能具有明显的提升，纤维的掺入在层间的增强作用效果不如条带间的增强效果；由于再生砂的吸水能力强，加快了水泥水化速度和打印砂浆的硬化速度，全再生砂的打印砂浆[5]流动度损失率大，缩短了打印砂浆的可打印性窗口，通过缓凝剂进行调整为实际打印提供合适的可打印性窗口。虽然利用再生细骨料部分取代天然砂来发展3D打印混凝土具有很强的可行性[142]，但是直接利用再生细骨料制备的打印材料其性能还需要进行优化才能满足工程结构的需求。因此，如何根据工程数字建造需求，进行再生细骨料的增强，开发 3D 打印混凝土及其适用的打印工艺，是亟待开展的研究内容。

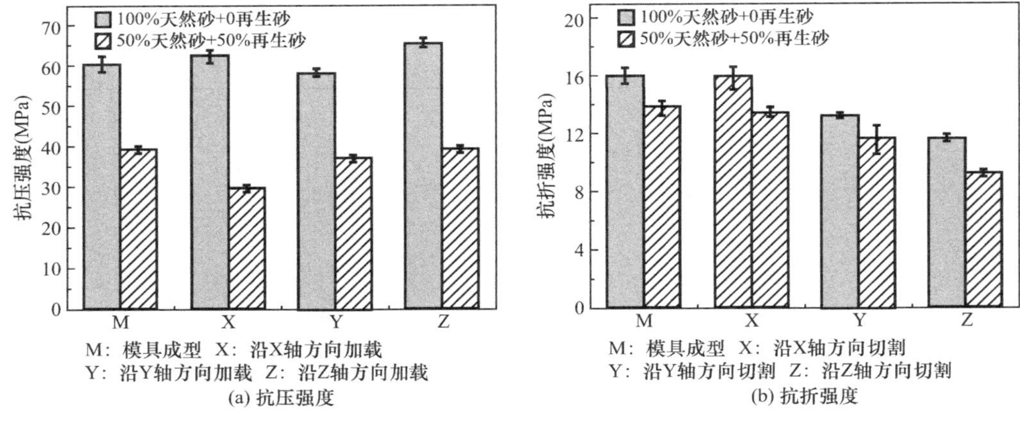

图 2-67 再生骨料打印混凝土硬化性能与各向异性

2.4.4.2 沙漠砂打印混凝土

沙漠砂具有细度小、结构中空、强度硬度不足的缺点，并且随着地域差别，具有较大的物理性能差异和离散性。因此，沙漠砂能否用于建筑材料一直是国内外工程技术人员关注的热点，目前已有一些研究涉及沙漠砂混凝土材料，为了更好地把握现有研究进展，表 2-9 对已报道的研究成果进行了整理和对比分析。现有研究验证了沙漠砂作为建筑河砂、石英砂替代材料进行工程建造的可行性，但以沙漠砂作为工程建筑细骨料的研究尚不系统，缺乏针对沙漠砂的粒径、形态、硬度等分级评估标准，尚无针对沙漠砂混凝土的配合比设计方法，其工作性能和变形性能亟待进一步优化和改善，以形成完善的评估和设计体系。而且迄今为止，沙漠砂用于 3D 打印混凝土的研究目前尚属于技术空白，如能基于我国储备丰富的沙漠砂资源创建新型 3D 水泥基复合材料的制备方法和打印工艺，可从源头上解决建筑用砂短缺，以及绿色打印建造的难题。

沙漠砂混凝土材料研究进展 **表 2-9**

<table>
<tr><th>研究者</th><th>沙漠砂种类</th><th>研究对象</th><th>主要结论</th></tr>
<tr><td>Seif 等[143]
Bouziani 等[144]</td><td>安哥拉沙漠砂</td><td>混凝土</td><td rowspan="4">水胶比与不同地区沙漠砂混凝土抗压强度成线性反比关系，沙漠砂混凝土最佳水胶比为 0.4；粉煤灰最佳掺量为 10%；
沙漠砂混凝土力学性能比普通混凝土有所降低，其破坏过程、破坏形态、应力-应变曲线等性能都与普通混凝土相似</td></tr>
<tr><td>Zaitri 等[145]</td><td>尼日尔沙漠砂</td><td>混凝土</td></tr>
<tr><td>刘浩辉等[146]</td><td>撒哈拉特细沙漠砂</td><td>混凝土</td></tr>
<tr><td>张国学等[147]
陈美美等[148]</td><td>腾格里沙漠特细砂</td><td>混凝土、砂浆</td></tr>
<tr><td>鞠冠男等[149]</td><td>古尔班通古特沙漠砂</td><td>混凝土</td><td>7d 抗压强度 10-30MPa；28d 抗压强度 30-50MPa；
28d 劈裂抗拉强度 1.95-2.85MPa；
坍落度 10-270mm</td></tr>
<tr><td>王婷[150]
蒋喆[151]
贺普春[152]</td><td>毛乌素沙漠砂</td><td>混凝土耐久性</td><td>沙漠砂抗碳化性能优越于普通混凝土；
抗冲磨性能劣于普通混凝土；
纤维改性提升抗干缩抗冻融性能抗渗性能</td></tr>
</table>

续表

研究者	沙漠砂种类	研究对象	主要结论
黄伟敏[153]	库木塔格沙漠	混凝土耐久性	抗渗性能劣于普通混凝土； 掺入锂渣、低弹性模量纤维的方法可有效提高其抗渗性

综上可见：利用沙漠砂和再生细骨料作为天然砂的替代材料进行3D打印材料的创制具有很强的可行性，但是针对沙漠砂和再生细骨料的粒径、形态、硬度的分级评价很是缺乏，也无针对沙漠砂3D打印混凝土配合比的设计方法和再生细骨料打印混凝土的性能优化方法。因此，基于沙漠砂和再生细骨料的利用，探索新型3D水泥基复合材料的设计方法，建立工程数字建造适用的打印工艺，形成切实可行的沙漠砂/再生细骨料智能建造材料与技术，可从源头上解决建筑用砂短缺、工程建造效率低下等技术桎梏，形成适合的绿色智能建造材料，以支撑数字建造技术的发展和推广应用。

2.4.4.3 尾矿砂打印混凝土

“十三五”规划以来，本着生态环境改善和可持续发展的目标，尾矿再生研究等相关课题积极开展。由于钢铁与混凝土具有互补的力学性能、耐腐蚀性能和接近的线膨胀系数，一直被视为建筑工程领域的最佳复合材料，铁合金渣用于建筑材料中的研究成为热点技术，现有研究主要针对硅锰渣和镍铁渣为主，铬铁渣用于混凝土的研究非常少。国内外代表性研究成果见表2-10。

铁尾矿砂混凝土材料研究进展　　表2-10

研究者	目的	方法	主要结论
王光琦（2015）等[154] 朱志刚（2016）等[155] 刘云霄（2019）等[156] Kim(2019）等[157]	可行性	试验/理论	1. 铁尾矿砂建筑用砂标准，可作为细骨料应用于混凝土； 2. 铁尾矿砂混凝土与普通混凝土可达到同等的性能； 3. 采用铁尾矿砂混凝土可减少碳排放4%-24%
张玉琢（2018）等[158] 尹韶宁（2019）等[159]	拌合性	试验测试	1. 铁尾矿砂的掺入会降低砂浆的流动性，增加砂浆的表观密度； 2. 铁尾矿砂替代率为50%时混凝土拌合物工作性能最佳； 3. 随着铁尾矿砂取代量增大，砂浆不同龄期的干燥收缩率显著增大
杭美艳（2020）等[160]	配合设计	电镜扫描	把沙漠风积砂与铬铁渣进行级配优化，得到与普通混凝土一致的配合比设计方法
Young(2019）等[161] Tang(2020）等[162] 胡英俊（2019）等[163] Dash(2021）等[164]	强度	力学测试	1. 铁尾矿砂掺入量10%以内时，力学性能与普通混凝土无显著差别； 2. 铁尾矿砂的掺入提高抗折强度与抗压强度； 3. 铁尾矿砂掺入量25%时其抗折、抗压强度达到最佳； 4. 建议工程采用替代率20%-60%尾矿砂制备混凝土
黄正均（2019）等[165] 王雪（2020）等[166] 王宇琨（2020）等[167]	耐久性	冻融/抗渗	1. 尾矿砂混凝土的冻融循环后的质量损失和相对弹性模量随尾矿砂替代率的增加而降低； 2. 尾矿砂替代率20%时，尾矿砂混凝土的抗渗性能最佳； 3. 尾矿砂替代率27%时，尾矿砂混凝土的抗锈蚀性能最佳

综上所述，铁尾矿渣力学性能优越，一定的掺入量可以提供高于普通混凝土的力学强度、同时具有工程适用的拌合性能和耐久性能，但由于加工流程导致含有较高的氧化钙与

氧化镁，容易引起混凝土胀裂失效。铬铁渣相比铁矿渣用于混凝土材料具有更为突出的技术优势，游离钙镁离子含量低，硬度高，具有卓越的抗磨能力，抗氧化性，抗腐蚀能力，是适宜用作骨料替代的金属尾矿渣。当下针对铬铁矿渣的形态、粒径、细度、级配曲线及其与其他骨料的配合比设计分析严重不足，亟待针对性开展测试、统计、试验研究，获取铬铁矿渣作为混凝土骨料的技术参数和设计方法。

2.5 本章小结

本章基于增材智能建造混凝土材料的湿态工作性能和硬化后力学强度建立了配合比优化设计流程，基于成型后打印混凝土微细观空间分布分析了打印参数、打印工艺对性能各向异性的影响；开展了打印混凝土耐久性试验研究；探索了纳米改性增材智能建造混凝土材料及特种增材智能建造混凝土材料，建立了可进行复杂空间建造的可冲刷水泥基模板和水下增材制造混凝土材料的设计方法；针对低温、核爆、太空等极端环境下增材建造混凝土材料的设计研发阐述了技术参数和设计要点，总结了现有低碳环保 3D 打印材料的研究现状，可为智能增材建造混凝土材料设计提供理论基础和技术借鉴。

参考文献

[1] Hambach M，Volkmer D. Properties of 3D-printed fiber-reinforced Portland cement paste [J]. Cement & Concrete Composites，2017，79：62-70.

[2] Ma G，Li Z，Wang L. Printable properties of cementitious material containing copper tailings for extrusion based 3D printing [J]. Construction and Building Materials，2018，162：613-627.

[3] Paul S C，Tay Y W D，Panda B，et al. Fresh and hardened properties of 3D printable cementitious materials for building and construction [J]. Archives of Civil and Mechanical Engineering，2017，18(1)：311-319.

[4] Le T T，Austin S A，Lim S，et al. Hardened properties of high-performance printing concrete [J]. Cement and Concrete Research，2012，42(3)：558-566.

[5] 蔺喜强，张涛，霍亮等. 水泥基建筑 3D 打印材料的制备及应用研究 [Z]. 2015.

[6] GB/T 31387—2015 活性粉末混凝土 [S].

[7] Ahmad S，Zubair A，Maslehuddin M. Effect of key mixture parameters on flow and mechanical properties of reactive powder concrete [J]. Construction and Building Materials，2015，99：73-81.

[8] 李莉. 活性粉末混凝土梁受力性能及设计方法研究 [D]. 哈尔滨工业大学，2010.

[9] 郑文忠，李莉. 活性粉末混凝土配制及其配合比计算方法 [J]. 湖南大学学报（自然科学版），2009，36(02)：13-17.

[10] Ready S，Whiting G，Ng T N，et al. Multi-material 3D printing [Z]. 2014.

[11] 施韬，陈宝春，施惠生. 掺矿渣活性粉末混凝土配制技术的研究 [J]. 材料科学与工程学报，2005(06)：867-870.

[12] 万超杰，龙佩恒. 活性粉末混凝土的强度影响因素试验研究 [J]. 北京建筑大学学报，2015，31(01)：38-41.

[13] 杜修力，田予东，李晓欣等. PVA 纤维高强混凝土的力学性能试验研究 [J]. 混凝土与水泥制品，2008(4)：46-49.

[14] Li V C, Wang S, Wu C. Tensile strain-hardening behavior of polyvinyl alcohol engineered cementitious composite(PVA-ECC) [J]. ACI Materials Journal, 2001, 98(6): 483-492.

[15] Torigoe S, Horikoshi T, Ogawa A, et al. Study on evaluation method for PVA fiber distribution in engineered cementitious composite [J]. Journal of Advanced Concrete Technology, 2003, 1(3): 265-268.

[16] Sahmaran M, özbay E, Yücel H E, et al. Effect of fly ash and PVA fiber on microstructural damage and residual properties of engineered cementitious composites exposed to high temperatures [J]. Journal of Materials in Civil Engineering, 2011, 23(12): 1735-1745.

[17] 汪群. 3D打印混凝土拱桥结构关键技术研究 [D]. 浙江大学, 2019.

[18] Lim S, Buswell R A, Le T T, et al. Developments in construction-scale additive manufacturing processes [J]. Automation in Construction, 2012, 21: 262-268.

[19] Feng P, Meng X, Chen J, et al. Mechanical properties of structures 3D printed with cementitious powders [J]. Construction and Building Materials, 2015, 93: 486-497.

[20] Nerella V N, Krause M, Näther M, et al. Studying printability of fresh concrete for formwork free concreteformwork free concrete on-site 3D printing technology (CONPrint3D) [Z]. Regensburg, Germany: 2016.

[21] JGJ/T 70—2009 建筑砂浆基本性能试验方法标准 [S].

[22] GB/T 17671—2021 水泥胶砂强度检验方法（ISO法）[S].

[23] 邓朝莉, 李宗利. 孔隙率对混凝土力学性能影响的试验研究 [J]. 混凝土, 2016 (07): 41-44.

[24] 孙晓燕, 乐凯笛, 王海龙等. 挤出形状/尺寸对3D打印混凝土力学性能的影响 [J]. 建筑材料学报, 2020, 23(06): 1313-1320.

[25] 陈荣升, 叶青. 掺纳米 SiO_2 与掺硅粉的水泥硬化浆体的性能比较 [J]. 混凝土, 2002(01): 7-10.

[26] 郭保林, 左峰, 王宝民. 掺纳米二氧化硅高强混凝土自收缩的试验研究 [J]. 公路, 2006(10): 175-180.

[27] 李固华, 高波. 纳米微粉 SiO_2 和 $CaCO_3$ 对混凝土性能影响 [J]. 铁道学报, 2006(01): 131-136.

[28] Liu X, Chen L, Liu A, et al. Effect of Nano-$CaCO_3$ on properties of cement paste [J]. Energy Procedia, 2012, 16: 991-996.

[29] Abu Al-Rub R K, Ashour A I, Tyson B M. On the aspect ratio effect of multi-walled carbon nanotube reinforcements on the mechanical properties of cementitious nanocomposites [J]. Construction and Building Materials, 2012, 35: 647-655.

[30] Gdoutos E E, Konsta-Gdoutos M S, Danoglidis P A. Portland cement mortar nanocomposites at low carbon nanotube and carbon nanofiber content: a fracture mechanics experimental study [J]. Cement & Concrete Composites, 2016, 70: 110-118.

[31] Vaganov V, Popov M, Korjakins A, et al. Effect of CNT on microstructure and minearological composition of lightweight concrete with granulated foam glass [J]. Procedia Engineering, 2017, 172: 1204-1211.

[32] Jeevanagoudar Y V, Krishna R H, Gowda R, et al. Improved mechanical properties and piezoresistive sensitivity evaluation of MWCNTs reinforced cement mortars [J]. Construction and Building Materials, 2017, 144: 188-194.

[33] Konsta-Gdoutos M S, Danoglidis P A, Falara M G, et al. Fresh and mechanical properties, and strain sensing of nanomodified cement mortars: the effects of MWCNT aspect ratio, density and functionalization [J]. Cement & Concrete Composites, 2017, 82: 137-151.

[34] Musso S, Tulliani J, Ferro G, et al. Influence of carbon nanotubes structure on the mechanical be-

havior of cement composites [J]. Composites Science and Technology, 2009, 69(11): 1985-1990.

[35] 肖桂兰. 石墨烯在水泥基复合材料中的研究现状 [J]. 四川水泥, 2018(05): 12.

[36] 曹明莉, 张会霞, 张聪. 石墨烯对水泥净浆力学性能及微观结构的影响 [J]. 哈尔滨工业大学学报, 2015, 47(12): 26-30.

[37] Zhao L, Guo X, Ge C, et al. Mechanical behavior and toughening mechanism of polycarboxylate superplasticizer modified graphene oxide reinforced cement composites [J]. Composites, Part B, Engineering. 2017, 113: 308-316.

[38] Li G, Yuan J B, Zhang Y H, et al. Microstructure and mechanical performance of graphene reinforced cementitious composites [J]. Composites, Part A, Applied Science and Manufacturing. 2018, 114(C): 188-195.

[39] Konsta-Gdoutos M S, Metaxa Z S, Shah S P. Multi-scale mechanical and fracture characteristics and early-age strain capacity of high performance carbon nanotube/cement nanocomposites [J]. Cement & Concrete Composites, 2010, 32(2): 110-115.

[40] Sobolkina A, Mechtcherine V, Khavrus V, et al. Dispersion of carbon nanotubes and its influence on the mechanical properties of the cement matrix [J]. Cement & Concrete Composites, 2012, 34 (10): 1104-1113.

[41] Li G Y, Wang P M, Zhao X. Mechanical behavior and microstructure of cement composites incorporating surface-treated multi-walled carbon nanotubes [J]. Carbon(New York), 2005, 43(6): 1239-1245.

[42] Kumar S, Kolay P, Malla S, et al. Effect of multiwalled carbon nanotubes on mechanical strength of cement paste [J]. Journal of Materials in Civil Engineering, 2012, 24(1): 84-91.

[43] Morsy M S, Alsayed S H, Aqel M. Hybrid effect of carbon nanotube and nano-clay on physico-mechanical properties of cement mortar [J]. Construction and Building Materials, 2011, 25(1): 145-149.

[44] Zhang Y, Zhang Y, Liu G, et al. Fresh properties of a novel 3D printing concrete ink [J]. Construction and Building Materials, 2018, 174: 263-271.

[45] Khalil N, Aouad G, El Cheikh K, et al. Use of calcium sulfoaluminate cements for setting control of 3D-printing mortars [J]. Construction and Building Materials, 2017, 157: 382-391.

[46] 黄士元, 邬长森, 杨荣俊. 混凝土外加剂对硫铝酸盐水泥水化历程的影响 [J]. 混凝土与水泥制品, 2011(01): 7-12.

[47] 王培铭, 李楠, 徐玲琳等. 低温养护下硫铝酸盐水泥的水化进程及强度发展 [J]. 硅酸盐学报, 2017, 45(02): 242-248.

[48] Xu S, Liu J, Li Q. Mechanical properties and microstructure of multi-walled carbon nanotube-reinforced cement paste [J]. Construction and Building Materials, 2015, 76: 16-23.

[49] 常西栋, 李维红, 王乾. 3D打印混凝土材料及性能测试研究进展 [J]. 硅酸盐通报, 2019, 38 (08): 2435-2441.

[50] Wolfs R J M, Bos F P, Salet T A M. Early age mechanical behaviour of 3D printed concrete: Numerical modelling and experimental testing [J]. Cement and Concrete Research, 2018, 106(April 2018): 103-116.

[51] Buswell R A, Leal De Silva W R, Jones S Z, et al. 3D printing using concrete extrusion: A roadmap for research [J]. Cement and Concrete Research, 2018, 112: 37-49.

[52] Duballet R, Baverel O, Dirrenberger J. Classification of building systems for concrete 3D printing [J]. Automation in Construction, 2017, 83: 247-258.

[53] Ma G, Wang L, Ju Y. State-of-the-art of 3D printing technology of cementitious material—An

emerging technique for construction [J]. Science China. Technological Sciences, 2017, 61(4): 475-495.

[54] Le T T, Austin S A, Lim S, et al. Mix design and fresh properties for high-performance printing concrete [J]. Materials and Structures, 2012, 45(8): 1221-1232.

[55] Kao Y, Zhang Y, Wang J, et al. Bending behaviors of 3D-printed Bi-material structure: Experimental study and finite element analysis [J]. Additive Manufacturing, 2017, 16: 197-205.

[56] Ruiz-Cantu L, Gleadall A, Faris C, et al. Multi-material 3D bioprinting of porous constructs for cartilage regeneration [J]. Mater Sci Eng C Mater Biol Appl, 2020, 109: 110578.

[57] Borg Costanzi C, Ahmed Z Y, Schipper H R, et al. 3D printing concrete on temporary surfaces: The design and fabrication of a concrete shell structure [J]. Automation in Construction, 2018, 94: 395-404.

[58] 李振国，王兴健，高登科等. 硫氧镁水泥凝结性能试验研究 [J]. 硅酸盐通报，2015，34(05): 1215-1218.

[59] 段俐伶. 利用SAP制备多孔硫氧镁混凝土的研究 [D]. 西南科技大学，2019.

[60] 郑安然，詹炳根，杨咏三. 氧硫比与水硫比对硫氧镁胶凝材料性能的影响 [J]. 合肥工业大学学报（自然科学版），2020，43(10): 1378-1383.

[61] 朱剑锋，徐日庆，罗战友等. 考虑3种因素影响的硫氧镁水泥固化土修正邓肯-张模型 [J]. 中南大学学报（自然科学版），2020，51(07): 1989-2001.

[62] GB/T 2419—2005 水泥胶砂流动度测定方法 [S].

[63] Yuan Q, Li Z, Zhou D, et al. A feasible method for measuring the buildability of fresh 3D printing mortar [J]. Construction and Building Materials, 2019, 227: 116600.

[64] Soltan D G, Li V C. A self-reinforced cementitious composite for building-scale 3D printing [J]. Cement & Concrete Composites, 2018, 90: 1-13.

[65] Zhang Y, Zhang Y, She W, et al. Rheological and harden properties of the high-thixotropy 3D printing concrete [J]. Construction and Building Materials, 2019, 201: 278-285.

[66] Sun X, Wang Q, Wang H, et al. Influence of multi-walled nanotubes on the fresh and hardened properties of a 3D printing PVA mortar ink [J]. Construction and Building Materials, 2020, 247: 118590.

[67] 钱晓倩，詹树林，李宗津. 掺偏高岭土的高性能混凝土物理力学性能研究 [J]. 建筑材料学报，2001(01): 75-78.

[68] Gibson I, Rosen D, Stucker B. Additive manufacturing technologies: 3D printing, rapid prototyping, and direct digital manufacturing, second edition [M]. Springer New York, NY, 2015.

[69] Gosselin C, Duballet R, Roux P, et al. Large-scale 3D printing of ultra-high performance concrete-a new processing route for architects and builders [J]. Materials & Design, 2016, 100: 102-109.

[70] Kirchberg S, Abdin Y, Ziegmann G. Influence of particle shape and size on the wetting behavior of soft magnetic micropowders [J]. Powder Technology, 2011, 207 (1): 311-317.

[71] Lloret E, Shahab A R, Linus M, et al. Complex concrete structures: Merging existing casting techniques with digital fabrication [J]. Computer-Aided Design, 2015, 60: 40-49.

[72] Mazhoud B, Perrot A, Picandet V, et al. Underwater 3D printing of cement-based mortar [J]. Construction and Building Materials, 2019, 214: 458-467.

[73] 马万，赵铁军，王鹏刚等. 活性粉末混凝土制备试验研究 [J]. 混凝土与水泥制品，2013(09): 22-25.

[74] 孙晓燕，陈龙，王海龙等. 面向水下智能建造的3D打印混凝土配合比优化研究 [J]. 材料导报，

2022，36(04)：84-92.

[75] DL/T 5117—2000 水下不分散混凝土试验规程 [S].

[76] Shariq M, Prasad J, Masood A. Effect of GGBFS on time dependent compressive strength of concrete [J]. Construction and Building Materials, 2010, 24(8): 1469-1478.

[77] Jianyong L, Pei T. Effect of slag and silica fume on mechanical properties of high strength concrete [J]. Cement and Concrete Research, 1997, 27(6): 833-837.

[78] 孙伟严，捍东. 复合胶凝材料组成与混凝土抗压强度定量关系研究 [J]. 东南大学学报（自然科学版），2003(04)：450-453.

[79] Ganesh Prabhu G, Bang J W, Lee B J, et al. Mechanical and durability properties of concrete made with used foundry sand as fine aggregate [J]. Advances in Materials Science and Engineering, 2015, 2015: 1-11.

[80] 肖建庄，马志鸣，段珍华等. 一种用于3D打印的混凝土材料及制备方法 [P]. CN201810913908.X. 2018-12-18.

[81] Roussel N, Ovarlez G, Garrault S, et al. The origins of thixotropy of fresh cement pastes [J]. Cement and Concrete Research, 2012, 42(1): 148-157.

[82] Roussel N. Steady and transient flow behaviour of fresh cement pastes [J]. Cement and Concrete Research, 2005, 35(9): 1656-1664.

[83] Ferron R P, Gregori A, Sun Z, et al. Rheological method to evaluate structural buildup in self-consolidating concrete cement pastes [J]. ACI Materials Journal, 2007, 104(3): 242-250.

[84] Song B, Park B, Choi Y, et al. Determining the engineering characteristics of the Hi-FA series of grout materials in an underwater condition [J]. Construction and Building Materials, 2017, 144: 74-85.

[85] 林鲜，陈凌华，周伟等. UWB Ⅱ 型水下不分散混凝土絮凝剂的性能研究 [J]. 混凝土，2006(04)：52-53.

[86] 仲伟秋，张庆亮，张寿维. 水下不分散混凝土的发展与应用 [J]. 建筑结构学报，2008，29(S1)：146-151.

[87] 叶坤. 高性能海工水下不分散混凝土研究 [D]. 扬州大学，2016.

[88] 廖绍华. 珊瑚砂水下不分散混凝土性能试验研究 [J]. 混凝土与水泥制品，2021(02)：27-31.

[89] 林宝玉，蔡跃波，单国良. 水下不分散混凝土的研究和应用 [J]. 水力发电学报. 1995 (03)：22-33.

[90] 赵晶，杨帆，曲俊龙等. 基于灰关联分析水下混凝土和易性与砂浆流变性的关系 [J]. 混凝土. 2017 (05)：140-142.

[91] 陈卫涛. 深水区水下不分散混凝土抗分散剂的配制研究 [J]. 国防交通工程与技术，2020，18(04)：43-46.

[92] Heniegal A M, Maaty A A E S, Agwa I S. Simulation of the behavior of pressurized underwater concrete [J]. Alexandria Engineering Journal. 2015, 54 (2): 183-195.

[93] S. Wu, S. Jiang, S. Shen et al.. The mix ratio study of self-stressed anti-washout underwater concrete used in non-drainage strengthening [J]. Materials, 2019, 12 (2): 324 -332.

[94] 林志翔，孙蓓，桂志伟. 耐磨、抗爆混凝土及其制备方法 [P]. CN201410836176.0. 2016-07-27.

[95] 贾红瑞. 一种高强度抗辐射混凝土 [P]. CN201810448041.5. 2018-09-28.

[96] 仓定龙，成海翔，汤国芳等. 一种钢渣抗辐射混凝土及其制备方法 [P]. CN201610678212.4. 2016-12-21.

[97] 符寒光，田英良，吴中伟等. 一种利用含硼矿山尾矿制备抗辐射混凝土方法 [P]. CN201510173263.7.

2015-08-05.
[98] 刘登贤，陈东，吴鑫. 一种重晶石抗辐射泵送混凝土 [P]. CN201310725989.8. 2014-05-21.
[99] 孙晓燕，陈龙，王海龙等. 一种抗核爆防辐射 3D 打印混凝土 [P]. CN201911406515.0. 2020-04-10.
[100] 胡静宇. 抗冻混凝土及其制备方法 [P]. CN201910202631.4. 2019-05-24.
[101] 郭平. 一种抗冻混凝土 [P]. CN201811296702.3. 2018-12-28.
[102] 张亮，王飞. 一种抗冻减水剂复配的混凝土 [P]. CN201711246487.1. 2018-04-24.
[103] 杨小英. 抗冻混凝土 [P]. CN201710714263.2. 2017-10-24.
[104] 杨小英. 防冻抗冻混凝土 [P]. CN201710714541.4. 2017-11-03.
[105] 胡蔚萌，余贵飞. 一种基于纳米技术的抗冻混凝土 [P]. CN201711462480.3. 2018-06-01.
[106] 袁保强. 一种抗开裂抗冻混凝土 [P]. CN201811001899.3. 2018-12-07.
[107] 袁保锋. 一种高强度抗冻混凝土 [P]. CN201811194023.5. 2018-12-18.
[108] 赵蕊. 一种高强度抗冻混凝土的制备方法 [P]. CN201710781982.6. 2017-12-01.
[109] 黄惠玲. 一种抗冻混凝土及其制备方法 [P]. CN201810710446.1. 2018-11-20.
[110] 黄旭东，张晶. 一种耐久型抗冻混凝土的制备方法 [P]. CN201810137832.6. 2018-07-20.
[111] 孙晓燕，陈龙，王海龙等. 一种用于低温环境下 3D 打印的抗冻混凝土及其施工方法[P]. CN201911406542.8. 2020-04-17.
[112] 欧阳自远. 月球探测进展与我国的探月行动（下）[J]. 自然杂志，2005(05)：253-257.
[113] 魏帅帅，宋波，陈华雄等. 月球表面 3D 打印技术畅想 [J]. 精密成形工程，2019，11(03)：76-87.
[114] Kornuta D，Abbud-Madrid A，Atkinson J，et al. Commercial lunar propellant architecture: a collaborative study of lunar propellant production [J]. REACH，2019，13：100026.
[115] Cesaretti G，Dini E，De Kestelier X，et al. Building components for an outpost on the Lunar soil by means of a novel 3D printing technology [J]. Acta astronautica，2014，93：430-450.
[116] 袁越. 月球勘探者发现水冰 [J]. 中国航天. 1998(05)：31-36.
[117] 邓连印，郭继峰，崔乃刚. 月球基地工程研究进展及展望 [J]. 导弹与航天运载技术，2009(02)：25-30.
[118] 孙振平，黎碧云，庞敏等. 月球混凝土研究进展及展望 [J]. 混凝土世界，2019(05)：26-32.
[119] 肖福根，庞贺伟. 月球地质形貌及其环境概述 [J]. 航天器环境工程，2003(02)：5-14.
[120] 叶青，杨慧，马成畅. 月球用水泥及混凝土的探索和设计 [J]. 新型建筑材料，2010，37(05)：16-19.
[121] 邹秋林，李军，卢忠远. 防辐射混凝土高性能化研究进展 [J]. 混凝土，2012(01)：6-9.
[122] 李哲夫，薛向欣，姜涛. 含硼铁精矿粉/环氧树脂复合材料射线屏蔽性能研究 [J]. 功能材料，2010，41(11)：1892-1895.
[123] 卜娜蕊，强亚林，伊轩等. 防辐射混凝土的配合比设计及施工工艺 [J]. 河北建筑工程学院学报，2017，35(02)：48-50.
[124] Lin W，Lin T D，Hwang C L，et al. A fundamental study on hydration of cement with steam [J]. ACI Materials Journal，1998，95(1)：37-49.
[125] Lee J，Ann K Y，Lee T S，et al. Bottom-up heating method for producing polyethylene lunar concrete in lunar environment [J]. Advances in Space Research，2018，62(1)：164-173.
[126] Lin T D，Love H，Stark D. Physical properties of concrete made with apllo 16 lunar soil sample [Z]. NASA，Johnson Space Center，1992.
[127] Toutanji H，Fiske M R，Bodiford M P. Development and application of lunar "Concrete" for habi-

tats [Z]. 2006.

[128] Happel J A. Indigenous materials for lunar construction [J]. Applied Mechanics Reviews, 1993, 46 (6): 313-325.

[129] Ruess F, Schaenzlin J, Benaroya H. Structural design of a lunar habitat [J]. Journal of Aerospace Engineering, 2006, 19(3): 133-157.

[130] Zheng Y, Wang S, Li C, et al. The development of CAS-1 lunar soil simulant [Z]. 2005.

[131] Zheng Y, Wang S, Ouyang Z, et al. CAS-1 lunar soil simulant [J]. Advances in Space Research, 2009, 43(3): 448-454.

[132] 郑永春，王世杰，冯俊明等. CAS-1 模拟月壤 [J]. 矿物学报，2007(Z1): 571-578.

[133] Li Y, Liu J, Yue Z. NAO-1: Lunar highland soil simulant developed in China [J]. Journal of Aerospace Engineering, 2009, 22(1): 53-57.

[134] 贺新星，肖龙，黄俊等. 模拟月壤研究进展及 CUG-1A 模拟月壤 [J]. 地质科技情报，2011, 30 (04): 137-142.

[135] Horiguchi T, Saeki N, Hoshi T, et al. Behavior of simulated lunar cement mortar in vacuum environment [Z]. Albuquerque, New Mexico, United States: 1998.

[136] Faierson E J, Logan K V, Stewart B K, et al. Demonstration of concept for fabrication of lunar physical assets utilizing lunar regolith simulant and a geothermite reaction [J]. Acta Astronautica, 2010, 67(1): 38-45.

[137] Toutanji H A, Evans S, Grugel R N. Performance of lunar sulfur concrete in lunar environments [J]. Construction and Building Materials, 2012, 29(1): 444-448.

[138] Roedel H, Lepech M D, Loftus D J. Protein-regolith composites for space construction [Z]. St. Louis, Missouri: 2014.

[139] Sik Lee T, Lee J, Yong Ann K. Manufacture of polymeric concrete on the Moon [J]. Acta Astronautica, 2015, 114: 60-64.

[140] Ding T, Xiao J, Zou S, et al. Hardened properties of layered 3D printed concrete with recycled sand [J]. Cement and Concrete Composites, 2020, 113: 103724.

[141] Xiao J, Zou S, Yu Y, et al. 3D recycled mortar printing: system development, process design, material properties and on-site printing [J]. Journal of Building Engineering, 2020, 32: 101779.

[142] 李腾. 再生细骨料混凝土在 3D 打印建造中的应用 [D]. 华中科技大学，2017.

[143] Seif E S A. Assessing the engineering properties of concrete made with fine dune sands: an experimental study [J]. Arabian Journal of Geosciences, 2011, 6(3): 857-863.

[144] Bouziani T, Benmounah A, Bédérina M. Statistical modelling for effect of mix-parameters on properties of high-flowing sand-concrete [J]. Journal of Central South University, 2012, 19(10): 2966-2975.

[145] Zaitri R, Bederina M, Bouziani T, et al. Development of high performances concrete based on the addition of grinded dune sand and limestone rock using the mixture design modelling approach [J]. Construction and Building Materials, 2014, 60: 8-16.

[146] 刘浩辉. 浅谈沙漠特细沙在混凝土中的应用 [J]. 内蒙古水利，2010(03): 79-80.

[147] 张国学，杨建森. 腾格里沙漠砂的工程性质试验研究 [J]. 公路，2003(S1): 131-134.

[148] 陈美美，宋建夏，赵文博等. 掺粉煤灰、腾格里沙漠砂混凝土力学性能的研究 [J]. 宁夏工程技术，2011, 10(01): 61-63.

[149] 鞠冠男，李志强，王维等. 古尔班通古特沙漠砂混凝土轴心受压性能试验研究 [J]. 混凝土，2019(04): 33-36.

[150] 王婷. 沙漠砂生态纤维混凝土耐久性能研究 [D]. 宁夏大学，2014.
[151] 蒋喆. 玄武岩纤维沙漠砂混凝土力学性能及抗冻性、抗渗性试验研究 [D]. 宁夏大学，2014.
[152] 贺普春. 辅助胶凝材料改性沙漠砂混凝土性能的试验研究 [D]. 宁夏大学，2015.
[153] 黄伟敏. 沙漠砂锂渣聚丙烯纤维混凝土力学性能及耐久性试验研究 [D]. 新疆大学，2017.
[154] 王光琦，康洪震，韩建强. 铁尾矿砂混凝土强度与配制 [J]. 河北联合大学学报（自然科学版），2015，37(02)：106-110.
[155] 朱志刚，李北星，周明凯等. 铁尾矿砂应用于混凝土的可行性研究 [J]. 武汉理工大学学报（交通科学与工程版），2016，40(03)：428-431.
[156] 刘云霄，李晓光，张春苗等. 铁尾矿砂水泥基灌浆料性能研究 [J]. 建筑材料学报，2019，22(04)：538-544.
[157] Kim H，Lee C H，Ann K Y. Feasibility of ferronickel slag powder for cementitious binder in concrete mix [J]. Construction and Building Materials，2019，207：693-705.
[158] 张玉琢，马洁，刘海卿. 铁尾矿砂混凝土路用性能试验研究 [J]. 混凝土，2018(12)：157-160.
[159] 尹韶宁，张智强，余林文. 铁尾矿砂砂浆力学性能和收缩性能研究 [J]. 硅酸盐通报，2019，38(06)：1707-1712.
[160] 杭美艳，彭雅娟，郭艳梅. 铬铁渣新级配优化方法及对砂浆性能的影响 [J]. 混凝土与水泥制品，2020(03)：96-99.
[161] Young G，Yang M. Preparation and characterization of Portland cement clinker from iron ore tailings [J]. Construction and Building Materials，2019，197：152-156.
[162] Tang H，Peng Z，Gu F，et al. Alumina-enhanced valorization of ferronickel slag into refractory materials under microwave irradiation [J]. Ceramics International，2020，46(5)：6828-6837.
[163] 胡英俊. 铁尾矿砂水泥混凝土性能研究 [J]. 公路交通技术，2019，35(03)：13-19.
[164] Dash M K，Patro S K. Performance assessment of ferrochrome slag as partial replacement of fine aggregate in concrete [J]. European Journal of Environmental and Civil Engineering，2021，25(4)：635-654.
[165] 黄正均，张英，任奋华等. 铁尾矿砂对喷射混凝土力学特性影响的试验分析 [J]. 矿业研究与开发，2019，39(04)：121-126.
[166] 王雪，张少峰，鲍文博等. 铁尾矿砂混凝土耐久性能的试验研究 [J]. 混凝土，2020(04)：93-97.
[167] 王宇琨，郄志红，王福州等. 铁尾矿球替代粗骨料的新型混凝土力学性能试验研究 [J]. 混凝土，2020(02)：78-82.

增材智造混凝土材料本构关系

3.1 打印层条界面对混凝土力学性能影响

由于3D打印混凝土采用逐层堆积的成型模式，孔隙会在层间和条间界面处形成一定的聚集，成为构件的薄弱之处，并会造成整体强度的折减和力学性能的各向异性。目前对于3D打印混凝土力学性能的研究主要集中于三个方向的抗压强度[1]及层间粘结强度[2]等方面，3D打印成型强度和模板浇筑成型强度的对应关系尚缺乏系统性研究和理论体系，对于3D打印成型三个方向抗压强度的折减程度也尚未有充分的研究和统一的结论。3D打印混凝土材料的界面缺陷和各向异性，使得3D打印混凝土与传统浇筑混凝土在应力应变关系曲线上产生一定差别。目前对于3D打印混凝土本构模型的研究尚处于空白阶段，仅在数值模拟方面开展尝试性探索[3,4]。为了针对增材智能建造混凝土结构开展力学性能分析，亟待建立全新的打印成型混凝土材料本构关系和数值分析方法。

3.1.1 打印混凝土抗压性能研究进展

现有试验研究主要采用3D打印成型后切割成立方体抗压试件的方式，从横向（X方向，垂直于条间、平行于层间方向）、纵向（Y方向，打印头移动方向）、垂直方向（Z方向，垂直于层间、平行于条间方向）这三个方向分别测试打印混凝土试块的抗压强度，以探寻层、条间界面的打印缺陷对整体的抗压强度的影响程度，如图3-1所示。

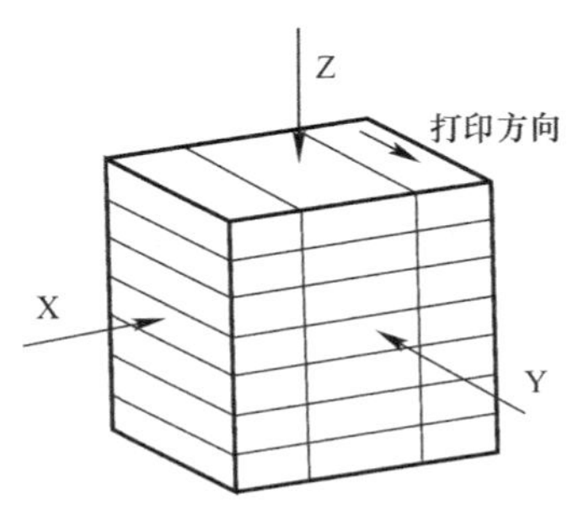

图3-1 X、Y、Z方向说明

Marchment等[5]将打印成型后的混凝土切割，分别从三个方向进行单轴压缩试验，试验表明：横向加载试件平均抗压强度低于纵向和垂直方向平均抗压强度。这是因为打印过程中，泵送压力使打印方向上的材料堆积更为紧密。Bong等[6]和Nematollahi等[7]的试验取得了相似的结果。Panda等[2]对3D打印纤维增强地质聚合物试件的各向异性力学性能进行了试验，结果表明：Y方向加载表现最好，Z方向、X方向的抗压强度相差不大。Ma等[8]试验测试得到Z方向，X方向，Y方向加载的3D打印混凝土抗压强度分别为29.8MPa、39.6MPa、37.0MPa。Paul等[9]对地聚物、水泥基材料、添加了玻璃纤维的水泥基材料进行了三个方向单轴抗压强度的试验，发现不同材料的三个方向的抗压强度存在较大差异。Zhang等[1]选用边长为100mm的立方体块以测试其抗压强度，试验表明：

Z方向加载的抗压强度最大，Y方向为Z方向的82.7%-88.7%，X方向最小，为Z方向的75.5%-78.8%。抗压强度与层、条间粘结强度有较大的关系[10]。同时，材料的打印性能、打印路径、打印头形状和尺寸等都会对层间粘结性能产生较大的影响。3D打印混凝土抗压强度的空间各向异性如表3-1所示。

3D打印混凝土单轴抗压强度空间各向异性 表3-1

参考文献	试件尺寸(mm)	挤出尺寸(mm)	加载速度	材料强度(MPa)	X(MPa)	Y(MPa)	Z(MPa)
Bong等[6]	30	30×15	0.33MPa/s	—	19.8	34	26.1
Marchment等[5]	50×25×30/25	25×15	20MPa/min	—	8.8	16.8	13
Van Der Putten等[11]	50	30×15	100 N/min	—	53	56	52
Ma等[8]	50	ϕ12	0.6MPa/s	39.5	37	39.6	29.8
Paul等[9]	50	20×10/ϕ8	—	36	36	35	35.5
	50	20×10/ϕ8	—	51.2	57	56	47.5
	50	20×10/ϕ8	—	50	56	47	51
Zhang等[1]	100	ϕ20	2kN/s	—	43.79-45.70	47.97-51.47	58
Le等[10]	100	ϕ9	—	102	91	102	102

由图3-2可以得出，由于各研究的材料配比差别、打印设备和工艺参数迥异，3D打印混凝土三个方向的单轴抗压强度的相对大小具有较大的离散型，打印头尺寸和试件尺寸大小、材料以及打印速度对三个方向的抗压力学性能具有较大的影响。以X向抗压强度为基准各向强度进行归一化对比分析，如图3-2所示。

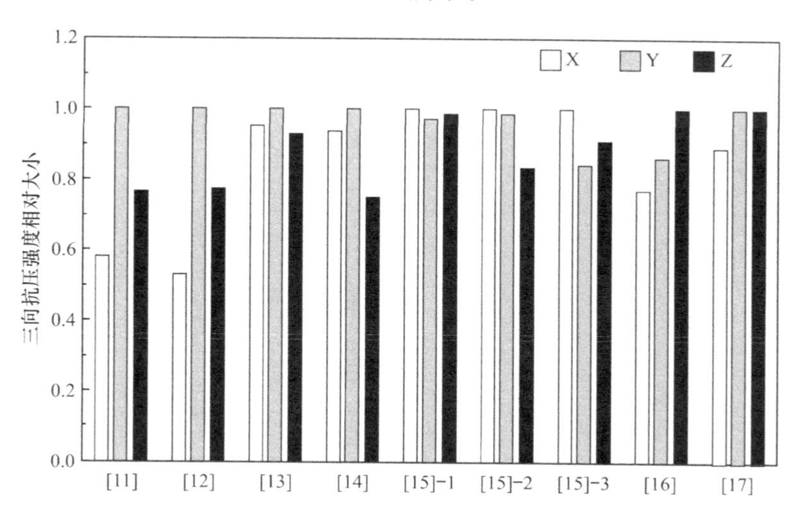

图3-2 现有研究中3D打印混凝土抗压强度空间各向异性[11-17]

除了三个方向抗压强度以外，3D打印混凝土打印成型试件的三个方向的弹性模量也是研究的重点。张宇和马国伟对此进行了试验研究，如表3-2所示。Zhang等[1]对3D打印混凝土立方体抗压强度最弱的方向进行了单轴压缩试验测定，得到该方向上的平均轴向弹性模量、抗压强度、泊松比分别为36.6GPa、35.12MPa、0.28。Ma等[8]测试了50mm

的立方体三个方向应力应变曲线，如图 3-3 所示。X 方向、Y 方向、Z 方向的抗压强度值分别为 39.6MPa、37.0MPa、29.8MPa。Y 方向和 X 方向破坏模式为突然的脆性断裂，Z 方向加载的下降段曲线与现浇混凝土的破坏更为相似。由此可知：垂直于加载面的层、条间弱界面对压缩破坏过程的影响并不明显。

压缩应力应变曲线试验 表 3-2

作者	弹性模量试件尺寸（mm）	打印头尺寸（mm）	加载速度
Zhang 等[1]	300×100×100	ϕ20	2kN/s
Ma 等[8]	50 立方体	ϕ12	0.6MPa/s

3.1.2 打印混凝土抗拉性能研究进展

当前研究热点集中在不同 3D 打印材料的层间界面抗拉强度[5-7]、增强层间界面抗拉强度的有效方法[15,17,18]，以及打印速度、时间间隔和打印头尺寸对层间抗拉强度的影响[2,12,13,16,19]。试验研究中试件的固定方式主要分为环氧胶固定和夹具固定，试件尺寸大多为长 50mm 的双层打印成型试件，如表 3-3 所示。Panda 等[2]使用环氧胶将小试块粘贴到上下两块平行钢板上进行直拉试验，采用位移加载，测得 28d 抗压强度为 36MPa 时，层间抗拉强度仅为 1.63MPa。Tay 等[12]采用了同样的试验方法，加载速率取 0.035±0.015MPa/s，研究了时间间隔对 3D 打印混凝土层间结合强度的影响。

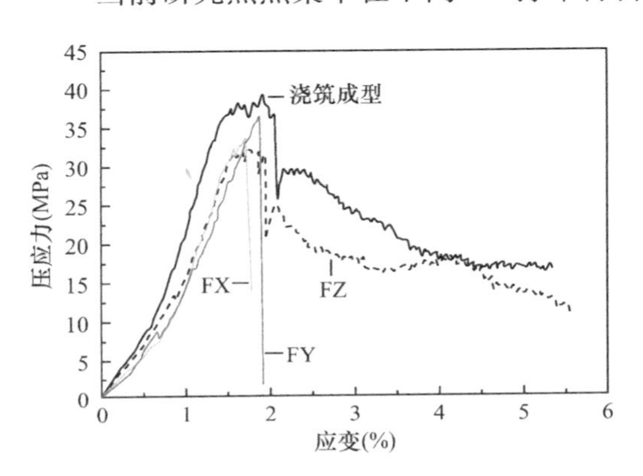

图 3-3 3D 打印混凝土三向单轴压缩应力应变曲线[8]

3D 打印混凝土直接拉伸试验方式总结 表 3-3

参考文献	试验方式说明
文献［8，20］	F
文献［7-10］	F F

续表

参考文献	试验方式说明
文献［7，18］	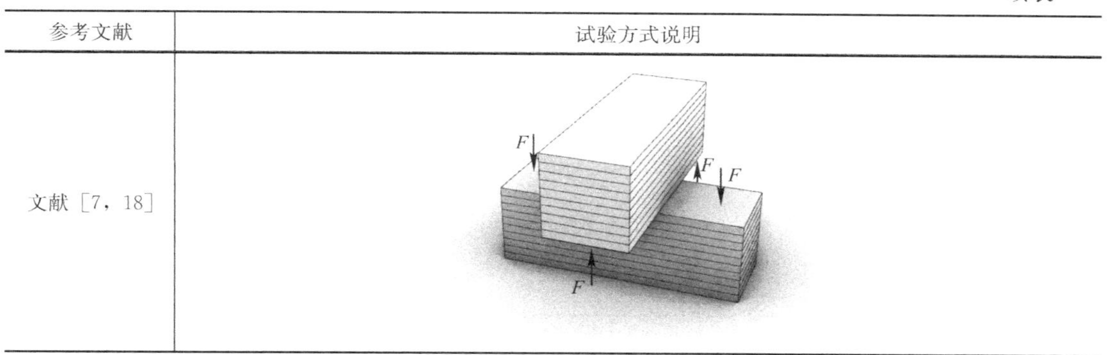

同时，不少学者也采用了夹具固定的直拉试验方式。Marchment 等[18]在测试层间结合强度时，采用特制的夹钳与两个中心加载销连接，以进行单轴拉伸试验。夹钳的锥形爪可以夹紧并直接对准夹层，从而得以实现应力的均匀分布。最终测得当材料抗压强度为34MPa 时，层间抗拉强度仅为 0.27MPa。Marchment 等[5]在层间界面两端开一个深度约为 5mm 的小切口，以保证试样在界面处的破坏，测得改良后的 3D 打印混凝土抗压强度为42MPa，层间抗拉强度为 1.26MPa。Bong 等[6]和 Nematollahi 等[7]的试验方法和结果也基本一致。层间抗拉强度的试件尺寸和加载速度如表 3-4 所示。

除此之外，十字交叉法[21]由于不存在直接拉伸法所具有的受力偏心问题，可以较准确地测试 3D 打印结构的层间抗拉以及抗剪强度，但是对试件的形状要求较高，对于条间界面拉伸强度的测试方法还需要进一步的探索。刘致远等[13]采用十字交叉法研究了打印时间间隔对打印试件层间拉伸强度的影响，发现层间拉伸强度在 0.2-1.2MPa 之间变化，在终凝时间范围内，层间拉伸强度随着打印时间间隔的增加急剧降低。

层间抗拉强度试件　　表 3-4

作者	试件尺寸（mm）	打印头尺寸（mm）	加载速度
Panda 等[2]	长 50，双层	30×15/20×20	0.05mm/min
Marchment 等[18]	长 50，双层	30×15	1mm/min
Tay 等[12]	长 30，双层	30×15	0.035±0.015MPa/s
Marchment 等[5]	长 50，双层	25×15	1mm/min
Sakka 等[22]	ϕ50，厚 25	—	0.1MPa/s
Bong 等[6]	长 50，双层	30×15	1mm/min
Nematollahi 等[7]	长 50，双层	25×15，45°	1mm/min
Panda 等[19]	长 40，双层	20×20	0.035±0.015MPa/s

3.1.3　打印混凝土抗剪性能研究进展

混凝土打印过程中在层间和条间界面处形成的孔隙，不仅会使得界面抗压强度减小，同时也会对界面抗剪强度造成一定影响。目前对于 3D 打印混凝土界面抗剪强度的研究仅处于方法探索阶段。Rahul 等[23]通过钻机取出包含层间界面的 3D 打印成型的圆柱形混凝土试块，借助钢模具加载，测试层间界面的抗剪强度。Ma 等[17]采用十字交叉法，利用打印灵活性直接测试层间界面抗拉强度和抗剪强度，如表 3-5 所示。

混凝土剪切试验方式总结 表 3-5

试验方法	参考文献	试验方式说明
规则形状剪切（存在正应力）	D'Andrea 等[24]	
规则形状剪切（不存在正应力）	Tian 等[25]	
	Rahul 等[23]	
	Ma 等[8]	
不规则形状剪切	赵志方等[26]	
	Ma 等[17]	

剪切试验是得到材料抗剪强度及剪切应力应变曲线最直接的方式，现有试验方法可分为直接剪切方式和间接剪切方式。直接剪切方式比较常见，分为存在正应力和不存在正应力两种情况。存在正应力的直剪方式是在法向压力起到固定支撑作用的情况下，沿固定的剪切面对方形试件直接施加剪切力直至试件破坏的试验方式，并认为此时的最大剪切应力为材料的抗剪强度。关于正应力对剪切强度的影响，D'Andrea等[24]着重比较了两种常规的存在正应力的直剪试验装置，发现不同的加载方式对于材料的抗剪强度和剪切应力应变曲线结果影响较大。Liu等[27]通过选用不同大小的正应力，对立方体混凝土进行直剪试验，并利用最小二乘法或图解法计算出阻尼 c 和摩擦系数 f 的值，得到了纯剪状态下的最大剪应力以及相应位移。另一种利用模具加载，很好地规避掉了正应力对剪切强度的影响。Tian等[25]在研究普通混凝土和ECC界面粘结抗剪强度时，借助了钢模具对规则试件进行加载，得到了荷载-位移曲线。Rahul等[23]也采用相似的方式研究了此问题。

间接直剪主要包括Z字形直剪和十字交叉直剪。Z字形构件的抗剪试验常用于测试新老混凝土界面的抗剪强度。赵志方等[26]在做Z字形现浇混凝土直剪试验过程中发现，在Z字上臂转角处即弯矩较大处会产生拉弯裂缝，造成的应力重分布会对剪切应力应变曲线产生巨大影响。十字交叉法借鉴于陶瓷领域，适用于脆性材料，但是试件设计灵活度不高。在《纤维混凝土试验方法标准》CECS 13—2009中，混凝土抗剪强度的研究采用了双剪的试验方式。双剪试验不存在正应力的影响，并且两边的弯矩相互抵消，使整体的稳定性更为优越。

3.2　基于微细观结构的打印混凝土性能评估

对于3D打印混凝土微细观结构和内部孔隙空间分布情况进行研究，可以明确其空间各向异性宏观性能及其形成机制。目前应用于3D打印混凝土细微观结构的图像研究方法有以下几种：X射线计算机断层扫描（XCT）试验；扫描电子显微镜（SEM）试验；超声波检测；平板扫描仪。

由于X射线计算机断层扫描（XCT）试验可处理得到试件内部孔隙的大小、密集程度、空间分布情况，近年来日益应用于增材制造材料空间各向异性分析中。Ma等[8]借助X-CT扫描手段，检测到成型3D打印混凝土为层状结构，并通过模型重建，使层、条间的界面和孔隙可视化，如图3-4所示。图中所示的像素点代表了相邻打印条之间形成的空隙和纵向缺陷，这些空隙和缺陷与打印条平行，清晰地显示出了打印条间的弱接触界面。Lee等[28]结合了CT扫描技术和抗拉强度测试结果，把各层间的孔隙率变化曲线和破坏面位置进行了对比分析，发现孔隙的存在是影响载荷传递路径的关键因素之一，层、条间界面上细小的孔隙连接起来，将形成致损缺陷，使得试件在该界面处被拉坏，如图3-5所示。汪群[29]通过对X-CT扫描后重构的3D打印混凝土孔隙三维图像分析得到：条间区域孔隙率比非条间界面区域的孔隙率增加38.4%，层间区域孔隙率比非层间界面区域的孔隙率增加11.07%，证明打印条带的条间界面比层间界面存在更多的缺陷。

SEM电镜扫描介于电子显微镜和光学显微镜之间，利用高能的电子束来扫描混凝土试样的表面，再探测器接收反射信号并进行放大、成像，最终得到混凝土表面微观形貌表征。SEM电镜和其他分析仪器结合，不仅可以观察微观形貌，同时可以对物质的微区成分进行分析。Nerella 等[30]通过劈裂试件来制备扫描样本，得到垂直于打印方向的不受锯切伪抛光影响的破碎表面，并利用 SEM 扫描电子显微镜对层间的界面区域进行了研究，捕获界面间的微结构，从微观形貌图片中可以明显地看到薄弱界面的存在，如图 3-6 所示。弱界面粘结强度可能与更高的孔隙率、界面中较多的大孔隙或微裂隙、干燥和沉积材料的塑性收缩有关。Ma 等[8]在研究中发现，平行加载（Y 方向）时的抗拉强度要高于垂直加载（X 方向）时的抗拉强度，结合放大 700 倍的 SEM 电镜扫描图像，如图 3-7 所示，发现 3D 打印成型的混凝土中的玄武岩纤维在一定程度呈定向排布。层、条间界面粘结强度的降低除了相邻层间的粘结不良外，还与纤维的定向增强有关。

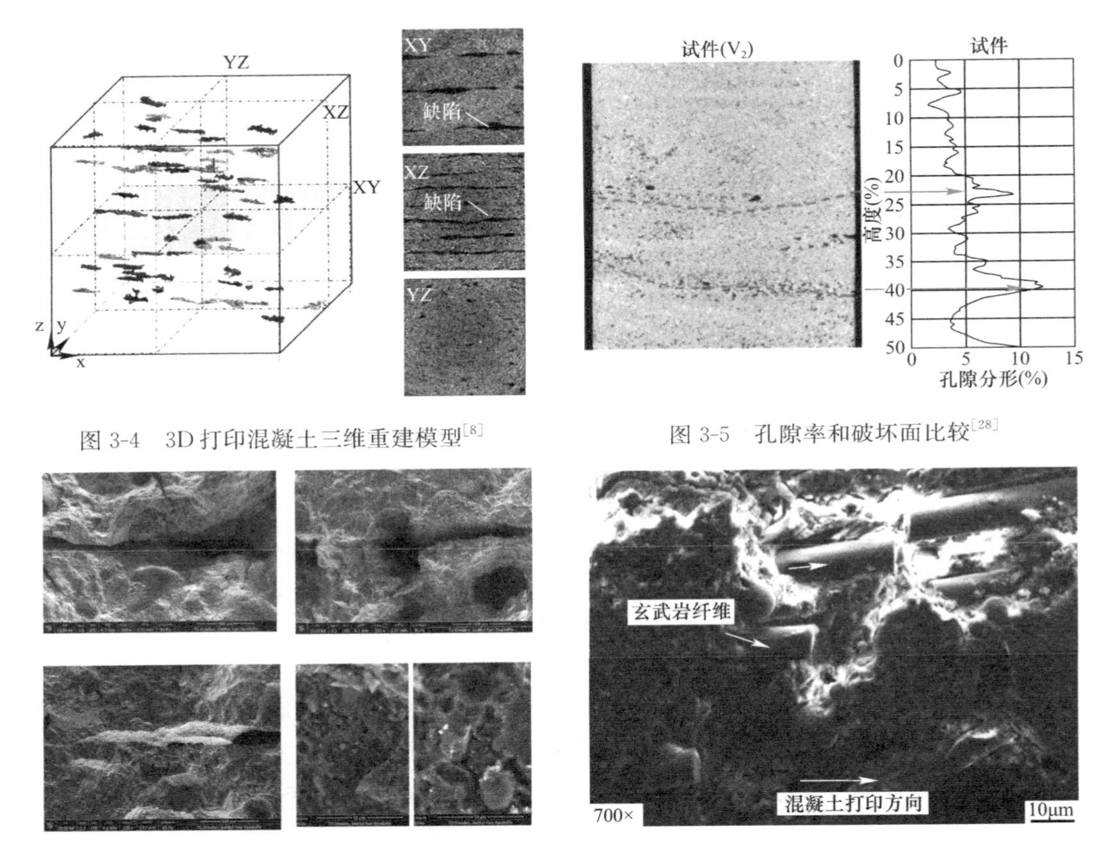

图 3-4　3D 打印混凝土三维重建模型[8]

图 3-5　孔隙率和破坏面比较[28]

图 3-6　层状界面微观结构[30]

图 3-7　纤维定向分布[8]

3.2.1　打印混凝土中孔隙率空间分布

为探明 3D 打印混凝土内部的孔隙分布规律，以揭示打印材料抗拉性能差异的内部机理，利用 X-CT 扫描技术对打印成型混凝土进行了细观结构分析。通过 X 射线束对试件进行扫描，分析探测器接收到的反射信号，处理得到试件内部孔隙的直径大小和空间分布情况。从 3D 打印混凝土结构中切割具有完整条间和层间界面的试样，如图 3-8 所示。尺寸约为 60mm（2 条，X 方向）×50mm（长，Y 方向）×80mm（8 层，Z 方向），经过清洗烘干处理后，采用 Nikon Metris Custom Bay X 射线扫描仪进行 XCT 扫描，设备加速电压 170kV，电流 150μA，机器分辨率为 24.15μm。

3D打印样品经X-CT扫描后重建的模型如图3-9所示，其中Y表示平行于打印条的方向，图中深色像素点代表孔隙。由图可见：平行于打印方向存在较多直径较大的长条形孔隙，这些孔隙是在挤出堆叠成型过程中相邻打印条之间挤压不密实所致。孔隙率的变化是层间和条间界面抗拉强度减小的主要原因之一，它使得打印结构呈现力学性能各向异性。

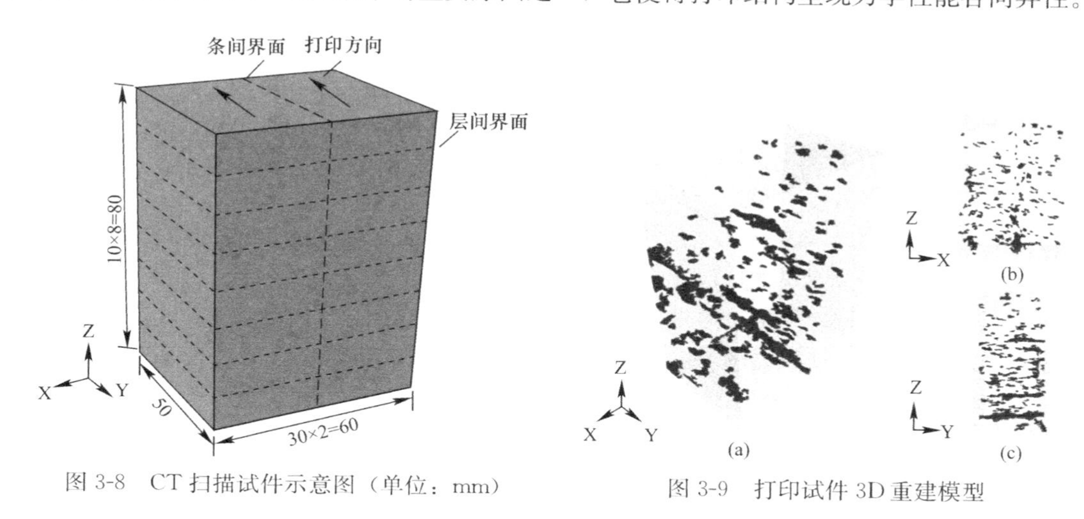

图3-8　CT扫描试件示意图（单位：mm）

图3-9　打印试件3D重建模型

3.2.2　打印混凝土界面参数统计分析

在微观物相层次，层间缺陷和基体之间不存在明确的分界线，参考混凝土骨料界面厚度的定义和取值方式[31-33]，对层间界面厚度的定义为：当孔隙率逐渐趋于平缓时，表明已经过渡到了基体部分，两个基体部分之间孔隙率突增的部分认为是层间缺陷的区域，该区域的厚度即为层间界面的厚度。条间界面厚度同理。

由于打印条厚度为10mm，则层间界面厚度必小于层厚的一半，即5mm，假设条间界面厚度小于10mm。如图3-10所示，取条带内不包含层条界面，尺寸为20mm×40mm×5mm（分别对应X、Y、Z方向的长度，下同）的棱柱体进行分析，将其孔隙率视为基体材料孔隙率。对该基体部分孔隙率进行计数和正态拟合，结果如图3-11所示，p为概率，孔隙率的均值为2.22%，方差为0.55%。

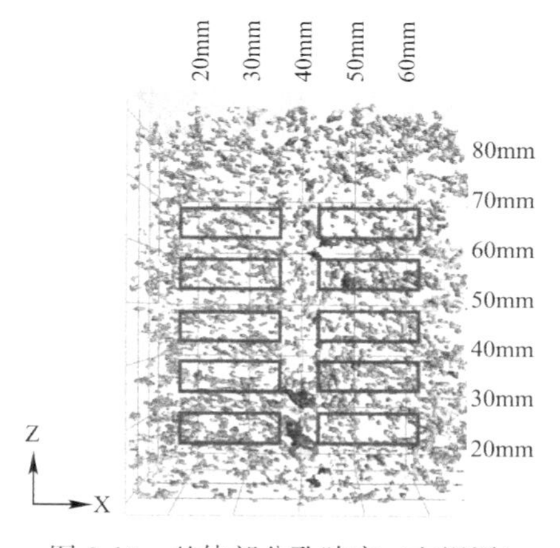

图3-10　基体部分孔隙率（左视图）

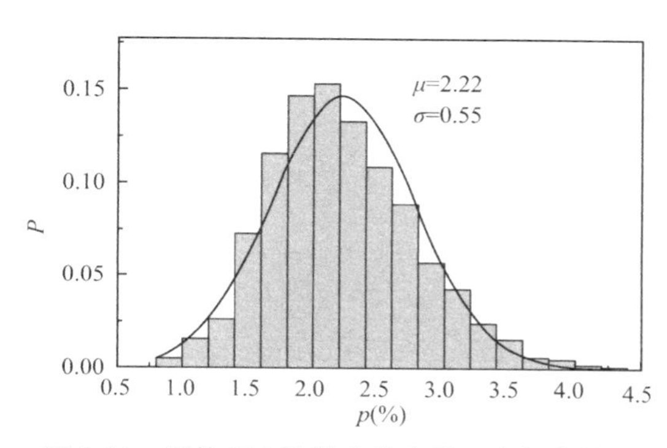

图3-11　基体部分孔隙率分布及正态拟合结果

“小概率事件”通常指发生概率小于5%的事件，认为在一次试验中该事件是几乎不可能发生的。根据2σ原则，数值分布在（$\mu-2\sigma$，$\mu+2\sigma$）中的概率为95.44%。故本书基于“小概率事件”和假设检验的基本思想，取$\mu+2\sigma=3.32\%$为界限孔隙率，认为大于该孔隙率的部分为界面区域。

为研究条间孔隙的变化规律，取尺寸为50mm×40mm×5mm的长方体，将打印结构的每一层从整体中分割出来，如图3-12(a)所示，以规避层间孔隙率的影响。图3-13显示了孔隙率随位置的变化规律，图中星形点示出了最高点的位置和孔隙率，可以发现该位置基本为条间界面所在位置，即条间界面处的孔隙率明显高于基体部分。以界限孔隙率为界，可以得到条间厚度，即认为图中虚线间部分为条间界面部分，得到最小值为0.388mm，最大值为5.337mm，平均值为2.12mm，可见上文对条间界面厚度假设成立。对条间界面区域的孔隙率取均值，则条间界面孔隙率为4.09%。

层间孔隙率的研究区域如图3-12(b)所示，每个棱柱体的尺寸为20mm×40mm×60mm，孔隙率的变化规律如图3-14所示，两个界面之间的距离在10mm左右浮动，与层高一致。同理可得层间界面的厚度最小值为0mm，即层间最大孔隙率小于界限孔隙率，最大为1.795mm，平均层间界面厚度为0.81mm。层间界面孔隙率均值为3.82%。可见，条间界面厚度和平均孔隙率远大于层间，这也使得条间界面力学性能将弱于层间界面。

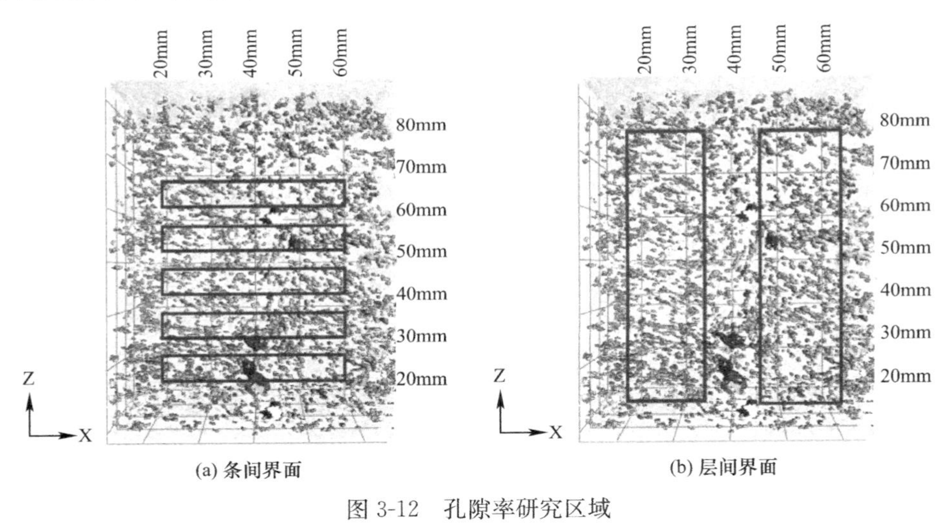

(a) 条间界面　　(b) 层间界面

图3-12　孔隙率研究区域

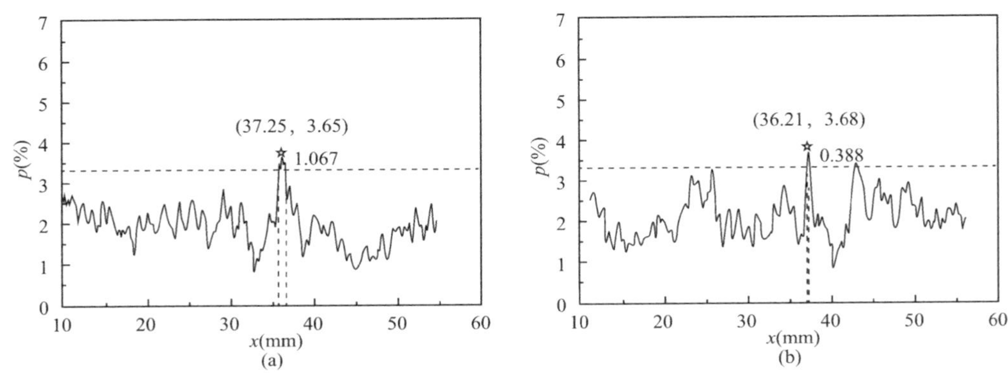

(a)　　(b)

图3-13　条间孔隙率变化曲线（一）

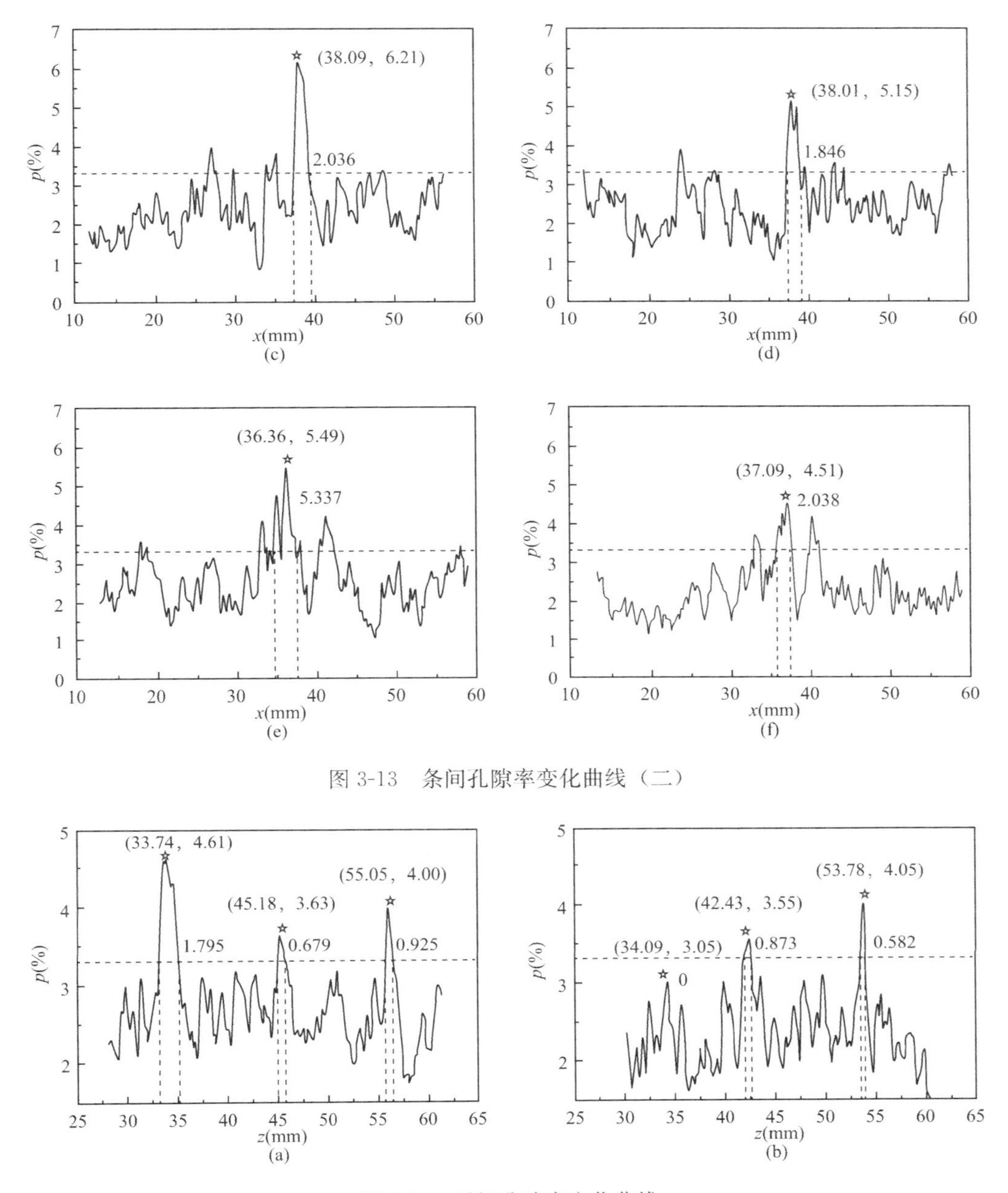

图3-13　条间孔隙率变化曲线（二）

图3-14　层间孔隙率变化曲线

3.2.3　打印混凝土强度与孔隙率的对应关系

3.2.3.1　抗拉强度

现有研究表明[34-36]：混凝土抗压强度以及劈拉强度与孔隙率、孔径大小存在一定的关系，孔隙率越大，强度下降越多。根据邓朝莉等[37]和杜修力等[38]的研究，孔隙率与抗压强度以及劈拉强度存在一定的线性关系，当混凝土的孔隙率增加5%时，混凝土抗压强度将下降20%，劈拉强度下降约15%。并且对于强度等级越高的混凝土强度折减情况越明显[37]。

采用孔隙扫描试样同批材料制作标准试块测试其力学性能[39]，从图 3-15 可以看出，界面与基体孔隙率间的差值 Δp 和相对极限拉伸强度 f_t/f_{t0} 呈线性关系，可以按直线进行拟合。由上文分析可知：基体部分的孔隙率均值为 2.22%，层间平均孔隙率为 3.82%，条间平均孔隙率为 4.09%，拟合得到相对极限拉伸强度 f_t/f_{t0} 与孔隙率差值 Δp 之间如式（3-1）：

$$f_t/f_t^r = 1-0.09\Delta p \tag{3-1}$$

$$\Delta p = p - p_0 \tag{3-2}$$

其中，f_t^r 表示基体部分极限拉伸强度，p_0 表示基体部分的孔隙率。界面极限拉伸强度与孔隙率的拟合结果如图 3-15 所示，$R^2=0.996$，线性关系的计算结果与试验结果拟合程度较好。与已有混凝土研究成果相比，在式（3-1）中随孔隙率增大强度折减幅度更大，这与层条间界面处孔隙的集中分布、大直径孔隙的存在以及纤维的定向排布有较大的关系。

同理，孔隙率与极限拉伸应变之间也可拟合出式（3-3），计算结果与试验结果的对比如图 3-16 所示：

$$\varepsilon_t/\varepsilon_t^r = 1+0.66\Delta p \tag{3-3}$$

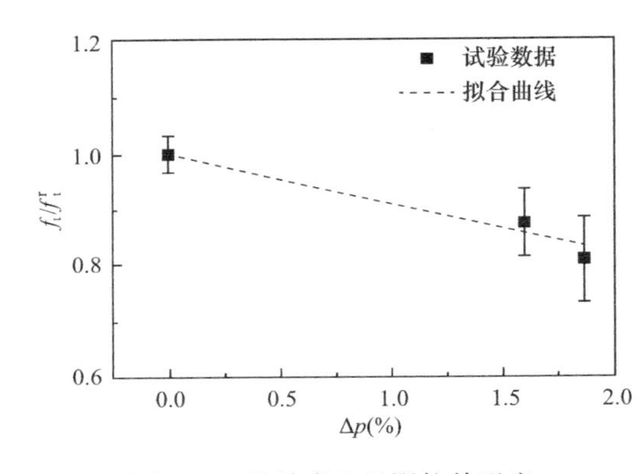

图 3-15　孔隙率和极限拉伸强度

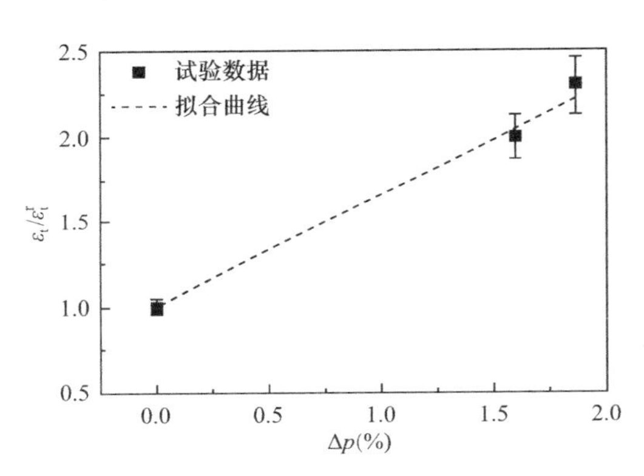

图 3-16　孔隙率和极限拉伸应变

3.2.3.2　抗剪强度

由于 3D 打印过程是一个打印条堆积的过程，在形成过程中不可避免地在层、条间形成了一定的缺陷。图 3-17 是经 X-CT 扫描后重建的试样内部三维孔隙分布图，在图中可以看到在相邻打印条带之间存在较大直径的孔隙以及长条形的初始缺陷。这些大孔隙与缺陷导致 3D 打印结构力学性能各向异性[1,5-7,10]，造成了层、条间界面强度的折减。

研究表明[34-36]，混凝土抗压强度以及劈拉强度与孔隙率、孔径之间存在一定的线性关系，孔隙率越大，强度下降越多。混凝土的抗剪强度在某种意义上是对混凝土抗拉强度的一种间接反映。故采用上述线性关系对 3D 打印混凝土层、条间界面以及基体部分的孔隙率和抗剪强度的关系进行拟合，相对抗剪强度 τ/τ_0 与孔隙率差值 Δp 之间存在线性关系如式（3-4）：

$$\tau/\tau_0 = 1-0.097\Delta p \tag{3-4}$$

$$\Delta p = p - p_0 \tag{3-5}$$

其中，τ_0 表示基体部分的抗剪强度，p_0 表示基体部分的孔隙率。结果如图 3-18 所示，

$R^2=0.98$，拟合结果良好。

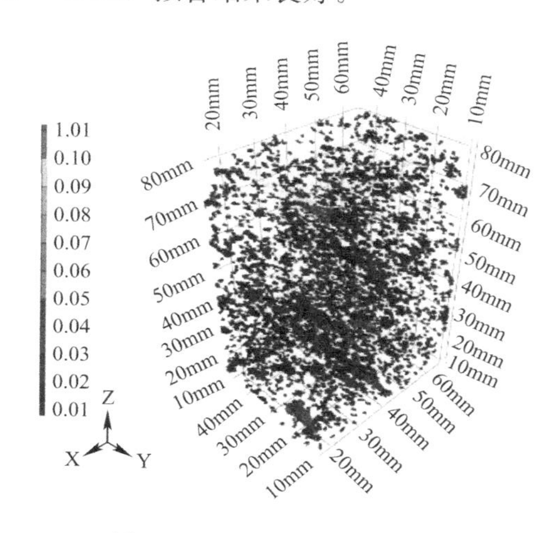

图 3-17 3D 打印结构孔隙分布

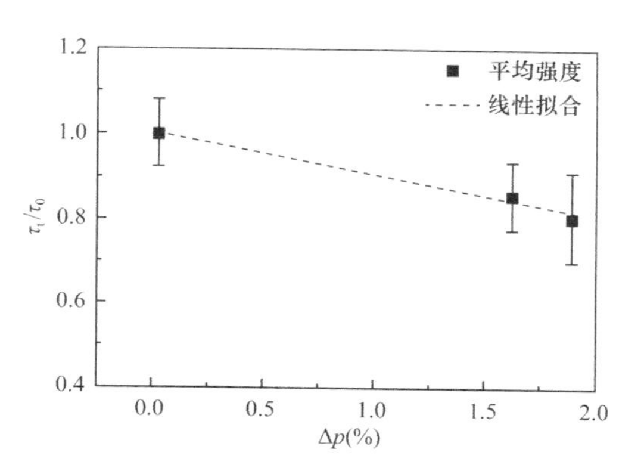

图 3-18 孔隙率与抗剪强度关系拟合曲线

3.3 打印混凝土受拉本构

3.3.1 打印混凝土层间界面受拉应力应变测试方法

打印设备采用建研华测 HC-3DPRT 型混凝土（砂浆）3D 打印系统，打印头形状为直径 30mm 的圆形，所得打印条带条宽为 30mm、层高为 10mm。试件打印时，打印机水平移动速度设定为 30mm/s，Z 轴打印速度设定为 10mm/层。

在打印过程中，挤出堆积工艺会使打印构件在垂直方向和水平方向呈现分层现象，形成层间和条间的弱界面，如图 3-19 所示，对 3D 打印构件的整体力学性能造成影响。为研究 3D 打印混凝土层、条间界面的抗拉性能，整体打印成 60mm（两条）×300mm（长）×60mm（六层）的矩形体，养护 7d 后，切割出多组尺寸为 50mm×30mm×60mm 的棱柱体作为直接拉伸的试件，继续养护至 28d。切割过程中对层、条间界面进行标记。为确保破坏发生在界面处，在预定加载破坏界面两端切割了宽度约为 5mm 的矩形小口[5]。

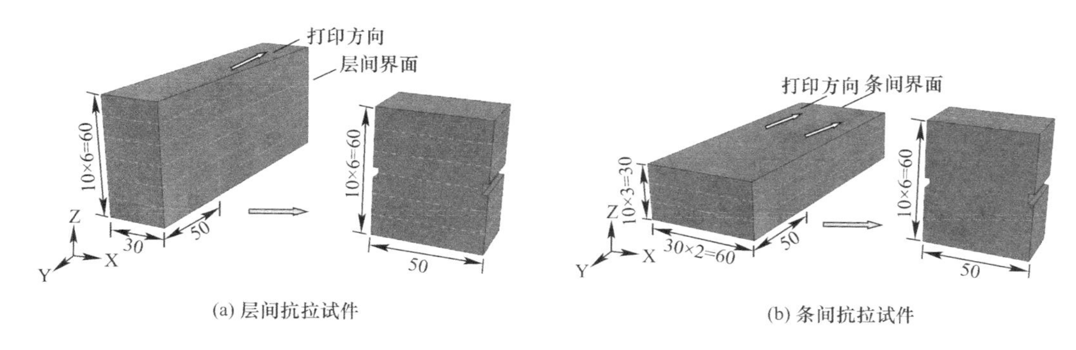

图 3-19 抗拉试件尺寸及层条间界面说明（单位：mm）

3D 打印混凝土层、条间抗拉性能测试采用直接拉伸试验方式，试验装置如图 3-20 所示。试验时为增大混凝土与上下钢板之间的结合面积，保证试件在预设的截面处发生破坏，对试块的上下表面进行凿毛处理，并采用353ND环氧树脂将试件固定在加载装置上，环氧树脂固化时间为24h。

试验采用电阻式应变片来监测不同部位混凝土的拉伸变形。试验时在试块的上部和下部分别贴上长5mm的应变片，对应图3-21应变片1和2，并在包含层、条界面和基体材料的部位（下文分别简称：层间整体和条间整体）粘贴长度为20mm的应变片，对应应变片3，分别用来观测基体材料和包含界面的材料在拉伸荷载作用下的变形规律。试验采用位移加载，加载速度为0.05mm/min。

图3-20　抗拉试验装置

(a) 层间抗拉试件

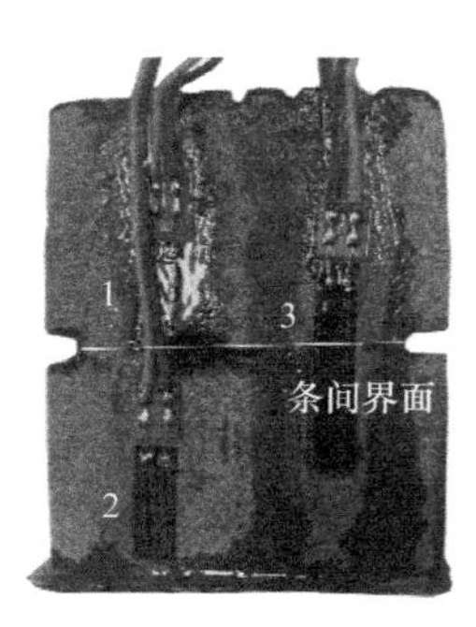

(b) 条间抗拉试件

图3-21　拉伸试件

3.3.2　打印混凝土拉伸应力-应变曲线

试验测试打印混凝土典型拉伸应力-应变曲线如图3-22所示。在弹性阶段，包含层间界面与基体材料的层间整体（应变片3）与基体材料（应变片1、2）的受拉曲线几乎没有差别，此时拉伸应力和拉伸应变存在明显的线性关系。随着微裂缝的出现与开展，与基体材料相比，包含界面的层间整体塑性变形逐渐增大。当拉伸应力达到破坏拉伸强度时，试件沿着界面被突然拉坏。

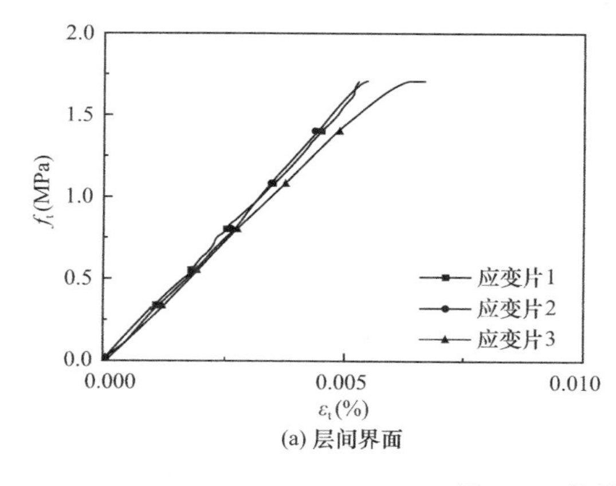

(a) 层间界面

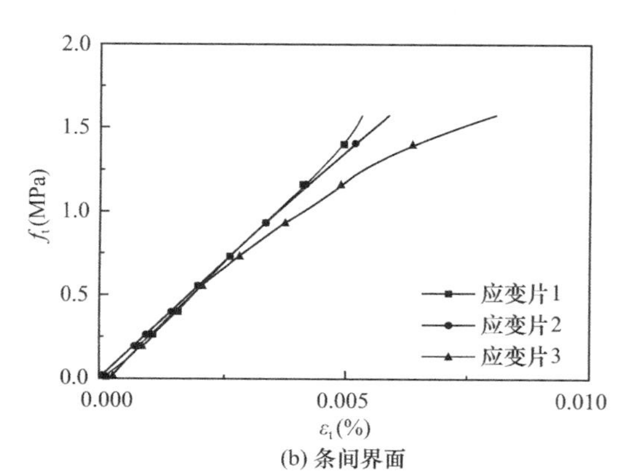

(b) 条间界面

图3-22　拉伸应力应变曲线

如图3-23所示，在单向荷载作用下，材料A、B的变形与总变形之间满足：

$$\Delta = l\varepsilon = l_A\varepsilon_A + l_B\varepsilon_B \tag{3-6}$$

其中，Δ表示力方向上的总变形，l表示总长度，ε表示总应变，ε_A表示材料A在力方向上的应变，ε_B 表示材料 B 在力方向上的应变。

对于打印成型的拉伸试件，可以认为是由层条间界面和基体材料通过串联的方式组合在一起，如图 3-24 所示。

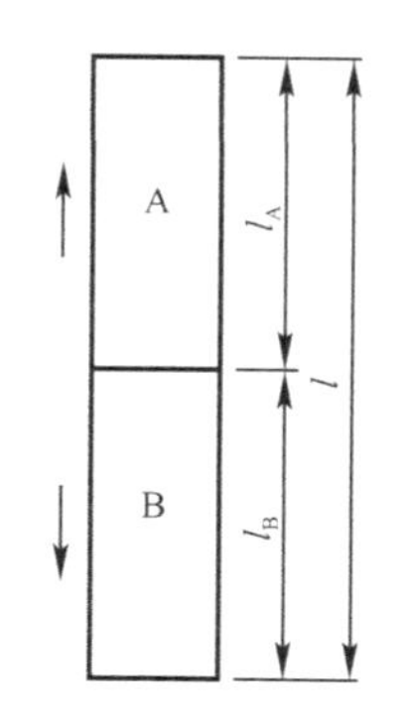

图 3-23 串联材料变形规律

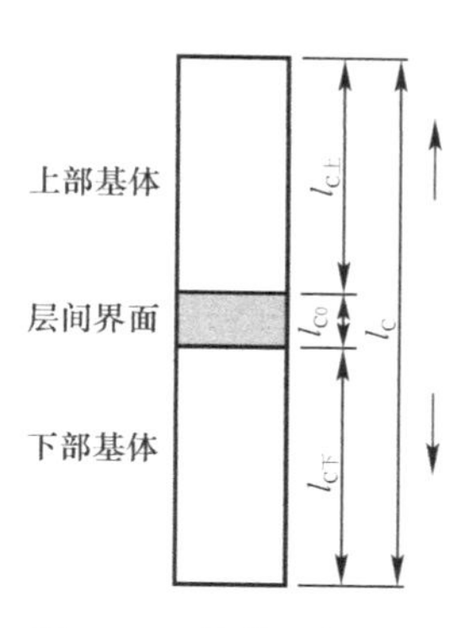

图 3-24 拉伸试件变形

由上文的孔隙率分析可知，层间界面厚度约为 0.82mm，条间界面厚度约为 2.12mm。因此，根据应变片的长度和变形，可以得到如下数量关系式：

$$20\varepsilon_C = 0.82\varepsilon_{C0} + 9.59\varepsilon_{C上} + 9.59\varepsilon_{C下} \tag{3-7}$$

$$20\varepsilon_T = 2.12\varepsilon_{T0} + 8.94\varepsilon_{T上} + 8.94\varepsilon_{T下} \tag{3-8}$$

其中，ε_C 表示包含层间界面的 20mm 长应变片测试得到的整体应变，$\varepsilon_{C上}$、$\varepsilon_{C下}$ 分别表示上、下两半部分基体混凝土的应变，ε_{C0} 表示层间界面的应变。同理，ε_T 表示包含条间界面的 20mm 长应变片测试得到的整体应变，$\varepsilon_{T上}$、$\varepsilon_{T下}$ 分别表示上、下两半部分基体混凝土的应变，ε_{T0} 表示条间界面的应变。

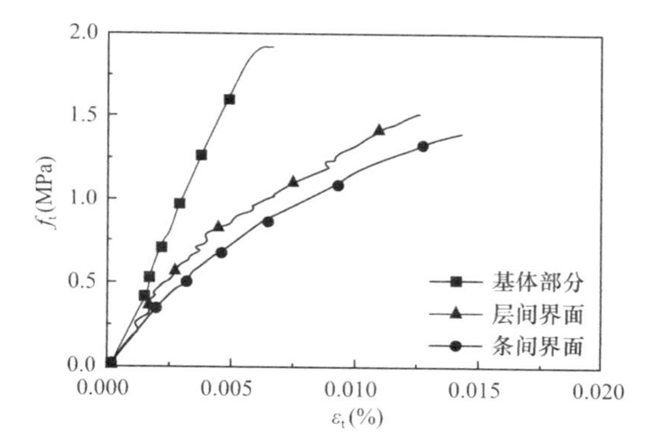

图 3-25 层条间界面与基体材料的拉伸应力应变曲线

据此得到的层、条间界面的拉伸应力应变曲线。如图 3-25 所示，层、条间界面的极限拉伸应变远大于基体材料，约为基体极限拉伸应变的 2～3 倍，可见孔隙率不仅影响材料的极限强度，还会对材料的拉伸应变产生显著的影响。

3.3.3 打印混凝土拉伸本构模型

至今为止，众多学者已经针对混凝土的本构模型给出了适合的力学理论[40,41]，现有的混凝土本构模型主要可以分为线弹性模型、非线弹性模型、塑性理论模型[42]和其他力学理论类模型。目前应用于数值模拟的混凝土本构模型理论主要是混凝土弥散裂缝模型和基于损伤力学的本构模型。因此本文基于塑性损伤模型[43]来描述打印成型材料在拉伸作用下的应力应变关系。

对于准脆性材料可采用如下的损伤本构模型来描述其拉伸应力应变关系：

$$f_t = E_t\varepsilon_t(1 - D_t) \tag{3-9}$$

$$D_t = 1 - \eta_t(1.2x - 0.2x^5), x \leqslant 1 \tag{3-10}$$

$$x = \frac{\varepsilon_t}{\varepsilon_t^r} \tag{3-11}$$

$$\eta_t = \frac{f_t^r}{E_t \varepsilon_t^r} \tag{3-12}$$

式中，f_t^r 为混凝土单轴受拉强度代表值，即混凝土单轴受拉峰值应力；ε_t^r 为与 f_t^r 相对应的极限拉伸应变；D_t 为混凝土单轴受拉损伤演化参数；E_t 为混凝土拉伸弹性模量。

测得基体材料的抗拉强度为 1.914MPa，极限拉伸应变为 0.0061%。可计算得到基体材料的受拉应力应变关系，计算值与试验值的对比如图 3-26(a)所示，二者较为吻合。

引入界面拉伸强度系数 μ 为界面抗拉强度与基体材料抗拉强度的比值，如式（3-13）所示：

$$\mu_C = f_{tC}^r / f_t^r = 1 - 0.09\Delta p \tag{3-13}$$

根据孔隙率、极限应力、极限应变之间的关系可得到层间拉伸本构模型，如式（3-14）、式（3-17）所示，得到的层间界面受拉应力应变曲线如图 3-26(b)所示。

$$\frac{f_{tC}}{f_{tC}^r} = x(1.2 - 0.2x^5) \tag{3-14}$$

$$x = \frac{\varepsilon_{tC}}{\varepsilon_{tC}^r} \tag{3-15}$$

$$f_{tC}^r = \mu_C f_t^r = [-0.09(p_C - p_0) + 1] f_t^r \tag{3-16}$$

$$\varepsilon_{tC}^r = [0.66(p_C - p_0) + 1] \times \varepsilon_t^r \tag{3-17}$$

式中，f_{tC}为 3D 打印混凝土层间界面单轴受拉应力；f_{tC}^r为 3D 打印混凝土层间界面单轴抗拉强度；ε_{tC}^r为与 f_{tC}^r相对应的层间界面极限拉伸应变；ε_{tC}为 3D 打印混凝土层间界面单轴受拉应变。

同理，得到的条间界面受拉应力应变曲线如图 3-26(c)所示，可见：对于层间及条间界面，其受拉应力应变关系曲线试验值与计算值较为吻合，与基体拉伸曲线相比，界面区域材料的塑性损伤开始得更早，且曲线后半段非线性应变更为明显，塑性损伤增速较大。

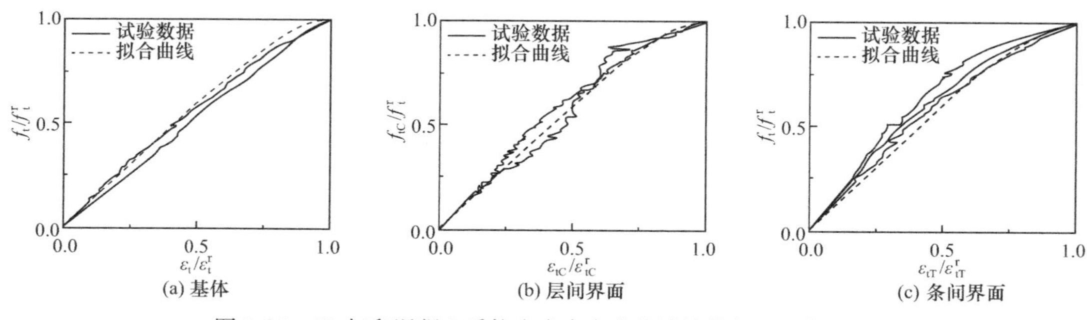

图 3-26　3D 打印混凝土受拉应力应变曲线计算值与试验值对比

3.4　打印混凝土剪切本构

3.4.1　打印混凝土层间界面受剪应力应变测试方法

试验时整体打印成 300mm（长）×90mm（宽）×90mm（高）的矩形体，并从中切割出尺寸为 45mm×45mm×90mm 的棱柱体作为剪切试件，如图 3-27 所示，每组设置 6 个试件。切割过程中对层、条间界面进行了标记，以保证剪切试验时对准层、条间界面进行加载。

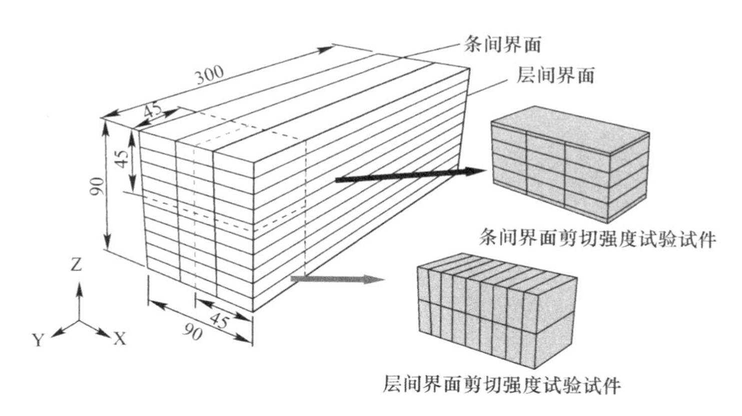

图 3-27　抗剪试件尺寸及层间界面、条间界面（单位：mm）

3D 打印混凝土层、条间抗剪性能试验采用双剪的试验方式。刀口尺寸经优化分析后设计为 5mm，使试件的破坏状态更加接近纯剪模式。最终加载装置如图 3-28 所示。加载仪器采用 50kN 万能试验机。位移测量采用位移计，用上下刀口间的相对位移反映剪切面之间的相对位移。试验采用位移加载，加载速度为 0.1mm/min。

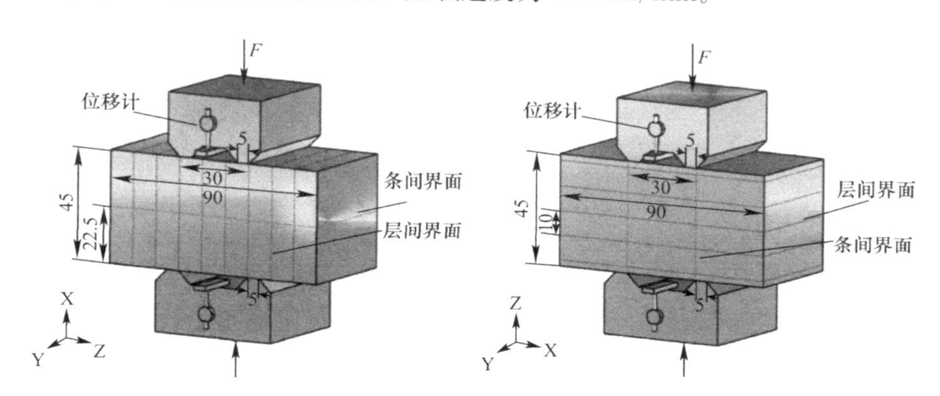

图 3-28　层、条间抗剪试验加载示意图（单位：mm）

3.4.2　打印混凝土剪切破坏模式及破坏强度

打印混凝土层、条间界面双剪试验的典型破坏模式如图 3-29(a)、(b)所示。在加载强度达到破坏强度的约 50%时，裂缝开始沿着层、条间的缺陷开始开展并逐渐贯通，强度达到最大值后开始缓慢下降。随后裂缝继续开展，裂缝宽度加大，由于纤维的存在，荷载下降到约破坏值的 60%后逐渐稳定，位移继续增大，最后混凝土被剪坏。而基体部分双剪试验因没有缺陷的存在，剪切面常会略偏离预定剪切面，如图 3-29(c)所示。试验过程中出现了在预定剪切面之外的破坏模式，如图 3-29(d)所示，故在后续处理过程中剔除了这些组别，以确保数据的可信度。

(a) 层间界面破坏

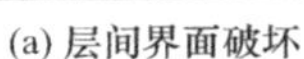

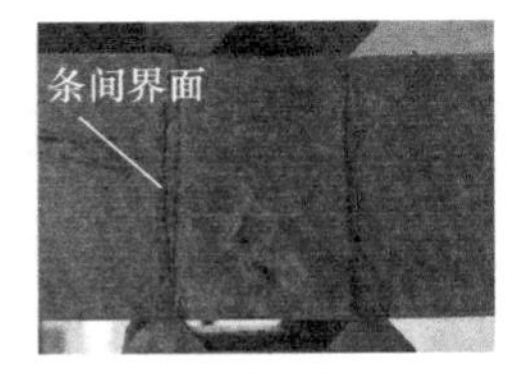

(b) 条间界面破坏

(c) 基体部分破坏

(d) 无效破坏

图 3-29　双剪破坏模式

3D 打印混凝土层、条间的抗剪强度如图 3-30 所示。由于层、条间缺陷的存在，使得层、条间的抗剪强度相对于基体部分有较大程度的折减。层、条间的平均抗剪强度分别为 5.16MPa、4.84MPa，分别占基体强度的 85.7%和 80.3%。层、条间双剪试验破坏断面如图 3-31 所示，破坏表面都较为平滑。在破坏断面上能够清晰地看到方向性的孔隙排布和缺陷，而基体处破坏的断面则无明显大孔隙出现，这与打印成型的过程有关。在断面上存在长条形的孔隙将会对层间和条间界面的抗剪强度造成较大程度的折减。

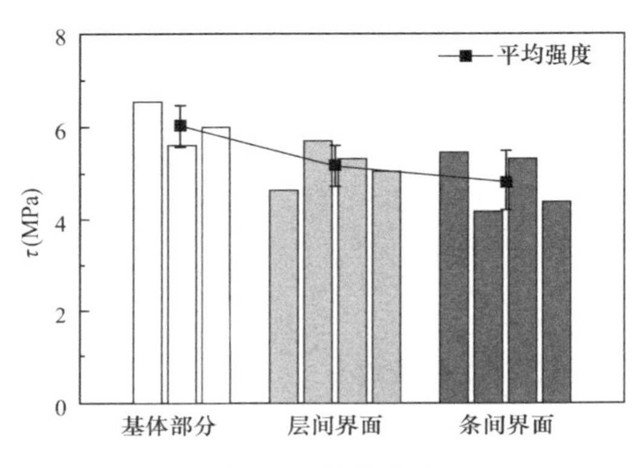

图 3-30　抗剪强度

(a) 条间破坏

(b) 层间破坏

图 3-31　破坏断面

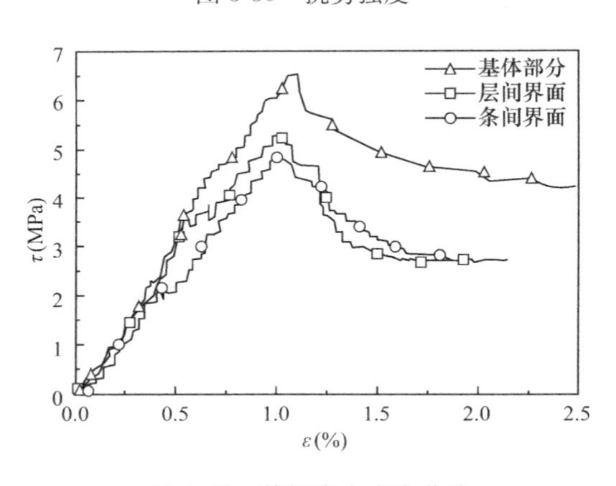

图 3-32　剪切应力应变曲线

典型的层、条间界面剪切应力-应变曲线如图 3-32 所示。层间界面剪切变形曲线大致可以分为四个阶段。在剪切应力达到峰值应力的 70%之前，曲线处于第一阶段，剪切应力和剪切变形量呈一定线性关系上升。随着微裂缝的开展，开始出现重要贯通微裂缝，剪切变形曲线开始进入第二阶段，此时应变增长速度略有加快，曲线微弯。当剪切应力达到层间界面最大抗剪强度时，曲线开始进入下降段，主要裂缝的宽度开始逐渐增大，并且随着剪切应力的逐渐下降，剪切面的相对滑移量开始迅速增大。当剪切应力下降到最大应力值的约 60%后，曲线开始进入残余粘结应力阶段，在剪切应力几乎保持不变的情况下，剪切滑移量急剧增大。由于混凝土中添加的纤维能提供较大的桥联作用，剪切残余强度几乎维持在最大抗剪强度的 60%左右。最后试件中的裂缝完全扩展导致试件最终破坏。

比较三者剪切应力应变曲线可知，三者最大抗剪强度所对应的剪切应变均在 1.0%左右，且三条曲线的上升段和下降段的斜率近似保持一致。下降段存在明显的拐点，在拐点之后剪切强度保持残余剪切强度值不变直至破坏。

3.4.3 打印混凝土剪切本构模型

对于脆性和准脆性材料，剪切本构的上升段可近似处于无损伤状态，并当细观单元的应力状态满足摩尔库仑准则时，该单元发生剪切损伤[44]。

在单轴应力状态下，细观混凝土单元的损伤变量 D 可采用如下表达式，ε_{c0} 表示发生剪切损伤时的应变。

$$D=\begin{cases}0, & \varepsilon<\varepsilon_{c0}\\ 1-\dfrac{\lambda_t\varepsilon_{c0}}{\varepsilon}, & \varepsilon\geqslant\varepsilon_{c0}\end{cases} \tag{3-18}$$

其中 λ_t 为单元的残余强度系数，定义为 $\lambda_t=f_{t0}/f_{tr}$，这里 f_{t0} 和 f_{tr} 分别为单元单轴拉伸强度和拉伸损伤时的残余强度。

鉴于本书所研究的材料以及剪切应力应变曲线的特点，可认为上升阶段为无损伤弹性阶段，并认为损伤的发生存在一定过程，将后半段通过拐点分为下降段和残余应力阶段。剪切应力应变曲线简化模型如图 3-33 所示。其中 τ_0 表示最大剪切强度，ε_0 表示最大剪切强度所对应的应变，τ_r 表示残余剪切强度，ε_r 表示刚达到残余剪切强度时所对应的残余应变，ε_u 表示极限剪切应变。定义 λ 为残余应力系数，$\lambda=\dfrac{\tau_r}{\tau_0}$。上述简化模型的数学式表达如式（3-19）-式（3-21）所示。

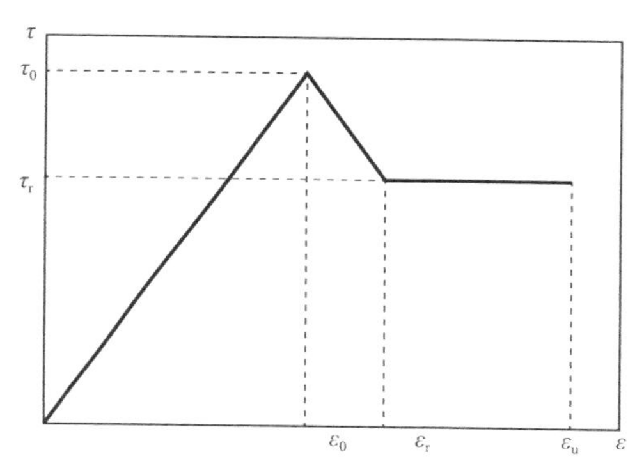

图 3-33 剪切应力应变曲线简化模型

$$\text{上升段}:\frac{\tau}{\tau_0}=\frac{\varepsilon}{\varepsilon_0},\varepsilon\leqslant\varepsilon_0 \tag{3-19}$$

$$\text{下降段}:\frac{\tau}{\tau_0}=\frac{\lambda-1}{\varepsilon_r-\varepsilon_0}(\varepsilon-\varepsilon_0)+1,\varepsilon_0<\varepsilon\leqslant\varepsilon_r \tag{3-20}$$

$$\text{残余应力段}:\frac{\tau}{\tau_0}=\lambda,\varepsilon_r\leqslant\varepsilon\leqslant\varepsilon_u \tag{3-21}$$

对于基体部分的剪切破坏曲线特征，拟合得到参数 $\lambda=0.7$，由于下降段斜率近似与上升段斜率一致，故取相同值，即认为$\dfrac{\tau_0}{\varepsilon_0}=-\dfrac{\tau_r-\tau_0}{\varepsilon_r-\varepsilon_0}$，简化得到 $\varepsilon_r=(2-\mu\lambda)\varepsilon_0$。拟合曲线结果如图 3-34 所示。

对于层、条间界面的剪切应力应变曲线，发现存在如式（3-22）、式（3-23）的关系：

$$\mu_C=\frac{\tau_{C0}}{\tau_0}=\frac{\lambda_C}{\lambda} \tag{3-22}$$

$$\mu_T=\frac{\tau_{T0}}{\tau_0}=\frac{\lambda_T}{\lambda} \tag{3-23}$$

其中，τ_{C0}为层间界面峰值抗剪强度，τ_{T0}为条间界面峰值抗剪强度，λ_C 表示层间残余应力系数，λ_T 表示条间残余应力系数。定义 μ_C 为层间剪切强度系数，$\mu_C=\dfrac{\tau_{C0}}{\tau_0}$；$\mu_T$ 为条间剪切强度系数，$\mu_T=\dfrac{\tau_{T0}}{\tau_0}$。

观察基体部分和层、条间剪切应力应变曲线可知，最大剪切强度均在应变值为 1.0% 左右时发生，故假定层、条间剪切破坏时对应的剪切应变也为 ε_0，而最大剪切应变均略大于 $2\varepsilon_0$，故保守认为在应变达到 $2\varepsilon_0$ 时，试件被剪坏。取剪切应力应变曲线的上升段和下降段的曲线斜率折减系数为一致。

综合上述分析，得到基于强度的本构模型，如图 3-35 所示，图中 τ_0、ε_0 分别表示基体部分的最大剪切强度及相应的位移。

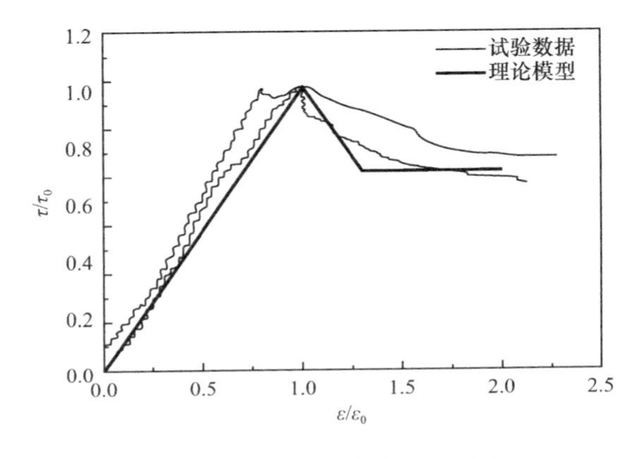

图 3-34　基体部分剪切应力应变

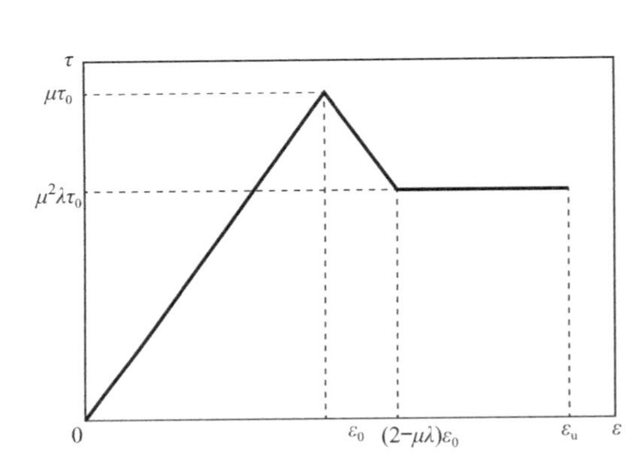

图 3-35　界面剪切应力应变曲线

对于层间剪切应力应变曲线，μ 为 μ_C，层间剪切应力应变曲线表达式如式（3-24）-式（3-26)所示。

$$\text{上升段：}\frac{\tau_C}{\mu_C\tau_0}=\frac{\varepsilon}{\varepsilon_0},\varepsilon\leqslant\varepsilon_0 \tag{3-24}$$

$$\text{下降段：}\frac{\tau_C}{\mu_C\tau_0}=-\frac{\varepsilon-\varepsilon_0}{\varepsilon_0}+1,\varepsilon_0<\varepsilon\leqslant(2-\mu_C\lambda)\varepsilon_0 \tag{3-25}$$

$$\text{残余应力段：}\frac{\tau_C}{\mu_C\tau_0}=\mu_C\cdot\lambda,(2-\mu_C\lambda)\varepsilon_0\leqslant\varepsilon\leqslant\varepsilon_u \tag{3-26}$$

条间剪切应力应变曲线同理，即 μ 取 μ_T。由上文实测得到层、条间抗剪强度可知，$\mu_C=0.857$，$\mu_T=0.803$。公式的计算结果如图 3-36 所示，由图可知，该模型能够准确地反映界面剪切应力应变曲线。

结合上文孔隙率和抗剪强度之间的关系分析，可以得到基于孔隙率理论模型。本文层间剪切强度系数与孔隙率之间存在如下关系：

$$\mu_C=1-0.097\Delta p \tag{3-27}$$

代入上文实测得到孔隙率差值可得，$\mu_C=0.879$，$\mu_T=0.791$ 与上文结论相近，据式（3-27)得到的结果如图 3-36 所示。可见，结合孔隙率的变化的剪切本构模型，也可以很好地描述 3D 打印混凝土基体与层、条界面区材料的剪切行为。

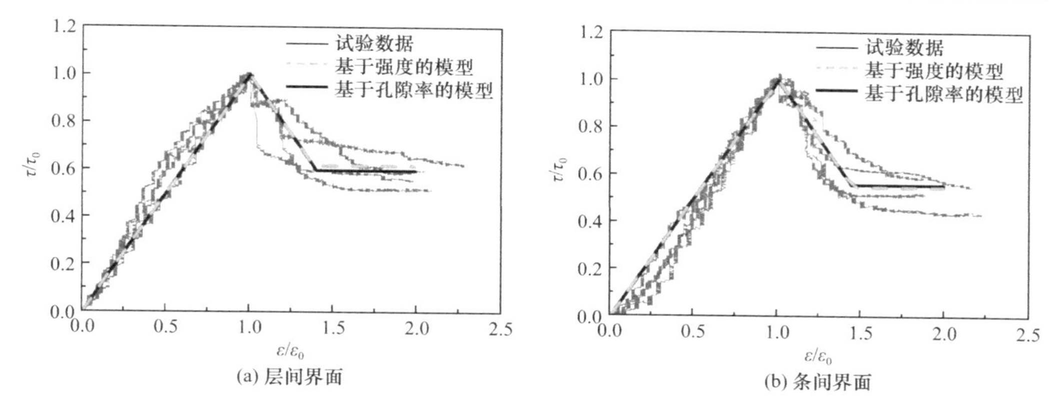

图 3-36 层、条间剪切应力应变拟合曲线

3.5 打印混凝土受压本构

抗压强度是衡量混凝土力学性能最重要的指标之一，在钢筋混凝土结构中，混凝土的重要作用就是用来承压，目前最常用的混凝土强度等级以混凝土的标准立方体抗压为代表。而3D打印混凝土由于其层状堆叠成型的特殊性，三个方向的抗压强度存在一定差异。对此，国内外学者做出了一定的探索，发现新鲜打印材料的打印性能[5-7,9]、材料的层间粘结性能[1,10]、打印路径、打印头的形状和尺寸[8]等都会对三个方向的抗压强度的相对大小产生较大的影响。除了三个方向单轴抗压强度以外，3D打印混凝土材料的三个方向的弹性模量也是研究的重点。层状堆叠的成型过程使得孔隙会聚集在层间界面和条间界面处，从而导致界面部分的弹性模量产生变化，影响结构在受力过程中的应力分布情况。而目前这方面的研究是欠缺的。内部结构的复杂性也必然会对三个方向的应力应变曲线产生影响。对混凝土三个方向的压缩应力应变关系的研究，有助于更深入地理解3D打印混凝土工作时的特殊性，也为数值模拟分析打下良好的基础。

本章对3D打印混凝土立方体块进行了三向单轴抗压强度测试，并对3D打印混凝土棱柱体进行了三个方向的弹性模量、受压应力应变曲线的测试，结合孔隙率的分布得到层条间界面的厚度，以及混凝土塑性损伤本构模型，最终得到了3D打印混凝土基体部分、层间界面、条间界面的受压本构模型。本章的讨论为3D打印混凝土力学性能的进一步测试和理论研究奠定了基础，并可为工程应用和有限元分析提供科学依据。

3.5.1 打印混凝土受压应力应变测试

为探究3D打印混凝土在三个方向上抗压性能的差异，对3D打印成型切割试件和同材料的浇筑成型混凝土试件分别进行了抗压强度的测试，切割试件的加载方向如图3-37所示。Z为垂直方向加载，Y为纵向加载（沿打印方向），X为横向加载。参照《建筑砂浆基本性能试验方法标准》JGJ/T 70，设计抗压试件的尺寸为70.7mm×70.7mm×70.7mm的立方体试块。打印完成7d后方可切割，后继续养护至28d开始进行加载试验。

为探究3D混凝土结构在三个方向上的弹性模量和压缩应力应变曲线，对3D打印切割成型试件和同材料的浇筑成型的混凝土试件分别进行了轴压试验。试件设计如图3-38

所示，每组设置 6 个试件。图中，Y 方向为打印的方向，①对应于抗压强度加载方向 Z（垂直方向）；②对应于抗压强度加载方向 Y（纵向加载）；③对应于抗压强度加载方向 X（横向加载）。参照《建筑砂浆基本性能试验方法标准》JGJ/T 70，轴压试件的尺寸为 70.7mm×70.7mm×210mm。打印完成 7d 后方可切割，后继续养护至 28d 开始进行加载试验。按照弹性模量的加载规范，加载前预压三次，F_a 取 60kN，先采用力加载方式，速度取 3kN/s，荷载超过 130kN 后为得到下降段曲线按照位移加载的方式，速度取 0.001mm/s。

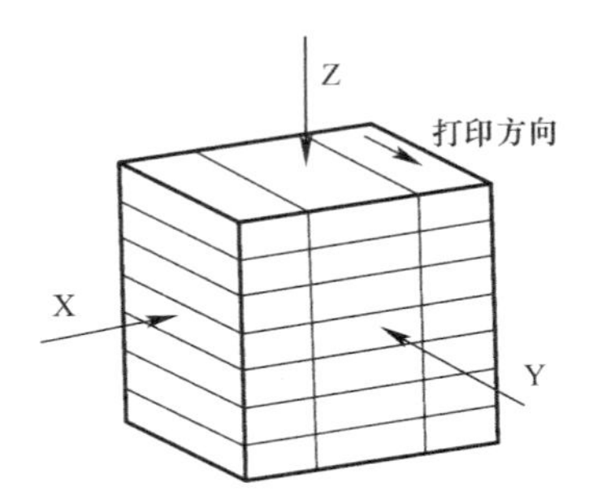

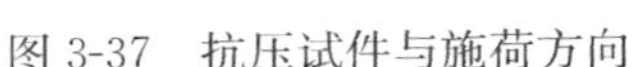
图 3-37　抗压试件与施荷方向

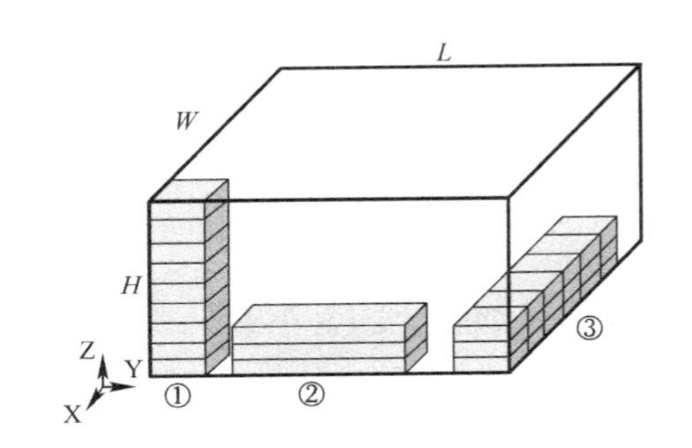

图 3-38　棱柱形试件

抗压强度的试验结果如表 3-6 所示。由表中数据可知，Z 方向强度最大，为浇筑成型同材料混凝土强度的 95.3%。Y 方向强度为 Z 向的 87.5%，X 方向强度为 Z 方向的 82.0%。

三个方向的单轴抗压强度试验结果　　表 3-6

项目	X 方向	Y 方向	Z 方向	现浇
强度均值（MPa）	51.80	57.61	65.81	69.81
与现浇比值	0.742	0.825	0.943	1

3D 打印试件以及同材料模具现浇混凝土试件的表面破坏情况如图 3-39 所示。图中清晰地显示了混凝土表面裂缝的开展情况，可以看到 X 方向和 Y 方向的表面裂缝较多且开展较完全，而 Z 方向的表面裂缝较少，更接近于现浇混凝土破坏的表面状况。由加载方向可知，Z 加载方向垂直于层间的弱界面而 X 加载方向则平行于最多的层条间的弱界面。由此

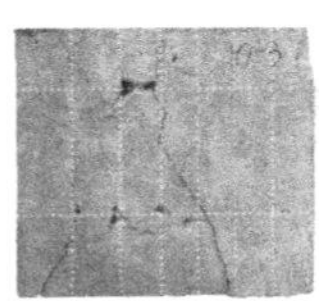
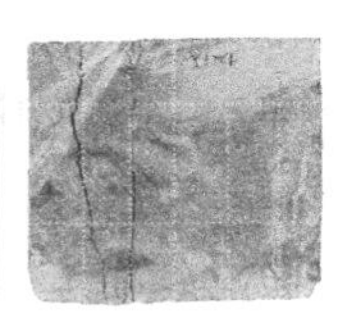

(a) X方向加载

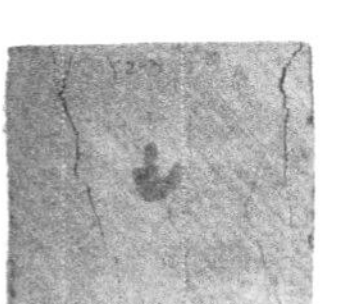

(b) Y方向加载

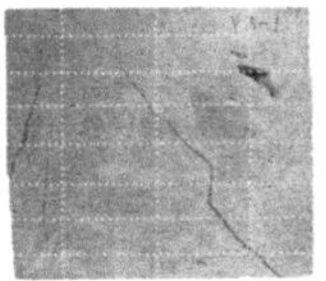

(c) Z方向加载

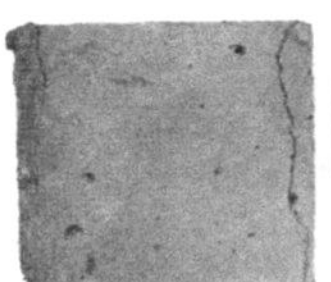
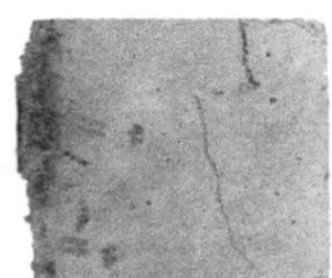

(d) 模具浇筑成型

图 3-39　试件破坏模式

有理由认为，平行于加载方向的弱界面，相比于垂直于加载方向的弱界面，对破坏荷载强度的减弱程度更明显。

棱柱体试件的破坏图如图3-40所示，X方向加载和Y方向加载均出现了较多的竖向裂缝，由于层、条间薄弱界面的存在，裂缝往往会沿着界面迅速发展并导致压应力急速下降。而Z方向加载和现浇成型的试件破坏形式相似，在混凝土棱柱体中间部位出现竖向主裂缝，当达到峰值压缩应力时，试件发出巨响，荷载急剧下降。

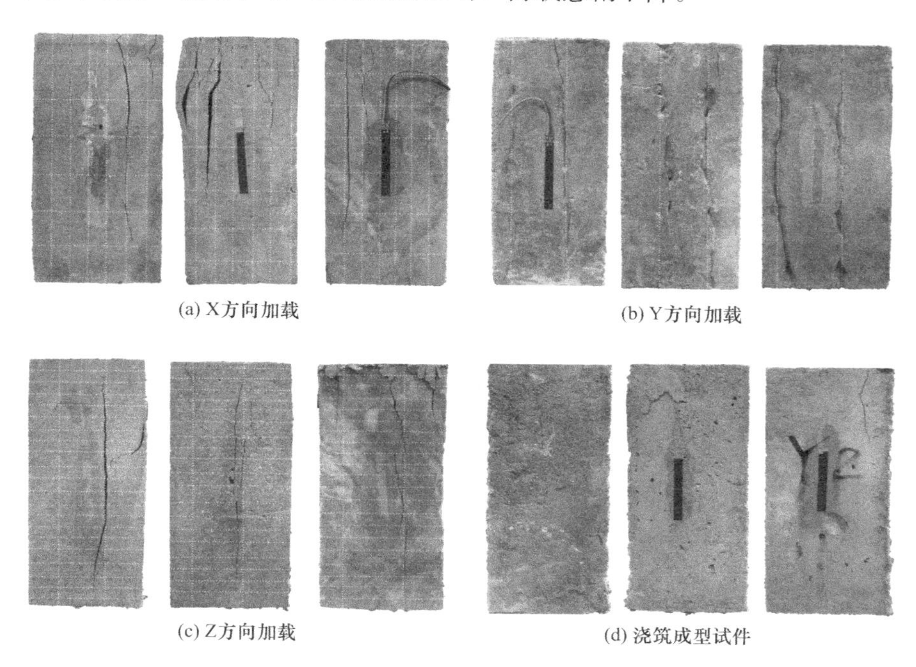

(a) X方向加载　(b) Y方向加载

(c) Z方向加载　(d) 浇筑成型试件

图3-40　试件破坏模式

3D打印混凝土以及浇筑成型混凝土试验得到的受压应力应变曲线如图3-41所示，主要可以分为以下四个阶段：①弹性阶段：在压缩应力达到约峰值应力的70%-80%之前，应力应变曲线接近于直线，微裂缝几乎没有发展，可视为处于弹性阶段，即无损伤状态；②塑性阶段：随着应力增大，微裂缝开始出现并不断发展，曲线开始弯曲，损伤出现；③下降阶段：当主要裂缝开始贯通，试件迅速破坏，曲线开始下降；④残余应力阶段：应力下降开始减缓，应变持续增长，直至混凝土试件完全破坏。

3.5.2　打印混凝土弹性模量分析

3.5.2.1　测试结果

现浇及3D打印混凝土弹性模量的测试如图3-42所示，最终结果如表3-7所示，由表中可知，3D打印成型的弹性模量均要小于现浇成型的试件。这是由于层条间的孔隙率较大，导致其弹性模量偏小，从而使3D打印混凝土整体的弹性模量受到影响。3D打印混凝土弹性模量折减的原因与抗压强度的一致。

3.5.2.2　计算模型

对于打印成型混凝土，可以认为是由打印界面和基体材料通过串、并联的方式组合而成，串并联理论模型如图 3-43 所示。

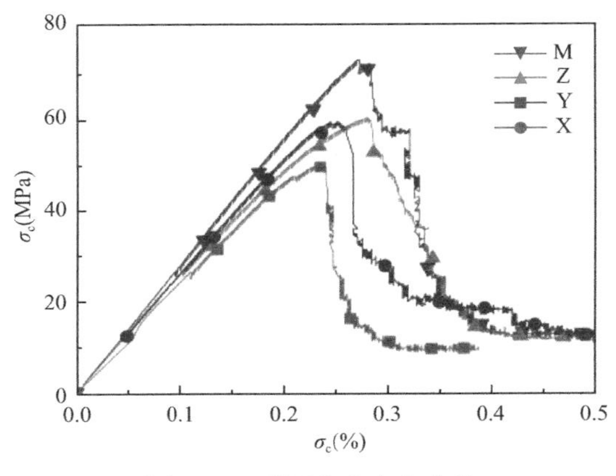

图 3-41　受压应力应变曲线

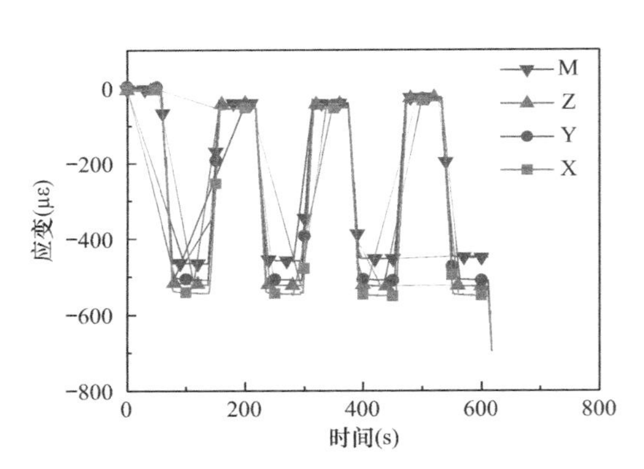

图 3-42　弹性模量试验结果

浇筑成型试件以及 3D 打印混凝土试件三个方向的弹性模量　　　　**表 3-7**

项目	X 方向	Y 方向	Z 方向	浇筑成型
弹性模量（GPa）	24.49	25.65	25.48	27.85

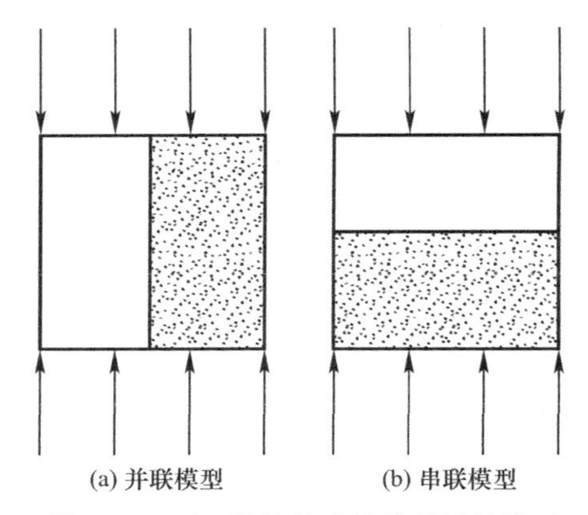

图 3-43　两相结构的弹性模量计算模型

此时材料的等效平均弹性模量计算公式如下：

（1）并联模型

$$E_1 = E_A V_A + E_B V_B \tag{3-28}$$

（2）串联模型

$$\frac{1}{E_2} = \frac{V_A}{E_A} + \frac{V_B}{E_B} \tag{3-29}$$

其中 A、B 表示两种不同的材料，V_A 和 V_B 分别表示两种材料的体积比。

根据上述公式，将 3D 打印混凝土层间界面、条间界面、基体部分 3 个部分的参数代入式（3-30）-式（3-32）计算：

$$X\text{方向}: E_X = \frac{0.81}{10}E_C + \frac{10-0.81}{10}g\frac{1}{\dfrac{30-2.12}{30E_S}+\dfrac{2.12}{30E_T}} \tag{3-30}$$

$$Y\text{方向}: E_Y = \frac{70\times2.12\times2}{70\times70}E_T E_S + \frac{7\times0.81\times(70-2.12\times2)}{70\times70}E_C + \frac{(70-2.12\times2)\times(70-0.81\times7)}{70\times70}E_S \tag{3-31}$$

$$Z\text{方向}: E_Z = \frac{70-2.12\times2}{70}\frac{1}{\dfrac{10-0.81}{10E_S}+\dfrac{0.81}{10E_C}} + \frac{2.12\times2}{70}E_T \tag{3-32}$$

代入 X、Y、Z 方向实测得到的整体弹性模量，最后解得：$E_S=27.94$GPa，$E_C=21.02$GPa，$E_T=16.07$GPa。

3.5.2.3　纳米压痕结果

纳米压痕从微细观力学角度出发，通过点阵的方式，能够精确量化微米和纳米级材料的力学行为。本章采用纳米压痕仪来测定层间界面、条间界面以及基体部分的弹性模量。试件具体制备过程如下最终得到的纳米压痕试样如图3-44所示，试样正面经过自动研磨、抛光，表面粗糙程度经光学显微镜检测，确保该试样的表面平整度能够达到纳米压痕仪的要求。在试样的背面以及侧面对层间、条间的界面处做好标记，以确保纳米压痕仪的打点位置可靠。

试验采用的是Piuma Chiaro型号的纳米压痕试验仪，可以有效准确地测试得到混凝土表面各相的弹性模量。本研究采用单次加卸载的方式，荷载从0开始，以120μN/s的速度加载至最大荷载1200 μN，持荷2s，再以120μN/s的速度卸载至零。

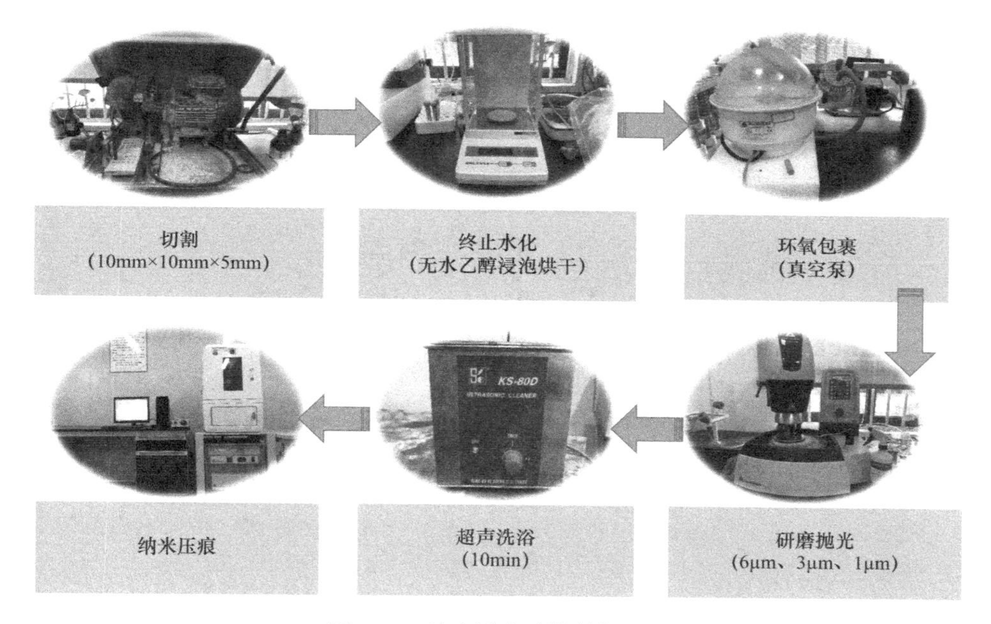

图3-44 纳米压痕试样制备过程

为确保得到基体部分、层间界面、条间界面三个部分的弹性模量，分别沿着层间界面、条间界面以及平行于界面的基体部分上打10个点，两点之间的间距为100μm，具体打点情况如图3-45所示。

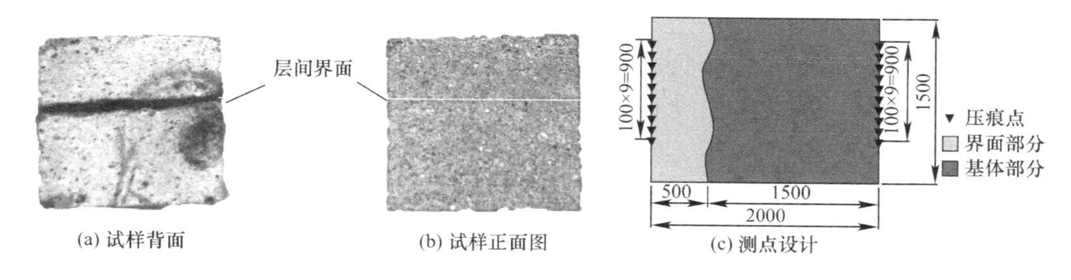

图3-45 纳米压痕试样测点（单位：μm）

根据纳米压痕仪测试得到的数据结果，采用如式（3-33）的计算公式，可以得到不同压痕点处的弹性模量E。

$$E=(1-\nu_m^2)\times[1/E_r-(1-\nu_i^2)/E_i]^{-1} \tag{3-33}$$

其中，E_i 为本次试验所采用的纳米压痕仪的压头弹性模量，$E_i=1140\text{GPa}$；ν_i 为压头的泊松比，$\nu_i=0.07$；ν_m 为测试材料的泊松比，按照经验取混凝土泊松比为 0.2；E_r 为削减弹性模量，由纳米压痕试验测试得到。

由于混凝土表面有气孔存在，导致该压痕点处无法得到有效数据。因此舍去超过平均值 20%的个别弹性模量数据点，得到三个部分平均弹性模量如表 3-8 所示。由表可知，基体部分的弹性模量要明显高于层间和条间界面，而两种不同界面之间弹性模量的差别并未在此次测试中体现出来。与上文中的测试和计算结果对比，如图 3-46 所示，二者得到的弹性模量较为吻合，证明了上文得到的弹性模量结果的可靠性。

纳米压痕仪测得的各部分的弹性模量 **表 3-8**

位置	弹性模量（GPa）						均值（GPa）
基体	40.462	22.11	37.747	33.50	—	—	33.44
层间	17.993	24.629	17.327	22.384	23.286	18.811	20.74
条间	19.02	24.104	19.153	20.80	—	—	20.76

3.5.3 打印混凝土单轴受压本构模型

根据文献［43］的总结，对于准脆性材料可采用如下的损伤本构模型描述其压缩应力应变关系：

$$\sigma_c = E_c\varepsilon_c(1-D_c) \tag{3-34}$$

$$D_c = \begin{cases} 1-\dfrac{\eta_c n}{n-1+x^n}, x\leqslant 1 \\ 1-\dfrac{\eta_c}{\alpha_c(x-1)^2+x}, x>1 \end{cases} \tag{3-35}$$

$$x = \frac{\varepsilon_c}{\varepsilon_c^r} \tag{3-36}$$

$$\eta_c = \frac{\sigma_c^r}{E_c\varepsilon_c^r} \tag{3-37}$$

$$n = \frac{1}{1-\eta_c} \tag{3-38}$$

式中，σ_c^r 为混凝土单轴受压强度代表值，即混凝土单轴受压峰值应力；ε_c^r 为与 σ_c^r 相对应的极限拉伸应变；D_c 为混凝土单轴受压损伤演化参数；E_c 为混凝土压缩弹性模量。α_c 表示混凝土单轴受压应力应变曲线下降段参数值，其值与抗压强度关系见式（3-39）。

$$\alpha_c = 5(e^{\sigma_c/125}-1)+0.003e^{\sigma_c/15} \tag{3-39}$$

代入公式后得到基体部分、层间界面、条间界面的受压本构如图 3-47 所示。

3.5.4 基于数值模拟的混凝土受压变形分析

3.5.4.1 数值模型

打印成型混凝土采用 ABAQUS 提供的 C3D8R 八节点减缩积分基体单元模拟，该单元在弯曲荷载下不容易发生剪切自锁，同时可以获得精确的位移和应力结果。结构分为基体部分、层间界面、条间界面三部分，层间缺陷厚度为 0.81mm，条间缺陷厚度为

2.12mm，整体条宽为30mm，层高为10mm，如图3-48所示。在上下底面组装两块钢垫块用于加载。

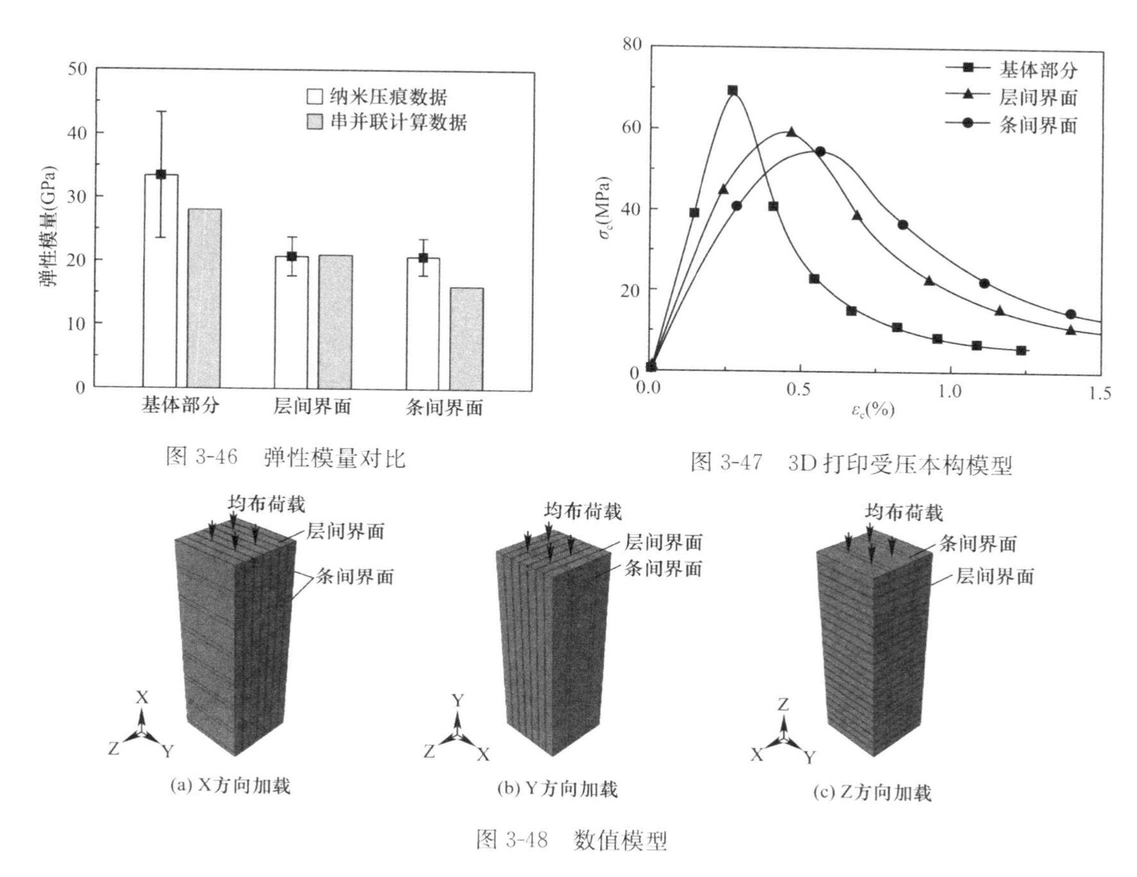

图3-46　弹性模量对比

图3-47　3D打印受压本构模型

图3-48　数值模型

打印混凝土基体、条间界面和层间界面的受压应力应变曲线如图3-47所示，拉伸本构模型如本章3.3节。对底面施加端部完全固定约束，顶面采用位移加载至棱柱体试块受压破坏。

3.5.4.2　应力云图

采用最大主拉应变云图来表征可能出现裂缝的位置，如图3-49所示。对于X方向和Y方向加载的棱柱体，在纵向界面缺陷处的主拉应力较大，故裂缝沿着纵向界面扩展，最终导致破坏。而Z方向加载的棱柱体的拉应变云图出现了类似狗骨的图形，没有明显纵向贯通裂缝，而是发生了剪切压碎破坏，这更接近于现浇棱柱体的破坏形式。这与试验棱柱体的裂缝分布图3-40一致，Z向强度也是三个方向中强度最高的。

3.5.4.3　试验对比

基于最大压应变准则，输出加载棱柱体上下底面之间的加载反力和相对位移，绘制三个方向加载棱柱体的应力应变曲线，并与棱柱体试验结果进行比较，如图3-50所示。从图中可以看到，分别从三个方向加载的棱柱体实测应力应变曲线与有限元计算得到的结果基本一致，二者的吻合度较好。下降段的差异可能是真实加载过程中的边界条件和数值模拟的差异导致的。

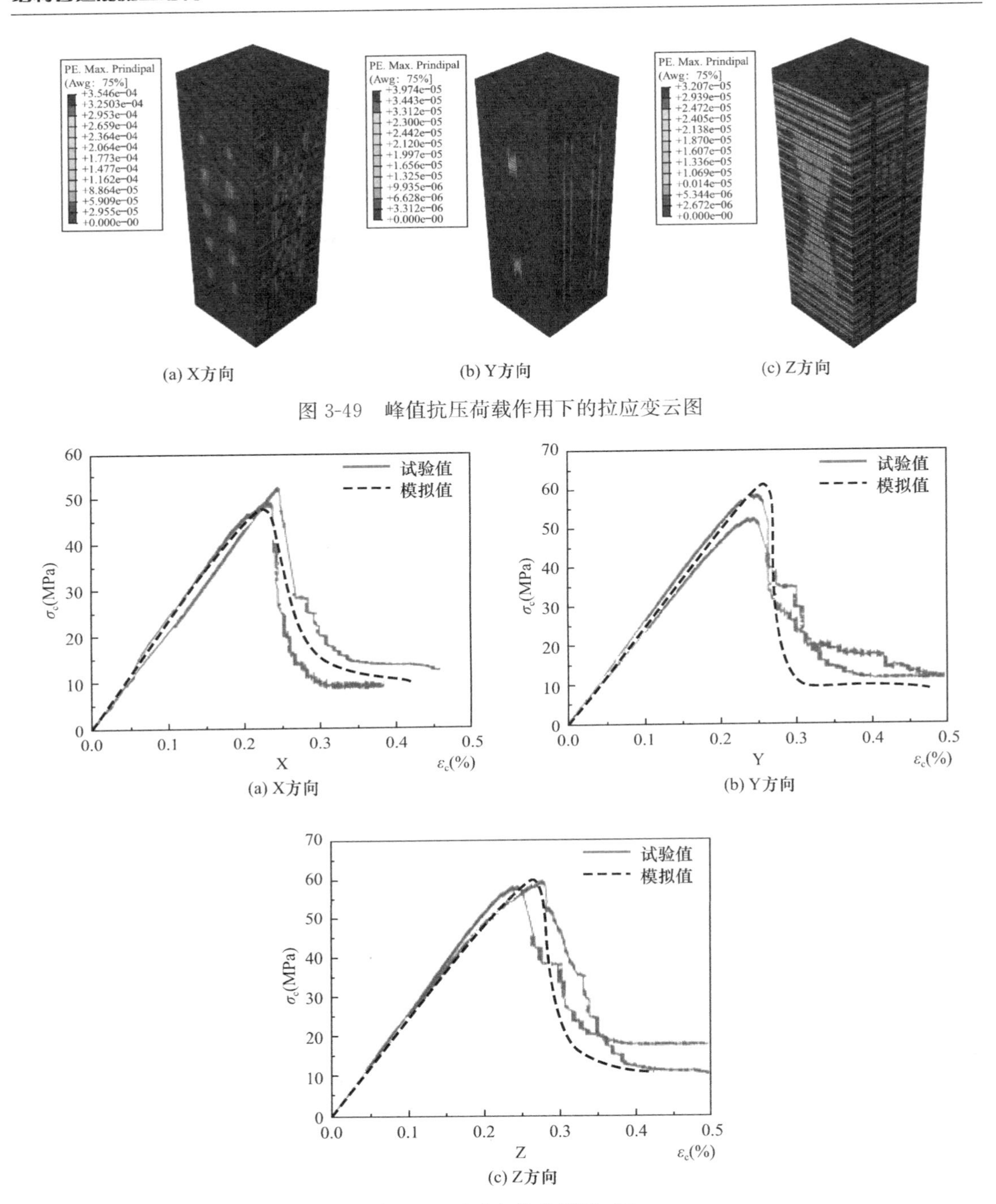

图 3-49　峰值抗压荷载作用下的拉应变云图

图 3-50　试验与数值模拟对比

3.6　本章小结

本章系统总结了打印层条界面对增材智造混凝土材料抗压性能、抗拉性能和抗剪性能影响；基于微细观物相结构对成型后混凝土的空间孔隙开展了统计分析，建立了打印混凝土力学强度与微细观孔隙率的对应关系；在试验和理论分析的基础上，建立了打印混凝土拉伸本构模型、剪切本构模型和单轴受压本构模型，为增材智造混凝土结构设计和工程实践提供技术支撑。

参考文献

[1] Zhang Y, Zhang Y, She W, et al. Rheological and harden properties of the high-thixotropy 3D printing concrete [J]. Construction and Building Materials, 2019, 201: 278-285.

[2] Panda B, Paul S C, Mohamed N A N, et al. Measurement of tensile bond strength of 3D printed geopolymer mortar [J]. Measurement, 2018, 113: 108-116.

[3] Feng P, Meng X, Chen J, et al. Mechanical properties of structures 3D printed with cementitious powders [J]. Construction and Building Materials, 2015, 93: 486-497.

[4] Valle Pello P, Lvarez Rabanal F P, Alonso Martínez M, et al. Numerical study of the interfaces of 3D-printed concrete using discrete element method [J]. Materialwissenschaft und Werkstofftechnik, 2019, 50(5): 629-634.

[5] Marchment T, Sanjayan J G, Nematollahi B, et al. Chapter 12-interlayer strength of 3D printed concrete: influencing factors and method of enhancing [M]. 3D Concrete Printing Technology, Sanjayan J G, Nazari A, Nematollahi B, Butterworth-Heinemann, 2019, 241-264.

[6] Bong S H, Nematollahi B, Nazari A, et al. Method of optimisation for ambient temperature cured sustainable geopolymers for 3D printing construction applications [J]. Materials, 2019, 12(6): 902.

[7] Nematollahi B, Xia M, Vijay P, et al. Chapter 18-properties of extrusion-based 3D printable geopolymers for digital construction applications [M]. 3D Concrete Printing Technology, Sanjayan J G, Nazari A, Nematollahi B, Butterworth-Heinemann, 2019, 371-388.

[8] Ma G, Li Z, Wang L, et al. Mechanical anisotropy of aligned fiber reinforced composite for extrusion-based 3D printing [J]. Construction and Building Materials, 2019, 202: 770-783.

[9] Paul S C, Tay Y W D, Panda B, et al. Fresh and hardened properties of 3D printable cementitious materials for building and construction [J]. Archives of Civil and Mechanical Engineering, 2017, 18 (1): 311-319.

[10] Le T T, Austin S A, Lim S, et al. Hardened properties of high-performance printing concrete [J]. Cement and Concrete Research, 2012, 42(3): 558-566.

[11] Van Der Putten J, De Schutter G, Van Tittelboom K. The effect of print parameters on the (micro)structure of 3D printed cementitious materials [C]. Cham: Springer International Publishing, 2019.

[12] Tay Y W D, Ting G H A, Qian Y, et al. Time gap effect on bond strength of 3D-printed concrete [J]. Virtual and physical prototyping. 2019, 14(1): 104-113.

[13] 刘致远，王振地，王玲等. 3D打印水泥净浆层间拉伸强度及层间剪切强度 [J]. 硅酸盐学报，2019，47(05)：648-652.

[14] Lim J H, Panda B, Pham Q. Improving flexural characteristics of 3D printed geopolymer composites with in-process steel cable reinforcement [J]. Construction and Building Materials, 2018, 178: 32-41.

[15] Wang L, Tian Z, Ma G, et al. Interlayer bonding improvement of 3D printed concrete with poly-

mer modified mortar: Experiments and molecular dynamics studies [J]. Cement & Concrete Composites, 2020, 110: 103571.
[16] Shakor P, Nejadi S, Paul G. A study into the effect of different nozzles shapes and fibre-reinforcement in 3D printed mortar [J]. Materials (Basel), 2019, 12(10).
[17] Ma G, Salman N M, Wang L, et al. A novel additive mortar leveraging internal curing for enhancing interlayer bonding of cementitious composite for 3D printing [J]. Construction and Building Materials, 2020, 244: 118305.
[18] Marchment T, Sanjayan J, Xia M. Method of enhancing interlayer bond strength in construction scale 3D printing with mortar by effective bond area amplification [J]. Materials & Design, 2019, 169: 107684.
[19] Panda B, Noor Mohamed N A, Chana Paul S, et al. The effect of material fresh properties and process parameters on buildability and interlayer adhesion of 3D printed concrete [J]. Materials, 2019, 12(13): 2149.
[20] Hambach M, Volkmer D. Properties of 3D-printed fiber-reinforced Portland cement paste [J]. Cement & Concrete Composites, 2017, 79: 62-70.
[21] 李坤明，包亦望，万德田等. 压痕法和十字交叉法评价类金刚石硬质涂层的界面结合强度 [J]. 硅酸盐学报，2010，38(01)：119-125.
[22] Sakka F E, Assaad J J, Hamzeh F R, et al. Thixotropy and interfacial bond strengths of polymer-modified printed mortars [J]. Materials and Structures, 2019, 52(4): 1.
[23] Rahul A V, Santhanam M, Meena H, et al. Mechanical characterization of 3D printable concrete [J]. Construction and Building Materials, 2019, 227: 116710.
[24] D'Andrea A, Tozzo C. Interlayer shear failure evolution with different test equipments [J]. Procedia, Social and Behavioral Sciences, 2012, 53: 556-567.
[25] Tian J, Wu X, Zheng Y, et al. Investigation of interface shear properties and mechanical model between ECC and concrete [J]. Construction and Building Materials, 2019, 223: 12-27.
[26] 赵志方，赵国藩，黄承逵. 新老混凝土粘结的拉剪性能研究 [J]. 建筑结构学报，1999(06)：26-31.
[27] Liu G, Lu W, Lou Y, et al. Interlayer shear strength of Roller compacted concrete (RCC) with various interlayer treatments [J]. Construction and Building Materials, 2018, 166: 647-656.
[28] Lee H, Kim J J, Moon J, et al. Correlation between pore characteristics and tensile bond strength of additive manufactured mortar using X-ray computed tomography [J]. Construction and Building Materials, 2019, 226: 712-720.
[29] 汪群. 3D打印混凝土拱桥结构关键技术研究 [D]. 浙江大学，2019.
[30] Nerella V N, Hempel S, Mechtcherine V. Effects of layer-interface properties on mechanical performance of concrete elements produced by extrusion-based 3D-printing [J]. Construction and Building Materials, 2019, 205: 586-601.
[31] 余红芸. 钢纤维-水泥基界面过渡区纳米力学性能研究 [D]. 武汉大学，2017.
[32] 张鸿儒. 基于界面参数的再生骨料混凝土性能劣化机理及工程应用 [D]. 浙江大学，2016.
[33] 董艳颖. 水泥基复合材料界面区的力学性能试验研究 [D]. 内蒙古工业大学，2016.
[34] Chen X, Wu S, Zhou J. Influence of porosity on compressive and tensile strength of cement mortar [J]. Construction and Building Materials, 2013, 40: 869-874.
[35] Kumar R, Bhattacharjee B. Porosity, pore size distribution and in situ strength of concrete [J]. Cement and Concrete Research, 2003, 33(1): 155-164.

[36] Lian C, Zhuge Y, Beecham S. The relationship between porosity and strength for porous concrete [J]. Construction and Building Materials, 2011, 25(11): 4294-4298.
[37] 邓朝莉，李宗利. 孔隙率对混凝土力学性能影响的试验研究 [J]. 混凝土，2016(07): 41-44.
[38] 杜修力，金浏. 考虑孔隙及微裂纹影响的混凝土宏观力学特性研究 [J]. 工程力学，2012，29(08): 101-107.
[39] Lu B, Weng Y, Li M, et al. A systematical review of 3D printable cementitious materials [J]. Construction and Building Materials, 2019, 207: 477-490.
[40] 刘小敏，王华，杨萌，崔广仁. 混凝土本构关系研究现状及发展 [J]. 河南科技大学学报（自然科学版），2004(05): 58-62.
[41] 陈宇，李忠献. 基于应力-应变曲线的混凝土弹塑性损伤本构模型 [J]. 北京工业大学学报，2014，40(08): 1184-1190.
[42] 董毓利，谢和平，赵鹏. 受压混凝土理想弹塑性损伤本构模型 [J]. 力学与实践，1996(06): 15-18.
[43] 白晓玮. 混凝土损伤本构关系的研究与应用 [D]. 郑州大学，2017.
[44] 朱万成，唐春安，赵文等. 混凝土试样在静态载荷作用下断裂过程的数值模拟研究 [J]. 工程力学，2002(06): 148-153.

微筋增强增材建造混凝土

4.1 微筋增强打印混凝土技术进展

混凝土是抗拉强度低的脆性材料，可通过短切复合纤维增强3D打印混凝土的抗拉性能，但为了防止打印喷嘴堵塞，纤维掺量不宜过多，导致其增强效果有限，难以用于建筑构件增强。配筋提升3D打印混凝土的拉伸性能是智能建造混凝土结构的技术关键。钢材是建筑领域中常见的增强材料，它与混凝土之间良好的协作变形能力和互补的力学性能是增强结构服役性能的安全保障。以微细钢缆/钢丝网柔性配筋增强增材建造混凝土[1,2]，与钢筋相比与打印工艺兼容性较好，易于通过打印喷嘴进行连续布设实现整体连续增强。现已实现与打印兼容的同步微筋增强技术，与混凝土打印建造设备具有较好的适应性和可行性，且适用于多种柔性增强材料一体化配筋建造。使用钢缆、钢丝网等连续增强材料对打印混凝土进行微筋增强是解决现有增材建造混凝土材料性能不足的有效途径之一。现阶段亟待开展针对微筋增强智能建造混凝土力学性能研究，从而精准分析承载能力、变形能力和结构服役性能，为智能建造混凝土结构设计提供依据（图4-1）。

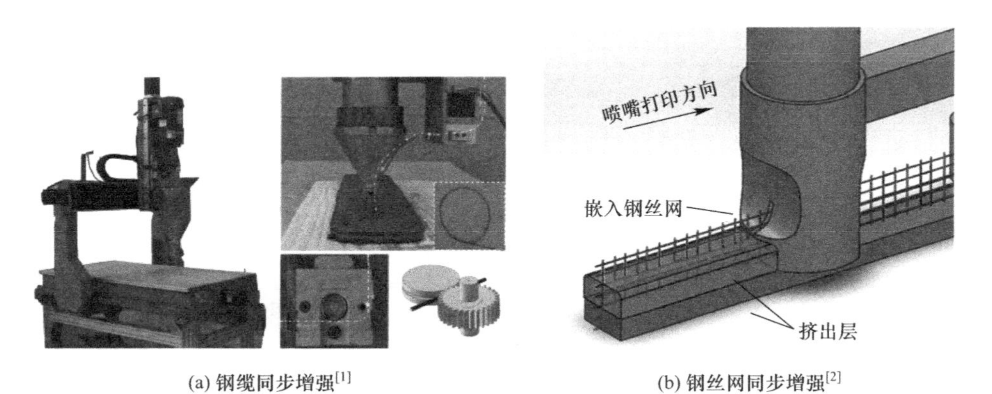

(a) 钢缆同步增强[1]　　(b) 钢丝网同步增强[2]

图4-1 同步微筋增强打印混凝土技术

4.1.1 微筋增强打印混凝土受弯性能研究进展

现有学者对微筋增强打印混凝土抗弯性能研究如表4-1所示，研究表明：在荷载的作用下钢丝网增强打印混凝土梁裂缝从梁底竖直向上，会沿着钢丝网方向扩展延伸[3]；未掺入短切纤维的打印混凝土内，连续钢缆在弯曲过程中易出现滑丝现象[4]，短切纤维的互锁与缠绕作用在一定程度上可阻止钢缆在打印混凝土中滑移[5]；同步配筋的钢缆在打印混凝土硬化后可协同变形，微筋未发生滑移时，配筋率为 2%以内的打印混凝土梁抗弯强度能提高 107%-519%，微筋增强材料与打印混凝土之间的粘结性能是增强效率的关键参数；打印路径对微筋增强打印混凝土试件抗弯承载力增强效果影响较大，不同打印路径提升率分别为 107%、405%和 443%[6]。

微筋增强打印混凝土梁式构件抗弯性能　　表 4-1

参考文献	增强材料丝径	配筋率	布筋位置	增强前后承载力比
Ma 等[1]	1.2mm 钢缆	0.8%	全截面	210%-560%
Marchment 等[2]	0.5mm	—	全截面	170%-290%
Lim 等[3]	1-2mm	0.2%-0.81%	全截面	290%
Bos 等[4]	0.63-1.2m	0.06%-0.21%	全截面	101%-149%
Li 等[5,6]	1.2mm	0.8%	全截面	260%

4.1.2　微筋与打印混凝土的协同工作性能

归纳现有微筋增强材料与 3D 打印混凝土的协同工作性能，发现粘结应力与增强材料埋入长度关系不大[4,5]；打印混凝土挤出堆叠工艺造成层条缺陷，配筋增强往往布置在层间界面区域导致粘结性能不足，模板浇筑通过振捣工艺提升了混凝土的密实度，从而导致后者对增强材料的握裹更加密实，打印混凝土与增强材料之间粘结应力和现浇混凝土与增强材料之间粘结应力之比（相对粘结强度）为 0.27-0.96。对于同一打印混凝土基体材料，角度对粘结强度呈明显的负相关，增强材料直径与相对粘结强度呈正向相关趋势[7,8]（表 4-2）。

打印混凝土与增强材料的粘结试验　　表 4-2

参考文献	增强材料参数				ρ（%）	θ	τ_u (MPa)	τ_u/τ_c
	序列	直径（mm）	E_s (GPa)	f_t (MPa)				
Bos 等[4]	A1	ϕ0.63 钢缆	420	181.6	0	0°	2.37-3.10	0.49
	A2	ϕ0.97 钢缆	1190	178.3	0	0°	1.33-1.42	0.27
	A3	ϕ1.20 钢缆	1925	156.8	0	0°	1.29-2.19	0.39
Li 等[5]	B1	ϕ1.20 钢缆	860	192	0	0°	4.03-4.79	—

4.1.3　微筋增强打印混凝土受拉性能研究进展

目前对打印混凝土增强以材料中添加纤维为主要方式，尽管纤维增强了打印混凝土的抗拉强度和拉伸应变，但受打印工艺的限制，纤维掺量有限，难以保障大型大跨结构的安全，因此微筋增强 3D 打印混凝土的拉伸性能成为当前提升打印混凝土性能的手段之一。Li 等[5]以打印路径为变量，研究了钢缆增强对 3D 打印混凝土拉伸性能的影响，结果表明：当连续钢缆的布置方向均平行于加载方向时抗拉性能增强效果最好，是未增强打印混凝土的 258%，当连续钢缆的布置方向与加载方向夹角均为 45°时抗拉性能增强效果最差，仅为未增强打印混凝土的 86.2%。

4.1.4 微筋增强打印混凝土受剪性能研究进展

剪切破坏是一种无预警的脆性破坏，在受力复杂的结构中，剪切应力过大会导致混凝土产生裂缝从而造成结构失效。3D 打印堆叠成型的建造工艺使得成型混凝土存在对抗剪更加不利的层条界面缺陷，因而 3D 打印混凝土的剪切性能更为重要。Rahul 等[9]通过粘结剪切试验发现，与现浇混凝土相比，打印混凝土的条间粘结强度与层间粘结强度分别降低了 24.1%-24.3%和 22.5%-29.2%，这是由于水平条间和垂直层间界面的孔隙率分别提高 11%-14%和 10%-16%，孔隙率的增大使其力学性能降低。刘致远等[10]通过十字交叉法测试 3D 打印混凝土的剪切性能，结果表明：剪切强度随着打印间隔时间增加呈先减小后增加的趋势，最低仅为原先的 59.2%，但层间剪切强度随打印间隔时间增加的机理尚未完全清楚。Ma 等[11]的双面直接剪切试验（图 4-2）表明：Z 轴方向加载和 Y 轴方向加载试件的抗剪强度分别是现浇混凝土的 137.5%和 181.8%，而 X 轴加载试件的抗剪强度仅为现浇混凝土的 89.6%，这是由于混凝土堆叠方向使底部的混凝土更加密实而导致此方向上抗剪性能的提升。Li 等[5]以打印路径为变量研究连续钢缆对 3D 打印混凝土抗剪性能的增强作用，结果表明：钢缆与剪切面垂直时抗剪强度最高。

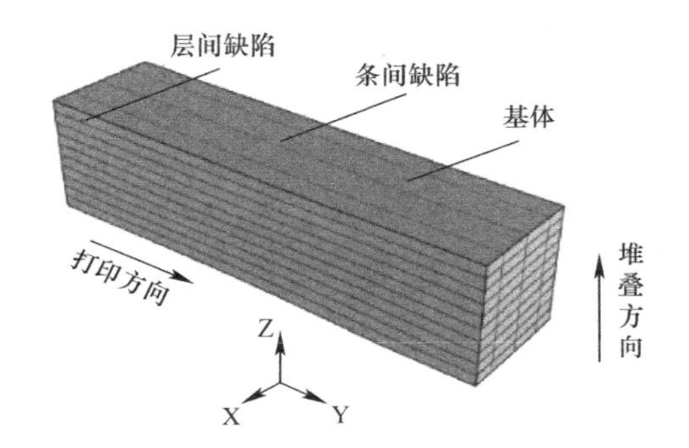

图 4-2 双面剪切试验[11]

4.2 微筋增强打印混凝土抗剪性能

本节以增强材料类型与截面增强率为变量，考虑抗剪性能的优势方向与配筋增强的最佳布置形式，通过双面直接剪切试验探究 3D 打印混凝土配筋试件的抗剪机理[12]，提出适用于 3D 打印混凝土配筋试件抗剪强度的计算模型，为 3D 打印混凝土增强与设计提供参考。

4.2.1 微筋增强打印混凝土抗剪性能试验设计

4.2.1.1 微筋增强打印混凝土抗剪增强设计

3D 打印水泥基复合材料采用 42.5 快硬早强型硫铝酸盐水泥、70-140 目石英砂，35-70 目石英砂，S9 级粒化高炉矿渣粉、硅微粉、12mm 聚乙烯醇纤维（PVA）、聚羧酸高效减水剂、缓凝剂等材料制备，打印材料水胶比为 0.16，水泥：矿粉：硅灰：砂＝5：4：1：3，PVA 纤维含量为 1.2%（表 4-3）。

3D 打印混凝土的材料性能（MPa）　　表 4-3

加载方向	抗压强度
M	72.6
X	49.9
Y	59.2
Z	60.1

注：M 为现浇混凝土，X、Y 和 Z 为 3D 打印混凝土沿 X、Y 和 Z 方向加载的抗压强度。

选用适用于与打印同步配筋增强的材料：钢丝（SSC）、钢刀片绳（SSCB）、钢丝网（SSCM）和碳纤维格栅（CFG），其几何尺寸和力学性能分别如图 4-3 和表 4-4 所示。

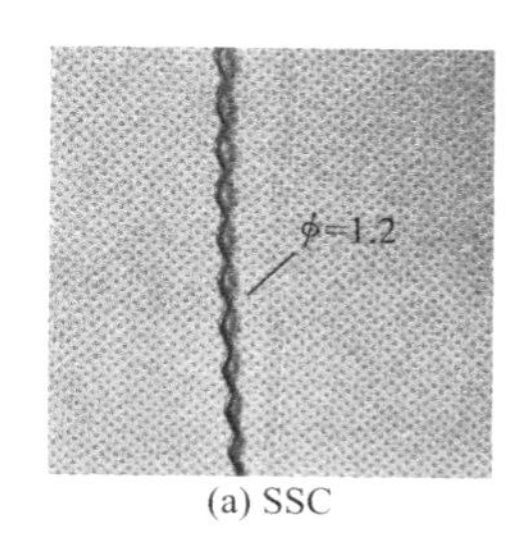

(a) SSC

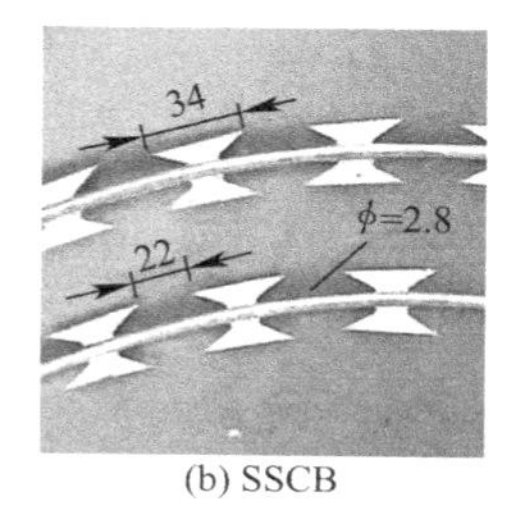

(b) SSCB

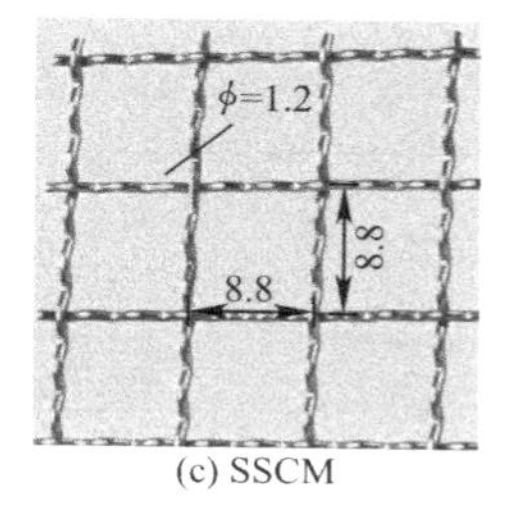

(c) SSCM

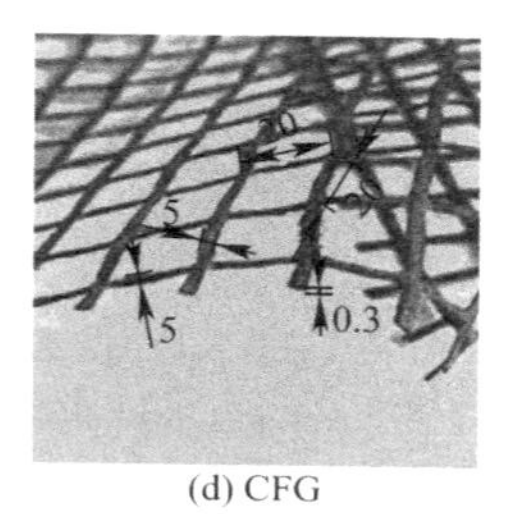

(d) CFG

图 4-3　增强微筋几何参数（单位：mm）

增强微筋材料性能指标　　表 4-4

增强材料	丝径（mm）	抗拉强度（MPa）	屈服强度（MPa）	最大伸长率（%）	弹性模量（GPa）
钢丝	1.2	952	809	38.70	205
钢刀片绳	2.8	1076	915	18.00	205
钢丝网	1.2	952	809	38.70	205
碳纤维格栅	—	2300	—	1.75	240

为研究 3D 打印混凝土配筋试件的抗剪机理，基于 3D 打印混凝土试件配筋增强的最佳布置形式[5]，钢丝/钢丝网/钢刀片绳采用三种不同截面增强率（0.3%、0.6%和 0.9%），受限于截面尺寸，碳纤维格栅选用三种较小的截面增强率（0.3%、0.45%和 0.6%），与未增强打印混凝土对照，共 13 组序列，每组 4 个试件[12]，增强材料的布置如图 4-4 所示。

考虑碳纤维格栅/钢丝/钢丝网在剪切过程中可能出现的滑移，在试件两端各设置 50mm 的锚固区放置图钉对材料进行锚固，中部 300mm 为增强区，由于钢刀片绳本身存在钢刀片锚固防滑移，因而未设置锚固区。

试验设计的打印混凝土尺寸为 1300mm×120mm×100mm，根据试件尺寸，共计打印 10 层。制备试件具体流程和工艺如下：先调试打印系统，根据模型分层打印，在打印层外侧套上一个高度为 10mm 的木框后铺设增强材料，根据木框上标记位置布设图钉进行端部锚固，接着重复打印、叠加木框、铺设增强材料并锚固直至打印完成，如图 4-5 所示。

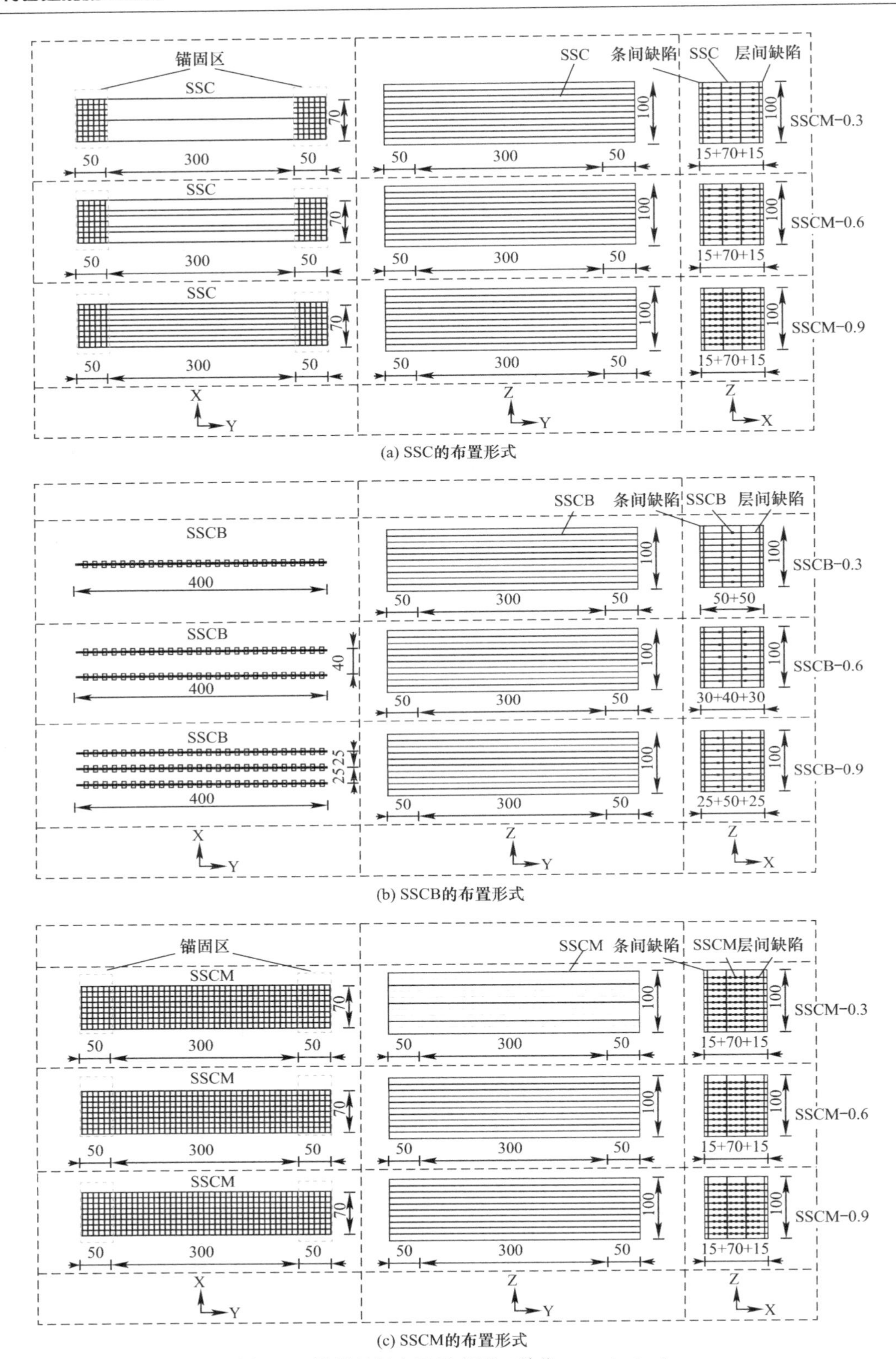

(a) SSC的布置形式

(b) SSCB的布置形式

(c) SSCM的布置形式

图 4-4　增强材料布置示意图（单位：mm）（一）

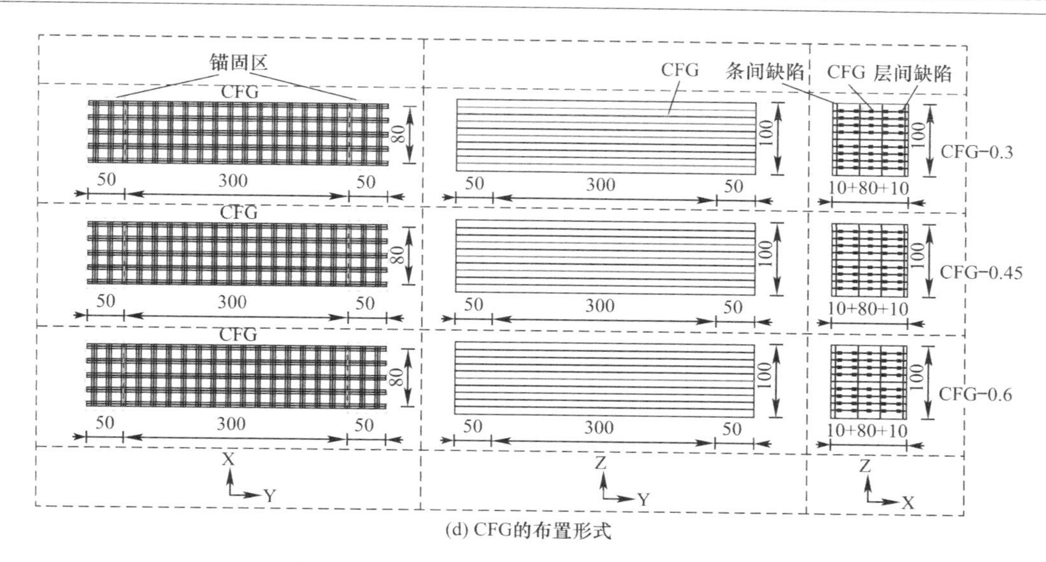

(d) CFG的布置形式

图 4-4　增强材料布置示意图（单位：mm）（二）

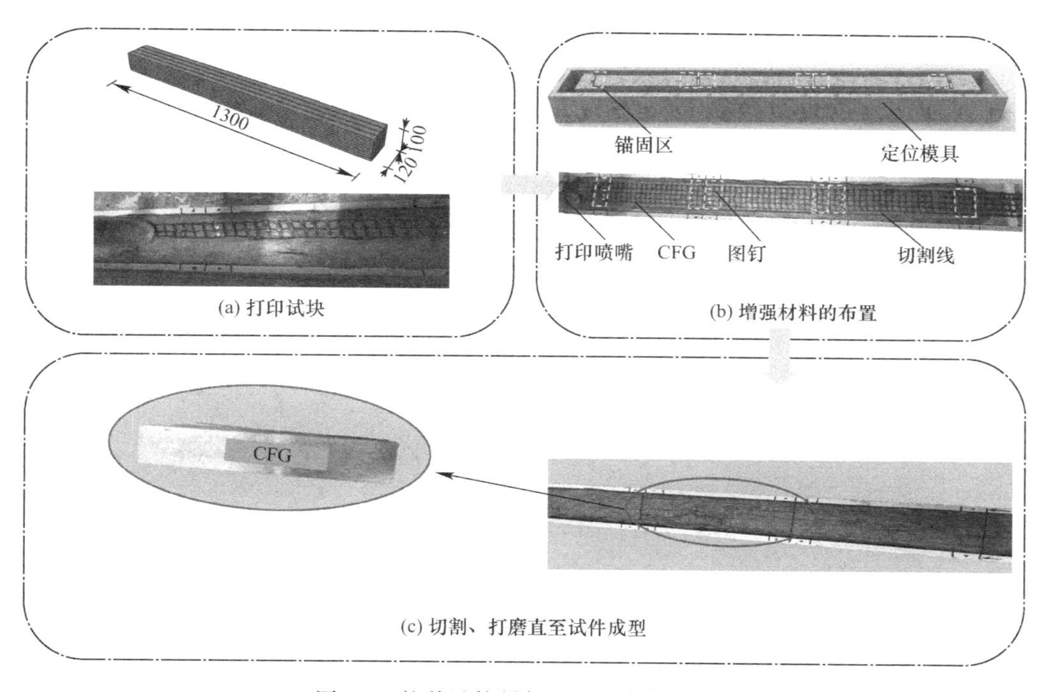

(a) 打印试块

(b) 增强材料的布置

(c) 切割、打磨直至试件成型

图 4-5　抗剪试件制备过程（单位：mm）

打印完成养护三天后对打印试件进行分段切割、打磨，将打印的混凝土试块切割打磨成 400mm×100mm×100mm 的混凝土试件，之后将所有试件放入标准养护室（温度 20±1℃、相对湿度 95%以上）中养护 28d 后进行力学性能测试。

4.2.1.2　**抗剪试验方法**

由于泵送挤出、堆叠成型的打印工艺，3D 打印混凝土的力学性能具有空间各向异性。为充分发挥 3D 打印混凝土的抗剪性能与增强材料的抗剪增强效果，本研究在抗剪的优势方向[3]（Z 轴方向）布置配筋增强 3D 打印混凝土抗剪性能。

抗剪试验采用双面剪切试验装置[13]，采用1000kN液压万能试验机进行力加载，预加荷载0.5kN，在Z轴荷载控制下以0.075MPa/s进行测试直至破坏，记下最大荷载并观察剪切破坏面，加载装置及其加载方向如图4-6所示。

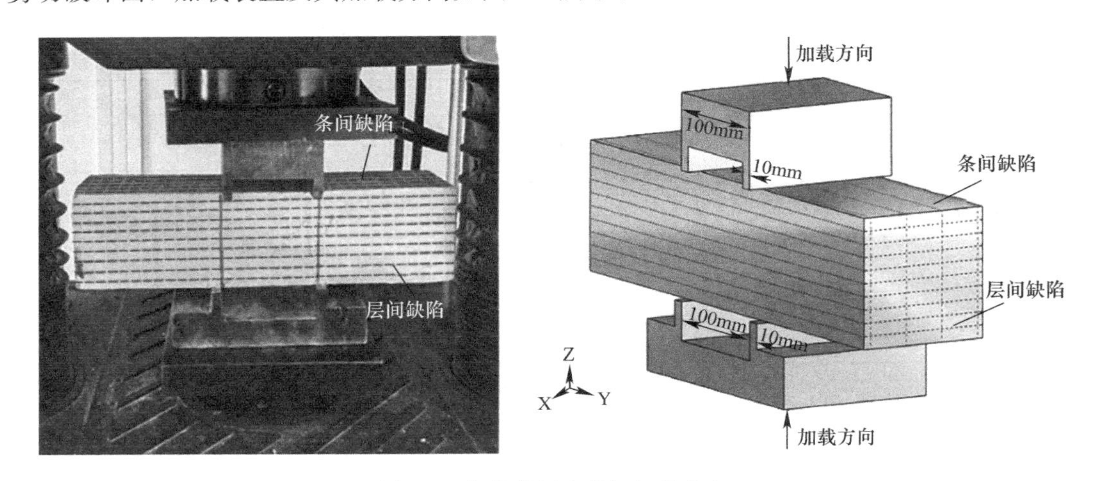

图4-6 加载装置和剪切加载方向

4.2.2 微筋增强打印混凝土的抗剪性能

3D打印混凝土配筋试件的剪切破坏模式如图4-7所示。由于PVA纤维和增强材料在裂缝处的桥接作用，破坏后的试件仍未断裂并保持较好的完整性，表现出良好的抗剪延展性。随着配筋率的增加，3D打印混凝土试件剪切面处的裂缝逐渐从单条扩展至多条，裂缝宽度逐渐变大，这是由于试件破坏前增强材料的桥接作用阻止已开裂处裂缝宽度的增加，造成周边裂缝的扩展，当试件即将达到承载能力时剪切截面要具有更大的剪切变形才能使增强材料屈服，从而产生更宽的裂缝。

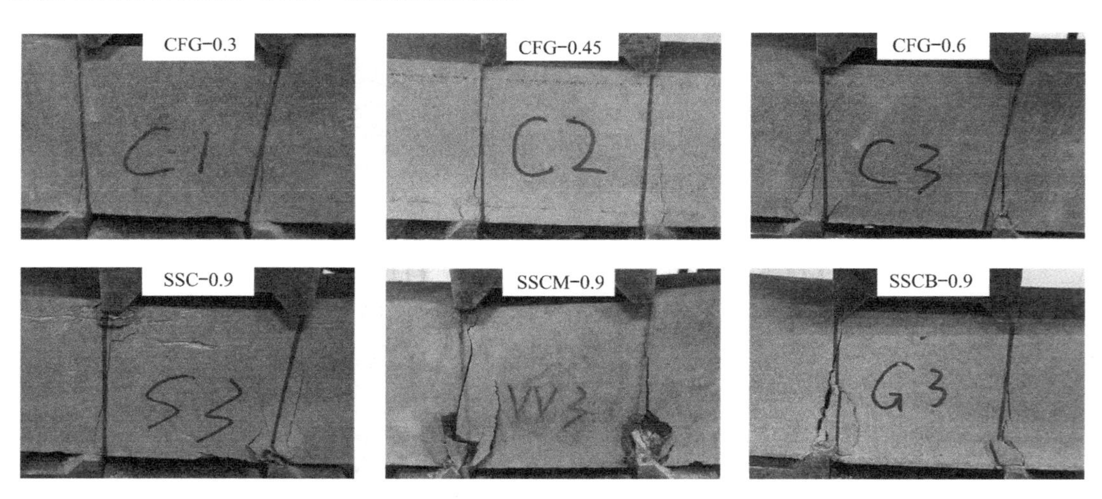

图4-7 剪切试件破坏模式

随着截面配筋率的提高，与未增强打印混凝土相比，钢丝增强打印混凝土试件的剪切强度分别增加16%-81%。由于双向增强，在相同的配筋率下，钢丝网增强打印混凝土的抗剪强度分别比钢丝增强打印混凝土试件提高3%-14%。由于钢刀片有效锚固和多点支承提升了刚度，随着截面配筋率的提高，钢刀片绳增强打印混凝土剪切强度分别增加了57%-114%。碳纤维格栅与打印混凝土的粘结性限制了剪切强度的提高，随着截面增强率的提高，碳纤维格栅增强打印混凝土试件的抗剪强度提升率为12%-43%，如图4-8所示。

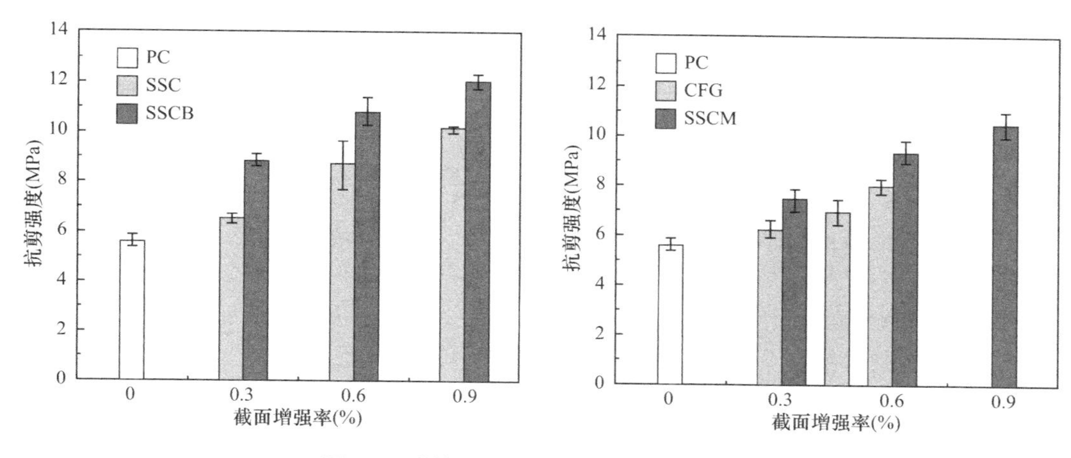

图4-8　微筋增强3D打印混凝土抗剪强度

随着配筋率的增加，微筋增强打印混凝土的抗剪强度逐渐增加。试件的荷载位移曲线如图4-9所示。钢丝网增强打印混凝土试件的增强材料分布更均匀，有利于荷载的传递和应力的分散，从而大幅度提高增强后材料韧性；在截面增强率相同的情况下，钢丝网增强打印混凝土试件和碳纤维格栅增强打印混凝土试件的延性显著优于其他材料增强打印混凝土试件；钢丝增强打印混凝土的位移和裂纹数量少于钢刀片绳增强打印混凝土，后者提供了更强的抗剪强度和刚度。

4.2.3　微筋增强打印混凝土抗剪强度计算模型

根据剪切摩擦理论，分为三种情况分析微筋增强3D打印混凝土抗剪机理：未增强打印混凝土，柔性材料（碳纤维格栅）增强打印混凝土和刚性材料（钢丝/钢丝网/钢刀片绳）增强打印混凝土，如图4-10所示。

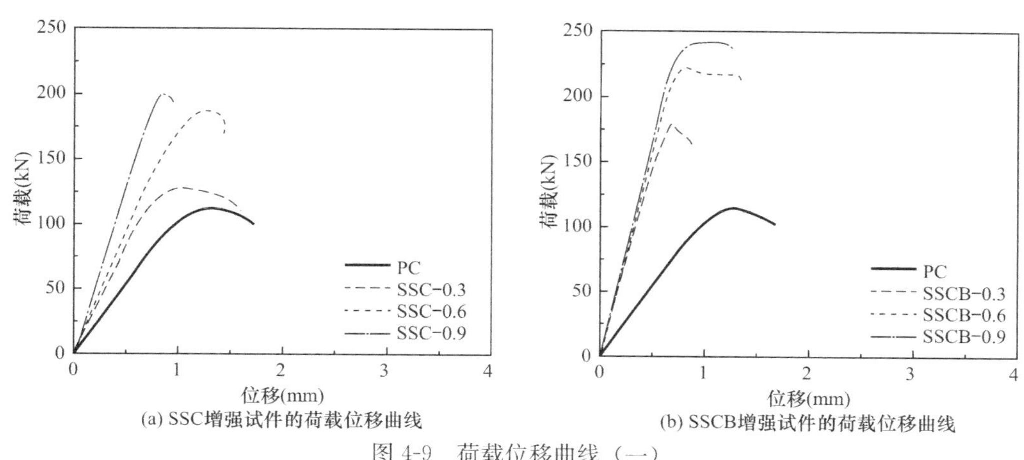

(a) SSC增强试件的荷载位移曲线　(b) SSCB增强试件的荷载位移曲线

图4-9　荷载位移曲线（一）

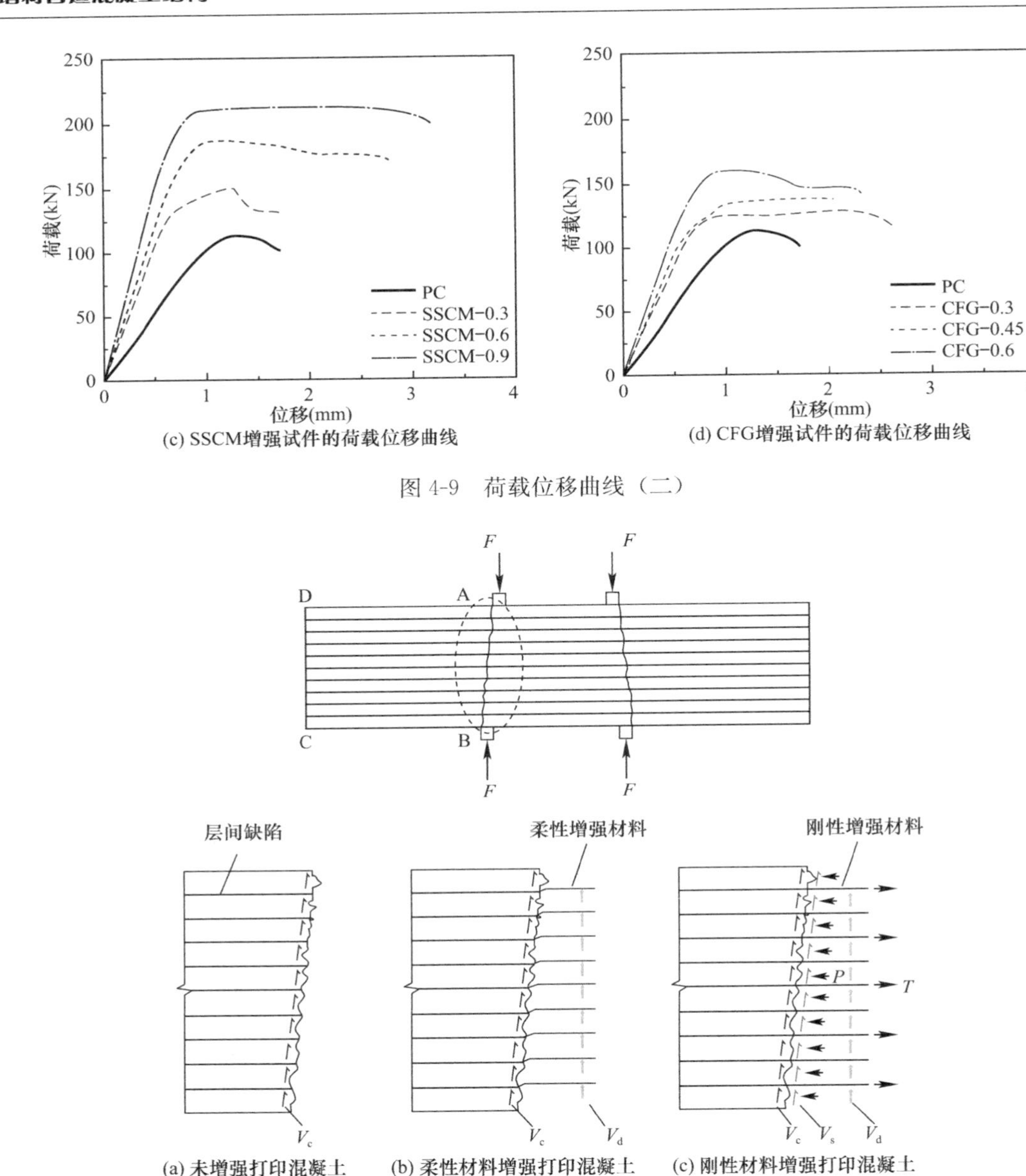

(c) SSCM增强试件的荷载位移曲线

(d) CFG增强试件的荷载位移曲线

图 4-9 荷载位移曲线（二）

(a) 未增强打印混凝土 (b) 柔性材料增强打印混凝土 (c) 刚性材料增强打印混凝土

图 4-10 微筋增强 3D 打印混凝土剪切破坏机理示意图

对于未增强打印混凝土试件，抗剪承载能力主要由混凝土抵抗力（V_c）构成，力学简图如图 4-10(a)所示，可表示为：

$$V_c = A_c f_v = 2bhf_v \tag{4-1}$$

式中，f_v 为未增强打印混凝土的抗剪强度，由实测的未增强打印混凝土的抵抗力，得未增强打印混凝土的抗剪强度 f_v 是 5.61MPa；b、h 分别为试件截面宽度和高度。

对于柔性增强打印混凝土试件，抗剪承载能力主要由混凝土抵抗力（V_c）和纵向增强材料的销栓力（V_d）构成，力学简图如图 4-10(b)所示，可表示为[4,6]：

$$V_d = k_1 k_2 A_s \sqrt{f_c f_y} \sin\delta \tag{4-2}$$

式中，k_1 为经验常数[14,15]；k_2 为双向增强提高系数；对于单向增强材料（SSC）$k_2=1$，对于双向增强材料（SSCB，SSCM 和 CFG），$k_2>1$；A_s 为截面上增强材料的面积；f_c 为沿打印方向上混凝土的抗压强度[16]，实测值为 62.7MPa；f_y 为增强材料的屈服强度，由于碳纤维格栅不存在屈服应力，为方便计算，将其抗拉强度乘以折减系数 0.8 作为其屈服强度[17,18]；δ 为增强材料纵向与剪切截面的夹角。

对于刚性增强打印混凝土试件，抗剪承载能力主要由混凝土抵抗力（V_c）、纵向增强材料的消栓力（V_d）和界面摩擦力（V_s）构成，力学简图如图 4-10(c)所示。V_s 可表示为[19]：

$$V_s=\mu A_s f_y \tag{4-3}$$

式中，μ 为 3D 打印混凝土界面的摩擦系数。

根据计算模型将试验数据进行拟合，将得到的拟合曲线与式（4-1）-式（4-3）进行对比，如图 4-11 所示，可以得到 $\mu=0.79$，根据不同的设计规范[20,21]，对于考虑混凝土制造方法和界面连接类型的普通混凝土，界面摩擦系数的范围为 0.6-1.4，由于打印混凝土的骨料非常细，横截面的界面非常光滑，将 μ 取为 0.79 较为合理。由图 4-10 可以看出，打印混凝土完全开裂后，试件的承载能力取决于 V_d 和 V_s；打印混凝土开裂前，试件的承载能力取决于 V_c 和 V_d。当配筋率小于 0.9%时，V_c 大于等于 V_s，此时微筋增强混凝土的抗剪承载能力可用 V_c 和 V_d 计算得到。由图 4-11 可以得到：$k_1=4.46$；对钢刀片绳增强打印混凝土、碳纤维格栅增强打印混凝土和钢丝网增强打印混凝土的 k_2 可以分别取值为 1.37、1.33 和 1.15。因为钢刀片绳的直径大于钢丝的直径，所以前者提供了更大的刚度和侧向约束，因此，k_2 的取值也较为合理。计算各种材料增强打印混凝土的抗剪强度，将其与试验值对比，结果表明：通过上述方法计算出的理论值（V_e）与实测值（V_u）吻合度较高。

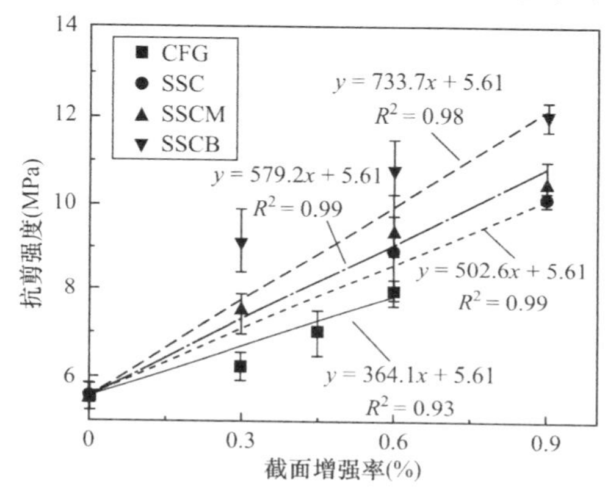

图 4-11　抗剪强度拟合曲线

4.3　微筋增强打印混凝土抗拉性能

混凝土 3D 打印技术是一种兼具自动化和智能化的新兴建造技术，与传统现浇施工方法不同，3D 打印技术可结合拓扑优化技术[22,23]，无需借助模板直接打印按受力状态优化后的结构，显示其最佳传力路径，并节省材料和减轻自重。但这对 3D 打印混凝土材料的受力性能，尤其是抗拉性能提出了更高的要求。

混凝土是一种抗压性能优越，抗拉性能不足的脆性材料，抗拉性能极大地限制了其在工程中的应用。为进一步推广混凝土 3D 打印技术，国内外不少专家学者对打印混凝土抗拉性能的增强做出了积极的探索。为适应 3D 打印混凝土挤出成型，逐层叠制的打印工艺，目前打印混凝土的增强分为非连续的短切纤维增强[24-27]和连续的钢缆增强[4-6]。掺入短切纤维能增加打印混凝土的整体性能，但掺入量过多时易堵塞打印喷嘴；连续增强打印混凝土可提升结构的局部性能，能极大地改善混凝土的抗拉性能，但受限于打印工艺，植入的钢缆易产生滑移[4]，需掺入短切纤维以形成增强材料间的缠绕与互锁[3]。打印时铺设钢丝[1,6]、搭接钢丝网[2]和编入复合纤维[22]等与3D打印工艺兼容的连续增强方式已被实现，但对3D打印混凝土拉伸性能的增强效果亟待深入研究。

为防止连续钢筋可能出现的滑移，本节以非连续短切纤维和连续增强材料复合增强打印混凝土基体，对比配筋率、增强材料类型对打印混凝土配筋试件的抗拉增强效果，探索3D打印混凝土配筋试件的抗拉机理，为3D打印混凝土结构的设计与增强提供借鉴。

4.3.1 微筋增强打印混凝土抗拉性能试验设计

4.3.1.1 试件设计与制备

试验所用材料见本书4.2.1。由于3D打印混凝土采用泵送挤出和堆叠成型的工艺，其力学性能呈现空间各向异性，如表4-3所示。沿打印方向（X轴方向）上的抗拉强度比沿层间堆叠方向（Z轴方向）可提高22.9%-49.2%[24]。为充分利用打印混凝土的抗拉性能，本章研究打印混凝土沿打印方向的抗拉强度。根据《超高性能混凝土基本性能与试验方法》[28]试验采用狗骨形试件研究混凝土的抗拉性能，如图4-12所示。

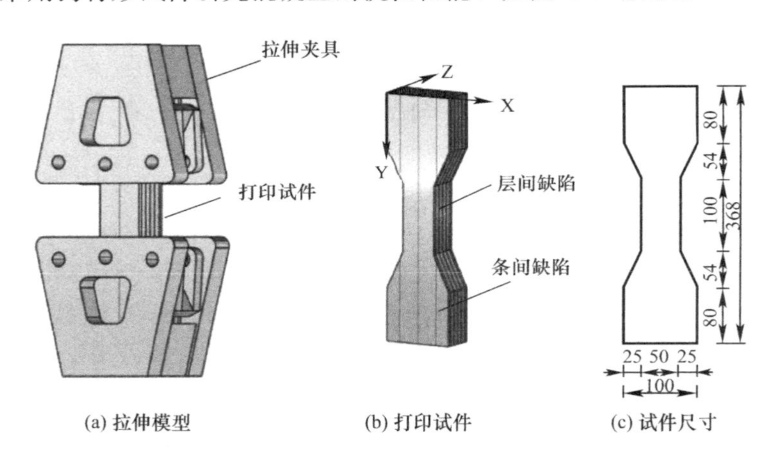

图4-12 试件尺寸示意图（单位：mm）

试验设计了三种配筋率（0.24%、0.48%、0.72%），考虑钢丝（SSC）、钢刀片绳（SSCB）、碳纤维格栅（CFG）和钢丝网（SSCM）四种增强材料对3D打印混凝土的增强效果，与未增强打印混凝土（PC）进行对照，共13组序列，每组4个试件进行抗拉强度的测试，不同增强材料的截面配筋布置如图4-13所示。

试件打印时以3cm/s的打印速度沿X轴挤出宽为30mm打印条带沿Y轴并列排放，沿Z轴堆叠打印，打印的同时在层间布设增强材料并进行端部锚固，以避免碳纤维格栅、钢丝和钢丝网在轴拉过程中可能出现的滑移，打印完成三天后将混凝土试块切割打磨成狗骨形试件，如图4-14所示，之后放入标准养护室（温度20±1℃、相对湿度95%以上）中养护28d。

4.3.1.2 试验方法

测试前在试件两侧粘贴应变片，测量试件开裂前应变以及控制试件避免在拉伸过程中出现较大的偏心。试验采用50kN液压万能试验机进行位移加载，预加荷载0.5kN，在Z

轴荷载控制下以 0.02mm/s 进行测试，利用试验机上的力传感器测量荷载，同时使用数字图像相关法（DIC）实时测量试件的动态位移，如图 4-15 所示。

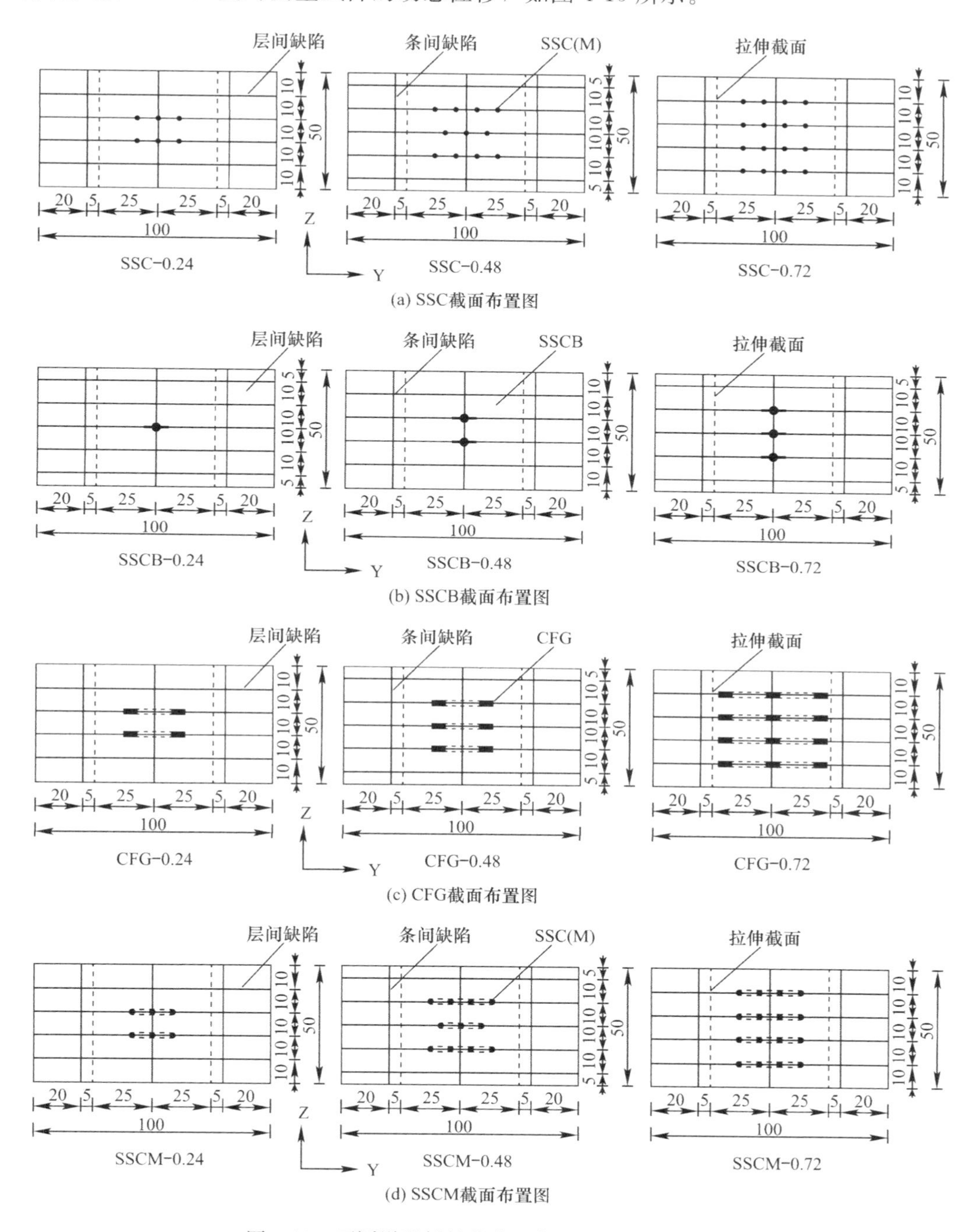

图 4-13　不同增强材料的截面布置图（单位：mm）

4.3.2　微筋增强打印混凝土的抗拉性能

微筋增强打印混凝土的抗拉强度随截面增强率的增加而增加，如图 4-16 所示。短切纤维增强打印混凝土基体的抗拉强度 σ_{m0} 为 3.06MPa，对比各截面增强率下抗拉强度，钢丝网对打印混凝土拉伸强度的增强效果最好，最大可提升 98%，钢刀片绳对打印混凝土拉伸性能的增强效果最差，最大仅提升 17%。

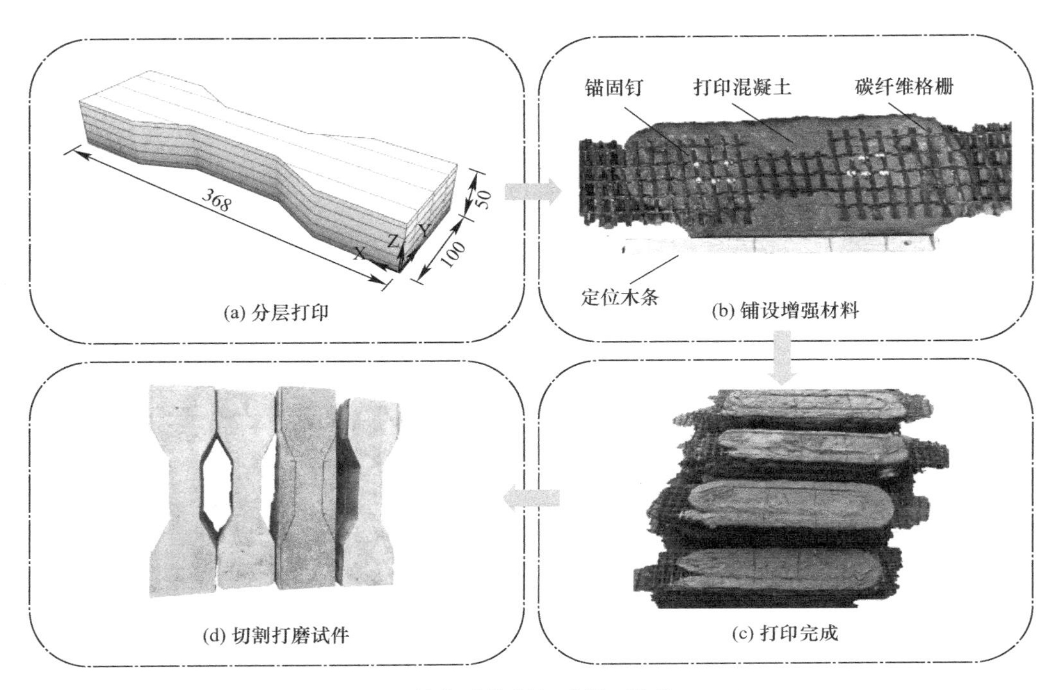

图 4-14 抗拉试件制备过程（单位：mm）

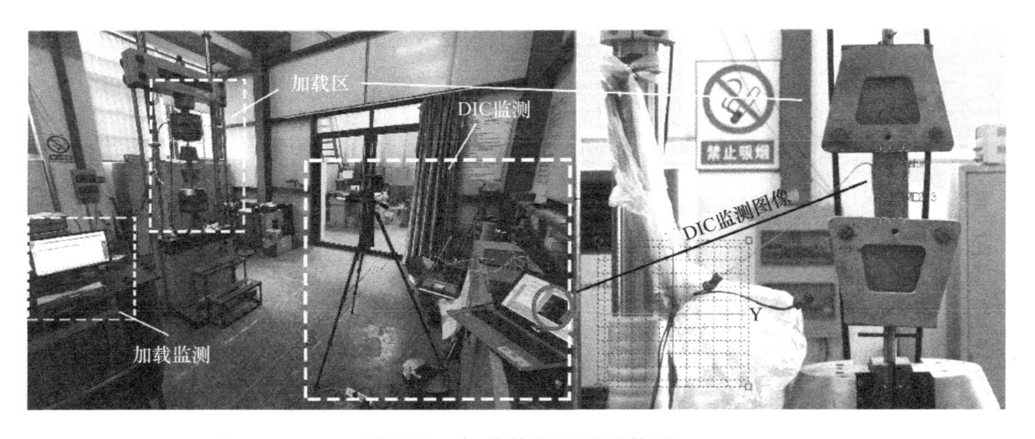

图 4-15 加载装置和测试装置

由力传感器与 DIC 测量得到微筋增强打印混凝土拉伸过程的荷载位移曲线如图 4-17 所示，试件的抗拉强度 σ_m 受增强材料的布置形式、强度及其与打印混凝土之间粘结性能的影响，截面增强率从 0.24%提高至 0.72%时，试件的抗拉强度从 14%提升至 98%。

当试件的最大应变 ε_m 与增强材料的极限应变相近时，试件的破坏形式属于材料破坏；当试件的最大应变大于材料的极限应变时，试件的破坏形式则为粘结破坏，因此用试件的最大应变与增强材料的极限应变的比值 α 为判定破坏形态，考虑混凝土材料变异性，取

$\alpha>0.85$时，构件发生材料破坏，否则，为粘结失效破坏，如表 4-5 所示。

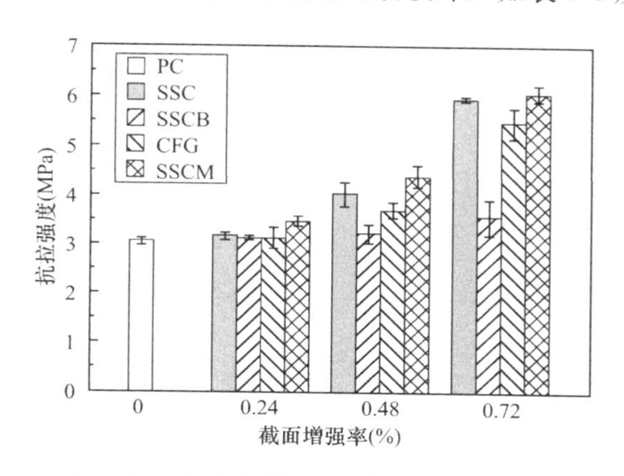

图 4-16　各种材料增强混凝土的抗拉强度

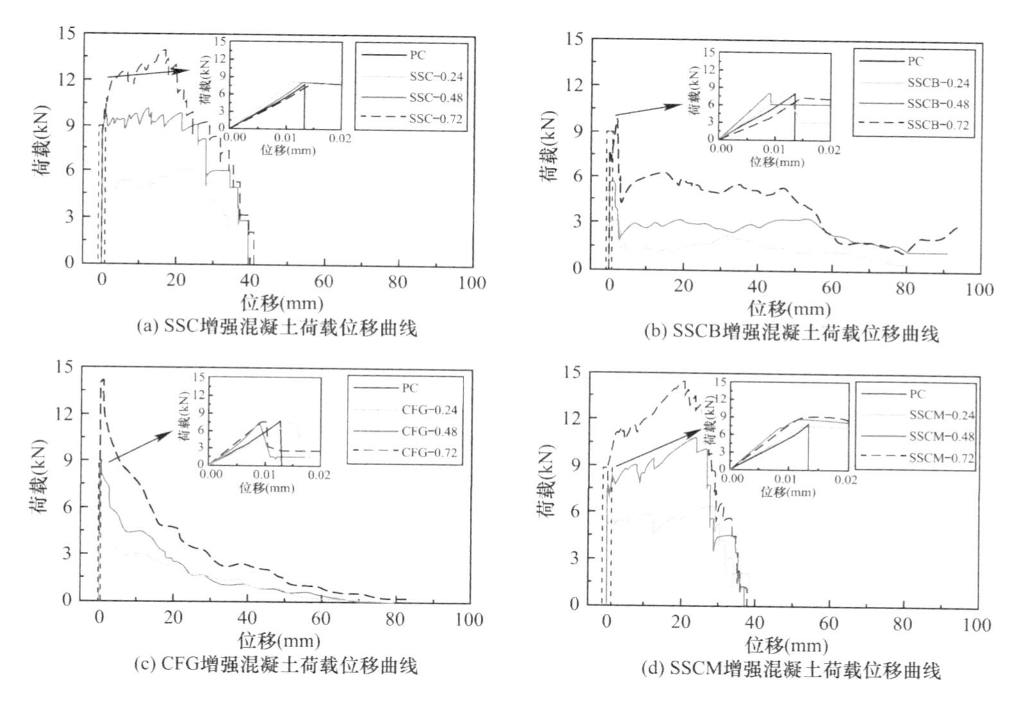

(a) SSC增强混凝土荷载位移曲线

(b) SSCB增强混凝土荷载位移曲线

(c) CFG增强混凝土荷载位移曲线

(d) SSCM增强混凝土荷载位移曲线

图 4-17　微筋增强混凝土受拉荷载位移曲线

微筋增强混凝土抗拉强度与最大应变　　**表 4-5**

试件编号	σ_m (MPa)	σ_m/σ_{m0}	ε_m	α	破坏模式
SSC-0.24	3.17	1.04	0.37	1.00	材料破坏
SSC-0.48	4.04	1.32	0.41	0.94	
SSC-0.72	5.96	1.95	0.41	0.93	

续表

试件编号	σ_m（MPa）	σ_m/σ_{m0}	ε_m	α	破坏模式
SSCB-0.24	3.13	1.02	0.84	0.21	
SSCB-0.48	3.23	1.06	0.92	0.20	
SSCB-0.72	3.59	1.17	0.96	0.19	滑移破坏
CFG-0.24	3.14	1.03	0.78	0.02	
CFG-0.48	3.70	1.21	0.87	0.02	
CFG-0.72	5.50	1.80	0.92	0.02	滑移破坏
SSCM-0.24	3.48	1.14	0.40	0.97	
SSCM-0.48	4.41	1.44	0.38	1.00	
SSCM-0.72	6.07	1.98	0.44	0.87	材料破坏

注：σ_m 是试件的抗拉强度，σ_{m0} 是打印混凝土基体的抗拉强度，ε_m 是试件的最大应变，α 是破坏形式判定系数。

4.3.3 微筋增强打印混凝土抗拉强度计算模型

微筋增强 3D 打印混凝土试件的荷载位移曲线如图 4-18 所示，曲线上有两个明显的转折点（B、D 点）把试件的受力和变形全过程分为三个阶段：第Ⅰ阶段，打印混凝土与增强材料协同变形受力，应力与应变呈线性关系，当应变达到打印混凝土的弹性极限后（图 4-18 A 点），其中一条初始微裂缝逐渐发展形成贯通横截面的主裂缝（图 4-18 B 点）。第Ⅱ阶段，主裂缝截面的打印混凝土完全退出工作，拉力全由增强材料承担，远离主裂缝处截面的增强材料与混凝土共同承受拉力，随着荷载的持续提高，远离主裂缝的打印混凝土达到极限状态后，试件表面出现第二条裂缝（图 4-18 C 点），之后随着拉力增大出现多条正面横向裂缝依次出现，承载力在一个范围内波动。随着拉应力增长，由于增强材料布置在层间，可能发生层间纵向裂缝，与多条横裂缝贯通达，形成打印混凝土表面剥落的现象。第Ⅲ阶段，试件受拉段的拉应力全由增强材料承受，当发生粘结失效（图 4-18 D1 点）或材料破坏（图 4-18 D2 点）后，构件完全丧失承载能力。

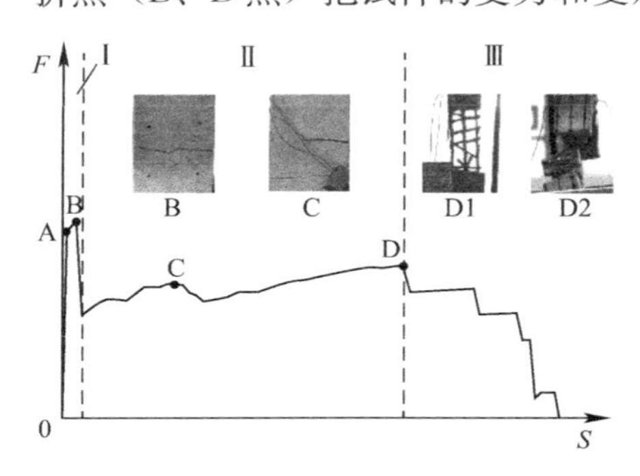

图 4-18 增强打印混凝土的荷载位移曲线

根据荷载位移曲线，可知试件的计算承载能力 F_c：

$$F_c = \max\{F_{c\text{I}}, F_{c\text{II}}\} \tag{4-4}$$

式中，$F_{c\mathrm{I}}$ 为第Ⅰ阶段的承载能力；$F_{c\mathrm{II}}$ 为第Ⅱ阶段的承载能力。

在试件拉伸过程中，第Ⅰ阶段打印混凝土承载能力主要取决于打印混凝土基体，第Ⅱ阶段主要由增强材料性能和截面增强率 ρ，两个阶段的受力如图 4-19 所示。对于同种增强材料，$F_{c\mathrm{II}}$ 主要取决于 ρ。

当 $\rho<\rho_{\min}$ 时：

$$F_c = F_{c\mathrm{I}} \tag{4-5}$$

当 $\rho\geqslant\rho_{\min}$ 时：

$$F_c = F_{c\mathrm{II}} \tag{4-6}$$

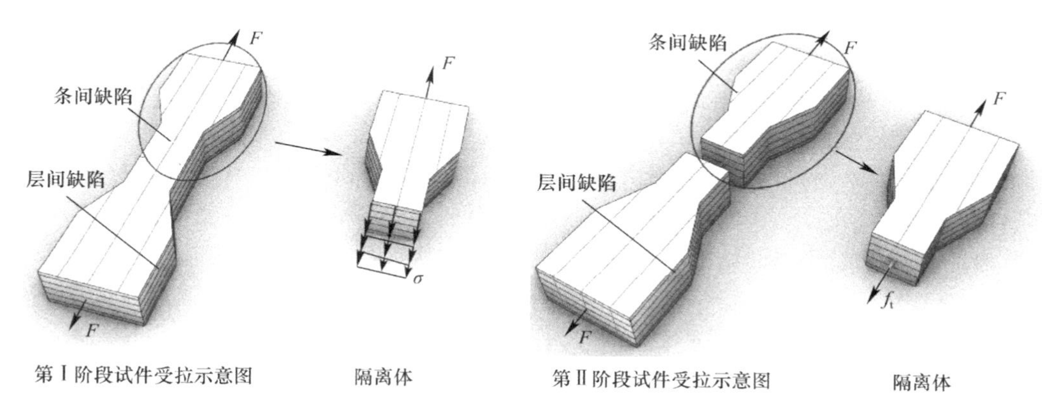

图 4-19 第Ⅰ、Ⅱ阶段试件受力示意图

由于第Ⅰ阶段的线性与非线性增长阶段最终承载力差值小于 5%（见图 4-18 A、B 两点），偏于安全地近似将弹性阶段末荷载作为 $F_{c\mathrm{I}}$，计算如下：

$$F_{c\mathrm{I}} = A\sigma = E_c\varepsilon_{tu}A + E_s\varepsilon_s A\rho = \varepsilon_{tu}A(E_c + E_s\rho) \tag{4-7}$$

式中，E_c 为打印混凝土沿拉伸方向上的弹性模量；ε_{tu} 为打印混凝土沿打印方向上的极限拉应变；A 为截面面积实测值；E_s 为增强材料的弹性模量；ε_s 为增强材料的应变；ρ 为截面增强率。

由于打印混凝土在第Ⅱ阶段开裂退出工作，考虑到试件拉伸时打印混凝土与增强材料的粘结性能，$F_{c\mathrm{II}}$ 计算如下：

$$F_{c\mathrm{II}} = k_1 f_t A\rho \tag{4-8}$$

式中，k_1 为粘结失效降低系数，破坏形式为材料破坏的钢丝/钢丝网为 1.00，破坏形式为粘结失效的碳纤维格栅和钢刀片绳分别为 0.32 和 0.48；f_t 为增强材料的抗拉强度。

由式（4-7)、式（4-8）计算出第Ⅰ阶段的承载能力 $F_{c\mathrm{I}}$ 和第Ⅱ阶段的承载能力 $F_{c\mathrm{II}}$，计算值与实测值的符合程度较好，但计算值略大于试验值。为了偏安全地计算结构的抗拉承载能力，取实测值/计算值的最小值 0.82 为计算承载力的折减系数，则式（4-4）可改写成式（4-9)：

$$F_c = 0.82\max\{F_{c\mathrm{I}}, F_{c\mathrm{II}}\} \tag{4-9}$$

按照上述理论得到试件抗拉承载能力计算值与试验值对比如图 4-20 所示，微筋增强打印混凝土抗拉承载能力计算值均位于试验值下包线，可偏安全地预测试件的抗拉承载能力。

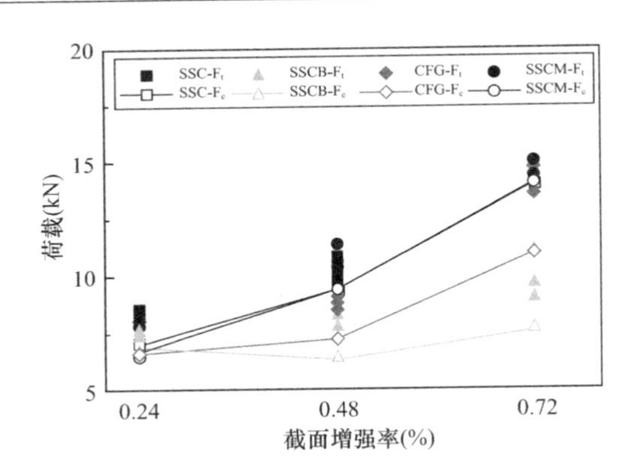

图 4-20　微筋增强打印混凝土抗拉强度试验值 f_t 与计算值 f_c

为进一步分析截面增强率对抗拉强度的影响，取各系列试件在第Ⅰ阶段的实际承载能力 F_{tI} 的均值作为第Ⅰ阶段的计算最大应力 F_{cI}，即 $F_{cI}=7.83$kN，可得各抗拉增强方式的最小截面增强率 ρ_{min} 分别取钢丝为 0.33%，钢丝网为 0.33%，碳纤维格栅为 0.42%和钢刀片绳为 0.61%。最小截面增强率可供微筋增强结构构造设计借鉴。

4.4　微筋增强打印混凝土抗弯性能

微筋同步增强方式与打印工艺兼容，可一体化建造形成新型复合结构，高效发挥数字、设计、施工的技术优越性，被视为打印混凝土结构未来发展趋势。目前，已实现在打印混凝土同时编入钢丝、搭接钢丝网。现有研究验证了微筋增强 3D 打印混凝土的可行性。为了进一步探索与打印工艺适应的同步微筋增强方式对 3D 打印混凝土梁式构件受弯性能的影响，本节针对前述试验具有较好抗拉、抗剪增强效果的钢刀片绳和钢丝网两种微筋增强方式，探究不同配筋率和加载方向对打印梁抗弯性能的影响规律，分析其抗弯承载力计算方法，以期为打印混凝土配筋构件设计提供参考借鉴。

4.4.1　微筋增强打印混凝土抗弯性能试验设计

4.4.1.1　试验材料

试验所用材料见本书 4.2.1，试验梁微筋增强采用钢刀片绳（SSCB）和钢丝网（SSCM），其几何尺寸和力学性能分别如图 4-21 和表 4-6 所示。

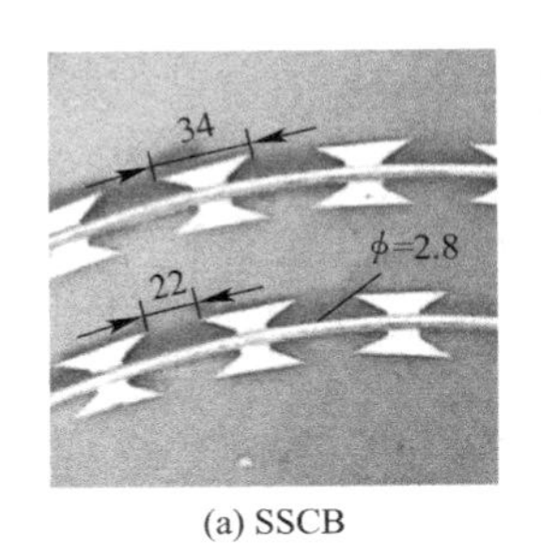

(a) SSCB

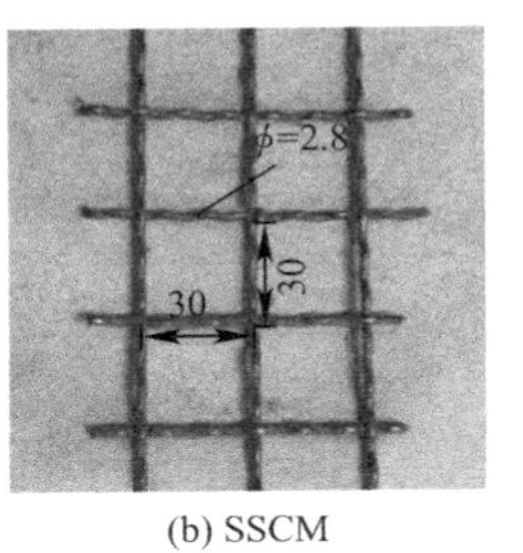

(b) SSCM

图 4-21　微筋增强材料几何尺寸（单位：mm）

微筋增强材料力学性能指标

表 4-6

材料	直径（mm）	抗拉强度（MPa）	屈服强度（MPa）	伸长率（%）	弹性模量（GPa）
钢刀片绳	2.8	1076	915	18.0	205
钢丝网	2.8	1150	978	10.7	205

4.4.1.2 试件设计与制备

3D 打印混凝土力学性能受打印路径和加载方向影响，具有空间各向异性，本章抗弯性能研究采用 3D 打印混凝土抗弯性能优势方向即 X 轴方向和 Z 轴方向，采用环绕打印路径制备打印梁构件[10,11]，如图 4-22 所示。

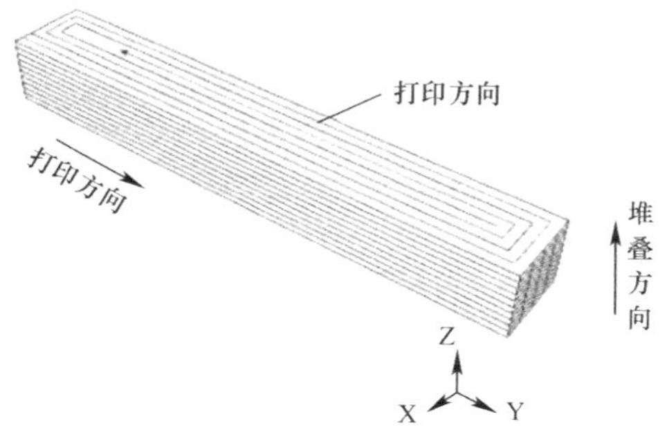

图 4-22 试验梁打印路径

本章试验梁设计尺寸为 $b \times h \times l = 100\text{mm} \times 120\text{mm} \times 800\text{mm}$，设计了 3 种不同配筋率（0.18%、0.38% 和 0.61%），根据加载方向与增强材料的不同，共打印制作 9 根微筋增强打印混凝土试验梁。为防止出现剪切破坏，采用直径为 6mm 的 HRB400 带肋钢筋抗剪，试验序列如表 4-7 所示。

3D 打印配筋试验梁总表

表 4-7

编号	配筋形式	配筋率（%）	箍筋	破坏形式
MZ-1	3ϕ2.8	0.18	HRB400@55	受拉破坏
MZ-2	6ϕ2.8	0.38	HRB400@55	受拉破坏
MZ-3	9ϕ2.8	0.61	HRB400@55	受拉破坏
BZ-1	3ϕ2.8	0.18	HRB400@55	受拉破坏
BZ-2	6ϕ2.8	0.38	HRB400@55	受拉破坏
BZ-3	9ϕ2.8	0.61	HRB400@55	受拉破坏
BX-1	3ϕ2.8	0.18	HRB400@55	受拉破坏
BX-2	6ϕ2.8	0.38	HRB400@55	受拉破坏
BX-3	9ϕ2.8	0.61	HRB400@55	受拉破坏

注：M 为钢丝网，B 为钢刀片绳，X、Z 为加载方向，1、2 和 3 分别为配筋率是 0.18%、0.38%和 0.61%。

试件打印时打印速度为 3cm/s，单层打印高度为 10mm，打印条宽为 30mm。X 轴加载试验梁与 Z 轴加载试验梁的布筋方式略有不同，具体如下：

X 轴加载试验梁制备：由于打印工艺的限制，试验梁难以布置钢丝网与封闭的箍筋，故采用 U 形嵌钉箍筋，箍筋长度为 85mm，两端设置 15mm 锚固端以保证其在混凝土中起到防滑与抗剪的作用。打印时在混凝土的第 2、5 和 8 层布置纵向微筋，间距为 30mm，第 2、4、6、8 层嵌入箍筋，间距为 55mm，打印完成后旋转 90°，如图 4-23(a)所示。

Z 轴加载试验梁制备：由于打印工艺的限制，试验梁难以布置连续的钢筋，故采用 U 形搭接箍筋，箍筋长度为 70mm，两端设置 35mm 搭接端，箍筋之间的搭接长度为 15mm 以保证箍筋在加载方向上的连续抗剪。打印时，根据配筋率在混凝土的第 2、3 和 4 层布置纵筋，纵筋间距为 30mm，在第 4、6、8、10 层嵌入箍筋，箍筋间距为 55mm，如图 4-23(b)所示。

试验梁打印完成静置三天后进行切割与打磨，然后养护 28d，试验前在梁观测面刷白灰与画格线，在观测背面贴混凝土应变片，试验梁的制作与后期处理如图 4-24 所示。

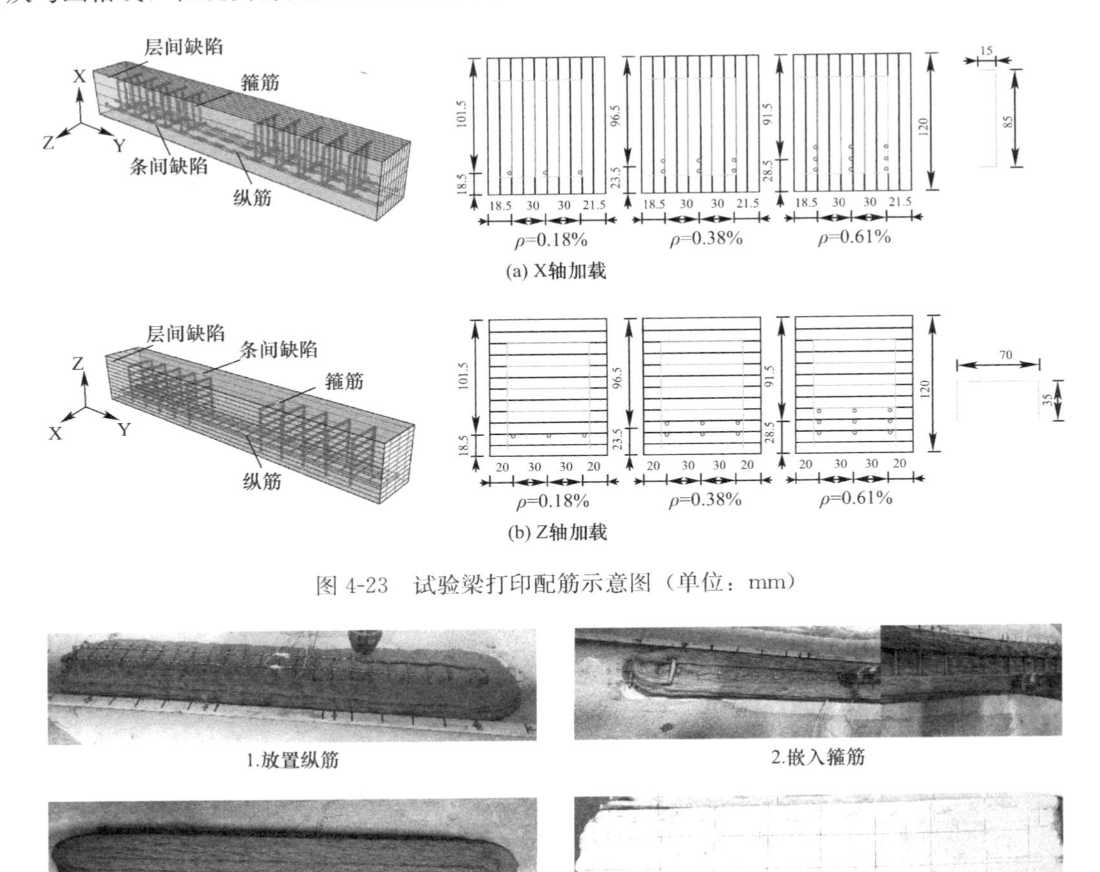

图 4-23　试验梁打印配筋示意图（单位：mm）

图 4-24　试验梁的制作流程

4.4.1.3　静载试验装置与加载方案

采用三等分点对称加载模式进行四点弯曲试验，试验装置包括加载系统和测量系统两个部分，如图 4-25(a)所示。加载系统采用 30t 的液压千斤顶和量程为 30t 的力传感器，荷载通过力传感器再经由刚性分配梁传递至试验梁。测量系统为 16 通道数据动态信号测试分析系统；裂缝采用智能裂缝测宽仪观测。

为验证微筋增强打印混凝土试验梁是否符合平截面假定，在梁体表面粘贴混凝土应变片，如图 4-25（b）所示；钢筋应变片预先粘贴于增强微筋，再一体化建造于打印混凝土中，测量最下层微筋跨中应变。根据《混凝土结构设计规范》GB 50010—2010[29] 和《混凝土结构试验方法标准》GB/T 50152—2012[30]，将试验梁预加载 1.5kN，以检验应变片与千分表是否出现异常，整个测试系统能正常运行后，对试验梁进行逐级加载，梁底开裂前以每级 1-2kN 进行加载，梁底开裂后将每一级荷载提高到 2-3kN，加载过程中每级荷载持荷 3min，采集仪与百分表示数稳定后，进行梁跨中挠度、加载点挠度和支座上部位移的读数（共计 5 个位移计），以及试验梁表面裂缝的描绘、观测与记录。

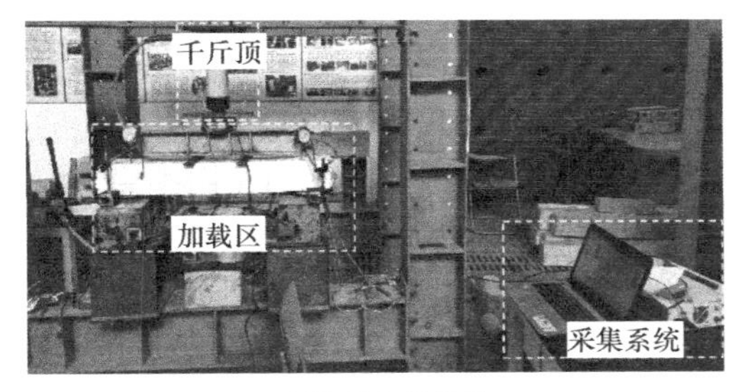

(a) 试验梁加载现场

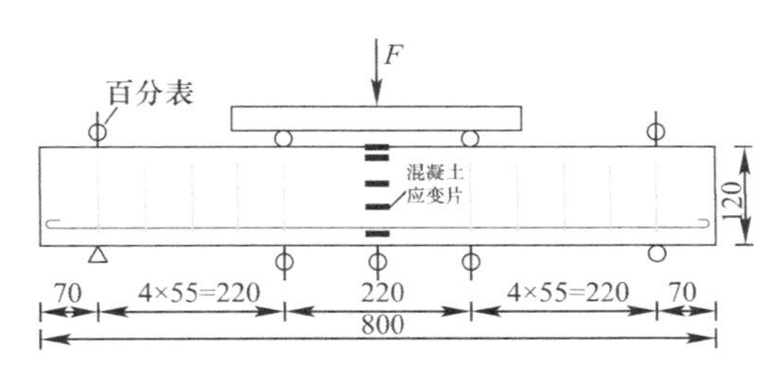

(b) 试验梁加载示意图

图 4-25　试验加载（单位：mm）

4.4.2　微筋增强打印混凝土的抗弯性能

4.4.2.1　抗弯承载力

3D 打印配筋试验梁受弯破坏全过程可分为三个阶段，第一阶段：弹性阶段，打印试验梁加载初期，梁截面尚未开裂，全截面抵抗外荷载，打印混凝土的应变较小。第二阶段：带裂缝工作阶段，随着荷载的增加，打印试验梁梁底受拉区变形逐渐增大，当达到开裂荷载时，梁底抗拉强度最薄弱截面开始出现第一批裂缝，受拉区混凝土退出工作并将拉力传给微筋增强材料，中和轴位置向上移动，梁底主要由增强材料承受拉力。第三阶段：破坏阶段，微筋拉应变增加很快，裂缝不但变宽，而且沿梁高延伸到较高的高度，此时混凝土还未压坏，挠度迅速增长，直到加载的最后一级时，跨中主裂缝几乎延伸至梁顶，此时随即停止加载，但持荷过程中增强材料达到极限抗拉强度，被拉断的同时释放出其弹性势能，发出较大响声，试验梁丧失承载能力。

微筋增强 3D 打印混凝土试验梁的破坏形式如图 4-26 所示。从破坏形态来看，钢刀片绳增强打印试验梁在 X 轴和 Z 轴方向加载时的破坏形式相近，均为竖向裂缝向上贯通致使

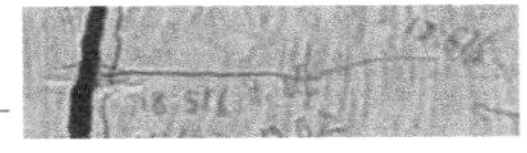

(a) Z轴加载钢丝网增强试验梁

(b) Z轴加载钢刀片绳增强试验梁

(c) X轴加载钢刀片绳增强试验梁

图 4-26　3D 打印配筋试验梁破坏形态

试验梁破坏。钢丝网增强打印试验梁的破坏形式略有不同，除了竖向裂缝外，在布设钢丝网处还会产生横向裂缝，与 Marchment 等[2]的试验结果相同。

与打印工艺兼容的同步增强的要求导致微筋配筋率较小，梁破坏形式均为受拉破坏。以所有试验梁的开裂荷载作为未增强试验梁的极限荷载，可以得到增强试验梁的承载能力提升率，试验梁的开裂荷载、极限荷载、承载能力提升率以及最大挠度如表 4-8 所示。试验梁承载能力对比如图 4-27(a)所示，加载方向对钢刀片绳增强打印试验梁承载能力的影响较小，相同配筋率时 Z 轴加载与 X 轴加载的试验梁承载力之比约为 1.00，虽然 3D 打印混凝土具有各向异性，但 X 轴和 Z 轴加载的试验梁受弯时其受压面均垂直于 Y 轴。钢丝网增强打印试验梁的承载能力略高于钢刀片绳增强打印试验梁，相同配筋率时钢丝网比钢刀片绳增强试验梁的承载力平均约提高 6%。与现有文献对比，钢丝网和钢刀片绳作为微筋比同配筋率下的钢丝[1,4]、钢缆[5,6]增强效果承载力提升率高 20%-39%，首先是本试验选用的钢丝网和钢刀片绳具有较高的抗拉强度，其次是钢丝网横向增强与钢刀片绳的刀片锚固提高了纵筋与打印梁体之间的粘结效果，减小纵筋微滑移而显著提升了试验梁承载力。

试验数据汇总　　表 4-8

试件编号	开裂荷载(kN)	极限荷载(kN)	承载能力增强率(%)	最大挠度(mm)
MZ-1	12.33	24.58	87.2	3.54
MZ-2	13.88	41.65	217.2	5.01
MZ-3	13.76	48.55	269.7	5.45
BZ-1	12.02	21.15	61.1	3.26
BZ-2	12.78	41.21	213.9	4.83
BZ-3	14.00	47.52	261.9	5.48
BX-1	12.67	22.55	71.8	3.39
BX-2	12.48	40.49	208.3	5.18
BX-3	14.24	45.88	249.4	5.15

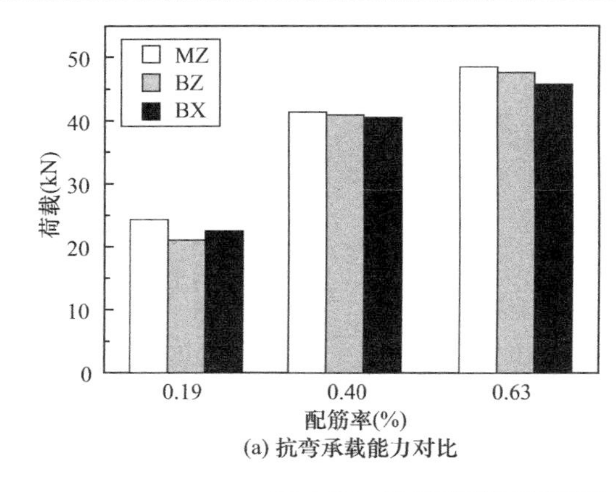

(a) 抗弯承载能力对比

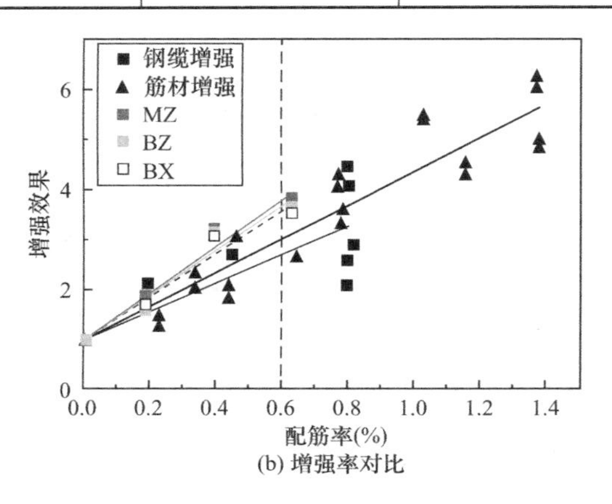

(b) 增强率对比

图 4-27　微筋增强打印混凝土梁式构件抗弯承载能力对比

4.4.2.2　裂缝分析

所有试验梁的裂缝分布如图 4-28 所示，可直观地看出，随着配筋率的提高，裂缝数目也在不断地增加，裂缝的平均间距变小，配筋率为0.18%、0.38%和0.61%的试验梁

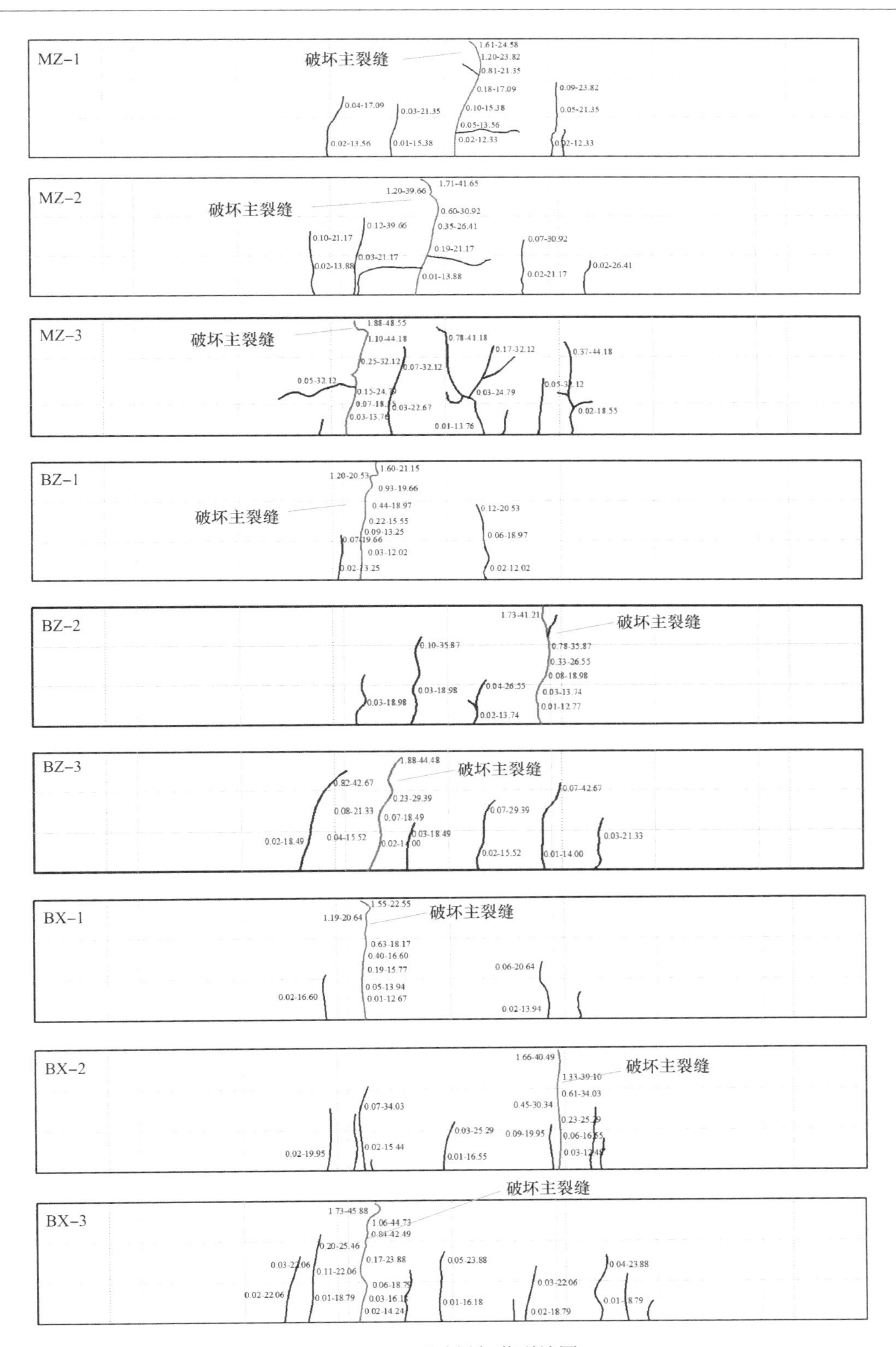

图 4-28　试验梁加载裂缝图

的裂缝平均间距分别约为 75mm、58mm 和 52mm，配筋率为 0.61%的试验梁的裂缝平均间距比配筋率为 0.18%和 0.38%的试验梁分别约降低了 45%和 28%，这是由于随着配筋率的增加，微筋在裂缝之间的桥接力和局部粘结力增大，有效阻止了裂缝宽度增加，致使周边裂缝持续出现，裂缝数量不断增多，裂缝间距减小。

随着配筋率的增加，试验梁在相同荷载下的最大裂缝宽度越小，表明增强材料能有效限制裂缝的发展。图 4-29 为所有试验梁的荷载-最大裂缝宽度曲线，根据《混凝土结构设计规范》GB 50010—2010[29]，钢筋混凝土结构或构件最大裂缝宽度限制一般不超过 0.3mm，当最大裂缝宽度达到 0.3mm 时，MZ-2 和 MZ-3 的承载能力分别相对 MZ-1 提高了 38%和 89%，BZ-2 和 BZ-3 梁试件的承载能力分别相对 BZ-1 提高了 51%和 108%，BX-2 和 BX-3 梁试件的承载能力分别相对 BX-1 提高了 66%和 103%；配筋率为 0.61%的试验梁的平均承载能力比配筋率为 0.18%和 0.38%的试验梁提高了 102%和 36%。

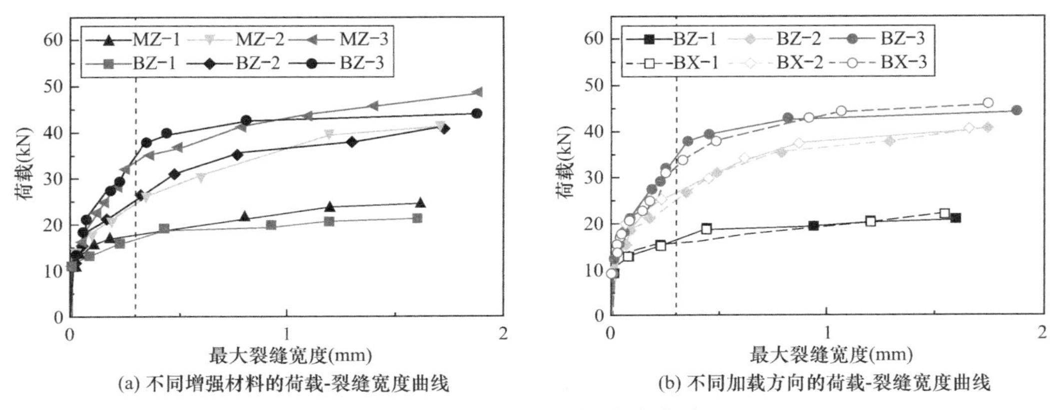

图 4-29　荷载-最大裂缝宽度曲线

4.4.2.3　混凝土截面应变

平截面假定是混凝土梁抗弯承载力理论模型建立的基础，为探究加载时 3D 打印抗弯梁跨中截面沿梁高变形的变化规律，试验前在梁侧面五个不同高度粘贴了混凝土应变片，测得的三组试验梁跨中截面沿梁高的应变结果如图 4-30 所示，MZ-1 和 MZ-3 显示了不同

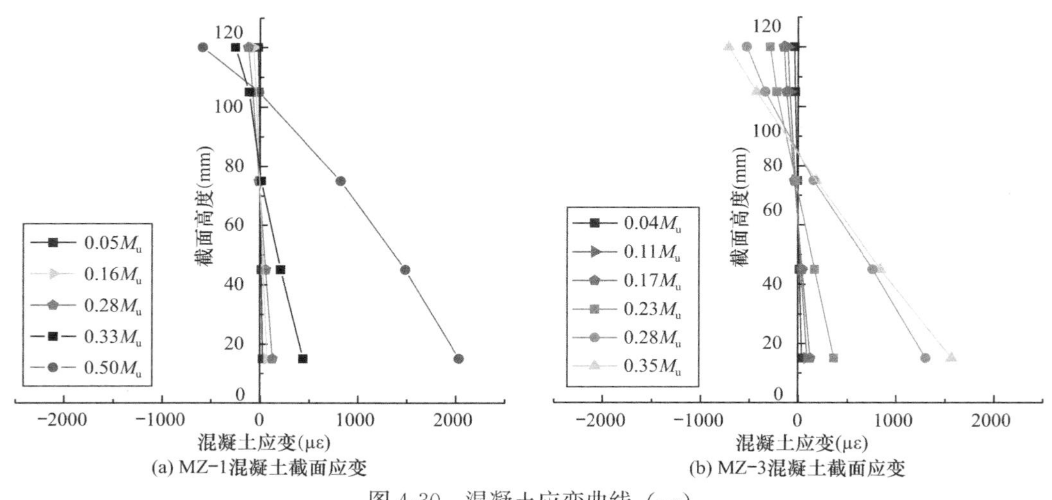

图 4-30　混凝土应变曲线（一）

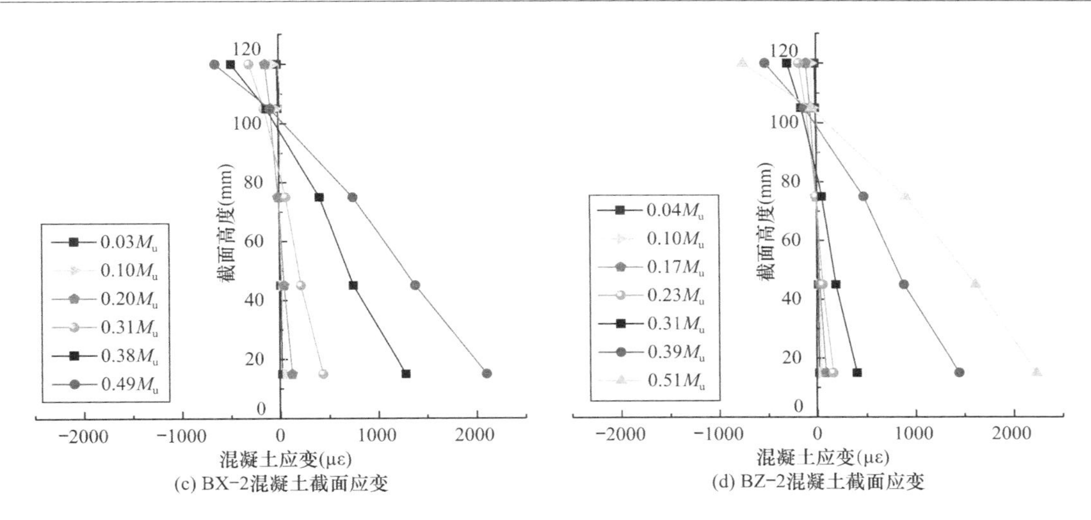

(c) BX-2混凝土截面应变　　(d) BZ-2混凝土截面应变

图 4-30　混凝土应变曲线（二）

配筋率试验梁的应变沿梁高的变化关系，BX-2 和 BZ-2 显示了不同加载方向试验梁的应变沿梁高的变化关系。由图可知，跨中截面沿梁高的应变近似呈线性关系，而且，随着外加荷载的增大，梁底开裂后，中和轴逐渐上移，受压区高度逐渐变小，梁截面应变基本符合平截面假定。

4.4.2.4　荷载位移曲线

微筋增强打印混凝土试验梁的荷载挠度曲线如图 4-31 所示，荷载挠度曲线可以分为三个阶段。第一阶段是弹性阶段，混凝土未开裂时，荷载与挠度近似呈正比，且斜率较大。第二阶段是带裂缝工作阶段，当梁底拉应变达到混凝土的极限应变后，梁底裂缝逐渐开展，梁底混凝土退出工作导致梁截面刚度减小，从而造成荷载挠度曲线的斜率减小。由于配筋率的不同，梁截面刚度各不相同，试验梁的梁截面刚度随配筋率的增大而增大，荷载挠度曲线的斜率也越大。第三阶段是破坏阶段，达到极限承载力后，试验梁的荷载迅速下降，挠度急速增长。由于试验梁开裂前微筋受力较小，因而随着配筋率的增加，开裂前试验梁的荷载挠度较为相近；由于钢丝网具有连续的双向支承作用，开裂后同一荷载下，与钢刀片绳增强打印试验梁相比，钢丝网增强打印试验梁的挠度均相对较小；由于增强

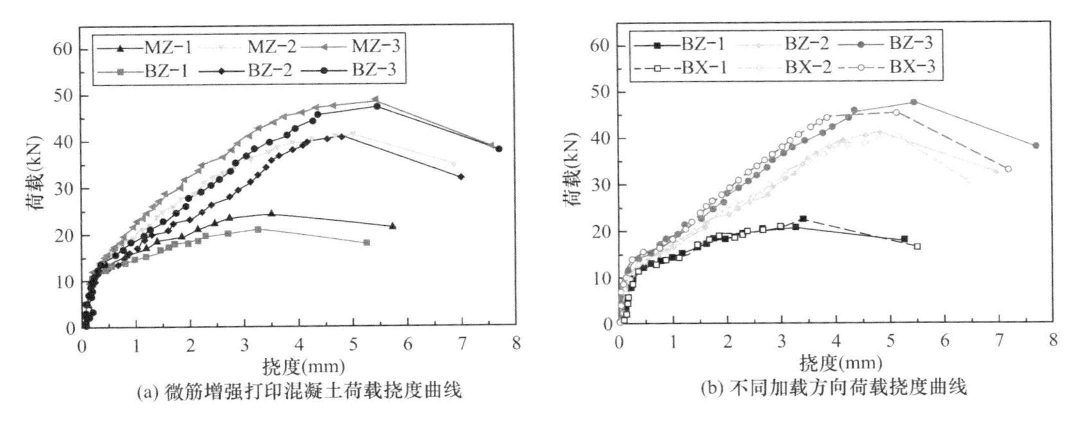

(a) 微筋增强打印混凝土荷载挠度曲线　　(b) 不同加载方向荷载挠度曲线

图 4-31　荷载挠度曲线

材料与加载时的混凝土受压面均相同，X 轴和 Z 轴加载方向的钢刀片绳增强打印试验梁的荷载挠度曲线较为相近。

4.4.3 微筋增强打印混凝土抗弯强度计算模型

4.4.3.1 基本假定

1）沿梁高混凝土应变基本符合平截面假定；

2）不考虑打印混凝土抗拉强度的贡献；

3）根据《混凝土结构设计规范》GB 50010—2010[29]，3D 打印混凝土达到 Y 轴方向峰值压应力 σ_{c0} 前，其应力应变曲线为二次抛物线，如下式：

$$\sigma(\varepsilon)=\sigma_{c0}\left[2\frac{\varepsilon}{\varepsilon_{c0}}-\left(\frac{\varepsilon}{\varepsilon_{c0}}\right)^2\right] \tag{4-10}$$

式中，σ 为 Y 轴方向上的压应力，ε 为 Y 轴方向上的压应变，ε_{c0} 为 3D 打印混凝土 Y 轴方向受压时的峰值应变。

4.4.3.2 开裂荷载

根据《水工混凝土结构设计规范》SL 191—2008[31]，钢筋混凝土受弯构件的开裂荷载 $M_{cr,c}$ 为：

$$M_{cr,c}=\gamma_m f_{tk} I_0 (h-y_0) \tag{4-11}$$

其中：

$$I_0=(0.083+0.19\alpha_E\rho)bh^3 \tag{4-12}$$

$$y_0=(0.5+0.425\alpha_E\rho)h \tag{4-13}$$

式中，γ_m 为截面抵抗矩塑性影响系数基本值，对于矩形截面 $\gamma_m=1.55$；f_{tk} 为沿 Y 轴方向的 3D 打印混凝土轴心抗拉强度标准值；I_0 为全截面换算截面惯性矩，h 为混凝土截面高度；y_0 为试验梁截面形心轴至受拉区边缘距离；α_E 为截面换算系数，是钢筋弹性模量与混凝土弹性模量之比；ρ 为受拉钢筋配筋率；b 为混凝土截面宽度。

如图 4-32 所示，试验梁的极限荷载 $F_{cr,c}$：

$$F_{cr,c}=\frac{M_{cr,c}}{110} \tag{4-14}$$

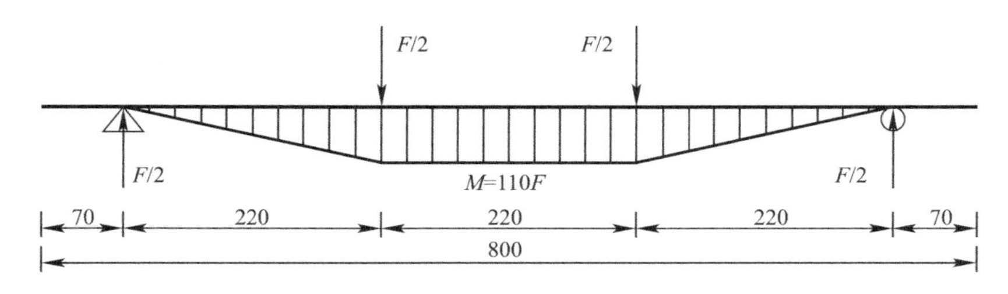

图 4-32 试验梁梁体受力简图

由于制作误差，实际测量试验梁平均宽度 b 为 100mm，平均高度 h 为 130mm。沿 Y 轴方向的 3D 打印混凝土抗拉强度测得为 3.06MPa。根据以上计算模型求得试验梁开裂荷载的计算值 $F_{cr,c}$，如表 4-9 所示，试验梁的实测值与计算值吻合，变异系数均较小，由于计算时各参数均为实测值，因而得到的开裂荷载的计算值与实测值较为接近。

试验梁的开裂荷载试验值 F_{cr} 与计算值 $F_{cr,c}$　　表 4-9

试件编号	F_{cr}(kN)	$F_{cr,c}$(kN)	α	μ_α	σ_α	δ_α
MZ-1	12.3	12.6	0.98	1.013	0.040	0.039
MZ-2	13.9	13.1	1.06			
MZ-3	13.8	13.7	1.00			
BZ-1	12.0	12.6	0.96	0.983	0.033	0.033
BZ-2	12.8	13.1	0.97			
BZ-3	14.0	13.7	1.02			
BX-1	12.7	12.6	1.01	0.998	0.044	0.044
BX-2	12.5	13.1	0.95			
BX-3	14.2	13.7	1.04			

注：F_{cr} 是试验梁的开裂荷载实测值，α 是试验梁开裂荷载实测值 F_{cr} 与计算值 $F_{cr,c}$ 之比，μ_α、σ_α、δ_α 分别为 α 的平均值、标准差和变异系数。

4.4.3.3　抗弯承载能力

当试验梁处于承载能力极限状态时，其受压区混凝土应变分布如图 4-33(b)所示，由平截面假定可得，与中和轴距离为 y 处混凝土压应变 ε：

$$\varepsilon=\frac{\varepsilon_c}{x}y \tag{4-15}$$

式中，ε_c 为梁顶混凝土压应变，x 为受压区混凝土高度。

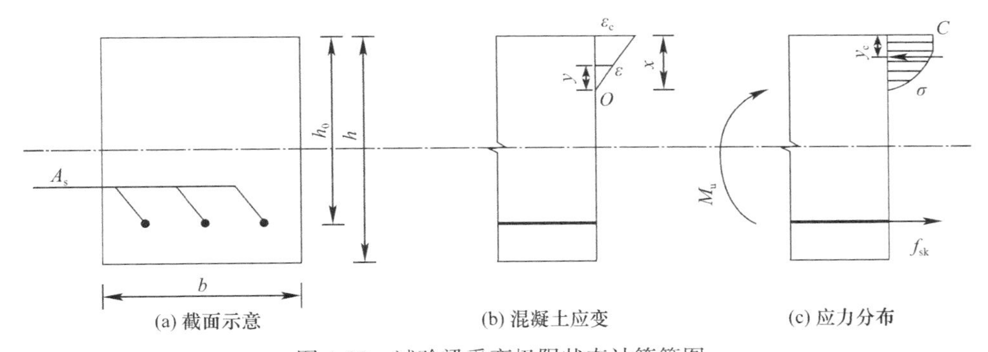

图 4-33　试验梁受弯极限状态计算简图

根据受压区混凝土的应力应变曲线，可得受压区混凝土合力 C：

$$C=\int_0^x\sigma(\varepsilon)b\mathrm{d}y=\sigma_{c0}bx\left(\frac{\varepsilon_c}{\varepsilon_{c0}}-\frac{\varepsilon_c^2}{3\varepsilon_{c0}^2}\right) \tag{4-16}$$

如图 4-33(c)所示，由受压区混凝土应力与合力到中和轴的弯矩相等，可得混凝土合力到梁顶距离 y_c：

$$y_c=x-\frac{\int_0^x\sigma(\varepsilon)by\mathrm{d}y}{C}=x\left(\frac{4\varepsilon_{c0}-\varepsilon_c}{12\varepsilon_{c0}-4\varepsilon_c}\right) \tag{4-17}$$

由于试验梁处于承载能力极限状态时，纵筋达到极限强度，由混凝土压力合力与纵筋合力相等，得到混凝土受压区高度 x：

$$x=\frac{f_{sk}A_s}{\sigma_{c0}b\left(\dfrac{\varepsilon_c}{\varepsilon_{c0}}-\dfrac{\varepsilon_c^2}{3\varepsilon_{c0}^2}\right)} \tag{4-18}$$

式中，f_{sk}为纵筋的抗拉强度。

以混凝土受压合力点为中心，根据弯矩平衡可得试验梁的极限抗弯承载能力 $M_{u,c}$：

$$M_{u,c} = f_{sk}A_s(h_0 - y_c) \tag{4-19}$$

式中，h_0 为梁截面的有效高度。

如图 4-33 所示，试验梁的极限荷载 $F_{u,c}$：

$$F_{u,c} = \frac{M_{u,c}}{110} \tag{4-20}$$

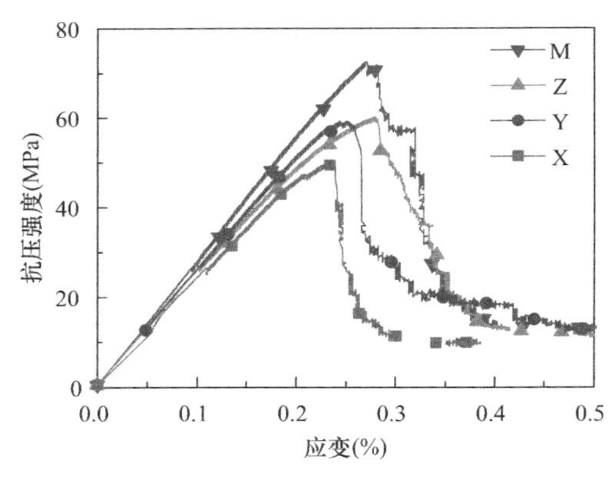

图 4-34　3D 打印混凝土受压应力应变曲线

由于 3D 打印混凝土具有各向异性，其三个方向分别受压时的应力应变曲线如图 4-34 所示，取试验梁受压截面（Y 轴）的峰值应力 σ_{c0}为 58.9MPa，峰值应变 ε_{c0}为 0.00248。微筋增强材料的力学性能参数参见表 4-4。根据应变片测得，配筋率为 0.18%、0.38% 和 0.61%的试验梁在极限状态时梁顶混凝土压应变 ε_c 的平均值分别为 950$\mu\varepsilon$，1439$\mu\varepsilon$ 和 1590$\mu\varepsilon$；梁底最外层钢筋拉应变 ε_s 的平均值分别为 6678$\mu\varepsilon$，6656$\mu\varepsilon$ 和 6623$\mu\varepsilon$。

根据以上理论模型即可求得试验梁的计算极限承载 $F_{u,c}$，如表 4-10 所示，试验梁极限荷载的实测值与计算值之比约为 1.04，采用此计算公式能较为准确地对微筋增强混凝土抗弯承载能力进行预测。

试验梁承载力试验值 F_u 与计算值 $F_{u,c}$对比　　表 4-10

试件编号	F_u(kN)	$F_{u,c}$(kN)	β	μ_β	σ_β	δ_β
MZ-1	24.6	20.9	1.18	1.037	0.151	0.146
MZ-2	41.7	39.4	1.06			
MZ-3	48.5	55.3	0.88			
BZ-1	21.2	19.6	1.08	1.036	0.108	0.104
BZ-2	41.2	37.0	1.11			
BZ-3	47.5	52.0	0.91			
BX-1	22.6	19.6	1.15	1.044	0.142	0.136
BX-2	40.5	37.0	1.10			
BX-3	45.9	52.0	0.88			

注：β是试验梁极限荷载实测值 F_u 与计算值 $F_{u,c}$，μ_β、σ_β、δ_β 分别为 β 的平均值、标准差和变异系数。

4.5　本章小结

本章针对微筋增强打印混凝土抗剪、抗拉和抗弯性能进行系统分析，以抗剪优势方向布置配筋，探究了微筋同步增强打印混凝土的抗剪性能，区分刚性增强与柔性增强，提出了适用于 3D 打印混凝土配筋试件抗剪承载力计算模型；研究微筋增强 3D 打印混凝土抗拉性能，基于拉伸曲线将微筋增强打印混凝土受拉破坏全过程分为三个阶段，提出了不同阶段抗拉承载能力计算公式；研究了不同加载方向与不同材料类型对微筋增强打印混凝土构件抗弯承载力的影响，提出了微筋增强打印混凝土梁抗弯承载力计算模型，明确了微筋增强打印混凝土结构应用的可行性与可设计性。

参考文献

[1] Ma G, Li Z, Wang L, et al. Micro-cable reinforced geopolymer composite for extrusion-based 3D printing [J]. Materials Letters, 2019, 235: 144-147.

[2] Marchment T, Sanjayan J. Mesh reinforcing method for 3D concrete printing [J]. Automation in Construction, 2020, 109: 102992.

[3] Lim J H, Panda B, Pham Q. Improving flexural characteristics of 3D printed geopolymer composites with in-process steel cable reinforcement [J]. Construction and Building Materials, 2018, 178: 32-41.

[4] Bos F P, Ahmed Z Y, Jutinov E R, et al. Experimental exploration of metal cable as reinforcement in 3D printed concrete [J]. Materials (Basel), 2017, 10(11).

[5] Li Z, Wang L, Ma G. Mechanical improvement of continuous steel microcable reinforced geopolymer composites for 3D printing subjected to different loading conditions [J]. Composites. Part B, Engineering, 2020, 187: 107796.

[6] Li Z, Wang L, Ma G, et al. Strength and ductility enhancement of 3D printing structure reinforced by embedding continuous micro-cables [J]. Construction and Building Materials, 2020, 264: 120196.

[7] 高超. BFRP筋增强3D打印混凝土梁式构件力学性能研究 [D]. 浙江大学, 2020.

[8] 武雷, 孙远, 杨威等. 3D打印混凝土层间黏结强度增强技术及试验研究 [J]. 混凝土与水泥制品, 2020(07): 1-6.

[9] Rahul A V, Santhanam M, Meena H, et al. Mechanical characterization of 3D printable concrete [J]. Construction and Building Materials, 2019, 227: 116710.

[10] 刘致远, 王振地, 王玲等. 3D打印水泥净浆层间拉伸强度及层间剪切强度 [J]. 硅酸盐学报, 2019, 47(05): 648-652.

[11] Ma G, Li Z, Wang L, et al. Mechanical anisotropy of aligned fiber reinforced composite for extrusion-based 3D printing [J]. Construction and Building Materials, 2019, 202: 770-783.

[12] 叶柏兴. 配筋增强3D打印混凝土梁式构件受力性能研究 [D]. 浙江大学, 2021.

[13] CECS 13—2009 纤维混凝土试验方法标准 [S].

[14] El-Ariss B. Behavior of beams with dowel action [J]. Engineering Structures, 2007, 29(6): 899-903.

[15] Parviz Soroushian K O A M. Bearing strength and stiffness of concrete under reinforcing bars [J]. ACI Materials Journal, 1987, 84(3): 179-184.

[16] Helen D. Dowel action of reinforcement crossing cracks in concrete [J]. ACI Journal Proceedings, 1972, 69(12): 754-757.

[17] 何政, 李光. 基于可靠度的FRP筋材料分项系数的确定 [J]. 工程力学, 2008(09): 214-223.

[18] 吴刚, 吕志涛. 外贴CFRP加固混凝土结构的抗弯设计方法 [J]. 建筑结构, 2000(07): 7-10.

[19] 杨联萍, 余少乐, 张其林等. 双面叠合试件界面抗剪性能试验 [J]. 同济大学学报(自然科学版), 2017, 45(05): 664-672.

[20] ACI CODE 318-08: Building code requirements for structural concrete and commentary [S].

[21] Precast/Prestressed Concrete Institute. PCI design handbook [M]. Chicago: Precast/Prestressed Concrete Institute, 2004.

[22] Salet T A M, Ahmed Z Y, Bos F P, et al. Design of a 3D printed concrete bridge by testing [J]. Virtual and Physical Prototyping, 2018, 13(3): 222-236.

[23] Vantyghem G, De Corte W, Shakour E, et al. 3D printing of a post-tensioned concrete girder designed by topology optimization [J]. Automation in Construction, 2020, 112: 103084.

[24] Panda B, Chandra Paul S, Jen Tan M. Anisotropic mechanical performance of 3D printed fiber reinforced sustainable construction material [J]. Materials Letters, 2017, 209: 146-149.

[25] Soltan D G, Li V C. A self-reinforced cementitious composite for building-scale 3D printing [J]. Cement & concrete composites, 2018, 90: 1-13.

[26] Zhu B, Pan J, Nematollahi B, et al. Development of 3D printable engineered cementitious composites with ultra-high tensile ductility for digital construction [J]. Materials & Design, 2019, 181: 108088.

[27] Ogura H, Nerella V N, Mechtcherine V. Developing and testing of strain-hardening cement-based composites (SHCC) in the context of 3D-printing [J]. Materials, 2018, 11(8): 1375.

[28] 赵筠，师海霞，路新瀛. 超高性能混凝土基本性能与试验方法 [M]. 北京：中国建材工业出版社，2019.

[29] GB 50010—2010 混凝土结构设计规范 [S].

[30] GB/T 50152—2012 混凝土结构试验方法标准 [S].

[31] SL 191—2008 水工混凝土结构设计规范 [S].

第5章 3D打印混凝土与筋材粘结性能及配筋增强技术

5.1 打印混凝土的配筋增强技术

现阶段3D打印混凝土材料可满足工作性能的技术要求，但其抗拉强度低和脆性破坏的材料缺陷阻碍了其在建筑工程中的应用和发展。而且无筋空间建造也难以满足现代工业和民用建筑的服役和使用要求[1-3]。由于传统结构增强方式难以与3D打印工艺相融合，探求与混凝土3D打印相协调的增强方式尤为重要。

近年来，国内外正在探寻可与3D打印混凝土工艺兼容以形成一体化建造的结构增强技术。目前，3D打印混凝土结构主要以高强度高模量的短细纤维[4-11]和连续筋、线、绳材[12-24]等增强材料进行增强，按打印过程与增强工序的先后顺序可分为：①打印前增强；②打印后增强；③打印时增强。

打印前增强主要通过掺入纤维改善3D打印材料性能，快速有效改善打印混凝土性能，但受限于对混凝土可打印性的要求，纤维掺量应不超过某一范围，限制了其工程使用范围。打印后增强是将混凝土构件打印完成后再通过增强材料进行增强与增韧，可与传统建造方式，尤其是后张法预应力技术兼容，可省却模板施工的繁杂工序，显著提高打印混凝土的承载能力与变形能力，但与其他增强方式相比，具有耗时多、工序繁的特点。打印时增强是在挤压混凝土堆叠成型的过程中布设纤维网格、钢缆和钢丝网等增强材料的结构一体化智能建造技术。由于打印工艺限制，该技术对打印设备与打印材料的要求较高。

为了给3D打印增强混凝土结构工程化应用化提供技术参考与理论借鉴，本章按增强技术类型分别从打印前增强、打印后增强和打印时增强三个方面讨论和分析了3D打印混凝土增强技术的研究进展，按照这三种方式分类归纳目前国内外对3D打印混凝土材料与结构增强技术，如表5-1所示。

现有3D打印混凝土材料与结构增强方式 表5-1

增强类型	文献来源	增强方式	特点
打印前增强	Panda 等[4] Hambach 等[5] Ma 等[6] Ding 等[7] Nematollahi 等[8]	打印混凝土时掺入柔性纤维	1. 增强纤维在打印前加入水泥基材料； 2. 属于全面、非连续增强方式； 3. 根据纤维模量和长细比差别可存在增强方向性

续表

增强类型	文献来源	增强方式	特点
打印前增强	Pham 等[9] Arunothayan 等[10] 金晓菁[11]	打印混凝土时掺入刚性纤维	1. 增强纤维在打印前加入水泥基材料； 2. 属于全面、非连续增强方式； 3. 根据纤维模量和长细比差别可存在增强方向性
打印后增强	高君峰[12] 葛杰等[13,14] Winsun 等[15]	 打印混凝土永久模板和钢筋骨架结合	1. 配筋增强在打印成型之后； 2. 连续配筋增强； 3. 增强效率高
	Salet 等[16] Vantyghem 等[17]	 打印混凝土通过后张预应力筋增强	
	Asprone 等[18]	 打印混凝土通过钢连接件组合增强	
打印时增强	Ma 等[19] Lim 等[20] Li 等[21,22] Bos 等[23]	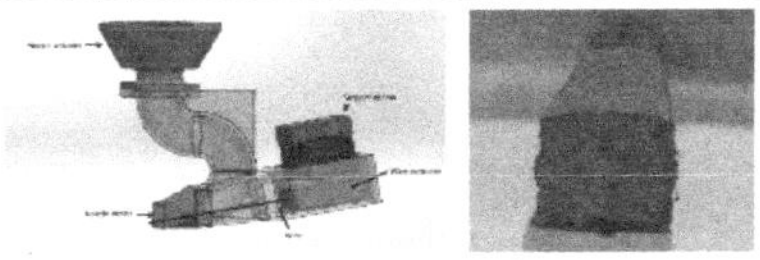 打印时置入钢缆	1. 打印混凝土的同时配筋增强 2. 整体连续配筋
	Marchment 等[24]	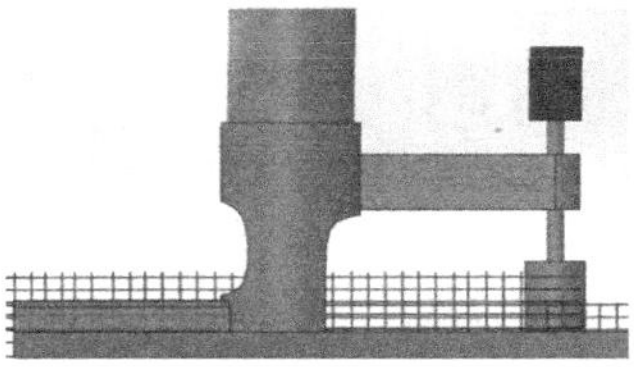 打印时插入钢丝网	
	Khoshnevis 等[25]	 装配式分段配筋	
	孙晓燕等[26]	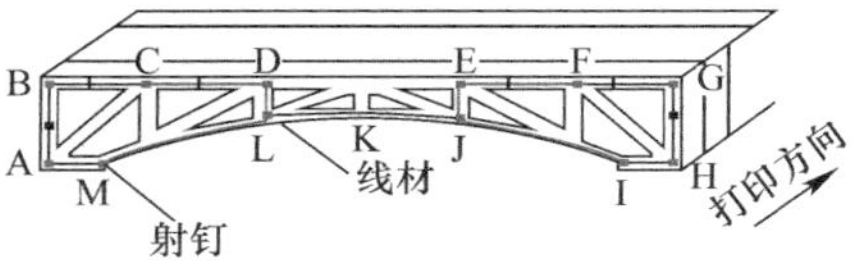 打印编织配筋	

5.1.1　混凝土打印前增强技术

5.1.1.1　柔性短切纤维增强增韧

掺入短切纤维是一种最为便捷的打印混凝土增强增韧方式。柔性短切纤维在混凝土材料的挤出过程中会形成纤维定向效应，导致指定方向上增强效果显著[5,27,28]，但过多纤维掺入会影响打印流程[5-7]，降低混凝土的工作性能。目前，打印混凝土的纤维掺量一般小于 2%[4-11]。适宜的纤维掺量不仅使得打印材料具有良好的工作性能和力学性能，还能减少甚至消除打印混凝土层条间缺陷的不利影响，根据文献[7]的研究，即使在抗折强度最弱的 E1 方向（图 5-1），纤维增强打印混凝土试件的破坏不再由层条间缺陷主导。

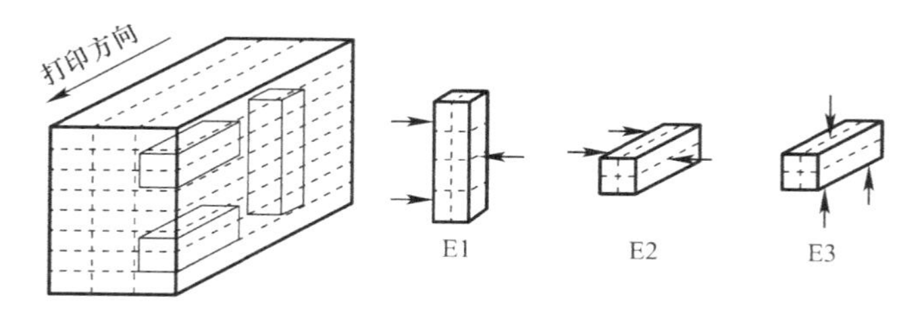

图 5-1　试件的加载方向[7]

打印混凝土的增强增韧效果与纤维性能参数密切相关。由于纤维定向效应与打印混凝土层条缺陷的空间分布，纤维增强打印混凝土抗折性能也具有明显的空间各向异性，如图 5-1所示，其在 E3 方向的抗折强度分别是 E1 和 E2 方向的 118.2%-238.6%和 88.3%-115.9%[4,6,9]。现有研究探讨了玻璃纤维[4,5]（GF）、碳纤维[5]（CF）、玄武岩纤维[5,6,29]（BF）、聚乙烯纤维[7]（PEF）、高密度聚乙烯纤维[28]（HDPEF）、聚乙烯醇纤维[27]（PVAF）和聚丙烯纤维[8]（PPF）等对打印混凝土的影响，其性能参数如表 5-2 所示。

纤维参数　　表 5-2

文献来源	纤维类型	长度（mm）	长细比	杨氏模量（GPa）	抗拉强度（MPa）
Hambach 等[5]	GF	3	300	72	3500
Hambach 等[5]	CF	6	428.6	230	3950
Hambach 等[5]	BF	6	461.5	93	4200
Ding 等[7]	PEF	6（12）	300（600）	100	2400
Ogura 等[28]	HDPEF	6	500	—	3000
Daniel 等[27]	PVAF	12	—	—	—
Nematollahi 等[8]	PPF	6	535.7	13.2	880

对比 E3 方向加载时不同纤维掺量打印混凝土与纤维掺量为 0.25%的打印混凝土的相对抗折强度差异较大，如图 5-2(a)所示，相对抗折强度为 0.72-3.47。随着纤维掺量的增加，8mm 玻璃纤维增强混凝土获得更低的抗折强度，造成这种现象的主要原因是掺入纤维在搅拌中缠绕和团聚导致打印成型的混凝土孔隙率增大，降低打印混凝土力学性能；当纤维弹性模量较小时，分布在混凝土中纤维的桥接能力不足以抵消孔隙率增大对抗折强度的不利影响时，打印混凝土的抗折强度随纤维含量的增加而降低[8]。图 5-2(b)对比长度为

6mm 时不同纤维增强打印混凝土与未增强打印混凝土的相对抗折强度，发现抗折强度提升率受纤维种类影响显著，取值为 0.80-3.23，长度为 6mm 时不同种类纤维对打印混凝土抗折强度增强效果排序为：PEF＞BF＞GF＞PPF，纤维弹性模量是影响增强效率的显著参数。

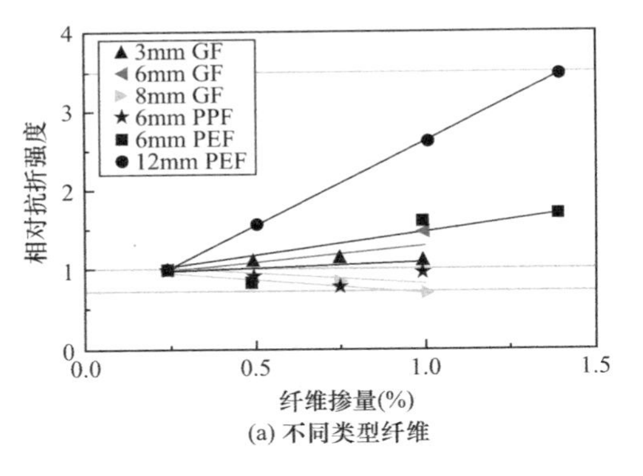

(a) 不同类型纤维

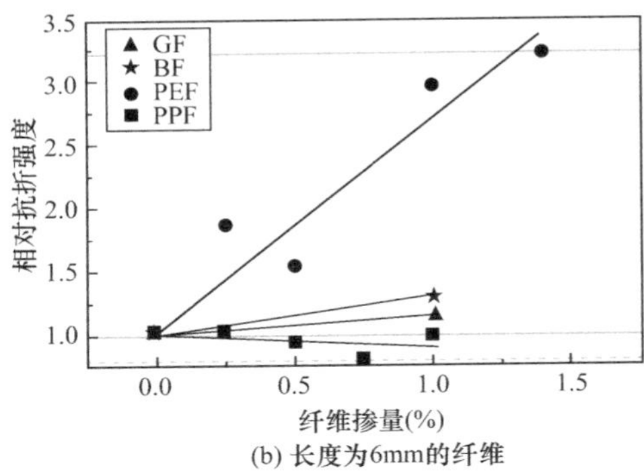

(b) 长度为6mm的纤维

图 5-2　不同纤维增强打印混凝土相对抗折强度[4,5,7,8]

柔性短切纤维的掺入还显著提升了打印混凝土的抗拉性能。目前对纤维增强打印混凝土试件在沿打印方向上的轴拉性能研究结果如表 5-3 所示，3mm GF 掺量为 1.0%时打印混凝土试件的抗拉强度比纤维含量为 0.25%时试件的抗拉强度提高了 93.6%；6mm HD-PEF 对打印混凝土抗拉强度的增强效果与 12mm PEF 相近，但后者对打印混凝土的延性增强效果更好；长度均为 12mm 且掺量均为 2.0%时，PEF 增强混凝土的极限应变约是 PVAF 增强效果的 3.9 倍。12mm PEF 的极限应变的增长率（纤维掺量与极限应变之间拟合直线的斜率）为 7.86，而 6mm HDPEF 的极限应变增长率仅为 4.66，这是由于较大的长度使 PEF 在打印混凝土中抗拔出能力优于 HDPEF。

打印混凝土轴拉强度　　表 5-3

文献来源	增强纤维	纤维含量（%）	极限抗拉强度（MPa）	极限拉伸应变（%）
Ogura 等[28]	6mm HDPEF	1.0	5.32	0.88
		1.5	5.66	3.21
Panda 等[4]	3mm GF	0.25	0.78	—
		0.5	0.89	—
		0.75	1.25	—
		1.0	1.51	—
Zhu 等[30]	12mm PEF	1.0	5.61	3.57
		1.5	5.68	9.57
		2.0	5.35	11.43
Soltan 等[27]	12mm PVAF	2.0	4.20	2.90

5.1.1.2　刚性短切纤维增强增韧

刚性短切纤维的种类主要是钢纤维（SF），由于打印工艺限制，目前研究均选用平直形钢纤维。Pham 等[9]对比了钢纤维长度（3mm 和 6mm）与掺量（0-1%）对打印混凝土力学性能的影响，发现钢纤维增强 3D 打印混凝土的抗压强度可提高 17%-26%，抗折强度可提高 14%-16%；钢纤维在打印混凝土中也存在纤维定向效应，钢纤维的长度、数量及其定向效应对打印混凝土指定方向抗折强度的提升至关重要，掺量过少或者长度过短的钢纤维对打印混凝土性能提升均不明显。Arunothayan 等[10]发现，与未掺入钢纤维的混凝土基体相比，13mm 钢纤维掺量为 2%时 3D 打印混凝土的抗压强度提升了 16%-26%，层间粘结强度增大了 88.9%，抗折强度提高了 145%-242%，弯曲韧性提升了 3550%-7250%。

归纳刚性与柔性短切纤维对打印混凝土抗折强度的影响，如图 5-3 所示。打印混凝土中纤维的桥接能力与纤维的弹性模量密切相关[8]，图 5-4 对比不同材料的增强效果（图 5-3 中不同纤维线性拟合的斜率）与材料弹性模量的关系，除去偏差较大的 PEF，纤维的增强效果与弹性模量呈现出近似线性相关的趋势。掺入纤维的缠绕和团聚导致混凝土孔隙率增大，降低打印混凝土的抗折强度，但其在受拉方向上的桥接作用能有效传递荷载和抑制裂缝扩展，高弹模纤维可提供更强的桥接作用。由图 5-4 可知：纤维产生的桥接作用正好抵消纤维引入孔隙率增大产生的损失时纤维的弹性模量为 43.6GPa。有鉴于此，可偏于安全地将 50GPa 作为打印混凝土中增强纤维弹性模量的选材标准。

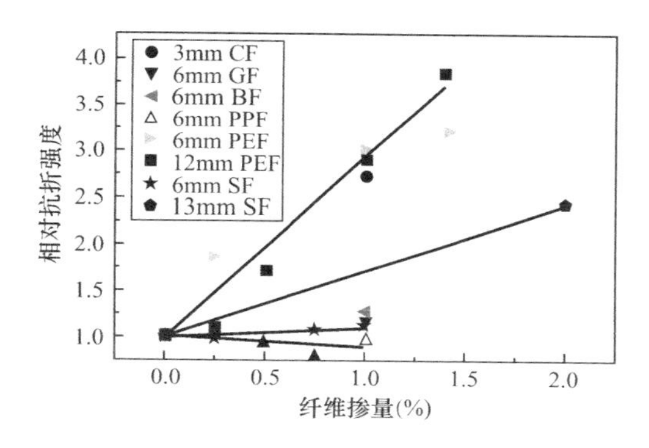

图 5-3　纤维增强打印混凝土的相对抗折强度[5,7-10]

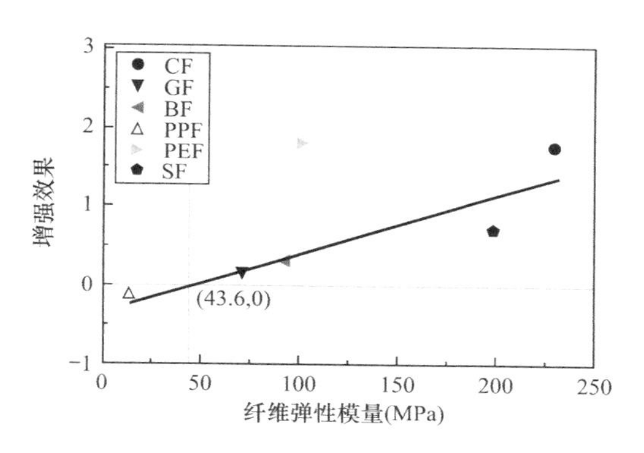

图 5-4　纤维弹性模量与增强效果的关系[5,7,8,10]

5.1.2　混凝土打印后增强技术

5.1.2.1　内置钢筋笼增强

现阶段普遍采用的打印混凝土内置钢筋增强结构的施工技术为：打印混凝土外模，在模板内放置增强钢筋笼，与现浇混凝土形成叠合结构。该增强技术兼具 3D 打印与现有施工技术的优点，可节省模板和人工费用，具有重要的工程应用意义。

高君峰[12]和葛杰等[13]对打印混凝土叠合柱性能的研究如表 5-4 所示，研究结果表明：由于打印外模的围箍效应，同等荷载作用下，叠合柱的应变略低于整体现浇柱[12]；叠合柱的破坏主要是 3D 打印外模压坏、脱落[13]，均为脆性破坏；截面是方形的叠合柱与现浇柱的极限承载能力之比范围在 81.4%-123.1%。轴心受压叠合柱的承载力提高，而偏心受压叠合柱的承载力降低，这是由于打印混凝土外模存在层条缺陷，轴向压力作用下层间缺陷对受压承载力降低不明显，而外模围箍效应对核心混凝土的受力变形性能均有明显提升；而当叠合柱承受偏心压力作用时，经受拉应力一侧的层间缺陷形成薄弱失效界面，导致叠合柱的承载力降低。

打印现浇组合叠合柱受压性能　　表 5-4

文献来源	截面尺寸（mm）	纵筋配筋率（%）	偏心距（mm）	增强效率（与现浇混凝土相比）
高君峰[12]	200×200×600	1.54	0	开裂荷载和极限抗压强度分别提高 158.2%和 23.1%
高君峰[12]	ϕ190×700	2.39	0	开裂荷载和极限抗压强度分别提高 144.3%和 36.0%
葛杰等[13]	400×400×3600	0.35	50	极限抗压强度下降了 18.6%
葛杰等[13]	400×400×3600	0.35	150	极限抗压强度下降了 1.8%
葛杰等[13]	400×400×3600	0.35	200	极限抗压强度下降了 14.4%

此外，一些学者也探究了叠合梁和叠合墙的性能。如，高君峰[12]对比叠合梁与现浇梁的抗弯性能和抗剪性能。结果表明：叠合梁受弯时，内部钢筋的应变高于现浇梁，裂缝间距减小，开裂荷载提高了 76.9%，承载力下降 5.8%左右；叠合梁受剪时，无腹筋打印叠合梁的破坏模式是剪压破坏，抗剪强度比现浇梁提高了 18.2%；有腹筋打印叠合梁的破坏模式是斜压破坏，抗剪强度比现浇梁提高了 14.0%。葛杰等[14]对比 3D 打印配筋叠合墙和普通砌块配筋砌体墙的性能，发现 3D 打印叠合墙受压时出现多条较长的竖向裂缝，相比于普通砌砖墙，3D 打印叠合墙的承载力提高了 100%，墙体的横向和斜向裂缝较少，最终表现为脆性破坏。

3D 打印与传统现浇工艺相结合的方法可节省制造模板的工期与费用，并延续了现代钢筋混凝土的设计、施工技术框架，但是打印工艺引起层条缺陷在空间各向分布导致叠合结构的设计方法和破坏模式均需进一步研究。

5.1.2.2　预应力增强

现有 3D 打印混凝土的预应力增强通常采用后张法，受混凝土打印设备尺寸限制，现阶段在混凝土构件打印施工时一般采用分块打印，然后通过张拉预应力的方法进行装配和增强结构性能，具体过程包括：分段打印混凝土构件、布置预应力筋与普通钢筋、张拉锚固与灌浆、形成整体四个步骤（图 5-5）。相比于常规标准化拼装试件，该施工能提高空间复杂多变结构的施工效率。Salet 等[16]基于该方法建成了 3D 打印自行车桥，通过试验研究证明建造成型的桥梁可满足结构使用要求。拓扑优化技术、3D 打印和后张法预应力技术三者结合是可行的，Vantyghem 等[17]采用这些技术制造预应力箱梁桥，试验研究了梁体的承载力和变形，结果表明：与相同宽度和高度的 T 形梁截面相比，就自重和活载下的中跨挠度而言，打印拼装梁大约可节省 20%的材料。

(a) 打印混凝土构件

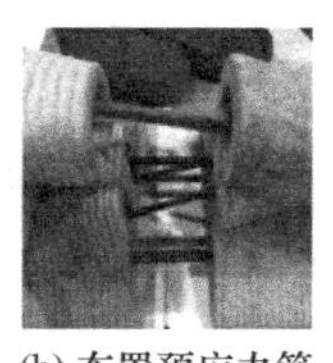
(b) 布置预应力筋与普通钢筋

(c) 张拉锚固与灌浆

(d) 形成整体结构

图 5-5　预应力后张法增强打印混凝土制备方法[17]

体外的钢筋系统可提高打印拼装梁体的刚度和承载能力，Asprone 等[18]利用 3D 打印实现空间造型的优势和形状拓扑优化，经过 3D 打印构件并装配梁体与外加钢筋系统浇筑连接，再通过试验和模拟分析桁架直梁的弯曲行为和破坏机理，发现 3D 打印梁的受力变形分为线弹性和非线性两个阶段：线性阶段时 3D 打印桁架梁的初始抗弯刚度与等效的实心钢筋混凝土梁相同，但可减小自重；非线性阶段主要由钢筋连接系统的有效性随着荷载的增加而降低造成的，打印梁节段可能会因剪力而产生局部破坏。

5.1.3　混凝土打印时增强技术

钢材是建筑领域中常见的增强材料[31]，它与混凝土之间良好的粘结性能是保证增强结构服役性能的关键。表 5-5 归纳了现有建筑增强材料与 3D 打印混凝土的粘结性能，这些研究表明：平均粘结应力与增强材料的埋入长度关系不大[22,23]；打印混凝土的层条挤出堆叠工艺造成层条缺陷，模板浇筑通过振捣工艺提升了混凝土的密实度，从而导致后者

打印混凝土与增强材料的粘结试验　　表 5-5

文献来源	增强材料				纤维含量（%）	θ（°）	τ_u（MPa）	τ_u/τ_c
	序列	直径（mm）	杨氏模量（GPa）	抗拉强度（MPa）				
Bos[23]	A1	ϕ0.63 钢缆	420	181.6	0	0	2.37-3.10	0.49
	A2	ϕ0.97 钢缆	1190	178.3	0	0	1.33-1.42	0.27
	A3	ϕ1.20 钢缆	1925	156.8	0	0	1.29-2.19	0.39
Li[22]	B1	ϕ1.20 钢缆	860	192	0	0	4.03-4.79	—
高超[32]	C1	ϕ10 粘砂 BFRP 筋	750	40	1.2	0	23.62	0.85
					1.2	45	22.98	0.83
					1.2	90	20.18	0.73
	C2	ϕ10 光滑 BFRP 筋	750	40	1.2	0	21.85	0.88
					1.2	45	19.16	0.77
					1.2	90	17.09	0.69
陈杰[33]	D1	ϕ6 钢丝绳	1570	—	1.2	0	16.05	0.76
					1.2	45	14.91	0.71
					1.2	90	10.42	0.49
	D2	ϕ8 钢丝绳	1570	—	1.2	0	14.37	0.73
					1.2	45	12.06	0.61
					1.2	90	9.05	0.46
武雷[34]	E1	ϕ12 钢筋	—	—	0.15	0	7.20	0.96
	E2				0.35	45	7.64	0.63
	E3				0.25	90	5.94	0.64
	E4	ϕ14 钢筋	—	—	0.25	0	5.18	0.66
	E5				0.15	45	4.22	0.63
	E6				0.35	90	5.14	0.49
	E7	ϕ16 钢筋	—	—	0.35	0	5.15	0.58
	E8				0.25	45	4.84	0.73
	E9				0.15	90	3.77	0.68

注：τ_u 为增强材料与打印混凝土最大粘结强度；τ_c 为增强材料与现浇混凝土最大粘结强度，θ 为打印方向与增强配筋方向夹角。

对增强材料的握裹更加密实。打印混凝土与增强材料之间粘结应力和现浇混凝土与增强材料之间粘结应力之比（相对粘结强度）为 0.27-0.96。打印混凝土与增强材料之间的粘结强度随着打印路径与筋材布置夹角的改变而不同，增强材料与打印混凝土条间缺陷相交后，条间缺陷对粘结区域的影响随着角度的增加而呈现增加趋势[32,33]。对于同一打印混凝土基体材料，角度对粘结强度呈明显的负相关，如图 5-6 所示。直径对增强材料与打印混凝土之间的粘结强度影响显著[33,34]，增强材料直径与相对粘结强度呈正向相关趋势，如图 5-7所示。这是由于随着直径的增大，增强材料占据混凝土层条缺陷体积的比重随之增加，减小了打印混凝土与现浇混凝土之间的差异。对照打印混凝土与增强材料（序列号前加 P）和现浇混凝土与增强材料（序列号前加 C）的归一化粘结滑移曲线，如图 5-8(a)所示，可以发现：二者演化规律大致相同，当位移达到最大时，粘结残余强度一般为极限粘结强度的 0.41-0.67；对比峰值后（相对滑移大于 0.2）相同滑移下增强材料与现浇混凝土和打印混凝土的归一化粘结滑移曲线的差值，如图 5-8(b)所示，可按增强材料与打印混凝土的残余粘结性能将增强材料直径分为三类：当 $d \leqslant 1$mm 时，打印混凝土与现浇混凝土的残余粘结性能的差异在 30%-60%；当 1mm$\leqslant d \leqslant$8mm 时，打印混凝土与现浇混凝土的残余粘结性能的差异在 15%-30%；当 $d \geqslant$8mm 时，打印混凝土与现浇混凝土的残余粘结性能的差异在 15%以内。为减小打印混凝土与现浇混凝土之间残余粘结性能的差异，建议采用直径大于 8mm 的增强材料。

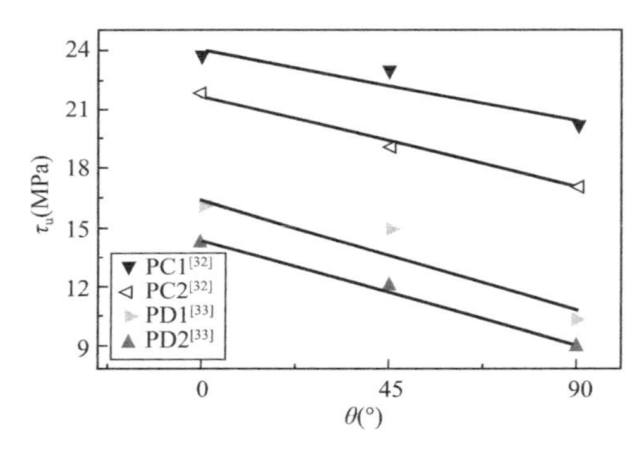

图 5-6　粘结强度与夹角的关系[32,33]

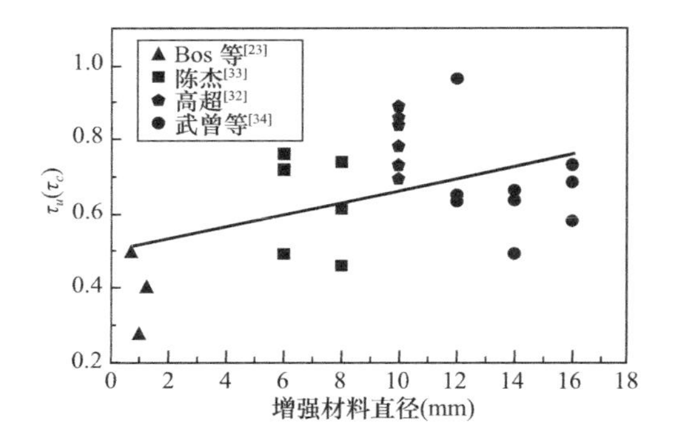

图 5-7　相对粘结强度与增强材料直径间的关系[23,32-34]

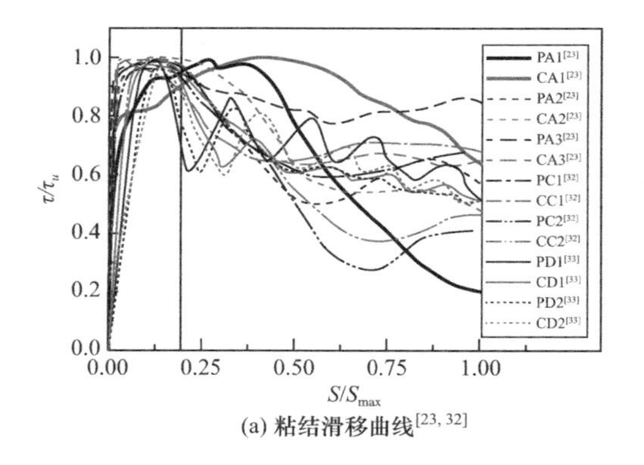

(a) 粘结滑移曲线[23,32]

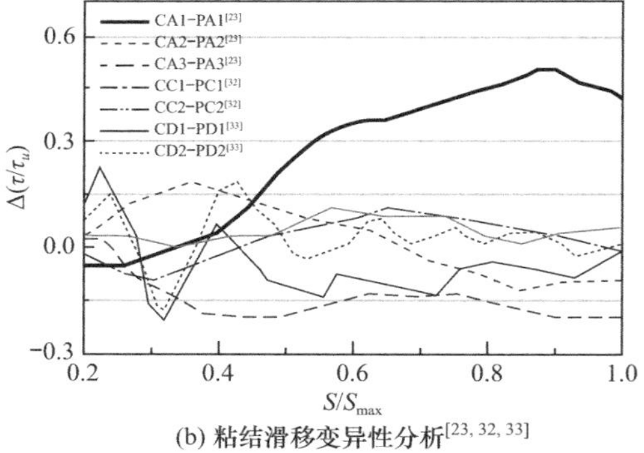

(b) 粘结滑移变异性分析[23,32,33]

图 5-8　混凝土与增强材料的粘结滑移曲线

钢丝、钢缆与筋材相比具有一定的柔性，且与打印流程兼容性较好，易于通过打印喷嘴进行连续布设实现整体连续增强。不同学者对钢筋/丝增强打印混凝土结构抗弯性能的研究表明：在荷载的作用下钢丝网增强打印混凝土梁的裂缝从梁底竖直向上扩展与钢丝网相交时会出现沿着钢丝网方向延伸的横向裂缝[24]；通过不同打印路径制成的打印混凝土试件的抗弯承载力的增强效果差异较大，分别提高了107%、405%和443%[19]；未掺入短切纤维的打印混凝土内，连续钢缆在弯曲过程中易出现滑丝现象[23]，而短切纤维的互锁与缠绕作用在一定程度上可以阻止钢缆在打印混凝土中滑移[20,23]；打印混凝土时在截面上均匀置入钢缆，其硬化后可视为协同变形的复合材料[19]。估算与归纳打印梁的配筋率和抗弯强度，结果表明：增强材料未滑移时，配筋率为2%以内的打印混凝土梁抗弯强度能提高107%-519%。图5-9分别归纳了夹带钢缆的均匀增强方式与在受拉区布筋的集中增强方式的配筋率及其对应的增强效果，发现随着配筋率的增大，二者之间的差异逐步增加，在受拉区布筋的增强方式效果更好。这两种增强方式得到抗弯性能实测增强效果线性拟合相关性均较好，其中$R^2 \geq 0.925$，证明了未来的3D打印混凝土结构也可参考钢筋混凝土结构设计方法予以设计。

通过上述3D打印混凝土材料与结构增强技术的分析，可得到如下结论：

(1) 纤维的刚度是影响打印混凝土抗折增强效率的关键参数，与抗折强度增强率近似线性相关，当纤维的弹性模量大于50GPa时，纤维产生的桥接增强作用大于纤维引入孔隙率增大产生的损失，纤维增强打印混凝土的抗折强度随着纤维掺量的增加而增加。为了防止打印混凝土纤维过多而导致喷嘴堵塞，其纤维掺量一般不超过2%。与弹性模量较大的柔性短切纤维相比，钢纤维对打印混凝土的增强效果并不具有明显的优势，而前者更易于适应混凝土的搅拌、挤出等工作性能的要求，更容易融入打印混凝土的建造工艺。

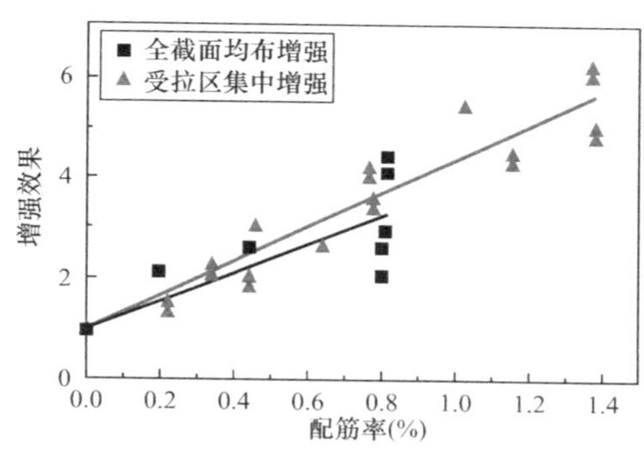

图5-9 打印混凝土梁的抗弯增强效果[19-21,32,33]

(2) 增强材料与打印混凝土的粘结滑移曲线和增强材料与现浇混凝土的粘结滑移曲线演化规律大致相同，当增强材料的直径大于8mm时二者的归一化粘结滑移曲线差异在15%以内。由于打印混凝土存在层条缺陷，且增强筋、线材往往布置在层间缺陷区域，增强材料与打印混凝土的粘结性强度为振捣均匀的现浇混凝土试件的27%-96%。打印混凝土和增强材料之间的相对粘结强度与增强材料的直径呈正相关。

(3) 目前，打印时增强的方法还处于探索尝试阶段，打印梁的配筋率在2%以内，其对应的抗弯强度可提高107%-519%。根据截面布筋形式可将这些打印梁的增强方式分为打印时夹带钢缆的均匀增强方式和在受拉区布筋的集中增强方式，其中在受拉区布筋的增强方式效果更好。

(4) 通过掺入纤维的方式对打印混凝土进行增强与增韧，可提高打印混凝土的力学性能，但纤维的非连续分布对结构整体受力和抗震性能不利；打印后增强结合了现有增强技术与3D打印工艺的特点，施工简单，但周期较长且增强后结构破坏模式和设计分析方法有待深入研究；打印混凝土同时布置筋、线、缆予以同步增强，可形成一体化建造的空间连续增强增韧，以满足结构的受力和变形要求，但由于增强材料布置在层条缺陷区域，结构的受力性能略有不足，且打印参数和打印工艺易导致成型结构性能呈空间各向异性，因而，亟待建立新的设计分析理论以保障安全服役。

5.2 增强筋材与打印混凝土的粘结性能

5.2.1 柔性钢丝绳与打印混凝土的粘结性能

目前钢筋与混凝土粘结性能的研究较为成熟，基于钢筋混凝土梁受弯试验和理论分析，建立了缝间的粘结滑移本构关系[34,35]，特别是月牙纹钢筋与混凝土的粘结滑移本构关系可实现试验结果的精准拟合[36]。而且随着计算机技术的发展，钢筋混凝土粘结性能数值模拟技术也越来越成熟[37,38]。与普通钢筋相比，由高强钢丝捻制而成的钢丝绳与预应力钢绞线相似，具有螺旋肋（图 5-10），在拔出过程中势必会伴随着一定的转动[39,40]，导致其粘结性能与钢筋混凝土粘结性能有明显的差异。

(a) 月牙纹钢筋

(b) 预应力钢绞线

(c) 钢丝绳

图 5-10 混凝土结构常用钢材的主要形态

目前的 3D 打印技术与传统的钢筋布置工艺很难兼容，导致结构承载能力与变形能力有限，给 3D 打印结构的应用带来技术障碍。为了在工程中推广应用 3D 打印技术，3D 打印混凝土应与柔性增强材料联合使用，形成增材制造与配筋增强的一体化施工。钢丝绳抗拉强度高，且具有一定的柔度，可通过在 3D 打印喷嘴上安装钢丝绳线轴，在打印混凝土的同时，带动线轴在混凝土上布设钢丝绳来形成配筋增强构件。故钢丝绳有望与 3D 打印混凝土组合形成一种新型结构和建造方式。其中，钢丝绳与打印混凝土的粘结性能是决定打印结构整体性能的关键。

为了研究 3D 打印基体与钢丝绳之间粘结性能，本节以钢丝绳直径和打印成型方式为主要研究参数开展了试验研究，测试了钢丝绳与 3D 打印水泥基复合材料的粘结-滑移曲线，讨论了粘结性能的变化规律、粘结破坏模式和粘结性能变化机理，提出了钢丝绳与 3D 打印水泥基复合材料的粘结-滑移模型，以期为新型 3D 打印结构建造提供技术探索和科学依据。

5.2.1.1 试验概况

（1）试件设计

根据《混凝土结构试验方法标准》GB/T 50152—2012[41]规定：拔出试件应采用边长大于 10 倍钢筋直径（$10d$）的混凝土立方体试件。为防止试验加载过程中立方体试块由于应力集中导致两端劈裂破坏，试验所用的拉拔试件采用在立方体试块两端加 PVC 套管的方式予以解决。拉拔试件尺寸如图5-11所示，中间部位为粘结段，两端加PVC套管部分为非粘结段。加载端采用铝套管进行固结。

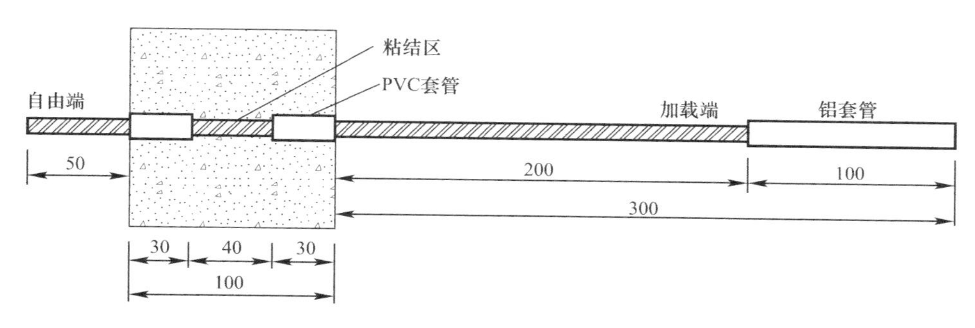

图5-11　拉拔试件尺寸（mm）

试件采用3D打印和模板浇筑两种方式制备，其中打印试件采用商用打印机打印生成，单层打印层高10mm，单层打印条宽30mm，根据试件尺寸，共计打印10层。根据打印方向和钢丝绳布置方向分为垂直打印、斜向45°打印以及平行打印3种成型方式，如图5-12所示。

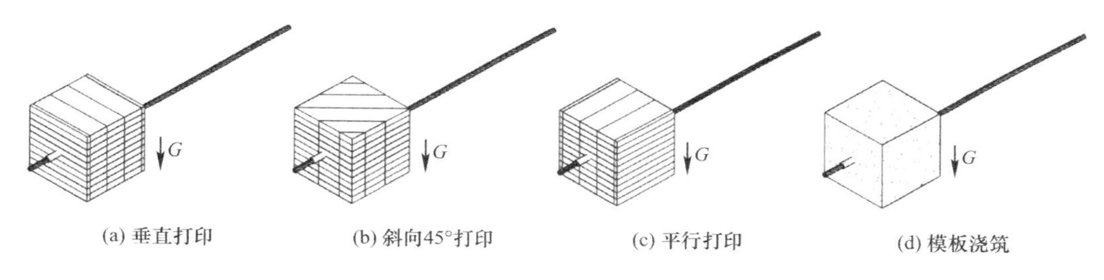

图5-12　拉拔试件设计示意

（2）试验材料

复合材料内置钢丝绳以304不锈钢为主要成分，具体材料力学参数见表5-6。3D打印水泥基复合材料采用42.5快硬早强型硫铝酸盐水泥，70-140目石英砂，35-70目石英砂，S95级粒化高炉矿渣粉，硅微粉，9mm聚乙烯醇纤维（PVA），聚羧酸高效减水剂，缓凝剂等材料制备，材料配合比（质量比）如表5-7所示。通过《建筑砂浆基本性能试验方法标准》JGJ/T 70—2009[42]推荐的方法测试了复合材料在各个打印方向上不同龄期的立方体抗压强度，测试结果如表5-8所示。

钢丝绳材料力学参数　　　　**表5-6**

捻法	捻距（mm）	钢丝直径（mm）	钢丝绳直径（mm）	钢丝抗拉强度（MPa）	钢丝绳破断拉力（N）
Z/S	42	0.38	6.02	1570	18765
	55	0.52	8.01		33350

3D打印水泥基复合材料配合比　　　　**表5-7**

水泥	矿粉	硅灰	水	石英砂	减水剂	缓凝剂
1	0.8	0.2	0.32	0.6	0.046	0.004

3D 打印水泥基复合材料抗压强度 表 5-8

荷载作用	f_{cu}（MPa）			
	1d	3d	7d	28d
M	45.8	62.9	68.7	80.4
X	41.7	52.4	57.2	70.3
Y	39.9	48.8	54.1	66.6
Z	45	56.3	62.6	74.2

注：表中 M 代表模板浇筑混凝土，X、Y、Z 分别表示荷载沿着 X、Y、Z 方向作用。

(3) 试件制作与测试

打印试件具体工艺流程如下：先将钢丝绳按间距 100mm 布置于预先设计的木方框内，然后通过计算机系统控制 3D 打印喷嘴按照预先设定的打印路径进行混凝土的 3D 打印，待混凝土打印到第五层时，将钢丝绳布置在混凝土上，随后完成 6-10 层的混凝土打印。由于打印材料具有快速凝结成型的特性，打印完成的试件在两天后进行切割，得到边长为 100mm 的立方体拉拔试件，如图 5-13 所示。

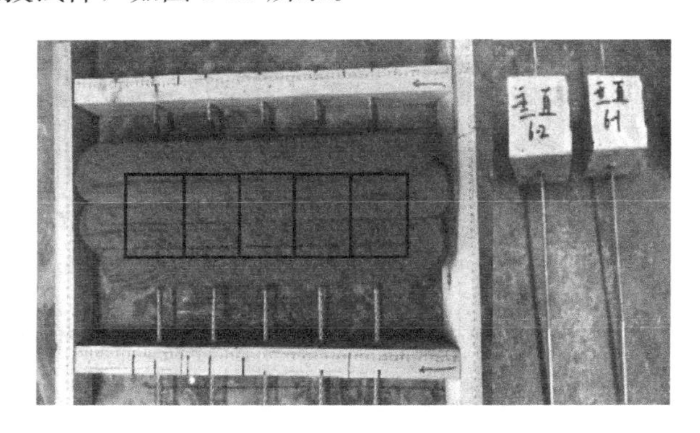

图 5-13 垂直方向拔出试件打印及切割

切割后的拉拔试件放入标准养护室（温度 20±1℃、相对湿度 95%以上）中养护 28d 后进行加载。试验共设计 8 组试件，每种直径的钢丝绳平行打印和垂直打印各设置 5 个拔出试件，斜向 45°打印设置 3 个拔出试件，模板浇筑设置 4 个拔出试件。

采用 100kN 液压万能试验机进行位移加载，预加载 0.5kN，加载速度为 0.2mm/min，直到发生粘结破坏或钢丝绳断裂时停止加载。为了防止偏拉，试验前先采用铅锤矫正钢丝绳是否垂直于加载板。在自由端及加载端各 50mm 处采用高精度位移计（LVDT）测量动态位移，具体如图 5-14 所示。

5.2.1.2 试验结果及分析

(1) 拔出试验结果

粘结破坏模式主要为钢丝绳的拔出破坏，仅一个浇筑试件由于漏浆导致粘结过强，发生了劈裂破坏，如图 5-15 所示。

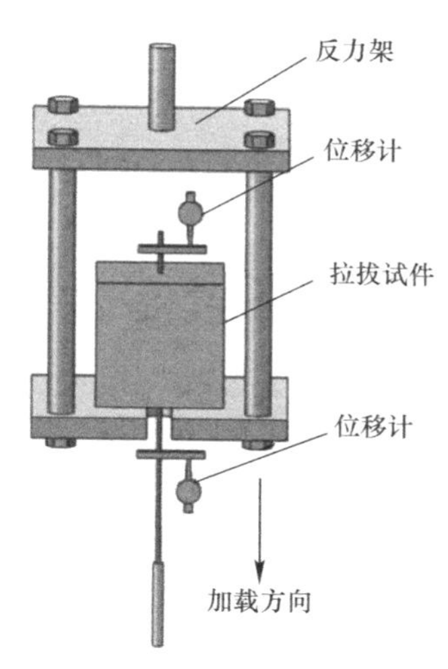

图 5-14　加载装置

(a) 钢丝绳拔出

(b) 混凝土劈裂

图 5-15　粘结失效模式

钢筋与混凝土界面单位面积上的相互作用力沿钢筋轴线方向的分力（即剪应力）称为粘结应力。平均粘结应力峰值定义为粘结强度，按式（5-1）计算。

$$\tau = \frac{P}{\pi dl} \tag{5-1}$$

式中，τ 为平均粘结应力，MPa；P 为加载端荷载，N；d 为筋材直径，mm；l 为粘结长度，mm。

拔出试验结果见表 5-9。对于相同的钢丝绳直径，采用 3D 打印制作的试件粘结强度低于模板浇筑试件的粘结强度，且平行打印试件的粘结强度高于 45°斜向打印试件的粘结强度，垂直打印试件的粘结强度最小；对于相同的试件成型方式，6mm 钢丝绳与 3D 打印复合材料的粘结性能优于 8mm 钢丝绳与 3D 打印复合材料的粘结性能。

（2）粘结-滑移曲线

钢筋的外形特征对钢筋与混凝土之间的粘结性能有很大影响[43]，钢丝绳与 3D 打印混凝土的粘结滑移曲线和普通钢筋混凝土粘结滑移曲线不同，其下降段呈波状衰减，如图 5-16所示。钢丝绳与 3D 打印混凝土的粘结滑移曲线可以分为微滑移段、非线性滑移段、粘结破坏段和下降段，具体如图 5-17 所示。

拔出试验结果 **表 5-9**

试件组别	成型方式	钢丝绳直径 (mm)	τ_u（MPa）	τ_r（MPa）	S_{uz} (mm)	S_{uj} (mm)	τ_r/τ_u	破坏模式
CZ-6-1	垂直于钢丝绳方向打印	6	10.33	4.49	0.75	1.11	0.43	筋拔出
CZ-6-2			10.60	4.70	0.79	1.17	0.44	筋拔出
CZ-6-3			10.19	4.81	0.94	1.38	0.47	筋拔出
CZ-6-4			10.58	5.03	0.92	1.36	0.47	筋拔出
CZ-6-5			10.40	5.17	0.96	1.31	0.50	筋拔出
PX-6-1	平行于钢丝绳方向打印	6	15.68	7.25	0.91	1.52	0.46	筋拔出
PX-6-2			14.28	7.97	0.90	1.53	0.56	筋拔出
PX-6-3			16.76	8.87	0.83	1.45	0.53	筋拔出
PX-6-4			16.82	7.41	1.00	1.65	0.44	筋拔出
PX-6-5			16.69	8.83	0.76	1.32	0.53	筋拔出
P45-6-1	与钢丝绳呈 45°斜向打印	6	14.38	9.52	0.85	1.42	0.66	筋拔出
P45-6-2			15.40	8.66	0.96	1.51	0.56	筋拔出
P45-6-3			14.96	8.01	0.82	1.37	0.54	筋拔出
MB-6-1	模板浇筑成型	6	21.74	11.98	1.10	2.01	0.55	筋拔出
MB-6-2			21.57	12.51	1.02	1.86	0.58	筋拔出
MB-6-3			20.81	10.61	1.07	1.89	0.51	筋拔出
MB-6-4			20.34	11.59	1.17	2.05	0.57	筋拔出
CZ-8-1	垂直于钢丝绳方向打印	8	8.36	4.14	1.21	1.53	0.50	筋拔出
CZ-8-2			10.10	4.24	1.08	1.39	0.42	筋拔出
CZ-8-3			9.14	5.02	1.04	1.34	0.55	筋拔出
CZ-8-4			9.40	4.26	1.02	1.33	0.45	筋拔出
CZ-8-5			8.25	4.22	1.27	1.56	0.51	筋拔出
PX-8-1	平行于钢丝绳方向打印	8	15.22	8.14	1.00	1.44	0.53	筋拔出
PX-8-2			12.77	6.09	0.99	1.37	0.48	筋拔出
PX-8-3			15.37	7.53	0.97	1.48	0.49	筋拔出
PX-8-4			14.42	8.08	1.03	1.50	0.56	筋拔出
PX-8-5			14.07	7.12	0.92	1.46	0.51	筋拔出
P45-8-1	与钢丝绳呈 45°斜向打印	8	11.82	6.98	0.91	1.37	0.59	筋拔出
P45-8-2			13.42	7.15	0.88	1.37	0.53	筋拔出
P45-8-3			10.94	6.16	0.73	1.27	0.56	筋拔出
MB-8-1	模板浇筑成型	8	20.27	11.15	1.20	1.99	0.55	筋拔出
MB-8-2			—	—	—	—	—	混凝土劈裂
MB-8-3			18.44	10.69	1.11	1.93	0.58	筋拔出
MB-8-4			20.49	10.56	1.16	2.01	0.52	筋拔出

注：τ_u 为粘结强度，τ_r 为残余粘结应力，S_{uz}为粘结应力峰值对应的自由端位移，S_{uj}为粘结应力峰值对应的加载端位移。

微滑移段（OA）：在拔出的初始阶段，加载端位移很小，而自由端并未开始滑移。在这一阶段，粘结滑移缓慢向自由端传递，但尚未到达自由端端部，认为钢丝绳与混凝土的界面层处于完全粘结状态。此时钢丝绳与混凝土界面间的粘结力主要为化学胶着力。

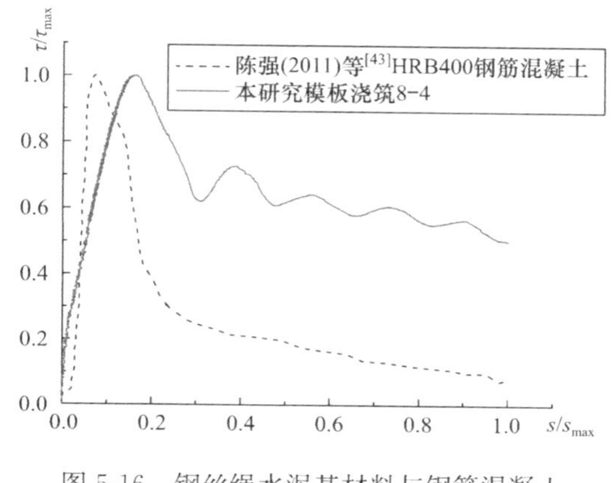

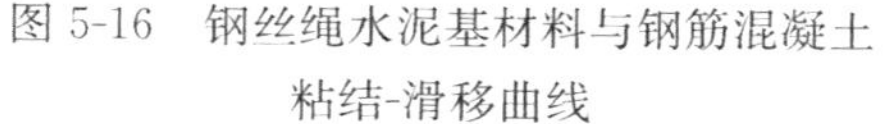
图 5-16 钢丝绳水泥基材料与钢筋混凝土粘结-滑移曲线

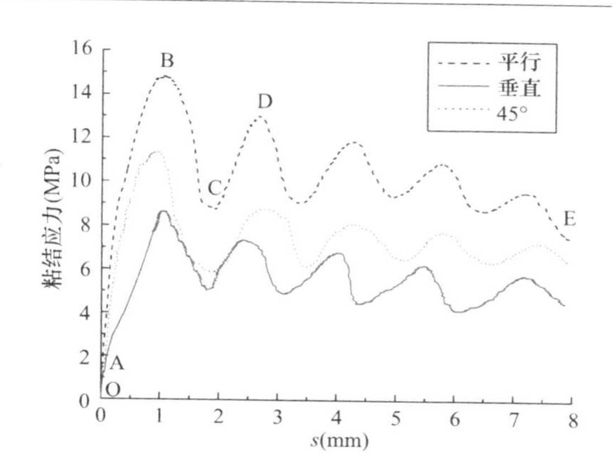

图 5-17 8mm 钢丝绳粘结-滑移曲线

非线性滑移段（AB）：随着荷载的增加，加载端附近开始产生局部脱粘，且脱粘面由加载端沿界面逐渐向自由端发展，同时化学胶着力由加载端沿界面向自由端逐渐消失。当荷载继续增大时，钢丝绳自由端开始产生滑移，且滑移量增长逐渐加快，随着荷载的进一步增大，粘结力由筋表面突出的肋与混凝土界面间的机械咬合力以及摩擦力组成，且主要为机械咬合力。

粘结破坏段（BC）：当荷载继续增大接近极限荷载时，即粘结力达到最大值后，钢丝绳转角也达到最大值，钢丝绳开始回转。此时，钢丝绳肋间螺旋状混凝土咬合破碎达到一定程度，可以明显发现加载端有混凝土粉末脱落，如图 5-18 所示，然后荷载开始下降，并且滑移发展更快，形成曲线下降段。此时粘结力仍为钢丝绳与混凝土之间的摩擦力及机械咬合力。

下降段（CE）：此时加载端和自由端滑移急剧增大，摩擦力及机械咬合力逐渐减小，荷载逐渐下降。随着界面处破碎物的不断聚集，当拔出荷载降低到荷载位移曲线第一个波谷时，钢丝绳不再回转，且未能回转到初始位置。随着滑移量进一步增大，由于钢丝绳的滑移伴随着转动，界面处堆积的破碎混凝土被挤紧，在一定程度上增大了界面处的粘结力，拔出荷载不仅不再衰减反而开始增加，继而出现第二个波峰，使得曲线下降段呈波状，在此过程中，钢丝绳有微小的往复转动，导致本书拉拔曲线与普通钢筋混凝土拉拔曲线具有不同特征。

5.2.1.3 钢丝绳/复合材料粘结性能变化机制

试验结果表明：随着 3D 打印复合材料抗压强度 f_{cu} 的增大，钢丝绳拔出过程中产生的环向拉应力越大，粘结强度也越大。对比粘结强度可以发现：平行于钢丝绳方向打印的试件，粘结强度小于模板浇筑的粘结强度并大于垂直于钢丝绳方向打印的粘结强度，主要是因为：模具浇筑的试件振捣均匀，较为密实，而 3D 打印试件由于打印层间和条间缺陷，内部会存在一些细微缝隙，减少了粘结面积，因此模具浇筑试件的粘结强度最大。对于打印成型的拉拔试件，钢丝绳均布置在第五层和第六层层间，具有相同的层间缺陷，但条间缺陷随着打印角度的不同而有所不同。垂直方向条间缺陷大于斜向 45°的，平行方向的最小（图 5-19），层间缝隙与条间缝隙的耦合造成打印试件粘结强度降低。对于相同的试件成型方式，直径 6mm 的钢丝绳，保护层相对厚度（c/d）较大，对中心钢丝绳的环向约束也较大，因此其粘结强度会大于直径 8mm 的钢丝绳与复合材料的粘结强度。

图 5-18　界面处 3D 打印复合材料局部破碎拉出

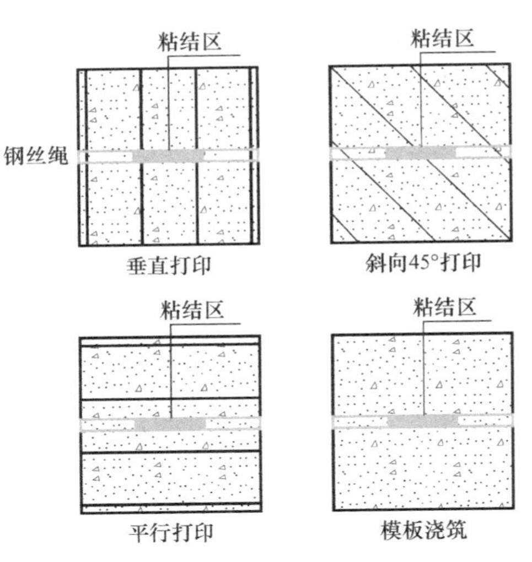

图 5-19　拔出试件条间缺陷

加载过程中，筋材的螺旋肋对混凝土产生了斜向挤压力 σ、滑动时与其产生了摩擦力 f，两者沿钢筋的纵向分力 σ_τ 与摩阻力 τ_f 一起构成粘结力 τ；其沿钢丝绳的径向分力在外层混凝土产生了环向拉应力 σ_θ（图 5-20），从而导致混凝土劈裂[39]。试验过程中发现一浇筑试件由于水泥基复合材料在振动过程中进入 PVC 管，导致粘结段增大，最终混凝土发生劈裂破坏。普通钢筋混凝土拔出试件劈裂主要是沿着一条纵向主裂缝劈裂破坏（图 5-21）[44]，而本研究中浇筑试件劈裂裂缝呈放射状。当荷载达到最大值时试件发生劈裂，产生了一条纵向主裂缝，由于复合材料中掺有纤维，大大提高了复合材料的延性，因此试件仍可继续加载，随着位移的持续加载，主裂缝逐渐扩展并产生新的裂缝，故本书试件发生劈裂后的荷载-位移曲线仍有下降段。图 5-22 给出了发生劈裂试件的粘结-滑移曲线与拔出试件粘结-滑移曲线的对比，可以发现发生劈裂后曲线下降段更陡，劈裂裂缝对粘结-滑移曲线下降段形式有着较为明显的影响。并且由于裂缝的出现，复合材料对绳材的约束减小，钢丝绳在拔出过程中的转动效应已不明显。

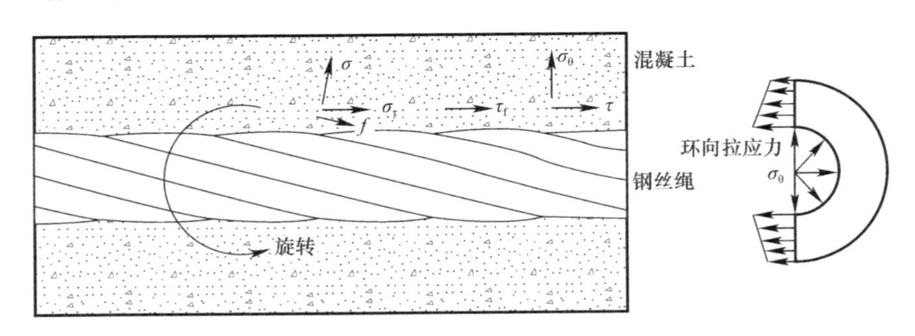

图 5-20　粘结机理示意图

由于钢丝绳在拔出过程中伴随着转动，导致其粘结-滑移曲线下降段呈振幅逐渐减小的波状衰减，即偏态的多峰衰减曲线，与普通钢筋拔出试验不同。牟晓光[45]在预应力螺旋肋钢丝拔出试验中测试了钢丝转角与粘结应力的关系，发现转角曲线和粘结滑移曲线波峰波谷一一对应。但与螺旋肋钢丝混凝土拔出试验不同的是，钢丝绳与3D打印复合材料粘结滑移曲线的下降段较为平缓，残余粘结力较大，残余粘结应力与粘结强度比值在0.5左右，如图5-23所示。这主要是本研究中拉拔试件的基体材料为复合材料，材料中的纤维对水泥基材料内部微裂缝的开展和基体破裂具有一定的限制作用。

图5-21 普通钢筋混凝土劈裂破坏[44]

5.2.1.4 钢丝绳与3D打印复合材料粘结滑移计算模型

模具浇筑的钢丝绳拉拔试件，由于不需要考虑打印方向，其粘结强度和混凝土的抗拉强度大致呈正比[45,46]。为消除复合材料抗拉强度对粘结强度的影响，将模具浇筑试件的粘结强度除以 f_t 得到的 φ 值来关联保护层相对厚度（c/d）对粘结性能的影响。当 d 为6mm时，$c/d=7.5$，$\varphi=\tau_u/f_t=4.19$；当 d 为8mm时，$c/d=5.5$，$\varphi=\tau_u/f_t=3.91$。f_t 通过劈裂抗拉试验测得为5.05MPa。可以看出保护层厚度对粘结强度具有较为明显的影响，考虑这一影响可以得到模具浇筑试件的粘结强度计算公式为：

$$\tau_u=\left(3.14+0.14\frac{c}{d}\right)f_t \tag{5-2}$$

3D打印的钢丝绳拉拔试件，粘结力与钢丝绳垂直的两个方向上3D打印复合材料的抗拉强度有关。统计试验数据可得，平行打印试件、斜向45°打印试件、垂直打印试件的粘结强度分别为模具浇筑试件的74%、66%和43%，引入粘结强度折减系数 α，对模具浇筑极限强度进行修正可以得到打印试件的粘结强度：

$$\tau_u=\left(3.14+0.14\frac{c}{d}\right)\alpha f_t \tag{5-3}$$

式中：α 为不同打印方向对应的粘结强度折减系数，对于平行打印、斜向45°打印、垂直打印分别取0.74、0.66、0.43。

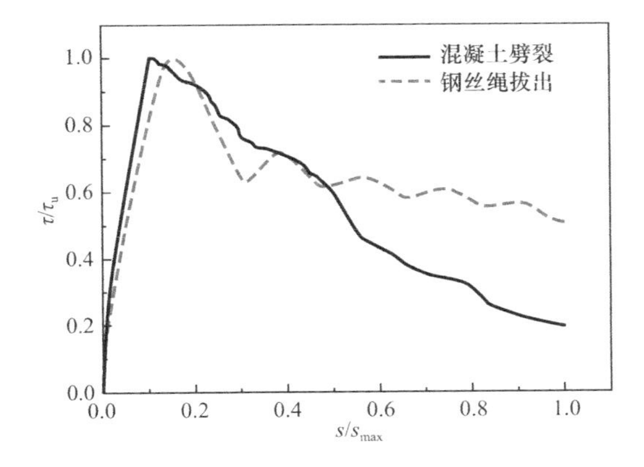

图5-22 劈裂试件的荷载-滑移曲线

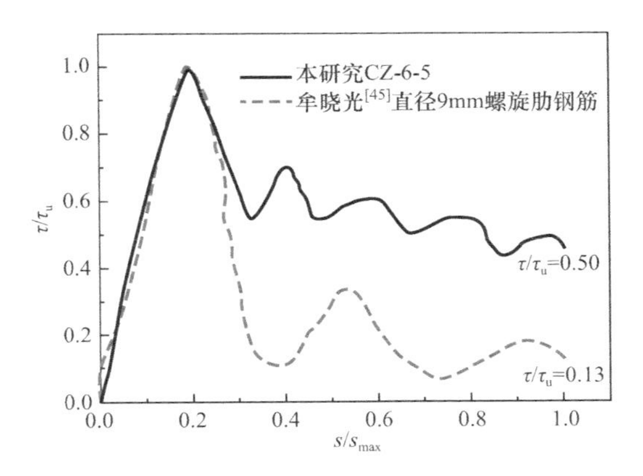

图5-23 钢丝绳与预应力筋粘结-滑移曲线对比

针对变形钢筋的局部粘结滑移性能，各国学者建立了很多粘结滑移曲线模型，一般简化为多段式折线曲线模型，最常用的为欧洲规范 CEB Model Code[47] 推荐的四段式局部粘结滑移模型。对于本书试验结果，上升段采用欧洲规范模型具有较高的拟合度，但钢丝绳在拔出过程中，伴随着钢丝绳的旋转，粘结-滑移的下降段为波状衰减，且混凝土中掺有纤维，残余粘结强度较大，现有模型很难予以模拟。但是高斯方程可以很好地反映下降段和波状衰减规律，综合 CEB 模型和高斯方程，本书给出了如式（5-4）所示的粘结-滑移计算模型。

$$\tau=\begin{cases}\tau_u(s/s_u)^{\beta} & 0\leqslant s\leqslant s_u\\ \tau_u+\sum\dfrac{A_i}{w_i\sqrt{\dfrac{\pi}{2}}}\exp\{-2[(s-s_{ci})/w_i]^2\} & s_u\leqslant s\leqslant s_{max}\end{cases}\tag{5-4}$$

式中，s_u 为极限粘结力时对应的滑移；$\beta=0.6$；A_i 为下降段峰面积即积分强度，w_i 为下降段峰的半高宽，s_{ci}为下降段峰的位置。参数 A_i、w_i、s_{ci}取值见表 5-10，拟合结果和试验结果的对比如图 5-24 所示，二者较为吻合。

模型参数取值 **表 5-10**

成型方式	s_u	w_1	w_2	s_{c1}	s_{c2}	A_1	A_2
模板浇筑	1.02	0.94	0.95	2.20	3.78	−9.19	−9.23
平行打印	0.86	0.90	0.76	2.03	3.07	−5.46	−6.09
斜向 45°打印	0.90	0.93	0.58	2.01	3.12	−5.46	−3.58
垂直打印	0.91	0.91	0.51	2.06	3.05	−4.96	−2.78

5.2.2 刚性筋材与打印混凝土的粘结性能

尽管柔性筋材适用于打印工艺实现一体化数字建造，但是刚性筋材对打印混凝土的增强和协作效率更为显著。目前最方便的做法是在打印[19]时将刚性筋材嵌入混凝土中，利用打印混凝土湿态流动和硬化成型形成复合结构；由于层间存在较大孔隙缺陷，使得筋材接触侵蚀介质风险显著增大，3D 打印混凝土的条带挤出方向及路径的变化，使得打印材料呈现显著空间各向异性[48-50]。混凝土条带间存在孔隙缺陷，不可避免地会降低 3D 打印配筋混凝土结构的耐久性，打印配筋结构耐久性设计成为核心关键技术。

纤维增强聚合物（FRP）筋是一种很有效的钢筋替代品，它具有轻质高强、耐腐蚀、低成本、易于操作和良好的抗疲劳性能，能够很好地解决钢筋混凝土结构中的钢筋锈蚀问题。相关研究和工程应用表明，将玄武岩纤维增强聚合物（BFRP）筋应用到混凝土结构中具有众多优势[51,52]。现阶段关于 BFRP 筋混凝土结构的承载力[53,54]、损伤机理[55]和界面粘结[56,57]的研究较为充分。然而，FRP 筋增强 3D 打印钢筋混凝土结构的研究尚罕见报道。

由于打印条带间的界面是打印配筋结构的薄弱环节，因此，BFRP 筋与 3D 打印混凝土能否实现有效粘结，是两者协同工作的技术关键。为了确定不同的打印方法对 BFRP 筋和打印混凝土粘结影响机制，本节以打印方向与筋材角度、筋表面形态为参变量，设计开展了粘结性能试验研究，为 BFRP 筋打印混凝土结构的适用性研究提供技术借鉴。

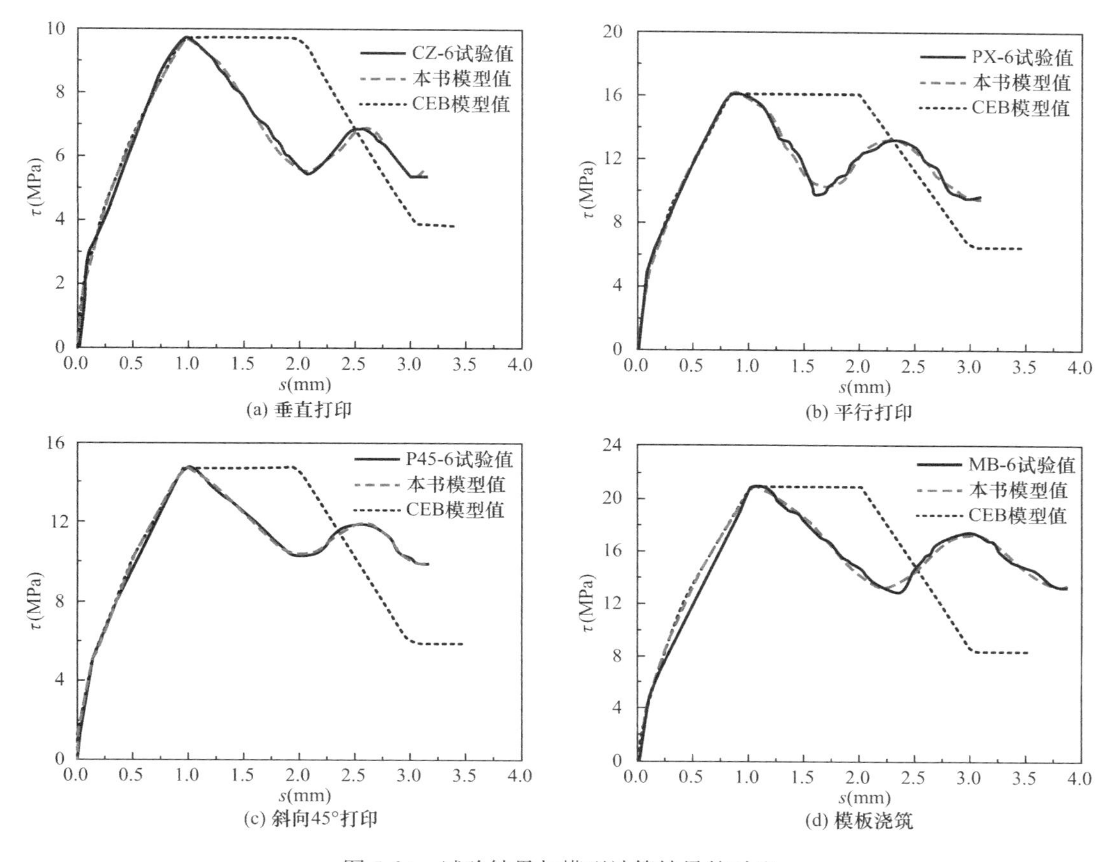

(a) 垂直打印　(b) 平行打印　(c) 斜向45°打印　(d) 模板浇筑

图 5-24　试验结果与模型计算结果的对比

5.2.2.1　粘结性能试验

试验所采用的 3D 打印混凝土为以 42.5 硫铝酸盐水泥、矿粉和硅灰为胶凝剂，以粒径为 0.1-0.5mm 的细砂作为骨料的高性能水泥基复合材料[58]。采用葡萄糖酸钠作为缓凝剂来调整凝固时间，采用聚羧酸盐型减水剂，提高了材料的流动性，使混凝土材料达到打印要求。将聚乙烯醇（PVA）纤维掺入 3D 打印混凝土中，提高其延展性和抗裂性。3D 打印混凝土材料各个方向的抗压强度见表 5-8。

BFRP 筋采用直径为 10mm 的两种不同表面形态的筋材。如图 5-25 所示，BFRP 筋

(a) 粘砂BFRP筋　(b) 光滑BFRP筋

图 5-25　BFRP 筋的表面形式（单位：mm）

的外层用编织玄武岩纤维包裹（称为“光滑”BFRP筋）或用砂子粘结（称为“粘砂”BFRP筋），以保护表面并增强BFRP筋与周围打印材料之间的结合强度。BFRP筋的力学性能如表5-11所示。

BFRP筋的物理力学性能　　表5-11

密度（kg/m³）	直径（mm）	抗拉强度（MPa）	弹性模量（GPa）	延伸率（%）
2100	10	750	40	2

根据《混凝土结构试验方法标准》GB/T 50152—2012[41]规定：拔出试件应采用边长大于10倍钢筋直径（10d）的混凝土立方体试件，埋入部分长度和无粘结部分长度各为5d，自由端部长度不小于20mm，加载端长度不小于300mm。依据此要求，本试验设计的混凝土试件尺寸为150mm的立方体，直径10mm BFRP筋置于混凝土正中间，钢筋和混凝土的粘结长度为50mm，自由端长度为50mm，加载端长度为300mm。为防止加载过程中立方体混凝土试块由于应力集中导致两端劈裂，采用在BFRP筋两端加PVC套管的方式，具体尺寸如图5-26所示。

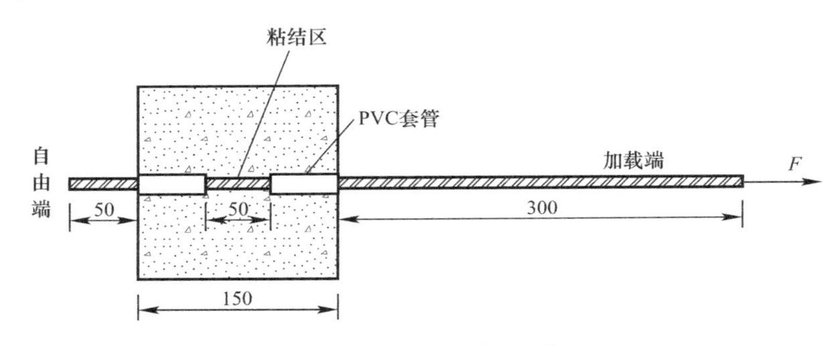

图5-26　试件的具体尺寸（单位：mm）

根据打印方向不同，将3D打印混凝土试件分为平行打印试件、斜向（45°）打印试件和垂直打印试件（图5-12），模板浇筑及每种方向各制作3个平行试件，两种BFRP筋表面形式共计24个试件。

试件使用HC-3DPRT混凝土（砂浆）3D打印系统进行打印（图5-27）。3D打印混凝土通过连接在钢平台上的V形储料仓上的打印头挤出。打印头可以在平台上的X、Y和Z方向移动。为了制作试件，首先使用与打印机配套的搅拌机拌合可打印混凝土，然后将新鲜的混凝土运输到V形存储箱，最后通过搅拌刀片从打印头挤出。3D打印试件按此操作逐层打印制作。打印速度设定为5cm/s，打印挤出口为直径30mm的圆形，在重力挤压作用下成型后层厚为10mm，条宽为30mm。一个标记有刻度的木制框架被用来确保BFRP筋被放置在正确的位置，如图5-27所示。为了便于进行拉拔试验，打印完成两天后将试件切成边长为150mm的立方体。制作模板浇筑试件时，将搅拌好的混凝土材料倒入模板内，并在振动台上振捣均匀，浇筑两天后进行拆模。

根据ACI 440.3R-04[59]和《混凝土结构试验方法标准》GB/T 50152—2012[41]，通过拉拔试验对3D打印混凝土与BFRP筋的粘结性能进行了测试。试件在标准养护28d后加载，加载速率为0.1mm/min。在拉拔试验中记录荷载和滑移，得到荷载-滑移曲线。用三个位移计测量了加载段和自由端位移，用试验机的荷载测试仪测量了施加的载荷大小。

(a) 3D打印系统

(b) 挤料仓

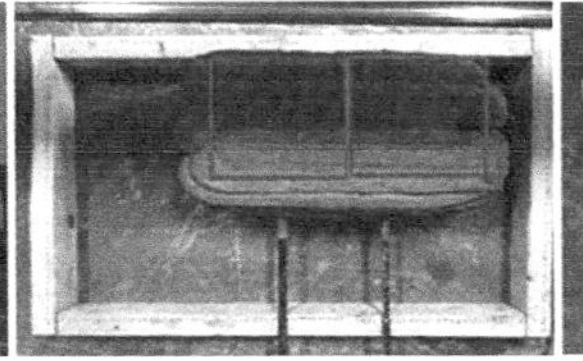
(c) 打印框架内打印

(d) 切割

(e) 模板浇筑

图 5-27 打印系统和拉拔试件

5.2.2.2 试验结果与分析讨论

(1) 破坏模式

试验中观察到的破坏模式如图 5-28 所示。相关研究[60]表明，当 FRP 筋与混凝土的粘结长度大于其直径的 5 倍时，FRP 筋与混凝土粘结破坏的主要形式通常是混凝土劈裂；当粘结段长度小于筋材直径的 5 倍时，会发生拔出破坏，而当粘结长度等于筋材直径的 5 倍时，两种失效模式都有可能会发生。在本试验研究中，粘结段长度是直径的 5 倍，最终的试验结果也观察到三种破坏模式分别是拔出破坏、劈裂破坏和拔出并劈裂破坏（图 5-28）。其中拔出破坏是指 BFRP 筋从混凝土中完整拔出，试件未发生劈裂破坏；劈裂破坏是指在加载过程中，当荷载仍在增加，尚未达到最大粘结力，粘结滑移曲线仍然在上升段，试件突然发生劈裂，分成两半；拔出并劈裂破坏是指当荷载已经达到最大荷载，开始下降时即粘结滑移曲线的下降段，试件突然劈裂。从图 5-28(d)中还可以看出，在拉拔过程中，大量的砂粒从粘砂 BFRP 筋上脱落。拔出后，粘砂 BFRP 筋的直径减少了 0.5-1mm。光滑 BFRP 筋在加载过程中也会发生磨损（图 5-28e），但与粘砂筋相比磨损程度较轻。拔出后，光滑 BFRP 筋表面出现划痕，但其直径没有明显减小。

(a)拔出

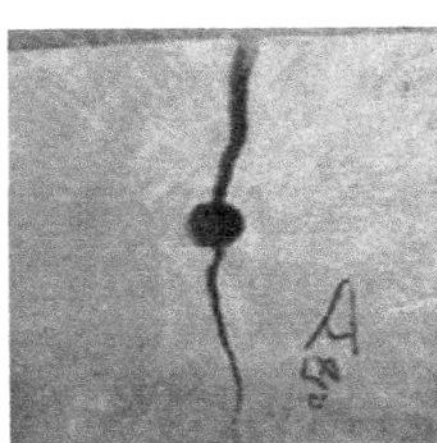
(b)劈裂

(c)拔出并劈裂

(d)粘砂脱落损坏

(e) 划痕损坏

图 5-28 破坏模式

(2) 粘结性能

BFRP 筋与混凝土的粘结强度一般是指粘结区段的平均粘结强度，可按照式（5-1）计算。最大粘结应力为粘结滑移曲线上升段的峰值，残余粘结应力为曲线下降段的最低值。残余粘结应力与最大粘结应力之比可视为粘结强度的残余率，计算如式（5-5）所示：

$$\lambda = \frac{\tau_u}{\tau_0} \tag{5-5}$$

式中，λ 为粘结强度的残余比，τ_0 为最大粘结强度，τ_u 为残余粘结强度。试验的结果汇总在表 5-12 和表 5-13 中。

粘砂 BFRP 筋试件拉拔试验结果 表 5-12

试件编号	τ_0(MPa)	τ_u(MPa)	λ	自由端位移(mm)	加载端位移(mm)	失效模式
MB-PB-1	26.57	17.15	0.65	0.54	2.72	P/S
MB-PB-2	28.17	14.33	0.51	0.59	2.85	P
MB-PB-3	28.74	16.59	0.58	0.67	2.91	P
PX-PB-1	22.81	13.33	0.58	0.49	2.35	P
PX-PB-2	24.27	12.84	0.53	0.56	2.54	P/S
PX-PB-3	23.79	11.90	0.50	0.52	2.33	P
CZ-PB-1	20.48	11.80	0.58	0.52	2.03	P
CZ-PB-2	20.65	11.74	0.56	0.48	2.15	P
CZ-PB-3	19.41	11.23	0.58	0.56	2.06	P
45-PB-1	23.59	13.04	0.55	0.58	2.21	P
45-PB-2	22.58	13.87	0.57	0.49	2.27	P
45-PB-3	22.76	11.25	0.51	0.55	2.39	P

注：试件编号由三部分组成；第一部分表示打印方向，如：MB 为模板浇筑，PX 为平行打印，45 为斜向 45°打印，CZ 为垂直打印；第二部分表示筋材类型，如：PB 表示粘砂 BFRP 筋；第三部分表示平行试件序号。失效模式 P 为拔出破坏，S 为劈裂破坏。下同。

光滑 BFRP 筋试件的拉拔试验结果 表 5-13

试件编号	τ_0(MPa)	τ_u(MPa)	λ	自由端位移(mm)	加载端位移(mm)	失效模式
MB-B-1	23.94	—	—	1.35	3.04	S
MB-B-2	25.71	14.74	0.37	1.42	3.12	P
MB-B-3	24.82	14.09	0.36	1.33	3.31	P
PX-B-1	21.35	—	—	1.29	3.16	S
PX-B-2	22.79	9.69	0.27	1.32	3.08	P
PX-B-3	21.42	9.98	0.3	1.46	2.98	P
CZ-B-1	13.51	—	—	1.01	2.22	S
CZ-B-2	18.84	7.13	0.24	1.36	2.75	P
CZ-B-3	18.91	7.69	0.29	1.27	2.43	P
45-B-1	15.46	—	—	1.37	2.64	S
45-B-2	20.07	9.89	0.31	1.25	2.83	P
45-B-3	21.94	11.46	0.33	1.34	2.79	P

图 5-29 为 BFRP 筋与 3D 打印混凝土的典型粘结滑移曲线，参考 BFRP 筋与普通混凝土之间的粘结滑移曲线[61,62]，可以大致分为四个阶段分别是：（Ⅰ）微滑移阶段，（Ⅱ）滑移阶段，（Ⅲ）下降阶段和（Ⅳ）残余阶段。众所周知，组成 BFRP 筋与混凝土的粘结性能的主要有三部分力，分别是：化学胶着力、摩擦力和机械咬合力。在不同的加载阶段，不同作用力相互组合发挥作用。微滑移阶段开始时，加载端发生弹性伸长并发生微小滑移，自由端无滑移。随着荷载的增大，微滑移逐渐从加载端向自由端扩散，这一阶段，主要由化学胶着力提供 BFRP 筋与 3D 打印混凝土之间的粘结力，粘结滑移曲线的斜率变化非常小。在滑移阶段，此时自由端开始出现滑移，粘结段的化学胶着力减小，BFRP 筋与混凝土之间的摩擦力和机械咬合力发挥主要作用，粘结滑移曲线斜率减小，拉拔荷载达到峰值。

粘结滑移曲线达到顶点后，滑移量继续增大，BFRP 筋开始逐渐被拔出，筋材表面被混凝土磨损。在下降阶段，粘结应力的迅速降低可以归因于 BFRP 筋表面发生剥离破坏。此时，是摩擦力和机械力产生了对外部载荷的阻力。在残余阶段，随着 BFRP 筋表面的累积损伤，由于摩擦的作用，施加的荷载更多地从筋材转移到混凝土基体上，在拉拔阶段仍有较大的残余粘结强度。随着滑移量的继续增加，粘结曲线略微有所上升后又下降，本次试验中不同打印方式和不同筋材类型试件的粘结滑移曲线如图 5-30 所示。

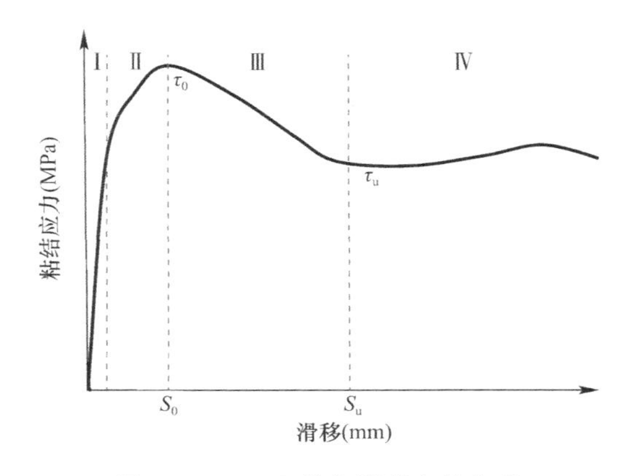

图 5-29　BFRP 筋与混凝土的典型粘结滑移曲线

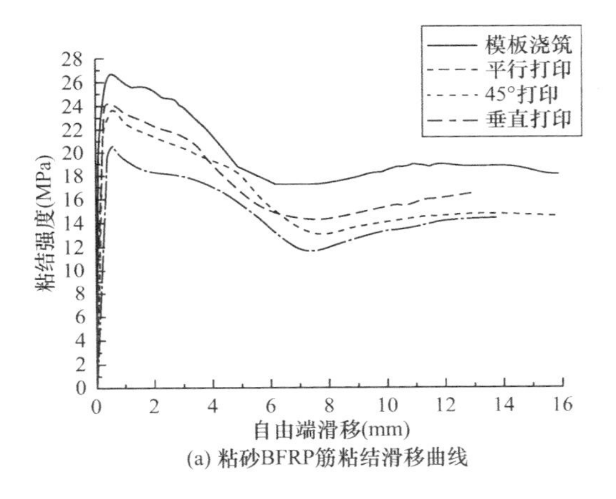

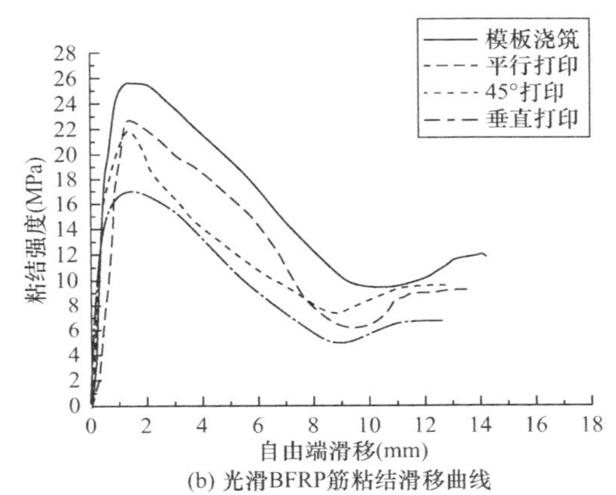

图 5-30　BFRP 筋试件粘结滑移曲线

根据上述试验数据和粘结滑移曲线，并结合相关 FRP 筋与普通混凝土的试验情况，对 BFRP 筋与 3D 打印混凝土的粘结机理及影响因素进行分析：

1）对比两种不同表面形态 BFRP 筋的试验结果可以发现，BFRP 筋的表面形态对 BFRP 筋与 3D 打印混凝土的粘结影响较大。粘砂 BFRP 筋表面粗糙度有利于摩擦，突出的砂粒也提供了机械咬合力，在相同的打印条件下，粘砂 BFRP 筋与 3D 打印混凝土的峰值粘结强度高于光滑 BFRP 筋。此外，粘砂 BFRP 筋的峰值应力对应的自由端滑移较小，粘砂 BFRP 筋的峰值粘结应力对应的自由端滑移为 0.48-0.67mm，光滑 BFRP 筋的峰值粘结应力为 1.25-1.46mm，这也证明了粘砂 BFRP 筋与 3D 打印混凝土粘结得更加牢靠。

BFRP 筋的表面形态对粘结滑移曲线也有一定的影响。在起始阶段，粘结力主要由水泥硬化引起的化学胶着力提供；因此，两种 BFRP 筋在这一阶段的曲线较为相似。然而，一旦摩擦力和机械力占主导地位，两种不同表面形态之间就表现出了一定的区别。粘砂 BFRP 试件的粘结强度残余率比较高，残余粘结强度主要来自于摩擦力，其次是机械咬合力，使得在残余阶段，与光滑的 BFRP 筋相比，残余粘结强度更高。

2）粘砂 BFRP 筋和光滑 BFRP 筋都与 3D 打印混凝土之间形成了良好的粘结，粘结强度优于 FRP 筋与普通混凝土之间的粘结强度。为了证明本次试验所采用的 3D 打印混凝土与 BFRP 筋之间形成了良好的粘结性能，将相关文献中 BFRP 筋与普通混凝土的拉拔粘结试验结果（表 5-14）与 3D 打印混凝土进行了比较，从表 5-12-表 5-14 的对比可以看出，粘砂 BFRP 筋与 3D 打印混凝土的最大粘结力在 22-28MPa 之间，光滑 BFRP 筋与 3D 打印混凝土的粘结力在 15-23MPa 之间，而一般混凝土与 FRP 筋的粘结强度多在 15MPa 左右。将试验粘结滑移曲线也与普通混凝土的粘结滑移曲线进行了对比，为了排除筋材直径和混凝土强度对粘结性能的影响，对粘结峰值进行了归一化处理，图 5-31 对比了标准化的粘结-滑移曲线。可以看出，3D 打印混凝土试件在峰值荷载前的滑移明显小于普通混凝土试件，这也说明 3D 打印混凝土具有较好的粘结性能。粘砂 BFRP 筋与 3D 打印混凝土的残余粘结强度为峰值粘结强度的 40%-60%，而光滑 BFRP 筋与 3D 打印混凝土的残余粘结强度为峰值粘结强度的 24%-37%。众所周知，残余强度主要由覆盖层材料的侧向力决定。本次试验所采用的 3D 打印混凝土是一种高强度的复合材料，它含有一定数量的高性能纤维（PVA），限制了微裂缝的发展，并允许混凝土发挥足够的约束力。因此，3D 打印混凝土试件的残余粘结强度比嵌有相同表面类型 BFRP 筋的普通混凝土试件高。

BFRP 筋与普通混凝土的粘结强度试验 **表 5-14**

作者	直径（mm）	粘结强度（MPa）	滑移（mm）	粘结长度（mm）	混凝土强度（MPa）
徐文锋等[63]	9.6	15.88	2.23	48	37.7
	10.4	18.56	1.68	53.55	37.7
杨超等[57]	8	19.49	1.50	40	36.29
	12	17.75	3.14	60	36.29
	8	21.09	1.77	20	36.29
	12	20.27	2.3	30	36.29
Altalmas 等[64]	12	25.8	2.27	60	60
Ma 等[65]	16	16.43	3.72	80	35
	16	18.06	2.15	80	35
Liu 等[66]	16	11.11	3.47	80	42.5
	16	14.81	4.92	80	55.5
	16	17.36	2.67	80	60.9
Li 等[67]	8	17.9	0.55	40	45
Dong 等[68]	8	19.52	2.52	40	52.9
Hassan 等[69]	12	16.48	1.08	60	30
	12	20.43	1.50	60	30
	8	19.03	0.32	40	30
单炜等[70]	10	20	0.91	7.83	30
	8	50	1.12	19.50	20
	12	90	1.90	16.45	40
Li 等[71]	10	13.52	3.20	50	35.3
	10	16.33	2.72	100	35.3
	10	14.58	0.65	150	35.3

3）试件的成型方式对粘结性能有较大影响，模板浇筑试件的粘结性能优于 3D 打印试件，3D 打印的拉拔试件中，平行打印试件的粘结性能最优，斜向 45°打印的试件粘结强度

略低于平行打印试件的粘结强度，垂直打印试件的粘结强度最低。3D打印试件的打印层之间和打印条之间都存在不同的缺陷，层条之间的接触部分不密实、孔隙率大，往往是3D打印混凝土结构的薄弱部位，造成了3D打印混凝土具有明显的各向异性。而模板浇筑试件在制作时经过振捣均匀，不同方向的材料力学性能差异不大，对BFRP筋的握裹更加紧密，粘结性能比3D打印制作的试件好。在试件制作时，在相同打印混凝土层之间放置了BFRP筋，因此可以认为层间缺陷对所有打印试件粘结性能的影响大致相同。但是，条间缺陷的影响是不同的，它们随着BFRP筋与打印路径之间夹角的变化而变化。

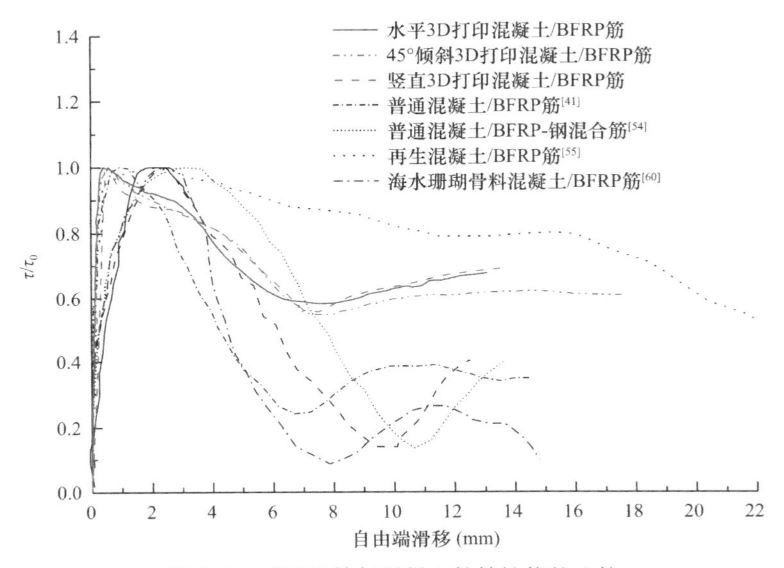

图5-31 BFRP筋与混凝土粘结性能的比较

如图5-32所示，将3D打印混凝土条带间的裂缝放大展示，以阴影部分来表征条间裂缝缺陷对粘结区段的影响。平行打印试件的BFRP筋置于打印条宽的中间位置，不与条间裂缝相交。对于斜向45°打印试件和垂直打印的试件，BFRP筋粘结区段均与条间裂缝有相交部分。所以可以认为，平行打印试件的粘结性能只受层间缺陷的影响，而斜向打印和垂直打印的试件均受层间缺陷和条间缺陷的共同影响。假设层间缺陷对粘结性能的影响可以用层间折减系数β来表示，扫描得到层间缺陷部分的孔隙率为2.89%，非层间缺陷部分孔隙率为2.57%，粘结强度与FRP筋与混凝土的接触面积有关。因此，增大孔隙率表明接触面积变小。根据检测到的峰值，层间粘结折减系数，β可以取值为0.875。

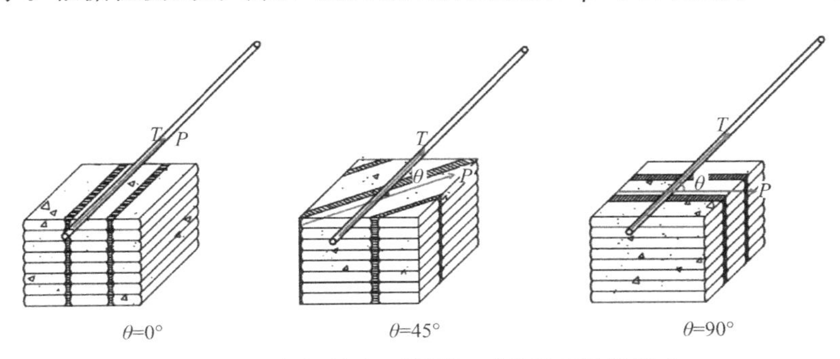

图5-32 条间缺陷（阴影）对粘结区段的影响

为确定条间缺陷随着打印角度变化对打印试件粘结性能的影响，在图 5-33 中将条间裂缝简化为直线，演示了各个打印角度下，条间裂缝与粘结区段相交的情况。假设打印方向与 BFRP 筋之间的夹角为 θ，可以结合几何计算粘结区段粘结面积的减少来确定条间折减系数 α。当 $0°\leqslant\theta\leqslant40.5°$时，打印条带间的裂缝并未与 BFRP 筋粘结段相交；而当 $40.5°<\theta<63°$时，与 BFRP 筋相交的条间裂缝为椭圆周长的一部分；最后，当 $63°<\theta<90°$时，与 BFRP 筋相交的条间缺陷为一个完整的椭圆。打印试件中 BFRP 筋与条间裂缝的横截面关系示意图如图 5-32 所示。条间缺陷裂缝与 BFRP 筋粘结段相交部分的交界裂缝 C 的长度计算如下：

$$C=\begin{cases}0 & 0°\leqslant\theta\leqslant40.5° \\ 2\left(\dfrac{25\sin\theta\cos\theta-15\cos\theta+r}{2r}\right)\left[2\pi r+4\left(\dfrac{r}{\sin\theta}-r\right)\right] & 40.5°<\theta<63° \\ 2\left[2\pi r+4\left(\dfrac{r}{\sin\theta}-r\right)\right] & 63°\leqslant\theta\leqslant90°\end{cases} \tag{5-6}$$

式中，r 为 BFRP 筋的半径，θ 为打印方向与 BFRP 筋的夹角。

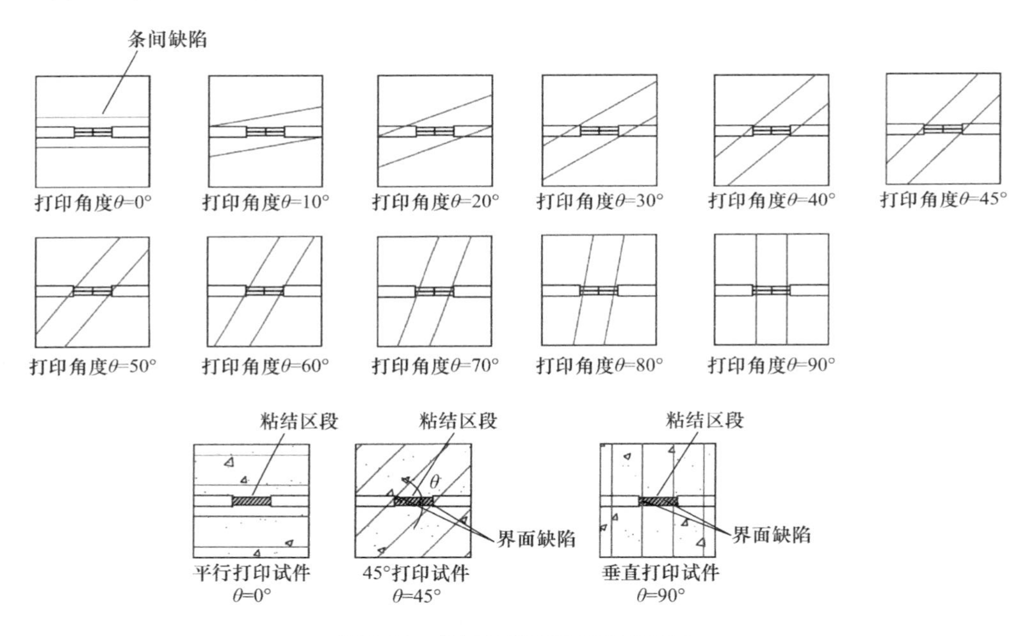

图 5-33　条间缺陷对粘结段的影响

为了直观地表征打印结构的层间和条带界面之间的缺陷，通过计算机断层成像（CT）分析打印试件的微观结构（尺寸：60mm×40mm×80mm），如图 5-34 所示。选择 170kV 的加速电压和 150μA 的 X 射线电流以产生扫描图像，根据三维扫描图像进一步分析了打印试件的孔隙率分布。众所周知，粘结强度与 FRP 筋与混凝土的接触面积有关。因此，孔隙率的增加意味着接触面积的减小。

如图 5-33 所示，筋材与打印路径的夹角决定了条间缺陷对粘结性能的影响。假设由于条间缺陷折减系数是 α，并且条间缺陷对粘结强度的影响是均匀的，则由条间缺陷引起的折减系数 α 可通过粘结段面积的减小来计算，如式（5-7）所示。

$$\alpha = \frac{\pi dl - \varepsilon C}{\pi dl} \tag{5-7}$$

式中，ε 为图 5-35 所示的缺陷平均宽度，d 为 BFRP 筋的直径，l 为粘结长度。

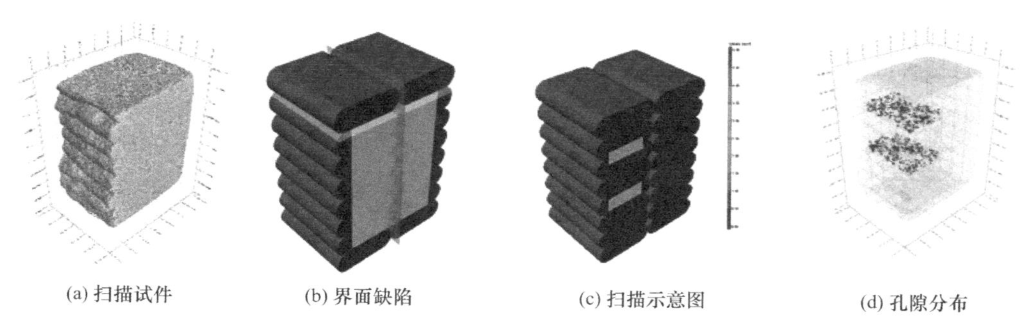

图 5-34 3D 打印标本的 CT 扫描及层间孔隙分布

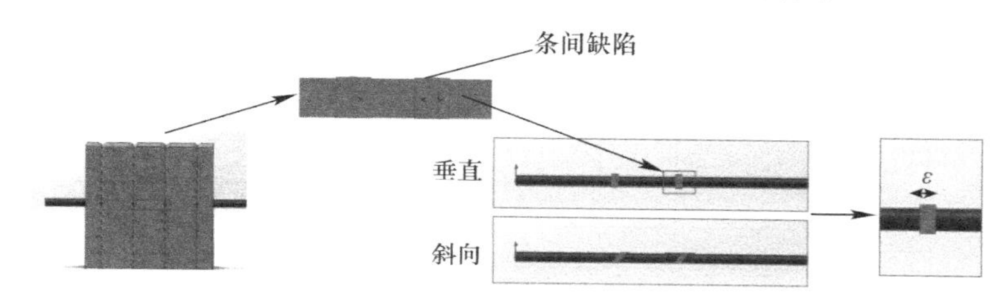

图 5-35 条间缺陷对粘结段的影响

图 5-36 所示为打印试件条间缺陷的分布情况，在条间相互接触的位置可以观察到更多的孔隙。根据扫描数据结果，测得的条带孔隙总体积为 1218.46mm，条带孔隙总体积为 174.065mm^3，可将缝隙截面简化为矩形近似估算（图 5-37），则等效条间裂缝宽度 ε 为 0.435mm。

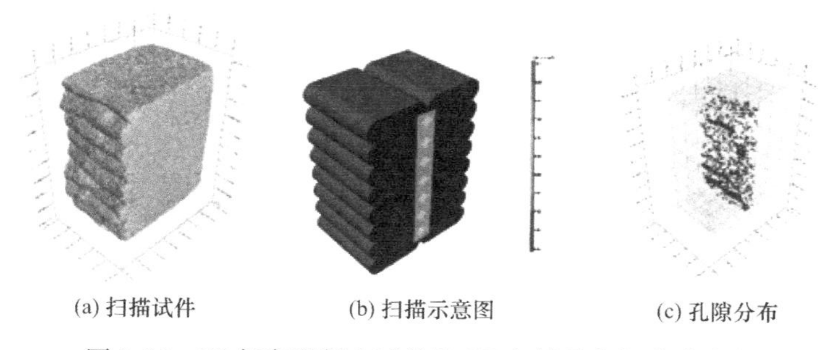

图 5-36 3D 打印混凝土试件的 CT 扫描及条间孔隙分布

考虑到不同打印方向的 3D 打印混凝土试件由于条间和层间的缺陷而导致的粘结强度降低，可根据模板浇筑试件的粘结强度，利用式（5-8）估算出不同打印方向的 3D 打印试件的粘结强度。

$$\tau_0 = \alpha\beta\tau_{M0} \tag{5-8}$$

式中，β 为层间缺陷折减换算系数；α 是条间缺陷折减系数；τ_{M0} 是模板浇筑试件的最大粘结强度。

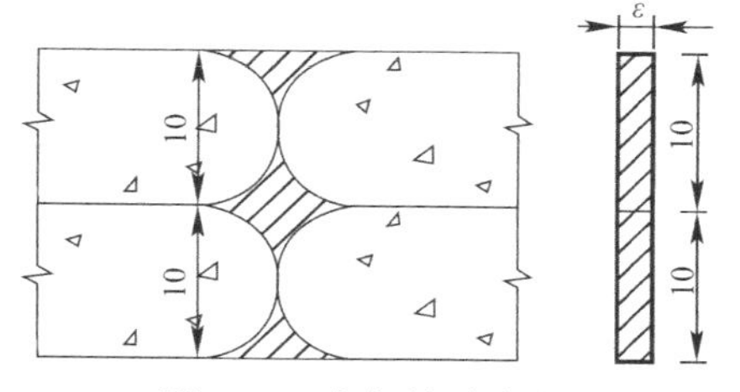

图 5-37 条间缝隙宽度计算示意图（单位：mm）

对于发生拔出破坏的试件的粘结强度，可以利用理论模型来估计打印对粘结强度的影响。表 5-15 为拔出破坏模式下试件的计算值与试验值的对比。测试值与计算值之间的误差如图 5-38 所示。可以看出，误差与打印角度近似线性相关。

粘结强度计算值误差分析　　表 5-15

试件编号	试验结果（MPa）	β	C(mm)	α	计算结果（MPa）	误差（%）
PX-PB-1	22.81	0.875	0	1	24.351	−6.757
PX-PB-2	24.27	0.875	0	1	24.351	−0.335
PX-PB-3	23.79	0.875	0	1	24.351	−2.359
CZ-PB-1	20.48	0.875	62.80	0.994	24.210	18.213
CZ-PB-2	20.65	0.875	62.80	0.994	24.210	17.240
CZ-PB-3	19.41	0.875	62.80	0.994	24.210	24.730
45-PB-1	23.59	0.875	26.59	0.998	24.291	−2.974
45-PB-2	22.58	0.875	26.59	0.998	24.291	−7.579
45-PB-3	22.76	0.875	26.59	0.998	24.291	−6.729
PX-B-1	21.35	0.875	0	1	21.718	−1.721
PX-B-2	22.79	0.875	0	1	21.718	4.706
PX-B-3	21.42	0.875	0	1	21.718	−1.389
CZ-B-2	18.84	0.875	62.80	0.994	21.592	14.605
CZ-B-3	18.91	0.875	62.80	0.994	21.592	14.181
45-B-2	20.07	0.875	26.59	0.998	21.664	−7.943
45-B-3	21.94	0.875	26.59	0.998	21.664	1.257

注：表中 β 为层间缺陷折减系数，C 为交界裂缝周长，α 为条间缺陷折减系数。

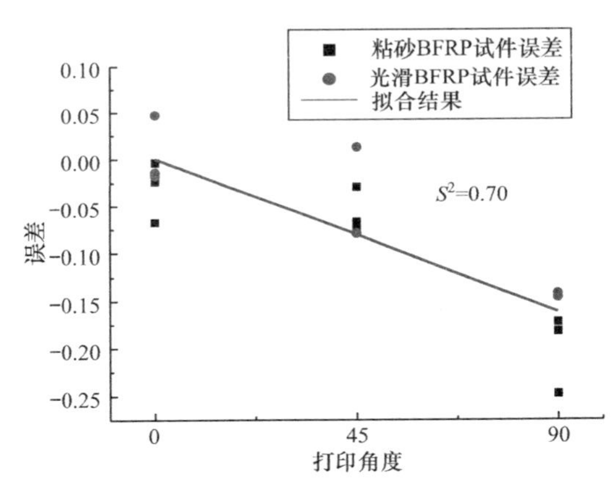

图 5-38　计算误差与打印角度的关系

相关研究表明[6,11]，挤压出的混凝土中 PVA 纤维本身具有方向性，打印条带本身也是定向的，因此，打印角度也会影响打印条带的侧向应力。考虑到这种影响，引入误差调整因子 k 来调整计算得到的粘结强度：

$$k=\frac{1}{1-e} \tag{5-9}$$

其中 e 为根据图 5-38 所示关系对数据进行拟合得到的误差率。因此：

$$e=-0.0018\theta+0.000502 \tag{5-10}$$

修正后的结果如表 5-16 所示，模型的最大误差为 8.614%。

修正后计算模型误差分析　　表 5-16

试件编号	试验值（MPa）	计算值（MPa）	误差	k	修正后的计算值（MPa）	修正后误差（%）
PX-PB-1	22.81	24.351	−0.068	1.001	24.363	−6.810
PX-PB-2	24.27	24.351	0.003	1.001	24.363	−0.385
PX-PB-3	23.79	24.351	0.024	1.001	24.363	−2.410
CZ-PB-1	20.48	24.210	−0.182	0.861	20.844	−1.776

续表

试件编号	试验值（MPa）	计算值（MPa）	误差	k	修正后的计算值（MPa）	修正后误差（%）
CZ-PB-2	20.65	24.210	−0.172	0.861	20.844	−0.938
CZ-PB-3	19.41	24.210	−0.247	0.861	20.844	−7.387
45-PB-1	23.59	24.291	0.030	0.925	22.482	4.698
45-PB-2	22.58	24.291	−0.076	0.925	22.482	0.435
45-PB-3	22.76	24.291	−0.067	0.925	22.482	1.223
PX-B-1	21.35	21.718	0.017	1.001	21.728	−1.772
PX-B-2	22.79	21.718	0.047	1.001	21.728	4.658
PX-B-3	21.42	21.718	0.014	1.001	21.728	−1.440
CZ-B-2	18.84	21.592	−0.146	0.861	18.589	1.330
CZ-B-3	18.91	21.592	−0.142	0.861	18.589	1.696
45-B-2	20.07	21.664	−0.079	0.925	20.050	0.099
45-B-3	21.94	21.664	0.013	0.925	20.050	8.614

5.2.2.3　粘结滑移模型

BFRP 筋与 3D 打印混凝土的粘结滑移模型对设计、推广和应用 BFRP 筋增强 3D 打印混凝土结构具有重要作用。普通钢筋混凝土试件的粘结滑移模型中最常用的是 BPE 模型[72]，但是将该模型运用于 FRP 筋试件时有较大误差，Cosenza 等学者提出了修正的 BPE 模型[73]；欧洲模式规范也明确给出了粘结滑移本构关系[47]。国内高丹盈等学者也提出了连续曲线模型[74]，模型公式如式（5-11）所示。对比分析上述模型与本文 BFRP 筋与 3D 打印混凝土的粘结试验结果可以发现：连续曲线模型具有连续完整，物理概念清晰，形式简单的特点，对于本次试验采用连续曲线模型可以取得较好的结果。

$$
\begin{aligned}
&\frac{\tau}{\tau_0} = 2\sqrt{\frac{s}{s_0}} - \frac{s}{s_0} && 0 \leqslant s \leqslant s_0 \\
&\tau = \tau_0 \frac{(s_u - s)^2(2s + s_u - 3s_0)}{(s_u - s_0)^3} + \tau_u \frac{(s - s_0)^2(3s_u - 2s - s_0)}{(s_u - s_0)^3} && s_0 < s \leqslant s_u
\end{aligned}
\tag{5-11}
$$

其中：τ_0、s_0 为峰值点剪应力和对应的滑移值；τ_u、s_u 残余剪切强度和达到残余剪切强度时的滑移。

将 BFRP 筋试件的峰值粘结强度及其所对应的位移，残余粘结强度及其所对应的位移代入连续曲线模型，其拟合结果如图 5-39 所示，与试验结果有着较好的吻合性。

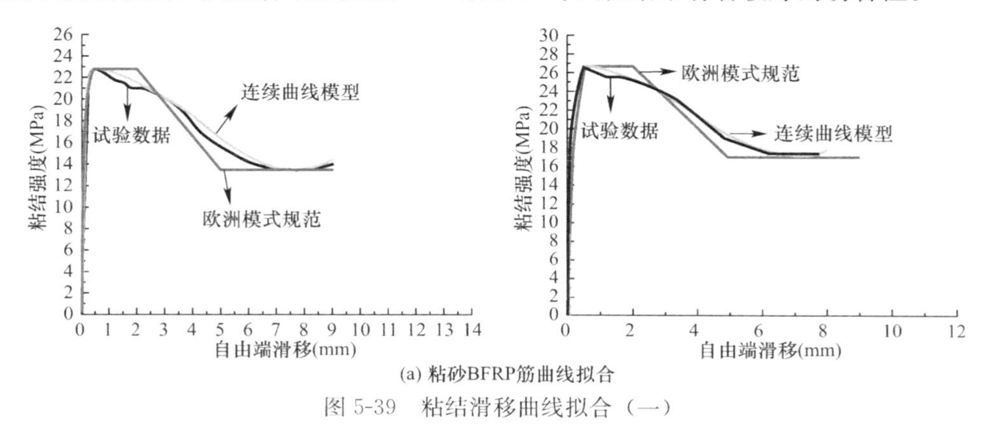

(a) 粘砂BFRP筋曲线拟合

图 5-39　粘结滑移曲线拟合（一）

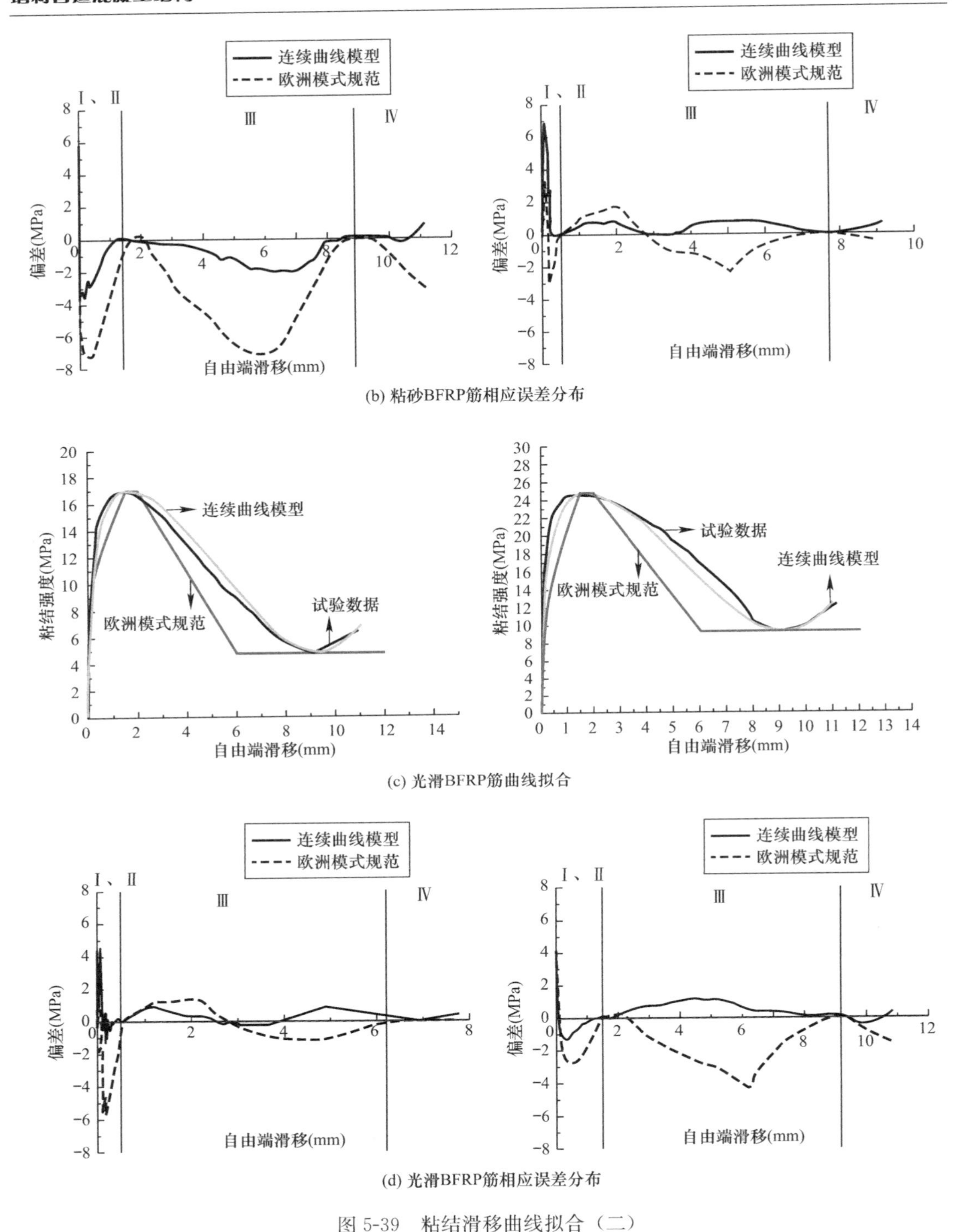

图 5-39　粘结滑移曲线拟合（二）

5.3　本章小结

本章总结了 3D 打印混凝土的增强技术，按增强技术类型分别从打印前增强、打印后增强和打印时增强三个方面介绍和分析了3D打印混凝土增强技术的研究进展和技术优势。分别以钢丝绳直径、BFRP筋类型和打印成型方式为研究参数，开展粘结性能试验研究，测试了钢丝绳、BFRP筋与3D打印水泥基复合材料的粘结-滑移曲线，分析了柔性/刚性筋材与打印混凝土粘结性能的变化规律和粘结破坏模式，基于增强筋材与打印材料交界面的空间关系研究了粘结性能的变化机制，建立了配筋与3D打印水泥基复合材料的粘结-滑移模型，为打印结构的构造设计、裂缝计算与结构性能评定提供了科学依据。

参考文献

[1] Mechtcherine V, Grafe J, Nerella V N, et al. 3D-printed steel reinforcement for digital concrete construction-Manufacture, mechanical properties and bond behaviour [J]. Construction and Building Materials, 2018, 179: 125-137.

[2] Hamidi F, Aslani F. Additive manufacturing of cementitious composites: materials, methods, potentials, and challenges [J]. Construction and Building Materials, 2019, 218: 582-609.

[3] Asprone D, Menna C, Bos F P, et al. Rethinking reinforcement for digital fabrication with concrete [J]. Cement and Concrete Research, 2018, 112: 111-121.

[4] Panda B, Chandra Paul S, Jen Tan M. Anisotropic mechanical performance of 3D printed fiber reinforced sustainable construction material [J]. Materials Letters, 2017, 209: 146-149.

[5] Hambach M, Volkmer D. Properties of 3D-printed fiber-reinforced Portland cement paste [J]. Cement & Concrete Composites, 2017, 79: 62-70.

[6] Ma G, Li Z, Wang L, et al. Mechanical anisotropy of aligned fiber reinforced composite for extrusion-based 3D printing [J]. Construction and Building Materials, 2019, 202: 770-783.

[7] Ding T, Xiao J, Zou S, et al. Anisotropic behavior in bending of 3D printed concrete reinforced with fibers [J]. Composite Structures, 2020, 254: 112808.

[8] Nematollahi B, Vijay P, Sanjayan J, et al. Effect of polypropylene fibre addition on properties of geopolymers made by 3D printing for digital construction [J]. Materials, 2018, 11(12): 2352.

[9] Pham L, Tran P, Sanjayan J. Steel fibres reinforced 3D printed concrete: influence of fibre sizes on mechanical performance [J]. Construction and Building Materials, 2020, 250: 118785.

[10] Arunothayan A R, Nematollahi B, Ranade R, et al. Development of 3D-printable ultra-high performance fiber-reinforced concrete for digital construction [J]. Construction and Building Materials, 2020, 257: 119546.

[11] 金晓菁. 基于3D打印的磁定向钢纤维增强水泥基复合材料制备及梁的力学性能研究 [D]. 北京工业大学, 2019.

[12] 高君峰. 3D打印永久性混凝土模板及其叠合构件试验研究 [D]. 浙江大学, 2020.

[13] 葛杰，白洁，杨燕等. 3D打印结构柱偏压性能试验研究 [J]. 建筑材料学报，2019，22(03)：424-430.

[14] 葛杰，白洁，杨燕等. 3D打印配筋砌体墙承载力试验研究 [J]. 建筑材料学报，2020，23(02)：414-420.

[15] Winsun-Demonstrating the viability of 3D printing at scale in construction [Z]. 2014.

[16] Salet T A M, Ahmed Z Y, Bos F P, et al. Design of a 3D printed concrete bridge by testing [J]. Virtual and Physical Prototyping, 2018, 13(3): 222-236.

[17] Vantyghem G, De Corte W, Shakour E, et al. 3D printing of a post-tensioned concrete girder de-

signed by topology optimization [J]. Automation in Construction, 2020, 112: 103084.

[18] Asprone D, Auricchio F, Menna C, et al. 3D printing of reinforced concrete elements: technology and design approach [J]. Construction and Building Materials, 2018, 165: 218-231.

[19] Ma G, Li Z, Wang L, et al. Micro-cable reinforced geopolymer composite for extrusion-based 3D printing [J]. Materials Letters, 2019, 235: 144-147.

[20] Lim J H, Panda B, Pham Q. Improving flexural characteristics of 3D printed geopolymer composites with in-process steel cable reinforcement [J]. Construction and Building Materials, 2018, 178: 32-41.

[21] Li Z, Wang L, Ma G, et al. Strength and ductility enhancement of 3D printing structure reinforced by embedding continuous micro-cables [J]. Construction and Building Materials, 2020, 264: 120196.

[22] Li Z, Wang L, Ma G. Mechanical improvement of continuous steel microcable reinforced geopolymer composites for 3D printing subjected to different loading conditions [J]. Composites. Part B, Engineering, 2020, 187: 107796.

[23] Bos F P, Ahmed Z Y, Jutinov E R, et al. Experimental exploration of metal cable as reinforcement in 3D printed concrete [J]. Materials (Basel), 2017, 10(11).

[24] Marchment T, Sanjayan J. Mesh reinforcing method for 3D concrete printing [J]. Automation in Construction, 2020, 109: 102992.

[25] Khoshnevis B. Automated construction by contour crafting—related robotics and information technologies [J]. Automation in Construction, 2004, 13(1): 5-19.

[26] 孙晓燕，王海龙，陈杰等. 一种3D打印编织一体化成型建筑的建造方法 [P]. CN201811038630. 2. 2019-01-18.

[27] Soltan D G, Li V C. A self-reinforced cementitious composite for building-scale 3D printing [J]. Cement & Concrete Composites, 2018, 90: 1-13.

[28] Ogura H, Nerella V N, Mechtcherine V. Developing and testing of strain-hardening cement-based composites (SHCC) in the context of 3D-printing [J]. Materials (Basel), 2018, 11(8).

[29] Li L G, Zeng K L, Ouyang Y, et al. Basalt fibre-reinforced mortar: rheology modelling based on water film thickness and fibre content [J]. Construction and Building Materials, 2019, 229: 116857.

[30] Zhu B, Pan J, Nematollahi B, et al. Development of 3D printable engineered cementitious composites with ultra-high tensile ductility for digital construction [J]. Materials & Design, 2019, 181: 108088.

[31] Buswell R A, Leal De Silva W R, Jones S Z, et al. 3D printing using concrete extrusion: a roadmap for research [J]. Cement and Concrete Research, 2018, 112: 37-49.

[32] 高超. BFRP筋增强3D打印混凝土梁式构件力学性能研究 [D]. 浙江大学，2020.

[33] 陈杰. 钢丝绳增强3D打印混凝土梁受力性能试验研究 [D]. 浙江大学，2020.

[34] 武雷，杨威，孙远等. 打印混凝土与钢筋的黏结性能试验研究 [J]. 工业建筑，2020，50(11)：32-38.

[35] 狄生林. 钢筋混凝土握裹力-滑移关系的试验研究 [D]. 东南大学，1981.

[36] 徐有邻. 钢筋混凝土粘滑移本构关系的简化模型 [Z]. 南宁：19975.

[37] 宋启根. 用有限元法探讨钢筋混凝土粘结试件 [J]. 南京工学院学报. 1981(04)：100-115.

[38] Berto L, Simioni P, Saetta A. Numerical modelling of bond behaviour in RC structures affected by reinforcement corrosion [J]. Engineering Structures, 2008, 30(05): 1375-1385.

[39] 徐有邻，刘立新，管品武．螺旋肋钢丝粘结锚固性能的试验研究［J］．混凝土与水泥制品，1998（04）：22-27.

[40] 解伟，李树山，牟晓光．螺旋状高强预应力钢筋与混凝土粘结性能试验研究［J］．四川建筑科学研究，2007（05）：40-45.

[41] GB/T 50152—2012 混凝土结构试验方法标准［S］.

[42] JGJ/T 70—2009 建筑砂浆基本性能试验方法标准［S］.

[43] 陈强，邹道勤，毛土明．冷轧螺旋钢筋与混凝土黏结性能研究［J］．混凝土，2011(02)：49-51.

[44] 于凤荣．锈蚀损伤后不锈钢钢筋混凝土构件力学性能研究［D］．浙江大学，2017.

[45] 牟晓光．高强预应力钢筋粘结性能试验研究及数值模拟［D］．大连理工大学，2006.

[46] 徐有邻，宇秉训，姜红陈等．三股钢绞线基本性能的试验研究［J］．工业建筑，1998(09)：32-37.

[47] CEB-FIP model code 2010，first completed draft［S］．Lausanne，Switzerland，2010.

[48] Ma G，Li Z，Wang L．Printable properties of cementitious material containing copper tailings for extrusion based 3D printing［J］．Construction and Building Materials，2018，162：613-627.

[49] Paul S C，Tay Y W D，Panda B，et al．Fresh and hardened properties of 3D printable cementitious materials for building and construction［J］．Archives of Civil and Mechanical Engineering，2018，18(1)：311-319.

[50] Zhang Y，Zhang Y，She W，et al．Rheological and harden properties of the high-thixotropy 3D printing concrete［J］．Construction and Building Materials，2019，201：278-285.

[51] Sim J，Park C，Moon D Y．Characteristics of basalt fiber as a strengthening material for concrete structures［J］．Composites．Part B，Engineering，2005，36(6)：504-512.

[52] Micelli F，Nanni A．Tensile characterization of FRP rods for reinforced concrete structures［J］．Mechanics of Composite Materials，2003，39(4)：293-304.

[53] Abed F，Alhafiz A R．Effect of basalt fibers on the flexural behavior of concrete beams reinforced with BFRP bars［J］．Composite Structures，2019，215：23-34.

[54] Zhou L，Zheng Y，Song G，et al．Identification of the structural damage mechanism of BFRP bars reinforced concrete beams using smart transducers based on time reversal method［J］．Construction and Building Materials，2019，220：615-627.

[55] 孔祥清，于洋，邢丽丽等．BFRP筋与钢筋混合配筋混凝土梁抗弯性能试验研究［J］．玻璃钢/复合材料，2018(08)：48-54.

[56] Wang H，Sun X，Peng G，et al．Experimental study on bond behaviour between BFRP bar and engineered cementitious composite［J］．Construction and Building Materials，2015，95：448-456.

[57] 杨超，杨树桐，戚德海．BFRP筋与珊瑚混凝土粘结性能试验研究［J］．工程力学，2018，35(S1)：172-180.

[58] 汪群，高超．PVA纤维在3D打印混凝土中的应用研究［J］．低温建筑技术，2019，41(04)：3-6.

[59] ACI Committee 440．3R-04：Guide test methods for fiber-reinforced polymers（FRPs）for reinforcing or strengthening concrete structures［Z］．2017.

[60] 薛伟辰，郑乔文，杨雨．黏砂变形GFRP筋黏结性能研究［J］．土木工程学报，2007（12）：59-68.

[61] Caro M，Jemaa Y，Dirar S，et al．Bond performance of deep embedment FRP bars epoxy-bonded into concrete［J］．Engineering Structures．2017，147：448-457.

[62] Tighiouart B，Benmokrane B，Gao D．Investigation of bond in concrete member with fibre reinforced polymer（FRP）bars［J］．Construction and Building Materials．1998，12(8)：453-462.

[63] 徐文锋，孙泽阳，吴刚等．表面喷砂FRP筋与混凝土粘结性能试验研究［Z］．郑州：20094.

[64] Altalmas A，El Refai A，Abed F．Bond degradation of basalt fiber-reinforced polymer（BFRP）

bars exposed to accelerated aging conditions [J]. Construction and Building Materials, 2015, 81: 162-171.

[65] Ma G, Huang Y, Aslani F, et al. Tensile and bonding behaviours of hybridized BFRP-steel bars as concrete reinforcement [J]. Construction and Building Materials, 2019, 201: 62-71.

[66] Liu H, Yang J, Wang X. Bond behavior between BFRP bar and recycled aggregate concrete reinforced with basalt fiber [J]. Construction and Building Materials, 2017, 135: 477-483.

[67] Li C, Gao D, Wang Y, et al. Effect of high temperature on the bond performance between basalt fibre reinforced polymer (BFRP) bars and concrete [J]. Construction and Building Materials, 2017, 141: 44-51.

[68] Dong Z, Wu G, Xu B, et al. Bond durability of BFRP bars embedded in concrete under seawater conditions and the long-term bond strength prediction [J]. Materials & Design, 2016, 92: 552-562.

[69] Hassan M, Benmokrane B, Elsafty A, et al. Bond durability of basalt-fiber-reinforced-polymer (BFRP) bars embedded in concrete in aggressive environments [J]. Composites. Part B, Engineering, 2016, 106: 262-272.

[70] 单炜，张绍逸. BFRP筋与混凝土的粘结-滑移本构关系 [J]. 建筑科学与工程学报，2013，30 (02)：15-20.

[71] Li T, Zhu H, Wang Q, et al. Experimental study on the enhancement of additional ribs to the bond performance of FRP bars in concrete [J]. Construction and Building Materials, 2018, 185: 545-554.

[72] Eligehausen R, Popov E P, Bertero V V. Local bond stress-slip relationships of deformed bars under generalized excitations [Z]. Athens, Greece: 1982.

[73] Cosenza E, Manfredi G, Realfonzo R. Analytical modelling of bond between FRP reinforcing bars and concrete [Z]. 1995164-171.

[74] 高丹盈，朱海堂，谢晶晶. 纤维增强塑料筋混凝土粘结滑移本构模型 [J]. 工业建筑，2003(07)：41-43.

第6章 3D打印混凝土永久模板-钢筋混凝土叠合结构

6.1 永久模板-钢筋混凝土叠合结构与技术发展

工程实际中，模板工程往往占据着举足轻重的主导作用，影响整个混凝土工程工期和造价。据统计，在现浇混凝土结构中，每立方米现浇混凝土工程将使用模板 4-5m^2，劳动用量占整个工程劳动用量的 40%-50%，工程费用占整个工程造价的 30%-35%[1]。我国城镇化发展较快，每年新建房屋面积约 20 亿 m^2，需要约 30 亿 m^2 的模板，目前多使用传统木模板、铝模板及胶合模板等。每年要消耗木材约 1000 万 m^3，消耗铝材约 1500 万吨及大量化工原料[2]。木模板和胶合模板往往不能回收再利用，导致我国不仅浪费大量自然资源，废弃模板还造成环境污染。因此寻找新的混凝土施工工艺及模板体系以达到节约成本、减少资源浪费的目的，而且保护自然环境成为当代各国混凝土工程发展的必然趋势。应用永久模板与后浇混凝土叠合在一起组成叠合构件共同受力，成为各国学者和科研人员的研究热点。

1945 年后，德国因战后资源短缺，尝试将预制钢筋混凝土薄板作为永久模板与后浇混凝土形成叠合结构共同受力，高效节能，在实际工程中得到了快速发展。随后日本西栖公司利用高强钢丝网和高强水泥砂浆预制加工永久性模板，为保证两者协同工作，模板内设置各种凹凸不平的连接件。该永久性模板实用性强，得到大力推广并取得了良好的使用效果[3]。日本小田野会社研制出内部配置高强度钢丝，模板内表面凹凸不平的 U 形永久性梁模板[4]，在实际工程中得到大力推广，取得了一系列良好效果。20 世纪 50 年代，北美和西欧开始采用压制成型具有梯波形截面的薄壁槽型钢板作为永久性模板[5]。为了增加模板与现浇混凝土接触面积将模板压制成凹凸不平的形状增大了二者之间的机械咬合力，使其共同受力。这种模板制造简单，能有效缩短建造周期，节约资源，被广泛使用。20 世纪 90 年代，Hillman 和 Murray[5] 首次提出纤维增强材料（FRP）制作永久模板的概念，美国 Mirmiran 教授和 Shahawy 等[6] 使用 FRP 作为永久性模板，不仅降低构件配筋，而且防腐绝缘。进入 21 世纪，永久模板技术更新日新月异，永久性混凝土模板[7-9] 具有施工便捷，经济可靠，通用性好的特点日益得到应用。永久性混凝土叠合梁模板常见构造形式为 U 形模板，具有渗透性低，抗开裂性好的优点[10]。2009 年，Li 等[11] 使用超高韧性水泥基复合材料（ECC）作为永久模板制作叠合梁，提高构件承载力和韧性，且改善开裂性能，由单一裂缝变成多条细小微裂缝。2012 年，比利时学者 Remy、Wastiels 和 Verbruggen 研究纤维编织网增强混凝土（TRC）作为永久性梁模板使用[12]，研究表明：该永久性梁模板在抑制裂缝发展，提高构件承载力及延性方面具有良好的效果。同年，王彤使用纤维增强混凝土制造永久模板[13]，通过模板内表面钻孔处理增加新老混凝土的粘结性能，优化分析得到钻孔深度为5mm，孔径为10mm；2014年，Fahmy等[7]研究了配置单层钢丝网、双层钢丝网的U形混凝土永久模板，试验表明可抑制裂缝的发展、提高承载能力、能量吸收以及耐久性；2016年，荀勇等[14]用织物增强混凝土制造永久柱模板，得到叠合结构构件延性和抗压能力明显高于现浇混凝土整体柱；同年，朱佳晶等[15,16]对带肋混凝土永久模板肋宽、厚进行试验研究，认为肋宽15mm，间距35mm，肋高5mm时粘结效果较好，如图6-1所示。2019年，梁兴文等[17]采用高延性水泥基复合材料浇筑制作了永久性模板叠合梁、柱构件，在混凝土凝结前进行粗糙面处理，抗弯免拆UHPC模板RC梁的开裂荷载较普通RC梁提高了近50%，屈服荷载、极限荷载提高约为10%，并显著改善了柱抗震性能；2020年，周乾等[9]对带肋混凝土永久模板肋宽及肋厚进行了研究，并测定了其受力性能。混凝土永久模板的设计和制作已经得到较为成熟发展，但现有混凝土永久模板的制造没有脱离使用模板，仍需要支护，制作工艺复杂。为了提升模板与现浇混凝土之间的协作性能，需要对永久混凝土模板进行表面凿毛，肋格设计，难以快速简便制作，成为当前永久混凝土模板发展的技术桎梏。

3D打印技术的出现为解决这一问题提供了新的解决方案。与普通混凝土相比，3D打印混凝土材料具有较高的强度、韧性和耐久性能[17-22]，满足永久模板的性能要求。利用3D打印技术将混凝土打印成永久模板，再与钢筋混凝土现浇成为一个整体，使打印模板成为结构的永久部分，解决现有混凝土结构中的模板施工和3D打印混凝土结构配筋两方面技术难题，一方面简化了模板支拆工程，加快了施工进度；另一方面实现了3D打印工艺与传统钢筋混凝土施工的优化组合，提升了建造效率。此外，3D打印湿料挤出、堆叠成型的工艺导致打印混凝土具有天然层条纹理，具有永久混凝土模板所需的界面粗糙度，省却了现浇混凝土永久模板的糙面制作工序。

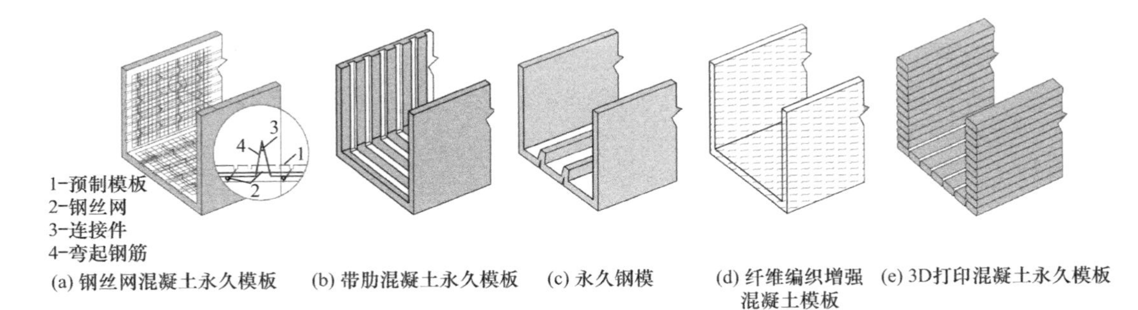

(a) 钢丝网混凝土永久模板　(b) 带肋混凝土永久模板　(c) 永久钢模　(d) 纤维编织增强混凝土模板　(e) 3D打印混凝土永久模板

图6-1　永久模板叠合混凝土结构的技术发展

6.2　3D打印永久模板-钢筋混凝土叠合梁受弯性能

6.2.1　3D打印永久模板-钢筋混凝土叠合梁试件制作

工程结构中梁式构件的混凝土保护层厚度随所处环境不同按规范建议在20-50mm范围内取值[23]。考虑3D打印混凝土分层打印的建造工艺，兼顾打印设备和打印材料参数取混凝土层条厚度10mm，设计3D打印永久性混凝土模板底面厚度20mm，侧面厚度30mm，尺寸如图6-2所示。

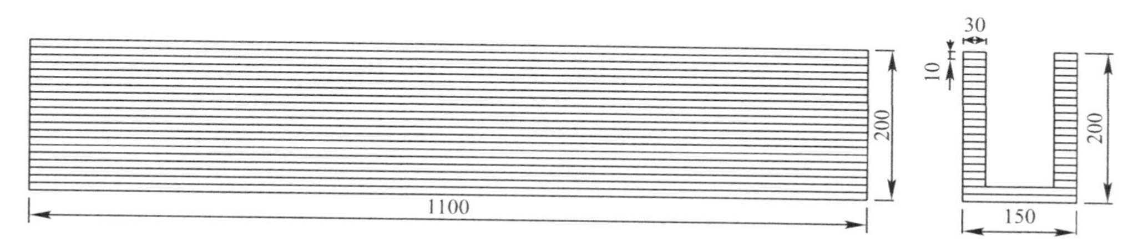

图6-2 3D打印永久模板设计尺寸（单位：mm）

本试验设计了3D打印永久性混凝土模板叠合梁（编号为3D01、3D02、3D03）和整体现浇对比梁（编号为XJ01、XJ02、XJ03）。3D打印永久性混凝土模板叠合梁和整体现浇对比梁具有相同的截面尺寸及配筋，试验梁跨度$L=1100$mm，计算跨度$L_0=900$mm，截面尺寸$b\times h=150$mm$\times 200$mm。为保证试验梁为适筋破坏，梁底纵向受拉钢筋为2ϕ12（HRB400），箍筋配置ϕ8@60（HRB400），试验梁截面形式、加载图式和测点布置如图6-3所示。其中试验梁侧边最下面应变片的布置离梁底面20mm处，其余相邻混凝土应变片的间距为40mm。应变片在试验时读取梁跨中侧面沿梁高不同位置处的应变情况，以监测打印模板梁在承载阶段的变形分布。

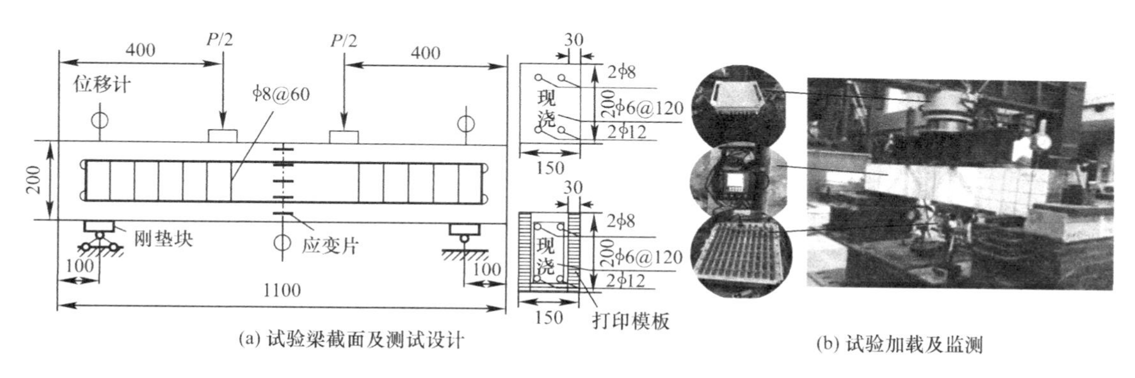

图6-3 试验梁设计及测点布置

利用计算机软件建立打印永久性混凝土模板三维数字模型，进行切片确定打印顺序和流程；搅拌高性能打印混凝土，放入3D打印机，设置打印速度为3cm/s，先打印底模，然后打印侧模，打印模板完成后，将按设计要求绑扎完成的钢筋笼放入3D打印永久性混凝土梁模板/整体现浇梁木模内，浇筑完成后，将试验梁表面进行抹平以保证后期加载水平度，打印制作流程如图6-4所示。试件室内养护28d，为防止养护期间混凝土开裂，每天洒水2次。

3D打印永久性混凝土模板使用高强打印混凝土，配合比如表6-1所示，其中水泥采用42.5快硬、早强型硫铝酸盐水泥，矿粉采用S95级矿粉，硅灰采用硅微粉，砂采用天然石英砂，30-70目和70-140目的比例为2∶1；减水剂采用减水率大于30%的聚羧酸系高效减水剂；缓凝剂采用酒石酸；纤维采用聚乙烯醇纤维（PVA），主要力学性能如表6-2所示。

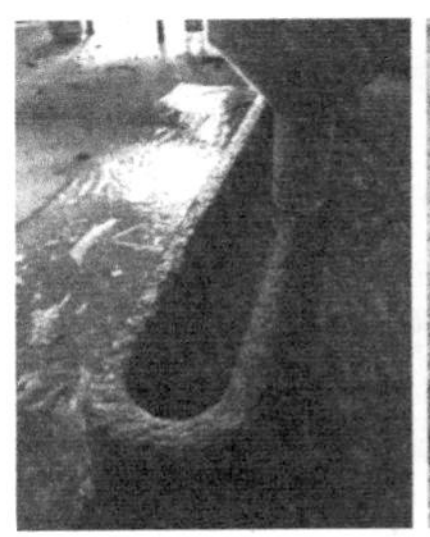
(a) 打印制作

(b) 打印完成

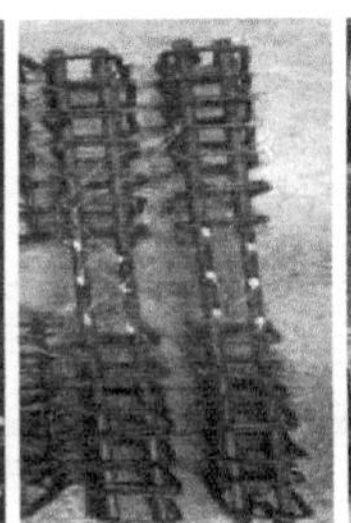
(c) 钢筋笼

(d) 钢筋定位置入

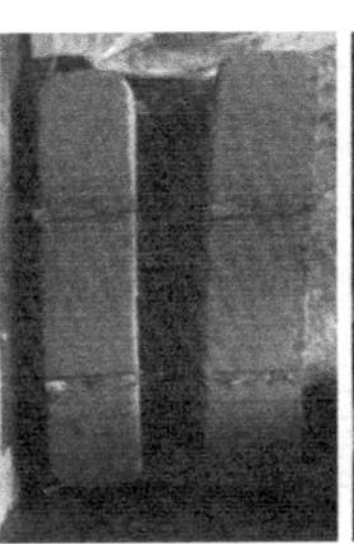
(e) 现浇混凝土浇筑

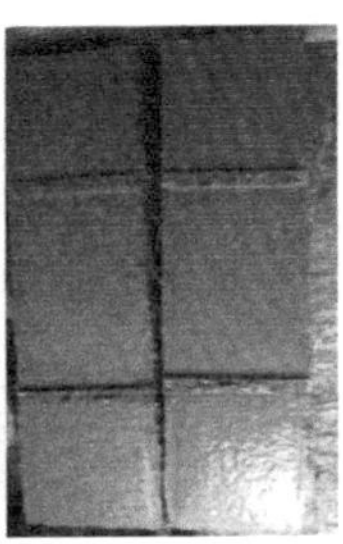
(f) 抹平处理

图 6-4 永久性梁模板打印过程

打印混凝土配合比（质量比） 表 6-1

水泥	矿粉	硅灰	砂	水	纤维	减水剂	缓凝剂
1	0.80	0.20	0.61	0.33	0.02	0.05	0.0057

PVA 纤维主要力学性能 表 6-2

长度（mm）	直径（μm）	抗拉强度（MPa）	伸长率（%）	弹性模量（GPa）	密度（g/cm³）
9	31	1600	7	43	1.3

3D 打印混凝土因打印路径不同，其各向抗压承载能力不同，如图 6-5 所示。根据 70.7mm×70.7mm×70.7mm 立方体试块抗压试验得出 x、y、z 三个方向的抗压强度为 F_x，F_y，F_z，高强打印混凝土各项性能参数如表 6-3 所示。

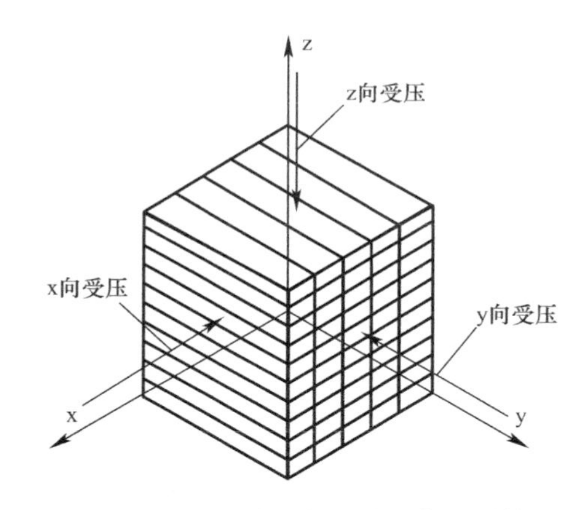

图 6-5 3D 打印混凝土力学各向异性

打印混凝土各项性能参数 表 6-3

流动度（mm）	初凝时间（min）	终凝时间（min）	F_x（MPa）	F_y（MPa）	F_z（MPa）
160-180	25	45	72	70	80

将实测试块抗压强度换算成标准立方体抗压强度为 $F_x=66.2$MPa，$F_y=64.4$MPa，$F_z=73.6$MPa。根据《混凝土结构设计规范》GB 50010—2010，构件轴心抗压强度标准值与立方体抗压强度标准值换算关系可得 x 方向轴心抗压强度为 $f_{ck}=41.01$MPa，y 方向轴心抗压强度为 $f_{ck}=39.89$MPa，z 方向轴心抗压强度为 $f_{ck}=46.63$MPa。

现浇混凝土所用水泥为 42.5 级普通硅酸盐水泥，砂为细度模数 2.5 的黄砂，拌合水为自来水，石子为 0-10mm 级配的碎石。混凝土配合比及标准立方体实测抗压强度值见表 6-4。布置梁底纵向受拉钢筋 2ϕ12(HRB400)，钢筋拉伸性能见表 6-5。箍筋配置 ϕ8@60mm(HRB400)，以保证试验梁为适筋破坏。

现浇混凝土配合比及抗压强度　　表 6-4

强度等级	水泥	砂子	石子	水	实测强度（MPa）
C40	1	1.11	2.72	0.38	40.2

钢筋拉伸试验结果　　表 6-5

序号	直径（mm）	屈服应力（MPa）	极限应力（MPa）
HRB400	8	481	602
HRB400	12	498	620

6.2.2 3D 打印永久模板-钢筋混凝土叠合梁抗弯性能试验

选取荷载为中值的构件荷载挠度曲线作为本组代表对比整体现浇梁和打印永久模板叠合梁构件受弯性能。试验结果表明：由于外部 3D 打印模板对内部现浇混凝土具有一定的约束效应[24]，现浇混凝土表现出优越的三向受压协作受力性能，同荷载水平下的构件刚度高于现浇梁约 4.1%，如图 6-6 所示。两组梁受弯破坏形态均具有典型适筋梁延性破坏特征，由于 3D 打印工艺会造成层条缺陷，且上层缺少足够的重力叠压导致层间缺陷更为显著，对叠合梁受压区混凝土受力性能造成明显影响。打印叠合梁的破坏首先发生且集中于跨中梁顶第二、三层间界面，其压碎区比现浇梁更大，如图 6-7 所示。跨中上层打印混凝土层间缺陷导致叠合梁极限荷载比现浇梁低 5.9%，极限位移比现浇梁低 7.0%。

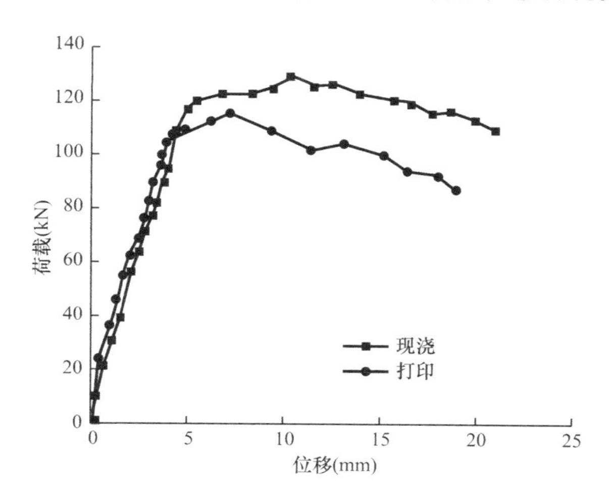

图 6-6　打印叠合梁与现浇梁荷载挠度曲线

根据试验结果，由于掺入了质量分数为 1.2%的 PVA 纤维[25-27]，3D 打印永久模板叠合梁开裂荷载比现浇梁平均提高 76.8%，在整个受力过程出现的弯曲裂缝间距显著减小，平均降低 31.4%，如图 6-8 所示。加载过程中，同荷载水平下的裂缝宽度均小于现浇梁，极限荷载对应裂缝宽度平均降低了 45.1%，如图 6-9 所示。

(a) 整体现浇梁

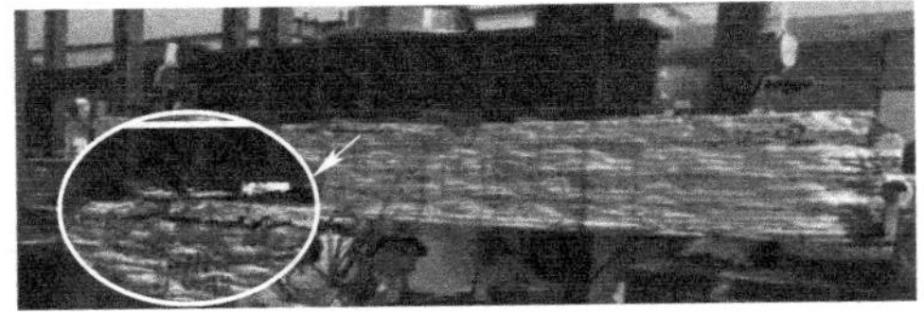

(b) 3D打印模板叠合梁

图 6-7　打印叠合梁与现浇梁破坏形态

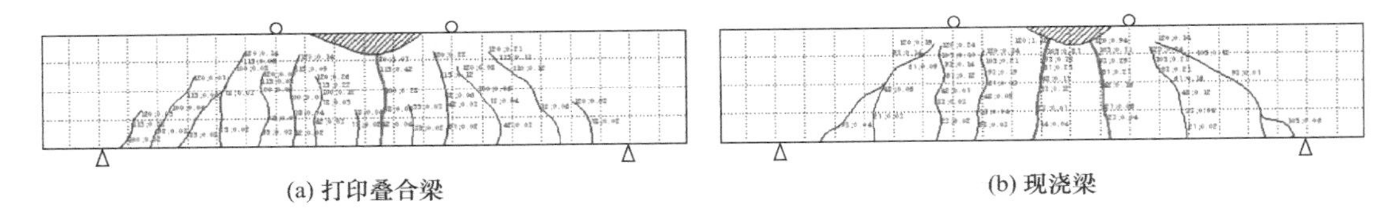

(a) 打印叠合梁　　(b) 现浇梁

图 6-8　打印梁与现浇梁裂缝分布图

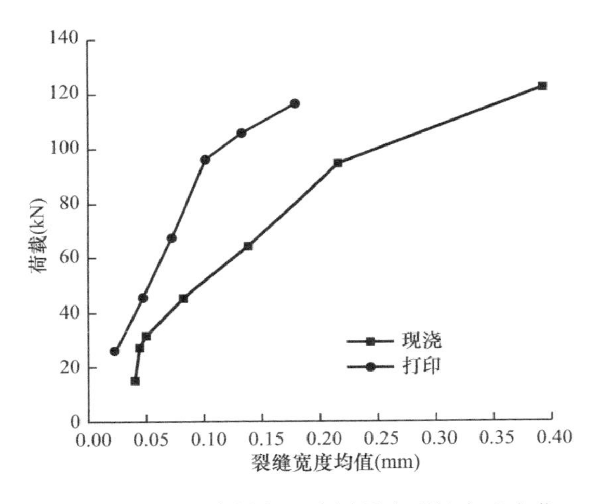

图 6-9　打印叠合梁与现浇梁最大裂缝宽度变化

加载过程中，3D 打印永久模板叠合梁界面基本符合平截面假定（图 6-10），叠合梁钢筋应变一直低于现浇梁，但其极限荷载的出现较为突然，始发于跨中梁顶的打印条带层间剥离，其后续变形能力弱于现浇梁，如图 6-11 所示。

6.2.3　3D 打印永久性混凝土模板-叠合梁极限承载能力理论分析

6.2.3.1　本构模型

(1) 3D 打印混凝土受压本构模型：

$$\sigma_c = E_c \varepsilon_c (1 - D_c) \tag{6-1}$$

$$D_c = \begin{cases} 1 - \dfrac{\eta_c n}{n - 1 + x^n} & x \leqslant 1 \\ 1 - \dfrac{\eta_c}{\alpha_c (x-1)^2 + x} & x > 1 \end{cases} \tag{6-2}$$

式中，$x=\frac{\varepsilon_c}{\varepsilon_c^r}$、$\eta_c=\frac{\sigma_c^r}{E_c\varepsilon_c^r}$、$n=\frac{1}{1-\eta_c}$；$\sigma_c^r$ 为混凝土单轴受压强度代表值，即混凝土单轴受压峰值应力；ε_c^r 为与 σ_c^r 相对应的极限拉伸应变；D_c 为混凝土单轴受压损伤演化参数；E_c 为混凝土压缩弹性模量。α_c 表示混凝土单轴受压应力应变曲线下降段参数值，采用如下关系式：

$$\alpha_c = 26.3763\sigma_c^{18/7} \times 10^{-5} \tag{6-3}$$

（2）普通混凝土受压本构模型

现浇混凝土的受压应力-应变关系为：

$$\sigma_c = \begin{cases} f_c[1-(1-\varepsilon_c/\varepsilon_0)^n] & 0 < \varepsilon_c \leqslant \varepsilon_0 \\ f_c & \varepsilon_0 < \varepsilon_s \leqslant \varepsilon_{cu} \end{cases} \tag{6-4}$$

式中，n 为系数，n 大于2时，取为2；ε_0 为混凝土压应力达到 f_c 时的混凝土压应变，ε_0 值大于0.002时，取为0.002；ε_{cu}为正截面的混凝土极限压应变；f_c 为混凝土轴心抗压强度设计值。

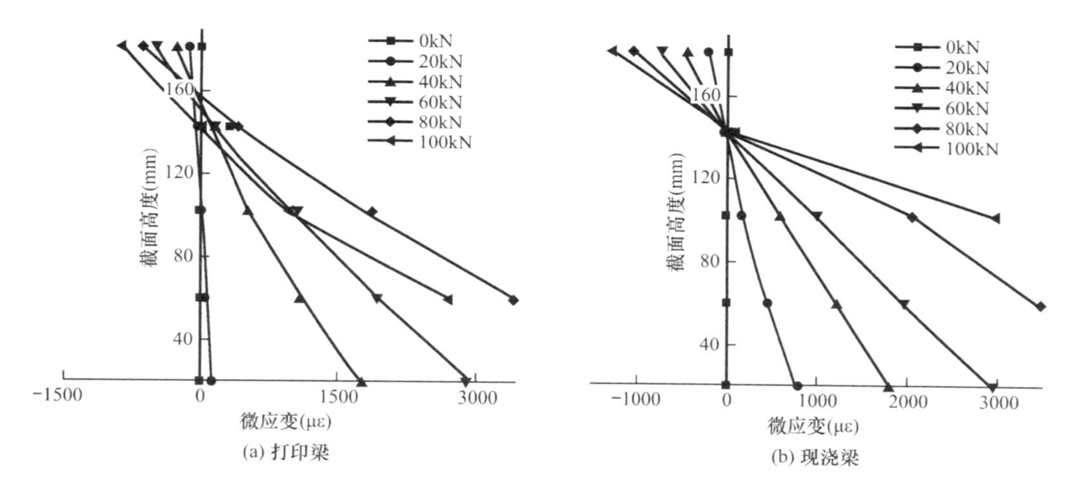

图6-10 荷载-混凝土应变曲线

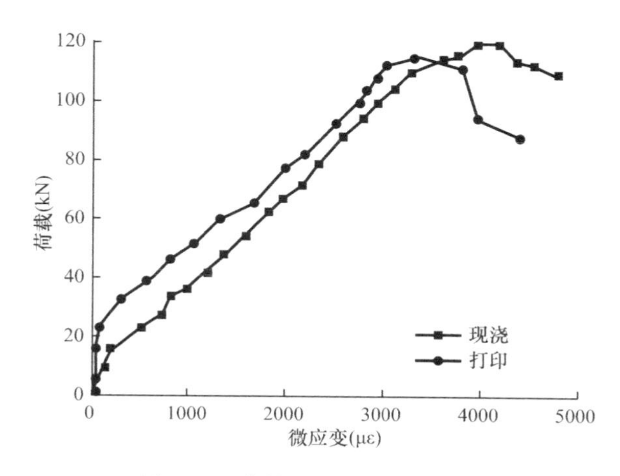

图6-11 荷载-钢筋应变发展规律

(3) 钢筋本构模型

纵向受拉钢筋应力-应变关系采用理想弹塑性模型，表达式为：

$$\sigma_s=\begin{cases}E_s\varepsilon_s & 0<\varepsilon_s\leqslant\varepsilon_y\\ f_y & \varepsilon_y<\varepsilon_s\leqslant\varepsilon_{su}\end{cases} \tag{6-5}$$

式中，E_s 为钢筋的弹性模量；ε_y 为钢筋的屈服应变；ε_{su}为钢筋的极限拉应变；f_y 为钢筋的屈服强度。

6.2.3.2 基本假定

为简化计算，分析正截面受弯承载力时做如下假定：

(1) 在荷载作用下 3D 打印永久模板钢筋混凝土梁（简称 3DPCRC 梁）变形规律符合平截面假定；

(2) 忽略中和轴以下普通混凝土和 3D 混凝土模板的抗拉作用；

(3) 钢筋与混凝土之间、3D 混凝土模板与浇筑混凝土之间无滑移；

(4) 3DPCRC 梁截面受压区的荷载由普通混凝土和 3D 混凝土模板共同承担。

6.2.3.3 3D 打印模板受压区等效矩形应力图

3DPCRC 梁中的 3D 打印模板尺寸及简化模型如图 6-12(a)所示，其应变分布如图 6-12(b)所示。由于受压区的 3D 打印混凝土压应力为曲线分布，为简化计算，将受压区的 3D 打印混凝土压应力曲线等效成一个矩形应力图形。按以下两个等效原则进行等效。

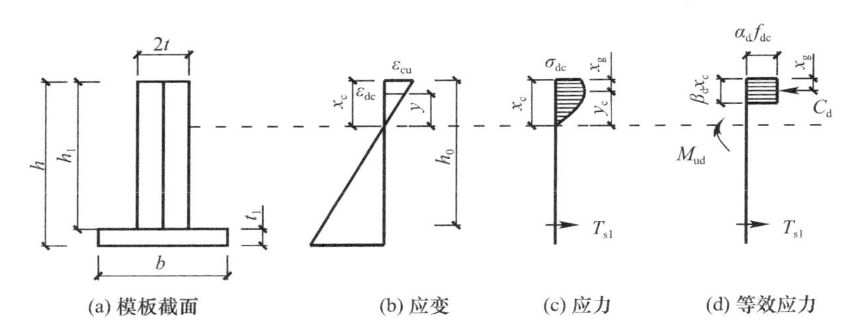

图 6-12 3DPC 模板正截面应力、应变分布

(1) 3D 打印混凝土模板压应力合力 C_d 相等，即：

$$C_d=2t\int_0^{x_c}\sigma_{dc}(y)\mathrm{d}y=\alpha_d f_{dc}\beta_d x_c 2t \tag{6-6}$$

(2) 受压区的合力作用点位置 y_c 不变，即：

$$y_c=\frac{\int_0^{x_c}\sigma_{dc}(y)y\mathrm{d}y}{\int_0^{x_c}\sigma_{dc}(y)\mathrm{d}y} \tag{6-7}$$

等效矩形应力图形的形心位置为：

$$x_g=\frac{x}{2}=\frac{\beta_d x_c}{2}=x_c-y_c \tag{6-8}$$

由式 (6-7)、式 (6-8) 可得 β_d 为：

$$\beta_d=2\left(1-\frac{\int_0^{x_c}\sigma_{dc}(y)y\mathrm{d}y}{x_c\int_0^{x_c}\sigma_{dc}(y)\mathrm{d}y}\right) \tag{6-9}$$

由图6-12(b)可知，距中性轴距离为y的3D打印混凝土模板纤维截面的应变ε_{dc}为：

$$\varepsilon_{dc}=\frac{\varepsilon_{cu}}{x_c}y \tag{6-10}$$

式中，ε_{cu}为普通混凝土受压边缘的极限压应变，按规范[28]取0.0033。

由式（6-9）、式（6-10）可得：

$$\beta_d=2\left(1-\frac{\int_0^{\varepsilon_{cu}}\sigma_{dc}(\varepsilon_{dc})\varepsilon_{dc}\mathrm{d}\varepsilon_{dc}}{\varepsilon_{cu}\int_0^{\varepsilon_{cu}}\sigma_{dc}(\varepsilon_{dc})\mathrm{d}\varepsilon_{dc}}\right) \tag{6-11}$$

由式（6-6）可求得：

$$\alpha_d=\frac{\int_0^{x_c}\sigma_{dc}(y)\mathrm{d}y}{f_{dc}\beta_d x_c} \tag{6-12}$$

由式（6-10）、式（6-12）可得：

$$\alpha_d=\frac{\int_0^{\varepsilon_{cu}}\sigma_{dc}(\varepsilon_{dc})\mathrm{d}\varepsilon_{dc}}{f_{dc}\beta_d x_c} \tag{6-13}$$

将3D打印混凝土的本构方程式代入式（6-11）、式（6-13），可求得3D打印混凝土受压区矩形等效系数：

$$\begin{cases}\alpha_d=0.936\\ \beta_d=0.795\end{cases} \tag{6-14}$$

6.2.3.4 极限承载力计算模型

为简化计算，受压区的3D打印混凝土按上述求出等效矩形系数，将受压应力曲线图形图6-12(c)等效成受压矩形应力图形图6-12(d)，图中b、h分别为梁截面的宽度与高度；h_1为3DPC侧模的截面高度；t为3DPC模板的厚度；C_d为3DPC模板在受压区的应力合力。

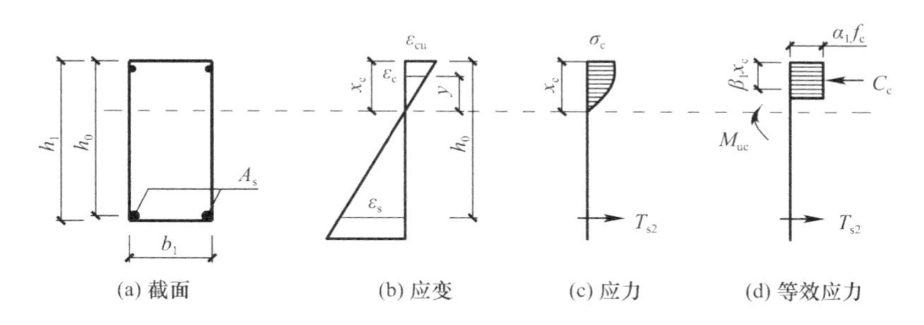

图6-13 普通混凝土正截面应力、应变分布

将受压区普通混凝土曲线应力图形等效成矩形应力图形，其等效系数α_1、β_1按照规范[28]选取。图6-13(a)中b_1为普通混凝土截面宽度；h_0为截面有效高度；3DPCRC梁中普通混凝土的截面应力分布如图6-13(c)所示；图6-13(d)中C_c为受压区普通混凝土应力总合力；T_s为受拉钢筋合力，$T_s=T_{s1}+T_{s2}$。

由于峰值荷载时，3D打印混凝土模板与普通混凝土界面没有发生滑移，因此，梁截面内力可将3D打印混凝土模板截面所受内力与普通混凝土截面所受内力进行叠加。在同一截面高度处，3D打印混凝土模板与普通混凝土应变相等，即$\varepsilon_{dc}=\varepsilon_d$。同时，忽略中和轴以下普通混凝土和3D打印混凝土模板的抗拉贡献。3DPCRC梁截面尺寸如图6-14(a)所示，截面应变关系如图6-14(b)所示。由试验可知试验梁均发生适筋破坏，受拉钢筋应力均达到屈服强度，由图6-14(c)可得截面的合力如下：

$$C_c = \alpha_1 f_c \beta_1 x_c b_1 \tag{6-15}$$

$$C_d = \alpha_d f_{dc} \beta_d x_c 2t \tag{6-16}$$

$$T_s = A_s f_y \tag{6-17}$$

根据力和力矩的平衡条件可得：

$$\sum X = 0, C_c + C_d = T_s \tag{6-18}$$

$$\sum M = 0, M_u = C_c\left(1-\frac{\beta_1}{2}\right)x_c + C_d\left(1-\frac{\beta_d}{2}\right)x_c + T_s(h_0 - x_c) \tag{6-19}$$

将式（6-15)-式（6-17）代入式（6-18)、式（6-19）可得：

$$\sum X = 0, \alpha_1 f_c \beta_1 x_c b_1 + 2\alpha_d f_{dc} \beta_d x_c t = A_s f_y \tag{6-20}$$

$$\sum M = 0, M_u = \alpha_1 f_c \beta_1 x_c^2 b_1\left(1-\frac{\beta_1}{2}\right) + 2\alpha_d f_{dc} \beta_d x_c^2 t(1-\frac{\beta_d}{2}) + A_s f_y(h_0 - x_c) \tag{6-21}$$

由式（6-20）可知中和轴至受压区边缘的距离 x_c 为：

$$x_c = \frac{A_s f_y}{\alpha_1 f_c \beta_1 b_1 + 2\alpha_d f_{dc} \beta_d t} \tag{6-22}$$

将 x_c 代入式（6-21）可得3DPCRC梁抗弯承载力计算值 M_u。

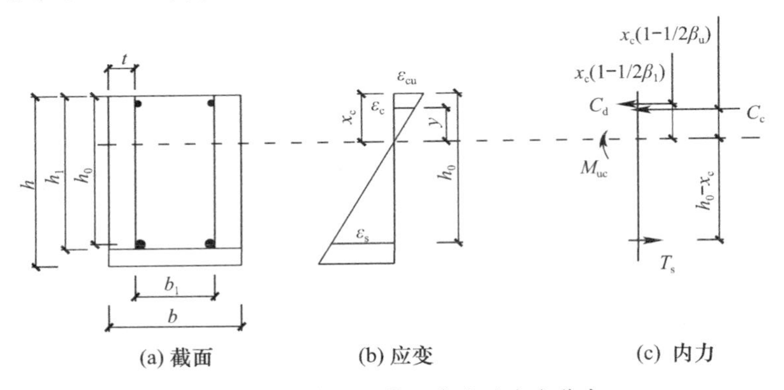

图6-14 叠合梁正截面合力及应变分布

表6-6给出模型试验值与理论值的对比结果，可以看出3DPCRC梁实测平均值与拟合计算值吻合较好。该理论分析模型能够为实际工程应用提供参考。

试验梁极限荷载试验值与理论值对比 表6-6

试验梁	试验值 $P^t_{d,max}$(kN)	理论值 $P^c_{d,max}$(kN)	$P^t_{d,max}/P^c_{d,max}$
普通混凝土梁	124.3	122.05	1.018
3DPCRC梁	117	121.85	0.96

6.2.4 3D打印永久性混凝土模板-叠合梁抗弯性能数值模拟分析

6.2.4.1 3D打印工艺对成型后混凝土微细观空间结构影响

与整体浇筑的传统建造试件相比，3D打印混凝土试件湿料挤出而逐层叠加的成型工艺，层间、条间混凝土密实度低，导致打印造成层间缺陷和条间缺陷，造成了打印成型混凝土的空间各向异性。孔隙空间分布与打印层条缺陷紧密相关，任一3D打印混凝土结构均满足以下孔隙分布规律：

$$V_c \cdot a\% + V_t \cdot b\% + V_j \cdot c\% = V \cdot d\% \tag{6-23}$$

式中，V_c、V_t、V_j 分别为层间缺陷、条间缺陷和基体的体积，$a\%$、$b\%$和 $c\%$分别对应的层间缺陷、条间缺陷和基体孔隙率。V 为试件总体积，$d\%$为扫描实体的总体孔隙率。

由于实体的孔隙分布是连续渐变的，层条缺陷层与打印基体并没有明确的物理界限。在满足整体扫描孔隙率的前提下，确定界限孔隙率，可得到该界限孔隙率下的缺陷层条尺寸估计。同一打印工况下，打印缺陷层的孔隙率和层条尺寸估计并不唯一，给精确数值模拟带来技术难度。按实测总体孔隙率 $d\%=3.08\%$，若定义 $a\%=5\%$，$b\%=8\%$，$c\%=2.57\%$，可得到层间缺陷层厚度估计值 h_a1.50mm，h_b 条间缺陷层厚度估计值 2.24mm，计算结果见表6-7。

层条缺陷孔隙率　　表6-7

区域	体积（mm³）	孔隙率（%）	孔隙体积（mm³）
层间缺陷区	30324	5	1516
条间缺陷区	8960	8	717
基体	200716	2.57	5158
整体结构	3.08%		

试验表明：混凝土受单轴压力作用破坏时产生的众多细微裂纹与其内部孔隙关系较大[27]。因此打印缺陷层的抗压强度、抗拉强度和弹性模量基于同类水泥基材料试验孔隙率折减规律估计。当孔隙率提高2%时，混凝土的抗压强度约为原强度的92%，抗拉强度和弹性模量约为原强度的94%；当孔隙率提高5%时，混凝土的抗压强度约为原强度的80%，抗拉强度和弹性模量约为原强度的85%。

基于上述分析，采用SOLID65单元完成混凝土实体建模，考虑孔隙缺陷按照层条估计值进行区域划分，分别建立基体/层间缺陷/条间缺陷的空间精细模型，并基于对应孔隙率进行刚度和强度参数折减[29,30]。现浇混凝土、打印混凝土基体、层间缺陷层和条间缺陷层的应力应变曲线见图6-15(a)。根据试验拉伸结果，采用三折线本构关系来体现高强钢筋的流幅特性，见图6-15(b)。建立分离式模型钢筋模型，见图6-16。

6.2.4.2 永久模板内浇筑混凝土时受力分析

永久模板叠合梁在浇筑混凝土过程中流态混凝土对模板产生线性压力效应[31]，如图6-17所示。在模板底端达到最大值0.12MPa，仅为材料抗压强度的0.3%，且与受弯工况下该位置效应异号，叠加偏于安全，此影响在设计分析时可忽略不计。

整体成型后叠合梁受弯承载时，由于空间应力合成，引起适筋梁破坏的最大压应力出现在跨中顶缘下方。数值模拟结果表明：整体现浇梁压应力峰阈出现在距顶缘20mm处，而3D打印模板叠合梁由于叠合结构和层间缺陷导致应力分布改变，其压应力峰阈距顶缘15mm，且压应力分布较整浇梁均匀和平滑，如图6-18所示。试验观测到的打印叠合梁的压碎始于第二/三层间缺陷层（距顶缘18.5mm）基本一致。由于3D打印自下而上层层叠制，自重和上层混凝土的压紧有助于层间密实和触变成型。随着高度增加，压实效应降低，打印模板层间缺陷呈现增加趋势。因此上部层间缺陷是3D打印混凝土模板的薄弱部位，也是适筋梁破坏关键区域，设计制作时亟需重点关注。

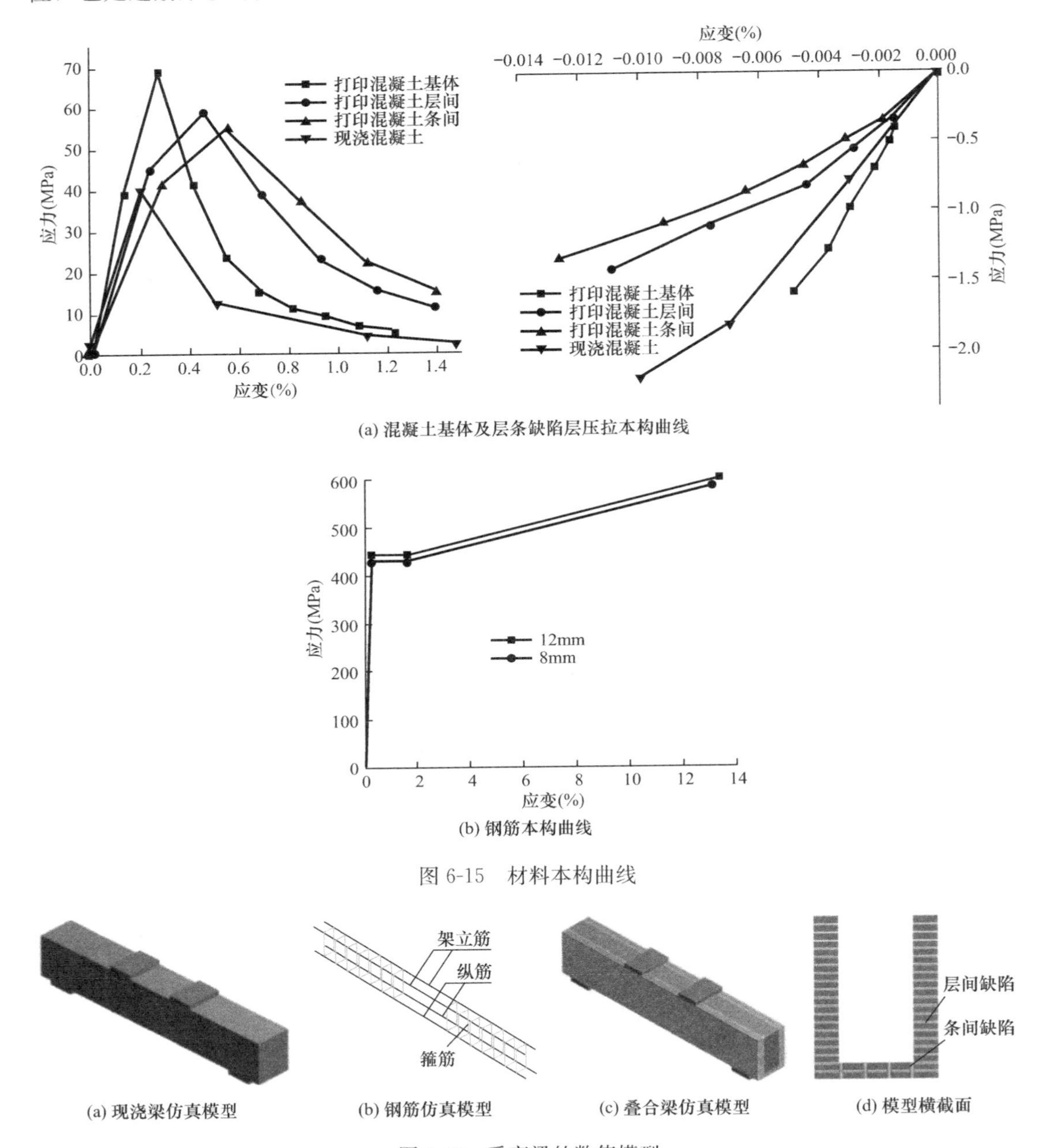

(a) 混凝土基体及层条缺陷层压拉本构曲线

(b) 钢筋本构曲线

图6-15 材料本构曲线

(a) 现浇梁仿真模型　(b) 钢筋仿真模型　(c) 叠合梁仿真模型　(d) 模型横截面

图6-16 受弯梁的数值模型

整体现浇梁和打印叠合梁荷载挠度曲线如图6-19所示，对于极限荷载的模拟误差小于3%。可见，基于实体扫描建立精细模型的仿真分析方法具有较高的分析精度。

6.2.4.3 基于基准模型的3D打印叠合模板设计参数敏感性分析

(1) 打印层条缺陷估值对应力集中程度的影响

针对成型后3D打印混凝土，满足结构实体扫描孔隙率的层条缺陷层厚度和孔隙率估计值并不唯一。理论上，不同层条区域与孔隙率估计会影响数值模拟的空间应力分布，从而对模拟精度产生影响。为明确层条缺陷估计对模拟精度的影响，在已建立基准模型基础上，对比了四种层条缺陷估计组合（表6-8）的数值仿真与试验情况，以整体极限荷载和极限位移误差率为准则，确定层间缺陷估计最优取值范围。得到的荷载挠度曲线如图6-20所示。以极限荷载与对应挠度为指标，组合Ⅳ的仿真结果与试验吻合最佳。

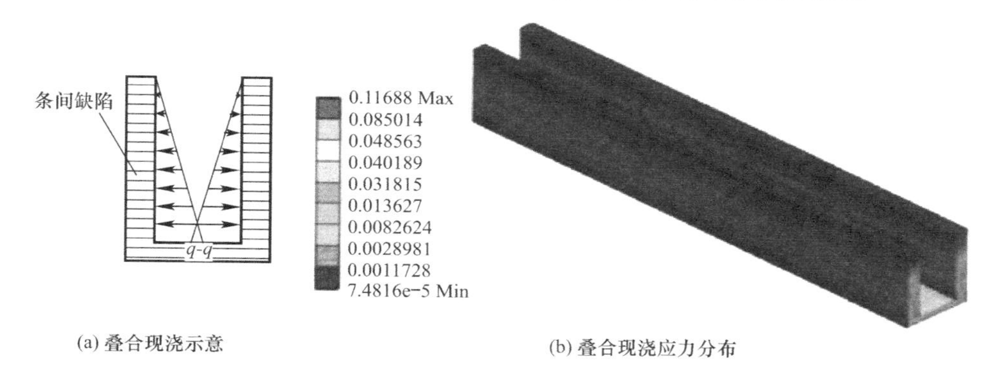

图6-17　模板应力分布云纹图

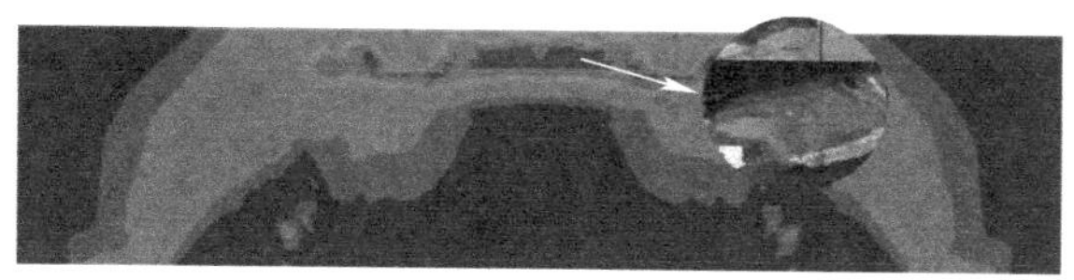

(a) 整体现浇梁应力分布与破坏对比

(b) 3D打印模板叠合梁应力分布与破坏对比

图6-18　试验梁破坏前应力分布与破坏形态分析

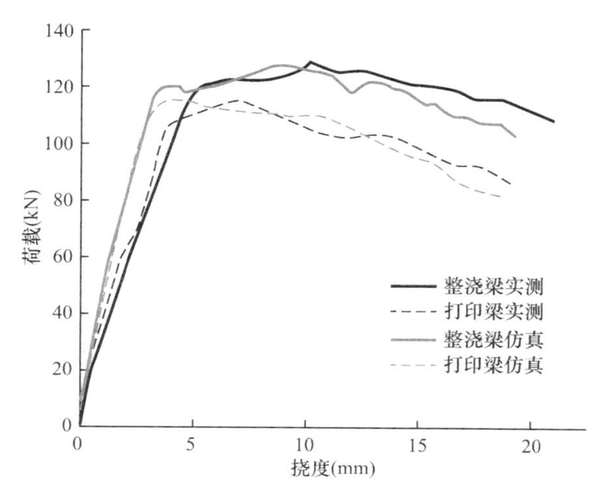

图6-19　试验梁荷载-挠度曲线仿真与实测结果对比

不同层条缺陷几何尺寸估计工况 表 6-8

组合	h_a（mm）	a（%）	h_b（mm）	b（%）	c（%）	极限荷载（kN）
Ⅰ	0.5	14.68	1.00	17.93	2.28	114.25
Ⅱ	1.0	7.46	2.00	8.96	2.43	114.65
Ⅲ	1.5	5.00	2.24	8.00	2.57	116.02
Ⅳ	2.0	3.80	3.00	5.98	2.74	117.76

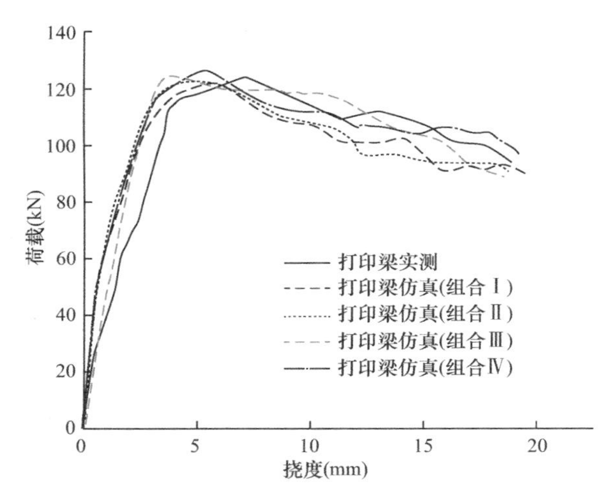

图 6-20 不同层条缺陷值组合情况下荷载-挠度曲线与实测值对比图

在 3D 打印永久模板钢筋混凝土叠合梁中，存在因材料刚度不连续产生应力集中效应影响极限承载力[32]。最大压应力附近的应力分布影响着构件峰值荷载和破坏形态，四种不同层条缺陷组合情况下及现浇梁的法向应力沿梁截面高度变化见图 6-21。相较于整体现浇梁，叠合梁受压区应力集中程度随着层条缺陷的增大逐渐降低。

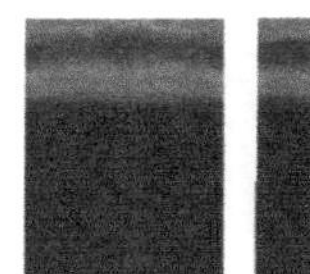

(a) 叠合梁组合Ⅰ截面及纵向主压应力分布云图　(b) 叠合梁组合Ⅱ截面及纵向主压应力分布云图

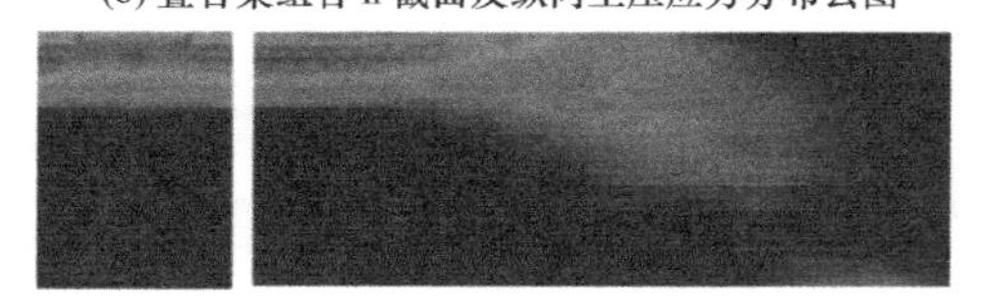

(c) 叠合梁组合Ⅲ截面及纵向主压应力分布云图　(d) 叠合梁组合Ⅳ截面及纵向主压应力分布云图

(e) 现浇梁截面及纵向主压应力分布云图

图 6-21 不同层条缺陷值组合情况叠合梁及现浇梁主压应力分布云图

定义梁顶跨中极限压应力所处区域范围为压应力峰域，如图 6-22 所示，设打印梁应力极值所在截面高度为 h，$0.9h$ 至截面顶端为所定义压应力域的上下界，S 与 $\bar{x}$ 为压应力峰域内数据的标准差与平均值，$C.V=S/\bar{x}$，则各层条缺陷组合的压应力变异系数计算如表 6-9 所示。

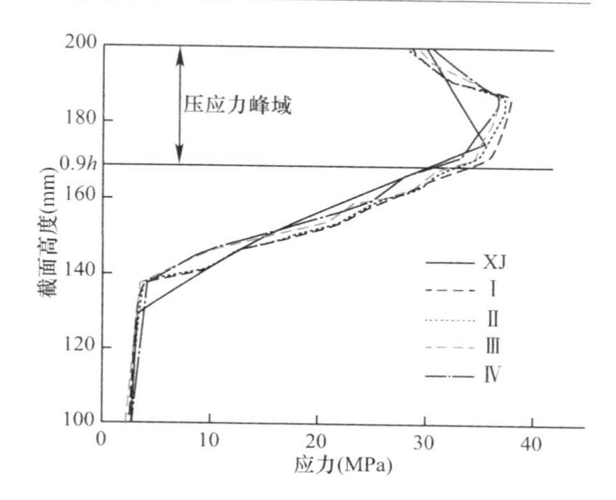

图 6-22　不同层条缺陷值组合情况下压应力峰域

打印工艺使打印混凝土内部缺陷应力分布更复杂，应力分布变异系数显著增大。不同层条缺陷组合估计值会引起压应力分布的改变。随着假定缺陷层条厚度的增大，压应力峰域内应力标准差和变异系数逐渐减小；层条缺陷较小的几何估计会组合较大的层间缺陷孔隙率，内部受力不均匀性增大，更易产生破坏。

不同层条缺陷值组合情况下变异系数计算表　　表 6-9

组合	S（MPa）	$\bar{x}$（MPa）	$C.V$
Ⅰ	1.73	32.91	0.053
Ⅱ	3.51	34.63	0.101
Ⅲ	3.24	34.11	0.096
Ⅳ	2.68	34.31	0.078
XJ	1.99	34.19	0.058

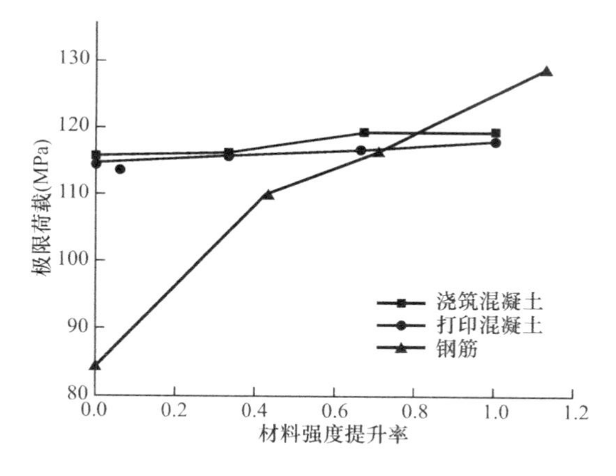

图 6-23　材料强度提升率对极限荷载影响

（2）材料强度对极限荷载的影响

永久混凝土模板叠合梁的承载能力主要由混凝土和钢筋所决定。基于基准模型分析打印模板强度、浇筑混凝土强度与纵向钢筋的强度对极限荷载的影响，得到配有不同种类的纵筋受弯梁在发生适筋破坏模式时各材料的合理强度取值范围，有利于节省成本和避免浪费，为工程应用以及后续试验跟进与创新提供选择参考。分别基于浇筑混凝土、打印混凝土及钢筋强度分析对构件极限荷载的影响，如图 6-23 所示。

模拟结果表明：打印模板的强度对成型后结构抗弯性能影响略高于现浇混凝土，当打印基体强度等级为 C40 时，将浇筑混凝土强度等级从 C30 提升至 C60 对结构承载能力的提升率仅为 3.0%；浇筑混凝土强度等级为 C30 时，将打印基体强度等级从 C30 提升至 C60 对结构承载能力的提升仅为 2.8%；结构极限荷载主要受纵筋强度影响。打印永久模板的混凝土强度对承载力最不敏感，因此选择可打印性能优越，触变性良好，层间缺陷少的打印材料比高强度材料更具有工程价值。

6.3 3D打印永久模板-钢筋混凝土叠合梁受剪性能

6.3.1 3D打印永久模板-钢筋混凝土叠合梁受剪性能试验设计

打印永久性混凝土模板养护28d后放入钢筋并浇筑混凝土复合成叠合梁，通过对叠合梁抗剪力学性能试验，研究叠合梁在剪切荷载作用下梁的开裂荷载、极限荷载、裂缝发展情况、荷载-应变曲线、荷载-挠度曲线等，与同等尺寸整体现浇梁的破坏进行对比，分析3D打印永久性混凝土梁模板对于叠合梁在剪切荷载作用下的变形、裂缝开展情况及力学性能的影响，探讨此类叠合梁抗剪承载能力计算方法。为此，本节设计了试验梁，分为两组，第一组为无腹筋梁，分为叠合梁和整体现浇对比梁。第二组为有腹筋梁，也分为叠合梁和整体现浇对比梁。各试验梁的参数见表6-10，如图6-24所示。叠合梁制作过程与6.2相同，不再赘述。

3D打印永久模板-钢筋混凝土叠合梁抗剪性能设计参数 **表6-10**

组数	梁编号	a（mm）	h_0（mm）	λ	ρ_{sv}	ρ_{sv}（%）	ρ	ρ（%）
无腹筋梁	3DW01	300	162	1.85	2Φ12	0.75	ϕ6@350	0
	3DW02	300	162	1.85	2Φ12	0.75	ϕ6@350	0
	XJW01	300	162	1.85	2Φ12	0.75	ϕ6@350	0
	XJW02	300	162	1.85	2Φ12	0.75	ϕ6@350	0
有腹筋梁	3DY01	162	162	1	2Φ12	0.75	ϕ6@120	0.32
	3DY02	162	162	1	2Φ12	0.75	ϕ6@120	0.32
	XJY01	162	162	1	2Φ12	0.75	ϕ6@120	0.32

6.3.1.1 试验梁制作

将贴有应变片的钢筋按设计要求绑扎完成后放入3D打印永久性混凝土梁模板内及木模内，混凝土浇筑前对钢筋进行调整以保证混凝土保护层厚度一致。浇筑混凝土，振捣完成后测量模板尺寸，保障模板刚度和变形符合要求。浇筑完成后对梁上表面进行抹平处理以便后期加载，室内养护28d，如图6-25所示。

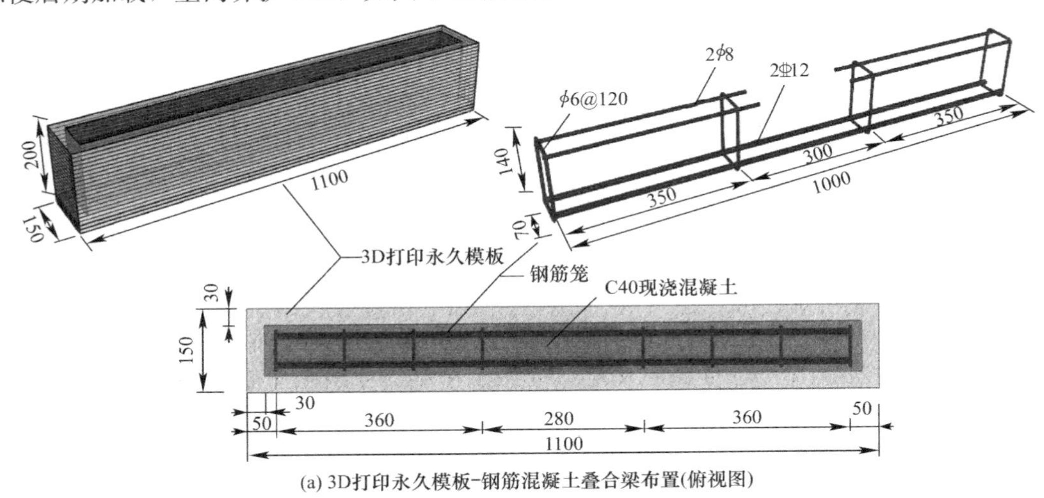

图6-24 叠合梁和整体现浇梁设计详情（单位：mm）（一）

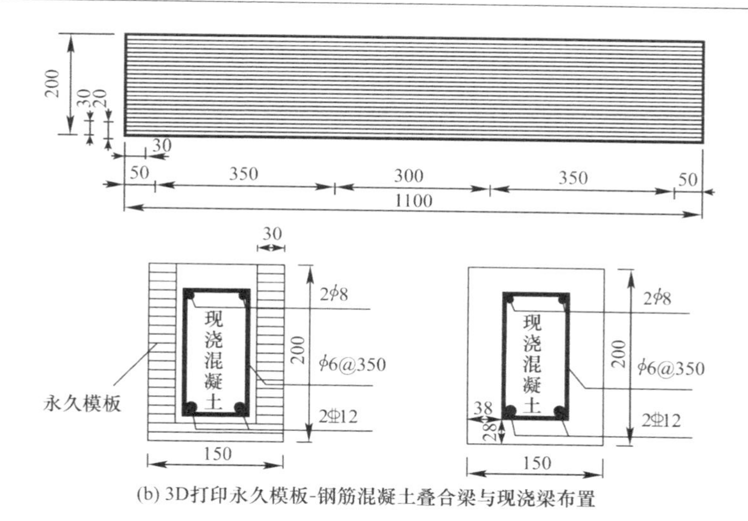

(b) 3D打印永久模板-钢筋混凝土叠合梁与现浇梁布置

图 6-24 叠合梁和整体现浇梁设计详情（单位：mm）（二）

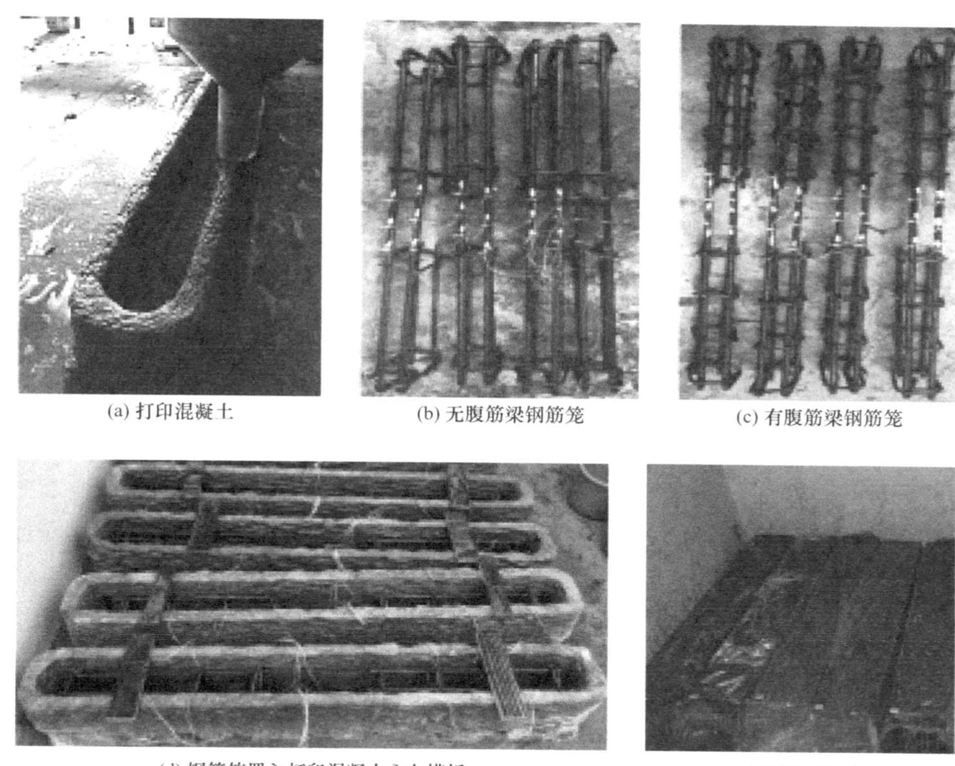
(a) 打印混凝土　(b) 无腹筋梁钢筋笼　(c) 有腹筋梁钢筋笼

(d) 钢筋笼置入打印混凝土永久模板　(e) 浇筑养护

图 6-25 3D打印永久模板-钢筋混凝土叠合抗剪梁制作过程

现浇混凝土所用水泥为42.5级普通硅酸盐水泥，砂为细度模数2.5的黄砂，拌合水为自来水，石子为0-10mm级配的碎石。混凝土配合比及标准立方体抗压强度值见表6-11。在后浇混凝土浇筑前对钢筋进行拉伸试验，测定其拉伸试验数据，拉伸结果见表6-12。

现浇混凝土配合比及抗压强度　　表 6-11

强度等级	水泥	砂	石子	水	实测强度（MPa）
C40	1	1.11	2.72	0.37	40.2

钢筋拉伸试验结果　　表 6-12

序号	直径（mm）	屈服应力（MPa）	极限应力（MPa）
HRB335	6	396	512
HRB400	12	498	620

6.3.1.2　试验梁加载装置及加载方案

试验所用仪器设备与抗弯试验梁相同。无腹筋梁采用中等剪跨比进行抗剪加载试验，其剪跨比 $\lambda=1.85$，抗剪试验加载示意图如图 6-26 所示。有腹筋梁采用小剪跨比进行抗剪加载试验，其剪跨比 $\lambda=1.00$，加载示意如图 6-27 所示。分别在试验梁的下部跨中安装位移计，在加载点的下端各放置 1 个位移计器，用于测量跨中附近挠度变化，在试验梁上部两端加载点处各安装 1 个位移计器，用于测量试验梁在荷载作用下的整体位移。为清晰观察裂缝发展变化，将试验梁表面刷成白色并画出 50mm×50mm 的网格，以便观察荷载作用下裂缝的发展，对每级荷载产生的裂缝用红色签字笔标出，并对裂缝宽度和荷载值进行标注。

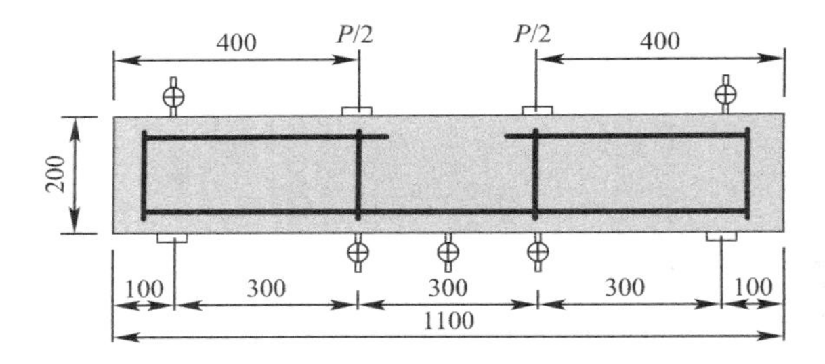

图 6-26　无腹筋梁抗剪加载示意图（单位：mm）

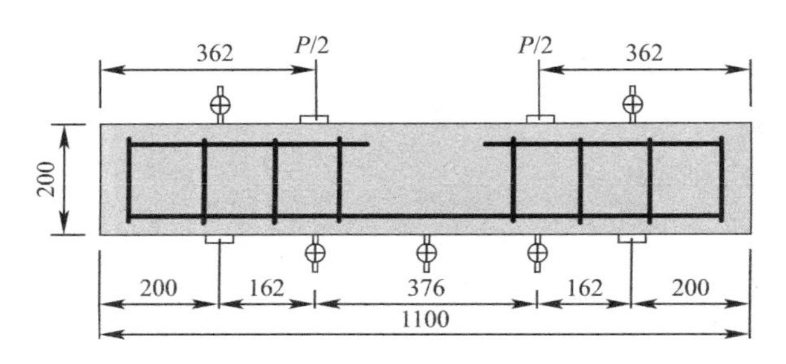

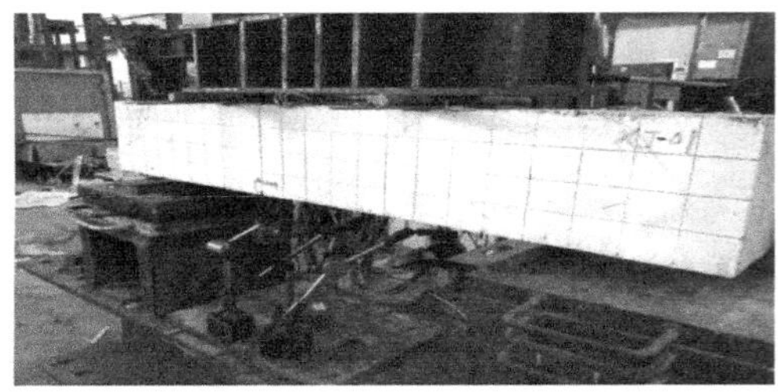

图 6-27　有腹筋梁抗剪加载示意图（单位：mm）

本试验梁的加载方案按照《混凝土结构试验方法标准》GB/T 50152—2012 的相关规定进行加载，试验加载前先进行预加载，然后卸载，待各项数据稳定后进行正式加载，正式加载时，试验梁在未产生裂缝前缓慢加载。试验梁开裂后，每级加载值取预估试验梁极限荷载值的 10%加载，荷载值达到预估极限荷载值的 80%后进行缓慢加载，此阶段每级加载值为预估极限荷载的 5%，每级荷载加载完成后需停留 3-5min，待测定的各项参数稳定后再进行数据采集。

数据采集主要包括以下内容：试验梁钢筋应变值、混凝土应变值、挠度值和裂缝宽度。试验梁采用的钢筋应变片型号为 BFH120-5AA，栅长×栅宽为 5mm×2mm，电阻值和灵敏度分别为 120±0.1Ω，2.0%±1%，无腹筋试验梁纯弯段纵向钢筋中部布置 6 个钢筋应变片，有腹筋试验梁纯弯段纵向钢筋中部布置 6 个钢筋应变片，箍筋上布置 4 个钢筋应变片，如图 6-28 所示。

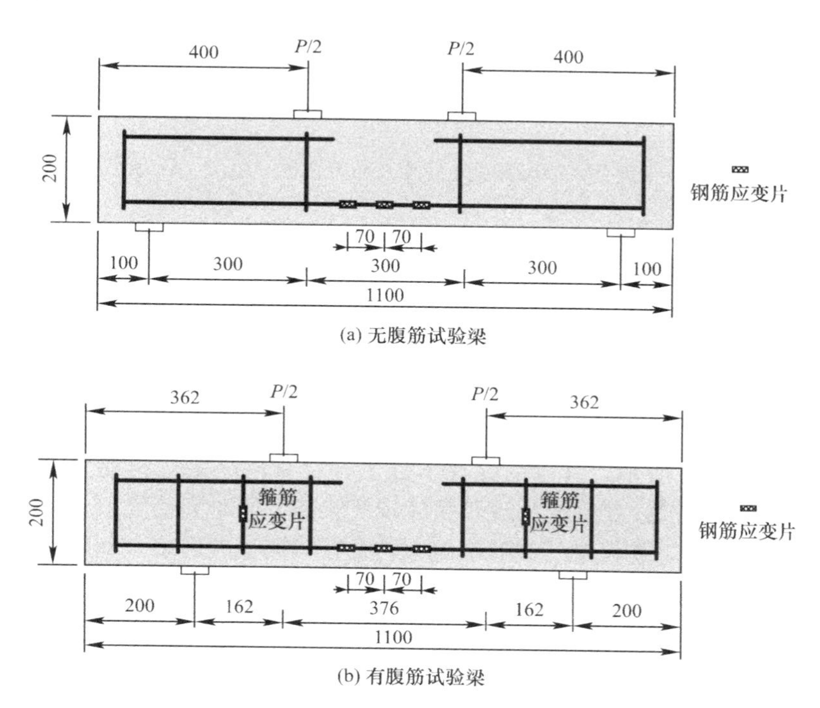

(a) 无腹筋试验梁

(b) 有腹筋试验梁

图 6-28 纵向钢筋和箍筋应变片布置位置（单位：mm）

在梁体表面布置 5 个混凝土应变片，用于测量试验梁的截面混凝土应变。由于 3D 打印永久模板底膜是 2 层共 20mm 厚，所以试验梁侧面第一个混凝土应变片的布置距梁底 20mm 处，其他相邻混凝土应变片的间距为 40mm；为了测混凝土剪切应变，在两个加载点处各布置 3 个应变片，无腹筋试验梁和有腹筋试验梁采用的加载位置不同，因此梁剪压区应变片布置位置不同，如图 6-29 所示。

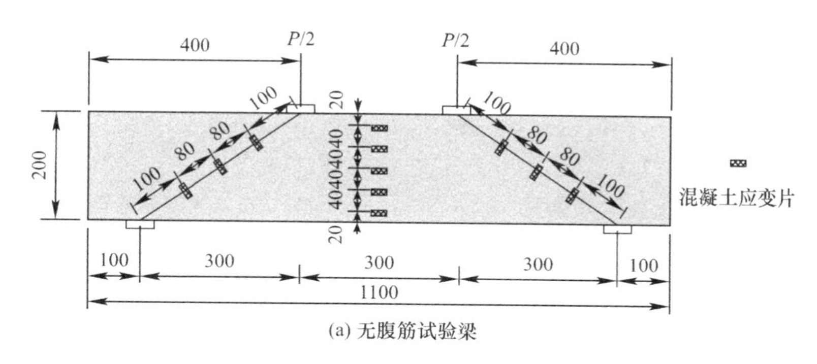

(a) 无腹筋试验梁

图 6-29 无腹筋试验梁混凝土应变片布置位置（单位：mm）（一）

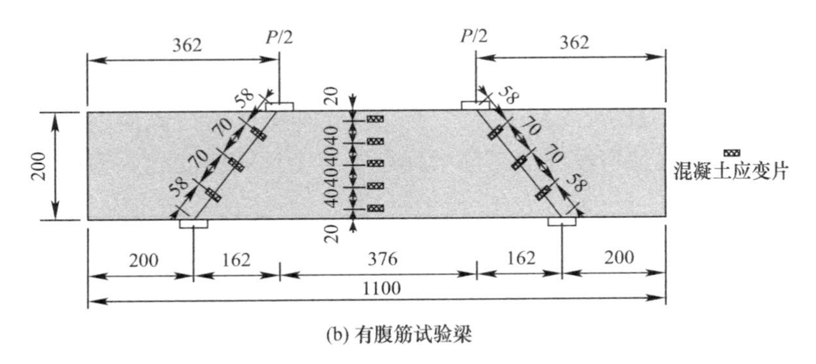

(b) 有腹筋试验梁

图 6-29 无腹筋试验梁混凝土应变片布置位置（单位：mm）（二）

6.3.2 3D 打印永久模板-钢筋混凝土无腹筋叠合梁斜截面性能

6.3.2.1 试验结果

叠合梁和整体现浇梁纵向钢筋荷载-应变曲线形状基本相同，如图 6-30 所示。混凝土开裂前，应力由钢筋和混凝土共同承担，钢筋应变随荷载增加呈缓慢线性增长趋势，混凝土开裂后，混凝土承担的拉应力传递给钢筋，钢筋应变曲线发生突变，钢筋应变随荷载增加快速增长，如图 6-31 所示。纤维的存在增强了叠合梁混凝土抗拉能力，有效提升了叠合梁的抗剪性能，导致叠合梁裂缝出现较整体现浇梁晚，同时裂缝发展速度较整体现浇梁慢。与整体现浇梁相比，叠合梁的裂缝细而密，叠合梁侧面裂缝多，间距相对较小，典型无腹筋试验梁裂缝分布图如图 6-32 所示。整体现浇梁裂缝平均宽度为 85.3mm，叠合梁平均裂缝宽度为 54.9mm；同等荷载水平下，打印永久模板叠合梁的裂缝宽度显著低于整体现浇梁，如图 6-33 所示。

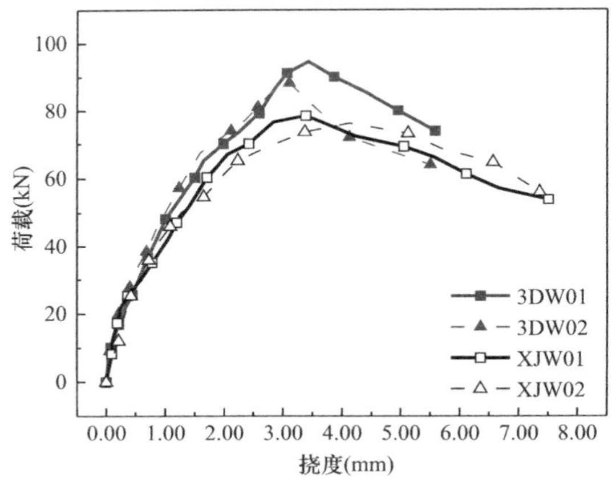

图 6-30 无腹筋梁荷载-挠度曲线

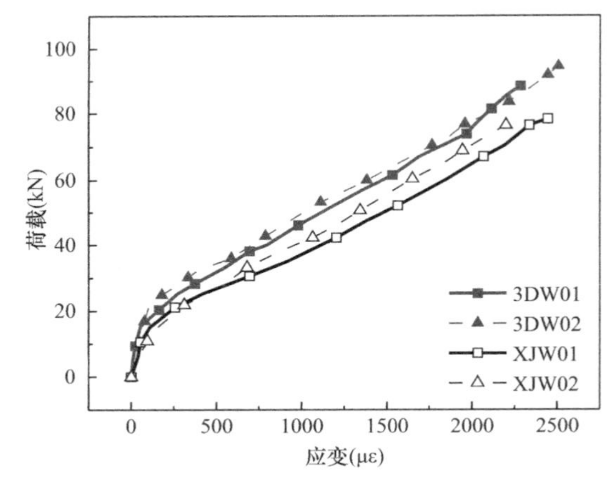

图 6-31 无腹筋梁钢筋-应变曲线

3D 打印混凝土永久模板-钢筋混凝土叠合梁和整体现浇梁都具有典型的无腹筋梁破坏特征。整体现浇梁在混凝土开裂前，混凝土和纵向钢筋应变随荷载增加呈线弹性缓慢增长，挠度增长相对较小。在梁跨中纯弯段底部开裂后，裂缝宽度为 0.02mm，裂缝向梁上部延伸约 40mm。随着荷载不断增加到抗剪承载力时，剪压区出现一条斜裂缝，宽度为 0.03mm，随着荷载不断增加，混凝土和纵向钢筋应变随着荷载不断快速增长，梁挠度快速增加。裂缝延伸高度不断增长，裂缝宽度也不断增加。随着荷载不断增加，该裂缝向两加载点处延伸，发生斜截面失效，其典型破坏形状如图 6-34(a)所示。无腹筋试验梁斜截面承载力测试结果如表 6-13 所示，由于材料中含有 PVA 纤维，3D 打印永久性混凝土模板叠合梁与整体现浇梁开裂荷载平均值相比提高了 70.97%，出现第一条剪压区斜裂缝的荷载提升了 33.9%。由于 3D 打印永久性混凝土模板材料采用的是高强混凝土，叠合梁的极限荷载平均值比整体现浇梁的极限荷载平均值提高了 18.2%，其典型破坏形状如图 6-34(b)所示。

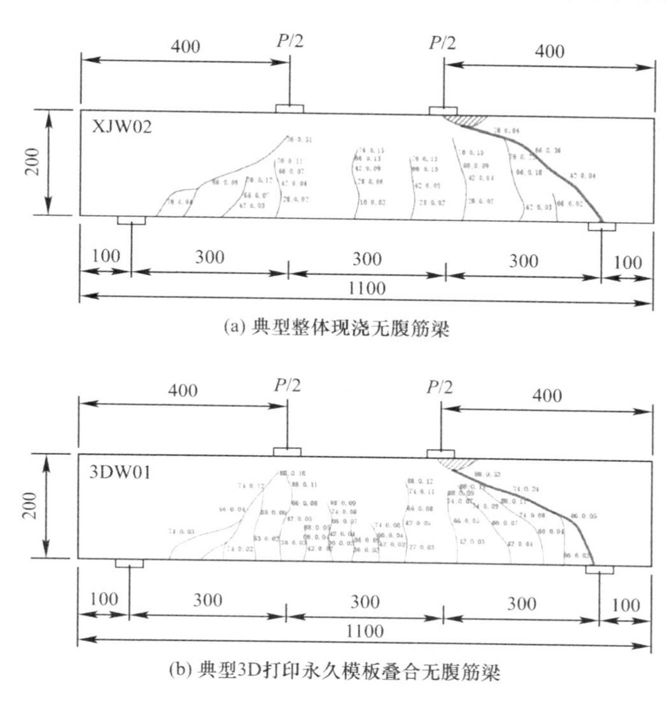

(a) 典型整体现浇无腹筋梁

(b) 典型3D打印永久模板叠合无腹筋梁

图 6-32　梁裂缝分布图（单位：mm）

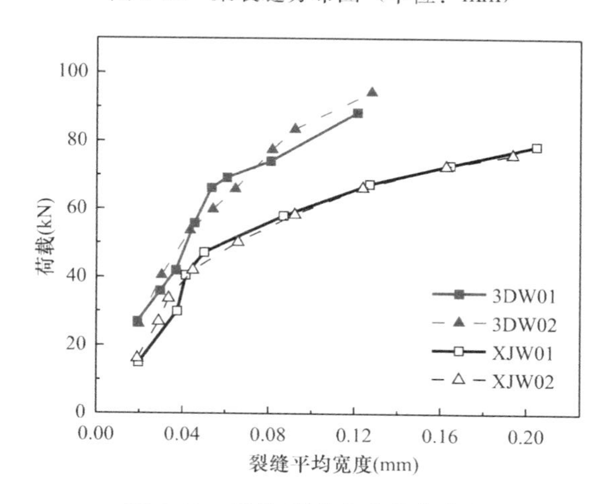

图 6-33　荷载-裂缝宽度均值曲线

6.3.2.2　3D 打印永久混凝土模板-钢筋混凝土叠合梁抗剪承载能力计算分析

鉴于 3D 打印混凝土永久模板-钢筋混凝土叠合梁与整体现梁均为剪压破坏，其破坏特征相同，因此3D打印混凝土永久模板-钢筋混凝土叠合梁抗剪承载力计算可参考整体现浇钢筋混凝土梁抗剪承载力分析方法。

(a) 整体现浇梁

(b) 3D打印混凝土永久模板-钢筋混凝土叠合梁

图 6-34　典型无腹筋梁斜截面破坏形态

无腹筋试验梁斜截面承载力测试结果　　表 6-13

试验梁编号	弯曲开裂荷载（kN）	弯曲开裂荷载均值（kN）	斜截面开裂荷载（kN）	斜截面开裂荷载均值（kN）	极限荷载（kN）	极限荷载均值（kN）	破坏类型
XJW01	15	15.5	30	31.0	78	77.0	剪压破坏
XJW02	16		32		76		剪压破坏
3DW01	27	26.5	42	41.5	88	91.0	剪压破坏
3DW02	26		41		94		剪压破坏

计算基本假定如下：

(1) 斜截面破坏形式为剪压破坏；

(2) 永久模板和现浇混凝土整体共同受力。

斜截面失效时，剪压区现浇混凝土抗剪承载力为 V_c，永久模板混凝土抗剪承载力为 V_{mc}，3D打印永久模板叠合梁斜截面抗剪承载力计算简图如图 6-35 所示。

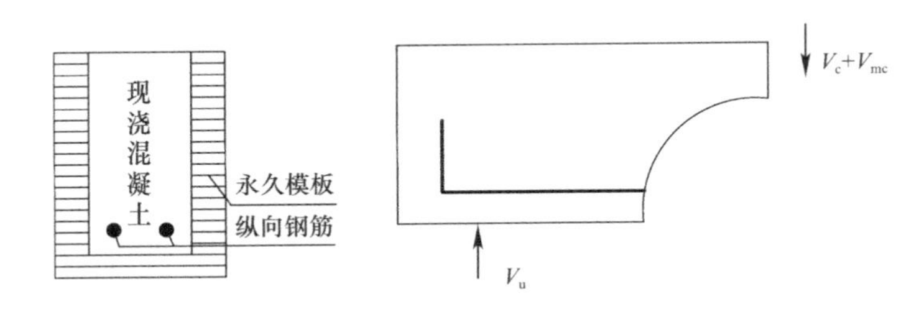

图 6-35　无腹筋叠合梁斜截面抗剪承载力计算简图

由斜截面抗剪承载力计算简图可得：

$$V_u = V_{mc} + V_c = \frac{1.75}{\lambda+1} f'_{tk} 2b_1 h_0 + \frac{1.75}{\lambda+1} f_{tk} b_2 h_0 \tag{6-24}$$

式中，λ 为剪跨比 1.85；f'_{tk}为永久性混凝土模板采用混凝土轴心抗拉强度标准值；b_1 为永久性混凝土模板厚度；f_{tk}为现浇混凝土轴心抗拉强度标准值；b_2 为现浇混凝土宽度；h_0 为有效高度。

6.3.3 3D打印永久模板-钢筋混凝土有腹筋叠合梁斜截面性能

6.3.3.1 试验结果分析

整体现浇梁和叠合梁在荷载作用下具有相同的变形特征，由于含有大量纤维，3D打印永久模板叠合梁刚度大于整浇梁，挠度增长略滞后于整体现浇梁，如图6-36所示。在弯曲裂缝出现之前，拉应力主要由纵向钢筋和混凝土共同承担，纵向钢筋应变随应力增加呈线性增长，试验梁挠度随荷载呈线性增长。弯曲裂缝出现后，混凝土承担的拉应力传递给纵向钢筋，纵向钢筋应变曲线发生突变，应变速度增大，试验梁挠度随荷载增加快速增长。同等荷载作用下叠合梁纵向钢筋应变略小于现浇梁，如图6-37所示。斜裂缝出现前，剪应力主要由混凝土承担，箍筋应变较小，斜裂缝出现后，混凝土承担的剪应力逐渐传递给箍筋，箍筋应变随荷载增加变快，如图6-38所示。叠合梁和整浇梁破坏均具有剪压破坏特征，典型破坏形态如图6-39和图6-40所示。

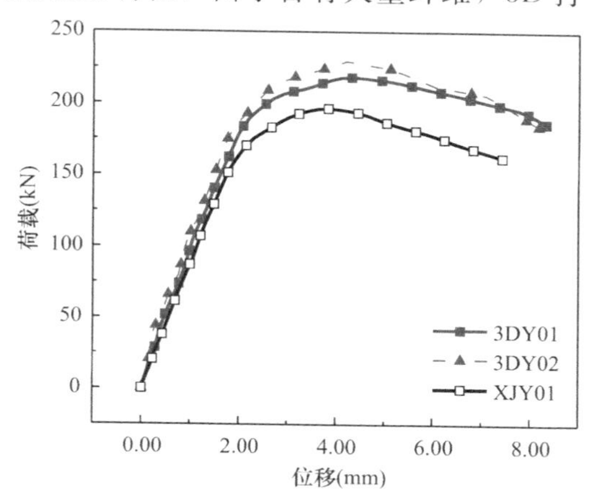

图6-36 荷载-挠度曲线

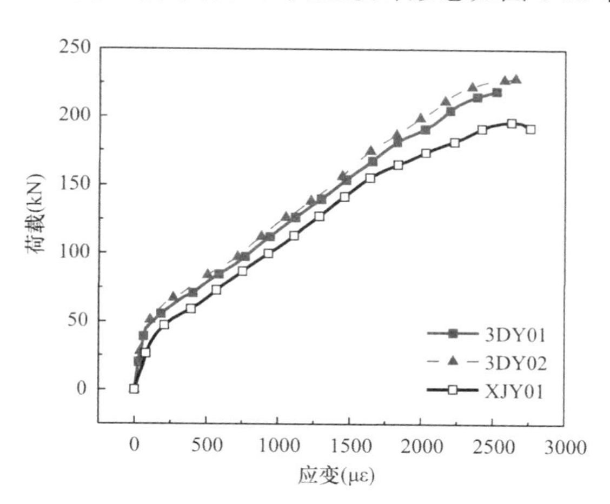

图6-37 荷载-纵向钢筋应变

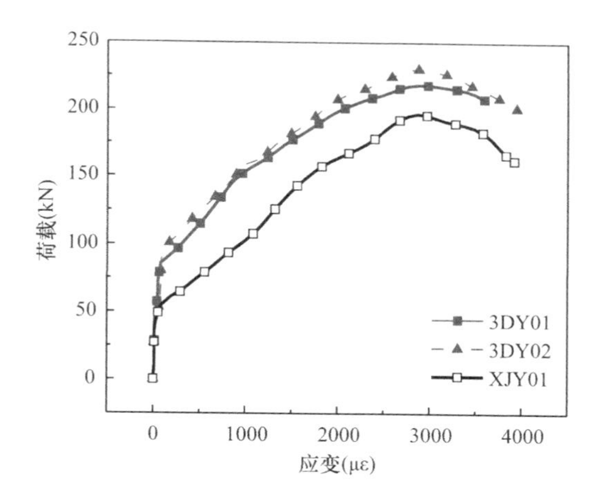

图6-38 荷载-箍筋应变

图6-39 典型现浇有腹筋梁剪压破坏

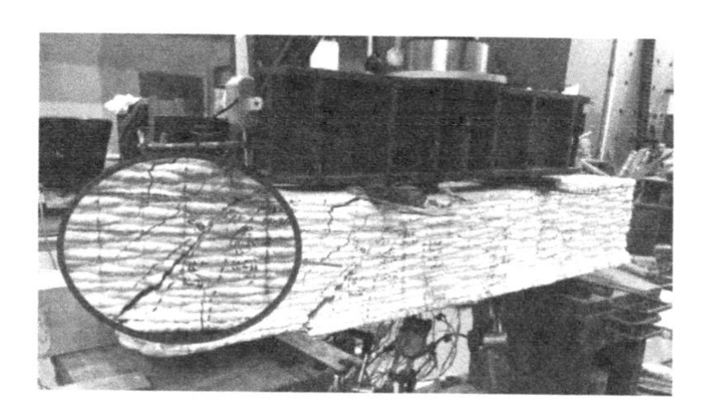

图6-40 典型打印叠合有腹筋梁剪压破坏

3D 打印永久性混凝土模板叠合梁开裂荷载均值较现浇有腹筋梁开裂荷载提升了 78%，3D 打印永久性混凝土模板叠合梁极限荷载均值比整体现浇梁极限荷载值提高了 14.0%，如表 6-14 所示。

试验梁结果汇总　　表 6-14

试验梁编号	弯曲开裂荷载（kN）	斜截面开裂荷载（kN）	极限荷载（kN）	破坏类型
XJY01	25	54	196	剪压破坏
3DY01	46	86	218	剪压破坏
3DY02	43	84	229	剪压破坏

因为 3D 打印永久性混凝土模板采用含有大量 PVA 纤维的细骨料混凝土，抑制了裂缝的发展，其梁体裂缝相对整体现浇梁裂缝条数增加，裂缝细而密，如图 6-41 所示。同一荷载水平下 3D 打印永久性混凝土模板叠合结构的裂缝宽度比整体现浇梁小 30%左右，如图 6-42 所示。

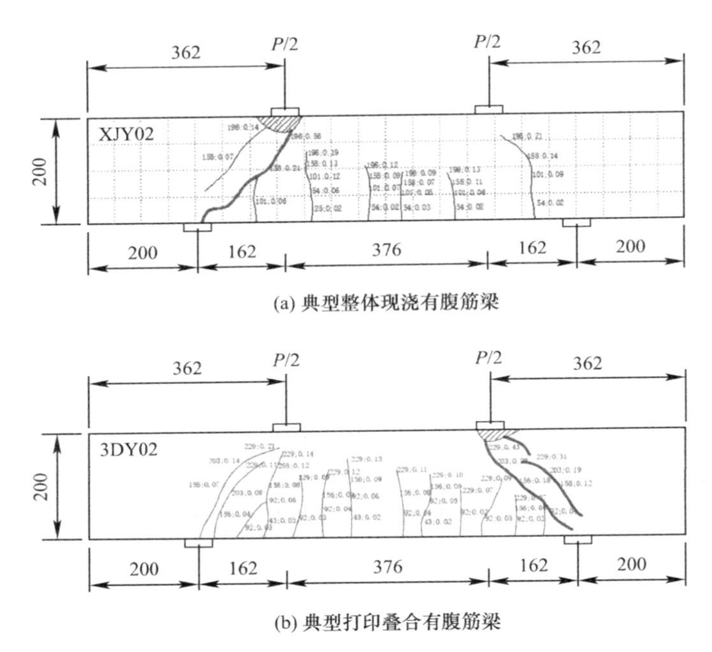

(a) 典型整体现浇有腹筋梁

(b) 典型打印叠合有腹筋梁

图 6-41　裂缝分布图（单位：mm）

6.3.3.2　3D 打印永久性混凝土模板叠合梁抗剪承载能力计算分析

基于 3D 打印永久性混凝土模板叠合梁破坏模式，可以得到 3D 打印永久性混凝土模板叠合梁的斜截面极限承载力理论计算模型。基本假定如下：

（1）梁斜截面破坏形式为剪压破坏；

（2）与斜裂缝相交的箍筋达到屈服；

（3）斜裂缝处的纵筋销栓力和骨料咬合力作为安全储备，计算时忽略不计；

（4）剪压破坏时永久性混凝土模板和现浇混凝土共同受力。

3D 打印混凝土永久模板-钢筋混凝土叠合梁斜截面破坏时，斜截面承载力由剪压区现浇混凝土 V_c，永久性混凝土模板混凝土 V_{mc}，箍筋 V_{sv}组成，计算简图如图 6-43 所示。

根据力的平衡，可得：

$$V_u = V_{mc} + V_c + V_{sv} = \frac{1.75}{\lambda + 1} f'_{tk} 2b_1 h_0 + \frac{1.75}{\lambda + 1} f_{tk} b_2 h_0 + f_{yvk} \frac{A_{sv}}{s} h_0 \tag{6-25}$$

式中：λ 为剪跨比 1.0，当剪跨比小于 1.5 时，计算时取 1.5；f'_{tk} 为永久性混凝土模板采用混凝土轴心抗拉强度标准值，b_1 为永久性混凝土模板厚度，f_{tk} 为现浇混凝土轴心抗拉强度标准值；b_2 为现浇混凝土宽度；h_0 为有效高度；f_{yvk} 为箍筋抗拉强度标准值；A_{sv} 为配置在同一截面内箍筋全部截面面积；s 为沿构件长度方向的箍筋间距。

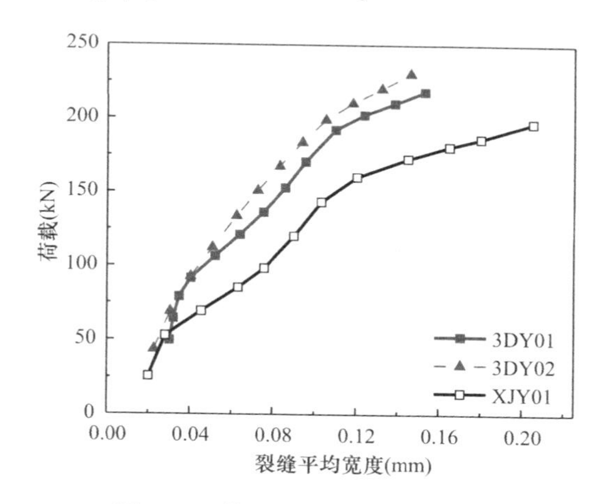

图 6-42　荷载-裂缝宽度均值曲线

将相关数据代入公式可得该 3D 打印永久性混凝土模板叠合梁理论计算值为 194.2kN，实测值抗剪承载力均值为 223.5kN，计算模型与试验实测相比偏小 13%，该计算方法偏于安全且较为精确，可为工程设计和施工提供参考。

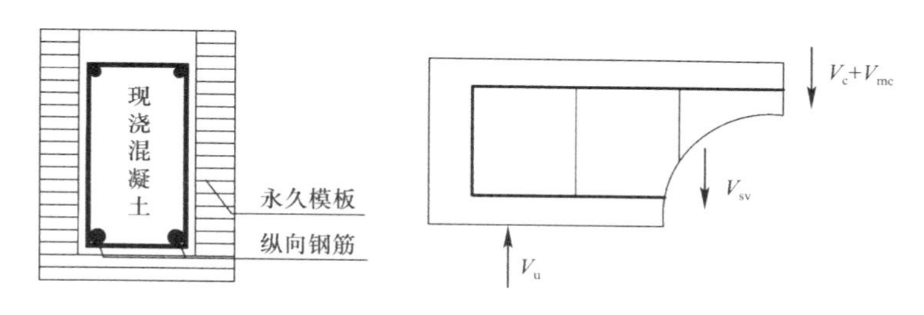

图 6-43　叠合梁斜截面抗剪承载力计算简图

6.4　3D 打印永久模板-钢筋混凝土叠合柱受压性能

6.4.1　3D 打印永久模板-钢筋混凝土叠合柱设计

根据打印设备和打印工艺，设计了 3D 打印永久性混凝土圆柱模板 $d \times h = 200\text{mm} \times 700\text{mm}$，3D 打印永久性混凝土方柱模板 $b \times h = 200\text{mm} \times 600\text{mm}$，目标模板厚度为 30mm。截面尺寸如图 6-44 所示。

试验方柱分为叠合方柱（编号为 3DF01、3DF02）和整体现浇方柱（编号为 XJF01、XJF02）。试验圆柱分为叠合圆柱（编号为 3DY01、3DY02）和整体现浇圆柱（编号为 XJY01、XJY02）。各柱参数如表 6-15 所示。

永久性混凝土柱模板打印速度为 30mm/s，每层高度为 10mm。先将钢筋按设计要求绑扎完成，然后将钢筋笼放入 3D 打印永久性混凝土柱模板及整体现浇柱木模内，钢筋笼安装完成后浇筑混凝土，为保证混凝土浇筑质量，在混凝土浇筑时不断用振捣棒振捣，为了保证浇筑过程中钢筋笼位置不发生偏移，浇筑时用木条将钢筋笼固定。试验柱浇筑完成后，为保证其表面的平整度及后期加载的水平度将试验梁表面进行抹平，然后室内养护

28d，为防止养护期间混凝土开裂，每天洒水 2 次。打印制作流程如图 6-45 所示。

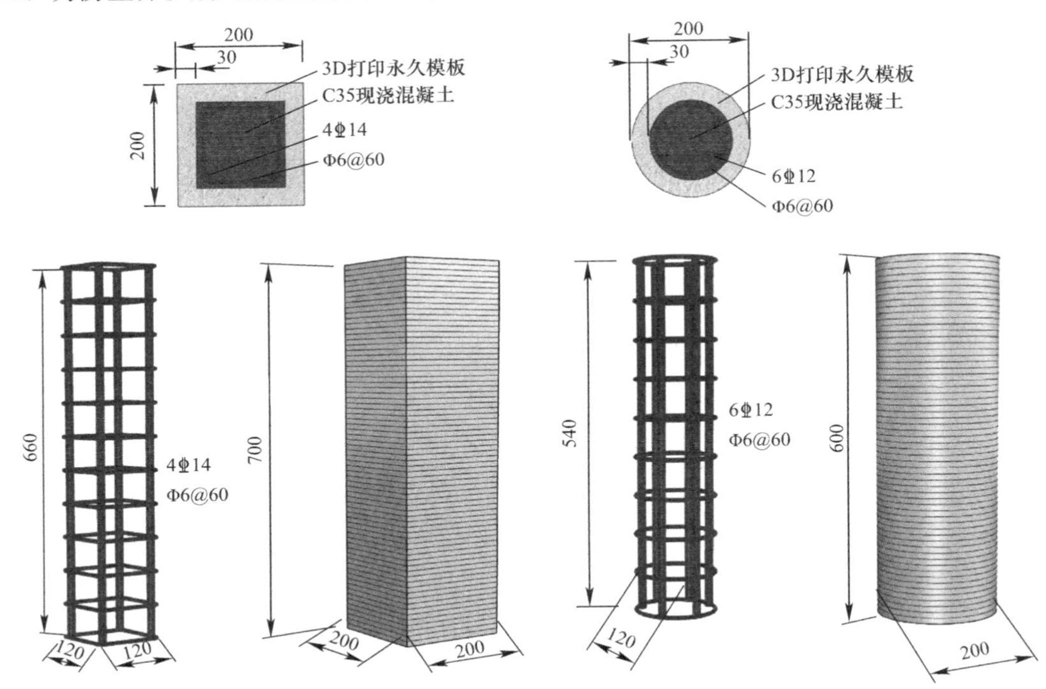

图 6-44　永久性混凝土模板叠合柱配筋图（单位：mm）

叠合柱与现浇柱参数　　**表 6-15**

试件编号	尺寸（mm）	实测模板厚度均值（mm）	混凝土等级	纵筋	箍筋
3DF01	197×201×600	26	C35	4Φ14	Φ6@60
3DF02	210×212×600	32	C35	4Φ14	Φ6@60
XJF01	200×200×600	—	C35	4Φ14	Φ6@60
XJF02	200×200×600	—	C35	4Φ14	Φ6@60
3DY01	182×700	21	C35	6Φ12	Φ6@60
3DY02	192×700	26	C35	6Φ12	Φ6@60
XJY01	190×700	—	C35	6Φ12	Φ6@60
XJY02	190×700	—	C35	6Φ12	Φ6@60

(a) 打印制作柱模

(b) 模板打印完成

(c) 置入钢筋笼

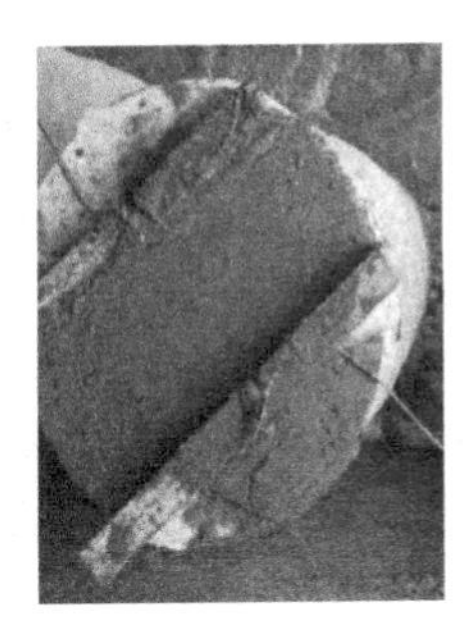

(d) 浇筑混凝土

图 6-45　3D 打印永久性混凝土柱打印制作流程

现浇混凝土所用水泥为 42.5 级普通硅酸盐水泥，砂为细度模数为 2.5 的黄砂，拌合水为自来水，石子为 0-10mm 级配的碎石。混凝土配合比及标准立方体实测抗压强度值见表 6-16，钢筋进行了拉伸试验，其拉伸性能结果见表 6-17。

混凝土配合比及强度　　表 6-16

强度等级	水泥	砂	石子	水	实测强度（MPa）
C35	1	1.11	2.72	0.38	35.1

钢筋拉伸试验结果　　表 6-17

序号	直径（mm）	屈服应力（MPa）	极限应力（MPa）
HRB400	14	552	660
HRB400	12	503	598

6.4.2　3D 打印永久模板-钢筋混凝土叠合柱试验

采用 1000t 微机控制电液伺服多功能试验机开展轴心抗压性能测试，加载示意图如图 6-46所示，加载时在试件两侧对称布置 4 个位移传感器以测量轴向位移，在试验柱的中截面对称布置 8 个竖向应变片和 8 个横向应变片监测变形，如图 6-46 所示。试件在正式加载前进行预加载，然后进行卸载，正式加载采用分级加载，每级加载 20kN，加载后停留 3-5min，使用 DH3816 静态应变测试系统采集数据。

6.4.2.1　方形叠合柱轴压试验现象及结果分析

永久性混凝土模板叠合方柱与整体现浇钢筋混凝土方柱具有相似的轴心抗压性能，但由于叠合柱的 3D 打印混凝土模板对内部现浇混凝土具有一定的约束作用，导致叠合柱的抗压性能，刚度和承载能力较现浇柱均有显著的提升，如图 6-47 所示。在相同荷载水平下，叠合柱的钢筋应变和混凝土应变均显著小于整体现浇柱，如图 6-48 和图 6-49 所示。

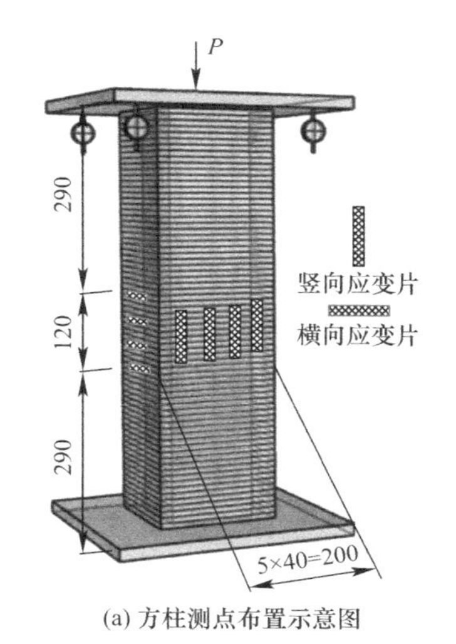

(a) 方柱测点布置示意图　　(b) 方柱试验示意图

图 6-46　现场加载及测点布置图（单位：mm）（一）

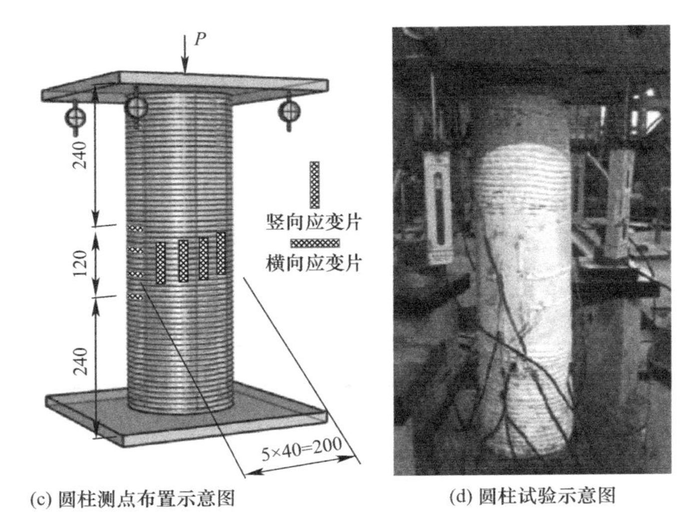

(c) 圆柱测点布置示意图　　(d) 圆柱试验示意图

图 6-46　现场加载及测点布置图（单位：mm）（二）

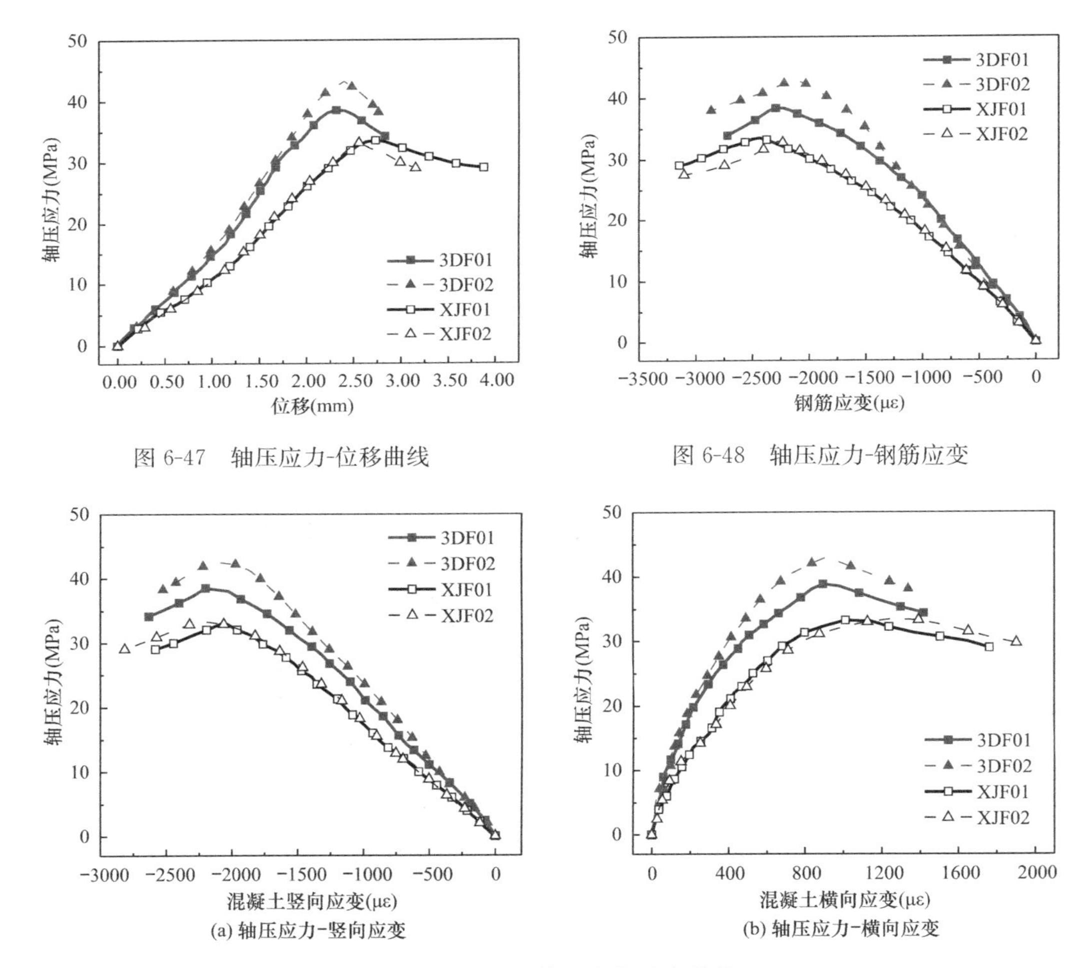

图 6-47　轴压应力-位移曲线

图 6-48　轴压应力-钢筋应变

(a) 轴压应力-竖向应变　　(b) 轴压应力-横向应变

图 6-49　混凝土轴压应力-应变曲线

3D 打印永久性混凝土模板采用 PVA 纤维高强混凝土，轴心抗拉强度标准值是现浇混凝土的 1.82 倍。其次，3D 打印混凝土永久模板分层打印螺旋式上升制作，在轴压过程中，外部模板与内部现浇混凝土协调工作并对核心混凝土产生围箍效应。上述这样作用使得叠合柱的开裂荷载比整体现浇方柱提高 158.2%，极限承载力比现浇混凝土方柱提高了 23.1%，如表 6-18 所示。

叠合柱和现浇柱实测轴压应力值　　表 6-18

试件编号	开裂应力（MPa）	开裂应力均值（MPa）	开裂应力提高（%）	极限应力（MPa）	极限应力均值（MPa）	极限应力提高（%）
3DF01	20.2	20.4	158.2	38.9	41.0	23.1
3DF02	20.6			43.1		
XJF01	7.8	7.9	—	33.6	33.3	—
XJF02	8.0			33.0		

永久性混凝土模板叠合柱与整体现浇钢筋混凝土短柱破坏现象基本相同，试件在轴压应力作用下混凝土基体向外膨胀，出现第一条裂缝后，随着轴压应力继续增加，短柱出现贯穿性裂缝，局部混凝土被压碎，随后轴压荷载减少，但混凝土变形增大，典型破坏形态如图 6-50 所示。

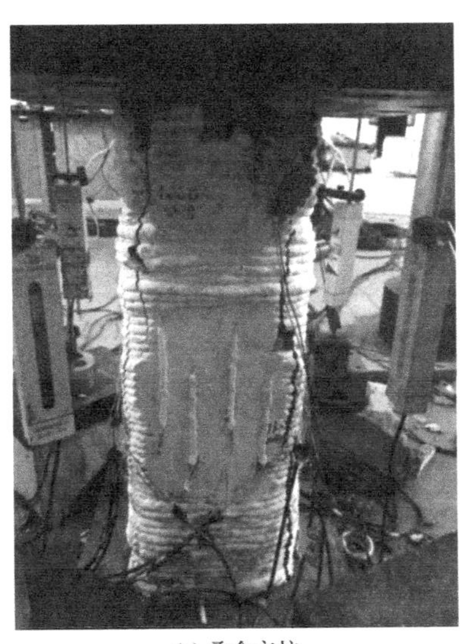

(a) 叠合方柱

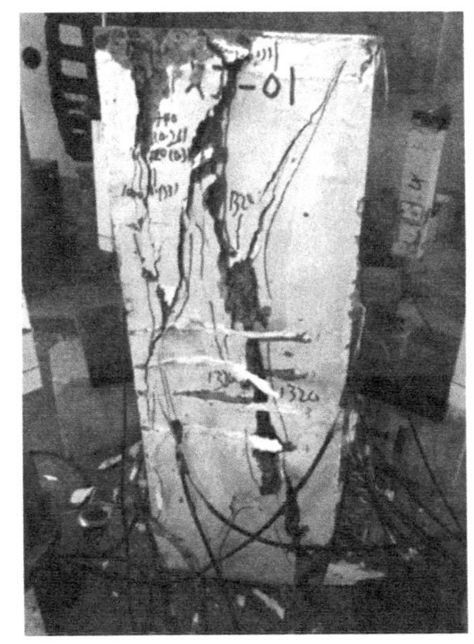

(b) 现浇方柱

图 6-50　典型方短柱轴心受压破坏状态

6.4.2.2　圆形叠合柱轴压试验现象及结果分析

圆形叠合柱的轴压应力-应变曲线变化规律与破坏形态和整体现浇柱基本相同。3D 打印混凝土永久模板-钢筋混凝土叠合短柱的开裂荷载比整体现浇混凝土短柱提高了 144.3%。3D 打印混凝土永久模板-钢筋混凝土叠合圆柱的极限承载力比整体现浇混凝土圆柱提高了 36%。通过轴压试验测得到各个构件的轴压应力-位移曲线如图 6-51 所示。轴压应力-钢筋应变曲线如图 6-52 所示。轴压应力-混凝土应变曲线如图 6-53 所示。圆形叠合柱和现浇柱实测轴压应力值见表 6-19。

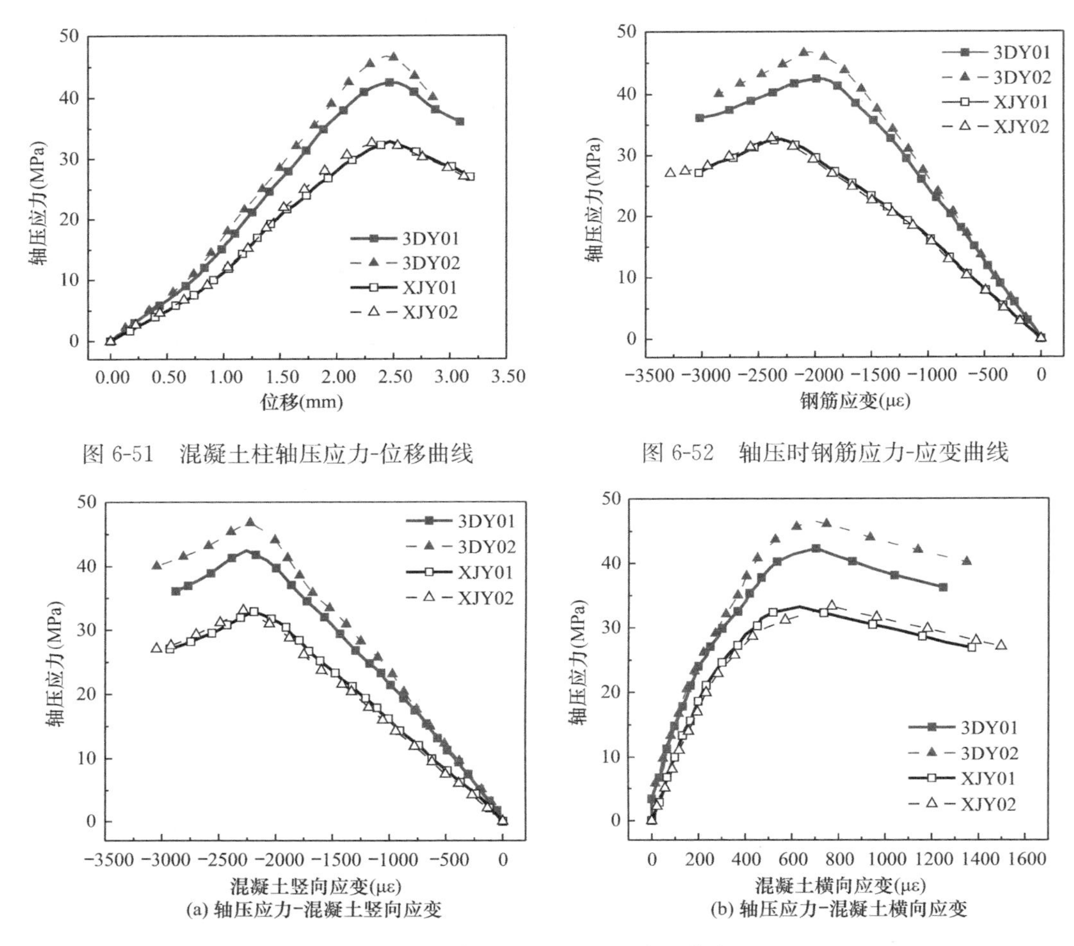

图 6-51　混凝土柱轴压应力-位移曲线

图 6-52　轴压时钢筋应力-应变曲线

图 6-53　轴压应力-混凝土应变曲线

圆形叠合柱和现浇柱实测轴压应力值　　**表 6-19**

试件编号	开裂应力（MPa）	开裂应力均值（MPa）	开裂应力提高（%）	极限应力（MPa）	极限应力均值（MPa）	极限应力提高（%）
3DY01	21.5	21.5	144.3	42.4	44.6	36
3DY02	21.4			46.7		
XJY01	8.4	8.8	—	32.5	32.8	—
XJY02	9.2			33.0		

6.4.3　3D 打印永久模板-钢筋混凝土叠合柱抗压承载能力理论分析

根据轴心受压构件的变形规律和破坏模式，轴压荷载作用下叠合短柱的承载能力计算公式如下：

$$N_u = \phi(f_{ck1}A_1 + f_{ck2}A_2 + f'_{yk}A'_s) \tag{6-26}$$

式中：N_u 为轴向压力承载力极限值；ϕ 为钢筋混凝土构件稳定系数；f_{ck1} 为核心混凝土轴心抗压强度标准值；A_1 为核心混凝土面积；f_{ck2} 为 3D 打印混凝土轴心抗压强度标准值，3D 打印永久性混凝土模板是分层打印、螺旋式上升的，在荷载作用下，轴向压应力方向为3D打印混凝土的z方向，其实测轴心抗压强度值为46.63MPa；A_2 为永久模板混凝土横截面面积；f'_{yk}为纵向钢筋抗压强度屈服值；A'_s为全部纵向钢筋的截面面积。

通过计算得出3D打印永久性混凝土模板叠合方柱与叠合圆柱轴心抗压强度理论值与试验误差分别为5.8%和5.1%，如图6-55所示，表明该计算方法具有一定精度和保证率，可用于指导叠合柱设计与工程实践。

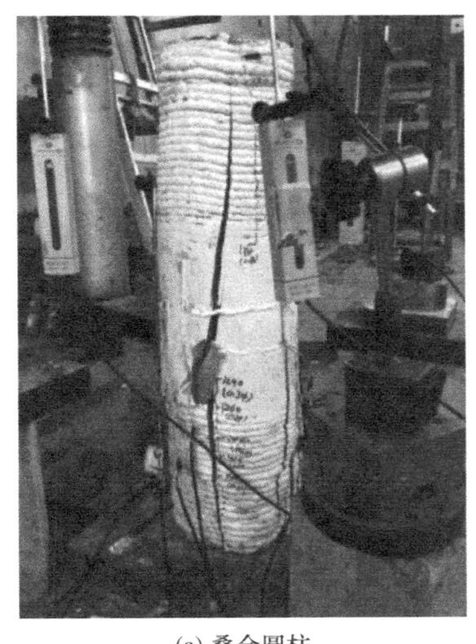

(a) 叠合圆柱

(b) 整体现浇柱

图6-54　圆柱破坏形态图

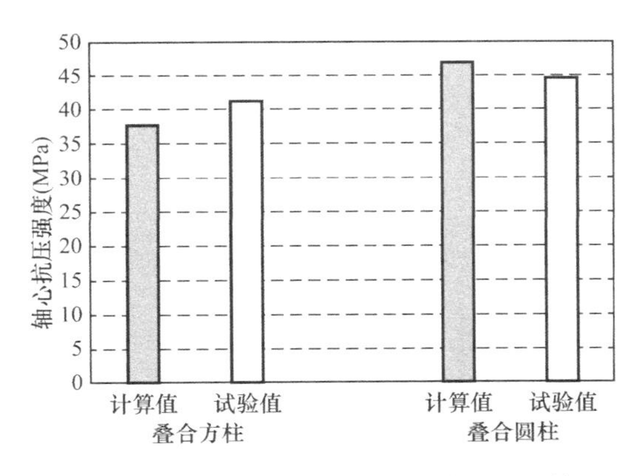

图6-55　叠合柱轴心抗压强度计算值与试验值对比

6.5　3D打印混凝土永久模板-钢筋混凝土叠合墙受力性能

6.5.1　3D打印混凝土墙体结构体系划分

6.5.1.1　3D打印无筋砌体结构

3D打印无筋砌体结构是指3D打印形成中空的无筋墙体，通过现浇或叠合楼板将3D打印墙体连接形成承重结构体系。3D打印墙体是3D打印无筋砌体结构的主要构件，3D打印墙体一般为中空，内部设置斜肋或直肋，如图6-56、图6-57所示。对于多层住宅，荷载作用不大，因此可以考虑不对3D打印墙体构件配置钢筋，且墙体为中空，内部可根据需要填充保温材料，受集中荷载处可局部填充混凝土进行加强。3D打印墙体的尺寸根据建筑立面图，结合门窗洞口位置，事先排版并逐块打印，运送到现场进行组装。楼板以现浇或叠合板的形式，与3D打印墙体连接成为主体结构。

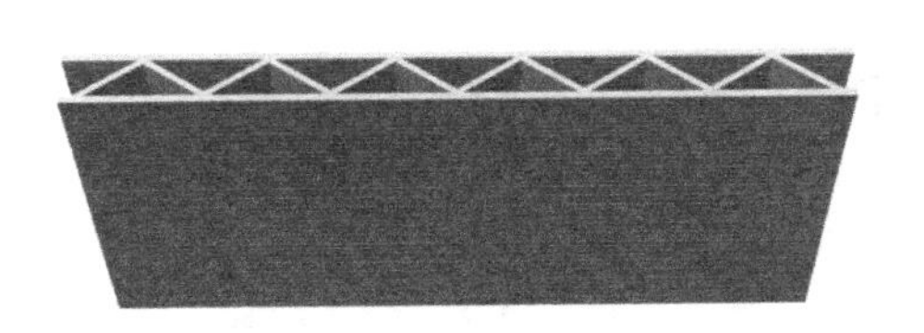

图6-56　设置斜肋的3D打印中空墙体

图6-57　设置直肋的3D打印中空墙体

6.5.1.2　3D打印混凝土-钢筋骨架叠合结构

目前投入使用的3D打印房屋建筑结构的墙体，不管是现场原位打印还是工厂预制打印，采用混凝土3D打印模板形式，墙体主要有打印之字形带肋墙体和空心墙体两种，打印墙体中的结构配筋方式主要有以下4种形式：（1）在带肋墙体路径中水平放置钢筋网片，如图6-58所示；（2）打印中空墙体并进行拉结筋布置，如图6-59所示；（3）打印空心墙体插筋灌注混凝土，如图6-60所示；（4）空心墙体布置拉结筋和水平钢筋灌注混凝土，如图6-61所示。

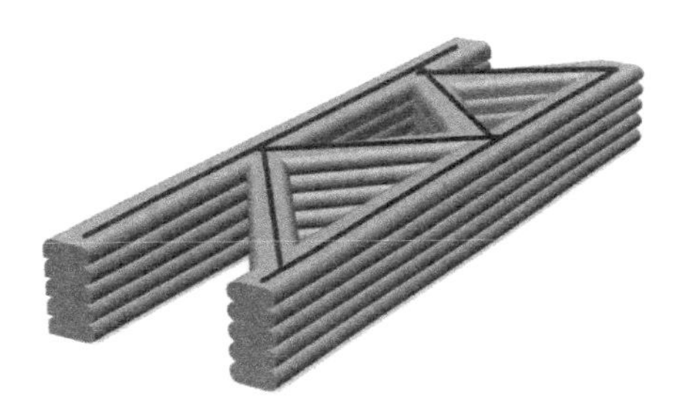

图6-58　带肋墙体路径放置钢筋网片

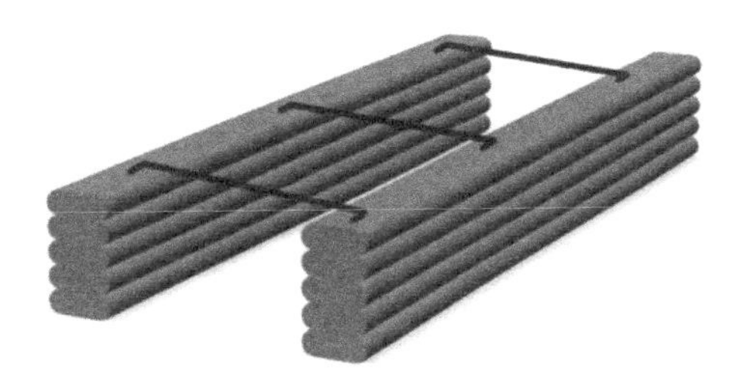

图6-59　打印中空墙体并进行拉结筋布置

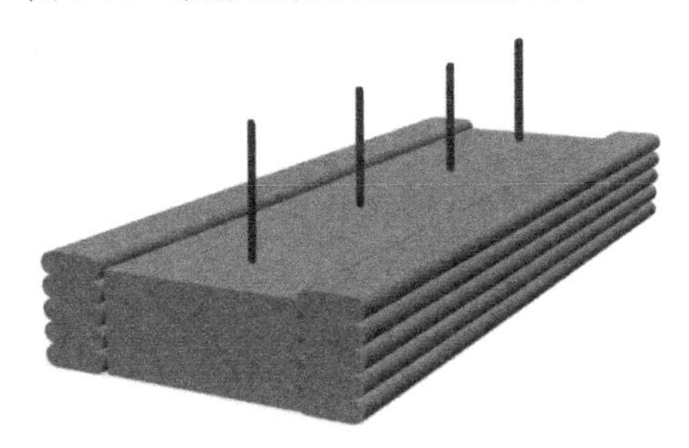

图6-60　打印空心墙体插筋灌注混凝土

图6-61　水平拉结筋并灌注混凝土

6.5.2　3D打印混凝土叠合墙受压性能

采用竖向钢筋和现浇混凝土与3D打印混凝土墙体形成叠合结构，可有效增强墙体抗剪能力和整体受力性能，有利于充分利用3D打印异形外墙形成空间曲面结构，同时形成整体受力性能和抗震性能良好的整体结构。基于试验确定3D打印混凝土空心墙体抗压承载性能最佳高厚比，探讨 3D 打印配筋混凝土叠合墙在轴心、长轴方向的小偏心受压荷载作用下的受力与变形性能，破坏过程与破坏形态，并与配筋砌体墙进行对比，可为 3D 打印配筋混凝土叠合剪力墙工程应用提供理论基础和试验依据。

6.5.2.1　**试验设计**

试验设计的 3D 打印配筋混凝土叠合剪力墙，如图 6-62(a)所示。该墙体是由宽 30mm 厚 20mm 的 3D 打印混凝土条带连续层叠制作空腔截面，内插竖向钢筋并灌注混凝土形成配筋叠合剪力墙。与 390mm×190mm×190mm 和 190mm×190mm×190mm 两种尺寸规格 MU10 砌体与现浇混凝土形成的配筋砌体叠合墙（图 6-62b）对比，设计参数见表 6-20。试件制作过程如图 6-63 所示。

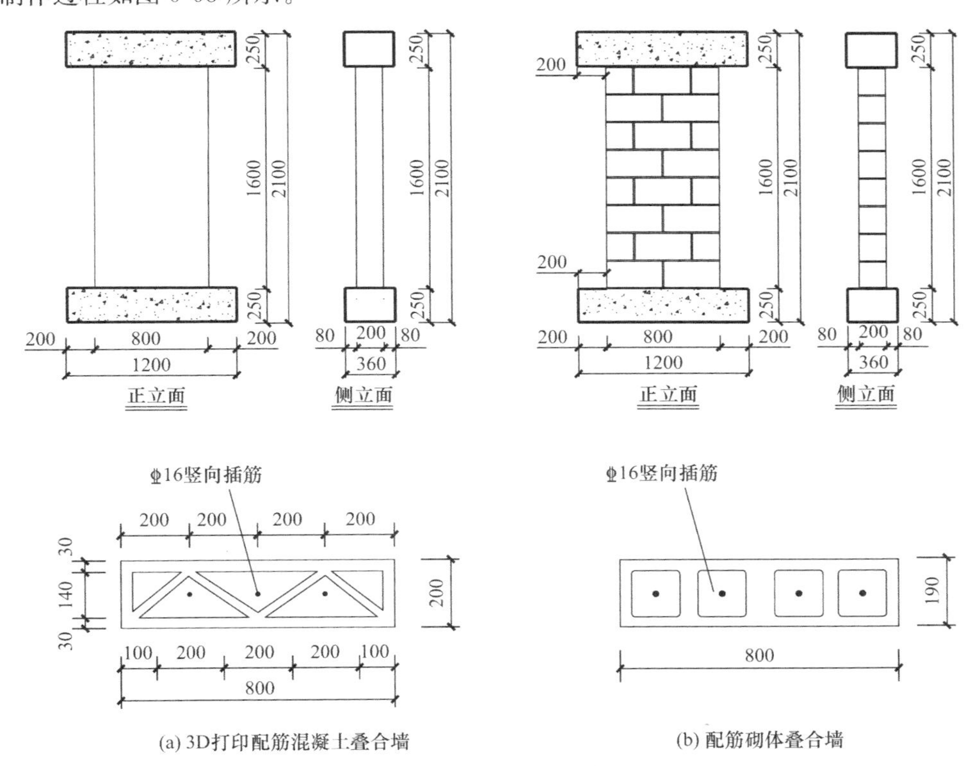

图 6-62　剪力墙设计详情（单位：mm）

试件设计参数　　表 6-20

编号	截面尺寸（mm） 高×宽×厚	高厚比	灌心混凝土强度	偏心距（mm）	竖向插筋
Q1	1600×800×200	8	Cb30	0	3 ⌀ 16
Q2	1600×800×200	8	Cb30	50	3 ⌀ 16
Q3	1600×800×200	8	Cb30	100	3 ⌀ 16
3DQ1	1600×800×200	8	Cb30	0	3 ⌀ 16
3DQ2	1600×800×200	8	Cb30	25	3 ⌀ 16
3DQ3	1600×800×200	8	Cb30	50	3 ⌀ 16
3DQ4	1600×800×200	8	Cb30	75	3 ⌀ 16
3DQ5	1600×800×200	8	Cb30	100	3 ⌀ 16

(a) 3D打印配筋混凝土叠合墙　　(b) 配筋砌体叠合墙

图 6-63　剪力墙制作流程

混凝土及3D打印材料制作标准立方体试块和棱柱体试块测定强度及弹性模量。墙中插入的竖向钢筋材料进行材料性能测试，包括屈服强度、极限强度和弹性模量。砌块配筋砌体叠合墙采用普通混凝土空心砌块，对规格为390mm×190mm×190mm的普通空心砌块进行测试。如表6-21所示。

材料力学性能指标　　表 6-21

材料种类	抗压强度		抗拉强度		弹性模量 ($\times10^4$N/mm^2)
	立方体	棱柱体	屈服	极限	
3D打印混凝土	41.77	28.46	—	—	2.93
C30混凝土	36.43	25.34	—	—	3.04
钢筋Φ16	—	—	462.2	652.4	20.9
混凝土空心砌块	5.846	—	—	—	—

为防止局部压碎，试件两端各放置钢板，加载原理示意如图6-64所示。纵筋上下端

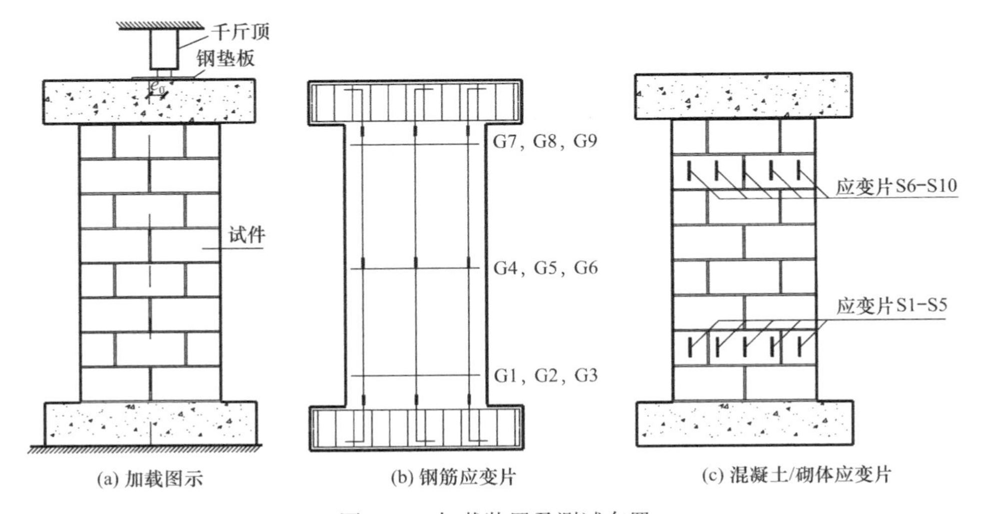

(a) 加载图示　　(b) 钢筋应变片　　(c) 混凝土/砌体应变片

图 6-64　加载装置及测试布置

及中间位置，墙体试件上下端前后表面位置进行应变监测。采用单调竖向平稳连续加载，预加载分三级进行，每级取预估破坏荷载的 5%，然后分级卸载使构件进入正常工作状态。正式加载每级荷载为预估荷载的 5%，当达到预估破坏荷载的 70%后，每级荷载取预估荷载的 2%，每级荷载持续时间不少于 1min，至构件变形基本稳定。

6.5.2.2　试验结果及分析

试验结果显示，3D 打印配筋混凝土叠合墙截面面积为 160000mm²，其中 3D 打印部分面积为 109592mm²，占 68.5%，应填充混凝土截面面积为 50408mm²。混凝土砌块砌体墙截面面积为 160000mm²，其中砌块和砌筑砂浆面积为 87382mm²，占 55.6%，应填充混凝土截面面积为 72618mm²。试验后破型发现，叠合墙混凝土填充存在不够密实的现象。定义“填充率”表示实测混凝土截面面积占应填充混凝土的总面积的比值，对各叠合墙进行测试分析。用 3D 打印技术一体化成型制作的混凝土空心模板内外表面形成连续的凹凸纹路，相比平滑的内表面，凹凸差可增大摩擦力，提高永久性模板与后浇筑混凝土之间的粘结，避免“脱壳”现象。

3D 打印配筋混凝土叠合墙钢筋应变随荷载变化与配筋砌体叠合墙大体一致，钢筋普遍处于弹性受压状态，如图 6-65 所示。叠合墙在小偏心受压荷载作用下表面普遍受压，并由远荷载端向近荷载端随荷载线性增大，直至发生破坏。墙体表面 3D 打印壳体或砌块应变随荷载变化曲线如图 6-66 所示，部分墙体由于局部压碎出现应变陡增或者陡降。对墙体试件在荷载作用下的竖向位移进行了监测，在竖向加载下，处于近荷载端的墙体截面竖向相对位移较大，一般为 2-3mm，处于远荷载端的墙体截面也基本表现为受压，且相对位移较小，小于 1mm。

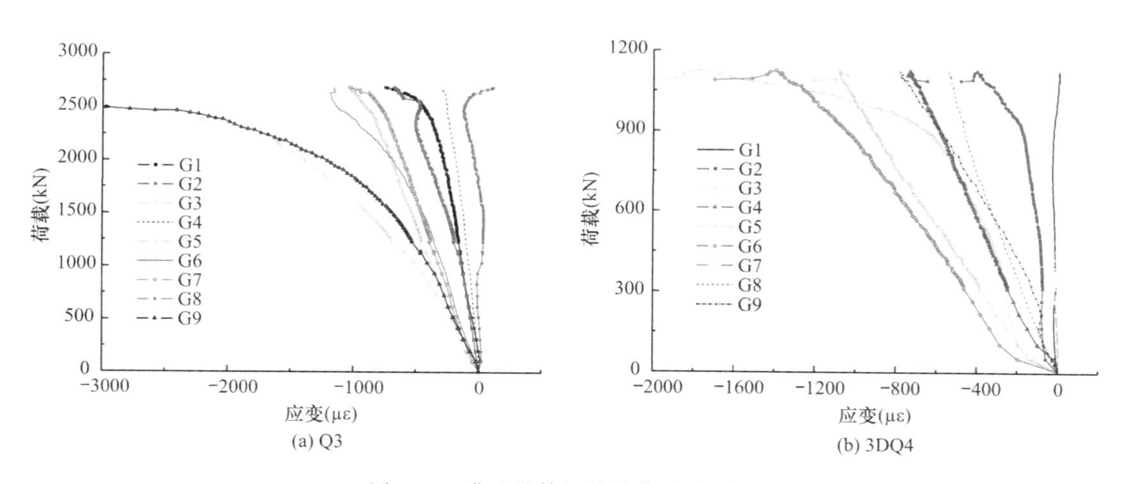

图 6-65　典型墙体钢筋荷载-应变曲线

由于填充率和偏心距的影响，3D 打印配筋混凝土叠合墙竖向开裂荷载比配筋砌体叠合墙提升−18.2%-27.3%。3D 打印配筋混凝土叠合墙在开裂前具有良好的刚性和整体性，加载过程无明显变形。随着荷载增大出现竖向裂缝，横向裂缝相对较少，主要集中于 3D 打印模板的“接缝处”，间距为条带厚度的倍数。随着竖向裂缝的发展，受压加载侧出现 3D 打印模板大块脱落，试件破坏，极限荷载比配筋砌体叠合墙提高 87.0%-121.7%，典型破坏形态如图 6-67 所示。3D 打印配筋混凝土叠合墙制作工艺和成型表面形态导致墙体填充率偏低，选取填充率良好的构件其开裂荷载提升率为 27.3%，极限荷载提升率为 108%。如表 6-22 所示。

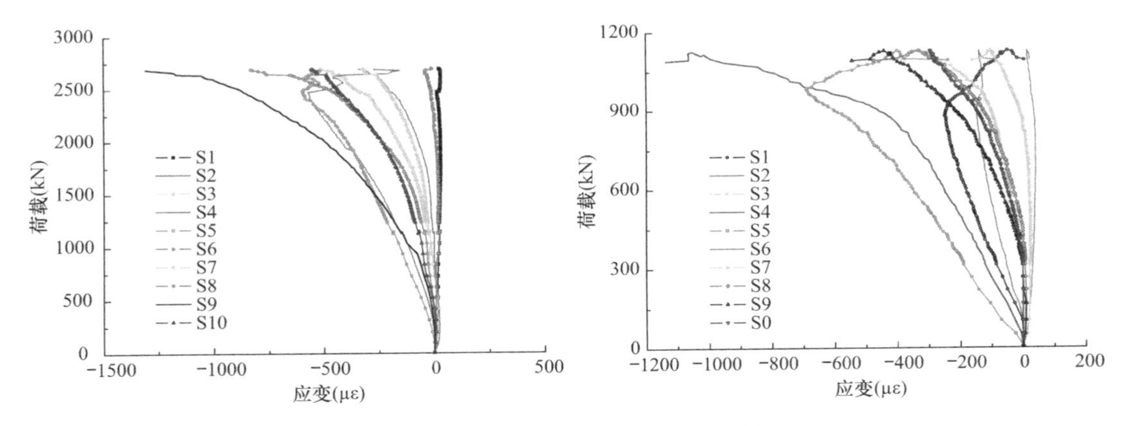

图 6-66　典型墙体表面荷载-应变曲线

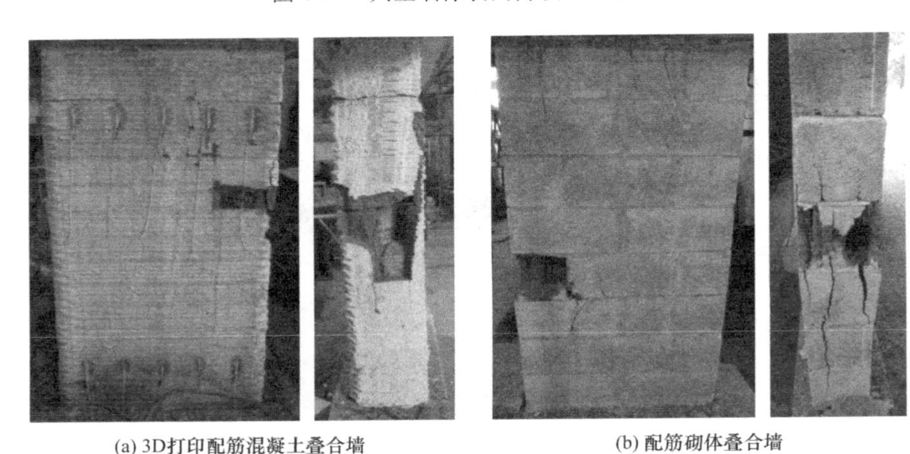

(a) 3D打印配筋混凝土叠合墙　　(b) 配筋砌体叠合墙

图 6-67　剪力墙典型破坏形态

叠合墙体抗压试验性能　　**表 6-22**

试件编号	开裂荷载（kN）	极限荷载（kN）	偏心距（mm）	填充率
3DQ1	1200	2106.9	0	0.446
3DQ2	1500	2642.2	25	0.988
3DQ3	1400	2313.5	50	0.784
3DQ4	1000	2689.1	75	0.922
3DQ5	900	2105.5	100	0.636
Q1	950	950.2	0	0.902
Q2	1100	1110.3	50	0.843
Q3	1100	1125.9	100	0.879

6.5.2.3　承载力分析模型

承载力分析表明，3D 打印混凝土配筋叠合墙与混凝土剪力墙结构接近，其承载能力由 3D 打印混凝土空心墙和后浇混凝土两部分提供（表 6-23）。

轴心受压构件正截面受压承载力如下：

$$N \leqslant 0.9\phi(f_c A + f'_y A'_s) \tag{6-27}$$

式中：ϕ 为轴心受压构件的稳定系数；f_c 为混凝土的抗压强度设计值；A'_s为全部竖向钢筋的截面面积；f'_y为钢筋的抗压强度设计值；A 为构件的截面面积。

本试验偏心受压构件长边方向受偏压，需考虑“二阶效应”引入偏心距增大系数 η：

$$\eta = 1 + \frac{1}{1400e_i/h_0}\left(\frac{l_0}{h}\right)^2 \zeta_1 \zeta_2 \tag{6-28}$$

$$\zeta_1 = 0.5 f_c A / N_c \tag{6-29}$$

若 $\zeta_1 > 1$，取 $\zeta_1 = 1$；当 $l_0/h < 15$ 时，取 $\zeta_1 = 1$。

$$\zeta_2 = 1.15 - 0.01 \cdot l_0/h \tag{6-30}$$

承载力 N_{cu}按照以下公式计算：

$$N_{cu} = \alpha_1 f_c bx + f'_y A'_s - \sigma_s A_s \tag{6-31}$$

$$N_{cu} e = \alpha_1 f_c bx(h_0 - x/2) + f'_y A'_s(h_0 - a'_s) \tag{6-32}$$

式中符号含义与公式详见《混凝土结构设计规范》GB 50010—2010。

砌体配筋叠合墙按《砌体结构设计规范》GB 50003—2011 进行计算，轴心受压构件正截面受压承载力：

$$N \leqslant \phi_{0g}(f_g A + 0.8 f'_y A'_s) \tag{6-33}$$

式中：ϕ_{0g}为轴心受压构件的稳定系数；f_g 为灌浆砌体的强度设计值；其他符号含义与公式详见《砌体结构设计规范》GB 50003—2011。

偏心受压构件正截面受压承载力：

$$N \leqslant f_g bx + f'_y A'_s - \sigma_s A_s \tag{6-34}$$

$$Ne_N \leqslant f_g bx(h_0 - x/2) + f'_y A'_s(h_0 - a'_s) \tag{6-35}$$

式中其他符号含义与公式详见《砌体结构设计规范》GB 50003—2011。

受压承载力计算精度分析　　表 6-23

试件编号	计算值 F(kN)	实测值 F'(kN)	实测值/计算值 F'/F	填充率
3DQ1	2807.1	2106.9	0.75	0.446
3DQ2	2532.5	2642.2	1.04	0.988
3DQ3	2347.3	2313.5	0.99	0.784
3DQ4	2162.2	2689.1	1.24	0.922
3DQ5	1977.0	2105.5	1.06	0.636
Q1	879.7	950.2	1.08	0.902
Q2	752.6	1110.3	1.47	0.843
Q3	635.6	1125.9	1.77	0.879

由于砌体叠合墙存在砌筑水平和竖向灰缝受力薄弱层，而3D打印叠合墙只存在水平的“打印层”，没有竖向施工缝，具有更好的整体性。考虑试件制作时混凝土灌心的不密实性，通过对比3D打印配筋砌体剪力墙相对于普通混凝土砌块砌体墙的承载力，同工况下3D打印配筋砌体剪力墙比砌块砌体墙极限承载能力高1.06倍左右。偏心距越小，承载能力提高的越明显，如表6-24所示。

3D 打印试件承载力影响率　　表 6-24

偏心距(mm)	$e=0$(3DQ1/Q1)	$e=50$(3DQ3/Q2)	$e=100$(3DQ5/Q3)	均值
F'_{3DQ}/F'_{Q}	2.22	2.08	1.87	2.06

注：F'_{3DQ}表示实测 3D 打印砌体墙的承载力；F'_{Q}表示实测砌块砌体墙承载力。

6.5.3 3D 打印混凝土叠合墙受剪性能

对 6 块 3D 打印混凝土叠合墙的抗剪性能进行了试验，试验研究了 3D 打印混凝土剪力墙在剪力和压力共同作用下裂缝发展情况、破坏机制和延性，并分析高宽比等参数对试件受力性能的影响。着重对试验现象所表现出来的变形特点和发展规律（局部变形集中、裂缝的展开等现象）进行认真观察，基于试验建立物理数学模型，为 3D 打印混凝土剪力墙的应用提供数据支撑。

6.5.3.1 试验设计

考虑到实际工程中由于结构设置造成剪力墙中间隔断的情况，设计 6 片试件，其中矮剪力墙为 3 片，包括 2 片 3D 打印剪力墙和 1 片现浇对比墙；高剪力墙为 3 片，包括 2 片 3D 打印剪力墙和 1 片现浇对比墙。采用单调加载，试件具体参数和尺寸如表 6-25 所示。

试件设计参数　　表 6-25

试件编号	截面尺寸（mm）高×宽×厚	模板厚度（mm）		现浇混凝土	柱纵筋	墙体分布筋		柱箍筋	轴压比
		沿宽度	沿厚度			竖向	水平		
LSW-1	700×900×200	35	45	Φ30	8Φ12	Φ8@150	Φ8@150	Φ8@100	0.2
LSW-2		35	45						
LSW-3		—	—						
HSW-1	1300×750×200	35	45						
HSW-2		35	45						
HSW-3		—	—						

注：拉筋采用Φ6@200；同一组构件中纵筋和分布钢筋位置均相同。

3D 打印材料和混凝土材料及钢筋力学性能实测结果见表 6-26。

材料力学性能指标　　表 6-26

材料种类	抗压强度（MPa）		抗拉强度（MPa）		弹性模量（$\times10^4$N/mm^2）
	立方体	棱柱体	屈服	极限	
3D 打印混凝土	45.77	31.46	—	—	2.87
C30 混凝土	40.18	26.87	—	—	2.91
钢筋Φ8	—		480.43	636.15	18.6
钢筋Φ10	—		555.94	638.33	19.1
钢筋Φ12	—		455.25	625.49	19.3

剪力墙尺寸和配筋情况如图 6-68-图 6-70 所示。

竖向加载采用门式框架结构，横梁可根据试件高度沿竖向反力架上下运动以调整试验空间，穿螺栓固定；竖向千斤顶通过钢梁将竖向荷载分配到试件加载梁上，两根钢梁之间通过 6 根滚轴实现推力方向无摩擦相对运动，以保证竖向力始终垂直均匀施加；水平作动器通过螺栓将底板固定在水平反力架上，作动器加载端与混凝土加载梁通过预埋的 4 根钢螺杆实现固定连接；地梁通过两个地锚螺栓固定在基座上；试件底部附加两根水平钢拉杆，以保障地梁与基座之间无相对滑动[38]（图 6-71）。

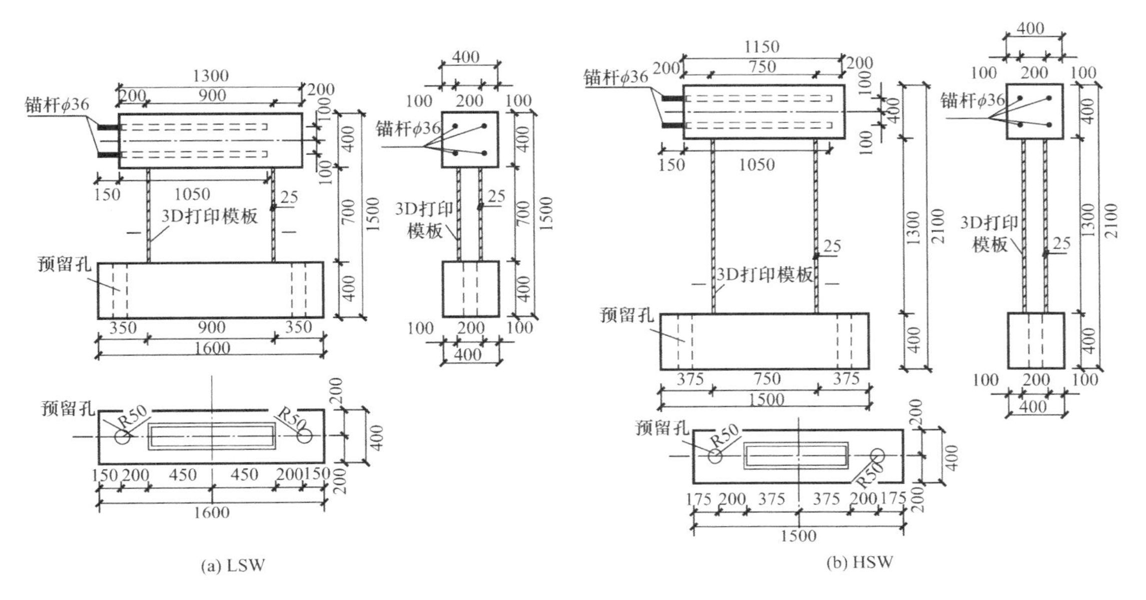

图 6-68　剪力墙尺寸（单位：mm）

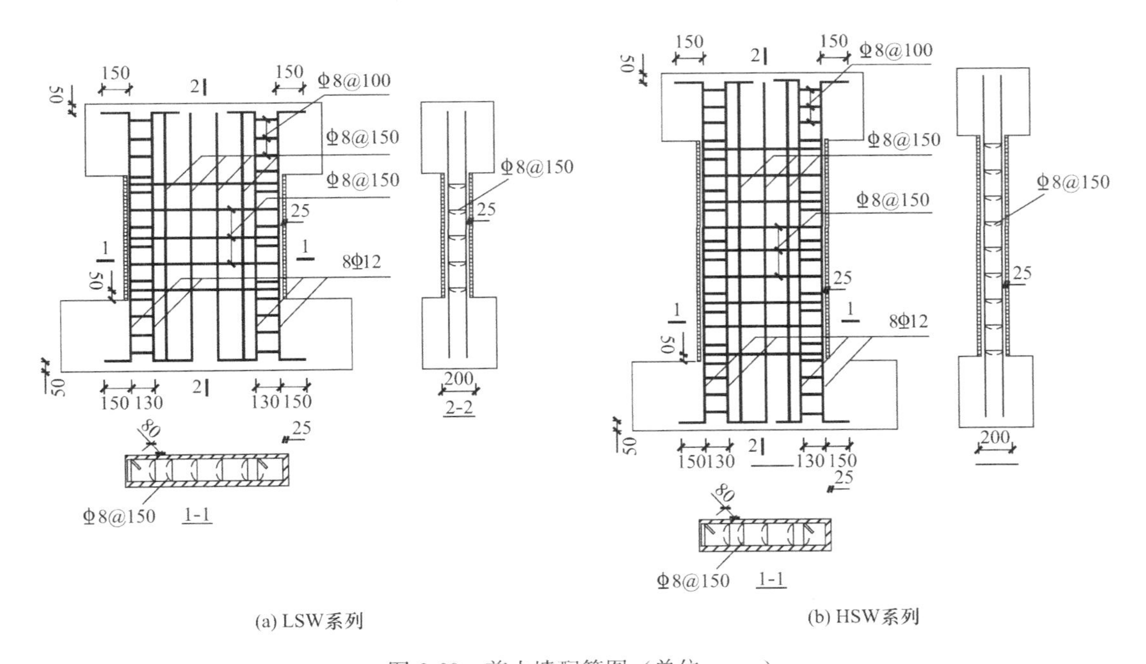

图 6-69　剪力墙配筋图（单位：mm）

应变片布置见图 6-72：以 HSW-1 为例，应变片 1-4 用于测量边缘暗柱在墙底处的纵筋（简称 ZJ）应变，5-6 用于测量一侧纵向分布筋（简称 ZFJ）的应变，7-10 用于测量水平分布筋（简称 SFJ）的应变，11-20 用于通过纵筋应变是否达到屈服确定塑性铰区（简称 ZJJ）的长度。位移计布置见图 6-72：H1（量程为±100mm）用于实时测量墙顶的水平侧向位移；H2（量程为±10mm）用于监测地梁相对于台座的水平滑动；HC1、HC2 与 HC3（量程均为±10mm）用于监测加载梁出平面的位移，防止面外方向倾斜和扭转；V1 与 V2（量程均为±10mm）用于监测轴向加载过程中墙体边缘纤维的竖向变形，防止不对称加载，并反映加载梁相对于墙底的转角变形；V3 与 V4（量程均为±10mm）用于监测地梁端部的竖向位移，防止地锚螺栓出现松动；斜向布置的位移计 X1、X2 与 X3、X4（量程均为±10mm）用于测量墙体的剪切变形（弯曲和剪切变形采用 Hiraish 建议的方法进行分离）；H4、H5 与 H6 用于测量水平位移沿高度方向的分布情况。

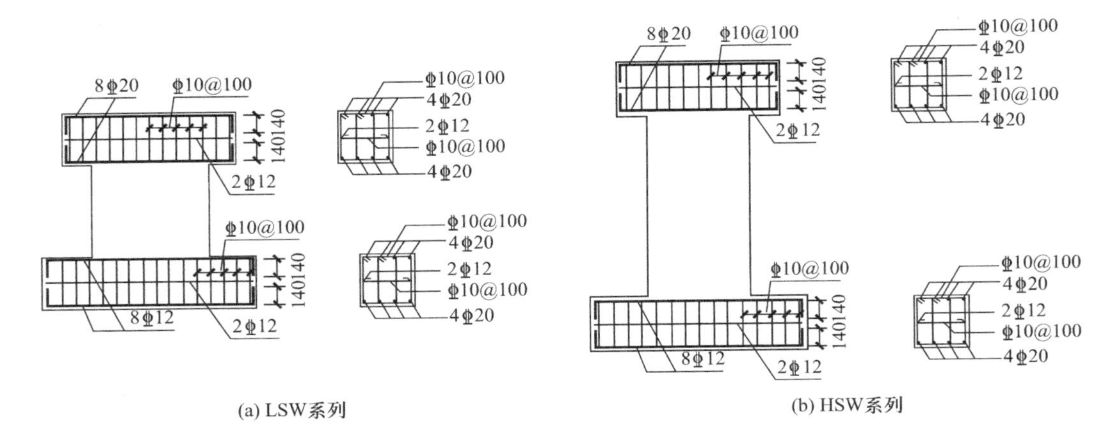

图 6-70　加载梁及锚固梁配筋（单位：mm）

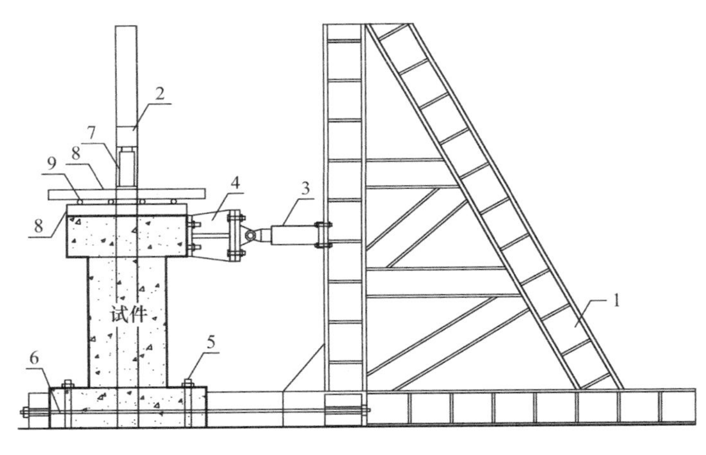

图 6-71　加载装置示意

1—水平反力架；2—竖向反力架；3—水平作动器；4—转换接头；5—地锚螺栓；6—水平钢拉杆；7—竖向千斤顶；8—分配梁；9—滚轴

6.5.3.2　试验结果与分析

试验结果显示，通过液压千斤顶施加竖向压力至预定值，保持竖向荷载恒定不变，再次检查地锚螺栓是否松动，然后按照既定加载制度通过作动器施加水平荷载，直至试件破坏。矮剪力墙在纵筋屈服后位移增长并不明显，发生剪切破坏；高剪力墙 HSW-1、HSW-2 与 HSW-3 在纵筋屈服后，位移有明显增长，表现出较好的延性，最终发生弯曲破坏。单调加载下墙顶水平位移随水平荷载变化曲线如图 6-73 所示。

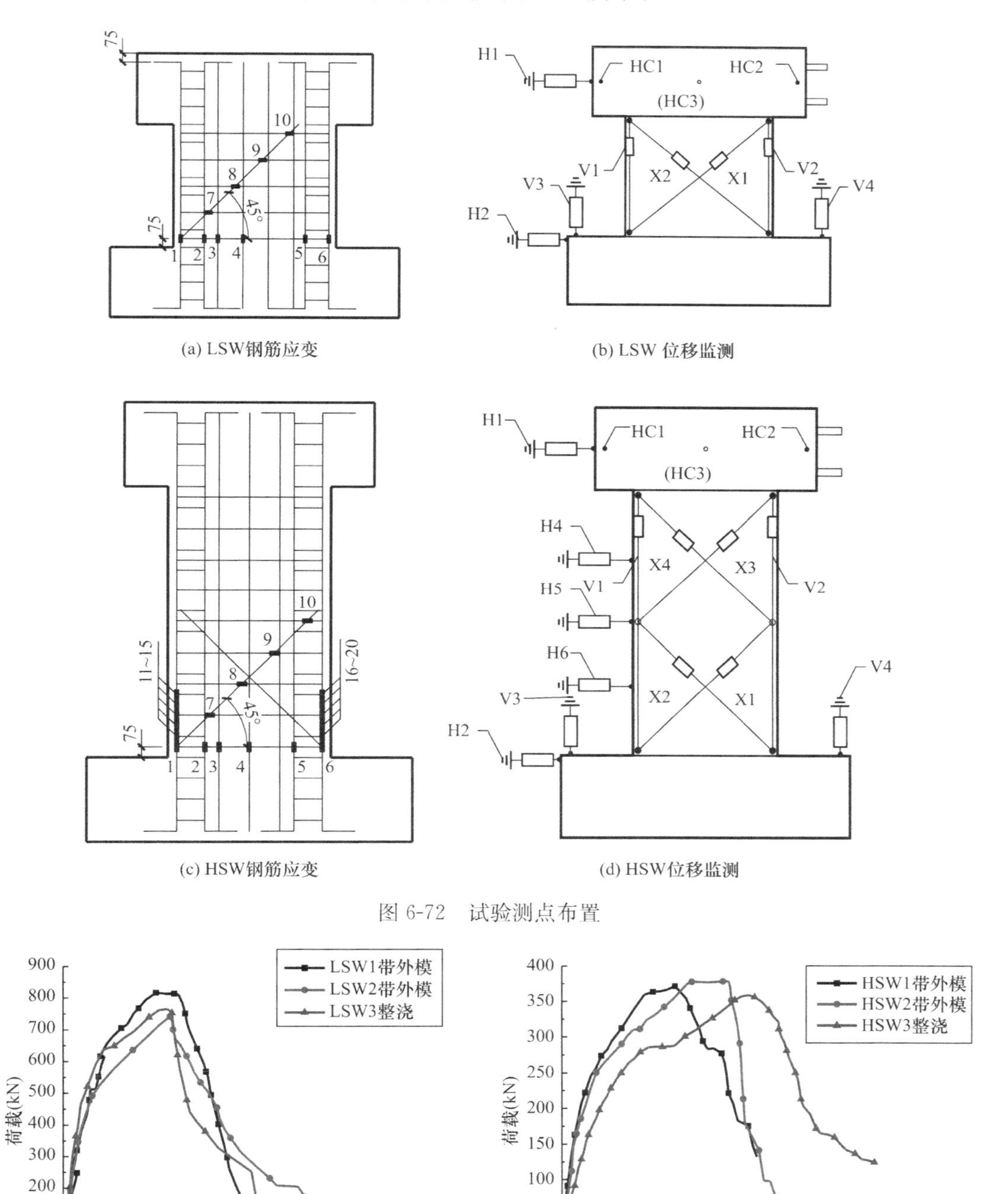

(a) LSW钢筋应变　　(b) LSW 位移监测

(c) HSW钢筋应变　　(d) HSW位移监测

图 6-72　试验测点布置

图 6-73　试件荷载位移曲线

根据最终破坏形态图 6-74 可以看出，剪切破坏线并非 45°方向，对于矮剪力墙，主斜裂缝倾角略小于 45°，对于高剪力墙，主斜裂缝倾角略大于 45°。由于混凝土受剪开裂引起钢筋应力重分布，与主斜裂缝相交的水平分布筋最终都达到屈服状态。

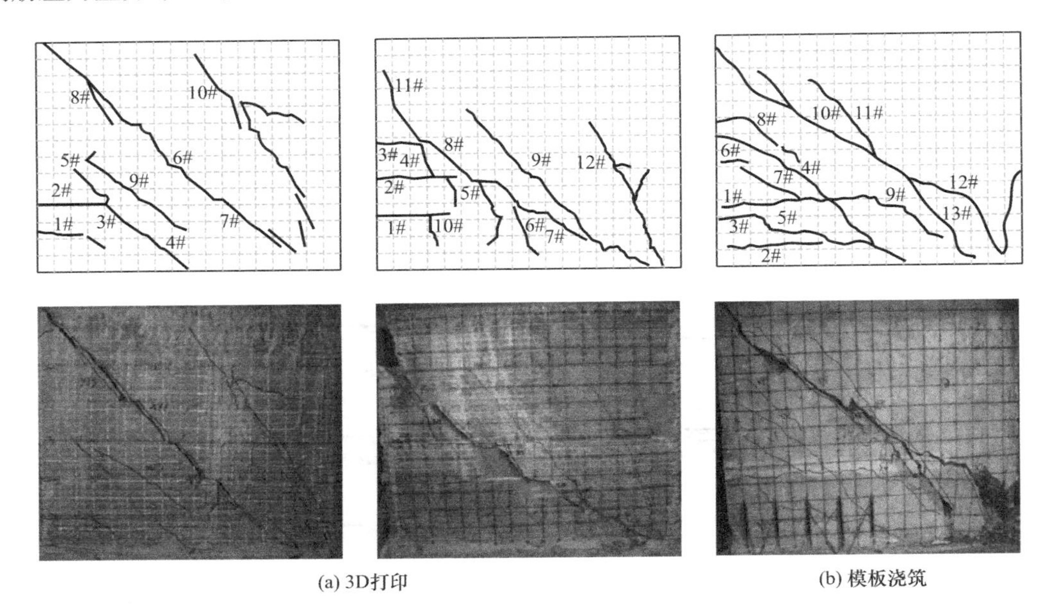

图 6-74　LSW 裂缝发展示意图

从图 6-75 中可以看出，HSW-3 裂缝发展速度要快于 3D 构件 HSW-2 和 HSW-1，表明其抗侧刚度要小于后者，而 LSW 系列墙体并未出现该现象，而且在加载至 290kN 左右时，受拉钢筋有一根被拉断，分析其原因，在试验前发现，HSW-3 整浇墙体垂度较差，通过现场两侧发现，墙体顶点与底部对应点的垂度相差将近 15mm，由于这一施工误差导致墙体在施加竖向荷载时，会额外承受一个平面外弯矩，从而导致墙体正反两侧受力不均，左侧力大于右侧力。

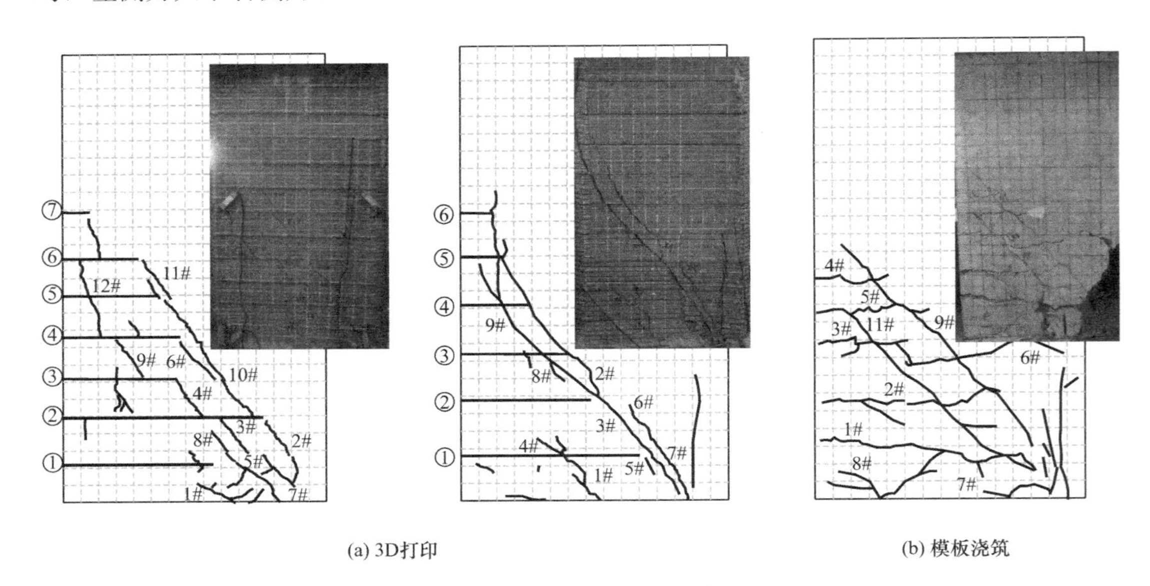

图 6-75　HSW 裂缝发展示意图

图 6-76 为单调加载试件的纵筋应变随水平荷载的变化曲线。其中，应变片 YZ1 和 YZ2 布置于受压侧暗柱纵筋，YZ3 和 YZ4 布置于受拉侧暗柱纵筋，YZ5 和 YZ6 为竖向分布筋上的应变片。

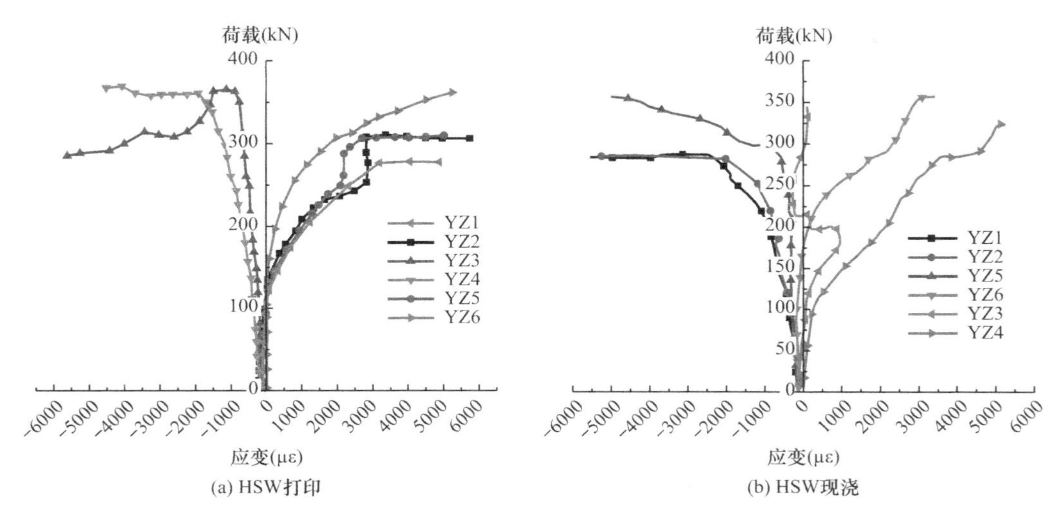

图 6-76 典型纵筋荷载应变曲线

剪力墙在单调加载作用下水平分布筋的应变发展情况见图 6-77，其中应变片 YS7、YS8、YS9 与 YS10 是从墙角沿 45°对角线方向布置的。

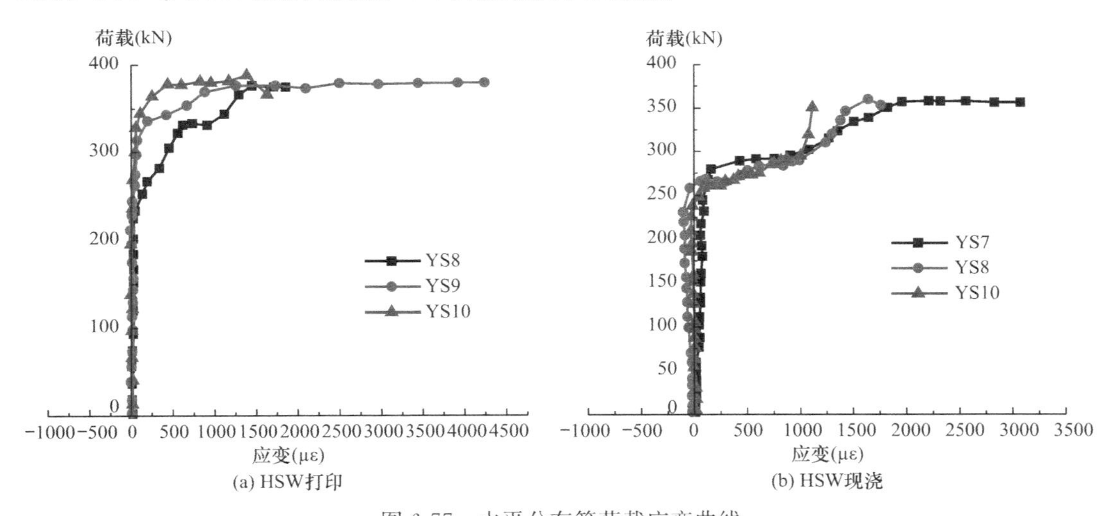

图 6-77 水平分布筋荷载应变曲线

各构件开裂荷载计算值与试验值对比如表 6-27 所示。3D 打印壳体开裂荷载影响率见表 6-28。

开裂荷载理论计算值与实测值对比　　表 6-27

构件编号	计算值 P_{cr}(kN)	试验值 P'_{cr}(kN)	试验值/计算值
HSW-1	75.2	158	2.09
HSW-2		170	2.25
HSW-3		80	1.06

续表

构件编号	计算值 P_{cr}(kN)	试验值 P'_{cr}(kN)	试验值/计算值
LSW-1	181	400	2.21
LSW-2		300	1.66
LSW-3		260	1.43

3D 打印壳体开裂荷载影响率 **表 6-28**

试件编号	HSW-1	HSW-2	LSW-1	LSW-2
P'_M/P'_Z	1.975	2.125	1.538	1.154

注：P'_M、P'_Z分别表示实测 3D 打印壳体剪力墙、整浇混凝土剪力墙的开裂荷载。

由于 3D 打印构件是由两种材料即 3D 打印外壳（永久性模板）和内核混凝土组成，构件的制作过程是永久模板与地梁和加载梁之间存在缝隙，而内核混凝土部分则是与地梁和加载梁整体浇筑在一起的，试件在施加荷载初期，由于此时墙体的变形很小，因此外部荷载主要由内核混凝土承担，当受拉区混凝土应力达到开裂强度时，内核混凝土会首先开裂，而此时永久性模板受力较小尚未达到开裂荷载，故其表面未出现裂缝；当荷载增大，墙体产生较大变形时，永久性模板相当于一个套筒，对内核混凝土的变形起到一定的环箍作用，受拉区荷载由内核混凝土通过界面的粘结力和机械咬合力传递给永久性模板，此时永久性模板才开始发挥作用。当荷载达到永久性模板的开裂荷载时，模板表面开始出现裂缝，通过上述分析可以得出 3D 打印构件由于其结构组成特点，开裂荷载的出现相比于整浇混凝土构件具有一定的滞后性。在 3 片弯曲破坏的 HSW 剪力墙和 3 片剪切破坏的 3 片 LSW 剪力墙中，带有 3D 打印外模的 HSW-1、HSW-2 构件的开裂荷载实测值为等截面整浇构件 HSW-3 构件开裂荷载的 2 倍左右；带有 3D 打印外模的 LSW-1、LSW-2 构件的开裂荷载实测值为等截面整浇构件 LSW-3 构件开裂荷载的 1.4 倍左右。各试验构件的极限承载能力计算值与试验值对比见表 6-29。

极限承载力计算值与试验值对比表 **表 6-29**

构件编号	计算值 F(kN)	试验值 F'(kN)	试验值/计算值
HSW-1	256.57	376.24	2.09
HSW-2		386.57	2.25
HSW-3	289.06	366.02	1.06
LSW-1	445.75	820.44	2.21
LSW-2		745.55	1.66
LSW-3	531.54	775.39	1.43

3D 永久性模板极限承载力影响率 **表 6-30**

试件	HSW-1	HSW-2	LSW-1	LSW-2	均值
F'_M/F'_Z	1.028	1.056	1.059	0.96	1.026

注：F'_M、F'_Z分别表示 3D 打印试件与整浇混凝土试件的试验极限承载力。

通过表 6-30 承载力对比发现，3D 打印混凝土剪力墙与整浇构件最终承载力相差不大，高宽比 2.0 的矮剪力墙中，3D 打印混凝土剪力墙承载力要略大于整浇构件，高宽比 1.0 的高剪力墙中，两片 3D 打印混凝土剪力墙中一片承载力略大于整浇构件，一片略低于整浇构件。分析原因：首先在3D打印永久性模板中每隔10cm放置环形的分布钢筋，而且永久性模板也是环形结构形式，相当于一个套筒，对内核混凝土的变形起到一定的环箍作用，承受外部荷载的时候由于环箍作用，内核混凝土的承载力会有所提高；同时根据材性试验结果3D打印材料的实测强度要略高于C30混凝土，3D打印材料的立方体抗压强度为45.77MPa，C30混凝土的立方体抗压强度为40.18MPa，这个因素会提高受压区材料被压碎所需的外部荷载，据上，虽然3D打印永久性模板分层现象以及其与混凝土之间的粘结效果较差，但是其最终承载力较整浇混凝土构件而言还是比较接近的。

6.6 本章小结

本章开展了3D打印永久性混凝土模板叠合梁抗弯性能试验研究，分析了3D打印混凝土永久模板-钢筋混凝土叠合梁在弯曲荷载作用下的变形、裂缝开展情况及破坏模式，建立了3D打印混凝土永久模板-钢筋混凝土叠合梁正截面抗弯承载能力计算方法；在3D打印混凝土永久模板-钢筋混凝土叠合梁试验及微细观CT扫描信息基础上，通过数值模拟对3D打印混凝土永久模板-钢筋混凝土叠合梁进行计算分析，对设计参数进行了敏感性研究。通过对3D打印混凝土永久模板-钢筋混凝土叠合梁抗剪力学性能试验，研究叠合梁在剪切荷载作用下梁的开裂荷载、极限荷载、裂缝发展情况、荷载-应变曲线、荷载-挠度曲线等，与同等尺寸整体现浇梁的破坏进行对比，建立此类叠合梁抗剪承载能力计算方法。进行了3D打印混凝土永久模板-钢筋混凝土叠合短柱轴压性能试验研究，测试了叠合柱在轴压作用下开裂荷载、极限荷载、裂缝发展情况、荷载-应变曲线等，并与同等尺寸整体现浇柱进行对比，分析了3D打印混凝土永久模板-钢筋混凝土叠合柱模板对叠合柱轴压性能的贡献，建立了此类叠合柱抗压承载能力计算方法，进行了3D打印混凝土永久模板-钢筋混凝土叠合剪力墙试验研究，测试了叠合剪力墙在剪力和压力共同作用下开裂荷载、极限荷载、裂缝发展情况、荷载-应变曲线等，并与同等尺寸整体现浇剪力墙进行对比，分析了3D打印混凝土永久模板-钢筋混凝土叠合剪力墙抗剪性能影响因素。本章内容可为3D打印混凝土永久性模板-钢筋混凝土叠合构件的设计和实际工程应用提供参考。

参考文献

[1] 张巨松，曾尤，王英．砼工程模板技术现状及发展趋势［J］．沈阳建筑工程学院学报，1999(03)：21-24.

[2] 王绍民．我国模板行业的现状、模板发展方向的争议与可持续发展战略的思考［Z］．三亚：20079.

[3] 朱航征．几种国外新型模板的开发与应用［J］．建筑技术开发，2001(11)：56-59.

[4] Moy S S J，Tayler C．The effect of precast concrete planks on shear connector strength［J］．Journal of Constructional Steel Research，1996，36(3)：201-213.

[5] Hillman J R，Murray T M．Innovative floor systems for steel framed buildings［R］．Blacksburg，VA：Virginia Polytechnic Institute and State University，1990.

[6] Mirmiran A，Shahawy M，Samaan M．Strength and ductility of hybrid FRP-concrete beam-columns［J］．Journal of Structural Engineering (New York，N．Y．)，1999，125(10)：1085-1093.

[7] Fahmy E H, Shaheen Y B I, Abdelnaby A M, et al. Applying the ferrocement concept in construction of concrete beams incorporating reinforced mortar permanent forms [J]. International Journal of Concrete Structures and Materials, 2014, 8(1): 83-97.

[8] 梁坚凝，曹倩. 高延性永久模板在建造耐久混凝土结构中的应用 [J]. 东南大学学报（自然科学版），2006(S2): 110-115.

[9] 周乾，朱佳晶，李宝宝等. 肋形混凝土模板叠合梁抗剪性能研究 [J]. 四川建筑科学研究，2020，46(01): 36-44.

[10] Kim G B, Pilakoutas K, Waldron P. Development of thin FRP reinforced GFRC permanent formwork systems [J]. Construction and Building Materials, 2008, 22(11): 2250-2259.

[11] Li H, Leung C K Y, Xu S, et al. Potential use of strain hardening ECC in permanent formwork with small scale flexural beams [J]. Journal of Wuhan University of Technology. Materials science edition, 2009, 24(3): 482-487.

[12] Verbruggen S, Remy O, Wastiels J, et al. Stay-in-place formwork of TRC designed as shear reinforcement for concrete beams [J]. Advances in Materials Science and Engineering, 2013, 2013: 1-9.

[13] 王彤. 永久模板与现浇混凝土叠合梁的试验研究 [D]. 吉林大学，2012.

[14] 荀勇，徐业辉，尹红宇. 织物增强混凝土永久模板叠合混凝土圆形短柱轴压性能试验研究 [J]. 混凝土，2016(01): 25-28.

[15] 朱佳晶，周乾，张亚仿等. 肋形永久梁模板结合面抗剪强度研究 [J]. 混凝土，2017(01): 26-30.

[16] 朱佳晶. 带肋纤维混凝土永久性梁模板技术研究 [D]. 苏州科技大学，2017.

[17] 梁兴文，汪萍，徐明雪等. 免拆 UHPC 模板 RC 梁受弯性能试验及承载力分析 [J]. 工程力学，2019，36(09): 95-107.

[18] Mechtcherine V, Grafe J, Nerella V N, et al. 3D-printed steel reinforcement for digital concrete construction-Manufacture, mechanical properties and bond behaviour [J]. Construction and Building Materials, 2018, 179: 125-137.

[19] Manikandan K, Wi K, Zhang X, et al. Characterizing cement mixtures for concrete 3D printing [J]. Manufacturing Letters, 2020, 24: 33-37.

[20] Anton A, Reiter L, Wangler T, et al. A 3D concrete printing prefabrication platform for bespoke columns [J]. Automation in Construction, 2021, 122: 103467.

[21] Ngo T D, Kashani A, Imbalzano G, et al. Additive manufacturing (3D printing): A review of materials, methods, applications and challenges [J]. Composites Part B: Engineering, 2018, 143: 172-196.

[22] 刘致远. 3D 打印水泥基材料流变性能调控及力学性能表征 [D]. 中国建筑材料科学研究总院，2019.

[23] JGJ 162—2008 建筑施工模板安全技术规范 [S].

[24] 何红霞. 自密实混凝土增大截面法加固轴心受压柱的研究与应用 [D]. 中南大学，2007.

[25] Hambach M, Volkmer D. Properties of 3D-printed fiber-reinforced Portland cement paste [J]. Cement & Concrete Composites, 2017, 79: 62-70.

[26] 汪群，高超. PVA 纤维在 3D 打印混凝土中的应用研究 [J]. 低温建筑技术，2019，41(04): 3-6.

[27] Wang L, He T, Zhou Y, et al. The influence of fiber type and length on the cracking resistance, durability and pore structure of face slab concrete [J]. Construction and Building Materials. 2021, 282: 122706.

[28] GB 50010—2010 混凝土结构设计规范 [S].

[29] 邓朝莉，李宗利. 孔隙率对混凝土力学性能影响的试验研究 [J]. 混凝土，2016(07)：41-44.
[30] 余天庆，宁国钧. 损伤理论及其在混凝土结构研究中的应用 [J]. 桥梁建设，1986(02)：45-58.
[31] Li Q, Wang G, Lu W, et al. Failure modes and effect analysis of concrete gravity dams subjected to underwater contact explosion considering the hydrostatic pressure [J]. Engineering Failure Analysis, 2018, 85: 62-76.
[32] 张武毅，许文煜，彭卫兵等. 应力集中致梁开裂承载力退化试验研究 [J]. 中国水运（下半月），2019，19(09)：230-232.

第7章 柔性配筋增强3D打印混凝土结构性能

7.1 柔性钢丝绳增强3D打印混凝土梁受力性能

7.1.1 柔性钢丝绳增强3D打印混凝土梁受弯性能

7.1.1.1 抗弯梁试验设计

3D打印水泥基复合材料采用42.5级快硬早强型硫铝酸盐水泥，70-140目石英砂，35-70目石英砂，S95级粒化高炉矿渣粉、硅微粉、9mm聚乙烯醇纤维（PVA）、聚羧酸高效减水剂、缓凝剂等材料制备，其质量配合比见第2章。复合材料伴随块在各个打印方向上的立方体抗压强度如表7-1所示。

3D打印水泥基复合材料抗压强度（MPa）　　表7-1

抗压强度	1d	3d	7d	28d
M	45.8	62.9	68.7	80.4
X	41.7	52.4	57.2	70.3
Y	39.9	48.8	54.1	66.6
Z	45.0	56.3	62.6	74.2

注：表中M代表模板浇筑混凝土，X，Y，Z分别表示垂直于X，Y，Z面的抗压强度。

试验梁增强纵筋采用直径$\Phi^{H}4$、$\Phi^{H}6$和$\Phi^{H}8$的304不锈钢钢丝绳，力学参数如表7-2所示。为增强纵筋与打印混凝土之间的粘结作用，在纵筋端部采用套筒加强锚固。由于纵筋表面为螺纹肋形式，故采取先用环氧树脂将纵筋中部表面固化再粘贴应变片的方式来测量纵筋应变，并在粘贴应变片后采用环氧胶进行封闭处理，以避免在试验梁打印过程中对应变片产生扰动；抗剪箍筋采用直径6mm的HRB400螺纹钢，为防止加载过程中发生混

钢丝绳材料力学参数　　表7-2

结构	捻法	捻距(mm)	钢丝直径(mm)	钢丝绳直径(mm)	钢丝公称强度(MPa)	钢丝破断拉力(N)	钢丝绳实测抗拉强度(MPa)
7×7	Z/S	28	0.44	4.01	1570	9102	1020
7×19		42	0.38	6.02		18765	835
		55	0.52	8.01		33350	762

凝土劈裂破坏，箍筋端部采用直角弯钩形式，弯钩长度为15mm，纵筋和箍筋的处理方式如图7-1所示。

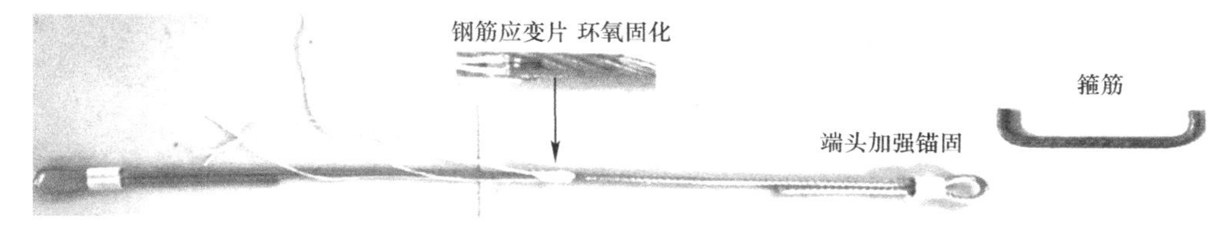

图7-1　纵筋与箍筋处理

根据3D打印混凝土试块强度的各向异性，打印方式可设为梁长沿X或Y方向打印。但当梁长沿X方向时，条间为薄弱面，试验梁会更容易开裂直至破坏，故采用梁长沿Y方向打印。本章共设计12根抗弯试验梁，分为平行打印和环绕打印两种方式打印制作，每种方式各打印6根试验梁，试验梁设计尺寸为长800mm、宽100mm、高120mm，为方便纵筋与箍筋的布置，试验梁采用侧面分层打印，即沿着梁宽方向逐层向上打印。单层打印条宽30mm，条高10mm，试验梁共计打印10层，每层打印4条，条长800mm，制作如图7-2所示。

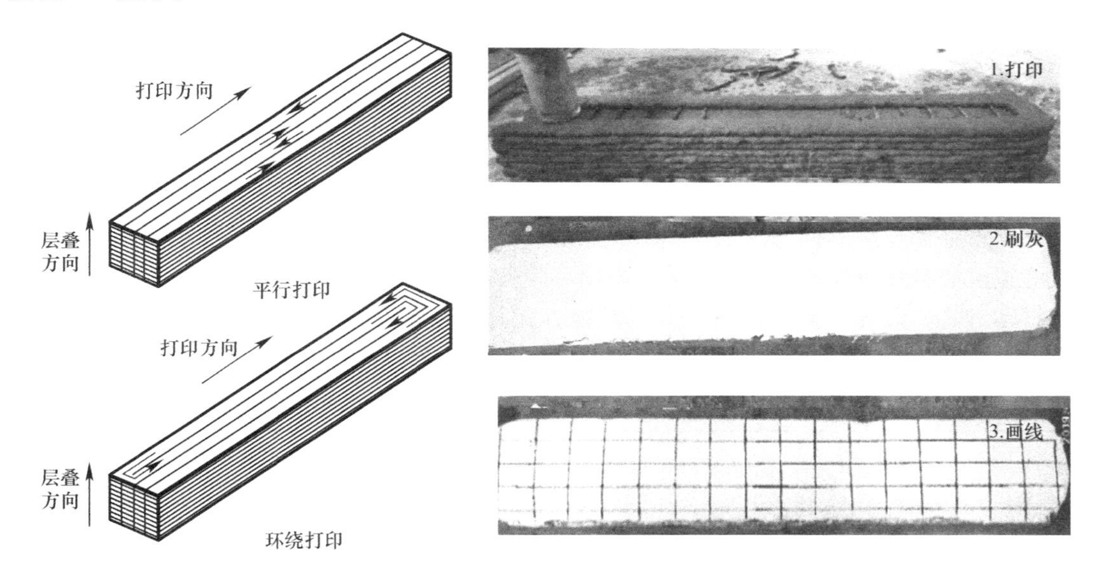

图7-2　柔性钢丝绳增强3D打印混凝土梁打印制作

为保证试验梁在加载过程中不出现受剪破坏，打印时在试验梁弯剪段布置加密箍筋，箍筋布置在试验梁打印的第2、4、6、8层，布置间距为55mm；对于配置3根纵筋的试验梁，纵筋布置在第2、5、8层，对于配置4根纵筋的试验梁，纵筋布置在第2、4、6、8层，如图7-3所示。随着配筋率的增大，试验梁编号依次为PX-1-PX-6和HR-1-HR-6（PX表示平行打印梁，HR表示环绕打印梁）。3D打印材料具有快速粘结成型的特性，故打印完成的试件在两天后进行表面打磨处理。

试验梁采用三等分点对称加载模式，具体如图7-3所示。在梁截面高度30mm、60mm、90mm和120mm处布置共计4片混凝土应变片用于验证3D打印试验梁的平截面假定，钢筋应变片布置在跨中。试验梁进行逐级加载[1]，开裂前以每级1-2kN进行加载，开裂后每一级荷载提高到2-3kN，加载过程中每级荷载持荷3min，在持荷过程中同时进行梁跨中挠度、加载点挠度和支座上部位移监测及混凝土表面裂缝的观测、描绘与记录。加载测量详情如图7-4所示。

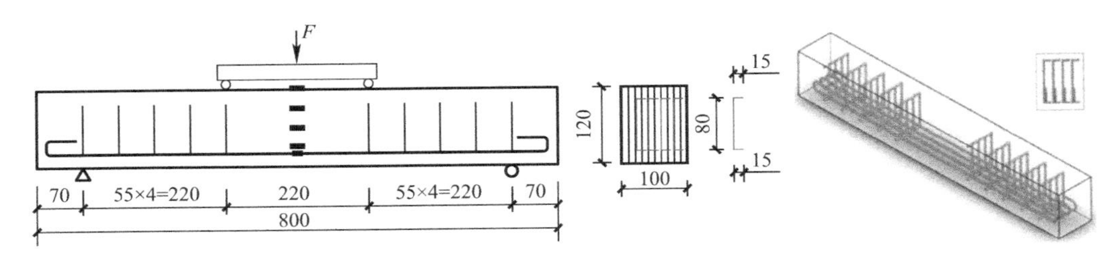

图7-3 柔性钢丝绳增强3D打印混凝土梁抗弯试验布置（单位：mm）

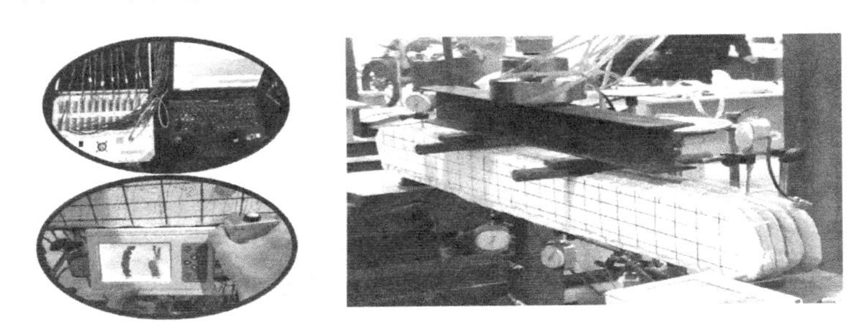

图7-4 柔性钢丝绳增强3D打印混凝土梁加载测试详情

7.1.1.2 抗弯梁试验结果与分析

试验设计了6组不同的配筋率（0.23%-1.37%），试验梁的开裂荷载、极限荷载、最大裂缝宽度和破坏模式如表7-3所示。采用环绕打印方式的试验梁抗弯承载力均高于采用平行打印方式，差异在12%以内，因为环绕方式打印外围混凝土对内部后打印混凝土湿态变形有一定的限制，从而具有更好的密实性和整体性。

柔性钢丝绳增强3D打印混凝土梁抗弯承载性能 表7-3

试件编号	配筋形式	配筋率（%）	开裂荷载（kN）	极限荷载（kN）	最大裂缝宽度（mm）	破坏模式
PX-1	2ΦH4	0.23	12.3	20.5	1.55	受拉破坏
PX-2	3ΦH4	0.34	15.6	32.0	1.64	受拉破坏
PX-3	4ΦH4	0.46	14.6	48.0	1.57	受拉破坏
PX-4	3ΦH6	0.77	16.1	63.0	2.49	受拉破坏
PX-5	4ΦH6	1.03	15.5	84.1	2.05	受拉破坏
PX-6	3ΦH8	1.37	16.6	94.1	2.26	受压破坏
HR-1	2ΦH4	0.23	14.6	23.0	1.61	受拉破坏
HR-2	3ΦH4	0.34	16.5	35.9	1.67	受拉破坏
HR-3	4ΦH4	0.46	16.1	48.1	1.84	受拉破坏
HR-4	3ΦH6	0.77	16.8	67.0	2.48	受拉破坏
HR-5	4ΦH6	1.03	16.5	85.0	2.17	受拉破坏
HR-6	3ΦH8	1.37	16.8	97.0	2.53	受压破坏

平行打印和环绕打印两种方式制作的柔性钢丝绳增强3D打印混凝土梁荷载挠度曲线基本相似，均可分为三个阶段：第一阶段为弹性阶段，此时混凝土未开裂，荷载挠度基本呈直线，斜率较大；第二阶段为裂缝开展阶段，在加载至开裂荷载之后，试验梁跨中出现微小的裂缝并不断发展，梁截面刚度减小导致荷载挠度曲线斜率有所减小，开裂后的荷载挠度曲线斜率随配筋率增大而增高；第三阶段为破坏阶段，如图7-5所示。

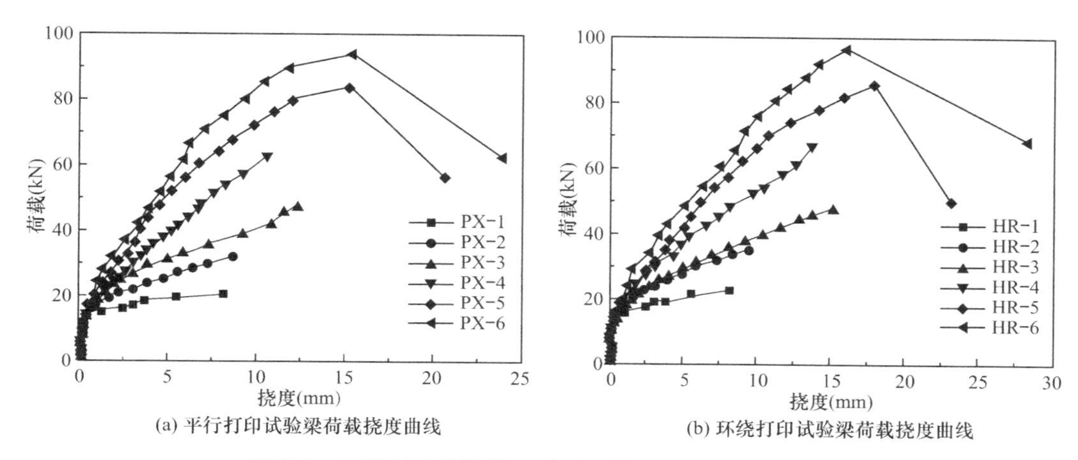

(a) 平行打印试验梁荷载挠度曲线　(b) 环绕打印试验梁荷载挠度曲线

图7-5　柔性钢丝绳增强3D打印混凝土梁荷载挠度曲线

随着配筋率的增加，最大裂缝宽度显著降低，同一荷载水平下最大裂缝宽度可降低83%以上，如图7-6所示。当构件开裂时，梁底混凝土退出工作，主要由钢丝绳承受拉力，由于钢丝绳无明显屈服阶段，故开裂后荷载应变曲线仍近似为直线。当钢丝绳应变接近其极限拉应变时，试验梁发生受拉破坏。当配筋率过高时，混凝土发生受压破坏，钢丝绳应变并未达到其极限拉应变，如图7-7所示。所有的试验梁均基本符合平截面假定。分析图中的混凝土应变可以看到随着荷载的不断增大，梁截面出现裂缝并逐渐向上延伸，截面的中性轴也在不断上移，如图7-8所示。

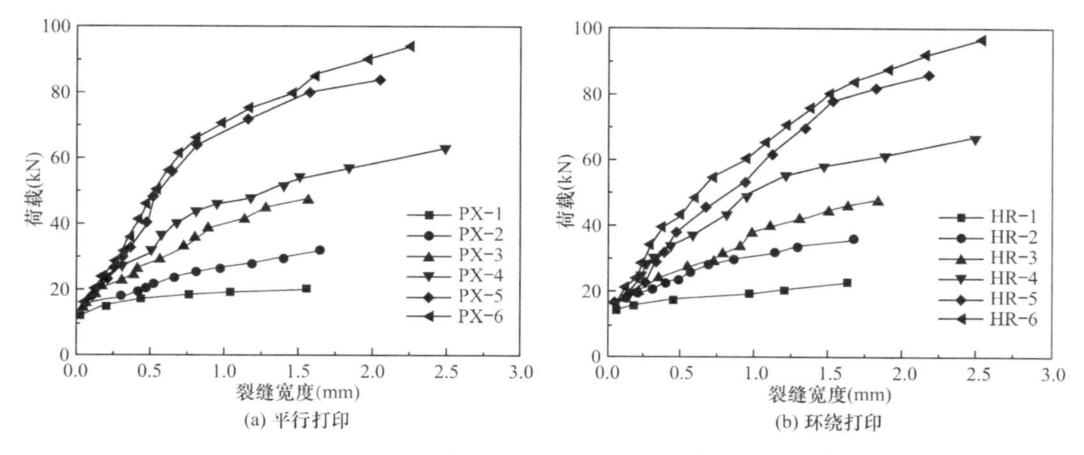

(a) 平行打印　(b) 环绕打印

图7-6　柔性钢丝绳增强3D打印混凝土梁荷载-裂缝宽度曲线

平行打印柔性钢丝绳增强混凝土梁裂缝分布如图7-9所示，粗线为宽裂缝，细线为表面细小裂缝。配筋率较小（$\rho \leqslant 0.34\%$）的试验梁，裂缝主要集中在跨中及加载点附近，加载点处裂缝随着荷载增加急剧增大，直至钢丝绳拉断，最终发生少筋受拉脆性破坏。随着试验梁配筋率增大（0.34%<ρ≤0.77%），开裂后构件抗弯承载增大，试验梁正截面开展多条裂缝，并开始产生斜裂缝，最终仍在加载点附近发生脆性受拉破坏。对于配筋率较大（1.03%≤ρ≤1.37%）的试验梁，具有一定延性，最大荷载对应位移与配筋率较小(ρ≤0.34%)的试验梁相比提升 87.5%。

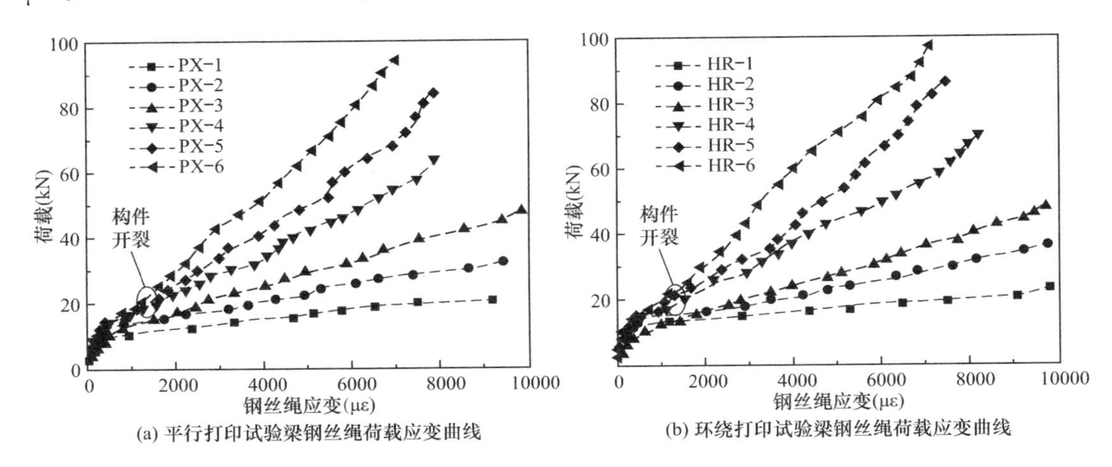

图 7-7　柔性钢丝绳增强 3D 打印混凝土梁钢丝绳荷载-应变曲线

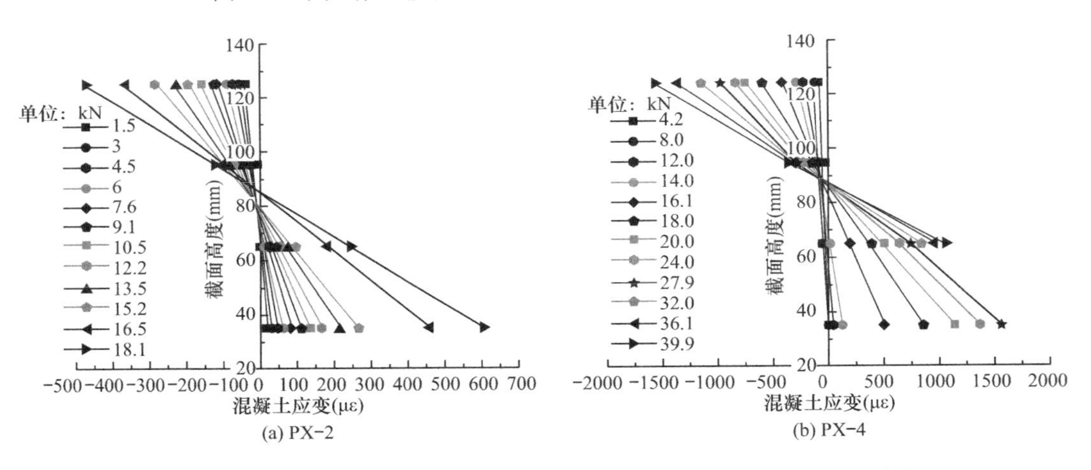

图 7-8　典型柔性钢丝绳增强 3D 打印混凝土梁跨中截面混凝土应变分布

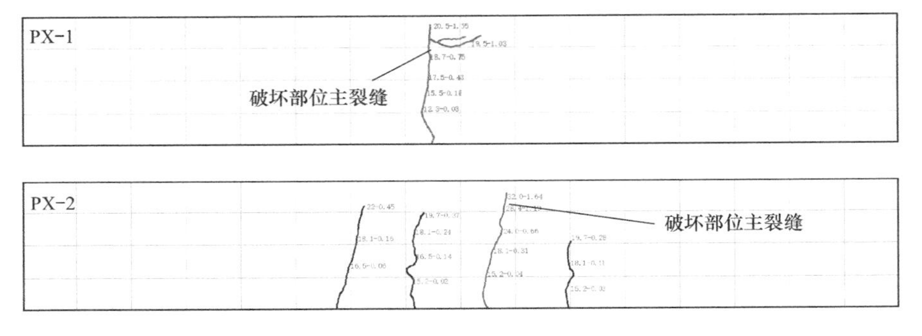

图 7-9　柔性钢丝绳增强平行打印混凝土试验梁裂缝分布（一）

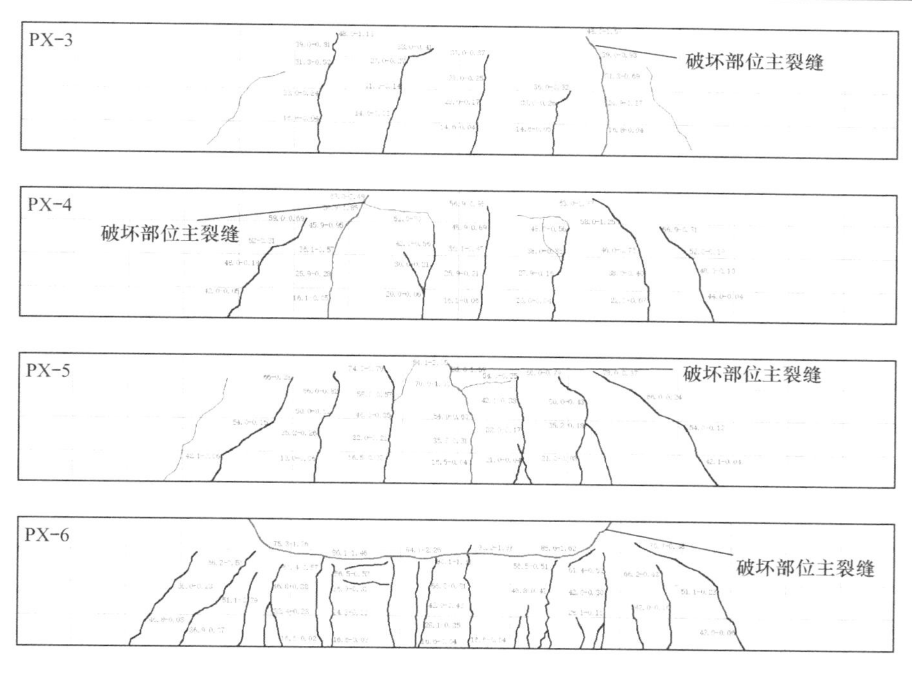

图 7-9　柔性钢丝绳增强平行打印混凝土试验梁裂缝分布（二）

传统的钢筋混凝土适筋梁破坏模式为纵筋屈服，梁顶部混凝土压碎。由于钢丝绳无明显屈服阶段[2,3]，钢丝绳增强混凝土梁受弯破坏模式为：（1）梁底部纵筋拉断，中性轴迅速上升，最后梁受拉破坏；（2）梁底部纵筋未拉断，中性轴逐渐上升梁，最后梁顶部混凝土受压破坏，两种破坏模式均为脆性破坏，如图 7-10 所示。从两种破坏模式的全过程来看，显然受压破坏延性更好，受压区混凝土被压碎的过程有一定的征兆性（混凝土压碎声音），破坏时能量释放比较缓，混凝土压碎后钢丝绳筋应力尚未达到抗拉极限，仍然具有一定的承载能力，试验梁表现出更好的塑性和安全性。

(a) 受拉破坏

(b) 受压破坏

图 7-10　柔性钢丝绳增强 3D 打印混凝土梁受弯破坏模式

7.1.1.3　试验梁抗弯承载力理论计算

通过钢丝绳单轴拉伸试验得到应力位移曲线，如图 7-11 所示，得到其弹性模量为 76.8GPa。针对试验梁的打印方式，考虑 3D 打印混凝土强度为各向异性，取 Y 方向上的强度值换算为 150mm 的立方体抗压强度标准值为 61.5MPa。

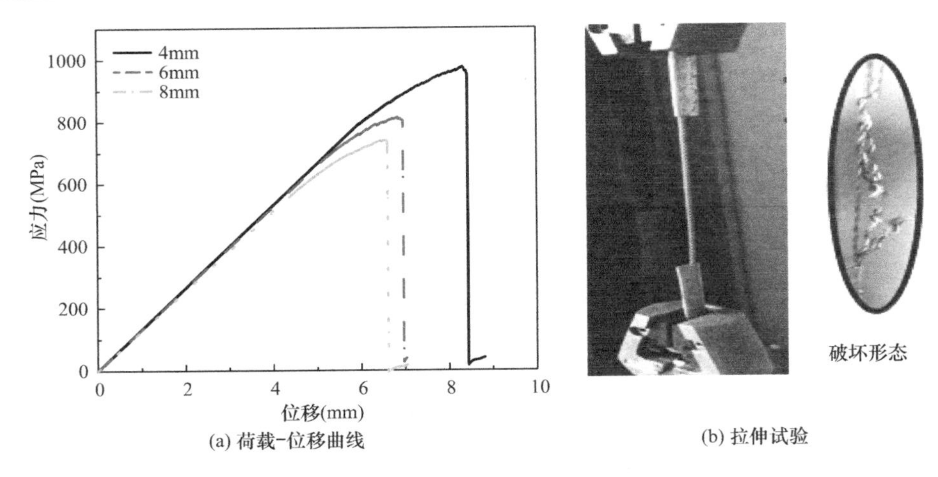

(a) 荷载-位移曲线　(b) 拉伸试验

图 7-11　钢丝绳单轴拉伸性能

基本假定：

（1）混凝土应变符合平截面假定；

（2）试验梁梁体开裂后不考虑受拉区混凝土的作用；

（3）钢丝绳的应力-应变关系近似为线弹性。

由于 3D 打印混凝土掺有 1.2%的 PVA 纤维，在破坏时表现出良好的抗压韧性和耐损伤能力，与传统普通混凝土脆性破坏具有明显区别，故在计算 3D 打印混凝土轴心抗压强度时不考虑脆性折减系数。根据邓明科等[4]的研究，3D 打印混凝土的轴心抗压强度标准值可按下式计算：

$$f_{c,k}=0.88\alpha_{c1}f_{cu,k} \tag{7-1}$$

代入 Y 方向上强度可得轴心抗压强度标准值 $f_{c,k}=47.6\text{MPa}$。

由试验可知受拉破坏和受压破坏之间存在一个界限破坏状态，即钢丝绳拉断破坏的同时，梁顶部受压区边缘混凝土被压碎。根据《混凝土结构设计规范》GB 50010—2010[5]，对于无屈服点的钢筋：

$$\zeta_b=\frac{\beta_1}{1+\dfrac{0.002}{\varepsilon_{cu}}+\dfrac{f_{sk}}{E_s\varepsilon_{cu}}} \tag{7-2}$$

界限配筋率

$$\rho_b=\zeta_b\frac{\alpha_1 f_{c,k}}{f_{sk}} \tag{7-3}$$

式中：$f_{c,k}$为混凝土轴心抗压强度标准值；f_{sk}为钢丝绳抗拉强度标准值；E_s 为钢丝绳弹性模量，根据拉伸试验测试，$E_s=76.8\text{GPa}$；α_1、β_1 为等效矩形应力图系数。

当试验梁的配筋率 $\rho<\rho_b$ 时，试验梁发生受拉破坏，此时抗弯极限承载力 M_u 计算公式如下：

$$f_{sk}A_s=\alpha_1 f_{c,k}bx \tag{7-4}$$

$$M_u=\alpha_1 f_{c,k}bx(h_0-x/2) \tag{7-5}$$

当试验梁的配筋率 $\rho>\rho_b$ 时，试验梁发生受压破坏，此时抗弯极限承载力 M_u 计算公式如下：

由正截面上力的平衡可得：

$$\alpha_1 f_{c,k} bx - A_s E_s \varepsilon_s = 0 \tag{7-6}$$

$$\varepsilon_s = \frac{\varepsilon_{cu}(h_0 - x_c)}{x_c} \tag{7-7}$$

$$x = \beta_1 x_c \tag{7-8}$$

由正截面上弯矩平衡可得：

$$M_u = \alpha_1 f_{c,k} bx(h_0 - x/2) \tag{7-9}$$

根据计算模型对试验梁极限承载力进行计算，试验值与计算值对比如表 7-4 所示。计算模型误差小于 10.7%。

试验梁荷载试验值与计算值　　表 7-4

试件编号	极限荷载试验值（kN）	极限荷载计算值（kN）	计算误差（%）
PX-1	20.5	22.7	10.7
PX-2	32.0	33.6	5.0
PX-3	48.0	44.2	−7.9
PX-4	65.0	59.8	−8.0
PX-5	84.1	77.6	−7.7
PX-6	94.1	94.5	0.4
HR-1	23.0	22.7	−1.3
HR-2	35.9	33.6	−6.4
HR-3	48.1	44.2	−8.1
HR-4	67.0	59.8	−10.7
HR-5	85.0	77.6	−8.7
HR-6	97.0	94.5	−1.0

7.1.1.4　柔性钢丝绳增强 3D 打印混凝土梁受弯性能数值模拟

基于钢丝绳增强 3D 打印混凝土抗弯梁试验建立有限元模型，采用 ABAQUS 对 3D 打印配筋梁从开始加载至破坏全过程进行模拟分析。计算中混凝土模型采用塑性损伤模型，基体混凝土弹性模量为 $1.8\times10^4\,\mathrm{N/mm^2}$，3D 打印混凝土本构曲线如图 7-12 所示。

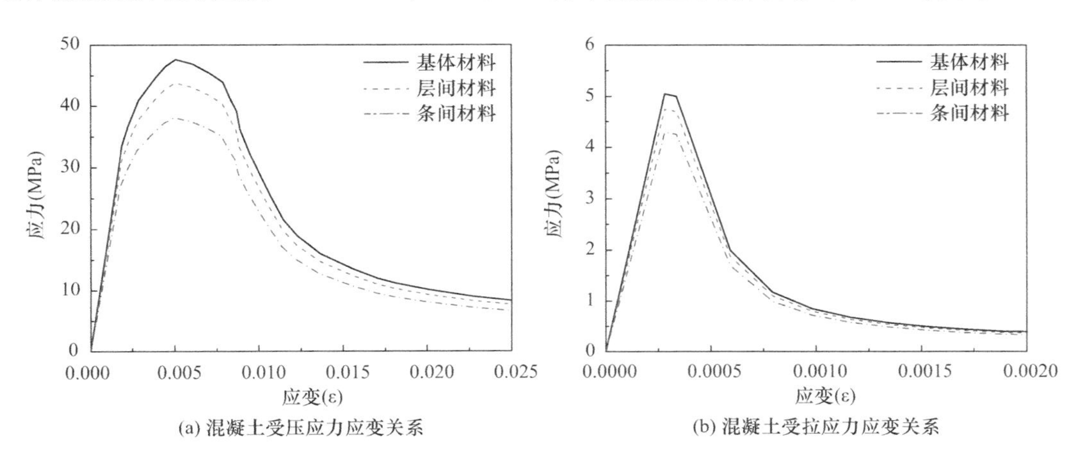

(a) 混凝土受压应力应变关系　　(b) 混凝土受拉应力应变关系

图 7-12　3D 打印混凝土本构模型

采用C3D8R八节点减缩积分实体单元模拟3D打印水泥基复合材料，采用B31梁单元模拟纵向受力为主的钢丝绳。根据3D打印工艺及混凝土的CT扫描分析，打印混凝土层间缺陷取1.5mm、条间缺陷取2.24mm，层间区域和条间区域分布建模并划分网格（如图7-13a所示，并分别赋予不同的材料属性）。钢丝绳、箍筋采用分离式建模，如图7-13(b)所示，为了便于收敛，假设箍筋与混凝土之间不存在粘结滑移，箍筋、钢丝绳内嵌入混凝土模型中。为防止在加载过程中支座位置及加载位置出现应力集中，设置10mm厚度的钢垫块进行模拟。施加支座铰接约束，将最大增量步数设置为10000步，初始增量步为0.001，最小增量步为1×10^{-8}，最大增量步为1开展静力分析。试验梁有限元模型的网格划分如图7-13(c)所示。

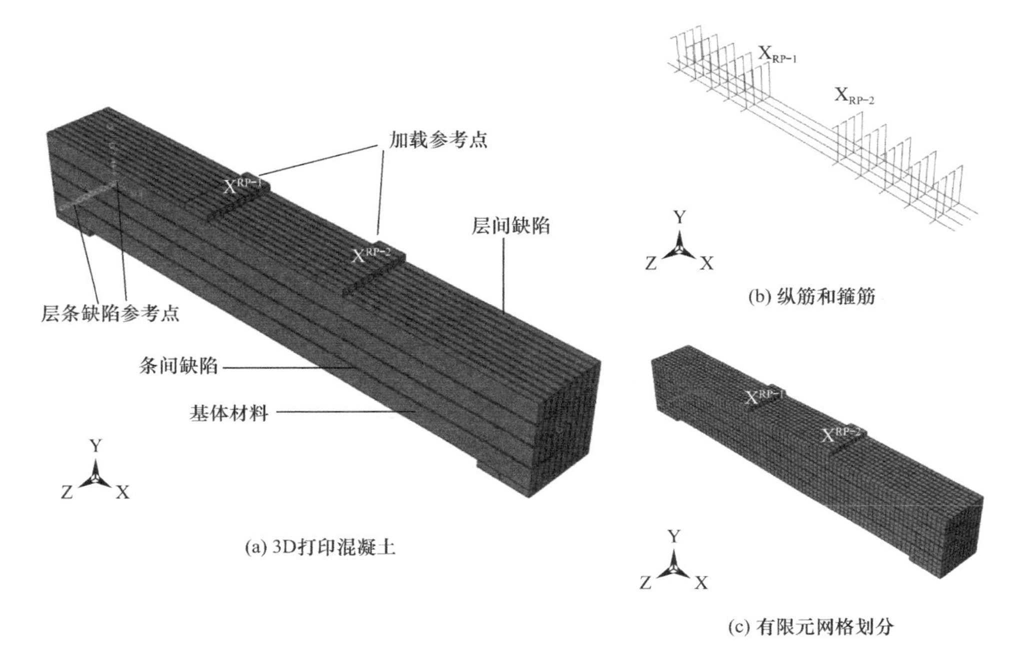

图7-13　柔性钢丝绳增强3D打印混凝土梁数值模拟

7.1.1.5　模拟结果分析

输出试验梁跨中梁顶部混凝土单元从开始加载至极限荷载时的压应变，绘制混凝土荷载-应变如图7-14所示。从图中可以看出，随着试验梁配筋率的提高，梁跨中顶部的压应变逐渐增长，只有配筋率为0.23%的试验梁梁顶混凝土达到极限压应变，发生压碎破坏。将平行打印试件数值模拟荷载-挠度曲线与试验结果进行对比，两者具有较高的吻合度，如图7-15所示。

当试验梁加载至梁底混凝土单元的主拉应变开始达到开裂应变时，可判断试验梁开裂；当试验梁的纵筋达到最大拉应力而梁顶混凝土未压溃，则发生受拉破坏，如图7-16所示；纵筋未达到最大拉应力而梁顶跨中单元为压溃时，则发生受压破坏，如图7-17所示，可判断试验梁此时达到极限荷载。数值模拟开裂荷载和极限荷载与平行打印试验梁进行对比如表7-5所示，开裂荷载误差率小于28.98%，极限荷载误差率小于15.51%，具有较高的计算精度。

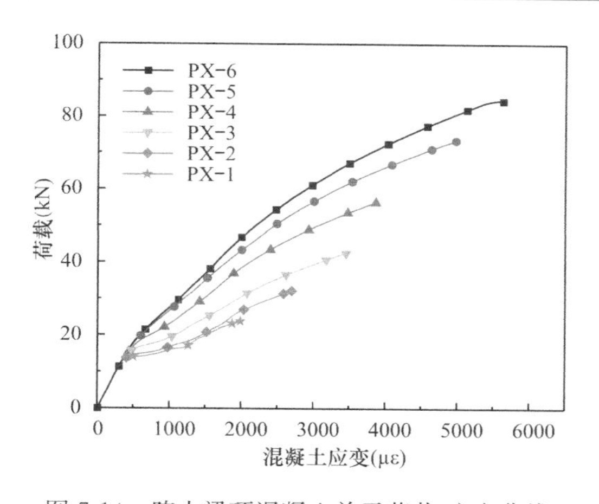

图7-14　跨中梁顶混凝土单元荷载-应变曲线

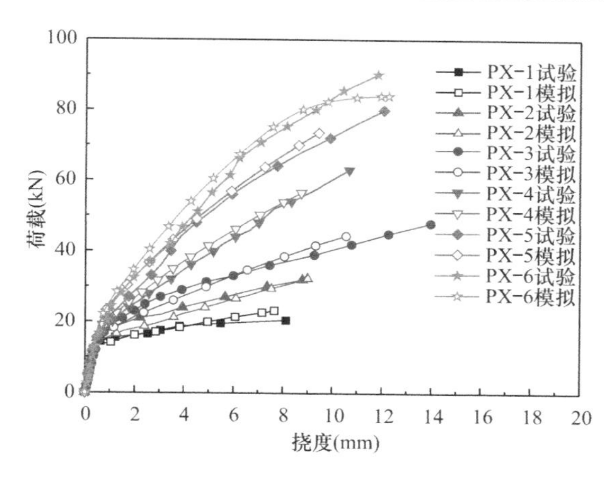

图7-15　荷载-挠度曲线对比

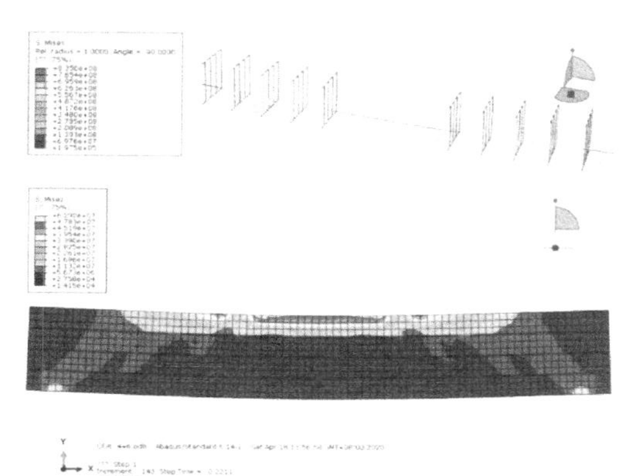

图7-16　试验梁PX-5受拉破坏等效应力云图

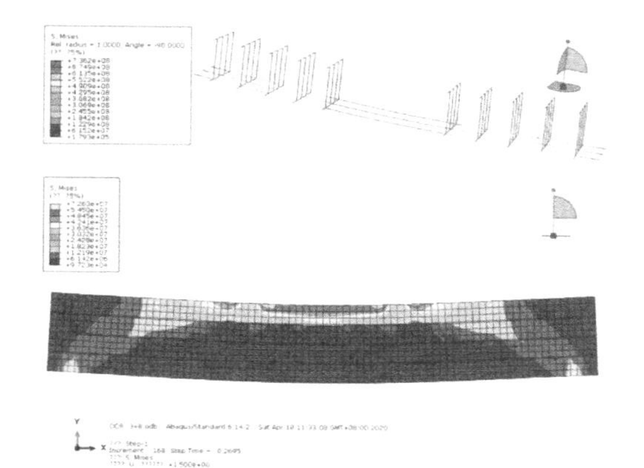

图7-17　试验梁PX-6受压破坏等效应力云图

柔性钢丝绳增强3D打印混凝土梁开裂荷载与极限荷载　　表7-5

试件	开裂荷载（kN）			极限荷载（kN）			破坏模式
	试验	模拟	误差率（%）	试验	模拟	误差率（%）	模拟/试验
PX-1	12.3	11.16	9.27	20.5	23.68	15.51	受拉/受拉
PX-2	15.6	11.22	28.08	32.0	32.36	1.13	受拉/受拉
PX-3	14.6	11.29	22.67	48.0	40.88	14.83	受拉/受拉
PX-4	16.1	11.48	28.70	63.0	56.46	10.38	受拉/受拉
PX-5	15.5	11.61	25.10	84.1	73.49	12.62	受拉/受拉
PX-6	16.6	11.79	28.98	94.1	86.42	8.16	受压/受压

7.1.1.6　混凝土强度对试验梁承载力的影响

钢丝绳具有较好的柔性和较高的抗拉强度，与混凝土3D打印制作工艺有较好的兼容性[6,7]，为了在实际工程中充分发挥材料强度，需要合理选择混凝土强度来提高钢丝绳利用效率。为此，数值模拟时设置了4种纵筋配筋率1.13%、1.51%、2.01%、2.36%（配筋分别为4Φ^{H}6、3Φ^{H}8、4Φ^{H}8、3Φ^{H}10），以及8种混凝土强度（C40-C120）。根据田予东[8]等的研究，高强度混凝土C90、C100、C120的立方体抗压强度换算轴心抗压强度时，强度比值（轴压强度/立方体抗压强度）系数α_{c1}取值为0.85。混凝土的本构关系如图7-18所示（σ_{pr}、ε_{pr}分别为峰值应力和峰值应变，峰值应变的取值与本章3D打印水泥基材料相同）。

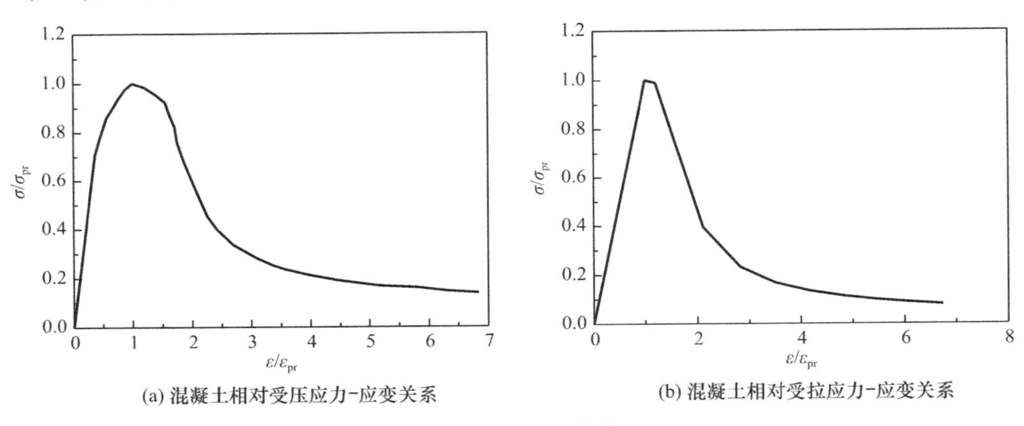

图7-18　混凝土本构模型

上述序列柔性钢丝绳增强3D打印混凝土梁数值模拟试验梁跨中梁顶单元达到峰值压应变后，纵筋尚未达到其极限拉应力。各序列柔性钢丝绳增强3D打印混凝土梁承载能力、纵筋利用率如表7-6所示。当配筋率相同时（如配筋率2.36%），随着混凝土强度等级

不同配筋率、混凝土强度柔性钢丝绳增强3D打印混凝土梁数值模拟纵筋利用率　表7-6

配筋率（%）	混凝土强度等级	混凝土轴压强度（MPa）	开裂荷载（kN）	极限荷载（kN）	破坏时纵筋拉应力（MPa）	纵筋利用率（%）
2.36（3ΦH10）	C40	26.8	8.28	63.98	410	56.9
	C50	32.4	9.79	74.02	467	64.8
	C60	38.5	10.04	84.14	522	72.4
	C75	47.6	12.16	96.38	584	81.0
	C80	50.2	12.76	100.00	600	83.2
	C90	56.1	14.12	108.40	643	89.2
	C100	59.8	14.99	114.16	675	93.6
	C120	66.4	16.51	121.90	708	98.2
2.01（4ΦH8）	C40	26.8	8.11	61.00	479	62.9
	C50	32.4	9.61	70.21	538	70.6
	C60	38.5	9.88	80.34	595	78.1
	C75	47.6	12.00	91.74	666	87.4
	C80	50.2	12.60	95.42	694	91.1
	C90	56.1	13.95	100.68	730	95.8
	C100	59.8	14.82	104.08	760	99.7
1.51（3ΦH8）	C40	26.8	7.90	57.7	531	69.7
	C50	32.4	9.40	65.54	592	77.7
	C60	38.5	9.69	74.18	660	86.6
	C75	47.6	11.79	84.62	736	96.6
	C80	50.2	12.39	86.71	761	99.9
1.13（4ΦH6）	C40	26.8	7.71	51.84	659	78.9
	C50	32.4	9.19	59.82	728	87.2
	C60	38.5	9.51	67.88	812	97.2

的提高，试验梁的开裂荷载从8.28kN提高至16.51kN，增长了99%，极限荷载从63.98kN提高至121.90kN，增长了91%，纵筋利用率从56.9%提高至98.2%，增长了41.3%，即试验梁的开裂荷载、极限荷载和纵筋利用率随着混凝土强度的增加而提高；当混凝土等级相同时（如C60），随着配筋率的增大，试验梁的极限荷载从67.88kN提高至84.14kN，增长了24%，开裂荷载从9.51kN提高至10.04kN，增长了6%，纵筋利用率从97.2%下降至72.4%，降低了24.8%，即试验梁的开裂荷载、极限荷载随着配筋率的增加而提高，纵筋利用率随配筋率的增加而降低。

对于相同的配筋率，试验梁的抗弯承载能力随着混凝土强度的提高而提高。不同配筋率及不同混凝土强度的试验梁荷载-挠度曲线如图7-19所示。为了避免纵筋拉断脆性破坏、保证结构具有一定的安全裕度，定义其纵筋合理利用强度为75%-90%，根据数值模拟对不同配筋率下混凝土合理强度的取值进行拟合，如图7-20所示，最终得到混凝土合理强度的取值范围如式（7-10）和式（7-11）所示。

混凝土合理强度取值上限：

$$f_c = 19.09\rho + 10.19 \tag{7-10}$$

混凝土合理强度取值下限：

$$f_c = 16.21\rho + 7.92 \tag{7-11}$$

式中：f_c 为混凝土轴心抗压强度。

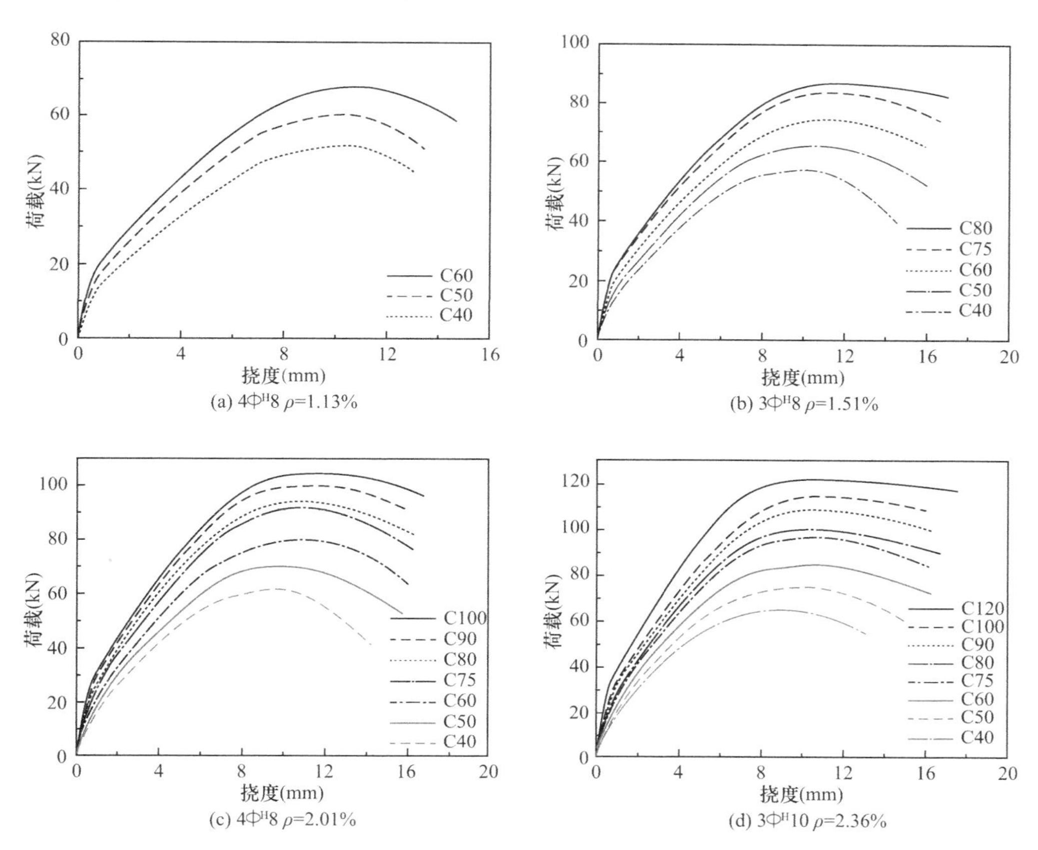

图7-19　不同混凝土强度的试验梁荷载挠度曲线

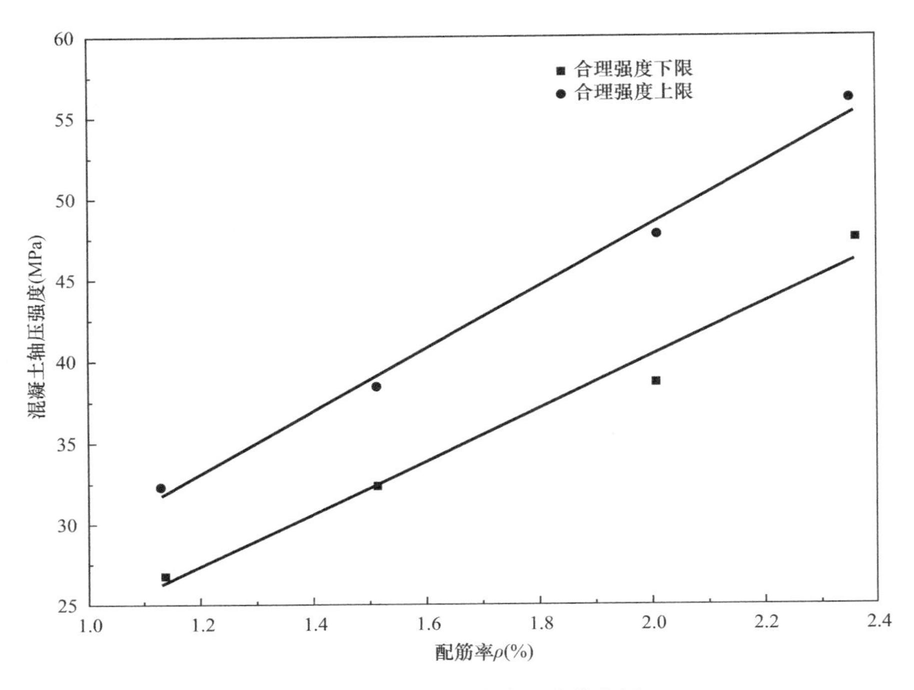

图 7-20　混凝土强度合理取值范围

7.1.1.7　不同打印路径成型的试验梁数值模拟分析

由于 3D 打印路径直接影响到层间缺陷和条间缺陷的分布，进一步影响 3D 打印结构的力学性能。因此对不同打印路径的抗弯试验梁进行数值模拟，分析不同打印路径成型试验梁的力学性能，从而优化增材智造混凝土结构的打印路径。

（1）不同打印路径模型的建立及网格划分

根据打印工艺，模拟 3 种不同的打印路径，即平行打印、垂直打印和组合打印（平行打印和垂直打印交叉）与模板浇筑混凝土数值模型进行对比分析。将混凝土切分为基体材料、层间缺陷层和条间缺陷层，有限元模型及网格划分如图 7-21 所示。

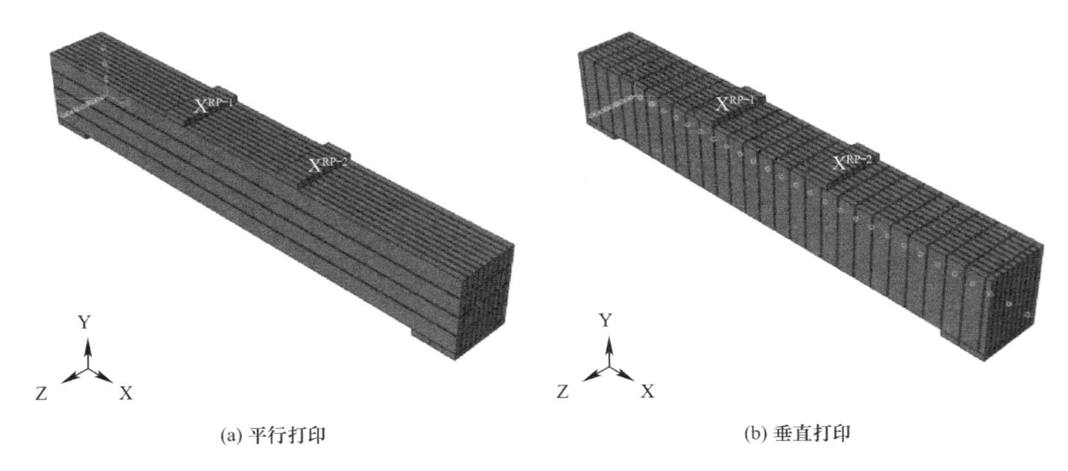

图 7-21　不同成型方式的试验梁有限元模型（一）

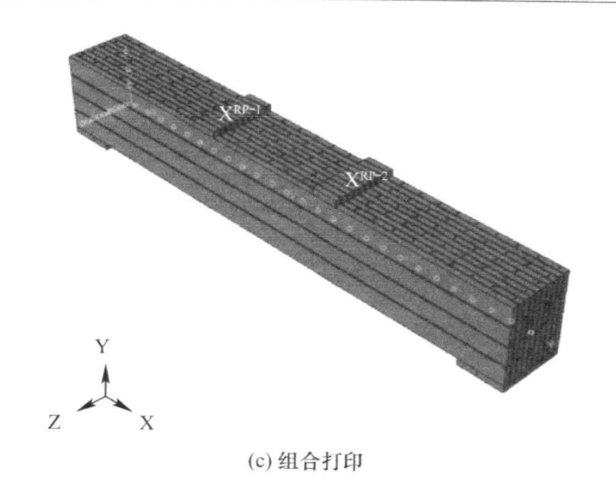

(c) 组合打印

图 7-21 不同成型方式的试验梁有限元模型（二）

（2）数值模拟结果对比

因为浇筑成型的试验梁没有层间缺陷和条间缺陷，相同的配筋率，浇筑成型的试验梁开裂荷载和极限荷载大于打印成型的试验梁。对于打印成型的试验梁，平行打印的试验梁承载力最高，垂直打印的试验梁承载力最低，主要原因为垂直打印的试验梁，其条间缺陷较多，并且条间缺陷与加载方向一致，在加载过程中试验梁更容易沿着条间缺陷开裂以及破坏；而平行打印的试验梁，其条间裂缝与加载方向垂直，对试验梁的承载能力影响相对较小，模拟结果如表 7-7 所示。

对于浇筑成型、平行打印、组合打印的试验梁，其最大拉应变都出现在跨中，即跨中处受拉破坏，而垂直打印的试验梁最大拉应变出现在加载点附近的条间缺陷处。不同成型方式的试验梁破坏时的主拉应变云图如图 7-22 所示。

不同成型方式试验梁承载性能数值模拟（kN） 表 7-7

配筋	平行打印		垂直打印		组合打印		浇筑成型	
	开裂	极限	开裂	极限	开裂	极限	开裂	极限
2Φ^H4	11.16	23.68	9.61	20.03	9.65	21.35	11.31	24.72
3Φ^H4	11.22	32.36	9.67	29.33	9.71	31.05	11.38	33.06
4Φ^H4	11.29	44.41	9.72	39.07	9.77	41.18	11.45	46.95
3Φ^H6	11.48	56.46	9.87	50.64	9.90	52.42	11.63	60.71
4Φ^H6	11.61	73.49	9.97	65.75	10.01	68.92	11.76	77.80
3Φ^H8	11.79	84.62	10.13	75.59	10.16	79.45	11.95	91.94

不同成型方式的试验梁极限荷载与配筋的关系如图 7-23 所示。从图中可以看出，随着配筋率从 0.23%提升至 1.37%，垂直打印的试验梁抗弯承载能力从 20.03kN 提高至 75.59kN，增长了 277%；组合打印的试验梁抗弯承载能力从 21.35kN 提高至 79.45kN，增长了 272%；平行打印的试验梁抗弯承载能力从 23.68kN 提高至 84.62kN，增长了 257%；浇筑成型的试验梁抗弯承载能力从 24.72kN 提高至 91.94kN，增长了 272%。

7.1.2 柔性钢丝绳增强 3D 打印混凝土梁受剪性能

在钢筋混凝土梁承载性能方面，斜截面抗剪承载力分析是防止梁出现脆性剪切破坏的关键，研究梁的斜截面抗剪承载能力也具有至关重要的意义。影响混凝土梁抗剪承载能力的因素主要有梁的尺寸、混凝土强度、配筋方式和剪跨比等[9,10]，通过对这些影响因素的控制，可以防止混凝土梁发生斜截面破坏。为研究钢丝绳增强 3D 打印混凝土梁的抗剪承载能力，本章采用钢丝绳以及 HRB400 螺纹钢作为抗剪箍筋，基于柔性钢丝绳打印配筋一体化建造方式，研究配箍方式以及配箍率对试验梁抗剪承载能力的影响，以期为钢丝绳增强 3D 打印混凝土梁式构件的应用提供理论支撑。

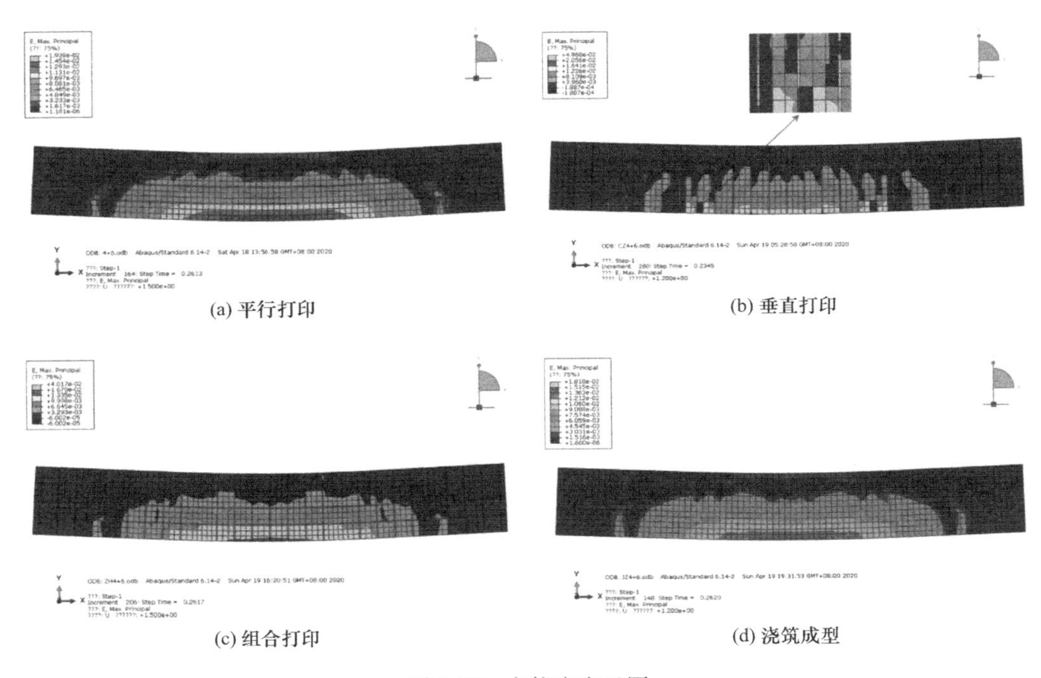

图 7-22 主拉应变云图

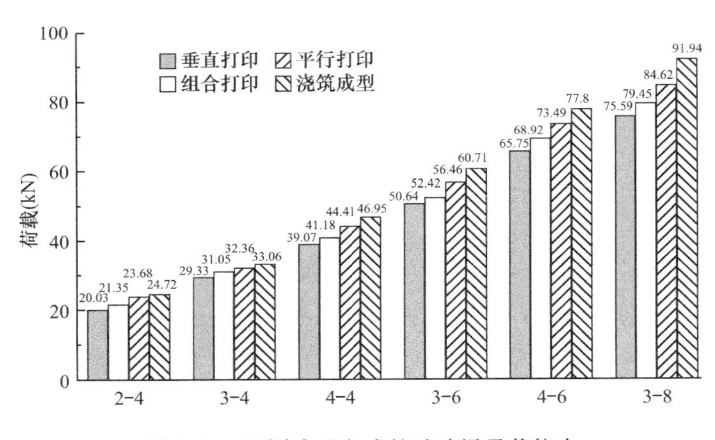

图 7-23 不同成型方式的试验梁承载能力

7.1.2.1 抗剪梁试验设计

(1) 试验材料

3D 打印水泥基复合材料立方体试件抗压强度及钢丝绳的力学参数同 7.1.1 节。为防止试验梁加载过程中纵筋发生滑移，在纵筋端部采用套筒连接，在打印试验梁过程中，在纵筋端部打扣处插入短钢筋。由于纵筋及钢丝绳抗剪箍筋表面为螺纹肋形式，故采取先用环氧树脂将筋材表面固化再粘贴应变片的方式来测量钢丝绳应变，并在粘贴应变片后采用环氧胶进行封闭处理，以避免试验梁打印过程对应变片产生扰动；为增强箍筋的粘结作用，钢丝绳抗剪箍筋表面设置刺钉，HRB400螺纹钢抗剪箍筋端部采用直角弯钩嵌钉形式，弯钩长度为15mm，纵筋与两种抗剪箍筋的处理方式如图7-24所示。

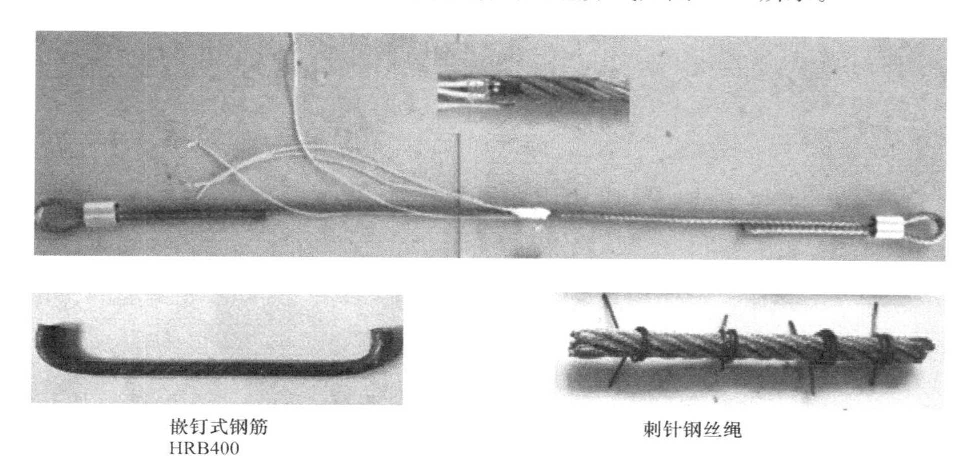

图7-24　纵筋与箍筋处理

（2）抗剪试验梁设计与打印

3D打印抗剪试验梁，包括无腹筋试验梁、采用钢丝绳作为箍筋的抗剪试验梁及采用HRB400作为箍筋的抗剪试验梁，所有试验梁均采用环绕打印的方式打印制作，试验序列如表7-8所示。

3D打印混凝土抗剪试验梁试验序列　　　　表7-8

编号	纵筋配置	纵筋配筋率（%）	箍筋配置	箍筋形式	配箍率（%）
A-1	$4\Phi^{H}8$	1.68	无腹筋	无腹筋	0.00
A-2	$4\Phi^{H}8$	1.68	Φ6@120（2肢）	钢丝绳	0.47
A-3	$4\Phi^{H}8$	1.68	Φ6@120（3肢）	钢丝绳	0.71
A-4	$4\Phi^{H}8$	1.68	Φ6@120（4肢）	钢丝绳	0.94
A-5	$4\Phi^{H}8$	1.68	Φ6@180（2肢）	钢丝绳	0.31
A-6	$4\Phi^{H}8$	1.68	Φ6@90（2肢）	钢丝绳	0.63
B-2	$4\Phi^{H}8$	1.68	Φ6@120（2肢）	HRB400螺纹钢	0.47
B-3	$4\Phi^{H}8$	1.68	Φ6@120（3肢）	HRB400螺纹钢	0.71
B-4	$4\Phi^{H}8$	1.68	Φ6@120（4肢）	HRB400螺纹钢	0.94
B-5	$4\Phi^{H}8$	1.68	Φ6@180（2肢）	HRB400螺纹钢	0.31
B-6	$4\Phi^{H}8$	1.68	Φ6@90（2肢）	HRB400螺纹钢	0.63

对于布设双肢箍的试验梁，其箍筋布置于第2层与第8层；对于布设三肢箍的试验梁，其箍筋布置于第2层、第5层及第8层；对于布设四肢箍的试验梁，其箍筋布置于第2层、第4层、第6层及第8层。两种材料的箍筋形式如图7-25所示。

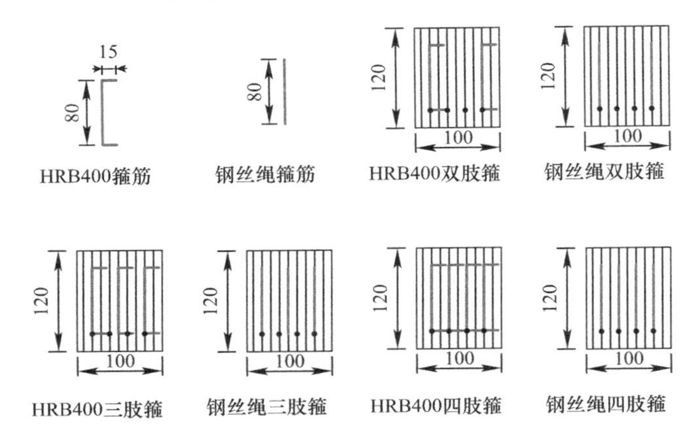

图 7-25 箍筋布置示意图

本章设计试验梁长 1200mm、宽 100mm、高 120mm，为方便纵筋与箍筋的布置，试验梁采用侧面分层打印，即沿着梁宽方向逐层向上打印。单层打印条宽 30mm，条高 10mm，试验梁共计打印 10 层，每层打印 4 条，条长 1200mm。由于 3D 打印材料具有快速粘结成型的特性，故打印完成的试件在两天后对试验梁的加载点和支座位置进行打磨处理，保证加载点和支座位置在后续加载过程中的平整。试验梁洒水养护 28d 后进行刷白灰、画网格线以及粘贴混凝土应变片，打印及处理过程如图 7-26 所示。

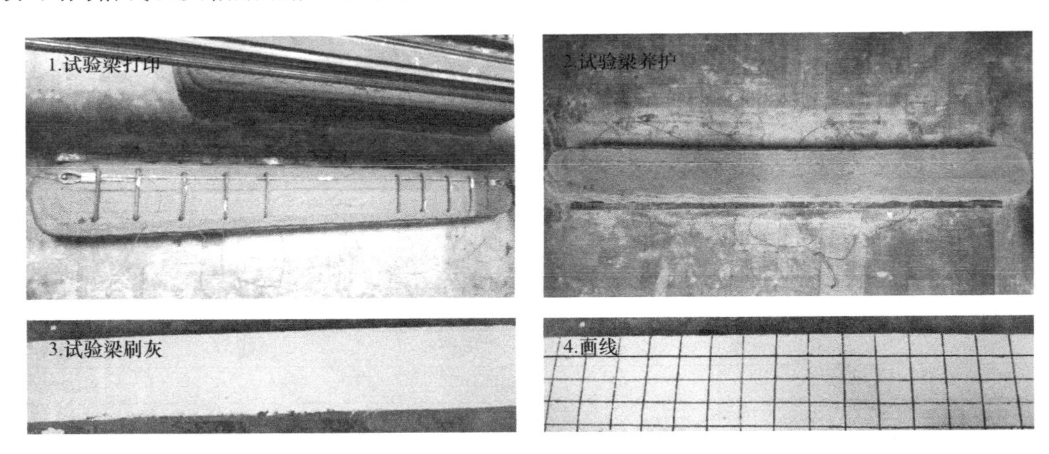

图 7-26 试验梁的打印与处理

静载试验装置主要包括加载和测量两个部分。试验采用 30t 的液压千斤顶和量程为 30t 的力传感器，荷载通过刚性分配梁施加在试验梁上。混凝土应变测点的布置原则为沿着剪跨区段内临界斜裂缝出现的部位依次粘贴混凝土应变片，箍筋的应变片贴在裂缝开展后最有可能和箍筋相交的位置，即通过连线加载点和支座位置来确定箍筋应变片位置。为了方便处理试验数据，混凝土应变片从外往里依次标记为 H1、H2、H3、H4，将箍筋应变片从外往里分别标记为 G1、G2、G3，试验时通过 DH3810N 采集系统进行采集，对各级荷载下剪跨段内混凝土应变、箍筋应变进行分析，具体加载测试如图 7-27 所示。

7.1.2.2 试验结果

试验梁的开裂荷载、极限荷载、最大裂缝宽度和破坏模式如表 7-9 所示，两种抗剪承载能力对比如图 7-28 所示。从图中可以看出，对于相同的配箍率，采用 HRB400 箍筋的试验梁抗剪承载能力略高于采用钢丝绳箍筋的试验梁，这是由于 HRB400G 箍筋，其两端长 15mm 的弯钩与混凝土之间起到了很好的嵌固作用，使得箍筋与混凝土之间的粘结更加可靠。

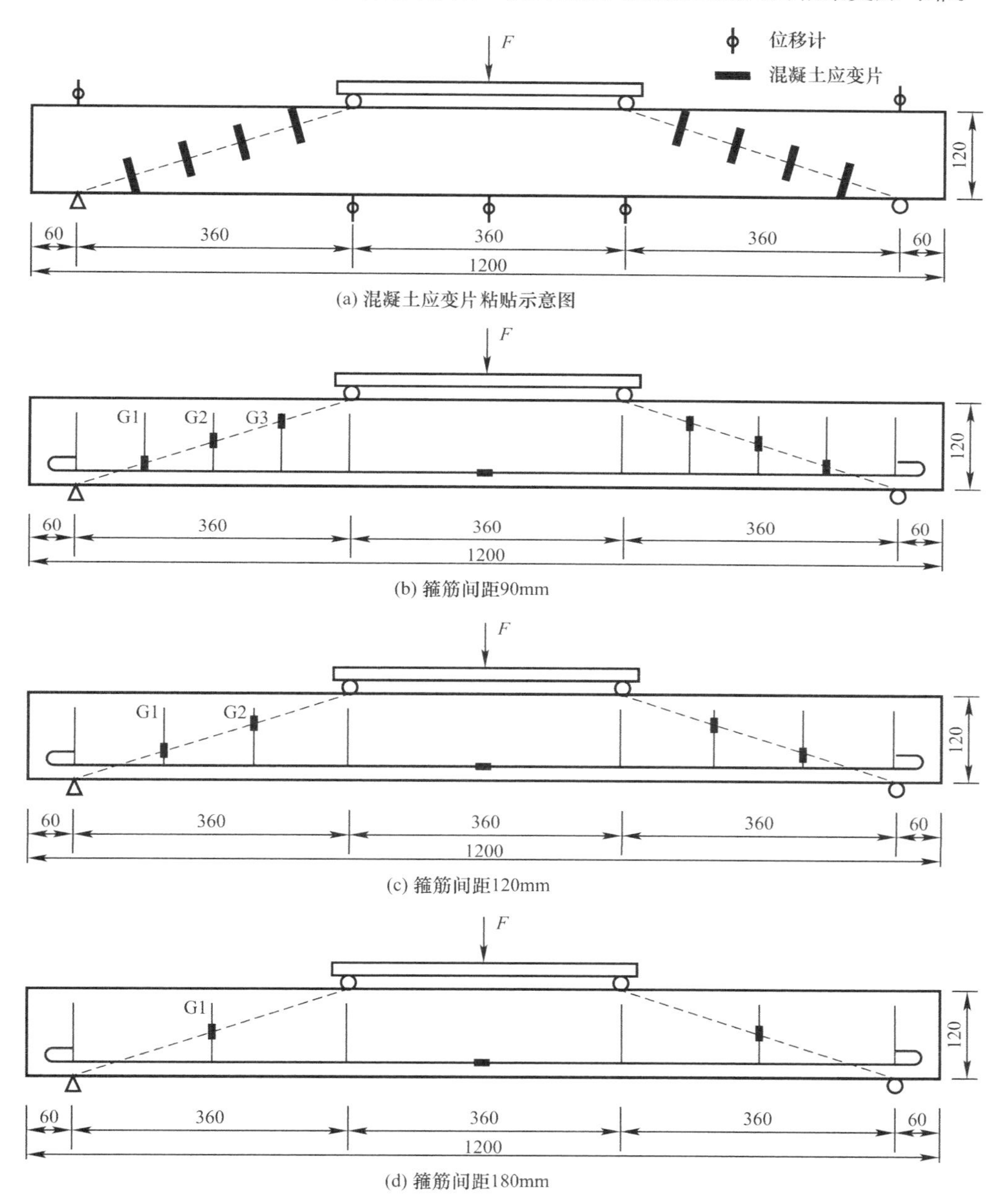

图 7-27　试验梁测点及加载示意（单位：mm）

试验梁破坏模式和抗剪承载力　　表 7-9

编号	箍筋配置	开裂荷载（kN）	极限荷载（kN）	最大裂缝宽度（mm）	破坏模式
A-1	无腹筋	14.06	46.07	1.02	斜拉破坏
A-2	Φ^H6@120（2 肢）	15.07	57.13	1.16	剪压破坏

续表

编号	箍筋配置	开裂荷载（kN）	极限荷载（kN）	最大裂缝宽度（mm）	破坏模式
A-3	ΦH6@120（3 肢）	15.44	65.32	0.97	剪压破坏
A-4	ΦH6@120（4 肢）	15.19	68.88	0.93	剪压破坏
A-5	ΦH6@180（2 肢）	15.08	51.51	1.17	斜拉破坏
A-6	ΦH6@90（2 肢）	15.18	60.45	1.34	剪压破坏
B-2	Φ6@120（2 肢）	15.51	59.07	0.86	剪压破坏
B-3	Φ6@120（3 肢）	15.67	66.12	0.74	剪压破坏
B-4	Φ6@120（4 肢）	15.15	75.99	0.82	剪压破坏
B-5	Φ6@180（2 肢）	15.24	58.01	0.90	剪压破坏
B-6	Φ6@90（2 肢）	15.42	60.63	0.65	剪压破坏

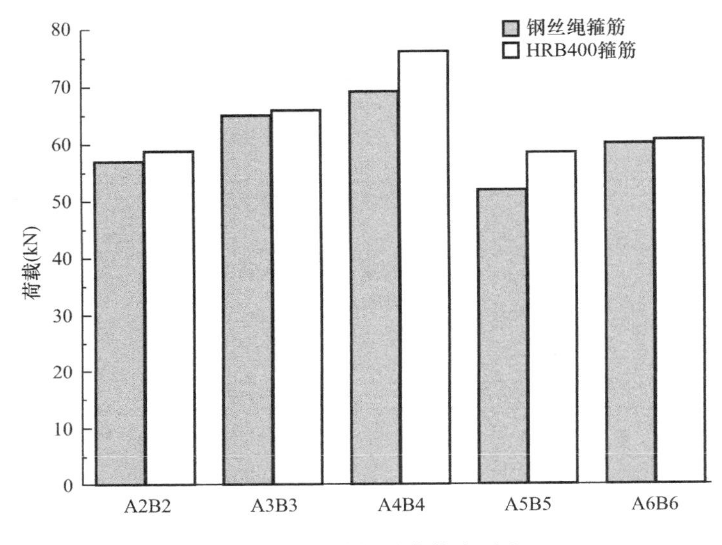

图 7-28　试验梁承载能力对比

图 7-29 为两种不同配箍方式下试验梁的裂缝分布图，图中黑色粗线为开裂较大的裂缝，黑色细线为混凝土表面的细小裂缝。从图中可以看出，当加载至开裂荷载后，裂缝主要集中在纯弯段部分，此时裂缝宽度较小（约 0.03mm）。随着荷载增加至 30kN 左右后，在试验梁的两侧弯剪段开始产生斜裂缝，且逐渐向加载点延伸。继续加载，弯剪段裂缝发展加快，同时裂缝宽度也在不断增加。当加载至试验梁的承载能力极限时，最大斜裂缝迅速扩展并贯穿斜截面，试验梁发生斜截面脆性破坏，随之荷载急剧下降，试验梁丧失继续承载能力。

7.1.2.3　**试验结果分析**

普通钢筋混凝土梁的斜截面破坏模式有斜拉破坏、斜压破坏和剪压破坏三种。其中斜拉破坏的特征是：斜裂缝一旦出现就迅速延伸到集中荷载作用点处，使梁沿斜向拉裂成两部分而突然破坏，破坏面整齐、无压碎痕迹，破坏荷载等于或略高于出现斜裂缝时的荷载，斜拉破坏时由于拉应变达到混凝土极限拉应变而产生的，破坏很突然，属于脆性破坏类型。而剪压破坏的特征是：弯剪斜裂缝出现后，荷载仍可以有较大的增长。随荷载的增大，陆续出现其他弯剪斜裂缝，其中将形成一条主要的斜裂缝，称为临界斜裂缝。随着荷载的继续增加，临界斜裂缝上端剩余截面逐渐缩小，最后临界斜裂缝上端集中于荷载作用点附近，混凝土被压碎而造成破坏。剪压破坏主要是由于剩余截面上的混凝土在剪应力、水平压应力以及集中荷载作用点处竖向局部压应力的共同作用而产生，虽然破坏时没有像斜拉破坏时那样突然，但也属于脆性破坏类型。与斜拉破坏相比，剪压破坏的承载力要高。

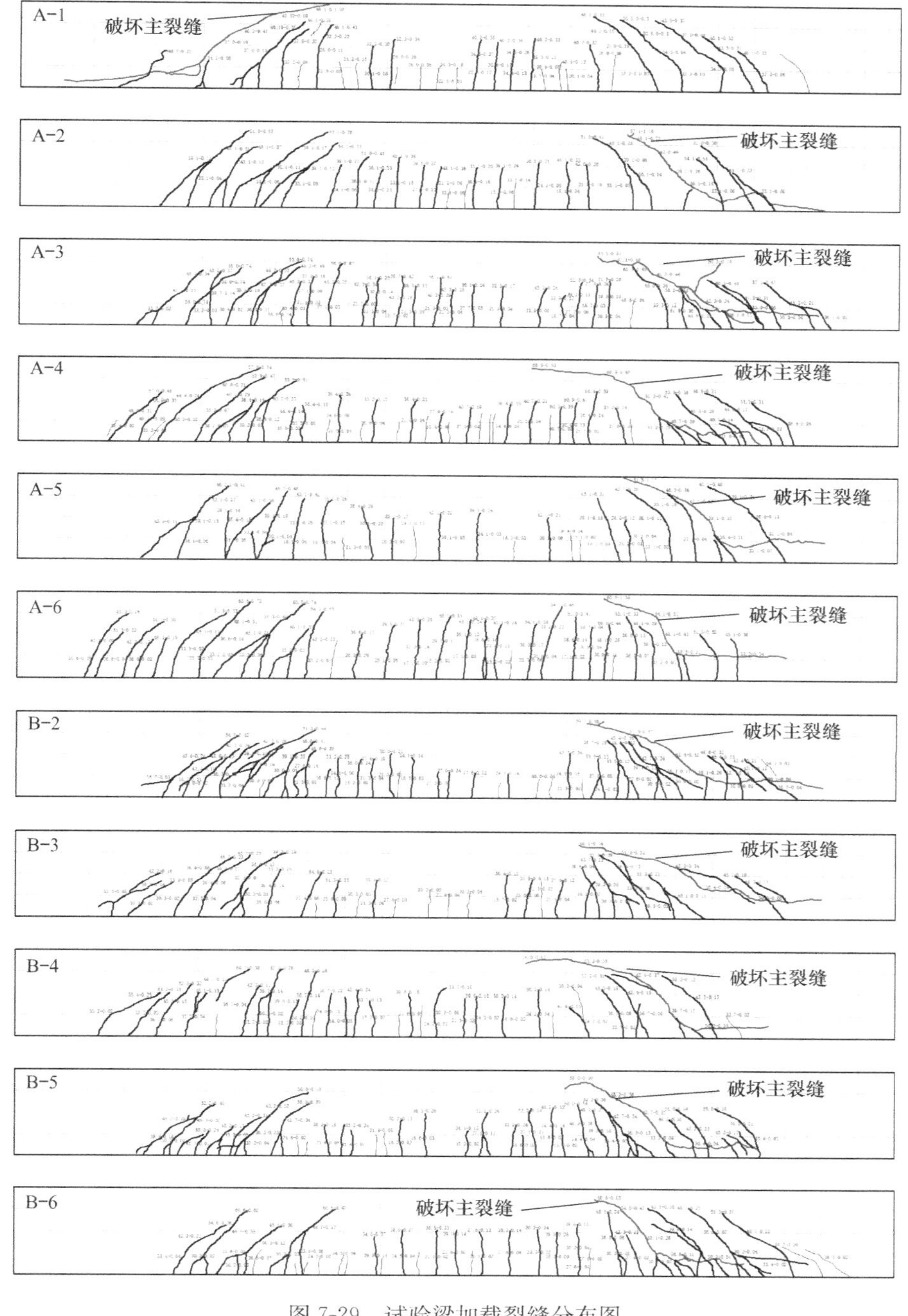

图7-29　试验梁加载裂缝分布图

本章试验梁在加载至 30kN 左右后开始出现斜裂缝，试验梁仍可继续承载。随着荷载的增加，试验梁陆续形成弯剪斜裂缝，对于发生斜拉破坏的试验梁，当加载至极限荷载时，试验梁发生脆性断裂，梁体破坏面相对整齐，无压碎痕迹（图 7-30a）。对于发生剪压破坏的试验梁，在加载过程中产生一条临界斜裂缝，最终试验梁在加载点处局部压碎，并沿着临界斜裂缝发生断裂（图 7-30b）。

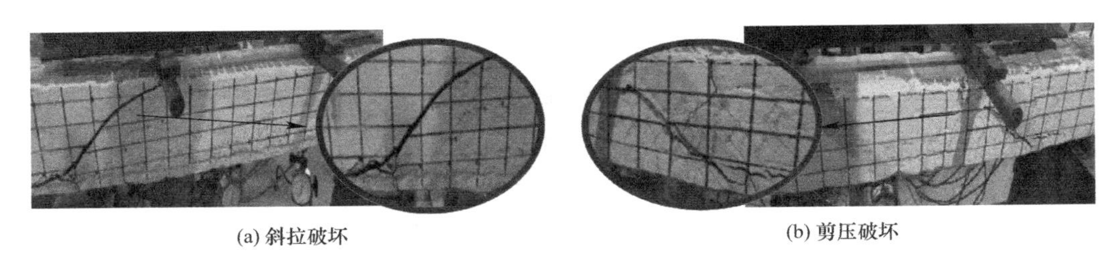

(a) 斜拉破坏　　(b) 剪压破坏

图 7-30　试验梁典型斜截面破坏

图 7-31 分别为不同配箍方式的试验梁荷载-挠度曲线。从图中可以看出试验梁的抗剪破坏主要分为三个阶段：第一阶段为弹性阶段，此时混凝土未开裂，荷载挠度基本呈直线，斜率较大；第二阶段为裂缝开展阶段，在加载至开裂荷载之后，一般在试验梁的跨中首先出现微小的裂缝，开裂后裂缝发展，此时由于梁底混凝土退出工作，梁截面刚度较小导致荷载挠度曲线的斜率有所减小，而试验梁的纵筋配筋率相同，各试验梁开裂后的荷载挠度曲线斜率差别不大；第三阶段为破坏阶段，当加载至最大荷载时，试验梁发生脆性破坏，荷载迅速下降，挠度急剧增加，且由于试验梁纵筋的钢丝绳为硬钢材料，卸载后的试验梁会发生部分回弹。

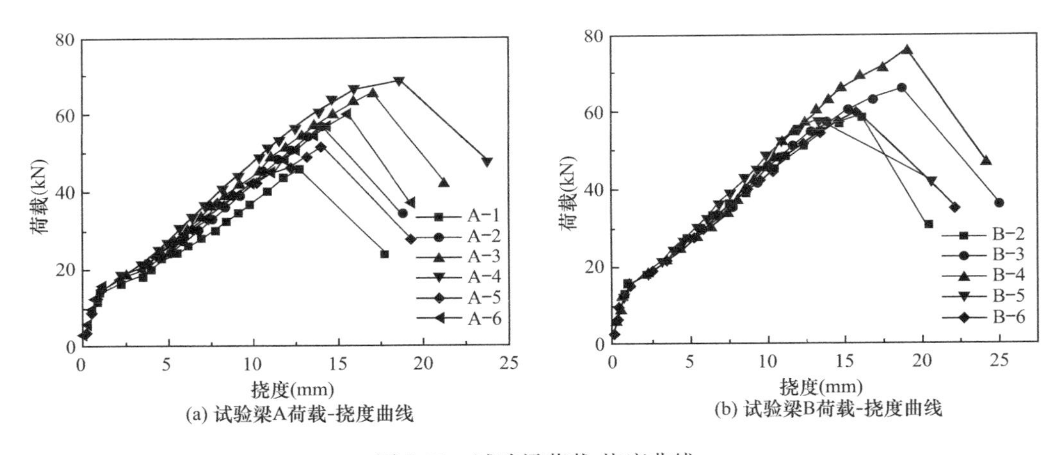

(a) 试验梁A荷载-挠度曲线　　(b) 试验梁B荷载-挠度曲线

图 7-31　试验梁荷载-挠度曲线

两组试验梁的荷载-钢筋应变曲线如图 7-32 所示。从图中可以看到，当构件发生开裂时，曲线的斜率会变小，此时梁底部的混凝土退出工作，受拉区主要由钢丝绳承受拉力。由于钢丝绳为脆性材料，故开裂后的荷载应变曲线仍近似为直线。从图中可以发现，所有的试验梁，当加载至极限荷载时，试验梁发生抗剪不足而破坏，但纵筋钢丝绳的应变并未达到极限拉应变。

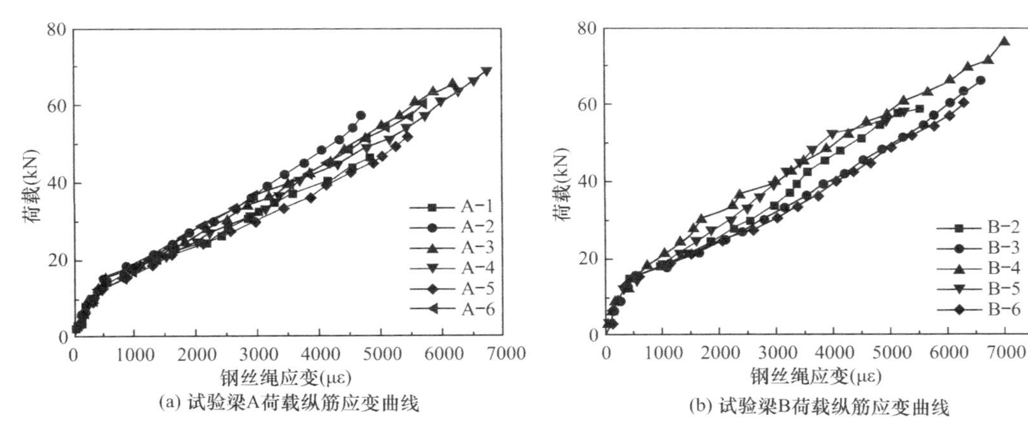

图 7-32 试验梁荷载纵筋应变曲线

对各级荷载下剪跨段内箍筋的应变大小进行分析，典型荷载-箍筋应变变化规律如图 7-33所示。可以发现，在斜裂缝开展前，箍筋的应力大小几乎为零，这时是由箍筋和混凝土共同承担剪力，且大部分剪力由混凝土承担。而在靠近加载点和支座附近的部分箍筋出现了压应变，这是由于加载点和支座附近受到局部压力的影响而引起的[11]。当斜裂缝出现以后，混凝土逐渐退出工作，试验梁中内力重分布。斜裂缝穿越剪跨区的箍筋，试验梁开裂前由剪跨区混凝土承担的剪应力转而由箍筋承担，从而导致了剪跨区内箍筋应力的迅速增长[12]。在斜截面裂缝形成以后，斜裂缝中部的箍筋应力基本随外荷载的增加呈线性增长。

加载初期，混凝土应变增长缓慢，几乎为零。当加载至剪跨产生斜裂缝后，被斜裂缝穿过的混凝土应变片值迅速增大，最后伴随着裂缝宽度过大，部分应变片被拉断，在临近加载点和支座处的混凝土片应变也在不断增大，如图 7-34 所示，说明了减压区混凝土在整个加载阶段均有效参与了抗剪作用。因此可以认为，尽管梁体在临界破坏时混凝土受压区高度减小，但在压剪复合应力下，对梁体的抗剪作用依然可以考虑。与混凝土梁的纯弯段竖向裂缝相比，试验梁剪跨段的斜裂缝虽然出现得比较晚，但是发展却更加迅速，使得剪切破坏具有更加明显的脆性，在结构设计过程中应该予以避免。

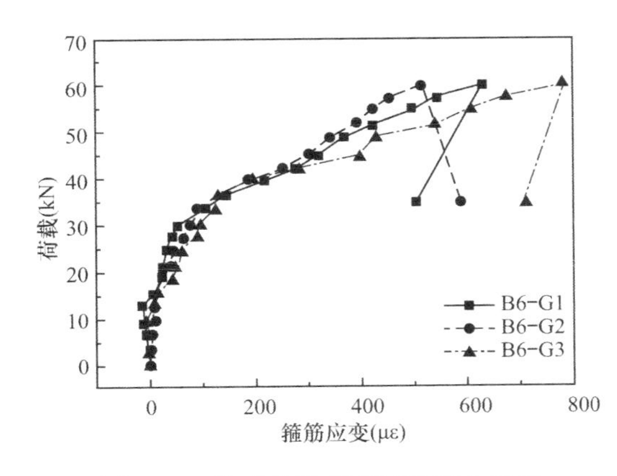

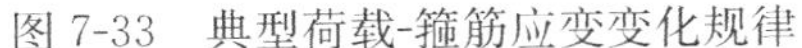
图 7-33 典型荷载-箍筋应变变化规律

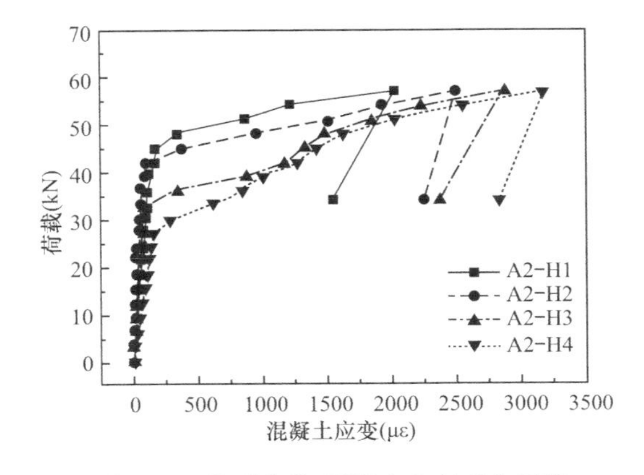

图 7-34 典型荷载-混凝土应变变化规律

试验梁破坏时钢丝绳抗剪箍筋及 HRB400 抗剪箍筋的应变均远远小于其极限应变，其中钢丝绳箍筋的应变约为800-1400$\mu\varepsilon$，仅为其极限应变的10%-18%，而HRB400的箍筋应变为600-1000$\mu\varepsilon$，未达到屈服应变（约2000$\mu\varepsilon$）。利用HRB400钢筋做成的“嵌钉”式箍筋由于其两端长15mm的弯钩与混凝土之间良好嵌固，粘结可靠，因此作为箍筋具有更高的利用率。

两种斜截面配筋方式进行增强的3D打印混凝土梁式构件箍筋承载能力均未得到充分利用，因此采用此方式进行结构打印建造时，不宜采用现有的钢筋混凝土构件抗剪承载能力计算方法进行打印结构的计算。

7.1.2.4 试验梁抗剪承载力理论计算

（1）无腹筋梁抗剪承载能力计算

由于3D打印无腹筋梁中混凝土参与受剪的机理与普通混凝土梁相似，因此参考《混凝土结构设计规范》GB 50010—2010[5]，对于无腹筋梁，抗剪承载能力按下式计算：

$$V_c = \alpha_{cv} f_t b h_0 \tag{7-12}$$

式中：f_t为混凝土抗拉强度设计值；α_{cv}为斜截面混凝土受剪承载力系数，对集中荷载作用下（包括作用有多种荷载，其中集中荷载对支座截面或节点边缘所产生的剪力值占总剪力的75%以上的情况）的独立梁，取$\alpha_{cv}=1.75/(\lambda+1)$，当$\lambda>3$时，取$\lambda=3$。

（2）有腹筋梁抗剪承载能力计算

对于有腹筋梁的斜截面抗剪承载能力计算，若试验梁发生斜拉破坏，则其斜截面抗剪承载能力仍按照无腹筋梁计算；若试验梁发生剪压破坏，则其斜截面抗剪承载能力V_{cs}由混凝土承受的抗剪承载V_c和箍筋所承受的抗剪承载能力V_s组成，即：

$$V_{cs} = V_c + V_s \tag{7-13}$$

对于配置HRB400箍筋增强3D打印混凝土梁斜截面梁，《混凝土结构设计规范》GB 50010—2010[5]中，对于有腹筋梁的剪压破坏模式，抗剪承载能力按下式计算：

$$V_{cs} = \frac{1.75}{\lambda+1} f_t b h_0 + f_{yv}\frac{A_{sv}}{s}h_0 \tag{7-14}$$

当f_{yv}大于360MPa时，应取360MPa。

国内外学者对预应力钢丝绳加固RC梁抗剪性能开展了相关试验研究，分析了钢丝绳配绳率、预应力水平、加固方式、锚固形式等多参数的影响，但尚未形成统一的计算钢丝绳加固RC梁的抗剪承载力公式。对于配置钢丝绳箍筋增强3D打印混凝土梁斜截面梁，参考现有钢丝绳加固RC梁抗剪承载力V_w的计算，一般采用规范ACI 318-05推荐的公式，见式（7-15），即

$$V_w = A_w f_w h_0 / s_w \leqslant 0.66\sqrt{f'_c} b h_0 \tag{7-15}$$

式中：f_w为钢丝绳的名义强度，$f_w=f_u-f_p\leqslant 420\text{MPa}$，$f_u$、$f_p$分别为钢丝绳极限应力和预应力；$A_w$为钢丝绳有效截面面积；$h_0$为梁截面有效高度；$f'_c$为混凝土圆柱体抗压强度；$b$为梁截面宽度。

欧洲规范推荐公式见式（7-16）：

$$V_w = A_w f_w j_d / s_w \leqslant 0.4 b h_0 \tag{7-16}$$

式中：j_d为梁上、下纵筋合力点中心的距离；s_w为钢丝绳间距；$f_w=f_u-f_p\leqslant 0.5 v_e f'_c b s / A_w$，$v_e$为混凝土强度有效系数。

考虑到钢丝绳的应力发挥水平，杨军民等[13]采用对钢丝绳抗剪作用进行折减：

$$V_{t}=\rho_{w}\sigma_{w,u}bh\cot\theta \tag{7-17}$$

$$V_{w}=\mu V_{t} \tag{7-18}$$

$$\mu=0.0384k+0.191 \tag{7-19}$$

$$k=\frac{\alpha}{100\rho_{w}(\lambda-1)} \tag{7-20}$$

式中：V_t 为根据钢丝绳截面面积及极限强度计算得到的抗剪承载力，θ 为钢丝绳与水平方向夹角；V_w 为钢丝绳抗剪承载力；μ 为钢丝绳水平发挥折减系数；α 为钢丝绳预应力水平；ρ_w 为配绳率；λ 为剪跨比。

基于上述公式，得到试验梁的抗剪承载能力理论试验值与计算值如表7-10所示。从表中可以看出，对于无腹筋梁或发生斜拉破坏的有腹筋梁，采用《混凝土结构设计规范》GB 50010—2010[5]的计算得到的抗剪承载能力计算值与试验值相差较小；对于发生剪压破坏的有腹筋梁，其抗剪承载能力试验值与理论计算值相差较大，试验梁箍筋的抗剪作用试验值均远低于计算值，这是由于箍筋的抗剪作用未充分发挥。

试验梁抗剪承载能力试验值与计算值（kN）　　表7-10

编号	配箍	配箍率（%）	破坏模式	混凝土规范[5]	ACI规范[14]	文献[13]	试验值
A-1	无腹筋	0.00	斜拉	51.04	—	—	46.07
A-2	钢丝绳箍筋	0.47	剪压	—	92.60	87.07	57.13
A-3		0.71	剪压	—	113.38	105.11	65.32
A-4		0.94	剪压	—	134.16	123.15	68.88
A-5		0.31	斜拉	51.04	—	—	51.51
A-6		0.63	剪压	—	106.45	105.11	60.45
B-2	HRB400箍筋	0.47	剪压	86.66	—	—	59.07
B-3		0.71	剪压	104.47	—	—	66.12
B-4		0.94	剪压	122.28	—	—	75.99
B-5		0.31	剪压	74.79	—	—	58.01
B-6		0.63	剪压	98.54	—	—	60.63

剪压破坏的有腹筋梁抗剪承载能力试验值与理论计算值相差较大原因有以下两点：①尽管钢丝绳箍筋上设有“刺绳”或将HRB400箍筋处理为“嵌钉”形式（HRB400箍筋），但都并未形成环箍，无法对弯剪段混凝土起到充分包裹约束作用；②当在弯剪段产生斜裂缝后，经过箍筋，造成箍筋与混凝土之间的粘结变为局部粘结（如图7-35所示），而局部粘结失效最终导致箍筋只发挥了部分抗剪作用。根据箍筋实测应变以及钢丝绳与3D打印混凝土在垂直方向上的粘结力推算箍筋与混凝土之间的局部粘结长度如表7-11所示。

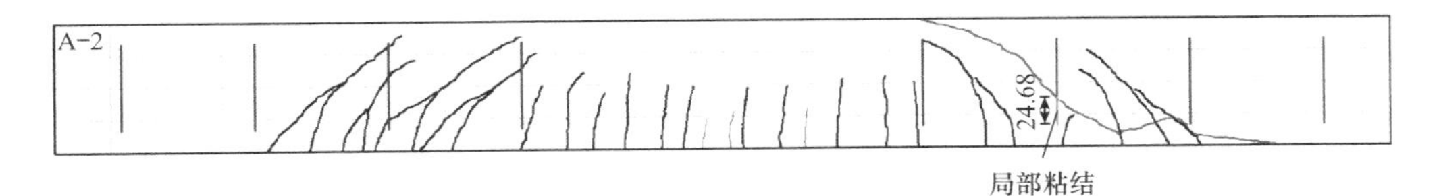

图7-35　箍筋与混凝土的局部粘结（单位：mm）

箍筋局部粘结长度　　表 7-11

编号	箍筋应变（$\times10^{-6}$）	箍筋应力（MPa）	箍筋截面面积（mm^2）	箍筋受力（N）	有效粘结长度（mm）
A-2	917	77.4	28.27	2188.1	11.14
A-3	1398	116.2	28.27	3285.0	16.73
A-4	1366	113.0	28.27	3194.5	16.27
A-5	908	69.7	28.27	1970.4	10.03
A-6	1098	105.8	28.27	2991.0	15.23
B-2	741	148.2	28.27	4189.6	21.33
B-3	818	163.6	28.27	4625.0	23.55
B-4	873	174.6	28.27	4935.9	25.13
B-5	958	191.6	28.27	5416.5	27.58
B-6	648	129.6	28.27	3663.8	18.65

由实测箍筋应变可知，两种箍筋的应变均较小，钢丝绳箍筋应变约为极限应变的10%，HRB400 箍筋应变约为极限应变的 30%，故对于发生剪压破坏的有腹筋梁，在计算箍筋抗剪作用时引入参数“箍筋利用率 k”来对现有规范中箍筋部分承担的抗剪承载能力进行折减。箍筋抗剪作用计算如式（7-21）及式（7-22）所示。

对于配置 HRB400 箍筋增强 3D 打印混凝土梁斜截面梁：

$$V_s = kf_u \frac{A_{sv}}{s} h_0 \tag{7-21}$$

对于配置钢丝绳箍筋（当配箍率大于 0.31%时，试验梁发生剪压破坏）增强 3D 打印混凝土梁斜截面梁：

$$V_w = kA_w f_u h_0 / s_w \leqslant 0.66\sqrt{f_c'} b h_0 \tag{7-22}$$

式中：f_u 为箍筋强度极限值。对于钢丝绳箍筋，k 取 0.1；对于 HRB400 箍筋，k 取 0.3。对箍筋抗剪承载力修正后，试验梁的抗剪承载能力试验值与计算值对比如表 7-12 所示，可以看出，折减后的抗剪承载能力计算值与试验值吻合较好，误差率在－3.8%-10.8%。

试验梁抗剪试验值与计算值　　表 7-12

编号	试验值（kN）	计算值（kN）	计算误差（%）
A-1	46.07	51.04	10.8
A-2	57.13	58.91	3.1
A-3	65.32	62.84	−3.8
A-4	68.88	66.78	−3.0
A-5	51.51	51.04	−0.9
A-6	60.45	61.53	1.8
B-2	59.07	62.35	5.6
B-3	66.12	68.00	2.8
B-4	75.99	73.66	−3.1
B-5	58.01	58.58	1.0
B-6	60.63	66.12	9.1

7.2　柔性钢丝网增强3D打印混凝土拱式构件受力性能

对于增材制造混凝土结构的配筋增强，钢丝网具有双向增强，柔韧变形，可与打印建造工艺兼容等技术优势，因此本节针对钢丝网配筋增强开展研究，探索层间铺设和跨越层间的一体化建造配筋技术的可行性。

7.2.1　柔性钢丝网增强3D打印混凝土拱式构件受力性能试验研究

增材制造混凝土结构中，拱式结构由于受压为主，对于配筋建造一体化技术尚不成熟的增材制造混凝土结构，是最为合适的构件探索模式。本节针对课题组设计的3D打印人行桥拱桥主体结构进行缩尺打印，开展室内模型试验，对比3D打印与模具成型技术的受力差别，并基于静载试验提出设计建议。桥梁为单跨空腹式拱桥，长14m、宽3.1m。主拱采用圆弧形拱轴线，线型简单，施工方便。主拱圈上部设置6个腹拱圈，以减轻结构自重，节省材料，并美化桥体造型。桥梁主体结构和附属结构，如栏杆、填充结构均采用3D打印。主拱跨径为8m，矢高为2.5m，腹拱跨径为1.2m，桥面净宽为2.5m，具体尺寸如图7-36所示。

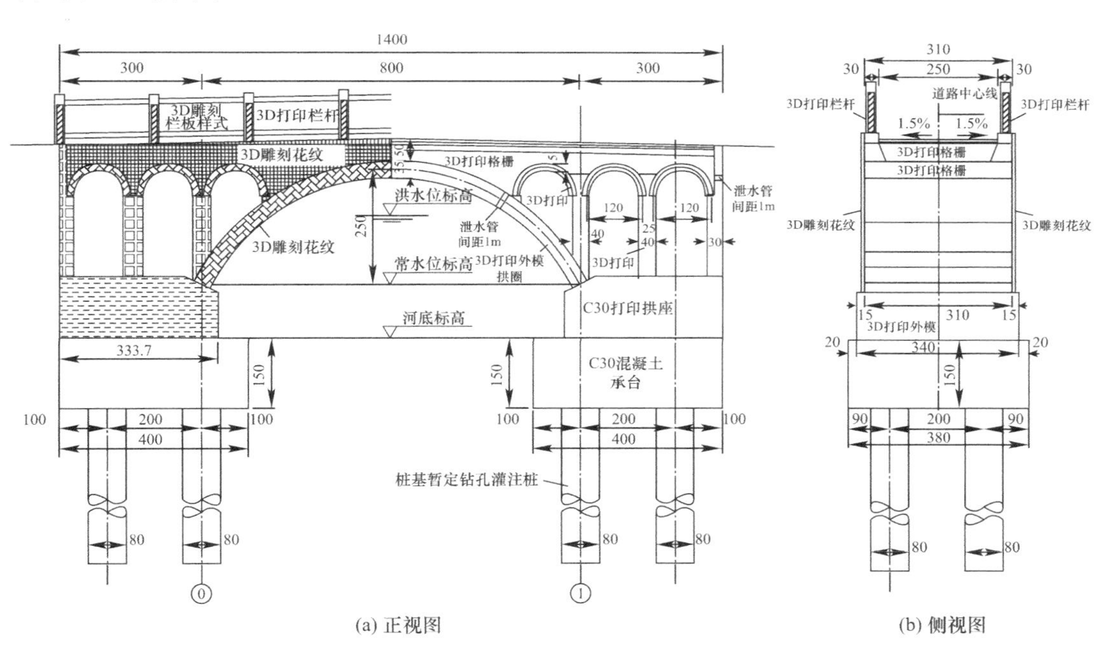

图7-36　3D打印拱桥工程背景（单位：mm）

综合考虑现有3D打印设备的打印规模、荷载试验装置和试验场地面积等因素，选用1∶5.8的缩尺比例打印制作桥梁主要承载构件主拱圈，模型拱肋高度为6cm，跨径为137cm，矢高为43cm。桥宽方向上在原缩尺比例基础上减小1/2，模型拱肋宽度为26cm。桥上腹拱在试验中简化，实际缩尺模型如图7-37所示。

由于主拱圈上部的结构较为复杂，基于数值模拟对比分析，对其进行等效简化处理。模型方案如图7-38所示，简化模型1忽略拱脚立柱，将其与拱座结合，利用拱座反力实现荷载等效；简化模型 2 将拱脚立柱去掉，简化为一个集中荷载，与中部均布荷载按照实际模型数值模拟的分布比例（1：5.09：1）进行分配；简化模型 3 综合模型 1 和 2 的简化模式，采用立柱与拱座结合的简化方式，按分布比例施加拱脚集中荷载。

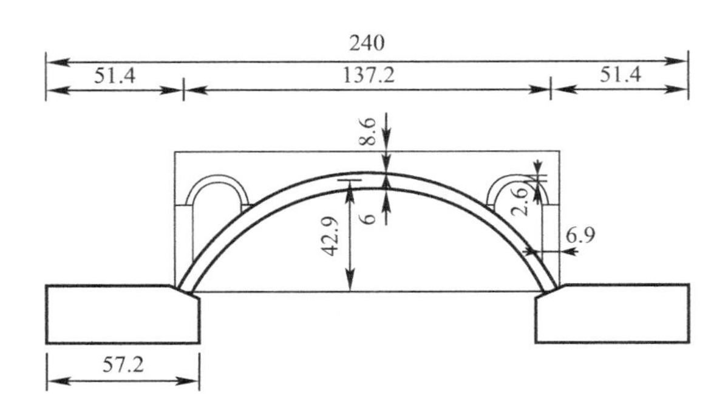

图 7-37　3D 打印拱桥缩尺模型（单位：mm）

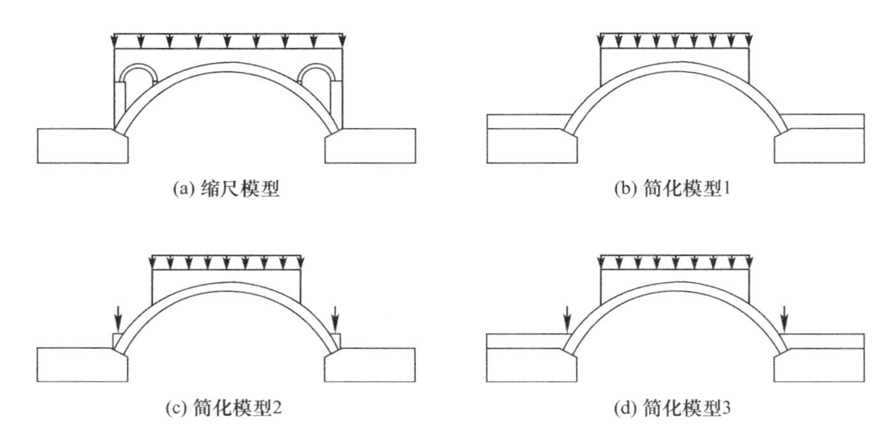

图 7-38　3D 打印拱桥模型简化方案

采用 ABAQUS 软件数值建模，拱肋宽度为原缩尺模型的 1/2，即 13cm，模型单元选用 C3D8 单元，单元尺寸约为 20mm，实际模型共有 27820 个单元，简化模型 1 共有 28850 个单元，简化模型 2 共有 26600 个单元，简化模型 3 共有 28404 个单元。混凝土采用损伤塑性模型，材料特征基于 7.1 节中材料性能测试参数，按照 C80 混凝土取值，密度为 $2400kg/m^3$，弹性模量为 32890MPa，泊松比为 0.2。对模型分步施加荷载，以混凝土抗拉强度达到 6MPa 作为模型开始破坏的标准，分析简化模型与实际模型承载能力和应力分布情况的异同之处。

由表 7-13 可知，四种模型均是拱顶位置的混凝土拉应力最先达到 6MPa，开裂出现破坏，此时最大压应力出现在 1/10 跨拱圈下缘和拱上结构与拱圈结合处（图 7-39），四种情况的最大压应力在 20-32MPa 范围内，均未超过 50.2MPa（C80 混凝土轴心抗压强度标准值），不会产生受压破坏。故根据有限元分析结果可知，拱桥的破坏模式是受拉破坏，三种简化模型的应力分布、破坏模式和危险截面均与实际模型类似。在三种简化模型中，简化模型 1 的承载能力为 23.36t，与实际模型的承载能力（24.18t）相比，仅相差 3.39%，在可接受的误差范围之内。综合考虑，本研究选用简化模型 1 作为 3D 打印拱桥的简化缩尺模型。

有限元模型受力分析　　表 7-13

模型	承载能力	压应力云图	拉应力云图
缩尺模型	24.18t		
简化模型 1	23.36t		
简化模型 2	19.36t		
简化模型 3	33.71t		

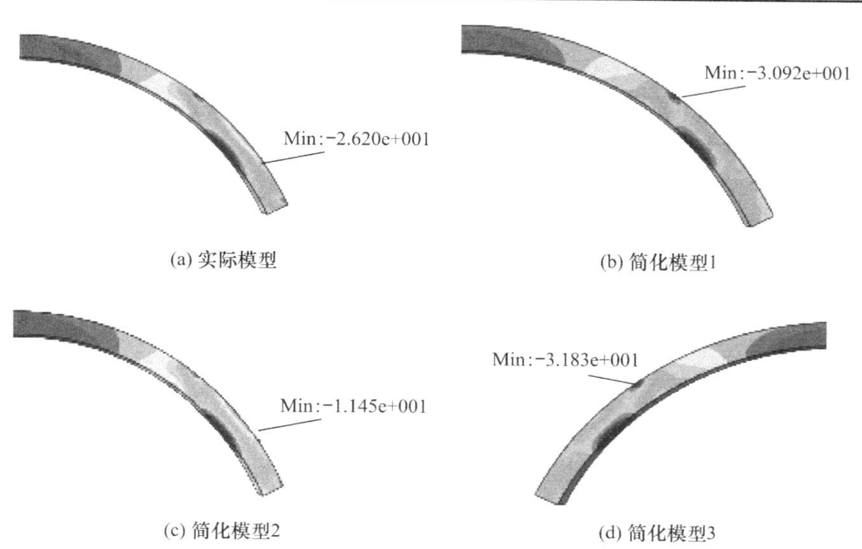

(a) 实际模型　(b) 简化模型1　(c) 简化模型2　(d) 简化模型3

图 7-39　最大压应力位置

7.2.1.1　试验设计与制作

为探究 3D 打印分层建造对桥梁结构性能的影响，探讨柔性增强方式与 3D 打印技术的兼容性和增强效果，设计了四组试验：组 1 为 3D 打印混凝土拱圈，组 2 为疏钢丝网增强 3D 打印混凝土拱圈（五层钢丝网，网径 10mm，丝径 1.2mm，受拉区增强率 0.236%）；组 3 为密钢丝网增强 3D 打印混凝土拱圈（五层钢丝网，网径 6mm，丝径 1.0mm，受拉区增强率 0.264%）；组 4 为模具成型混凝土拱圈，具体情况如图 7-40 所示。

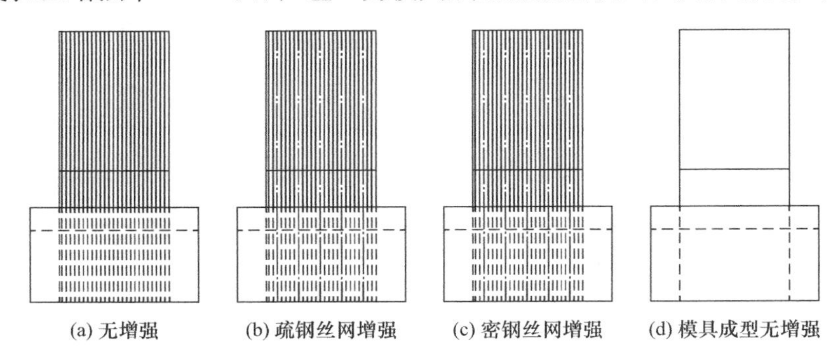

图 7-40　缩尺模型侧视图（点划线表示钢丝网）

试验模型分为三个部分制作完成：拱圈、拱座、加载平台。模型制作所用的主要材料为混凝土和钢丝网。拱圈和加载平台选用前文所研发的 3D 打印 PVA 纤维高强混凝土，拱座采用 C50 混凝土。钢丝网为不锈钢轧花网，尺寸如前所述，在打印过程中直接进行铺设。拱圈采用 3D 打印和钢模现浇两种方式进行制作以对比 3D 打印和模具成型技术的差别，并对设计计算提出技术借鉴。在拱圈打印制作完成后，以拱圈作为底模，采用模具现浇的方式制作加载平台。随后将拱圈竖立与拱座模板中，与拱座完成一体化浇筑，具体制作工艺如图 7-41 所示。

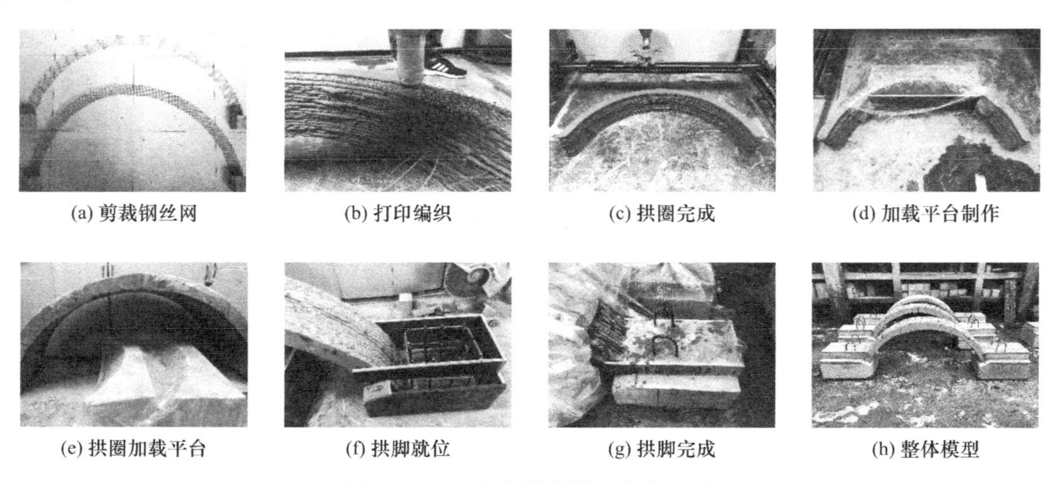

图 7-41　3D 打印拱桥模型制作工艺

试验采用荷载控制的方式进行分级加载，数值模拟分析所得拱桥模型的极限承载能力在 40t 以上，故以每级 20kN 进行加载，加至 400kN 后，以每级 10kN 进行加载直至模型破坏。每级荷载加载过程中保持 3min，同时进行裂缝的观测与记录。

由数值模拟可知，最大拉应力出现在拱顶，最大压应力出现在 1/10 跨的拱肋底缘，选择拱脚、1/10 跨、拱顶五个位置布置测点，每处三个混凝土应变片，三个钢丝网应变片和一个位移计，具体位置如图 7-42 所示。

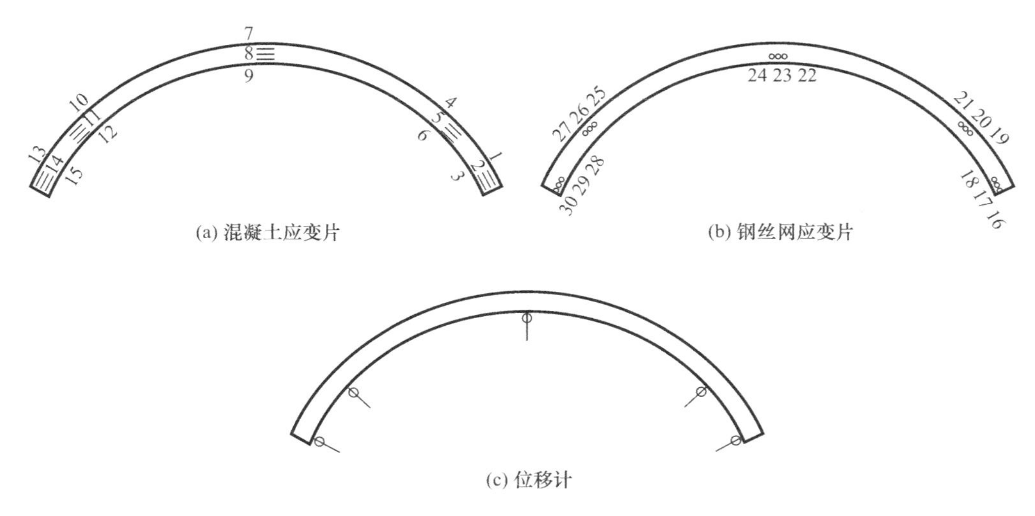

(a) 混凝土应变片　　(b) 钢丝网应变片

(c) 位移计

图 7-42　拱桥模型测点位置

试验装置主要包括加载和测试两个部分，具体如图 7-43 所示。试验采用 200t 的液压

图 7-43　拱桥模型试验加载装置

千斤顶和量程为150t的力传感器，通过分配梁和钢板将荷载均布施加在加载平台上，整套上部加载系统的重量约为0.5t。拱桥底部通过钢模板实现自平衡约束，限制拱座滑移。测量系统包括应变测试系统和DIC测试系统。

7.2.1.2 试验结果与讨论

拱圈裂缝分布情况如图7-44所示。由图可知，拱桥裂缝基本分布于拱顶下缘、加载平台与拱肋的接触位置周边、拱座等位置。模具成型拱桥的裂缝分布较为均匀，3D打印拱桥的裂缝多集中出现。除正面观测的裂缝之外，在临近破坏时，沿拱肋宽度方向有明显的裂缝扩展现象。如图7-45所示。

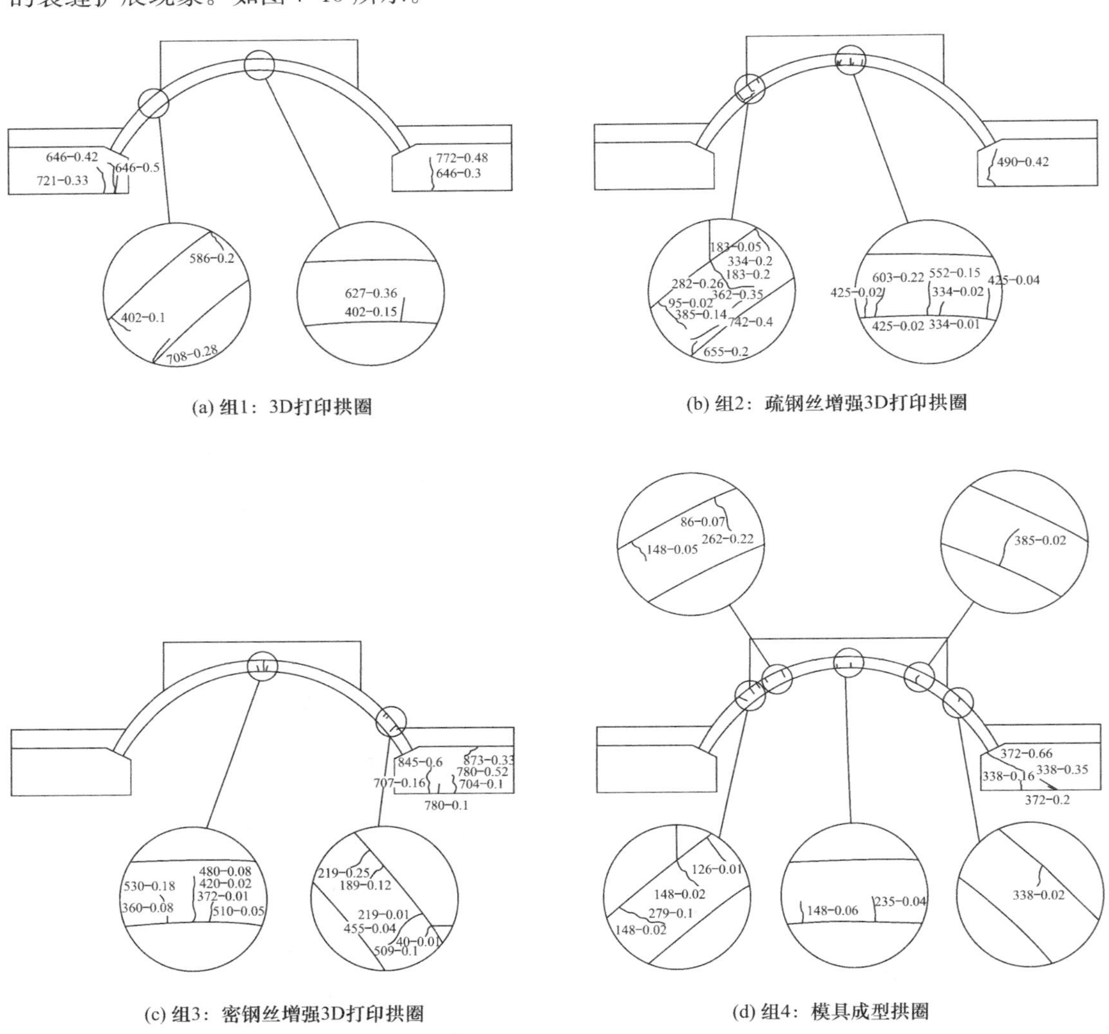

(a) 组1：3D打印拱圈

(b) 组2：疏钢丝增强3D打印拱圈

(c) 组3：密钢丝增强3D打印拱圈

(d) 组4：模具成型拱圈

图7-44 裂缝分布图（单位：mm）

拱桥模型的破坏形态如图7-46所示。组1出现大规模破坏，拱肋完全断裂，分裂成五段，见图7-46(a)；组2出现左侧拱肋粉碎性破坏，其余位置拱肋发生断裂但未分离，见图7-46(b)；组3的拱肋破坏形态与组2类似，其右侧拱座也出现明显破坏，见图7-46(c)；组4表现为拱座破坏，拱肋结构完整，见图7-46(d)。

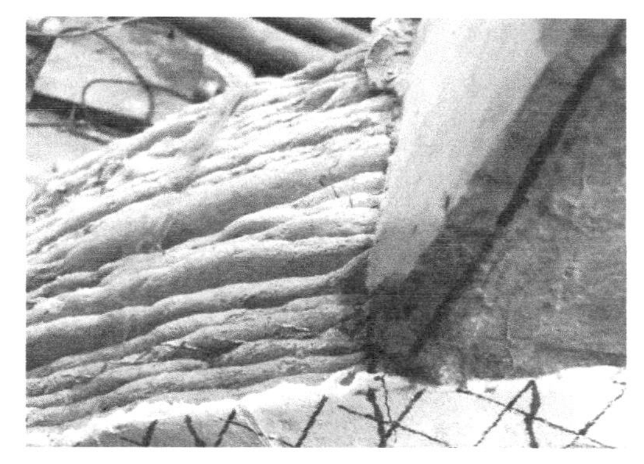

图7-45　裂缝横向扩展图

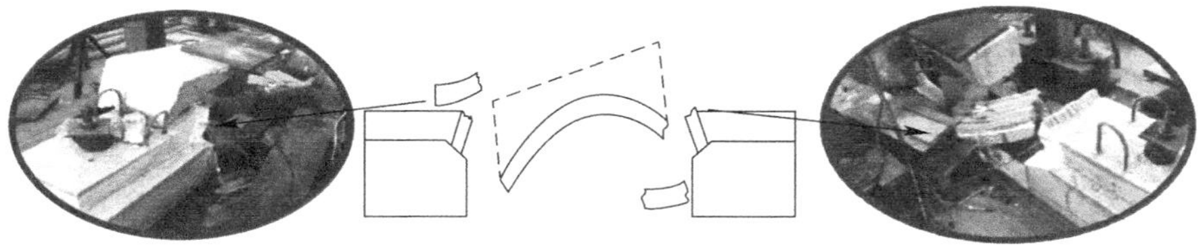

(a) 3D打印拱圈

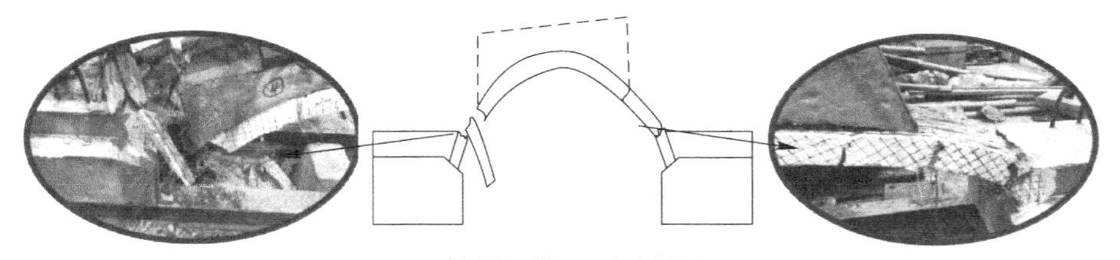

(b) 疏钢丝网增强3D打印拱圈

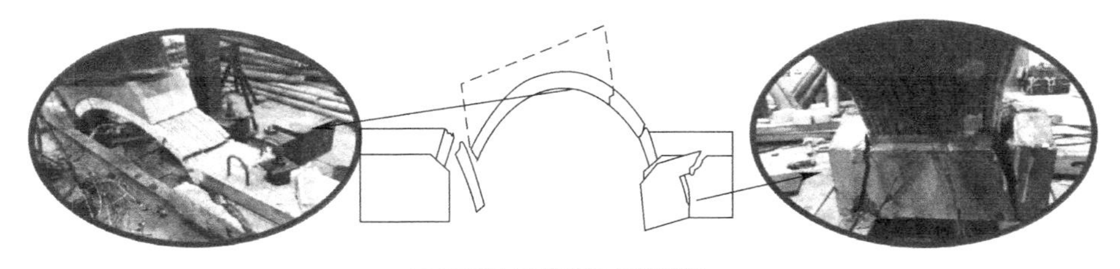

(c) 密钢丝网增强3D打印拱圈

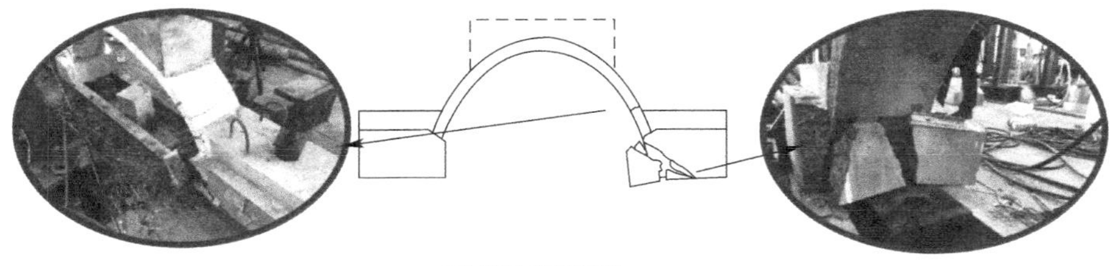

(d) 模具成型拱圈

图7-46　拱桥模型破坏形态

其中从组2和组3的破坏图片中可以发现，拱肋断口处有明显的钢丝拉断现象，说明钢丝网在拱圈承载过程中起到一定的抗拉作用，且较组1而言，组2和组3破坏后的结构形态相对完整，钢丝网有一定的连接作用。

结合裂缝分布图和破坏形态图可见，组 1 和组 2 在拱座位置虽然出现多条裂缝，但在结构发生破坏时，拱座未出现破损。而组 3 和组 4 的破坏形态与拱座裂缝发展有一定的联系。如组 4 所示，在拱肋未达到极限承载能力时，拱座发生严重破坏，使结构无法继续承载。由图 7-46(b)可见其拱座内侧沿拱肋表面发生破裂，故发生破坏的主要原因是模具成型的拱肋表面光滑，与拱座一体浇筑时未产生足够的咬合力，其整体性不如 3D 打印拱桥。由图 7-46(c)可以发现，组 3 拱座和拱肋的粘结比较牢固，未发生接触面的破坏，仅发生拱座纵向破坏。发生此类破坏形态的主要原因是试验时钢梁底座对拱座的约束作用不够强，底座固定钢条发生弯曲，造成右侧拱座出现微小位移，使右侧拱脚拱肋上缘出现裂缝，拱座的承载能力也出现下降。其他组的试验均采用加固后的钢梁底座，有效约束拱座的侧向位移。

拱顶位置的荷载位移曲线如图 7-47(a)所示，从图中可以看到拱桥模型没有明显的塑性阶段，属于脆性破坏。组 1、2、3 的极限承载能力较为接近，模具成型拱桥（组 4）由于拱座破坏的原因，仅加载至 414kN，为 3D 打印拱桥（组 1）极限承载能力的 46.9%。

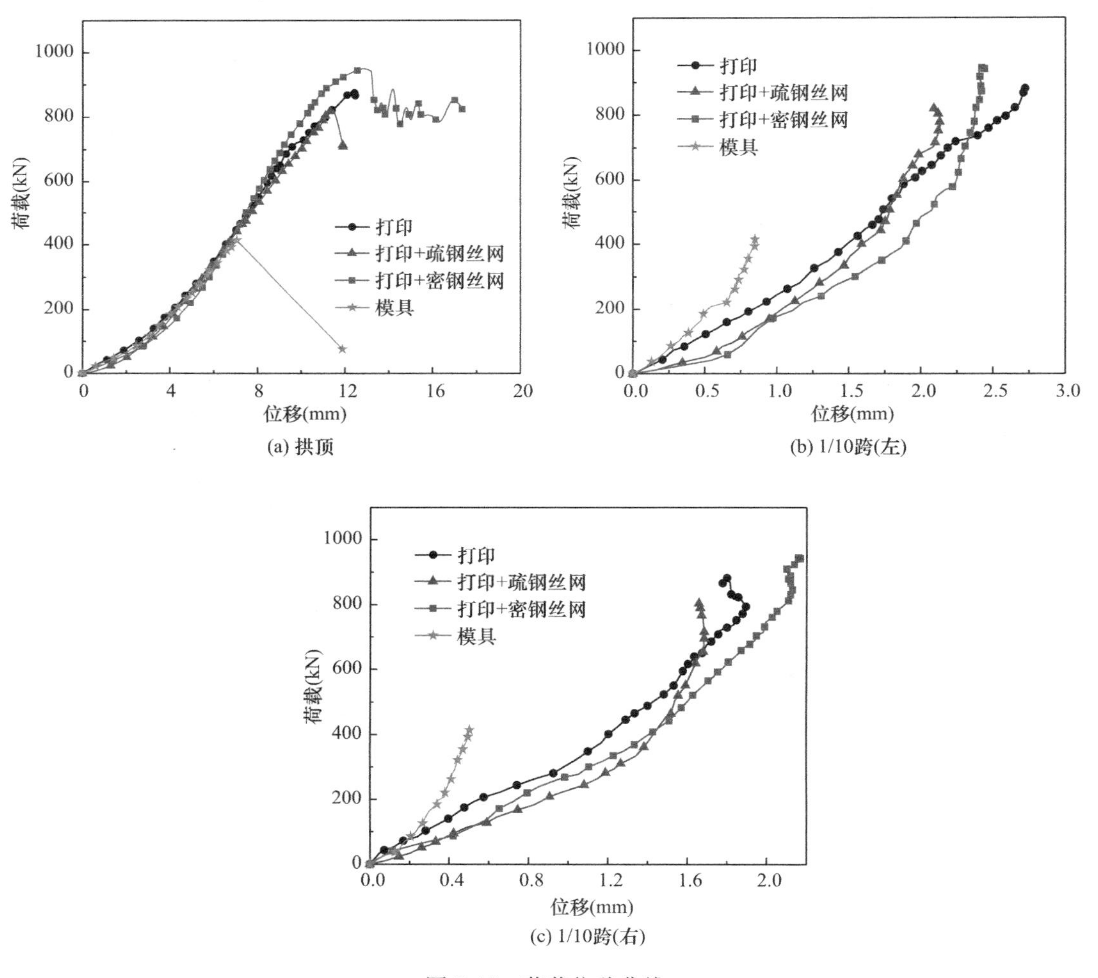

图 7-47　荷载位移曲线

采用疏钢丝网的3D打印拱桥（组2）与密钢丝网的（组3）相比，极限荷载下降了13.2%。加入疏钢丝网使3D打印拱桥的极限承载能力比未加时提升了7.1%，说明加入钢丝网对拱桥承载能力的影响与其具体形态有关，在配筋率相似的情况下，密钢丝网的加劲效果要优于疏钢丝网的加劲效果。两侧1/10跨位置的荷载-竖向位移曲线如图7-47(b)和图7-47(c)所示，可见其左侧的竖向位移均要大于右侧的竖向位移，这也对应说明了所有拱桥模型破坏时均为倾左倒伏破坏的情况。对三个荷载位移曲线进行综合分析可以发现，左侧1/10跨的竖向位移中，组3的位移量增长趋势有所下降，这与右侧拱座的滑移有关，由于右侧拱座滑移导致右侧位移增大，从而使得左侧位移增长速度减缓。

应用数字图像相关DIC测量方法进行开裂识别和裂缝监测，如图7-48所示，通过DIC技术可以直观表现拱桥在加载过程中的应变和位移情况，能精确捕捉混凝土表面的裂缝变化，图7-49表示的是拱顶部位的裂缝扩展在实际图像和应变场中的对照情况，由图中可以发现，即使是宽度小于0.05mm的微裂缝，DIC技术也可以精准识别，其检测的应变图与实际裂缝位置图像的吻合程度很高。

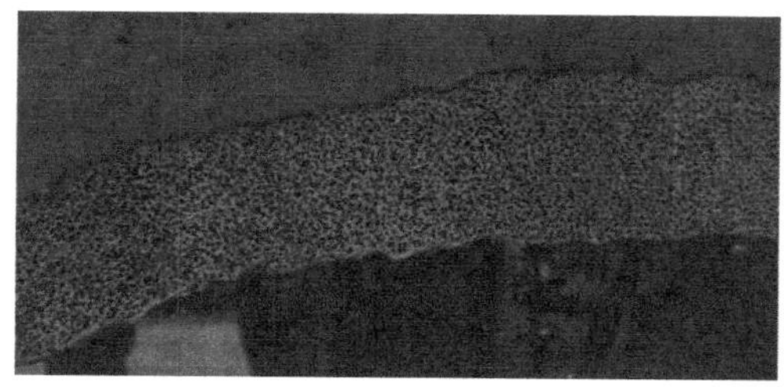
(a) 拍摄画面

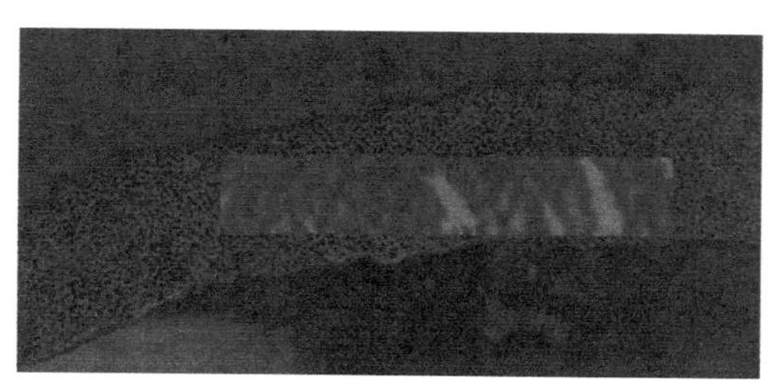
(b) 应变场识别

图7-48 DIC应变识别技术

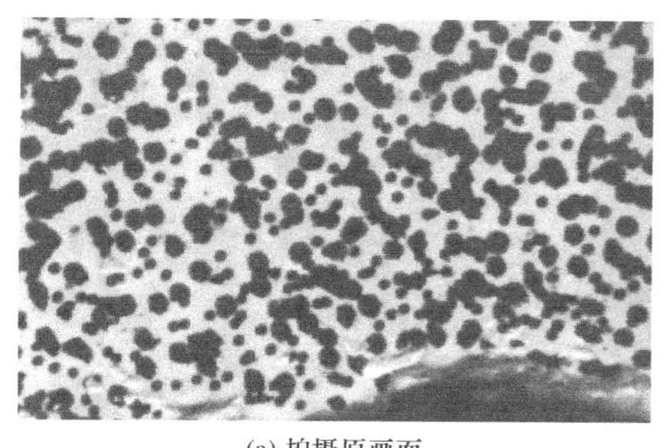
(a) 拍摄原画面

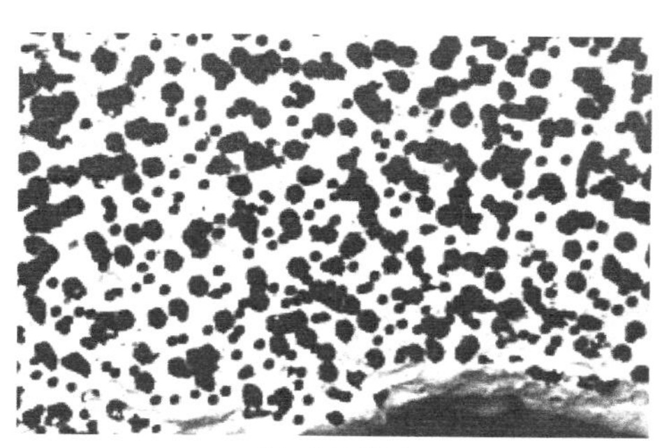
(b) 提亮处理

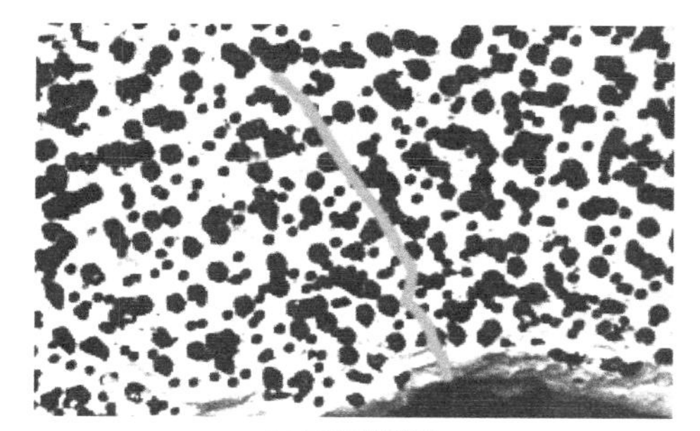
(c) 可见微裂缝

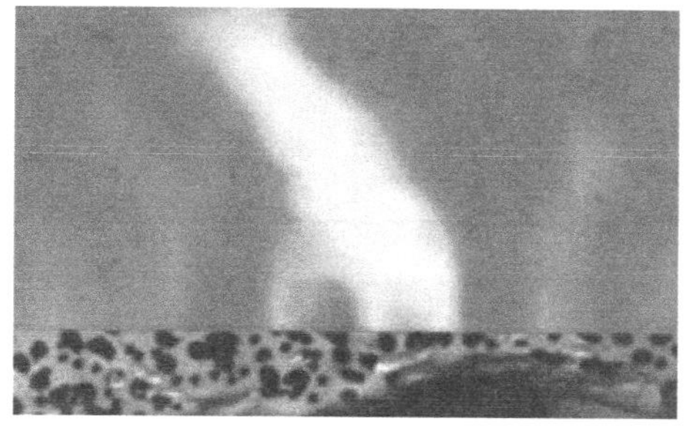
(d) DIC图像

图7-49 可见裂缝与DIC图像对照

以组 3 的 DIC 测试为例，在拱顶左右两侧分别架设一台摄像机，从双角度检测其应变情况，扩大检测面积。图 7-50 是拱顶位置的应变检测区域，表 7-14 是 DIC 检测结果。由表 7-14 和图 7-51 可见，拱顶位置应变场中有二至三条明显的微裂缝，与组 3 拱顶位置正面观测的裂缝分布情况基本类似，裂缝的启裂荷载情况也大致相同，在 300-500kN 范围内。但由于拱桥模型肋宽和肋高的比值较大（26/6，一般梁的宽高比范围为 1/2-2/3），且组成 3D 打印拱桥的单片拱肋形状也有一定的差异性，所有拱桥正面与背面的裂缝状态不可能完全一致。利用 DIC 技术观测得到的结构应变和位移数据，与通过传统应变片和位移计采集得到的数据进行对照，使本试验的测量结果更加准确，有利于之后的有限元模拟分析。

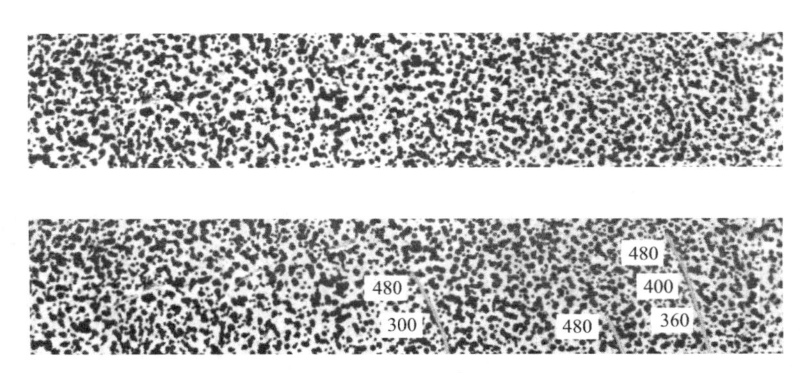

图 7-50　监测区域裂缝情况（3.3cm×18cm）（单位：mm）

DIC 检测的应变情况　　**表 7-14**

时间（s）	荷载（kN）	DIC 应变场
960	300	
1400	360	
1800	400	
2400	480	

530-0.18
360-0.08
300-0.04
480-0.08
420-0.02
372-0.01
510-0.05

图 7-51　人工观测裂缝情况（单位：mm）

7.2.2 柔性钢丝网增强3D打印混凝土拱式构件受力性能模拟分析

由于3D打印采用堆叠成型的施工工艺，打印混凝土层条之间均会产生缺陷，导致成型后的混凝土构件空间孔隙分布各向异性，材料的力学性能也呈现空间可变，与传统混凝土截然不同[15-17]而且混凝土打印时的挤压力、出料速度、重力等打印参数也会影响打印成型试件的宏观力学性能[18,19]。目前国内外研究者在3D打印混凝土力学性能及工作性能方面已经取得了一些成果，相关研究表明[20,21]：打印试件的强度呈现各向异性，按加载方向与打印流程可分为层间（X向）、条间（Y向）和顶面（Z向），如图7-52所示。打印基体的层间和顶面抗压强度较高，视打印工艺和基体配合比略低于甚至有可能超过整体成型的试件强度，但试件条间的抗压强度较低，一般会较原有材料降低15%-30%。Paul等[22]与Nerella等[23]的研究也显示3D打印试件的强度取决于加载方向与打印方向，方向合理时一些打印试件的强度可高于模具成型试件的10%-14%。Le等[24]研究了不同打印方向上混凝土的抗压强度，结果显示层间方向的抗压强度较弱，比模具成型试件降低了15%，而试件条间方向的强度降低了5%左右。Lim等[25]研究了不同打印方向3D打印砂浆的抗压强度，打印试样的抗压强度按打印路径区别分别为模具成型的80%-100%。同样，其他3D打印材料[17,26-28]也随打印路径呈现出强度的各向异性，具体与材料配合比和打印工艺有关。

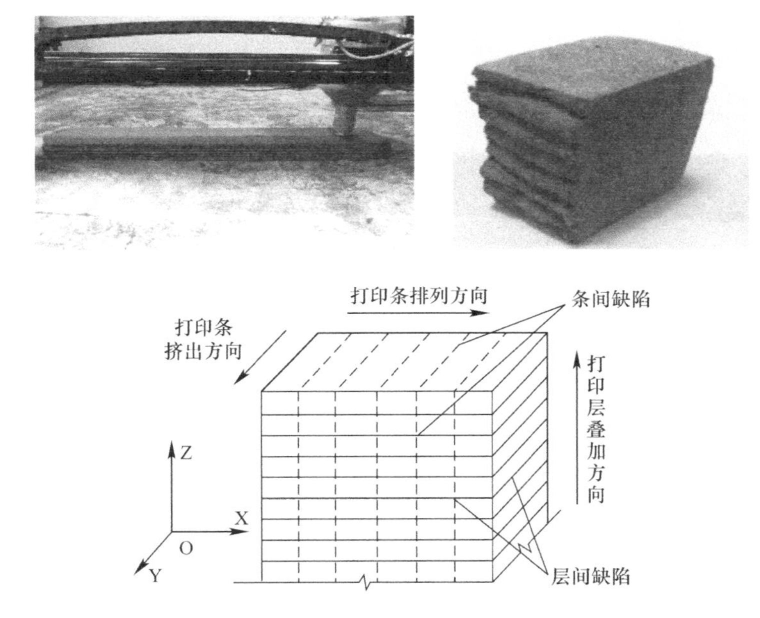

图7-52 打印路径及打印成型混凝土层/条界面示意图

7.2.2.1 模型建立

由于层条分布对打印混凝土裂缝开展和承载能力有着一定的影响，本节针对不同打印路径和层条分布，开展3D打印混凝土拱桥结构的数值模拟分析。针对试验对象，建立圆弧形主拱进行数值模拟，拱肋高6cm，跨径为137cm，矢高为42.9cm，宽度为26cm，拱脚固结，如图7-53所示。打印路径设置了四种工况，分别为浇筑、沿纵向打印、组合打印、沿横向打印，具体如图 7-54 所示。

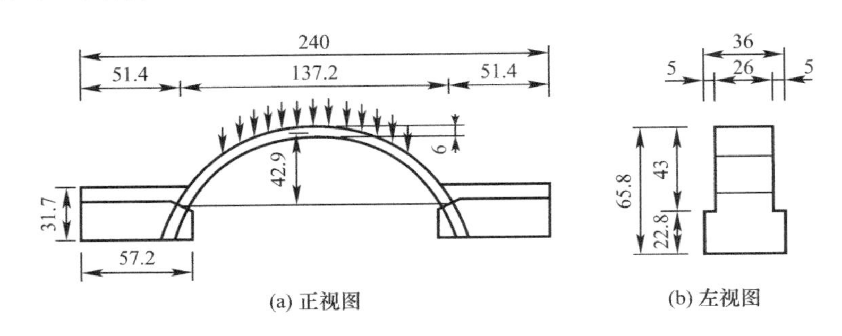

(a) 正视图 (b) 左视图

图 7-53 拱桥简化模型尺寸（单位：cm）

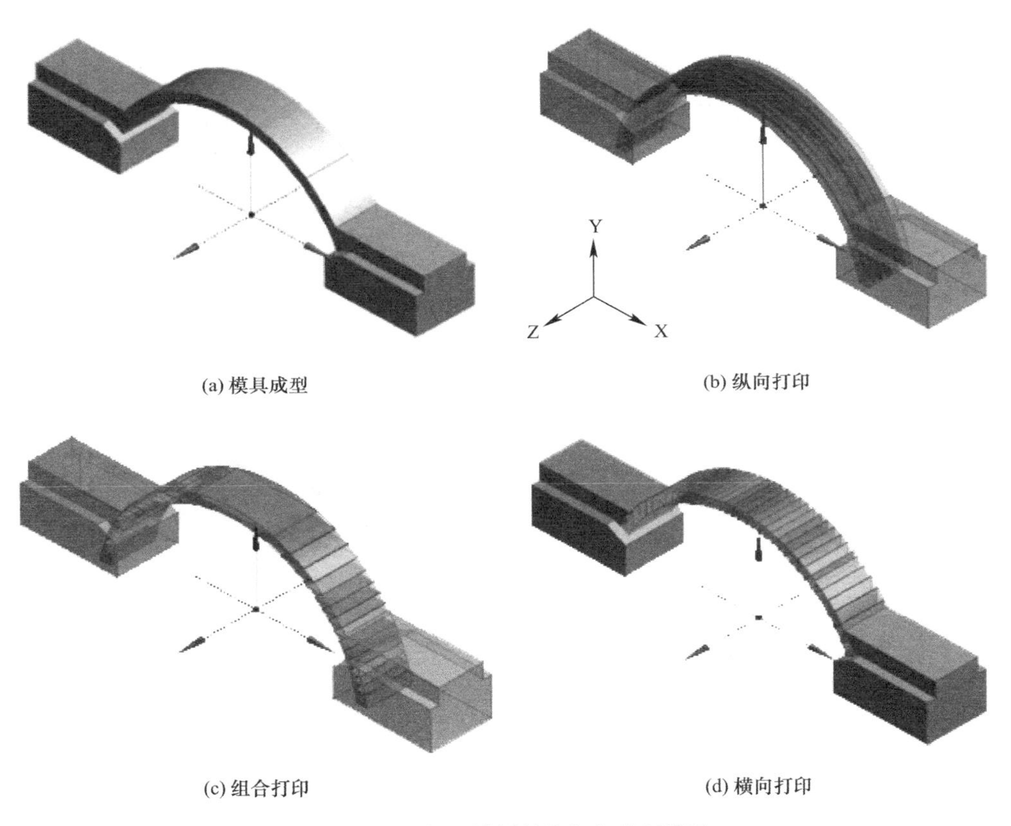

(a) 模具成型 (b) 纵向打印

(c) 组合打印 (d) 横向打印

图 7-54 混凝土拱桥结构打印路径设置

数值建模时单独建立实体层来考虑层间缺陷和条间缺陷的影响，根据 CT 扫描结果确定层间缺陷和条间缺陷的大致分布范围分别为 1.5mm 和 2.24mm，如图 7-55 所示。由于层、条交汇区域的体积很小，条间区域的孔隙率大于层间区域，因此数值建模时该交汇区域简化为条间区域。数值计算时，非层间非条间区域混凝土的孔隙率取实际扫描值 2.57%；受打印工艺和重力的影响，每个层条间的缺陷会略有不同，考虑这些影响计算时取层间缺陷层的孔隙率为 5%、条间缺陷层的孔隙率为 8%；由三种区域的体积和各自孔隙率，可计算得到模拟试件的总孔隙率为 3.08%（具体如表 7-15 所示），与实体扫描整体孔隙率一致，可见层间缺陷层和条间缺陷层的层厚和孔隙率取值是合理的。

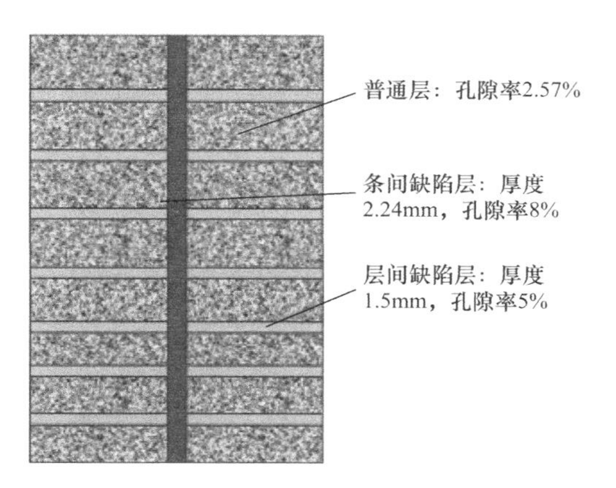

图 7-55　层间缺陷和条间缺陷模拟分布图

打印混凝土数值分析的层条缺陷取值　　**表 7-15**

区域	混凝土体积（mm^3）	孔隙率（%）	孔隙体积（mm^3）
层间	30324	5	1516
条间	8960	8	717
非缺	200716	2.57	5158
整体	240000	3.08	7391

根据层条缺陷所占的孔隙率，得到各组成部分材料的本构关系如图 7-56 所示。基于材料实测强度，基体混凝土抗拉强度标准值为 5.27MPa。

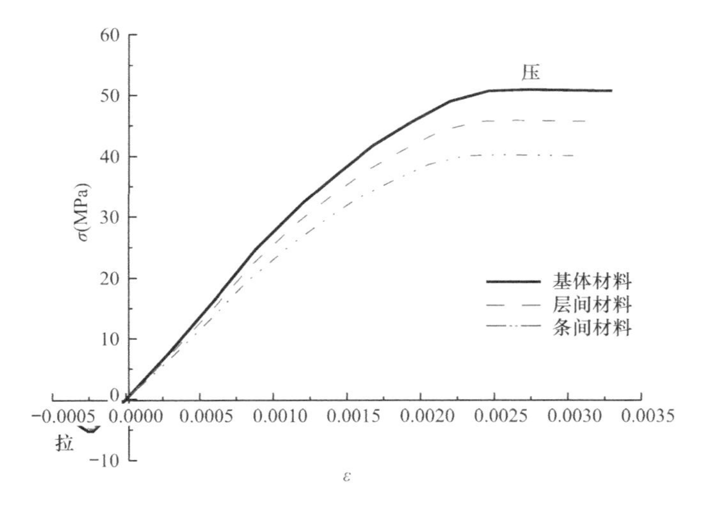

图 7-56　数值模拟所用的材料受压本构模型

取一半模型进行有限元分析，主拱圈采用六面体单元，台座及其他部分采用四面体单元，单元类型为 Solid186。为了考虑打印路径或方向的影响，打印层之间设置 1.5mm 厚的层间缺陷层，打印条间设置 2.24mm 厚的条间缺陷层，并依据图 7-56 赋予了相应的材料属性。各工况下模型的节点数和单元数如表 7-16 所示，单元划分如图 7-57 所示。拱座底面固结。在图 7-53 所示的区域分级施加竖向均布荷载直至结构破坏，采用第一强度理论即最大拉应力准则作为破坏准则。

数值模拟单元节点数和单元数　　表 7-16

工况	节点数	单元数
浇筑模型	91564	19822
纵向打印	65242	23141
组合打印	81814	28627
横向打印	118846	36442

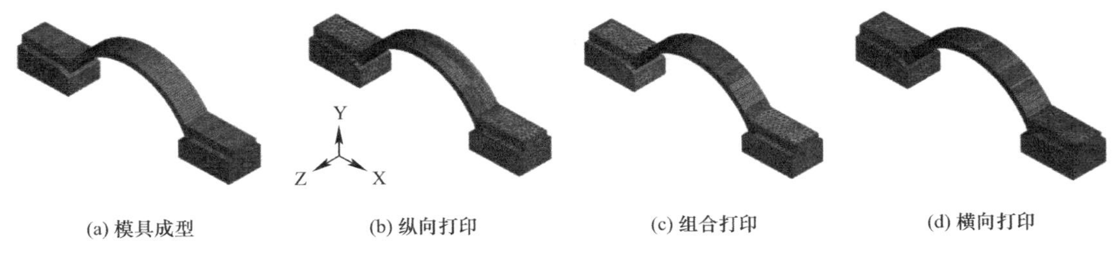

图 7-57　不同打印路径成型拱桥单元划分图

7.2.2.2　结果分析

三种打印路径成型拱桥数值模拟得到的荷载-跨中位移曲线如图 7-58 所示。由图可知，由于层条间缺陷的存在，三种打印路径成型拱桥的承载能力均低于浇筑模型。纵向打印成型拱桥承受能力最大，横向打印成型拱桥承载能力最差，组合打印成型拱桥承载力居中。不同打印路径直接影响层条间缺陷的分布[19]，进而影响 3D 打印拱桥的力学性能。横向打印成型的拱桥，条间缺陷均在竖直方向，与施加的荷载方向平行，且缺陷数量多，因此对拱桥的承载能力影响最大。纵向打印成型的拱桥的条间缺陷虽然也是处于竖直方向，但是每一个打印层都是一个完整的拱圈，并没有因为条间缺陷而在跨度方向被分割，条间缺陷影响的只是桥宽方向的相互之间的粘结强度，因此对拱桥的承载能力影响较小。

根据各打印工况下基体、层间缺陷层和条间缺陷层的分布可以计算出打印结构的孔隙率，并与模具成型工况进行对比，得到打印结构受力性能随混凝土密实度降低的规律，如图 7-59 所示，其中，密实度降低率为打印结构孔隙率和浇筑结构孔隙率的比值，承载能力、变形能力降低率分别对应打印结构和浇筑结构的峰值荷载和峰值荷载对应位移的比值。由图 7-59 可见，拱桥的承载能力与密实度近似线性相关，而结构峰值荷载对应最大变形

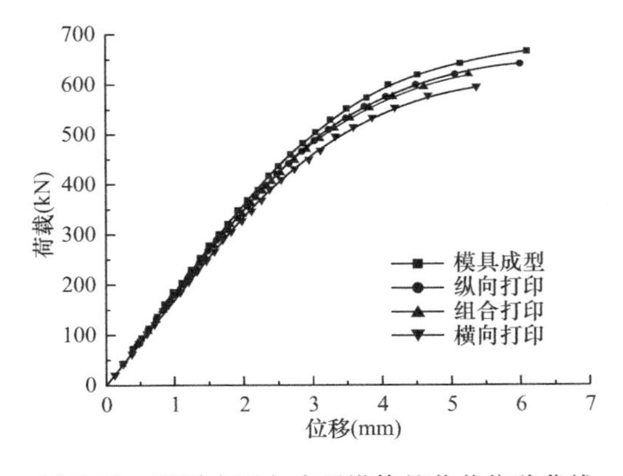

图 7-58　不同成型方式下拱体的荷载位移曲线

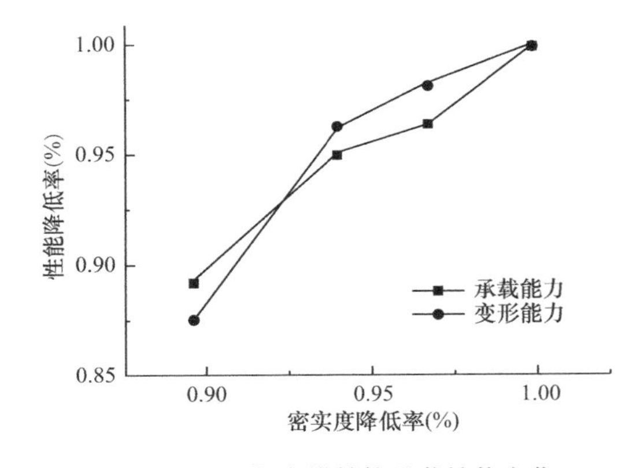

图 7-59　3D 打印拱结构承载性能变化

除了跟密实度相关，还与打印路径与承载方向有一定关系。

不同工况下该拱桥模型破坏时最大主应力见图7-60（拉正压负）。拱的约束和荷载加载方式的不同会导致内力分布差异，在模拟的拱顶局部均布荷载工况下，在跨中底部、拱圈与台座交界处下部，存在较大拉应力，但均未达到混凝土的受拉强度，不同打印路径下拱桥的最大拉应力均出现在距左右台座1/10跨上侧（即上部），结构均在该处发生受拉破坏。数值模拟荷载挠度变化规律与破坏形态与同类拱桥结构分析[29,30]和工程检测[31]结果吻合。

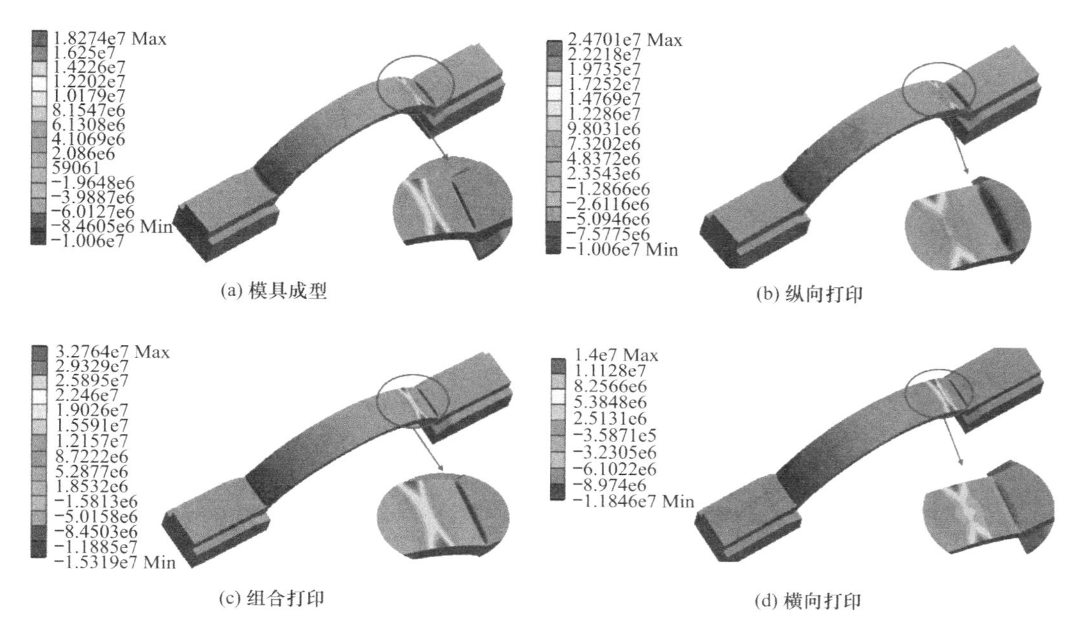

(a) 模具成型　(b) 纵向打印

(c) 组合打印　(d) 横向打印

图7-60　拱结构最大主应力云图

7.3　本章小结

通过钢丝绳增强3D打印梁力学性能试验，研究了配筋率与打印方式对打印混凝土梁抗弯承载能力的影响，以及配箍方式和配箍率对打印混凝土梁抗剪承载能力的影响，给出了钢丝绳增强3D打印混凝土梁抗弯与抗剪承载能力计算公式。缩尺模型试验研究与数值模拟相结合，研究不同成型方式和钢丝网增强对成型拱式构件破坏形态和承载能力的影响，并与模具成型结构进行对比分析。研究为采用柔性筋材进行打印混凝土增强的结构构件设计，受力分析提供了借鉴。

参考文献

[1]　GB/T 50152—2012 混凝土结构试验方法标准 [S].

[2]　吴刚，蒋剑彪，吴智深等. 预应力高强钢丝绳抗弯加固钢筋混凝土梁的试验研究 [J]. 土木工程学报，2007(12)：17-27.

[3] 王世文，冯继玲，杨兆建等. 弹性钢丝绳理论研究进展 [J]. 力学进展，1999(04)：486-500.

[4] 邓明科，景武斌，秦萌等. 高延性纤维混凝土抗压强度试验研究 [J]. 建筑结构，2016，46(23)：79-84.

[5] GB 50010—2010 混凝土结构设计规范 [S].

[6] Lim J H，Panda B，Pham Q. Improving flexural characteristics of 3D printed geopolymer composites with in-process steel cable reinforcement [J]. Construction and Building Materials，2018，178：32-41.

[7] Bos F P，Ahmed Z Y，Jutinov E R，et al. Experimental exploration of metal cable as reinforcement in 3D printed concrete [J]. Materials (Basel)，2017，10(11).

[8] 田予东，杜修力，李悦. 超高强混凝土的配制及基本力学性能试验研究 [J]. 混凝土，2008(04)：77-80.

[9] 王峥. 钢筋混凝土梁斜截面受剪承载力研究 [D]. 西安建筑科技大学，2012.

[10] 刘华新，孙荣书，张晓东. 钢筋混凝土深梁抗剪承载力影响因素分析 [J]. 武汉理工大学学报，2007(02)：65-67.

[11] 郑周. 反对称矩形螺旋箍筋对混凝土梁抗剪承载力影响的研究 [D]. 中国矿业大学，2014.

[12] 刘源. 配置高强钢筋的混凝土构件受力性能研究 [D]. 天津大学，2016.

[13] 杨军民，郭子雄，黄群贤. 预应力钢丝绳箍加固钢筋混凝土梁抗剪承载力计算方法 [J]. 华侨大学学报（自然科学版），2011，32(04)：422-426.

[14] ACI CODE 318-05/318R-05：Building code requirements for structural concrete and commentary [S].

[15] Weng Y，Li M，Tan M J，et al. Design 3D printing cementitious materials via Fuller Thompson theory and Marson-Percy model [J]. Construction and Building Materials，2018，163：600-610.

[16] Ma G，Wang L，Ju Y. State-of-the-art of 3D printing technology of cementitious material—An emerging technique for construction [J]. Science China. Technological sciences，2017，61(4)：475-495.

[17] Hambach M，Volkmer D. Properties of 3D-printed fiber-reinforced Portland cement paste [J]. Cement & Concrete Composites，2017，79：62-70.

[18] Panda B，Paul S C，Mohamed N A N，et al. Measurement of tensile bond strength of 3D printed geopolymer mortar [J]. Measurement，2018，113：108-116.

[19] Ma G，Li Z，Wang L. Printable properties of cementitious material containing copper tailings for extrusion based 3D printing [J]. Construction and Building Materials，2018，162：613-627.

[20] 孙晓燕，乐凯笛，王海龙等. 挤出形状/尺寸对 3D 打印混凝土力学性能的影响 [J]. 建筑材料学报，2020，23(06)：1313-1320.

[21] Le T T，Austin S A，Lim S，et al. Mix design and fresh properties for high-performance printing concrete [J]. Materials and Structures，2012，45(8)：1221-1232.

[22] Paul S C，Tay Y W D，Panda B，et al. Fresh and hardened properties of 3D printable cementitious materials for building and construction [J]. Archives of Civil and Mechanical Engineering，2018，18(1)：311-319.

[23] Nerella V N，Mechtcherine V. Chapter 16-studying the printability of fresh concrete for formwork-free concrete onsite 3D printing technology (CONPrint3D) [M]. 3D Concrete Printing Technology，Sanjayan J G，Nazari A，Nematollahi B，Butterworth-Heinemann，2019，333-347.

[24] Le T T，Austin S A，Lim S，et al. Hardened properties of high-performance printing concrete [J]. Cement and Concrete Research，2012，42(3)：558-566.

[25] Lim S，Buswell R A，Le T T，et al. Developments in construction-scale additive manufacturing processes [J]. Automation in Construction，2012，21：262-268.

[26] Zhang Y, Zhang Y, Liu G, et al. Fresh properties of a novel 3D printing concrete ink [J]. Construction and Building Materials, 2018, 174: 263-271.

[27] 蔺喜强，张涛，霍亮等. 水泥基建筑3D打印材料的制备及应用研究 [J]. 混凝土，2016 (06): 141-144.

[28] Feng P, Meng X, Chen J, et al. Mechanical properties of structures 3D printed with cementitious powders [J]. Construction and Building Materials. 2015, 93: 486-497.

[29] 范庆华. 2×90m多拱肋式钢筋混凝土拱桥荷载试验及承载能力评估 [D]. 吉林大学，2013.

[30] 王杰. 既有混凝土双曲拱桥的裂缝产生分析 [J]. 宁夏工程技术，2014，13(03): 258-261.

[31] 常柱刚，赵翔宇，黄立浦. 考虑拱圈与拱架联合效应的拱架受力性能研究 [J]. 中外公路，2018，38(04): 133-136.

第8章 刚性配筋增强3D打印混凝土结构性能

8.1 BFRP 筋增强 3D 打印混凝土梁抗弯性能

8.1.1 BFRP 筋增强 3D 打印混凝土梁抗弯性能试验研究

8.1.1.1 试验设计

试验梁采用平行打印和环绕打印两种方式打印制作，梁体尺寸为长 1000mm，高 150mm，宽 100mm，具体尺寸如图 8-1 所示。由于 BFRP 筋具有线弹性的特点[1,2]，不像普通钢筋那样有屈服平台，故 BFRP 筋混凝土梁主要发生两种破坏模式：受拉破坏和受压破坏，均为脆性破坏，但受压破坏相对延性更好，故试验梁设计时兼顾这两种破坏模式。

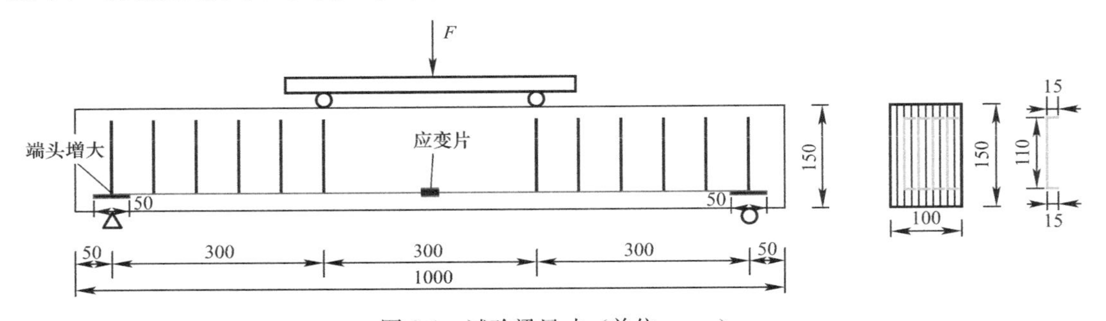

图 8-1 试验梁尺寸（单位：mm）

BFRP 筋与混凝土间的粘结性能是两者共同工作的基础，研究表明经过粘砂处理的 BFRP 筋与 3D 打印混凝土的粘结性能优于光滑 BFRP 筋的粘结性能，所以本章采用直径分别为 6mm、8mm 和 10mm 的粘砂 BFRP 筋作为受拉纵筋。为了便于在打印过程中布置筋材，梁体采用侧卧打印方式，具体如图 8-2 所示。

打印梁沿着宽度方向层叠 10 层，每层混凝土厚度为 10mm，梁宽共 100mm；沿着梁高度方向打印 5 条混凝土条带，每条混凝土条带设计条宽 30mm，梁高共 150mm。打印方式分为平行打印和环绕打印两种，打印过程中在层间位置布置 BFRP 筋。为了形成可靠粘结，避免在加载过程中出现滑移，对 BFRP 筋两端用环氧胶粘结双孔铝套做端头增大处理，并在 BFRP 筋中部粘贴应变片。箍筋从打印第二层开始布置，按照设计位置每间隔一层布置一道，采用 6mm 直径两端做成弯钩状 HRB400 钢筋，两端弯钩长度为 15mm，大于一层混凝土厚度，小于两层混凝土厚度，在制作过程中竖向钉进混凝土内起到抗剪作用。梁的制作及后期处理过程如图 8-3 所示。试验序列如表 8-1 所示。

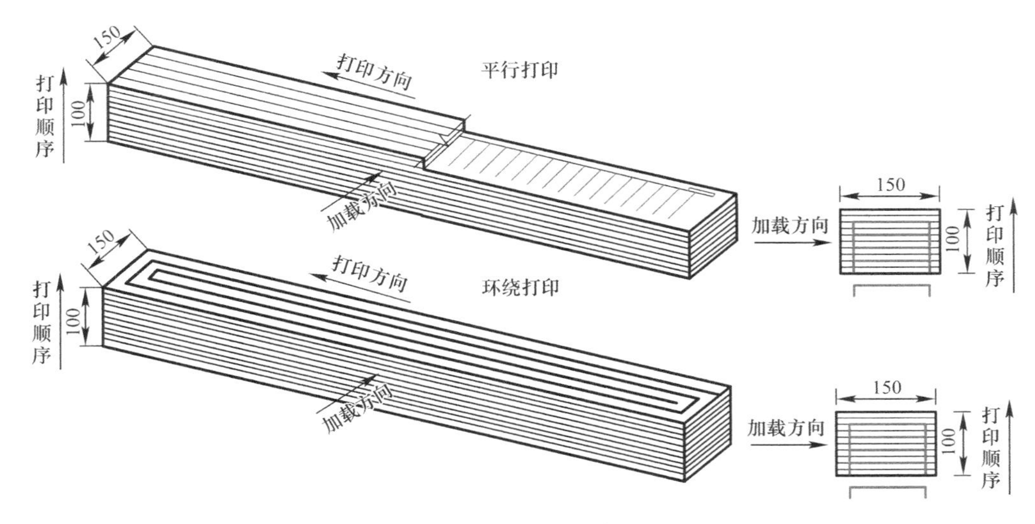

图 8-2　3D 打印混凝土梁打印方式（单位：mm）

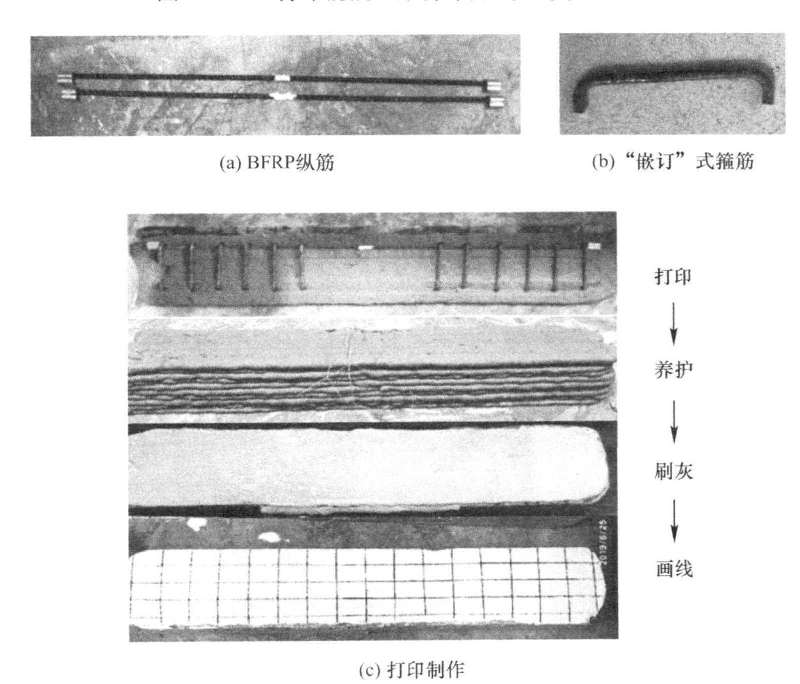

(a) BFRP纵筋　(b)“嵌订”式箍筋

(c) 打印制作

图 8-3　BFRP 筋增强 3D 打印混凝土梁打印过程

试验梁设计工况　表 8-1

编号	配筋形式	配筋率（%）	箍筋	设计破坏形式
PX-1/HR-1	2ϕ6	0.438	HRB400@60	受拉破坏
PX-2/HR-2	3ϕ6	0.654	HRB400@60	受拉破坏
PX-3/HR-3	2ϕ8	0.776	HRB400@60	受拉破坏
PX-4/HR-4	3ϕ8	1.162	HRB400@60	受压破坏
PX-5/HR-5	2ϕ8＋ϕ10	1.381	HRB400@60	受压破坏

注：PX 代表平行打印梁，HR 代表环绕打印梁，相同编号的梁除打印方式不一样之外，内部配筋均相同。

依据《混凝土结构试验方法标准》GB/T 50152—2012[3]和《混凝土结构设计规范》GB 50010—2010[4]试验设计为三等分点加载，如图 8-4 所示。采用荷载控制，分级加载，开裂前每级荷载 3kN，直到构件开裂；开裂后每级加载 5kN，直到构件最终破坏，每级加载完毕后持荷 2min，仪表稳定后记录数据。

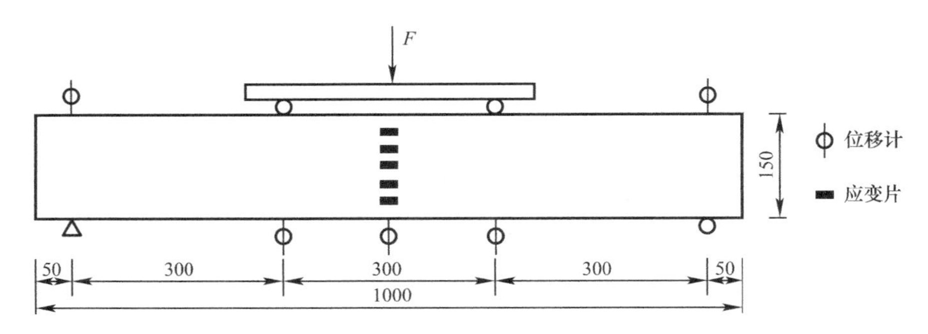

图 8-4　试验加载监测示意图（单位：mm）

挠度通过分别在跨中、加载点以及支座放置百分表测量每级荷载下的位移变化，采用 DH3810N 采集系统采集不同配筋试验梁每级荷载作用下各测点应变及变形。每级荷载施加稳定后对裂缝进行观测，标注裂缝出现时对应的荷载等级和裂缝宽度，观测情况如图 8-5 所示。

(a) 数据采集

(b) 裂缝观测

(c) 试验加载

图 8-5　试验加载监测

8.1.1.2　试验结果及分析

试验梁发生 3 种破坏形态，分别是弯曲受拉破坏、弯曲受压破坏和斜截面剪切破坏，典型破坏形态如图 8-6 所示，详细破坏过程如下：

（1）受拉破坏：从开始加载到梁底开裂之前，混凝土处于弹性工作状态；随着荷载持续增加达到开裂荷载，梁底跨中部分出现第一条裂缝，且迅速往上发展；当加载到最后一级时，跨中主裂缝已经几乎延伸至梁顶，纤维筋丝束不断出现被拉断的声音，当所有 BFRP 筋被拉断后梁体断成两截。

（2）受压破坏：梁底开裂之前的状态与受拉破坏梁相似，梁底开裂后，裂缝发展更为密集和均匀，裂缝初期发展速度较快，但超过1/2梁高后发展变缓慢，随着持续分级加载，梁顶受压区域从加载点下开始延伸出横向裂缝，加载过程中可以听见混凝土被压碎的声音，快接近极限承载能力时受压区横向裂缝贯通，混凝土逐渐隆起，荷载下降，此时受拉区的BFRP筋仍然处于弹性工作状态，未达到其极限抗拉强度，待分级持荷稳定后继续加载至荷载峰值，梁底挠度持续加大，卸载后梁体变形有较大回弹。

（3）斜截面剪切破坏：梁底开裂之前的状态与前述相似，梁底开裂后，裂缝密集且均匀发展，随着荷载增大，剪跨区段出现细微斜裂缝，而跨中主裂缝开展高度和深度都已较大，且受压区段出现短小横向裂缝，混凝土有被压碎的趋势，然而伴随突然出现的“嘭”响，剪跨段斜裂缝突然贯穿，而受压区和减压区混凝土尚未被压碎，BFRP纵筋也未被拉断，破坏前毫无征兆，荷载下降。

从破坏全过程看，受压破坏延性最好，受压区混凝土被压碎的过程有一定的征兆性，且破坏时能量释放比较平缓，混凝土压碎后BFRP筋应力尚未达到抗拉极限，仍然具有一定的承载能力，表现出更好的塑性和安全性，更加符合工程设计所追求的延性破坏预期[5]。受拉破坏和斜截面剪切破坏过程均十分突然，无法预判。

(a) 受拉破坏

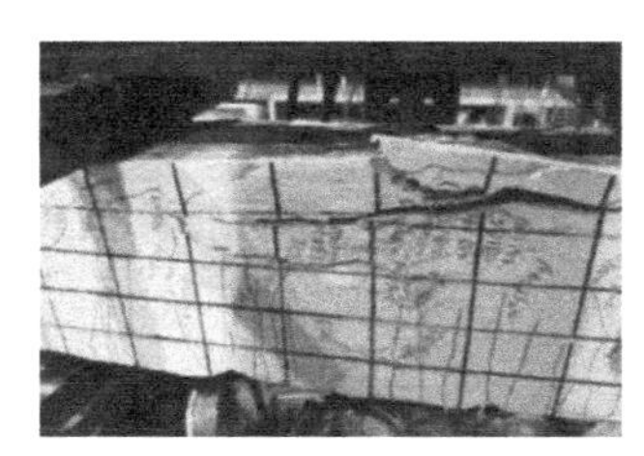

(b) 受压破坏

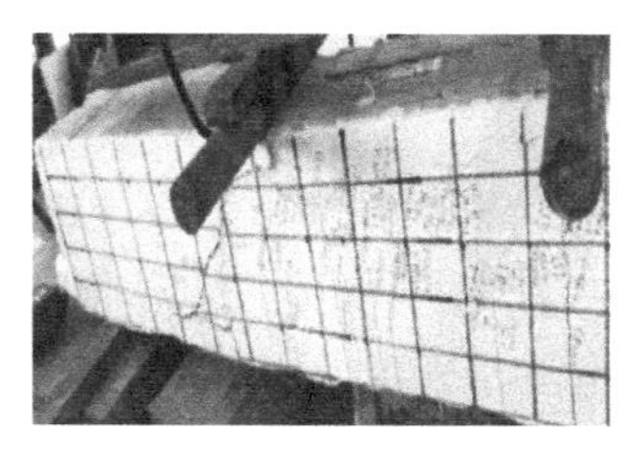

(c) 斜截面剪切破坏

图8-6 3D打印混凝土梁破坏模式

梁的开裂荷载、极限荷载、最大挠度和破坏模式如表8-2所示。从表中可以看出相同配筋率下平行打印方式与环绕打印方式承载能力无明显差异，环绕打印混凝土梁的抗弯承载能力略高，提高幅度最大为9.78%。

混凝土应变沿梁高的分布规律如图8-7所示，梁截面高度和混凝土应变近似呈线性关系，且随着荷载的增大中和轴不断上移，受压区高度不断减小，梁截面应变符合平截面假定。

试验数据汇总　　表8-2

编号	开裂荷载（kN）	极限荷载（kN）	最大挠度（mm）	破坏模式
PX-1	17.10	31.70	9.77	受拉破坏
PX-2	16.20	45.50	12.60	受拉破坏
PX-3	18.30	57.60	13.44	受拉破坏
PX-4	15.10	78.20	15.82	受压破坏
PX-5	19.50	84.10	13.94	斜截面剪切破坏
HR-1	18.20	34.80	11.79	受拉破坏
HR-2	16.00	45.80	14.30	受拉破坏
HR-3	18.10	61.80	16.69	受拉破坏
HR-4	16.30	74.10	17.15	受压破坏
HR-5	18.50	86.60	12.95	斜截面剪切破坏

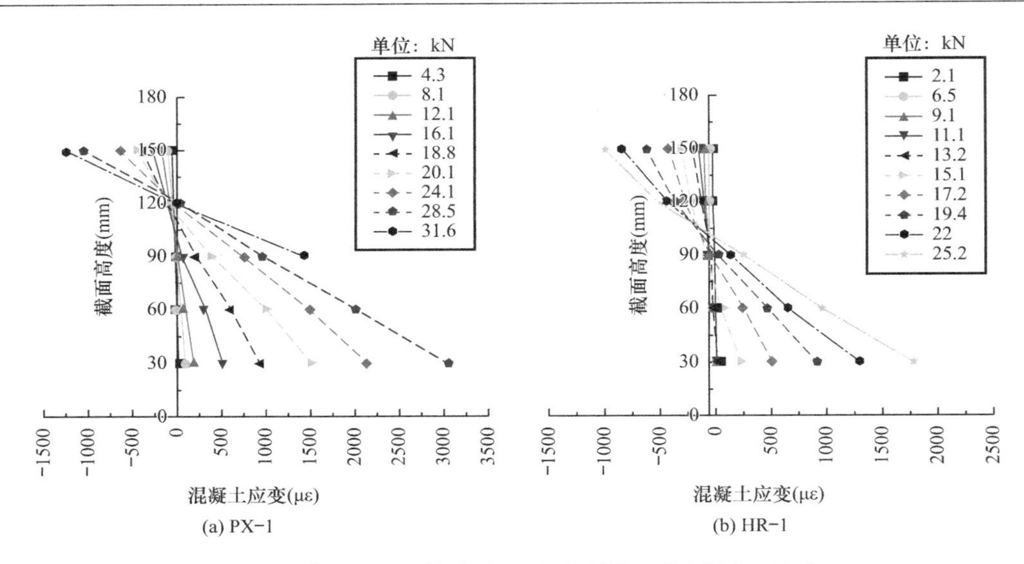

图 8-7　典型 BFRP 筋增强 3D 打印混凝土受弯梁截面应变

为了评估 BFRP 筋利用效率，测试了不同荷载情况下 BFRP 筋跨中应变，如图 8-8 所示，呈折线型。混凝土开裂前，此时拉力主要由混凝土承担，BFRP 筋应力未见显著增长，曲线斜率较大；混凝土开裂后，应力转移给 BFRP 筋，应变增长迅速，随着配筋率的增加，开裂后 BFRP 筋应变曲线斜率也在增加。对比发现，平行打印和环绕打印对 BFRP 筋应变无明显影响，如图 8-8 所示。

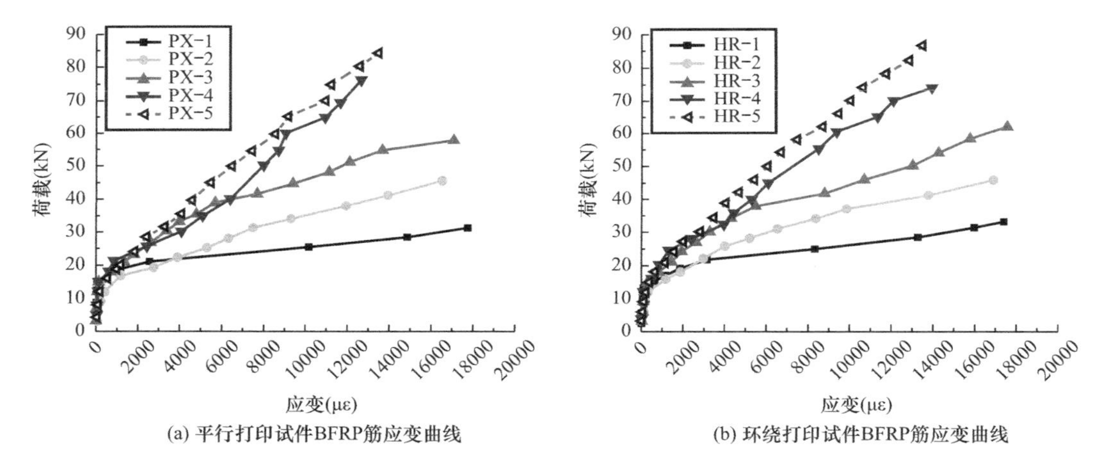

图 8-8　BFRP 筋应变曲线

由于 BFRP 筋为线弹性材料，在破坏之前应力应变一直呈线性变化，不存在屈服阶段，所以 BFRP 筋与 3D 打印混凝土梁的挠度-荷载曲线呈双直线变化，开裂前后挠度-荷载曲线均为线性增长，与钢筋混凝土梁的挠度-荷载曲线区别较大。在开裂之前，3D 打印混凝土梁整体刚度较大，梁体挠度变化较小，开裂后梁体刚度突然减小，挠度迅速增大，挠度-荷载仍然近似直线变化但发生明显转折，直到 3D 打印混凝土梁试件发生破坏。随着配筋率的提高，试件发生破坏时的挠度也在增大，且提高配筋率可以明显减缓梁开裂后挠度增长速率。对于受压破坏的梁，卸载后平行打印梁和环绕打印梁跨中挠度分别回弹

21mm 和 17mm，剩余挠度仅为最终挠度的 25%和 22%，可见 BFRP 筋具有优良的弹性性能。各组梁跨中挠度-荷载曲线如图 8-9 所示。

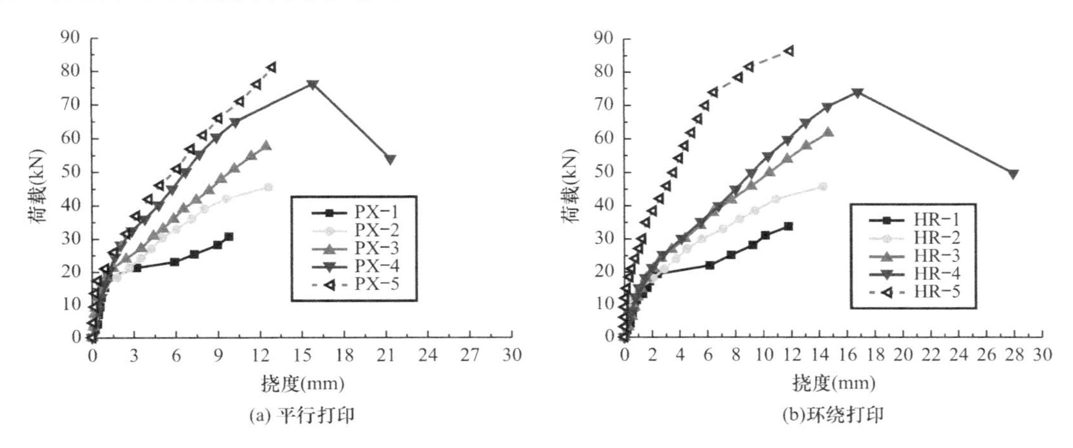

图 8-9　BFRP 筋增强 3D 打印混凝土受弯梁荷载-挠度曲线

随着 BFRP 配筋率的提高，裂缝数量增加明显，裂缝平均间距减小，试验梁的裂缝开展情况如图 8-10 所示。随着 BFRP 筋配筋率的提高，在同一级荷载下，构件纯弯段内最大裂缝宽度增大速度在降低，可以有效限制裂缝开展的最大宽度。不同 BFRP 配筋率下试验梁的荷载-最大裂缝宽度曲线如图 8-11 所示。

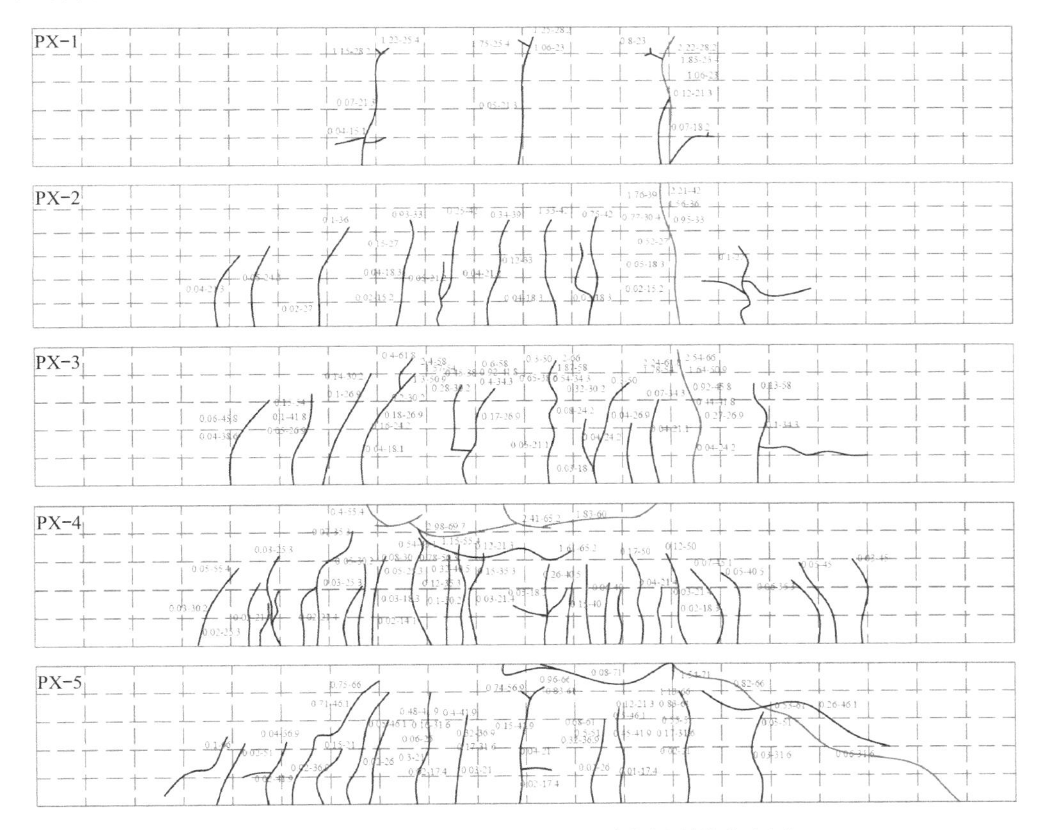

图 8-10　BFRP 筋增强 3D 打印混凝土受弯梁裂缝分布图（一）

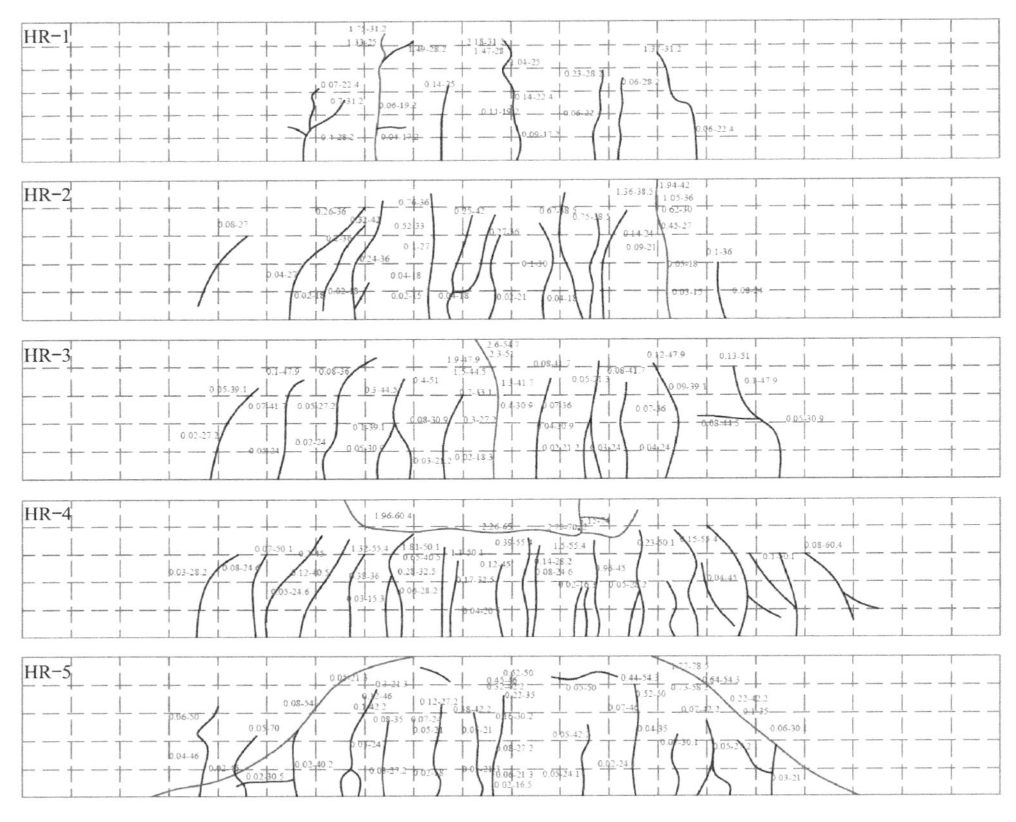

图 8-10　BFRP 筋增强 3D 打印混凝土受弯梁裂缝分布图（二）

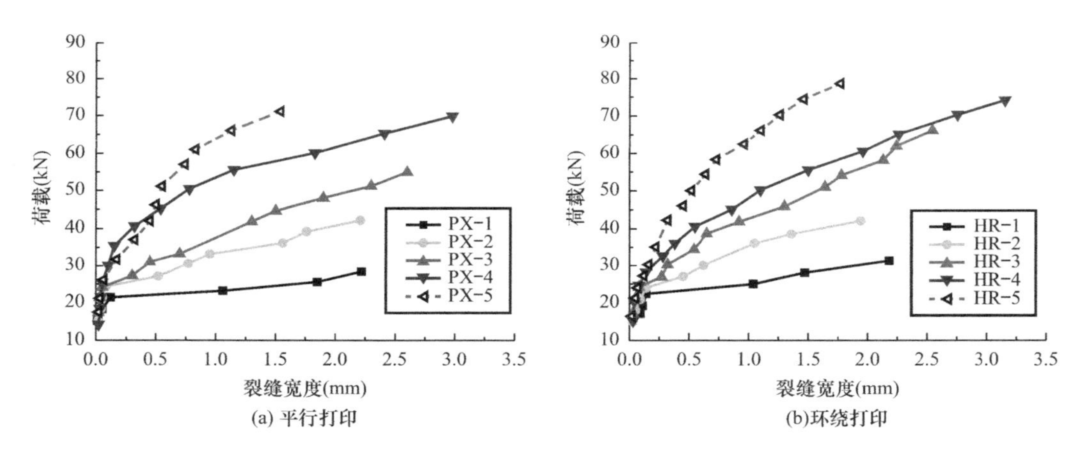

图 8-11　BFRP 筋增强 3D 打印混凝土受弯梁荷载-裂缝宽度曲线

8.1.2　BFRP 筋增强 3D 打印混凝土梁受弯承载能力计算

8.1.2.1　模型制作误差分析

由于打印制作误差，混凝土条带宽度、厚度具有一定离散性。为了方便打印试件加载，对梁的顶面和底面进行了打磨，对打印混凝土梁截面实际尺寸进行测量，截面尺寸如表 8-3 所示。

梁试件实际测量截面尺寸　　表 8-3

试件编号	PX-1	PX-2	PX-3	PX-4	PX-5	HR-1	HR-2	HR-3	HR-4	HR-5
宽（mm）	104	105	110	106	104	105	108	106	105	105
高（mm）	153	152	158	145	154	147	152	150	154	153

8.1.2.2　材料强度分析

3D 打印混凝土强度呈现空间各向异性，实测 70.7mm 的立方体抗压强度标准值见 7.1.1 节，针对试验梁的打印方式，取 Y 方向上的强度值采用插值法换算为 150mm 的立方体抗压强度标准值进行承载力计算。由于 3D 打印混凝土掺有 1.2%的 PVA 纤维，因而在破坏时表现出良好的抗压韧性和耐损伤能力，这与传统普通高强混凝土的脆性破坏具有明显区别，故在计算 3D 打印混凝土轴心抗压强度时，可不考虑脆性折减系数。3D 打印混凝土轴心抗压强度标准值可按下式计算[6]：

$$f_{c,k}=0.88\alpha_{c1}f_{cu,k} \tag{8-1}$$

8.1.2.3　抗弯承载模型

受拉和受压破坏的界限为平衡破坏模式，发生平衡破坏时，受拉区的 BFRP 筋达到极限拉应变而受压区的混凝土达到极限压应变，平衡破坏时混凝土相对受压区高度为 ξ_{fb}，配筋率为 ρ_{fb}。由达到平衡破坏模式的条件可以得到：

$$\rho_{fb}=\alpha_1\beta_1\frac{f'_c}{f_{fu}}\frac{E_f\varepsilon_{cu}}{E_f\varepsilon_{cu}+f_{fu}} \tag{8-2}$$

式中：α_1、β_1 为等效矩形应力分布系数；f'_c为混凝土轴心抗压强度（MPa）；E_f 为聚合物纤维筋的弹性模量（MPa）；f_{fu}为 FRP 筋抗拉强度（MPa）；ε_{cu}为混凝土极限压应变。

3D 打印混凝土梁的实际配筋率为 ρ_f，当 $\rho_f>\rho_{fb}$时，理论上为受压破坏模式，当$\rho_f<\rho_{fb}$时，理论上为受拉破坏。梁的抗弯承载能力计算公式推导如下，首先由正截面上力的平衡可得受压区高度计算式（8-3）。

$$\begin{gathered}\alpha_1 f_c bx-A_f E_f\varepsilon_f=0\\ \varepsilon_f=\frac{\varepsilon_{cu}(h_0-x_c)}{x_c}\\ x=\beta_1 x_c\end{gathered} \tag{8-3}$$

由正截面上弯矩平衡可得，当破坏模式为受拉破坏时，梁截面抗弯承载能力 M_u 可以按式（8-4）计算：

$$M_u=\varepsilon_f E_f A_f\left(h_0-\frac{x}{2}\right) \tag{8-4}$$

当破坏模式为受压破坏时，梁截面的抗弯承载能力 M_u 可以按照式（8-5）计算：

$$M_u=\alpha_1 f_c bx\left(h_0-\frac{x}{2}\right) \tag{8-5}$$

采用自主设计的“嵌钉”式箍筋，在配筋率最高试验梁中，在荷载较大时发生局部滑移，发生了斜截面剪切破坏。因此本计算模型仅针对抗弯失效试验数据开展对比分析，梁抗弯承载能力计算结果如表 8-4 所示。计算值与试验值的误差在 15%以内。

8.1.3　BFRP 筋增强 3D 打印混凝土梁受弯性能数值模拟

与试验研究方式对比，数值分析可以节约大量的人力、物力，并且取得难以试验实现的成果，因此越来越受到研究人员的重视[7]。在土木工程行业，有限元模拟计算与工程案例相结合，对结构进行受力优化分析，可以为工程实践提供重要补充[8]。本章根据 CT 扫描 3D 打印混凝土的空间孔隙分布规律，建立含有层条区域的数值模型，分析层间和条间缺陷对混凝土梁承载性能的影响。

试验梁抗弯极限荷载试验值与计算值比较　　表 8-4

试件编号	极限荷载试验值（kN）	极限荷载计算值（kN）	计算误差（%）	破坏模式
PX-1	31.7	35.39	11.35	受拉破坏
PX-2	45.5	51.73	13.50	受拉破坏
PX-3	57.6	64.13	11.30	受拉破坏
PX-4	78.2	86.22	10.20	受压破坏
HR-1	34.8	37.65	8.18	受拉破坏
HR-2	45.8	52.14	12.10	受拉破坏
HR-3	61.8	67.05	8.49	受拉破坏
HR-4	74.1	85.01	14.07	受压破坏

8.1.3.1　混凝土增材制造工艺影响分析

3D 打印混凝土层条间厚度的取值方法及大小详见 7.2.2。打印混凝土的本构关系如图 8-12 所示。试验中纵筋采用 BFRP 筋，箍筋采用 HRB400 钢筋。为了简化模拟，对 HRB400 采用理想弹塑性模型，不考虑硬化阶段。而 BFRP 筋为线弹性材料，在单轴受拉破坏前没有屈服阶段，受拉到最大应力后直接破坏。其本构如图 8-13 所示。

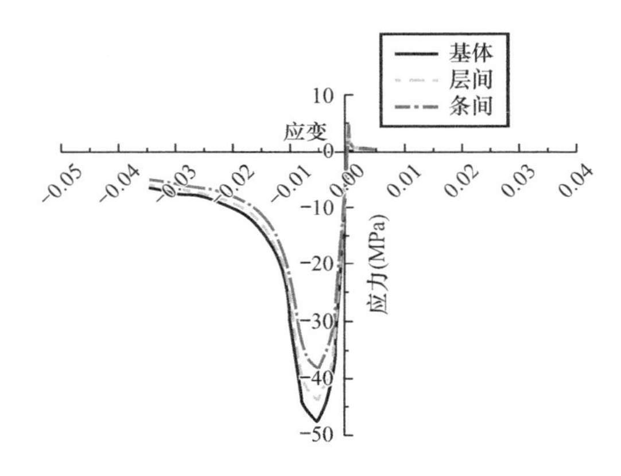

图 8-12　打印混凝土本构

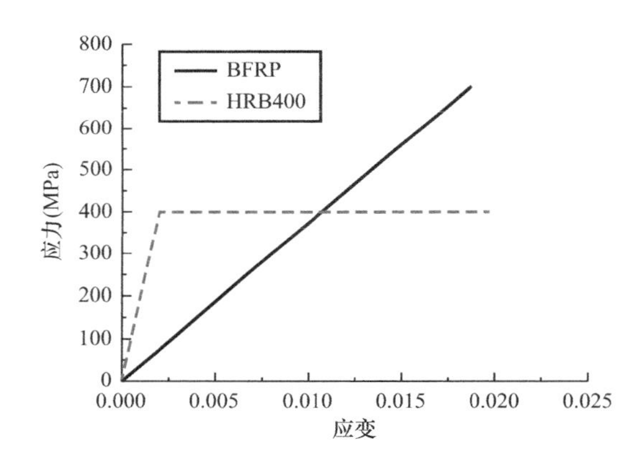

图 8-13　筋材本构

采用 8 节点六面体线性减缩积分单元（C3D8R）进行 BFRP 增强 3D 打印混凝土梁模拟。在钢筋混凝土梁式构件中，钢筋主要承受拉力，本书也不考虑其受弯作用，采用桁架单元法建立纵向受拉 BFRP 筋和“嵌钉”式箍筋实体单元。

建立模型计算得到不同层间和条间厚度的 BFRP 增强 3D 打印混凝土梁的荷载挠度曲线如图 8-14 所示。通过模拟分析可以发现，随着层条间厚度减小，层条间孔隙率增大，力学性能折减程度更大，模拟梁的抗弯承载能力减小，减小幅度在 5%以内。如图 8-15 所示，通过对比梁跨中部位沿梁高的混凝土应变，不同层条间厚度对平截面假定的影响较小，BFRP 增强 3D 打印混凝土梁依然能够满足平截面假定。

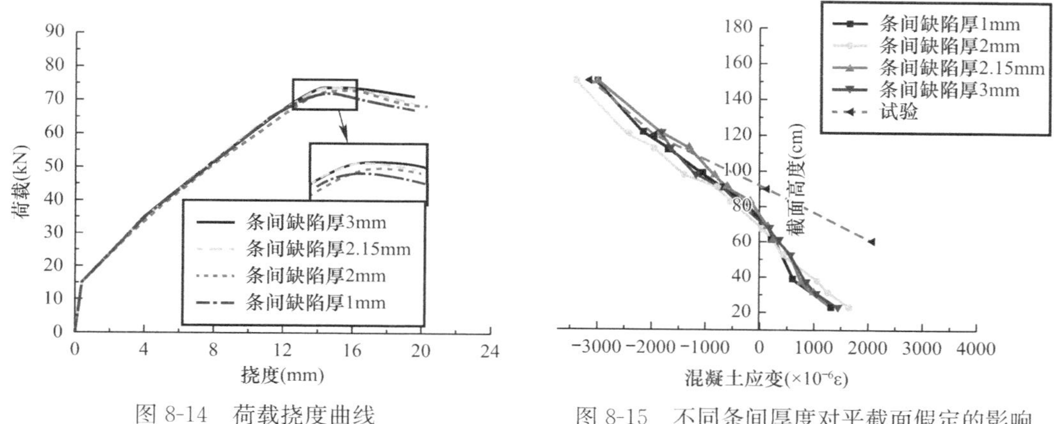

图 8-14　荷载挠度曲线　　图 8-15　不同条间厚度对平截面假定的影响

8.1.3.2　抗弯性能数值模拟

模拟梁的配筋设置与试验梁完全相同，由于平行打印方式与环绕打印方式对梁的承载能力没有明显区别，考虑到建模便捷性，对平行打印梁进行建模。模型编号从 MN-1 至 MN-5，模型尺寸与平行打印试验梁一一对应。建立的混凝土部件及钢筋部件如图 8-16 所示。混凝土梁分割出混凝土条带部分和层间、条间缺陷层，层厚分别为 2.15mm 和 1.5mm。BFRP 纵筋，嵌钉式箍筋和混凝土梁采用分离式建模，假设筋材与混凝土之间不存在滑移，BFRP 筋与箍筋嵌入混凝土梁模型中。模型计算过程中采用位移控制的加载方式。为了防止加载点和支座处出现应力集中，在支座和加载点处设置 10mm 厚的钢垫块，荷载施加在参考点上，参考点与加载垫块表面耦合。单元节点数如表 8-5 所示。对模型施加荷载及约束，在静力分析中，将最大增量步数设置为 10000 步，初始增量步为 0.001，最小增量步为 1×10^{-8}，最大增量步为 1。单元网格划分如图 8-16 所示。

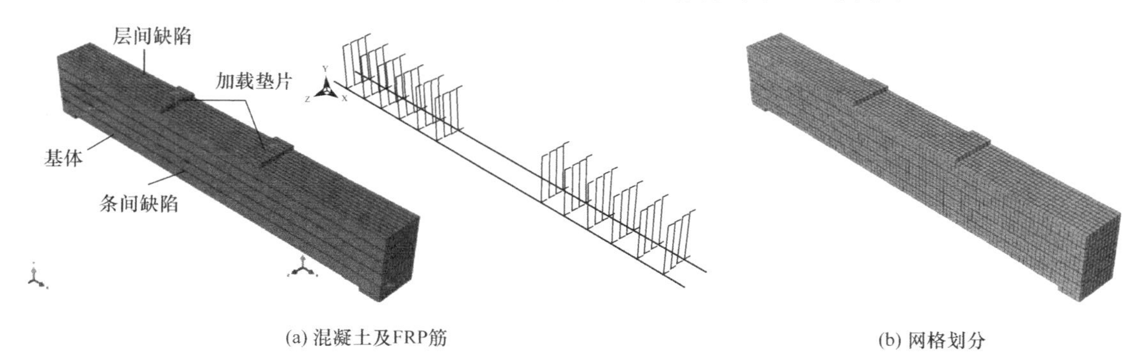

(a) 混凝土及FRP筋　　(b) 网格划分

图 8-16　3D 打印混凝土梁模型

单元节点数　　表 8-5

试件	C3D8R 单元数	桁架单元数	C3D8R 单元节点数	桁架单元节点数
MN-1	29023	878	33300	931
MN-2	29023	1025	33300	970
MN-3	29023	878	33300	931
MN-4	29023	1025	33300	970
MN-5	29023	1025	33300	970

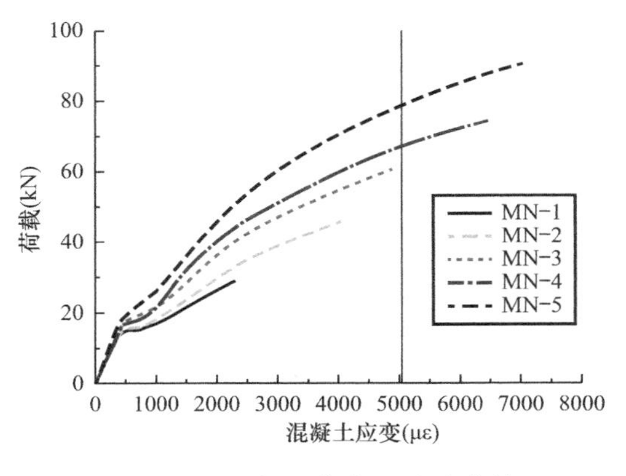

图 8-17　混凝土荷载-压应变曲线

(1) 计算结果与分析

随着试验梁配筋率的提高，梁跨中顶部的压应变逐渐增长，但增长速率减缓，如图 8-17所示。当梁达到极限承载能力时，模拟梁 MN-4 和 MN-5 顶部混凝土达到极限压应变，发生受压破坏。其余均未达到极限压应变，发生受拉破坏。

抗弯试验梁数值模拟荷载挠度曲线与试验结果对比如图 8-18 所示，荷载纵筋应变曲线与试验对比如图 8-19 所示，数值模拟与试验变化趋势基本一致。当梁模型跨中底部混凝土的最大拉应变达到开裂应变时，可判断模型梁开裂，如图 8-20(a)所示；当试验梁的纵筋达到最大拉应力而梁顶混凝土未压溃，梁体发生受拉破坏，如图 8-20(b)所示；当纵筋未达到最大拉应力而梁顶跨中单元为压溃时，梁体发生受压破坏，如图 8-20(c)所示。

输出开裂荷载和极限荷载并与平行打印试验梁进行对比，如表 8-6 所示。模拟结果开裂荷载最大误差为－10.38%，极限荷载最大误差为－5.9%，均与试验数据吻合较好。误差的主要来源在于打印试验梁制作误差，导致梁体尺寸、纵筋位置与数值模拟存在差别。

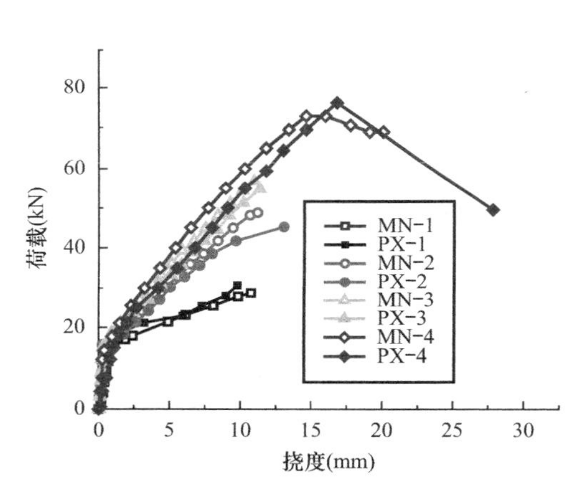

图 8-18　荷载-挠度曲线对比

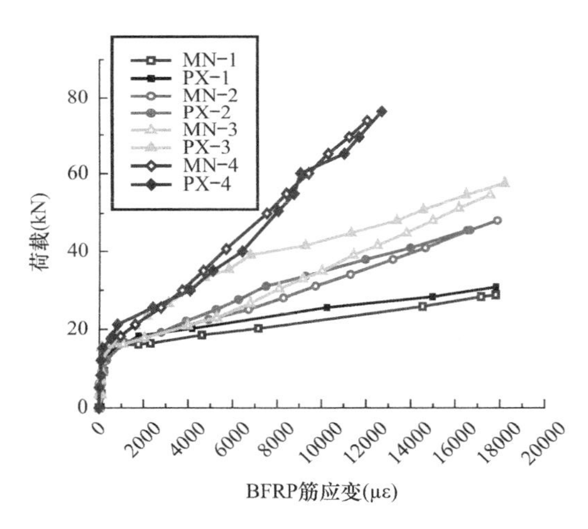

图 8-19　BFRP 筋应变曲线对比

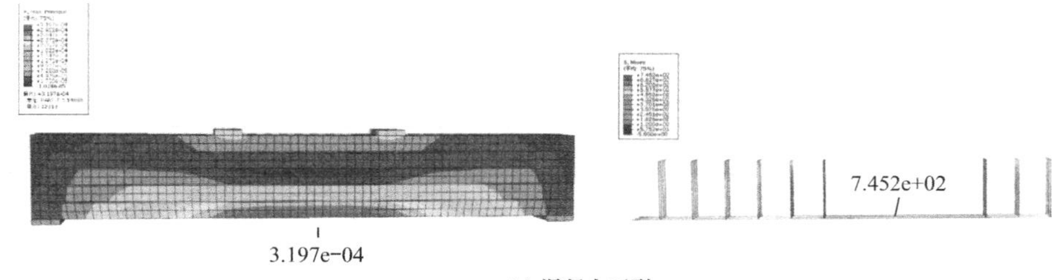

(a) 混凝土开裂

图 8-20　数值模拟梁开裂及达到极限承载能力时的应力分布（一）

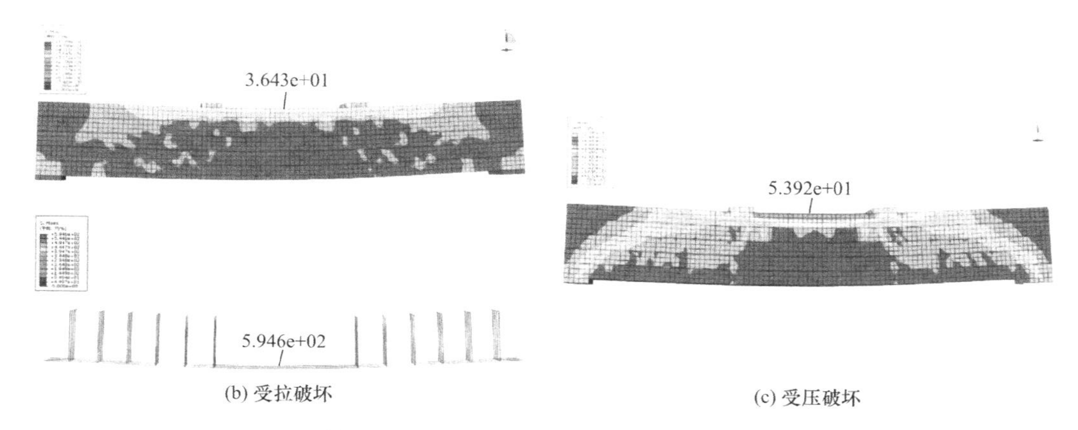

(b) 受拉破坏

(c) 受压破坏

图 8-20 数值模拟梁开裂及达到极限承载能力时的应力分布（二）

数值模拟与试验结果对比 表 8-6

模拟编号	开裂荷载（kN）			极限荷载（kN）		
	试验值/$P_{cr,e}$	模拟值/$P_{cr,p}$	误差（%）	试验值/$P_{u,e}$	模拟值/$P_{u,p}$	误差（%）
MN-1	17.1	15.7	−8.19	31.7	29.8	−5.9
MN-2	16.2	16.9	4.32	45.5	48.1	5.71
MN-3	18.3	15.6	−10.38	57.6	56.5	−2.0
MN-4	15.1	15.4	1.99	78.2	72.9	−4.3

（2）参数优化分析

BFRP 筋是高强材料，受拉破坏表现出明显的脆性。如果没有高强混凝土材料与之相匹配，则构件发生受压破坏时 BFRP 筋强度不能得到充分发挥。但如果混凝土强度过高，二者皆为脆性破坏，失效模式比较危险。基于应力设计理论，BFRP 筋名义屈服强度[2]为极限强度的 75%-85%。当混凝土达到极限压应变时，BFRP 筋的强度也达到名义屈服强度，可以认为发生了适筋破坏，是理想破坏状态。

利用有限元算法探究不同混凝土强度对 BFRP 筋 3D 打印混凝土抗弯梁破坏模式和承载能力的影响，可确定在不同配筋率下发生适筋破坏模式时合理的混凝土强度取值范围，为工程应用以及后续试验研究提供选择参考。

设置模拟梁配筋率分别为 0.776%（2Φ8）、1.162%（3Φ8）、1.548%（4Φ8）和 1.815%（3Φ10），考虑混凝土强度等级从 C40-C120，模拟得到不同配筋率下发生适筋破坏时，随着混凝土强度提高，荷载挠度曲线的变化规律如图 8-21 所示，混凝土强度对抗弯梁承载能力、纵筋利用率的影响如表 8-7 所示。

利用有限元模型对不同配筋率下混凝土强度对抗弯承载能力的影响进行了模拟，并根据纵筋强度利用率为 75%以上确定了发生适筋梁破坏模式时不同配筋率下混凝土合理强度的取值范围，如图 8-22 及式（8-6）和式（8-7）所示。

混凝土合理强度取值上限：

$$f_c = 8.03 + 3280\rho \tag{8-6}$$

混凝土合理强度取值下限：

$$f_c = 0.702 + 3365\rho \tag{8-7}$$

式中，f_c 为混凝土轴心抗压强度，ρ 为配筋率。

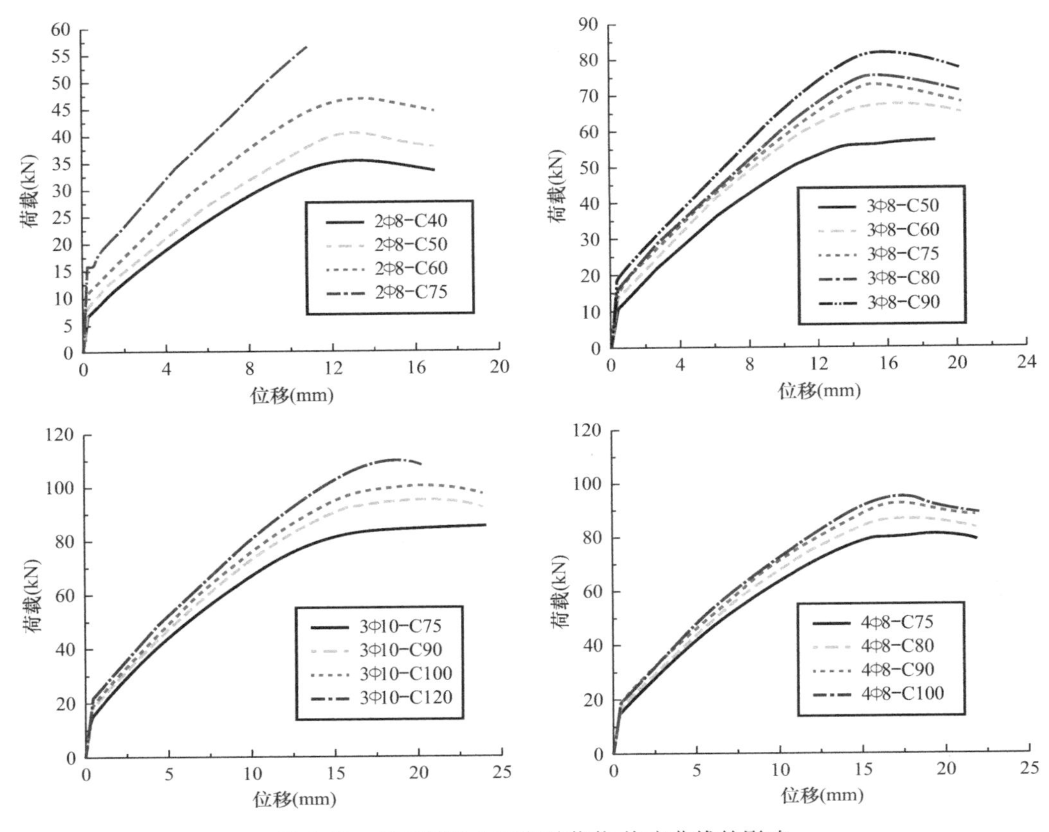

图 8-21　不同混凝土强度对荷载-挠度曲线的影响

混凝土强度对抗弯梁的影响　　**表 8-7**

配筋率（%）	混凝土强度等级	轴压强度（MPa）	承载能力（kN）	破坏时纵筋应力（MPa）	纵筋利用率
0.776	C40	26.8	35.22	571	0.76
	C50	32.4	40.41	632	0.84
	C60	38.5	46.69	750	1.00
	C75	47.6	56.00	750	1.00
1.162	C50	32.4	57.31	507	0.68
	C60	38.5	64.65	563	0.75
	C75	47.6	72.90	639	0.85
	C80	50.2	75.39	673	0.90
	C90	56.07	81.80	722	0.96
	C100	59.84	84.84	745	0.99
1.548	C75	47.6	80.91	537	0.72
	C80	50.2	85.65	567	0.76
	C90	56.07	92.36	607	0.81
	C100	59.84	94.69	621	0.83
1.815	C75	47.6	84.42	480	0.64
	C90	56.07	95.17	541	0.72
	C100	59.84	100.35	564	0.75
	C120	66.42	107.72	597	0.80

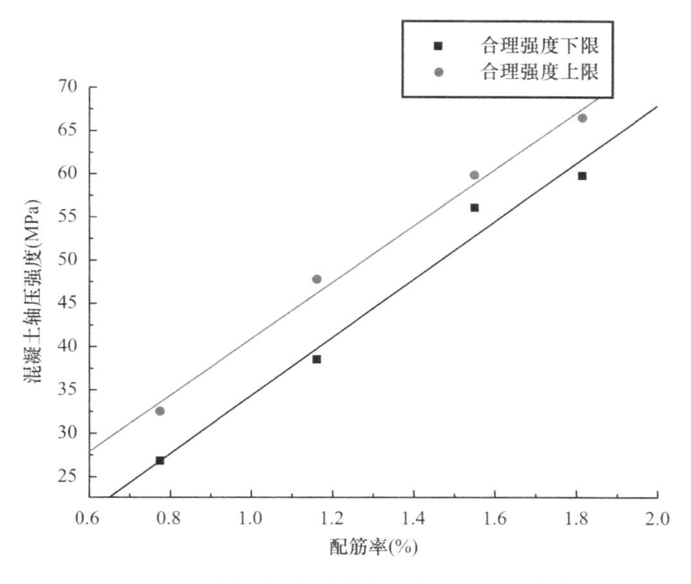

图 8-22　不同配筋率下混凝土合理强度取值范围

8.2　BFRP 筋增强 3D 打印混凝土梁抗剪性能

FRP 筋混凝土梁剪切破坏具有明显的脆性特征[9-11]，延性小，破坏时无明显的破坏征兆，因此 FRP 筋混凝土梁的抗剪承载能力分析至关重要。作为纵向拉伸强度高横向剪切强度低的各向异性材料，FRP 筋难以弯折加工，弯折处强度会发生明显削减[8,12]，贺红卫等建议弯折 FRP 筋的强度取为直筋拉升强度的 40%-50%[13]。因此，FRP 筋混凝土梁的抗剪性能与钢筋混凝土梁抗剪性能有较大区别，成为国内外工程领域研究的重点和难点技术[14-16]。

在 BFRP 筋增强 3D 打印混凝土梁抗弯试验中，为了保证梁发生弯曲破坏，按照"强剪弱弯"的原则设计了"嵌钉"式箍筋以增强试验梁的抗剪承载能力。但"嵌钉"式箍筋的抗剪承载能力估算，箍筋与混凝土之间的粘结受到 3D 打印方式影响，试验中发生了斜截面剪切破坏。如何估算与 3D 打印流程可融合的"嵌钉"箍的抗剪承载力，如何评估打印对抗剪承载力的影响，是当下亟待解决的问题。

8.2.1　BFRP 筋增强 3D 打印混凝土梁抗剪性能试验研究

8.2.1.1　试验设计

试验设计了无腹筋 3D 打印混凝土梁和有腹筋 3D 打印混凝土梁，梁采用侧卧打印方式，且所有试验梁均在受拉侧布置 3 根直径为 8mm 的 BFRP 纵筋。10 根配有腹筋的 3D 打印混凝土梁中，5 根有腹筋梁布置直径为 8mmBFRP 箍筋，另外 5 根有腹筋梁布置直径为 6mmHRB400 箍筋。BFRP 箍筋由于两端无法弯折，采用直筋形式，HRB400 箍筋两端弯折 15mm，做成"嵌钉"形式。试验梁尺寸为长 1000mm、高 150mm、宽 100mm，具体尺寸如图 8-23 所示，试验序列如表 8-8 所示。

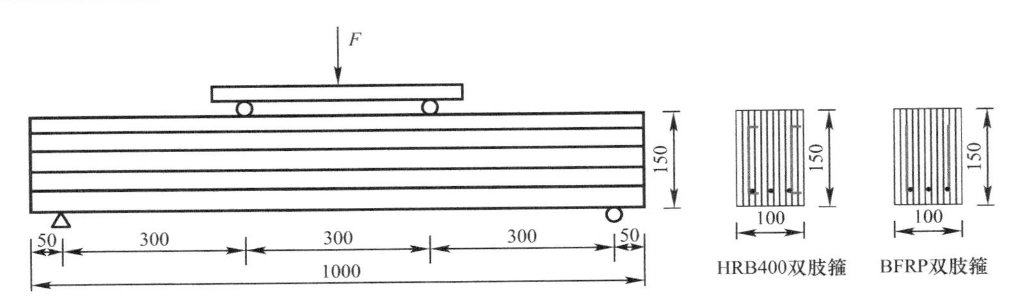

图 8-23 BFRP 筋 3D 打印混凝土抗剪试验梁尺寸（单位：mm）

BFRP 筋 3D 打印混凝土梁抗剪试验试件设计 **表 8-8**

编号	纵筋配置	纵筋配筋率（%）	箍筋配置	箍筋形式	配箍率（%）
A-1	3ϕ8	1.16	ϕ8@75	BFRP 直筋	1.34
A-2	3ϕ8	1.16	ϕ8@100（2 肢）	BFRP 直筋	1.01
A-3	3ϕ8	1.16	ϕ8@100（3 肢）	BFRP 直筋	1.51
A-4	3ϕ8	1.16	ϕ8@100（4 肢）	BFRP 直筋	2.01
A-5	3ϕ8	1.16	ϕ8@150	BFRP 直筋	0.67
A-6	3ϕ8	1.16	无腹筋	无腹筋	0.00
B-1	3ϕ8	1.16	ϕ6@75	HRB400 嵌钉筋	0.75
B-2	3ϕ8	1.16	ϕ6@100（2 肢）	HRB400 嵌钉筋	0.57
B-3	3ϕ8	1.16	ϕ6@100（3 肢）	HRB400 嵌钉筋	0.85
B-4	3ϕ8	1.16	ϕ6@100（4 肢）	HRB400 嵌钉筋	1.13
B-5	3ϕ8	1.16	ϕ6@150	HRB400 嵌钉筋	0.38

注：表中 A 表示 BFRP 箍筋，B 表示 HRB400 箍筋。

8.2.1.2 试件制作

打印挤出条带宽度为 30mm，每层打印 5 条，共打印 10 层。受拉侧纵筋布置 3 根直径为 8mm 的 BFRP 筋，为了增大 BFRP 纵筋与 3D 打印混凝土之间的粘结锚固，避免在加载过程中出现 BFRP 纵筋的滑移，对 BFRP 纵筋两端做端头增大处理，如 8.1 节所示。将 BFRP 纵筋中部打磨平整后粘贴应变片，并在粘贴处采用环氧胶封闭处理，避免对在试件制作和处理过程中对应变片产生扰动。箍筋采用 8mm 直径 BFRP 筋和 6mm 直径 HRB400 钢筋两种材料，其中 HRB400 钢筋做成"嵌钉"式，而 BFRP 筋采用直筋形式。"嵌钉"式箍筋如图 8-24(a)所示，两端弯钩长度为 15mm，大于一层混凝土厚度，小于两层混凝土厚度，从打印第二层开始布置箍筋，箍筋均采用对称布置的形式，双肢箍布置在第 2 层和第 8 层；3 肢箍布置在第 2 层、第 5 层和第 8 层；4 肢箍布置在第 2 层、第 4 层、第 6 层和第 8 层。箍筋布置示意图如图 8-24(b)所示。共设计了 75mm，100mm 和 150mm 三种箍筋间距，为了保证箍筋之间间距准确，制作了带刻度的定位标尺，按照设计位置准确布置。打印完成后对梁的加载点位置和支点位置进行打磨，保证加载点和支点位置的平整，在洒水养护 28d 后进行刷白灰，画网格线以及贴混凝土应变片的工作。梁的打印过程及后期处理如同抗弯梁的制作过程。

8.2.1.3 加载与测试

试验采用反力架及液压千斤顶的加载装置，通过刚性分配梁实现三等分点加载，跨中部分为纯弯段，千斤顶所提供的竖向加载力通过分配梁和钢棒传递给试验梁，加载时采用荷载控制，分级加载。试验前先进行预加载，加 1 级，荷载 3kN，以检验各仪表是否正常工作，整个加载系统正常后便可进行正式加载，具体步骤为开裂前每级荷载 3kN，直到构件开裂；开裂后每级加载 5kN，直到构件最终破坏，每级加载完毕后持荷 2min，仪表读数稳定后方可记录数据。

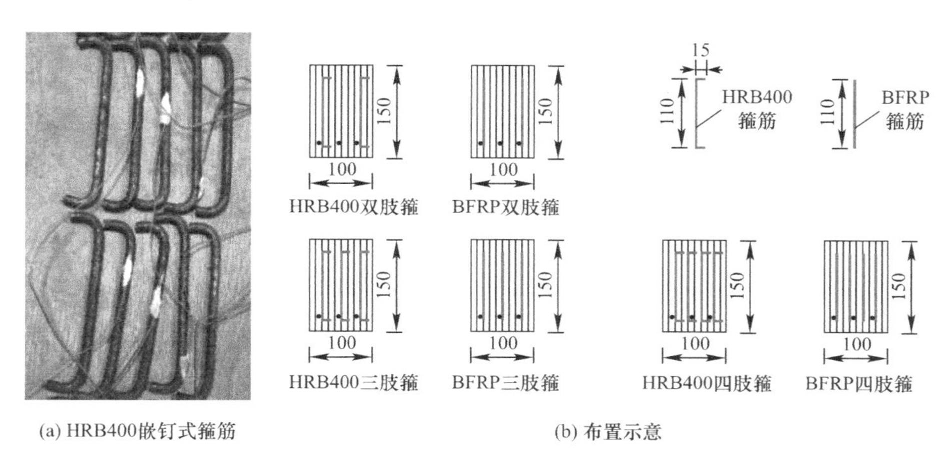

(a) HRB400嵌钉式箍筋　(b) 布置示意

图 8-24　箍筋配置详情（单位：mm）

纵筋、箍筋及混凝土应变通过应变片采集，箍筋间距不同的试验梁其箍筋应变片粘贴位置如图 8-25 所示。为了测量混凝土应变，即沿着加载点和支座点连线与箍筋相交的位置粘贴 4 片混凝土应变片，从外往里依次标记为 H1、H2、H3、H4，如图 8-26 所示。采用 DH3810N 采集系统进行采集，记录不同工况试验梁在每级荷载作用下各测点处应变。

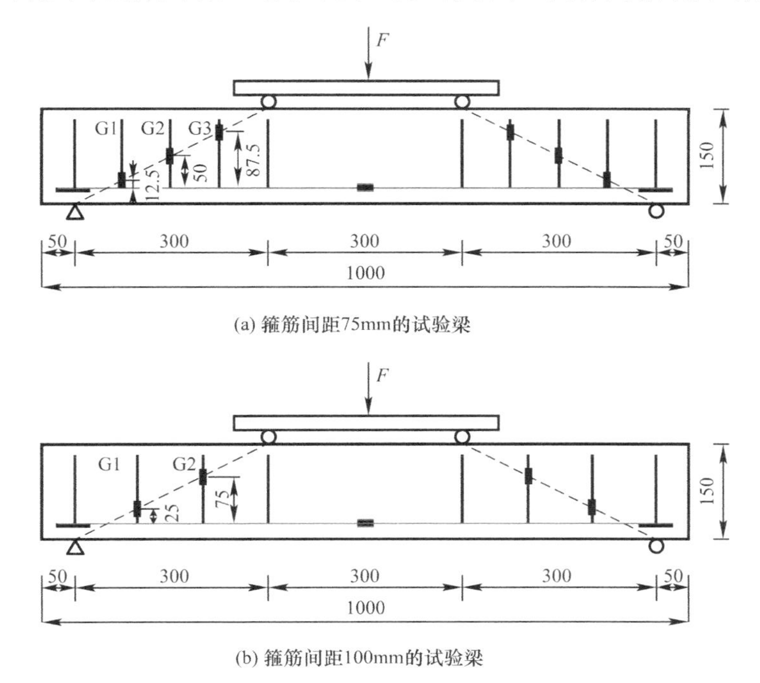

(a) 箍筋间距75mm的试验梁

(b) 箍筋间距100mm的试验梁

图 8-25　箍筋应变片布置示意图（单位：mm）（一）

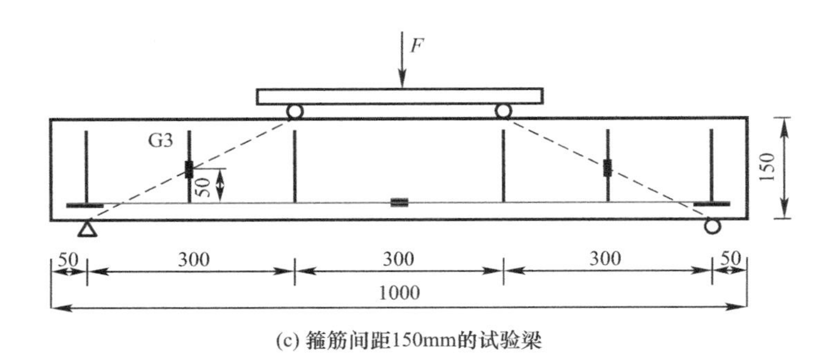

(c) 箍筋间距150mm的试验梁

图 8-25　箍筋应变片布置示意图（单位：mm）（二）

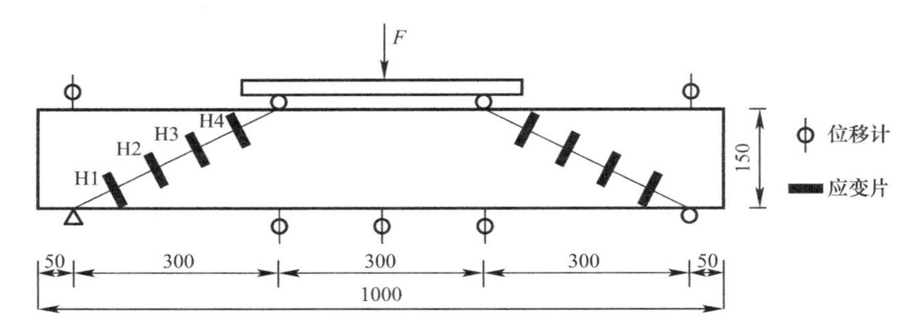

图 8-26　混凝土应变片布置示意图（单位：mm）

当梁体跨中部分首次出现细微裂缝时可确定开裂荷载，当梁体因为产生贯穿裂缝而导致承载能力达到峰值时可确定极限荷载。荷载值通过位于千斤顶和分配梁之间的力传感器采集，并通过 DH3810N 采集仪读取，并记录最终梁破坏形态。挠度通过百分表采集，分别在跨中，加载点下方以及支座正上方共放置 5 个百分表，测量每级荷载下的位移变化，在每级荷载施加后持荷载 2min，待百分表指针稳定后人工读数并记录。

每级荷载施加稳定后对裂缝进行观测，对裂缝出现，开展和分布情况进行记录，用裂缝观测仪观测裂缝宽度，并用记号笔对裂缝痕迹进行描绘，标注裂缝出现时对应的荷载等级和裂缝宽度，绘制裂缝观测图。

8.2.1.4　**试验结果与分析**

（1）混凝土应变

加载初期，混凝土应变增长缓慢，当剪跨段产生斜裂缝后，被斜裂缝穿过的混凝土应变片值迅速增大，最后伴随着裂缝宽度过大，个别应变片被拉断，在临近加载点和支座处的混凝土片应变也不断增大，说明了剪压区混凝土在整个加载阶段均有效参与了抗剪作用。因此可以认为，尽管梁体在临界破坏时混凝土受压区高度减小，但在压剪复合应力下，混凝土对梁体的抗剪作用依然可以考虑。混凝土应变曲线如图 8-27 所示，对比同条件下 BFRP 直筋和 HRB400“嵌钉”式箍筋可发现，“嵌钉”式箍筋更好地限制梁腹混凝土应变的增长。

试验梁剪跨段斜裂缝虽然与混凝土梁的跨中竖向裂缝相比出现的比较晚，但是发展却更加迅速，使得剪切破坏具有更加明显的脆性，各根梁的裂缝观测图如图 8-28 所示。对比同条件下 BFRP 直筋和 HRB400 嵌钉箍筋可发现，“嵌钉”式箍筋构件斜截面开裂更为充分。

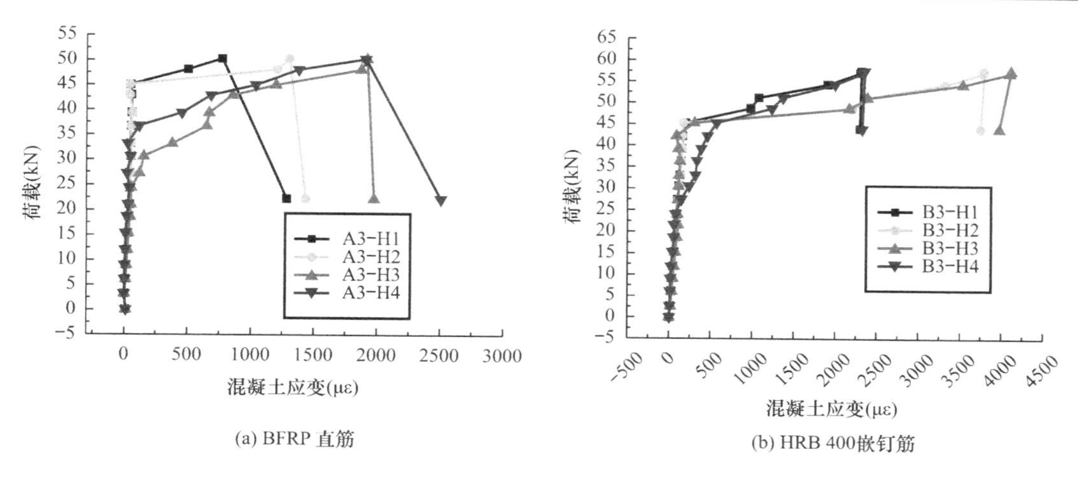

(a) BFRP 直筋　　(b) HRB 400嵌钉筋

图 8-27　典型构件的荷载-混凝土应变曲线

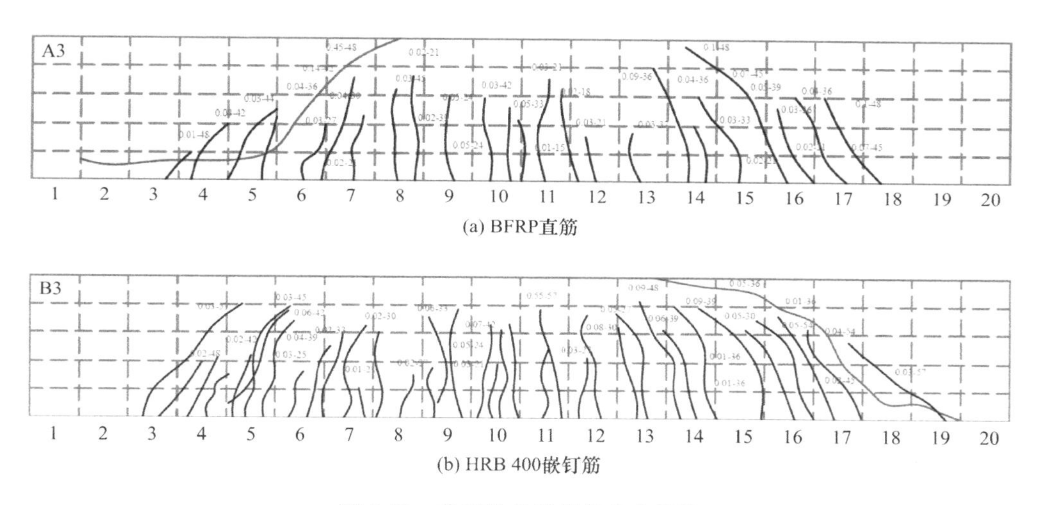

(a) BFRP直筋

(b) HRB 400嵌钉筋

图 8-28　典型构件的裂缝分布规律

（2）箍筋应变

典型构件各级荷载下剪跨段内箍筋的应变变化规律如图 8-29 所示。在斜裂缝开展前，由箍筋和混凝土共同承担剪力，这时大部分剪力由混凝土承担，箍筋的应力大小几乎为零。不同位置处的箍筋应变是不一样的，由于加载点和支座附近集中力引起[17]临近箍筋部分出现压应变。当斜裂缝开展后，混凝土退出工作，梁体内力进行了重分布，斜裂缝经过的部分，原先由混凝土承担的剪力转由箍筋承担，箍筋应变迅速增大，箍筋的荷载应变曲线呈线性增长，出现较大突变。而裂缝未经过处的箍筋其应变虽然也有较大增长，但小于裂缝经过处的箍筋。直到梁破坏时，箍筋应变也远远小于其极限应变，其中 BFRP 箍筋的应变约为其极限应变的 7.1%左右，而 HRB400 的箍筋应变约为其极限应变的 33%，相对而言 HRB400 钢筋做成的“嵌钉”式箍筋利用率更高，一方面是由于其两端长 15mm 的弯钩与混凝土之间起到了很好的嵌固作用，使得箍筋与混凝土之间的粘结更加可靠，另一方面是由于 BFRP 筋本身的弹性模量仅为 HRB400 钢筋的 1/4 左右，箍筋的承载能力未能得到充分利用。

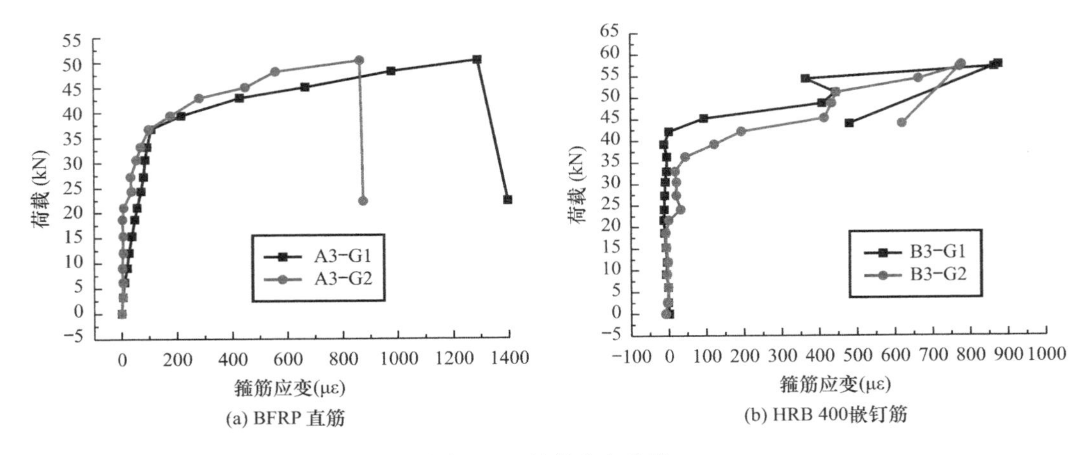

图 8-29 箍筋应变曲线

(3) 纵筋应变

在混凝土梁开裂之前，BFRP 纵筋应变非常小，此时混凝土梁仍然是处于弹性阶段，整体变形小，且主要是由受拉侧混凝土承担拉应力。混凝土梁开裂后，荷载-纵筋应变曲线发生转折，转折后仍然为线性增长，且配箍率的改变对开裂后荷载-纵筋应变曲线的斜率影响不大，荷载-纵筋应变曲线如图 8-30 所示，为双折线型。随着配箍率的增加，混凝土梁的承载能力有一定的增加，梁的变形也有所增大。BFRP 纵筋的最小应变为 4981$\mu\varepsilon$，最大应变达到 8945$\mu\varepsilon$，均未达到理论最大应变。

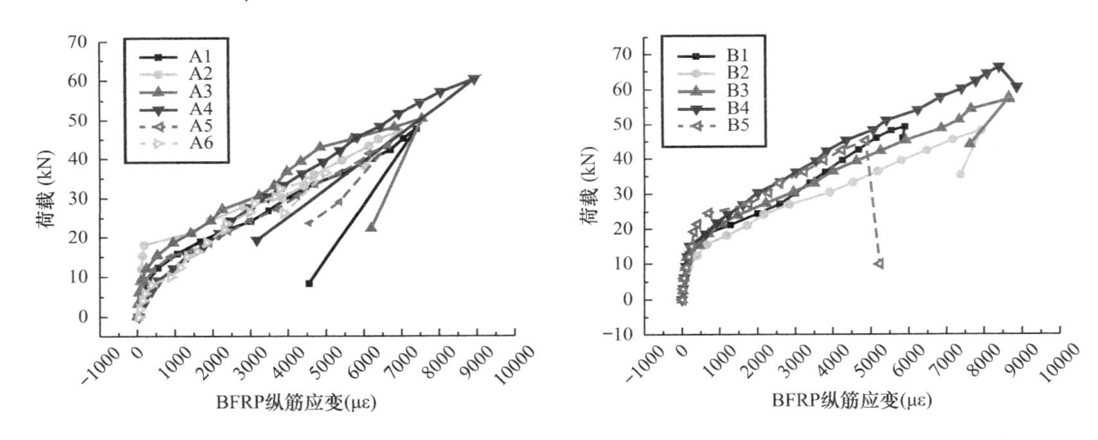

图 8-30 加载过程中纵筋应变变化规律

(4) 荷载-挠度曲线

BFRP 筋 3D 打印混凝土梁没有明显的屈服平台，以试件开裂为分界点，荷载挠度曲线呈现双折线型，如图 8-31 所示。从图中可以发现，在梁开裂前梁整体刚度较大，荷载与挠度呈线性关系，直线斜率较大；当梁开裂后直线斜率变小。随着配箍率增大，梁荷载挠度曲线的变化不大。配箍率的提高对梁截面刚度影响较小，但对梁极限变形有一定的影响，提高了梁的承载能力和延性[13]。试验过程中 BFRP 纵筋并未发生断裂，卸载后梁体发生回弹，卸载加载时的最大挠度和卸载后的残余挠度如表 8-9 所示，梁体变形均恢复 50%以上，显示了 BFRP 筋良好的线弹性特性。

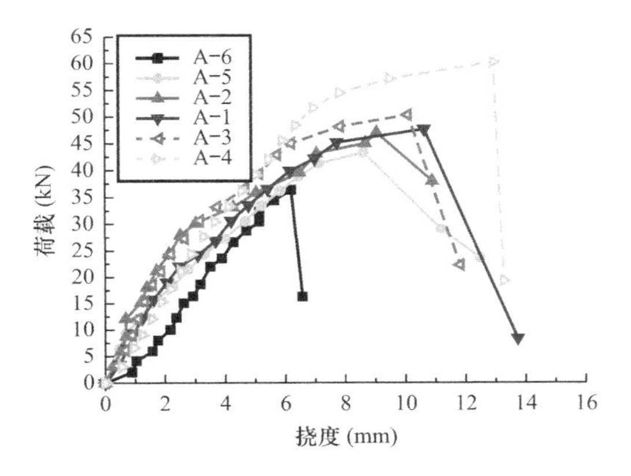

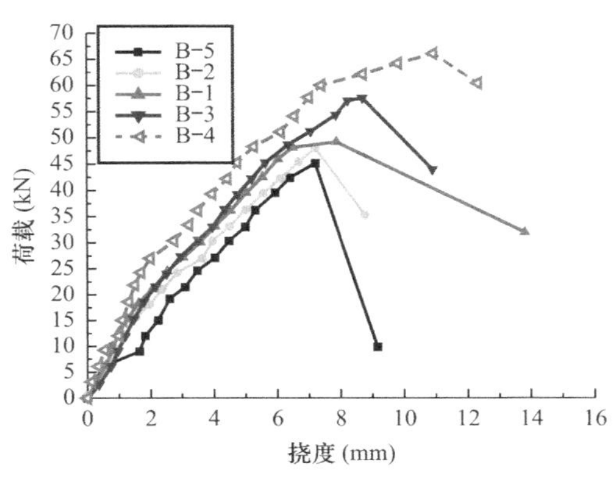

图 8-31 荷载挠度曲线

试验梁挠度变形（单位：mm） **表 8-9**

编号	最大挠度 l_0	残余挠度 l_r	变形恢复（$l-l_0/l_r$）
A-1	13.74	4.61	0.66
A-2	10.9	5.32	0.51
A-3	11.81	4.94	0.58
A-4	13.27	4.34	0.67
A-5	12.49	5.28	0.58
A-6	6.57	3.05	0.54
B-1	13.81	3.86	0.72
B-2	8.77	2.87	0.67
B-3	10.9	2.54	0.77
B-4	12.33	4.33	0.65
B-5	9.16	4.16	0.55

(5) 试验结果与破坏形态

所有试验梁都发生了斜截面剪切破坏，典型截面破坏形态如图 8-32 所示。各根试验梁的开裂承载能力，极限承载能力以及跨中最大挠度如表 8-10 所示。从加载开始到梁底开裂之前，混凝土梁全截面工作，梁体处于弹性工作状态，挠度变化较小。达到开裂荷载后，在梁跨中部位出现第一条细微裂缝并迅速开展到梁高约 3/5 的位置，表现出强烈的脆性特性，挠度突然增大。这主要是由于 BFRP 筋的弹性模量比较低，只有钢筋的 1/5 左右，使得 BFRP 筋梁的有效刚度较低。但当裂缝开裂至受压区时，发展速度减缓。随着荷载等级不断增加，跨中裂缝数量不断增加，同时两侧剪压区密集出现斜裂缝，且向加载点处延伸，随着荷载不断增加，斜裂缝发展速度快，宽度也在增加，加载至接近承载能力极限时斜裂缝快速贯穿并扩展，但与裂缝相交的箍筋并未被剪断，试验梁因斜截面抗剪不足而破坏，如图 8-32 所示。

由于 HRB400 箍筋的横向抗剪能力较强，且端头做成弯钩形状，很好地与混凝土嵌钉在一起，使得箍筋的抗剪能力发挥得更加充分，提高了梁的抗剪承载能力。HRB400 箍筋增强抗剪梁的承载能力优于 BFRP 箍筋增强抗剪梁，相同配筋下，HRB400 箍筋抗剪梁的承载能力比 BFRP 箍筋抗剪梁的承载能力提高了 4%-24%，如图 8-33 所示。

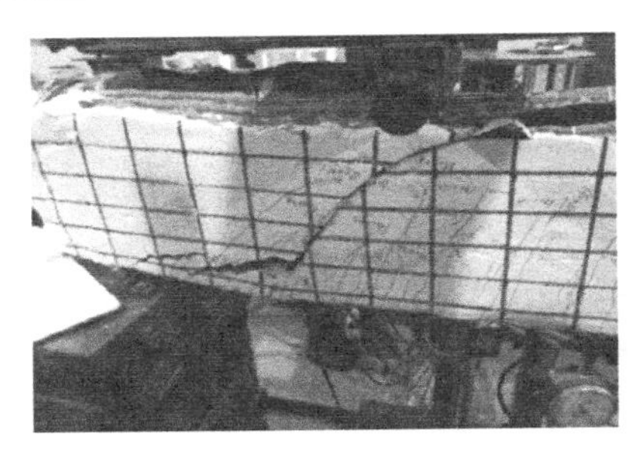
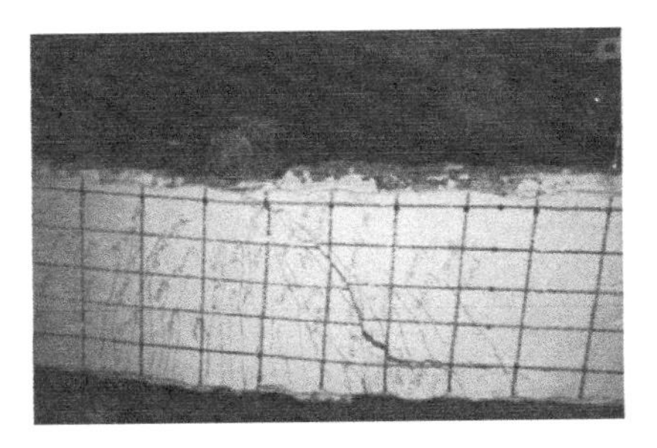
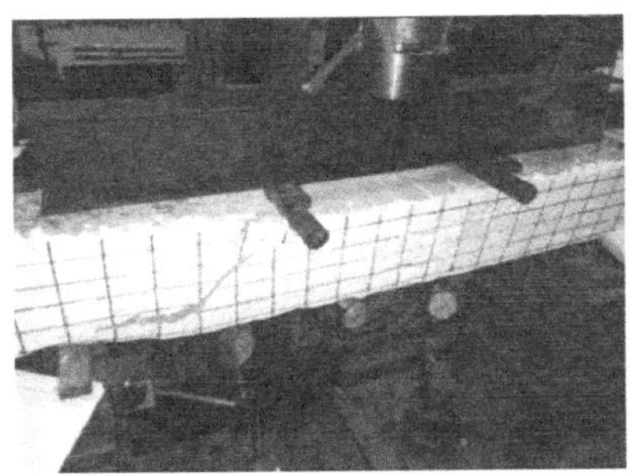
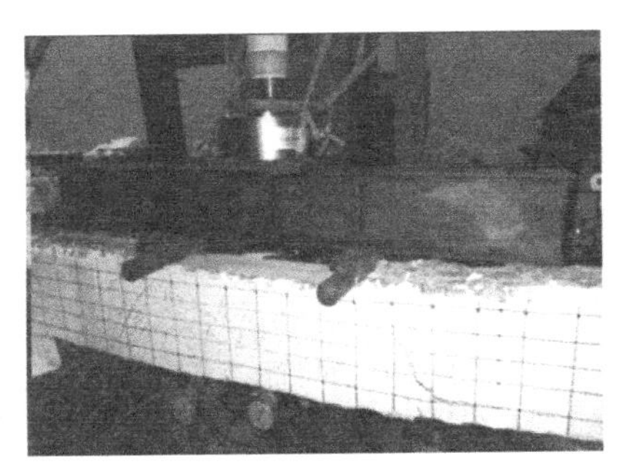

图 8-32　试验梁破坏形态

抗剪试验结果　　表 8-10

试件编号	箍筋布置	开裂荷载（kN）	极限荷载（kN）	跨中挠度（mm）
A-1	ϕ8@75	15.3	47.67	13.74
A-2	ϕ8@100（2 肢）	15.2	47.02	10.90
A-3	ϕ8@100（3 肢）	14.9	50.33	11.81
A-4	ϕ8@100（4 肢）	15.5	60.23	13.27
A-5	ϕ8@150	15.4	43.32	12.49
A-6	无腹筋	16.1	32.35	6.57
B-1	ϕ6@75	15.6	49.20	13.81
B-2	ϕ6@100（2 肢）	15.4	48.04	8.77
B-3	ϕ6@100（3 肢）	15.5	57.58	10.90
B-4	ϕ6@100（4 肢）	15.3	66.10	12.33
B-5	ϕ6@150	15.5	45.15	9.16

注：表中 A 表示 BFRP 箍筋，B 表示 HRB400 箍筋。

8.2.2　BFRP 筋增强 3D 打印混凝土梁抗剪承载能力计算

8.2.2.1　ACI440.1R 的抗剪承载能力计算

ACI440.1R 中建议的 FRP 配筋混凝土梁的抗剪承载能力[18]计算公式见式（8-8）：

$$V = V_c + V_f \tag{8-8}$$

从上式可以看出，FRP 筋混凝土梁的斜截面抗剪承载能力 V 由混凝土承受的抗剪承载 V_c 和箍筋所承受的抗剪承载能力 V_f 组成，其中混凝土的抗剪承载能力 V_c 计算见式（8-9）：

$$
\begin{aligned}
& V_c = 0.4\sqrt{f'_c}b_w c \\
& k = \sqrt{2\rho_f n_f + (\rho_f n_f)^2} - \rho_f n_f \\
& c = kd \\
& \rho_f = \frac{A_f}{b_w d} \\
& n_f = \frac{E_f}{E_c}
\end{aligned} \tag{8-9}
$$

式中，b_w 为截面宽度；d 为截面有效高度，通常取受拉纵筋形心到混凝土受压边缘纤维之间的距离；ρ_f 为纵筋配筋率；A_f 为纵筋截面面积；E_f、E_c 分别为FRP筋和混凝土的弹性模量；f'_c为混凝土轴心抗压强度，可取 $f'_c=0.8f_{cu}\sqrt{a^2+b^2}$。ACI规范推荐的公式中考虑了混凝土强度和FRP纵筋刚度的影响，但未考虑剪跨比的影响。

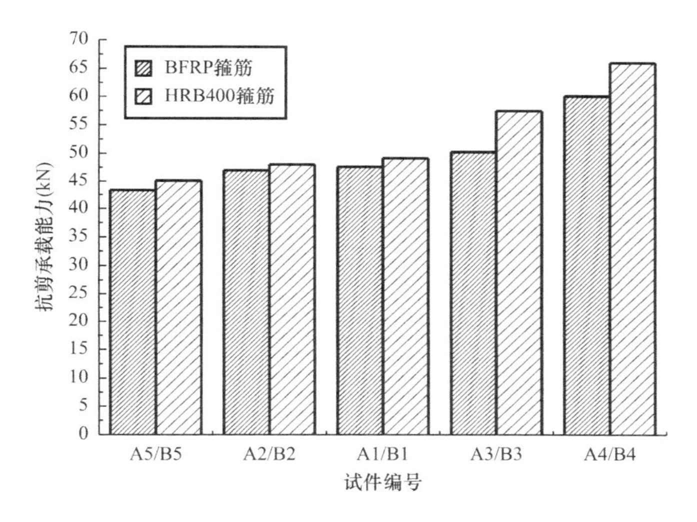

图8-33 不同配箍方式下的打印梁抗剪承载能力对比

对于采用钢筋做箍筋的FRP筋混凝土梁，抗剪承载力中箍筋所承受的部分与钢筋混凝土梁相同，可按现有钢筋混凝土梁抗剪设计理论进行计算。

对于采用FRP做箍筋的FRP筋混凝土梁，ACI440.1R-06中建议按式（8-10）计算FRP箍筋的抗剪承载力：

$$
\begin{aligned}
& V_f = \frac{A_{fv} f_{fv} d}{s} \\
& f_{fv} = 0.004E_{fv} \leqslant f_{fbend} \\
& f_{fbend} = (0.05r_b/d_b + 0.3)f_{fu}/1.5 \leqslant f_{fu}
\end{aligned} \tag{8-10}
$$

式中，A_{fv}为配置在同一截面内箍筋各肢的全部截面面积；f_{fv}为箍筋抗拉强度设计值；s 为沿构件长度方向上的箍筋间距；E_{fv}为箍筋的弹性模量；f_{fbend}为FRP筋的弯曲强度；r_b 为FRP箍筋的弯折强度；d_b 为FRP箍筋的直径。

8.2.2.2 **加拿大CSA S806-12的抗剪承载能力计算**

加拿大CSA S806-12规范中，对于截面有效高度低于300mm且无轴向力的情况下的FRP配筋混凝土梁的抗剪承载能力[19]计算公式见式（8-11）：

$$V = V_c + V_f \tag{8-11}$$

对于 FRP 筋增强混凝土梁，其抗剪承载能力由混凝土和箍筋两部分组成，箍筋部分 FRP 箍筋和钢箍筋有所不同，但是混凝土抗剪贡献一致，采用式（8-12）计算：

$$\begin{aligned} V_c &= 0.05\lambda\phi_c k_m k_r k_a (f'_c)^{\frac{1}{3}} b_w d_v \\ k_m &= \sqrt{\frac{V_f d}{M_f}} \leqslant 1.0 \\ k_r &= 1 + (E_{fl}\rho_{fl})^{\frac{1}{3}} \\ k_a &= \frac{2.5}{\frac{M_f}{V_f d}} \end{aligned} \tag{8-12}$$

式中，d_v 为有效剪切深度，取 $0.9d$ 和 $0.72h$ 中的较大值；h 为构件截面总高度；λ 为混凝土密度系数；ϕ_c 为混凝土抗力系数；M_f、V_f 为控制截面弯矩值和剪力值；k_m 为截面弯矩系数；k_r 为 FRP 纵筋刚度效应系数；k_a 为拱效应系数；E_{fl} 为 FRP 筋弹性模量；ρ_{fl} 为 FRP 纵筋配筋率。

当 FRP 筋增强混凝土梁中箍筋也采用 FRP 筋时，箍筋所提供的抗剪承载能力采用式（8-13）计算：

$$\begin{aligned} V_f &= \frac{0.4\Phi_F A_{FV} f_{FM} d_v}{s}\cot\theta \\ \theta &= 30^\circ + 7000\varepsilon_1 \leqslant 60^\circ \\ f_{FM} &\leqslant 0.005E_F \end{aligned} \tag{8-13}$$

当 FRP 配筋混凝土梁中的箍筋也采用钢筋时，箍筋所提供的抗剪承载能力采用式（8-14）计算：

$$V_s = \frac{\Phi_s A_{FV} f_y d_v}{s}\cot\theta \tag{8-14}$$

式中，Φ_F 为 FRP 筋抗力系数；Φ_s 为钢筋抗力系数；A_{FV} 为配置在同一截面内箍筋的全部截面面积；f_y 为钢筋抗拉强度；f_{FM} 为 FRP 箍筋的抗拉强度，计算时箍筋强度取 $0.005E_F$ 和 $0.4f_{FM}$ 中的较小值；s 为沿构件长度方向上的箍筋间距；ε_l 为截面高度中点处的纵向应变。考虑到 FRP 箍筋在制作过程中由于弯曲导致强度会降低，所以采用了 0.4 的折减系数，而本试验中的 BFRP 箍筋并没有进行弯折，所以不考虑该折减。

8.2.2.3 日本 JSCE-97 的抗剪承载能力计算

日本 JSCE-97 规范推荐的 FRP 筋混凝土梁抗剪承载能力[20]计算公式见式（8-15）：

$$V = V_c + V_f \tag{8-15}$$

混凝土所提供的抗剪承载能力可以采用式（8-16）计算：

$$\begin{aligned} V_c &= \beta_d \beta_p \beta_n f_{vcd} b_w d / \gamma_b \\ f_{vcd} &= 0.2\sqrt[3]{f'_{cd}} \leqslant 0.72\text{MPa} \\ \beta_d &= \sqrt[4]{1/d} \leqslant 1.5 \\ \beta_p &= \sqrt[3]{100 p_w E_{fu}/E_0} \leqslant 1.5 \\ \beta_n &= 1.0 \end{aligned} \tag{8-16}$$

式中，β_d 为截面尺寸效应系数；β_p 为 FRP 筋弹模影响系数；β_n 为轴向力影响系数；γ_b 为构件安全影响系数；f'_{cd}为混凝土轴心抗压强度；d 为截面有效高度；E_{fu}为 FRP 筋弹性模量；p_w 为 FRP 纵筋配筋率；E_0 为钢筋弹性模量。

JSCE-97 中关于箍筋所提供的抗剪承载能力可以按照式（8-17）计算：

$$V_f=\frac{A_{fv}E_{fv}\varepsilon_{fv}z}{s\gamma}$$

$$\varepsilon_{fv}=\sqrt{f_{mc}\frac{\rho_{fl}E_{fl}}{\rho_{fv}E_{fv}}}\times 10^{-4}\leqslant\frac{f_{fb}}{E_{fv}} \tag{8-17}$$

$$f_{mc}=\left(\frac{h}{300}\right)^{-1/10}f_c$$

式中，z 为纵筋合力点到顶部混凝土受压区合力点的距离；ρ_{fv}为箍筋配筋率；E_{fv}为箍筋弹性模量。

各梁的承载能力试验值及理论计算值如表 8-11 所示，从表中可以看出在配筋率相同的情况下，采用 HRB400“嵌钉”式箍筋的试验梁抗剪承载能力比采用 BFRP 箍筋的试验梁抗剪承载能力强。但随着配筋率的提高，梁的抗剪承载能力提高并不多，且抗剪承载能力试验值明显低于计算值，说明箍筋没有充分发挥抗剪作用。

抗剪承载能力对比（单位：kN）　　**表 8-11**

编号	ACI440・IR		CSA S806-12		JSCE-97		试验值 V_c	实测应变计算结果
	V_e	V_e/V_c	V_e	V_e/V_c	V_e	V_e/V_c		
A-1	43.94	0.77	38.04	0.80	79.58	1.67	47.67	43.94
A-2	41.29	0.84	32.39	0.69	75.21	1.60	47.02	41.29
A-3	52.23	0.80	39.61	0.79	92.59	1.84	50.33	52.23
A-4	54.95	0.74	46.35	0.77	117.56	1.95	60.23	54.95
A-5	37.33	0.94	27.49	0.63	57.12	1.32	43.32	37.33
A-6	29.13	0.80	17.58	0.48	22.13	0.68	32.35	29.13
B-1	48.89	1.76	78.45	1.59	112.81	2.29	49.20	48.89
B-2	47.99	1.73	63.48	1.32	87.48	1.82	48.04	47.99
B-3	56.40	1.68	85.86	1.49	119.80	2.08	57.58	56.40
B-4	63.01	1.59	108.19	1.64	155.94	2.36	66.10	63.01
B-5	44.05	1.63	47.94	1.06	71.79	1.59	45.15	44.05

从表 8-11 计算结果可以看出，现有规范对本试验 FRP 筋增强 3D 打印混凝土梁抗剪承载能力的计算都不准确，结合图 8-29 的箍筋应变曲线可以发现，不同配箍率的试验梁，BFRP 箍筋最大应变稳定在极限应变的 7%左右；对于 HRB400 箍筋由于其两端的弯钩作用，其最大应变为极限应变的 30%。将每根梁实测得箍筋应变代入 ACI 规范中计算抗剪承载能力，计算数据与试验值较为吻合。

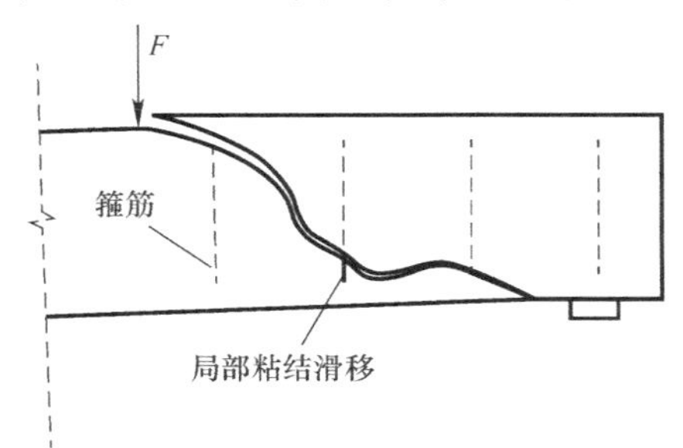

图 8-34　箍筋局部粘结失效示意图

结合混凝土梁的裂缝观测图和箍筋布置位置，可以发现，贯通斜裂缝出现后将箍筋分成了较长和较短的两部分，如图 8-34 所示，裂缝经过处箍筋较短的部分粘结长度过短易发生局部滑移，成为整个梁抗剪的最薄弱环节，控制着结构抗剪失效承载力。造成这种现象的原因在于在梁制作过程中，箍筋布置在打印层间，粘结存在一定不足，此外嵌钉和直筋式箍筋无法与纵筋绑定形成整体钢筋骨架，造成局部粘结不足而失效。

通过箍筋应变可以计算箍筋所提供抗剪作用力，通过式（8-18）可以计算出箍筋局部粘结段长度如表 8-12 所示。

$$\tau l C = \varepsilon E S \tag{8-18}$$

式中，τ 为箍筋与混凝土之间的粘结力；C 为箍筋截面周长；l 为局部粘结长度；ε 为箍筋应变；E 为箍筋弹性模量；S 为箍筋截面面积。

箍筋局部粘结长度 **表 8-12**

编号	箍筋应变（$\times10^{-6}$）	箍筋应力（MPa）	箍筋截面面积（mm^2）	箍筋受力（N）	局部粘结长度（mm）
A-1	1070.00	42.80	50.24	2150.27	5.66
A-2	707.00	28.28	50.24	1420.79	3.74
A-3	1397.00	55.88	50.24	2807.41	7.38
A-4	1146.00	45.84	50.24	2303.00	6.06
A-5	1294.00	51.76	50.24	2600.42	6.84
B-1	620.00	124.00	28.26	3504.24	9.22
B-2	686.00	137.20	28.26	3877.27	10.20
B-3	876.00	175.20	28.26	4951.15	13.02
B-4	624.00	124.80	28.26	3526.85	9.28
B-5	685.00	137.00	28.26	3871.62	10.18

由于抗剪箍筋的利用率较低，现有规范对 3D 打印混凝土梁抗剪承载能力的计算与试验结果存在较大偏差。从箍筋的应变测量数据可以得到 HRB400 箍筋的实际应变为理论最大应变的 30%，而 BFRP 箍筋的实际应变仅为理论最大应变的 7%。故引进箍筋强度折减系数 γ 来对 ACI 中箍筋部分承担的抗剪承载能力的计算公式进行修改，见式（8-19）：

$$\begin{aligned} V_f &= \frac{A_{fv} f_{fv} d}{s} \\ f_{fv} &= \gamma f_u \leqslant f_{fbend} \\ f_{fbend} &= (0.05 r_b / d_b + 0.3) f_{fu} / 1.5 \leqslant f_{fu} \end{aligned} \tag{8-19}$$

式中，f_u 为所用箍筋材料的极限强度，对于 HRB400 箍筋 γ 取 0.3，对于 BFRP 箍筋 γ 取 0.07，计算结果与试验值吻合较好，如表 8-13 所示。

抗剪承载能力理论计算 **表 8-13**

编号	计算值（kN）	试验值（kN）	误差（%）
A-1	42.38	47.67	11.10
A-2	42.77	47.02	9.04
A-3	48.14	50.33	4.35
A-4	57.00	60.23	5.36
A-5	37.22	43.32	14.08

续表

编号	计算值（kN）	试验值（kN）	误差（%）
A-6	29.63	32.35	8.41
B-1	52.38	49.20	−6.46
B-2	44.69	48.04	6.97
B-3	54.66	57.58	5.07
B-4	65.92	66.10	0.27
B-5	41.15	45.15	8.86

8.3 钢筋增强3D打印混凝土柱受压性能

打印混凝土结构必须进行打印配筋增强方可安全服役。当前有研究已经建立多种打印混凝土配筋增强的技术，在挤压混凝土堆叠成型的过程中布设纤维网格[21]、钢缆[22]和钢丝网[23]等增强材料的结构一体化智能建造技术。由于打印工艺限制，该技术对打印设备与打印材料的要求较高。孙晓燕等[21]提出一种智能建造装配式配筋增强方式，用套管实现预制离散筋空间组合形成增强骨架，图8-35所示3D打印与配筋结合形成一体化建造打印混凝土配筋增强结构，可适用于智能建造结构。本节以装配式配筋增强工艺为基础，开展3D打印混凝土配筋短柱的受压性能研究。

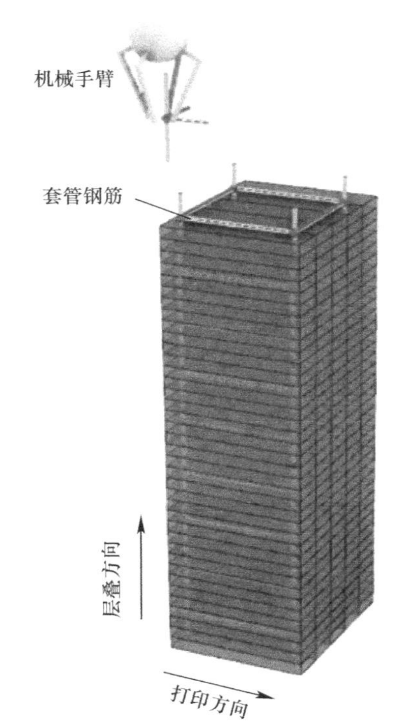

图8-35 装配式配筋增强方式[24]

8.3.1 钢筋增强3D打印混凝土柱受压性能试验研究

8.3.1.1 试验设计

试验以打印混凝土模板的外层数量、不同的配筋率以及采用的不同配筋形式作为参变量，共设计11根短柱进行模型试验，短柱截面为圆形，直径为250mm，高度为600mm。试验的对照组一共三组，分别是XJ-DY组、CB组、MB组，具体见表8-14。

高性能混凝土短柱模板厚度会影响短柱受压的力学性能，王均等[25]研究表明，随着高性能混凝土柱模板的厚度从200mm增大至250mm，结构承载力提升了34%。为了对比打印混凝土外模厚度对柱受压性能的影响，设计全现浇柱素混凝土柱XJ-0，打印一层外模内部现浇混凝土柱DY-1，打印二层外模内部现浇混凝土柱DY-2，全打印混凝土柱DY-3打印。试件非打印区域采用C30现浇混凝土，如图8-36所示。

水下3D打印混凝土短柱汇总表 表8-14

试件编号	成型方法	纵筋配置	配筋率（%）	实测尺寸 $D\times H$（mm）
XJ-0	全现浇	无	—	250×600
DY-1	打印＋现浇	无	—	252×595

续表

试件编号	成型方法	纵筋配置	配筋率（%）	实测尺寸 $D \times H$（mm）
DY-2	打印＋现浇	无	—	251×602
DY-3	全打印	无	—	248×602
CB-1	全现浇	4ϕ12	0.92	250×603
CB-2	打印＋现浇	4ϕ12	0.92	249×602
CB-3	打印＋现浇	4ϕ12	0.92	247×602
CB-4	全打印	4ϕ12	0.92	252×595
MB-1	打印＋现浇	4ϕ12	0.92	249×602
MB-2	打印＋现浇	4ϕ14	1.26	246×603
MB-3	打印＋现浇	4ϕ16	1.64	247×602
MB-4	打印＋现浇	6ϕ14	1.88	249×603

注：CB-2 与 MB-1 为同一柱式构件。

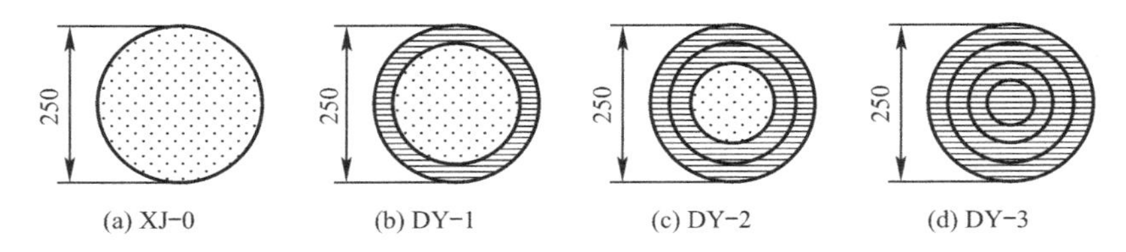

图 8-36　XJ-DY 组设计截面图（单位：mm）

为了对比打印层数对配筋混凝土柱受力性能的影响，在 XJ-DY 组基础上进行配筋，其中全现浇混凝土柱 CB-1 与打印一层外模内现浇混凝土柱 CB-2 采用的是整体式钢筋笼增强方式；打印二层外模内现浇混凝土柱 CB-3 与全打印混凝土柱 CB-4 采用节段式组合装配式配筋，以研究配筋方式对结构承载力的影响。CB 对照组如图 8-37 所示。现有在 3D 打印过程中植入钢缆、钢钉等增强材料等技术难以提供足够的强度和刚度[21-23,26,27]，多限于梁式构件。由于柱式构件受压和抗震的功能需求对其配筋的连续性和强度、刚度均提出了更高的技术要求。CB-3 与 CB-4 采用如图 8-33 打印过程插入套管短钢筋，可随着打印过程一体化配筋增强，每间隔打印 10 层插入组合，形成整体钢筋增强骨架。

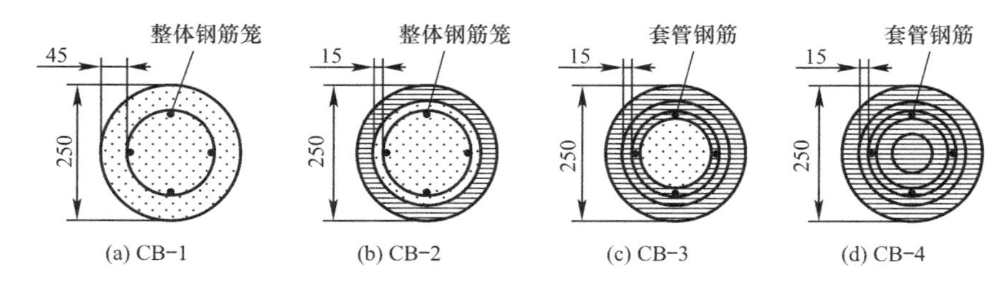

图 8-37　CB 组设计截面图（单位：mm）

此外，试验还设置配筋率为参变量（0.92%-1.88%），研究不同配筋率情况下短柱的轴压性能。如图 8-38 所示。为避免混凝土柱加载过程中不发生局部破坏，两端箍筋间距加密为 50mm，中部三根箍筋的间距为 70mm，纵向钢筋距离端部为 30mm。内外保护层厚度取 15mm。

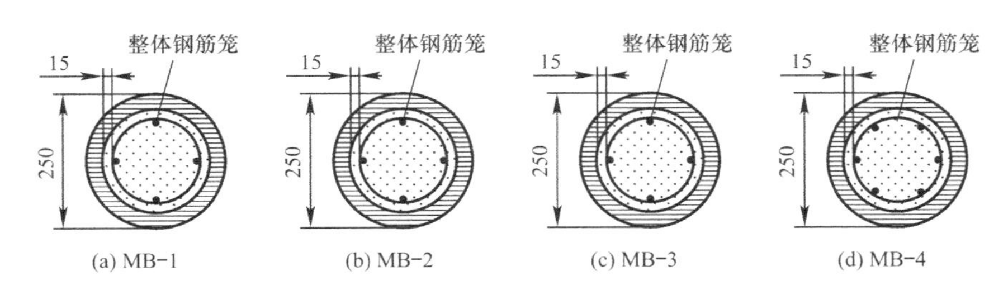

图 8-38　MB 组设计截面图（单位：mm）

8.3.1.2　试件制作

材料配合比如表 8-15 所示，参考《建筑砂浆基本性能试验方法标准》JGJ/T 70—2009[28]，采用 70.7mm×70.7mm×70.7mm 尺寸测定的立方体抗压强度值，轴心抗压强度 f_{ck}与弹性模量亦参考了砂浆规范《建筑砂浆基本性能试验方法标准》JGJ/T 70—2009[28]进行测试，试件尺寸为 70.7mm×70.7mm×210mm。参考《普通混凝土配合比设计规程》JGJ 55—2011[29]配置了 C30 现浇混凝土，其配合比如表 8-17 所示，现浇混凝土轴心抗压强度参考《混凝土物理力学性能试验方法标准》GB/T 50081—2019[30]，采用 150mm×150mm×300mm 试件尺寸测试。采用 HRB400 为钢筋。混凝土与钢筋的实测性能如表 8-16、表 8-18 所示。

3D 打印混凝土配合比　　**表 8-15**

水泥	矿粉	硅灰	砂	水	减水剂	缓凝剂	纤维	触变剂	絮凝剂
0.6	0.3	0.1	0.8	0.25	0.003	0.001	0.02	0.01	0.02

3D 打印混凝土 28d 抗压强度　　**表 8-16**

受力方向	强度（MPa）
M	60.2
X	54.8
Y	47.8
Z	56.7

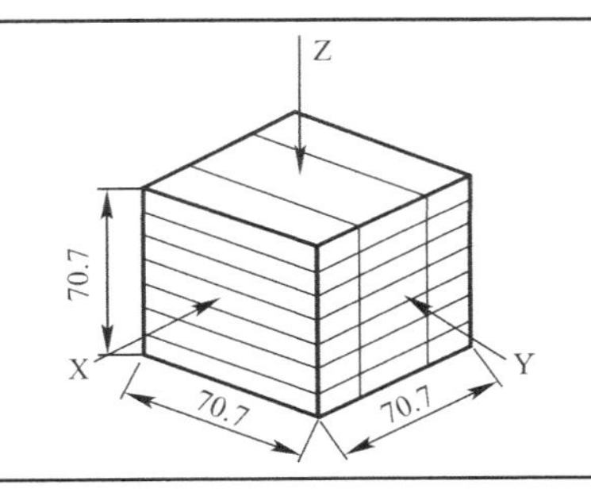

C30 现浇混凝土配合比　　**表 8-17**

设计强度	水泥	砂	石	水
C30	1	1.75	3.26	0.6

注：最大粒径粗骨料采用碎石，最大粒径不超过 1cm。

实测混凝土与钢筋力学性能　　**表 8-18**

混凝土			钢筋		
材料	f_{ck}(MPa)	E_c(GPa)	f_y(MPa)	f_u(MPa)	E_s(MPa)
3D 打印混凝土	42.5	28.8	420	540	200
现浇混凝土	20.2	21.3			

试件制作过程如图 8-39 所示。CB-3 与 CB-4 试件需要进行打印过程中一体化纵向钢筋

配置增强，通过套管将短钢筋连接形成纵向连续刚性增强，与打印的指定层数放置箍筋，形成与现浇钢筋混凝土柱相同的刚性配筋骨架，如图 8-40 所示。

(a) 水下3D打印

(b) 整体钢筋笼

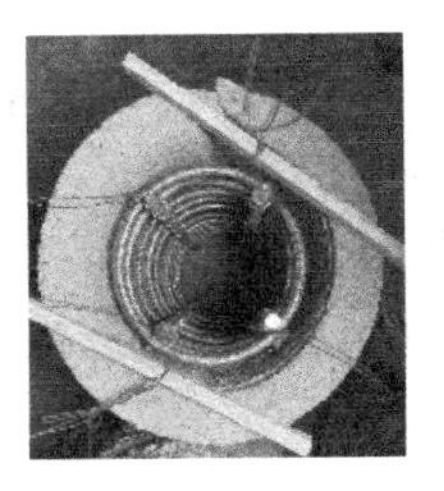

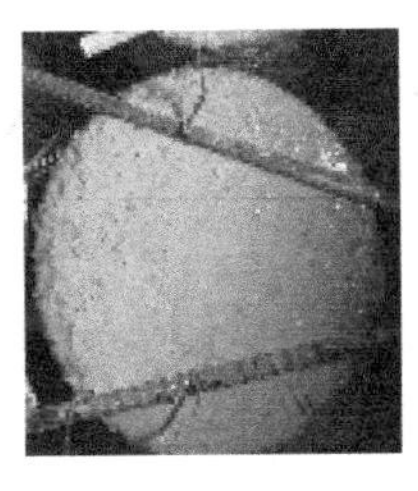

(c) 打印模板，混凝土现浇

(d) 试件成型

图 8-39　试件制作流程

套管为钢材制造，上部与下部的内径不同，下部内径为 14mm，上部内径为 16mm，且上部与下部之间有隔挡作为分界，能够起到防止套管在钢筋之间的滑落，如图 8-41(a) 所示。套筒组合配筋增强 3D 打印混凝土柱的建造工序如下：

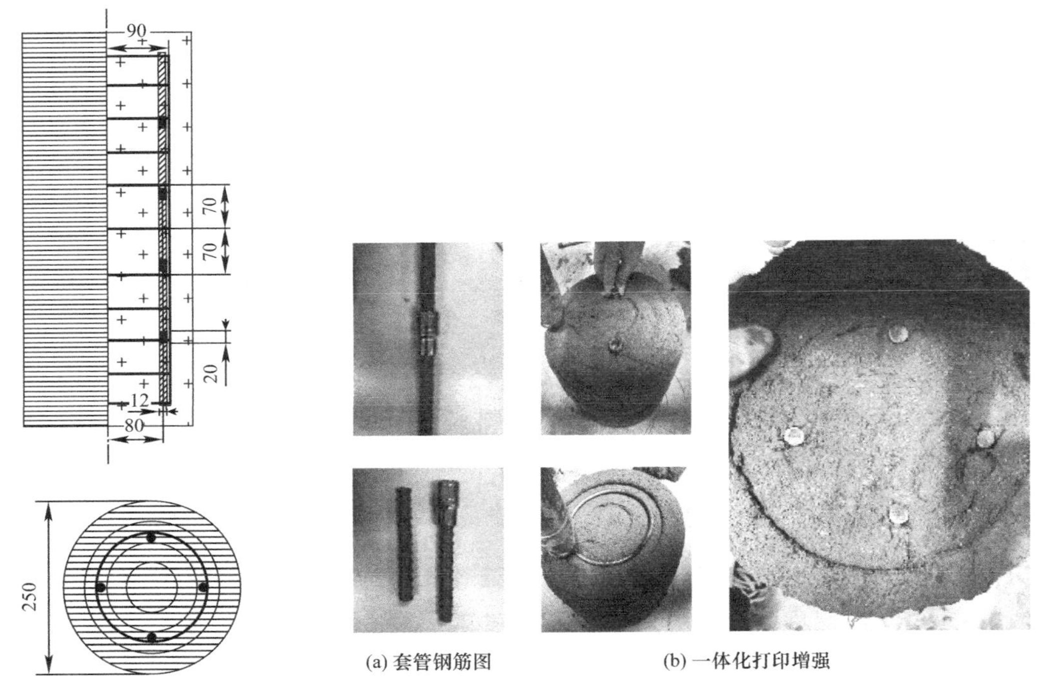

图 8-40　柱式构件配筋详情（单位：mm）

(a) 套管钢筋图　(b) 一体化打印增强

图 8-41　一体化装配式刚性配筋增强 3D 打印混凝土柱建造工序

（1）自柱底向上稳定打印 3 层作为保护层的厚度，不配置刚性筋材；

（2）打印至 14 层，暂停打印 1min 左右，将短钢筋从第 14 层插入至第 3 层，将套管嵌入至第 14 层，标记好位置；

（3）继续打印分别至第 25 层、36 层、47 层、57 层、重复步骤（2）。其中在第 35 层插入的纵向钢筋中贴有纵向钢筋应变片，以测试圆柱中部钢筋纵向应变；

(4) 最后一次插入钢筋时不需要再加入套管，此时形成的纵向连续增强筋材总长度为54cm，与现浇混凝土配置的钢筋笼纵筋尺寸54cm相同，位置与现浇钢筋笼保持一致；

(5) 箍筋方案与现浇混凝土的箍筋方案位置相同，于第3、8、13、18、23、30、37、42、47、52、57层布置箍筋圈于打印时铺入，如图8-41(b)所示。

8.3.1.3 打印制作误差测试与分析

通过实测打印构件的尺寸分析打印工艺对构件误差的影响，获得其直径信息，打印条宽信息，层厚度信息，以及构件的高度信息，如图8-42所示，实测示意图如图8-43所示，表8-19展示了构件尺寸的测试数据与误差，其中顶面直径表示打印结构顶面的直径，纵向直径表示沿着高度方向等间距测试了构件的直径。

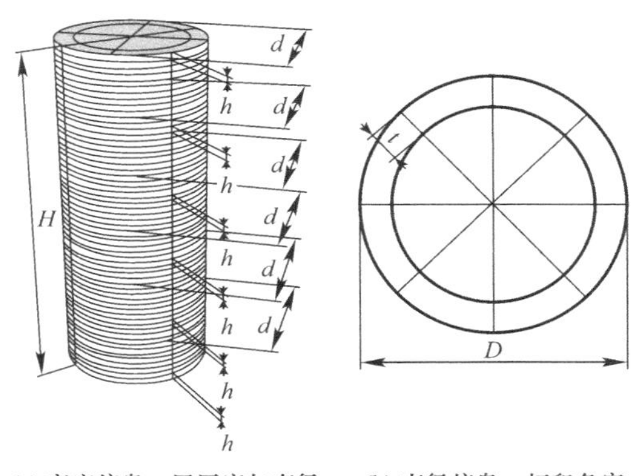

(a) 高度信息、层厚度与直径　(b) 直径信息、打印条宽

图8-42 尺寸测试示意图

(a) 直径与打印条宽

(b) 打印层厚度测试

(c) 构件高度测试

图8-43 尺寸测试

水下3D打印混凝土短柱制作尺寸误差分析　表8-19

测试部位	均值 (cm)	误差 (max－min) /avg	变异系数 (%)	实测-设计值
顶面直径 (D)	24.9	0.03	0.95	0.1
打印条宽 (t)	3.045	0.06	2.28	0.045
纵向直径 (d)	24.4	0.13	4.61	0.6
打印层厚 (h)	0.997	0.04	1.30	0.003
构件高度 (H)	59.0	0.01	0.17	1

8.3.1.4 加载测试

采用YAW-10000F微机控制电液伺服多功能试验机进行加载。试验机加载端为球铰支座，试验机承压板为固定板，短柱底部承压板采用尺寸400mm×400mm×20mm厚的钢板。为了保证短柱在荷载作用下均匀受压，试验前先将短柱受力面打磨平，试验时再用石英砂找平，利用上端加载端为球铰，则可保证短柱在试验时处于轴心受压状态，同时在预加载环节观测对称面的轴向变形是否相同进行判断对中情况。试验过程按照《混凝土结

构试验方法标准》GB/T 50152—2012[3]的有关规定来进行试验加载。首先进行预加载50kN，卸荷至5kN，平衡清零后正式加载，正式加载中采用单调分级加载，每级荷载不超过极限荷载的10%。80%极限荷载后采用位移加载，加载速度0.2mm/min，直至荷载-位移曲线出现拐点。加载过程中使用DH3816静态应变测试系统采集数据，加载时在试件两侧对称布置2个位移传感器，以测量轴向位移。在试验柱的中截面对称布置6个竖向应变片和6个横向应变片，以测量轴力作用下柱纵向和横向混凝土应变。加载试验装置如图8-44所示。试验测试记录各构件的破坏过程与破坏形态，测试其开裂荷载、峰值荷载以及荷载位移曲线。测试混凝土各部位的荷载-轴向应变曲线、荷载-横向应变曲线与钢筋的荷载-应变曲线，应变片张贴位置如图8-45所示。

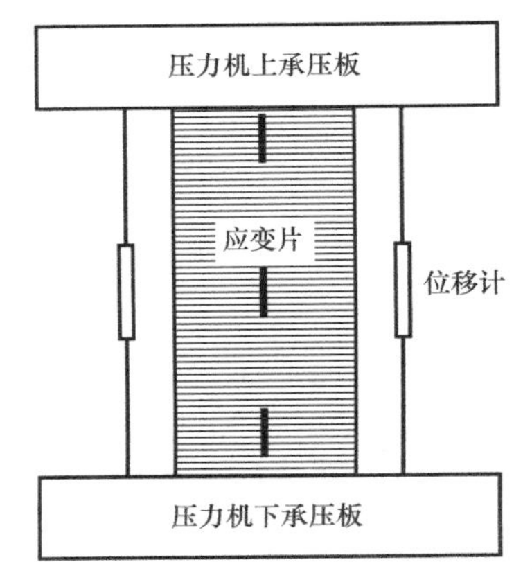

图8-44　加载示意图

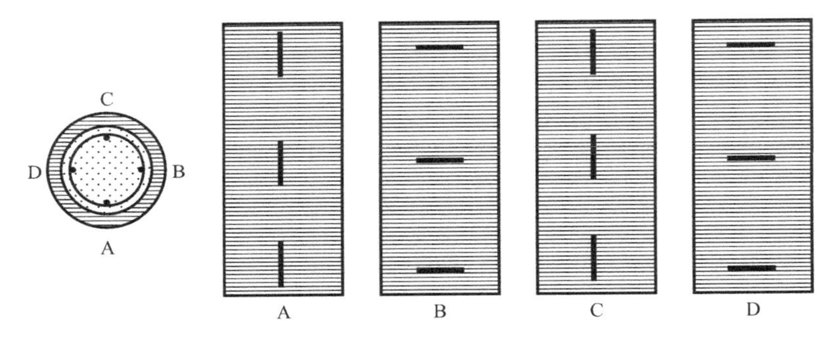

图8-45　应变片布置示意图

8.3.1.5　试验结果

(1) 荷载-位移曲线

试验构件荷载-位移曲线呈现较为相似的变化规律，如图8-46所示。由于打印混凝土力学性能优于传统现浇混凝土材料，而且打印外层对内部混凝土形成环箍效应，使得打印构件体现出良好的刚度和承载能力，见表8-20，3D打印混凝土柱承载力比现浇混凝土柱承载力提高了35.38%-94.75%。在相同的荷载下，打印构件产生的位移也显著减少。随着打印混凝土外层数量增大，结构刚度不断增大，对应打印层数为2时刚度提升效率最为突出，如图8-46(a)所示。采用刚性套管装配式配筋，一体化施工的3D打印混凝土柱与现浇钢筋混凝土柱对比，在相同配筋率下，随着受压区打印混凝土面积增大，开裂荷载提升了9.20%-76.46%，结构承载力提升了27.57%-70.83%，如图8-46(b)所示。采用打印混凝土作为永久模板与现浇混凝土及整体配筋建造方式组合时，由于纵向钢筋只起到了协助混凝土受压的作用，因此当配筋率从0.92%增大到1.88%，结构承载力提升幅度只从14.3%提升到23.3%，结构刚度变化不大，如图8-46(c)所示。

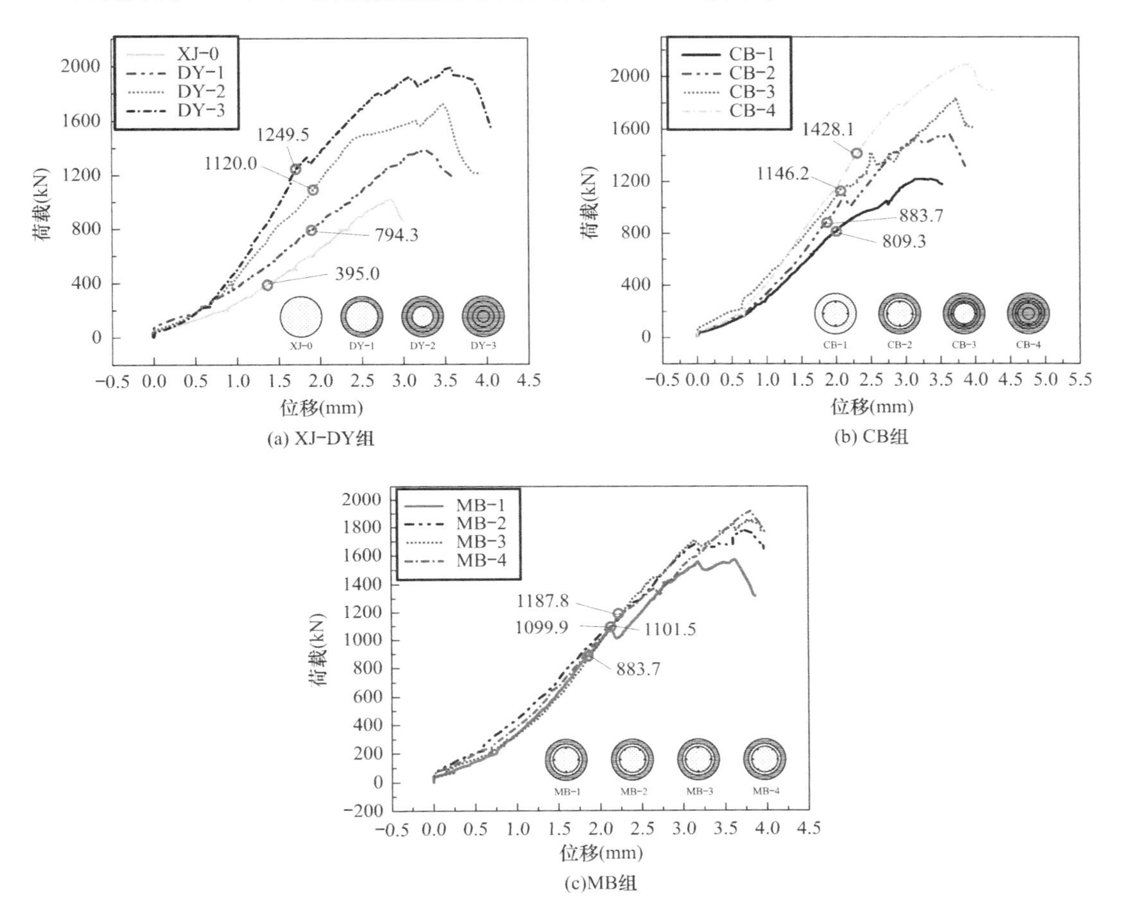

图8-46　荷载位移曲线

开裂荷载、峰值荷载与位移　　表8-20

试件编号	开裂荷载（kN）	峰值荷载（kN）	峰值位移（mm）
XJ-0	395.0	1016.8	2.865
DY-1	794.3	1376.5	3.279
DY-2	1120.0	1710.0	3.483
DY-3	1249.5	1980.2	3.577
CB-1	809.3	1225.6	3.266
CB-2	883.7	1563.5	3.617
CB-3	1146.2	1848.3	3.725
CB-4	1428.1	2093.7	3.884
MB-1	883.7	1563.5	3.617
MB-2	1101.5	1786.7	3.732

续表

试件编号	开裂荷载（kN）	峰值荷载（kN）	峰值位移（mm）
MB-3	1187.8	1863.4	3.795
MB-4	1099.9	1928.4	3.813

（2）受压柱式构件刚度分析

获取柱荷载-应变曲线的初始斜率，作为柱式构件的刚度，结果如表 8-21 所示。可见，在试验设置范围内，配筋率变化对于结构整体刚度的影响不是很大；在相同配筋率的情况下，CB 组柱式构件刚度随着 3D 打印混凝土用量的增加而增大。

柱式构件刚度分析 **表 8-21**

试件编号	中部纵向应变切线斜率	名义弹性模量（MPa）
XJ-0	1.0227	20844.8
DY-1	1.2154	24772.5
DY-2	1.3116	26733.2
DY-3	1.4270	29085.4
CB-1	1.1594	23631.1
CB-2	1.2154	24772.5
CB-3	1.3773	28072.4
CB-4	1.5250	31082.8
MB-1	1.3083	26666.0
MB-2	1.3193	26890.2
MB-3	1.3398	27308.0
MB-4	1.3561	27640.3

打印永久模板叠合柱 MB 组钢筋均达到屈服，其中：MB-1-MB-3 试件的钢筋均在荷载达到峰值荷载之前屈服，MB-4 试件的钢筋在荷载达到峰值荷载之后再屈服。相同截面配筋率下，随着打印混凝土所占比例的增大，构件刚度显著增大，钢筋承担的应力比例降低，当打印混凝土层数大于 1 时，CB-3 与 CB-4 试件的钢筋并未屈服，如图 8-47 所示。这表明套管钢筋装配组合能够起到类似整体配筋增强 3D 打印混凝土结构的作用，但是打印混凝土由于材料强度提升和围箍效应显著提升了结构刚度，装配组合式配筋主要改善结构发生破坏后的变形能力。

（3）破坏形态

柱式构件轴心受压一共分成弹性、裂缝发展与破坏三个阶段。现浇素混凝土纵向裂缝瞬间贯穿柱身，呈现典型的脆性破坏特征；打印永久模板叠合柱外部打印混凝土条带对内部现浇混凝土提供环箍效用，破坏始于外部打印混凝土条带的拉断和局部剥落；全打印混凝土柱则体现出较好的整体变形能力，没有出现外层混凝土与内层的剥落现象，如图 8-48 所示。

截面配筋率相同时，与现浇混凝土整体配筋柱相比，打印混凝土装配配筋柱裂缝开展更为充分。打印永久模板叠合混凝土柱无论整体配筋还是装配组合配筋，破坏均来自于外层打印混凝土的胀裂，出现局部剥落，如图 8-49 所示。

撬开破坏后的打印混凝土装配配筋柱试件发现装配组合配筋的套管钢筋与箍筋仍然保持完整，如图 8-50所示，这表明了装配组合配筋在 3D 打印混凝土柱受压过程中具备整体

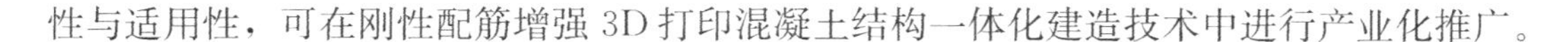

性与适用性，可在刚性配筋增强 3D 打印混凝土结构一体化建造技术中进行产业化推广。

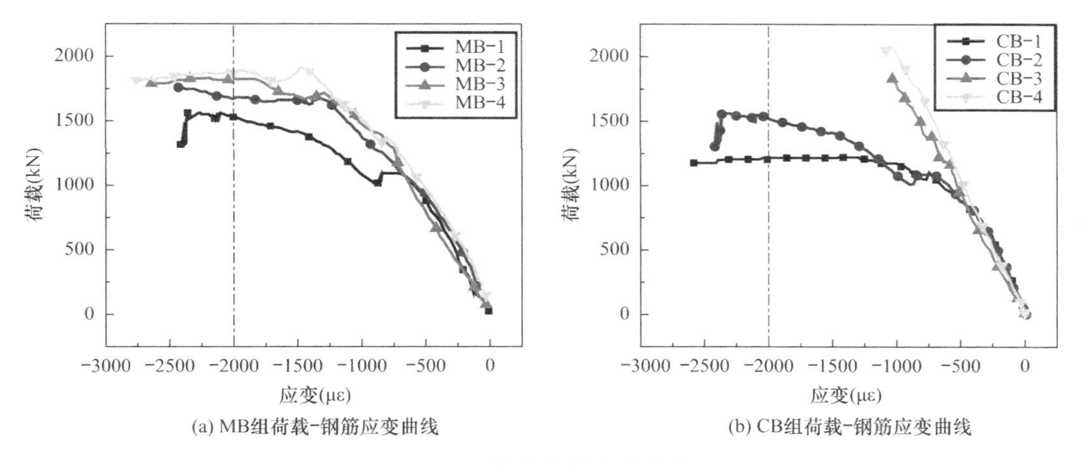

(a) MB组荷载-钢筋应变曲线　　(b) CB组荷载-钢筋应变曲线

图 8-47　荷载-钢筋应变曲线

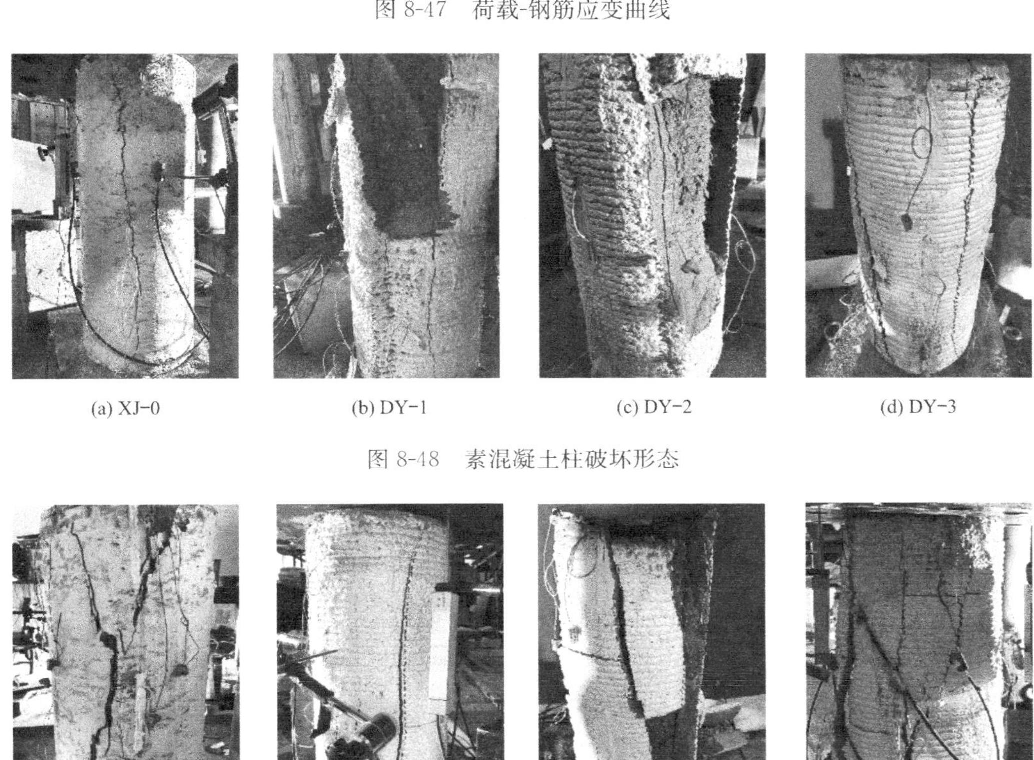

(a) XJ-0　(b) DY-1　(c) DY-2　(d) DY-3

图 8-48　素混凝土柱破坏形态

(a) CB-1　(b) CB-2　(c) CB-3　(d) CB-4

图 8-49　同配筋率不同建造方式混凝土柱破坏形态与破坏过程

MB 组为配筋率变化的一组 3D 打印永久模板混凝土叠合柱，其破坏模式为柱身贯通纵向裂缝，同时外层混凝土剥离，如图 8-51 所示。因为配置钢筋使得构件在外层混凝土开裂后仍然具备一定延性。该组结构形式符合现有混凝土结构规范设计和构造要求，因此在工程实际中具有良好的应用前景。

(a) CB-3　　(b) CB-4

图 8-50　装配组合配筋 3D 打印混凝土柱破坏后钢筋骨架形态

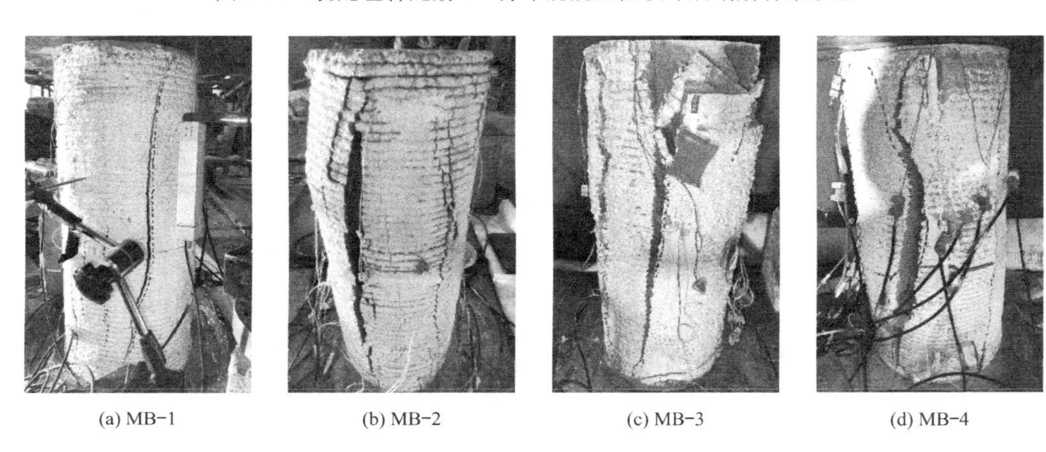

(a) MB-1　　(b) MB-2　　(c) MB-3　　(d) MB-4

图 8-51　打印永久模板混凝土柱配筋率增长破坏形态变化

8.3.2　刚性配筋增强 3D 打印混凝土柱受压性能理论分析

3D 打印混凝土永久模板轴心受压构件承载能力由三个部分组成，分别是外层模板、核心现浇混凝土以及受压钢筋。3D 打印混凝土材料作为外层模板，会对内部的核心混凝土有一定的环向约束作用，但因外层材料为脆性材料，往往在未达到承载力之前模板开裂，在试件到达其承载力时已经失去了环箍效应。试验测试叠合柱开裂荷载与承载力的比值为 56.2%-65.5%。因此计算最终承载力时偏于安全地对外层模板对核心混凝土的约束作用不予考虑。

计算简图如图 8-52 所示，当受压钢筋发生屈服时可采用 6.4.3 节的公式进行计算；当受压钢筋没有达到屈服时（如 CB-3 与 CB-4 构件），打印混凝土柱的受压承载能力可用式（8-20）进行计算。

$$N_u = \varphi(f_{ck1}A_1 + f_{ck2}A_2 + E_s\varepsilon A'_s) \tag{8-20}$$

式中，N_u 为轴向压力承载力极限值；φ 为钢筋混凝土构件稳定系数；f_{ck1} 为核心混凝土轴心抗压强度标准值；A_1 为核心混凝土面积；f_{ck2} 为 3D 打印混凝土轴心抗压强度标准值；A_2 为永久模板混凝土横截面面积；A'_s 为全部纵向钢筋的截面面积。

表 8-22 将理论计算结果与试验结果进行了对比，二者较为吻合。由表 8-22 也可以发现：混凝土柱承载力随着外层模板的数量增大而提高；混凝土柱采用的材料不同将大幅度影响结构最终承载力，单层模板叠合柱承载力大于现浇混凝土柱 35.3%，双层模板叠合柱承载力大于现浇混凝柱子 68.2%，全打印混凝土柱大于现浇混凝土柱承载力 94.7%；对比不同配筋率的单层打印模板叠合柱，配筋率从 0.92%提高至 1.88%，结构承载力从 1563.5kN 提升至 1982.4kN，提高了 26.8%，钢筋协助混凝土受压的效果明显。对比传统整体配筋和装配组合配筋，可认为装配组合配筋方式可以提供与传统钢筋配筋方式相似的增强作用。

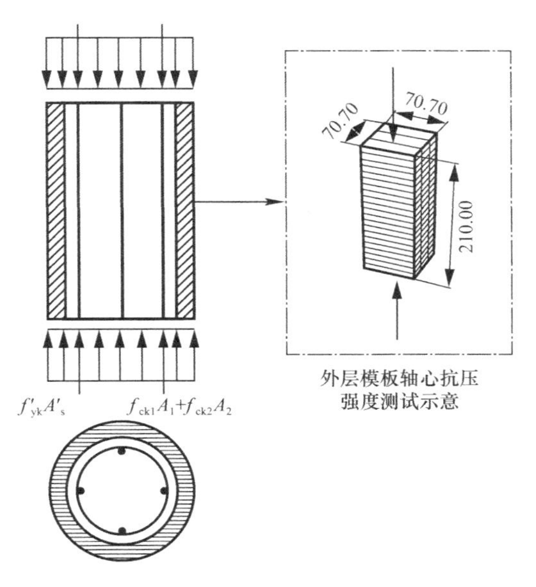

图 8-52　轴心受压承载力计算简图
（单位：mm）

模型计算精度分析　　表 8-22

试件编号	试验极限承载力（kN）	计算承载力（kN）	承载力误差（%）
XJ-0	1016.8	991.1	−2.53
DY-1	1376.5	1453.2	5.58
DY-2	1710.0	1789.3	4.64
DY-3	1980.2	2085.2	5.30
CB-1	1225.6	1181.0	−3.64
CB-2	1563.5	1643.1	5.09
CB-3	1848.3	1885.4	2.01
CB-4	2093.7	2181.2	4.18
MB-1	1563.5	1643.1	5.09
MB-2	1786.7	1711.7	−4.20
MB-3	1863.4	1790.8	−3.90
MB-4	1928.4	1840.9	−4.54

8.4　本章小结

本章以 BFRP 筋为受拉纵筋制备了 3D 打印混凝土梁式构件，测试了 BFRP 筋增强 3D 打印混凝土梁式构件的荷载-位移曲线、破坏模式、变形和裂缝的发展情况，探讨了 BFRP 筋增强 3D 打印混凝土梁式构件的抗弯及抗剪性能变化规律，建立了 BFRP 筋增强 3D 打印混凝土梁式构件的受弯及受剪承载能力计算模型。

通过打印模板叠合混凝土柱、打印混凝土柱、装配组合配筋增强打印混凝土柱和传统钢筋混凝土柱的对比试验研究与分析，明确了配筋率、打印层数对叠合结构的影响，明确了装配组合式刚性配筋增强打印混凝土柱建造工艺的可行性与可靠性，提出了刚性配筋增强3D打印混凝土受压构件的承载性能计算方法。为采用刚性筋材一体化增强打印混凝土的建造、构件设计和应用提供了借鉴。

参考文献

[1] 袁竞峰. 新型FRP筋混凝土梁受弯性能研究［D］. 东南大学，2006.

[2] 霍宝荣. BFRP-混凝土结构理论与试验研究［D］. 辽宁工程技术大学，2011.

[3] GB/T 50152—2012 混凝土结构试验方法标准［S］.

[4] GB 50010—2010 混凝土结构设计规范［S］.

[5] 王洋. FRP筋混凝土梁受弯性能研究［D］. 哈尔滨工业大学，2018.

[6] 邓明科，景武斌，秦萌等. 高延性纤维混凝土抗压强度试验研究［J］. 建筑结构，2016，46（23）：79-84.

[7] 王新玲，苏会晓，李可等. FRP网格增强ECC加固素混凝土柱受压性能数值分析［J］. 建筑科学，2018，34（03）：22-29.

[8] 韩定杰. BFRP筋再生混凝土深梁抗剪性能理论分析与数值模拟［D］. 辽宁工业大学，2018.

[9] 周正荣. BFRP筋无机聚合物混凝土梁抗剪性能试验研究［D］. 武汉理工大学，2018.

[10] Nehdi M，El-Chabib H，Omeman Z. Experimental study on shear behavior of carbon-fiber-reinforced polymer reinforced concrete short beams without web reinforcement［J］. Canadian Journal of civil Engineering，2008，35(1)：1-10.

[11] 师晓权，张志强，李志业等. GFRP筋混凝土梁抗剪承载力影响因素［J］. 西南交通大学学报，2010，45(06)：898-903.

[12] 敖士楷. FRP筋-玄武岩纤维混凝土梁抗剪性能研究［D］. 哈尔滨工程大学，2017.

[13] 贺红卫. FRP箍筋混凝土梁受剪承载力试验研究［D］. 郑州大学，2013.

[14] Issa M A，Ovitigala T，Ibrahim M. Shear behavior of basalt fiber reinforced concrete beams with and without basalt FRP stirrups［J］. Journal of Composites for Construction，2016，20(4)：4015083.

[15] Maranan G B，Manalo A C，Benmokrane B，et al. Shear behavior of geopolymer concrete beams reinforced with glass fiber-reinforced polymer bars［J］. ACI Structural Journal，2017，114(2)：337.

[16] 李树旺. BFRP筋海砂混凝土梁受剪性能试验研究［D］. 广东工业大学，2014.

[17] 李文龙. GFRP箍筋混凝土梁受剪承载力试验研究［D］. 安徽工业大学，2017.

[18] ACI CODE 440. 1R-06：Guide for the design and construction of structural concrete reinforced with FRP bars［S］.

[19] CSA S806：12 Design and construction of building structures with fibre-reinforced polymers［S］.

[20] JSCE 1997 Recommendation for design and construction of concrete structures using continuous fiber reinforcing materials［S］.

[21] 孙晓燕，汪群，王海龙等. 一种水下3D打印混凝土及其施工方法：CN 201911121049. 1［P］. 2020.

[22] Ma G，Li Z，Wang L，et al. Micro-cable reinforced geopolymer composite for extrusion-based 3D printing［J］. Materials Letters，2019，235：144-147.

[23] Asprone D，Auricchio F，Menna C，et al. 3D printing of reinforced concrete elements：technology

and design approach [J]. Construction & Building Materials, 2018, 165: 218-231.
[24] Alsayed S H, Alhozaimy A M. Ductility of concrete beams reinforced with FRP bars and steel fibers [J]. Journal of Composite Materials, 1999, 33(19): 1792-1806.
[25] 王钧，王志彬，李论. 配有钢纤维RPC免拆柱模的钢筋混凝土短柱轴压力学性能 [J]. 建筑科学与工程学报，2016，33(02)：98-106.
[26] Khoshnevis B. Automated construction by contour crafting—related robotics and information technologies [J]. Automation in Construction, 2004, 13(1): 5-19.
[27] Lim J H, Panda B, Pham Q. Improving flexural characteristics of 3D printed geopolymer composites with in-process steel cable reinforcement [J]. Construction & Building Materials, 2018, 178: 32-41.
[28] JGJ/T 70—2009 建筑砂浆基本性能试验方法标准 [S].
[29] JGJ 55—2011 普通混凝土配合比设计规程 [S].
[30] GB/T 50081—2019 混凝土物理力学性能试验方法标准 [S].

第9章 增材智造混凝土结构应用及发展

9.1 多层混凝土办公建筑的原位增材智造

中建技术中心联合其他单位在广东河源市完成了一座双层办公建筑的原位 3D 打印的工程应用。办公建筑为地上两层建筑，高度 7.2m，占地面积 118m^2，建筑面积 230m^2，平面图如图 9-1 所示。利用 3D 打印空心墙体作为建筑主体，梁、板采用预制拼装，外柱采用 3D 打印外模与现浇混凝土和传统钢筋笼叠合，参照《砌体结构设计规范》GB 50003 结合了剪力墙结构设计特点进行结构设计。

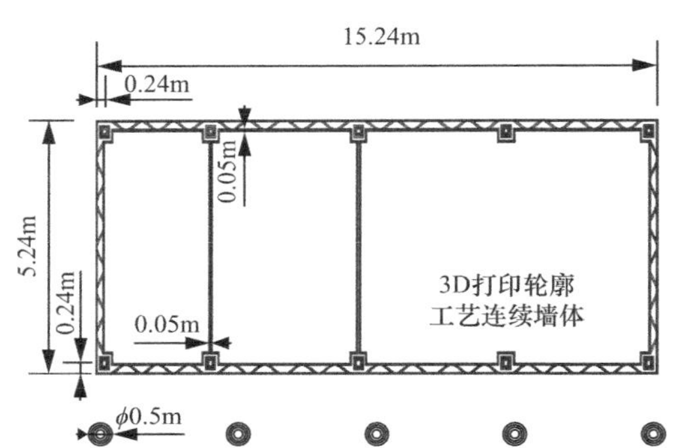

图 9-1 原位足尺增材智能建造建筑

9.1.1 原位打印建筑的混凝土结构设计

建筑 3D 打印的工程应用多集中在工厂预制 3D 打印墙和构造柱模板，施工现场拼装成房屋建筑。装配式 3D 打印构件结构设计、节点设计和安装工艺可以参考装配式建筑的设计和建造方法。原位 3D 打印多层建筑的结构设计、建造技术等方面研究较少。原位 3D 打印建筑的结构设计难点主要在于构件基本力学性能研究参数较少，无法套用现有成熟的建筑结构设计方法、墙体节点部位的设计应与后续 3D 打印施工工艺相匹配。原位 3D 打印建筑的结构设计为了保证结构的整体性，通过节点合理的构造设计，并在节点部分采用现浇混凝土，将 3D 打印混凝土结构连接成一个整体。保证其结构性能具有与其他混凝土建筑结构等同的可靠性、整体性、承载力、延性和耐久性能。

原位增材制造 3D 打印混凝土叠合结构设计主要有：（1）3D 打印混凝土叠合结构体系是由 3D 打印柱和 3D 打印梁为主要构件组成的承受竖向和水平作用的结构。（2）3D 打印柱是由 3D 打印成型永久性模板，模板内配制箍筋和纵筋，并进行混凝土现浇叠合，最终形成结构柱。(3) 3D 打印梁是由 3D 打印形成永久性模板，在模板内配制箍筋和纵筋，并进行混凝土叠合，形成梁构件。

原位打印节点构造设计：

(1) 构造柱

有抗震设计要求的 3D 打印无筋砌体结构多层房屋需要设计构造柱，构造柱按照《建筑抗震设计规范》GB 50011 规定的部位设置。原位 3D 打印施工现场打印出构造柱的外模，之后插入构造柱的预制钢筋笼，需要注意的是构造柱的钢筋笼需要和建筑基础中的预埋的下部构造柱钢筋进行有效的连接之后灌注自密实混凝土，如图 9-2 和图 9-3 所示。

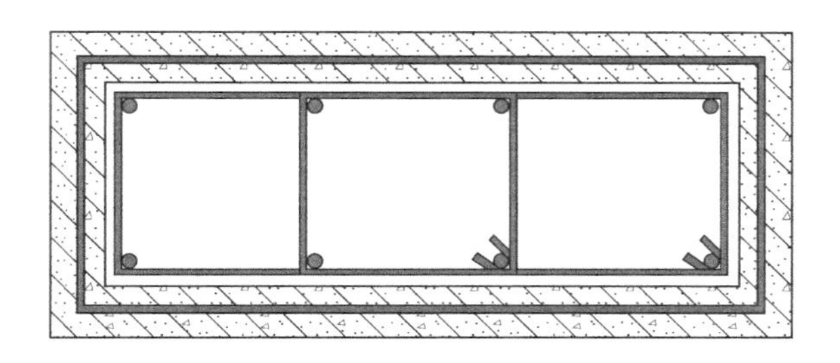
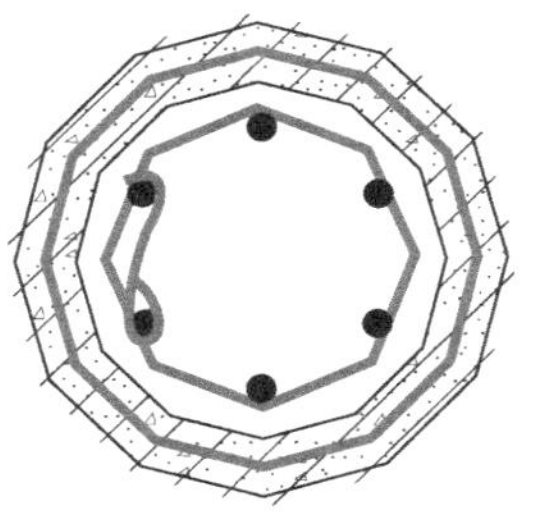

图 9-2　方形构造柱和圆形构造柱设计示意

图 9-3　3D 打印方形和圆形构造柱永久性模板

3D 打印混凝土永久性模板厚度为 30-50mm，根据打印头的大小决定，打印过程中在模板内沿着打印墙高每隔 300-500mm 放置 2ϕ6 水平钢筋和 ϕ6 分布短钢筋组成模板钢筋拉结网片，每边伸入墙体内不小于 1mm，拉结网片需要沿着打印墙体水平通长设置。L 形、T 形构造柱各肢构造柱外模内部宽度宜≥200mm，外模内表面长度宜≥240mm，3D 打印外模内表面尺寸应比构造柱钢筋笼外表面尺寸大 5-10mm，以便钢筋笼顺利插入。图 9-4 和图 9-5 为 3D 打印柱的形式和配筋示意图。

为了支撑无肋外模打印墙体，并控制墙体的收缩开裂，需要在打印墙体内布置水平钢筋网片，水平钢筋网片沿着墙高 300-500mm 放置一层；每层水平钢筋网片在墙体中通长放置，搭接处长度 200mm；钢筋网片采用 HRB400，直径 6mm 钢筋。图 9-6 为构造柱与底部预埋钢筋连接形式。

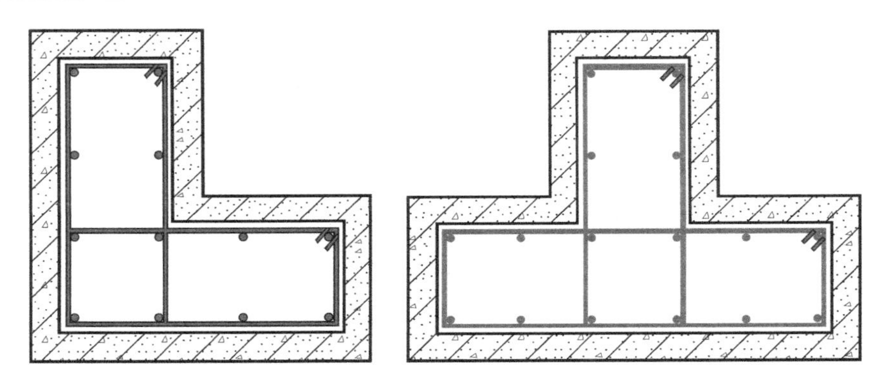
图 9-4　3D 打印构造柱截面

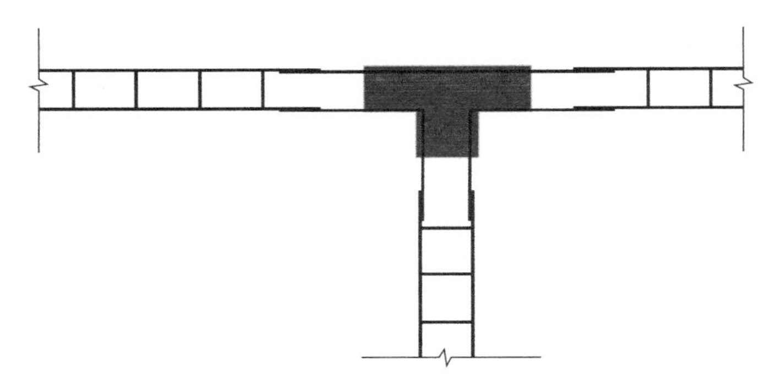
图 9-5　3D 打印构造柱水平拉筋

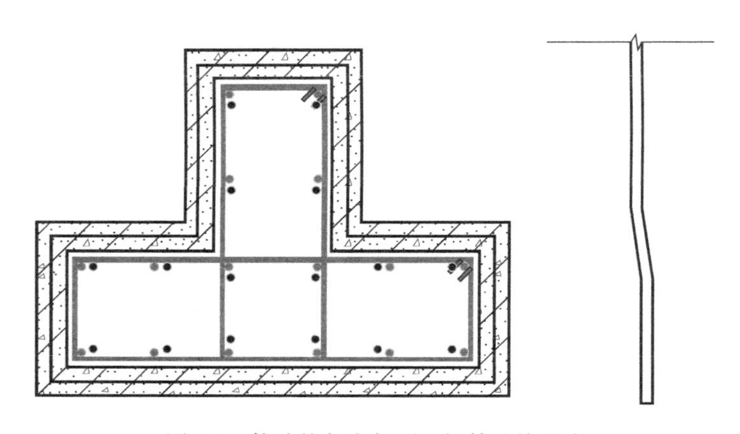
图 9-6　构造柱与底部预埋钢筋连接形式

钢筋笼与基础预埋钢筋和下层基础的构造柱钢筋可以采用直螺纹套筒连接、焊接等连接方式，做到安全可靠。构造柱与圈梁连接处，构造柱的纵筋应在圈梁纵筋内侧穿过，保证构造柱纵筋上下贯通。基础底板或下层楼板混凝土结构施工完毕，柱纵向钢筋预留出搭接长度，待上层 3D 打印竖向结构施工完成后，放入已加工好的钢筋笼，与下层预留钢筋搭接，采用搭接焊的方式进行钢筋节点连接。底部 3D 打印结构施工时在搭接焊范围内预留出操作洞口，并应保证节点部位箍筋与纵向钢筋有效连接。图 9-7 所示为 3D 打印结构节点纵向钢筋焊接连接构造。

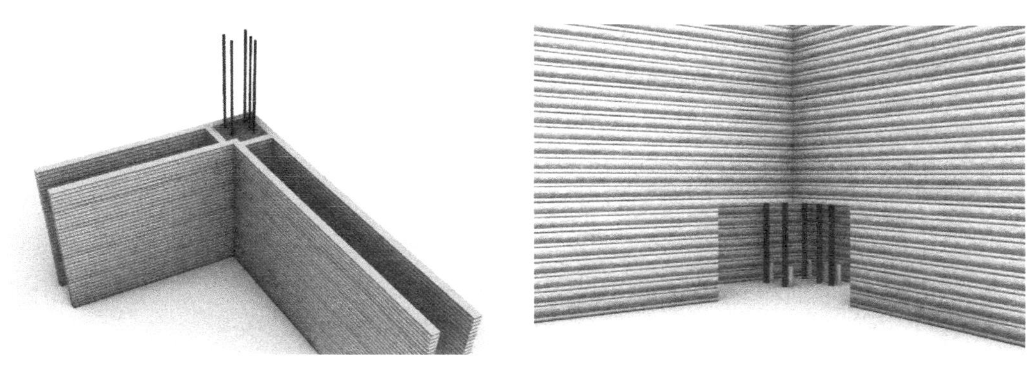

图 9-7 3D打印结构节点纵向钢筋焊接连接构造

节点纵向钢筋搭接连接构造也可以采用在钢筋连接节点部位采用直螺纹套筒和搭接连接方式，实现打印结构现场施工钢筋节点便捷连接。基础底板或下层楼板混凝土结构施工完毕，柱纵向钢筋预留出5-10cm，预埋钢筋顶部带有螺纹，将直螺纹套筒与预埋钢筋进行连接。使用3D打印专用施工设备进行3D打印外墙体施工至低于搭接钢筋高度10cm处，将搭接钢筋通过螺纹与钢筋套筒连接后继续施工3D打印墙体至单层高度，在结构柱处插入已经组装完成的结构柱钢筋笼，钢筋笼的每根钢筋分别与搭接钢筋接触，钢筋笼底部与钢筋套筒顶部接触。图9-8所示为3D打印结构节点纵向钢筋搭接连接构造。

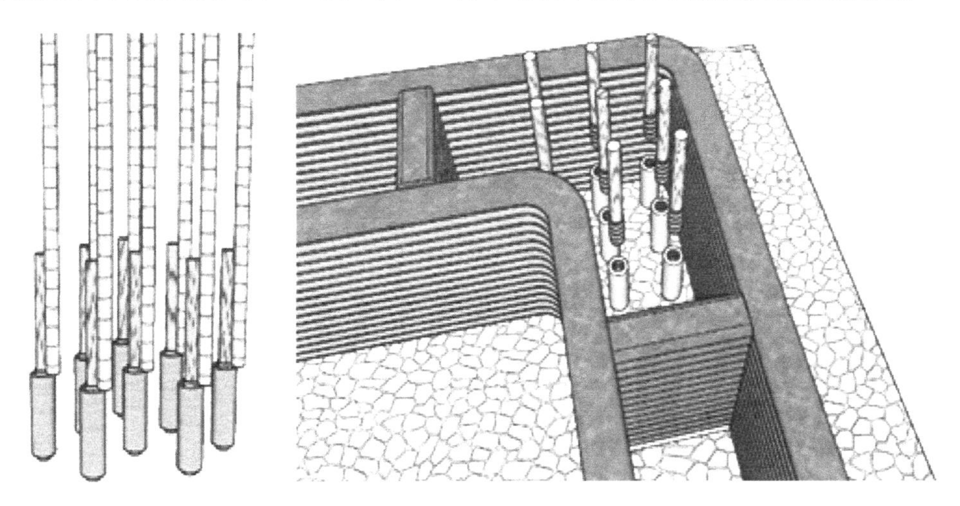

图 9-8 3D打印结构节点纵向钢筋搭接连接构造

3D打印柱体纵向钢筋应贯穿中间节点或端部节点，接头应设置在节点区以外一段距离。如图9-9为3D打印柱中间层节点设计。钢筋节点伸出设计长度500mm，伸出段内箍筋间距不大于$5d$（d为纵向受力钢筋直径），且不宜大于100mm。3D打印柱外模自上而下套设于绑扎好的钢筋结构之后，打印外模底部与楼板之间应设置止水条进行防渗漏施工。柱底处设置止水条，一是防止混凝土浇筑时柱底漏浆，二是避免柱外模底部与楼板接触面形成缝隙，使用过程中产生漏水、积灰等问题。

（2）圈梁

在3D打印无筋砌体墙片的上下设置圈梁，与构造柱形成的约束作用可提高无筋砌体墙片的延性和抗力。住宅、办公楼等多层3D打印砌体结构民用房屋，且层数为2-3层时，应在底层和檐口标高处各设置一道圈梁。当层数超过3层时，除应在底层和檐口标高处各设置一道圈梁外，至少应在所有纵、横墙上隔层设置。多层砌体工业房屋，应每层设置混凝土圈梁。采用现浇楼（屋）盖或叠合楼（屋）盖的3D打印砌体结构房屋，应每层设置混凝土圈梁。3D打印砌体结构圈梁的宽度宜与墙厚相同，3D打印外模内表面净宽度不宜小于160mm。圈梁高度不应小于120mm。纵向钢筋数量不应少于4根，直径不应小于10mm，绑扎接头的搭接长度按受拉钢筋考虑。箍筋间距不应大于300mm。圈梁与构造柱节点位置纵向钢筋应可靠连接、锚固，宜采用焊接、机械连接方式。圈梁、楼（屋）盖采用叠合梁板时，叠合圈梁与构造柱连接节点处，当出现梁柱钢筋“碰撞”时，可将圈梁纵向钢筋向内部弯折，弯折后平直段净距不应小于50mm。纵横向叠合梁相交于同一梁柱节点部位，叠合部分有腰筋时，可将横向叠合梁腰筋在节点处外伸部分以直螺纹套筒连接，以便于纵横向叠合梁顺利安装，图9-10所示为叠合梁板连接构造。

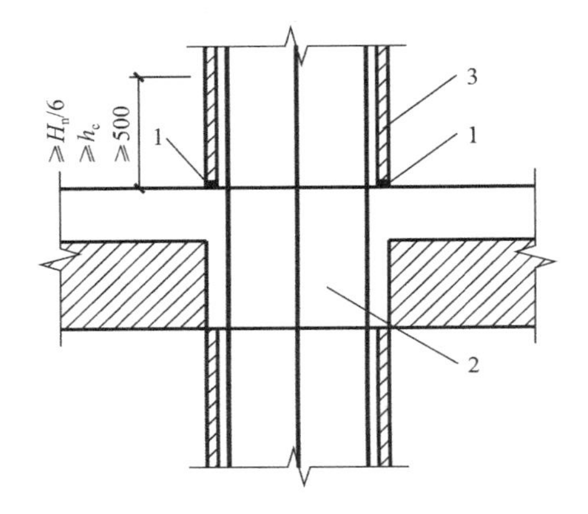

图9-9 3D打印柱中间层节点处理方式（单位：mm）

1-止水条；2-梁柱全现浇节点；3-3D打印柱外模

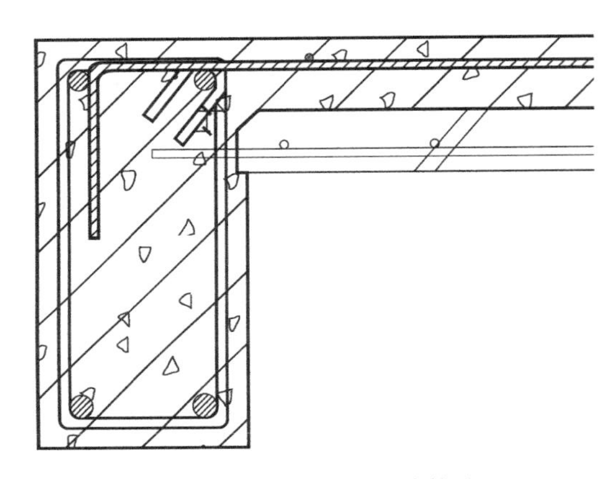

图9-10 叠合梁板连接构造

9.1.2 增材智造混凝土剪力墙构件性能试验

9.1.2.1 3D打印混凝土墙体构件设计

试验共设计了12个3D打印混凝土墙试件，考察水平钢筋、高厚比等影响因素对墙试件轴压、剪切力学性能的影响，水平钢筋布置分为无钢筋和钢筋间距500mm两种情况，试件高厚比有3、5、8、10四种情况。3D打印混凝土墙试件的设计参数见表9-1。

3D打印混凝土墙试件设计参数　　表9-1

编号	加载方式	试件尺寸 高×宽×厚（mm）			高厚比	钢筋布置
MW720C01N	单调轴压	720	710	240	3	无
MW720C02N	单调轴压	720	710	240	3	无
MW720C03S	单调轴压	720	710	240	3	ϕ8@500
MW1200C01S	单调轴压	1200	710	240	5	ϕ8@500
MW1200C02S	单调轴压	1200	710	240	5	ϕ8@500

续表

编号	加载方式	试件尺寸 高×宽×厚（mm）			高厚比	钢筋布置
MW1920C01S	单调轴压	1920	710	240	8	ϕ8@500
MW2400C01S	单调轴压	2400	710	240	10	ϕ8@500
MW2400C02S	单调轴压	2400	710	240	10	ϕ8@500
MW2400C03S	单调轴压	2400	710	240	10	ϕ8@500
MW710S01N	单调双剪	720	710	240	3	无
MW710S02N	单调双剪	720	710	240	3	无
MW710S03N	单调双剪	720	710	240	3	无

注：其中 MW 代表砂浆墙体，数字 1 代表墙体高度，C 代表轴压，S 代表剪切，数字 2 为试件编号，末尾字母代表是否含钢筋。

高厚比为 3 的打印混凝土墙试件共 6 个，其中 3 个为单调轴压试件，2 个未布置水平钢筋，编号分别为 MW720C01N 和 MW720C02N，试件尺寸如图 9-11 所示，配置水平钢筋的墙试件编号为 MW720C03S，试件尺寸如图 9-12 所示；3 个单调双剪试件，均未布置水平钢筋，编号分别为 MW720S01N、MW720S02N 和 MW720S03N，试件尺寸如图 9-13 所示。在试验加载时，MW710S01N、MW710S02N、MW710S03N 三片墙片中尺寸为 710mm×240mm 的截面布置在试验台座工装上、尺寸为 240mm×720mm 的截面与加载方向（即试件摆放的高度方向）平行、其受压截面的尺寸为 710mm × 240mm，而 MW720C01N、MW720C02N 两片墙片中尺寸为 720mm×240mm 的截面布置在试验台座工装上的两个支承工装之上、尺寸为 710mm×240mm 的截面与加载方向（即试件摆放的高度方向）平行，其受剪截面的尺寸为 710mm×240mm。

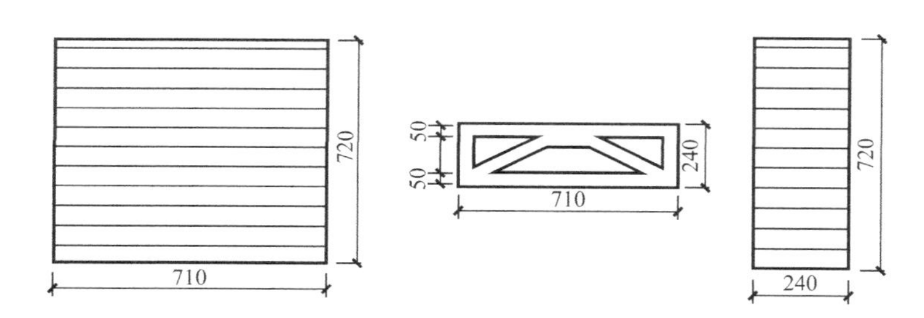

图 9-11　高厚比为 3 的无配筋试件尺寸图（单位：mm）

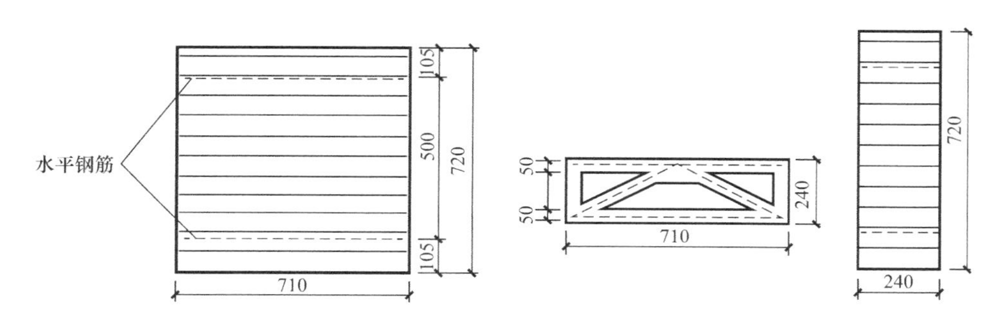

图 9-12　高厚比为 3 的配筋试件尺寸图（单位：mm）

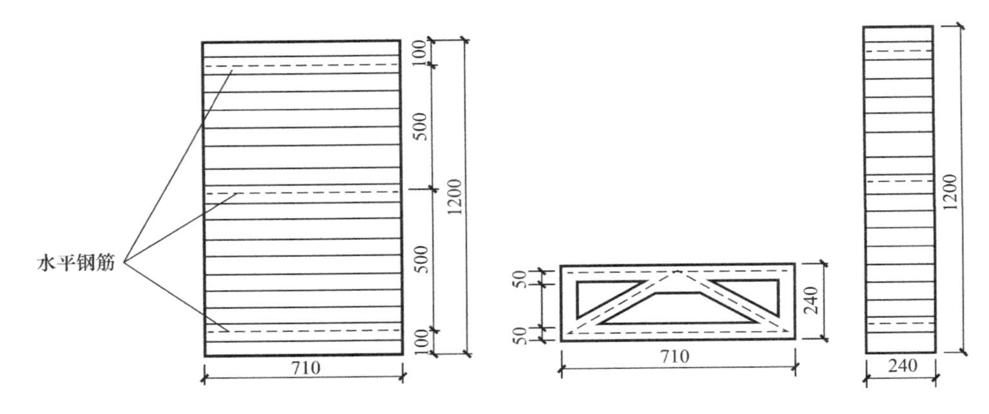

图 9-13　高厚比为 5 的配筋试件尺寸图（单位：mm）

高厚比为 5 的 3D 打印混凝土墙单调轴压试件共 2 个，均布置了水平钢筋，编号分别为 MW1200C01S 和 MW1200C02S，试件尺寸如图 9-13 所示。高厚比为 10 的 3D 打印混凝土墙单调轴压试件共 3 个，均布置了五层 $\phi 8$ 水平钢筋，钢筋间距为 500mm，编号为 MW2400C01S、MW2400C02S 和 MW2400C03S，试件结构简图如图 9-14 所示。

9.1.2.2　**3D 打印墙体力学性能试验加载方案**

加载设备使用 OVM-YCW 3500 C/54-200 穿心式千斤顶（以下简称“千斤顶”）、ZB-500 高压油泵（以下简称“油泵”）以及 BK-1-400 吨单向压力型传感器（以下简称“力传感器”）。如图 9-15 所示，试验时使用高强钢棒将两根加载立柱紧固在反力地板上，使用高强度螺栓将加载梁与两根加载立柱分别连接，反力地板、加载立柱、加载梁形成内力自平衡的加载装置，使用加载工装调整试验空间以便不同高度的试件进行试验加载。在试验正式加载之前先调整千斤顶、试件、加载工装的位置，使得试件的几何中心线对准荷载中心线，试件的单调轴压试验加载示意图如图 9-16 所示。表 9-2 所示的为 3D 打印混凝土墙体试件加载信息参数。

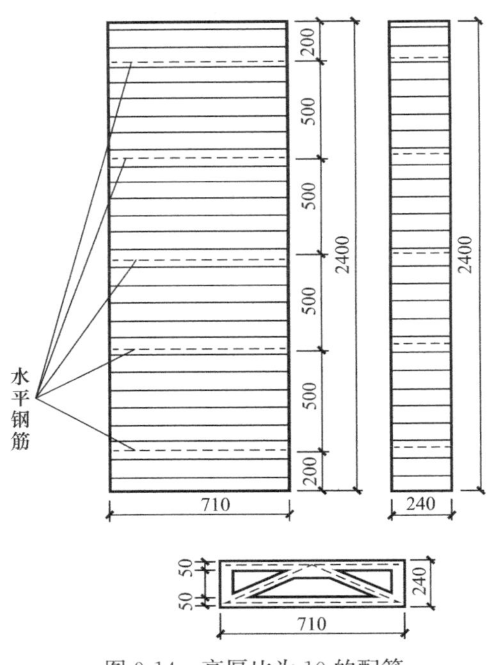

图 9-14　高厚比为 10 的配筋试件尺寸图（单位：mm）

对试件施加单调轴压和单调双剪荷载，正式加载开始后，使用油泵控制千斤顶的出力，观察动态信号采集仪上实时显示的力传感器读数，调节油泵流量使得力传感器的示数与目标加载级一致，从而微调千斤顶出力保证对试件施荷的精确控制。

本次试验使用线性差动可变电压位移计与桥路分压式位移计测量试件的竖向位移以及水平位移，使用电阻应变计测量试件混凝土应变与钢筋应变。使用动态信号采集仪采集位移计、应变计以及力传感器的模拟输出信号（图 9-17）。

图9-15 内力自平衡加载装置

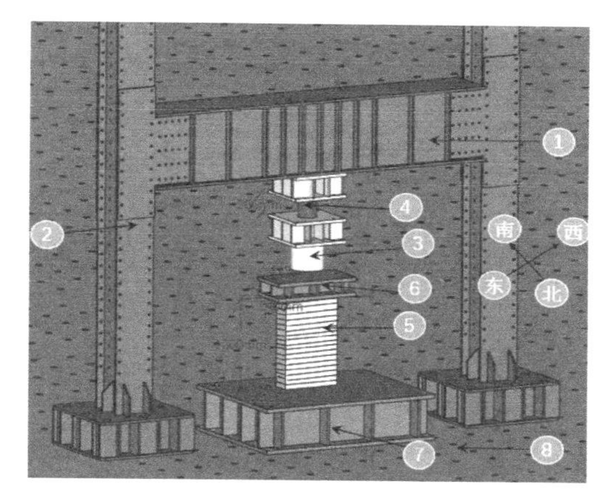

图9-16 试件单调轴压试验加载示意图

1-加载横梁；2-加载立柱；3-千斤顶；4-力传感器；5-试件；6-加载工装（将千斤顶集中荷载转换为均布轴压荷载）；7-加载工装（试验台座、调节试验空间）；8-反力地板

试件加载信息表 表9-2

加载类别	严重破坏前	严重破坏判别	施加阶段	严重破坏后
单调轴压	300kN	（1）裂缝显著扩展 （2）形成贯通裂缝 （3）无法持荷需不断加力	100kN或50kN，依据实际情况而定	
单调双剪	50kN		依据实际情况而定	

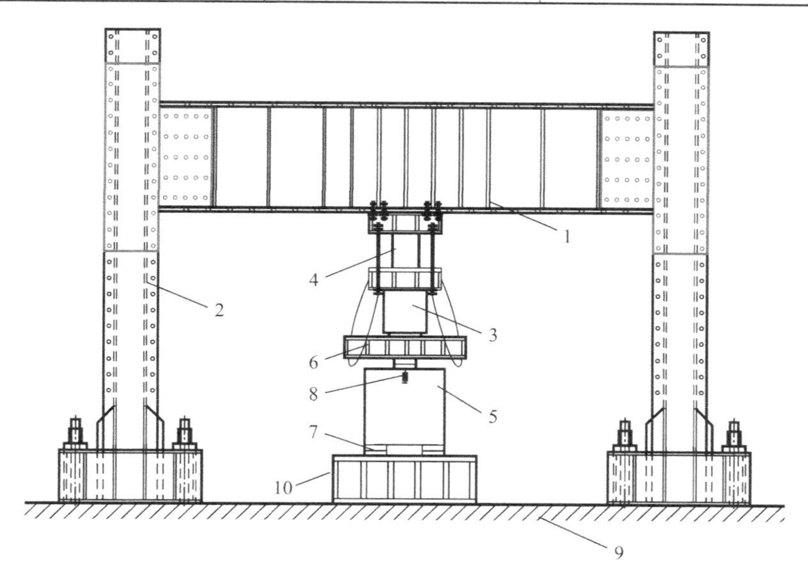

图9-17 单调双剪试验加载示意图

1-加载横梁；2-加载立柱；3-千斤顶；4-力传感器；5-试件；6-加载工装（将千斤顶集中荷载转换为试件受到的均布轴压荷载）；7-加载工装（支承）；8-竖向位移计；9-反力地板；10-加载工装（试验台座、调节试验空间）

每组试验布置两个竖向位移计D1、D3，两个水平位移计D2、D4，竖向位移计布置在

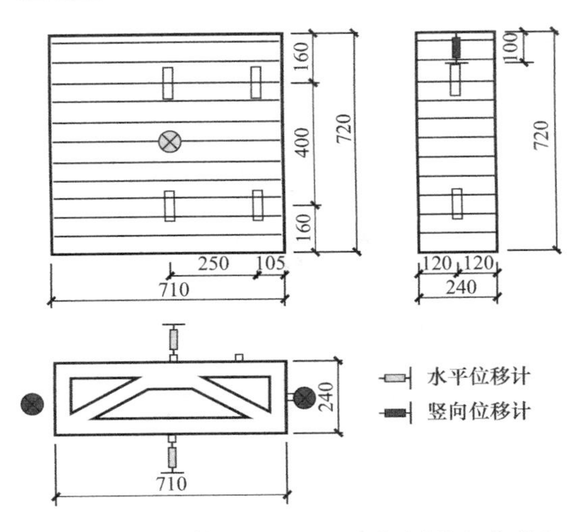

图 9-18　试件 MW720C01N 和 MW720C02N 的位移计及应变片布置（单位：mm）

试件 240mm 宽的两个面的中轴线上，距顶端 100mm 处，水平位移计布置在试件 710mm 长的两个面的正中心，位移计位置若与混凝土应变片位置相冲突，则向下取 100mm 布置。同高厚比的试件混凝土应变片布置相同，试件 MW720C03S 布置了钢筋应变片。MW720C01N、MW720C02N、MW710S01N、MW710S02N 和 MW710S03N 位移计及应变片布置相同，共有 8 个混凝土应变片，记为 S1-S8，如图 9-18 所示。MW720C03S 共有 8 个混凝土应变片，记为 S1-S8，还另有 8 个钢筋应变片，记为 T1-T8，其位移计及应变片布置如图 9-19 所示。MW1200C01S 和 MW1200C02S 位移计及应变片布置相同，共有 8 个混凝土应变片，记为 S1-S8，如图 9-20 所示。

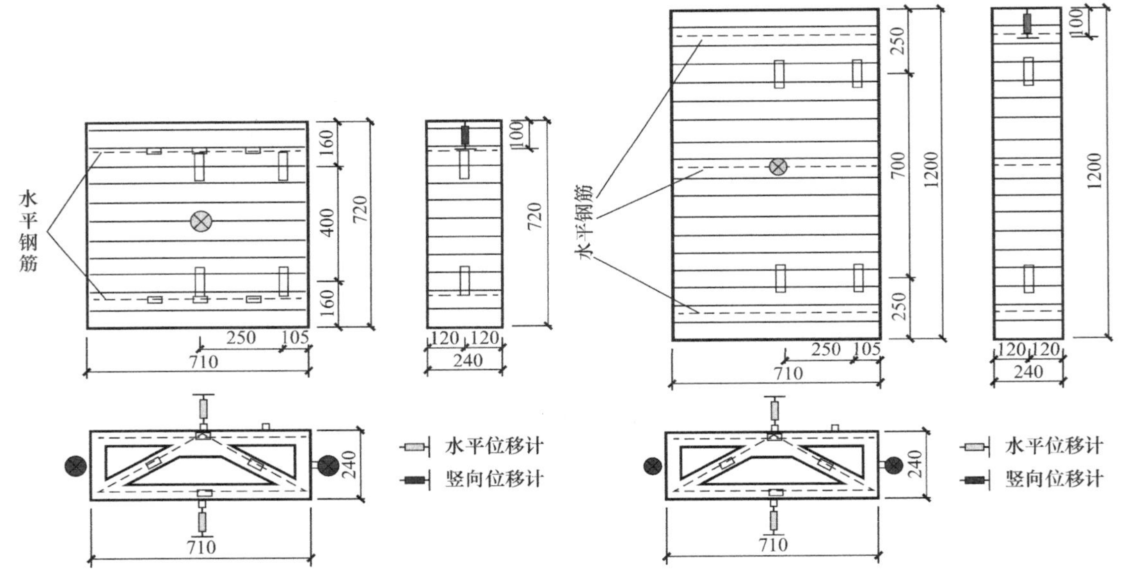

图 9-19　试件 MW720C03S 的位移计及应变片布置（单位：mm）

图 9-20　试件 MW1200C01S 和 MW1200C02S 的位移计及应变片布置（单位：mm）

试件 MW1920C01S 共有 12 个混凝土应变片，记为 S1-S12，其位移计及应变片布置如图 9-21 所示。试件 MW2400C01S、MW2400C02S 和 MW2400C03S 位移计及应变片布置相同，共有 12 个混凝土应变片，记为 S1-S12，如图 9-22 所示。

9.1.2.3　增材智造混凝土墙体轴压性能

（1）荷载-位移全过程曲线

以各个试件在加载过程中破坏失效（压溃或剪断）时刻的最大荷载作为试件的极限承载力，将极限承载力与对应竖向平均变形量，统计于表 9-3。

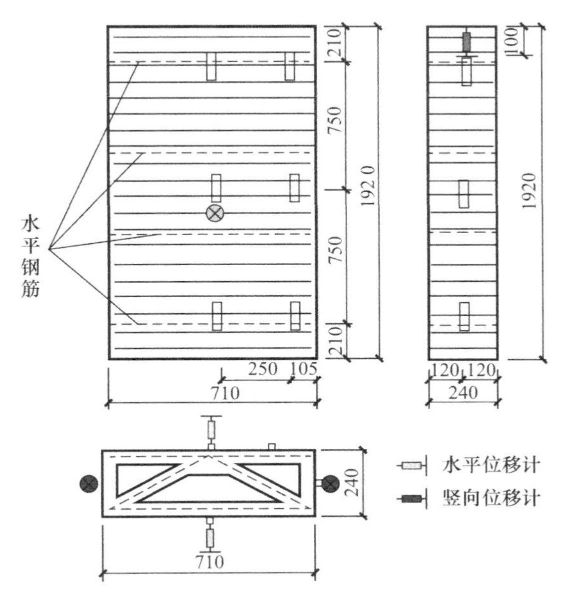

图 9-21　试件 MW1920C01S 的位移计及应变片布置（单位：mm）

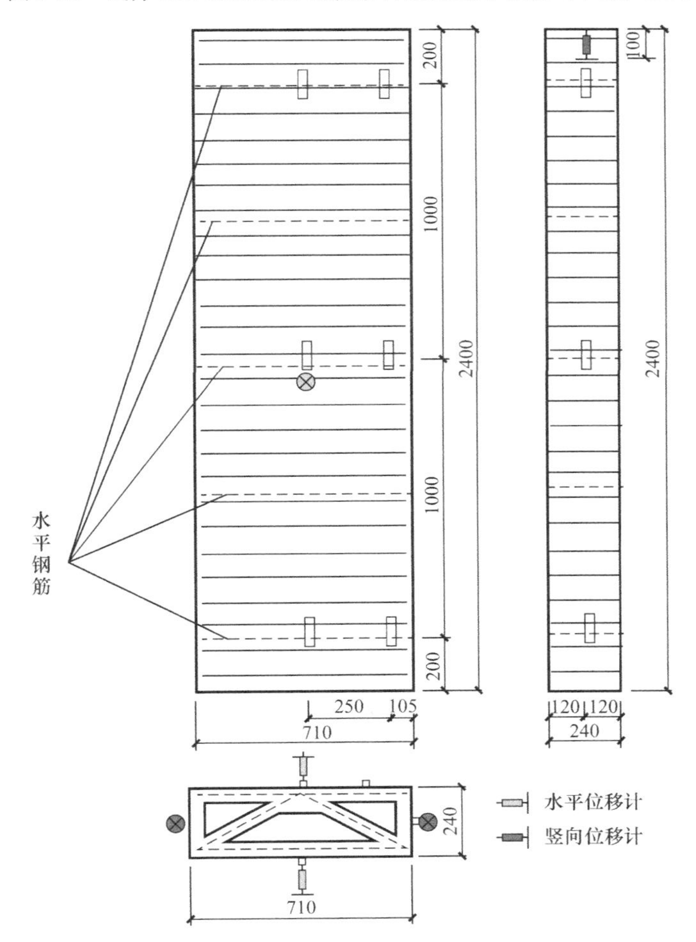

图 9-22　试件 MW2400C01S、MW2400C02S 和 MW2400C03S 的位移计及应变片布置（单位：mm）

试件极限承载力统计表　　表 9-3

试件编号	极限承载力（kN）	D1 位移计（mm）	D3 位移计（mm）	平均位移（mm）
MW720C01N	2531.8	0.75	1.96	1.36
MW720C02N	3352.5	1.65	2.10	1.88
MW720C03S	1842.1	1.28	1.79	1.54
MW1200C01S	2616.9	2.47	3.17	2.82
MW1200C02S	1987.0	2.47	2.44	2.46
MW1920C01S	3152.0	4.84	4.18	4.51
MW2400C01S	2533.6	4.03	4.74	4.39
MW2400C02S	2587.9	5.86	6.15	6.01
MW2400C03S	2401.9	4.88	5.98	5.43

如图 9-23 所示，当轴压荷载施加到 1500kN 时，试件 MW720C01N 混凝土压碎、发出异响，试件 240mm 宽的一个侧面上出现沿高度方向的上下贯通裂缝；当轴压荷载从 1800kN 施加到 2100kN 过程中，试件表面无新裂缝出现，表面已有裂缝未扩展，但试件不断发出混凝土碎裂的异响，推测试件内部的桁架肋出现破坏；当轴压荷载施加到 2500kN 时，试件整体压溃。

如图 9-24 所示，当轴压荷载施加到 1800kN 时，试件 MW720C02N 中部出现 2 条沿高度方向的竖向裂缝、裂缝未上下贯穿；当轴压荷载施加到 1900kN 时，听到响声，试件出现 4 条沿高度方向的贯通裂缝，这导致荷载位移曲线斜率变化；当轴压荷载施加到 2500kN 时，在持荷阶段，荷载快速下降、需控制千斤顶不断出力方能维持荷载稳定，在 3350kN 时达到峰值荷载，试件已接近破坏，试件裂缝不断发展，荷载卸载到 2800kN 时，试件突然压溃。

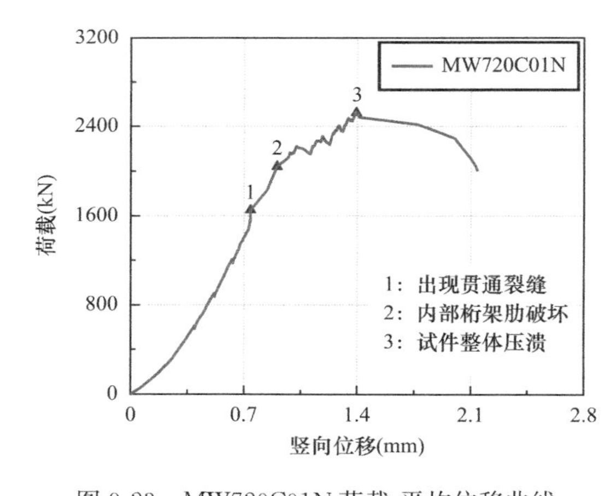

图 9-23　MW720C01N 荷载-平均位移曲线

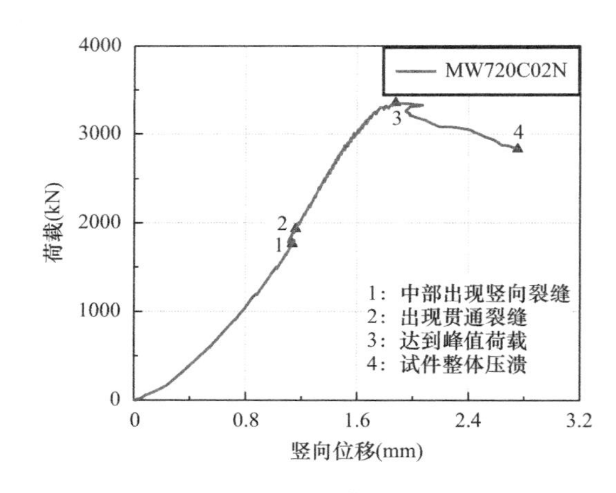

图 9-24　MW720C02N 荷载-平均位移曲线

如图 9-25 所示，当轴压荷载施加到 1200kN 时，MW720C03S 试件 4 条裂缝发展成为沿高度方向的贯通裂缝，造成曲线斜率突变；当轴压荷载施加到 1800kN 时，贯通裂缝宽度变宽；当轴压荷载施加到 1850kN 时，试件顶部钢筋层以上的部分和钢筋层所在位置整体压溃，钢筋层以下的部分出现局部压溃、碎裂。

如图 9-26 所示，MW1200C01S 试件荷载-位移曲线一直较稳定，没有突变，当轴压荷载施加到 2613kN 时，试件突然压溃，朝向西侧的一面先压溃，试件整体侧向倾斜，200mm、700mm 标高位置的钢筋层断裂。

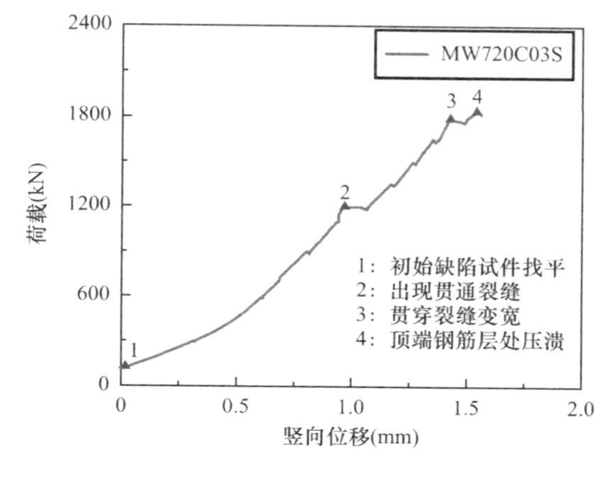

图 9-25　MW720C03S 荷载-平均位移曲线

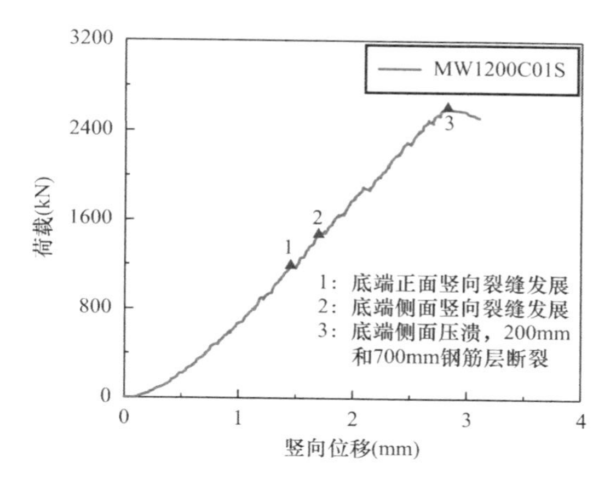

图 9-26　MW1200C01S 荷载-平均位移曲线

如图 9-27 所示，MW1200C02S 试件前期荷载-位移曲线斜率无突变，当轴压荷载施加到 1987kN 时，试件 240mm 宽朝向东西的两个侧面所有竖向裂缝全部贯通，在转角处压溃，位移猛增，荷载-位移曲线下降。

如图 9-28 所示，MW1920C01S 试件前期荷载-位移曲线稳定，在轴压荷载施加到 3130kN 时，无法继续施加荷载以保证持荷，当荷载下降至 3095kN 时，试件自顶部被压溃，顶层钢筋位置处沿层间、沿竖向均有裂缝。

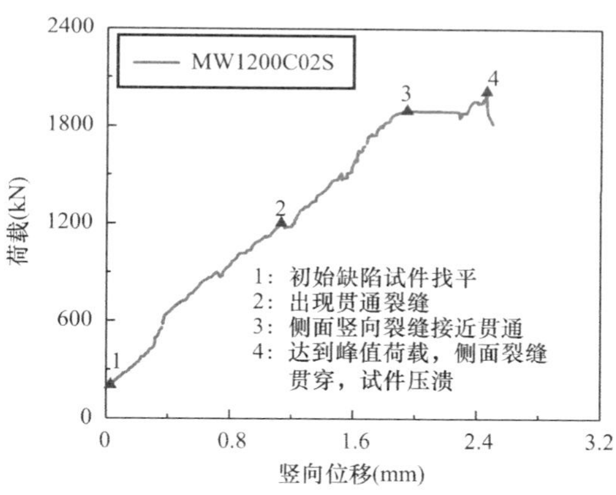

图 9-27　MW1200C02S 荷载-平均位移曲线

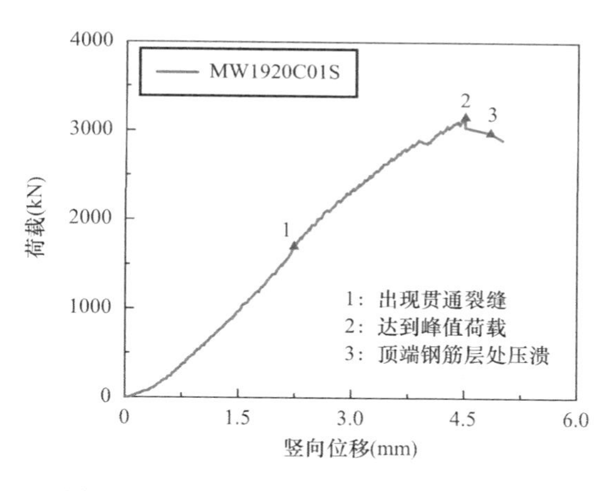

图 9-28　MW1920C01S 荷载-平均位移曲线

如图 9-29 所示，MW2400C01S 试件在轴压荷载施加到 1500kN 过程中，底端竖向裂缝发展到试件中部，当轴压荷载施加到 2530kN 时，试件竖向变形不断变大、难以持荷、构件不断发出混凝土碎裂响声，最终试件顶部钢筋层以上的部分和钢筋层所在位置整体压溃。

如图 9-30 所示，正式加载开始后，当轴压荷载施加到 600kN 时，MW2400C02S 试件中部竖向裂缝扩展变宽，造成荷载-位移曲线斜率变化；当轴压荷载施加到 2580kN 时，试件底部混凝土压溃，底层水平布置钢筋向外突出。

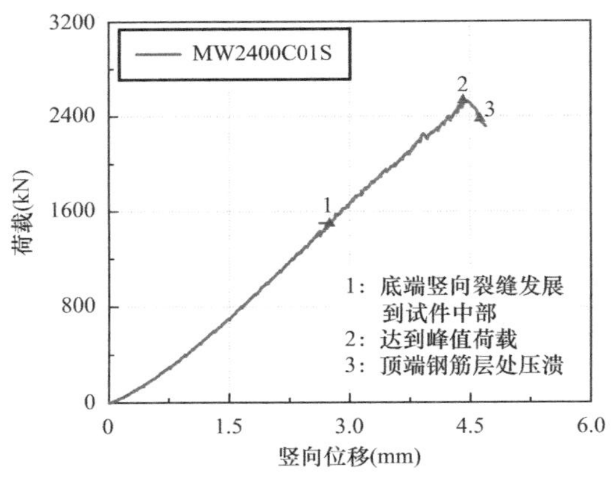

图 9-29 MW2400C01S 荷载-平均位移曲线

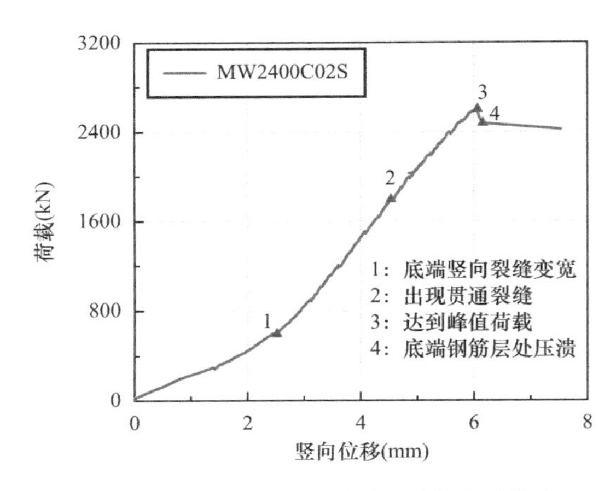

图 9-30 MW2400C02S 荷载-平均位移曲线

如图 9-31 所示，MW2400C03S 试件前期荷载位移曲线发展稳定，当轴压荷载施加到 2400kN 时，在持荷过程中，水平位移计的信号有突变，随后试件底部转角处压溃。

各试件极限承载力对比如图 9-32 所示，由高厚比为 3 的三个试件可以初步判断钢筋层为薄弱层，布置水平钢筋会造成试件极限承载力减小。对于不同的高厚比，可以发现，试件的极限承载力随着高厚比的增加呈现出先增大后减小的特点，在高厚比为 8 时取得最大值，首先由于 3D 打印混凝土材料离散性较大，试件的极限承载力影响因素较多，其次由于高厚比较大时，3D 打印所造成的初始缺陷对试件极限承载力的影响会减小，轴压荷载下造成的裂缝有更大的空间去发展，去释放能量，极限承载力会变大；但随着高厚比的增加，试件初始偏心增大，试件端部的钢筋层向外部膨胀变形，导致试件从端部钢筋层位置处压溃，极限承载力下降。

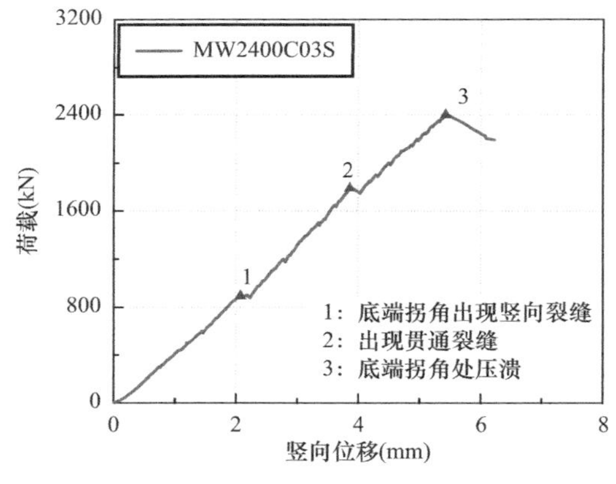

图 9-31 MW2400C03S 荷载-平均位移曲线

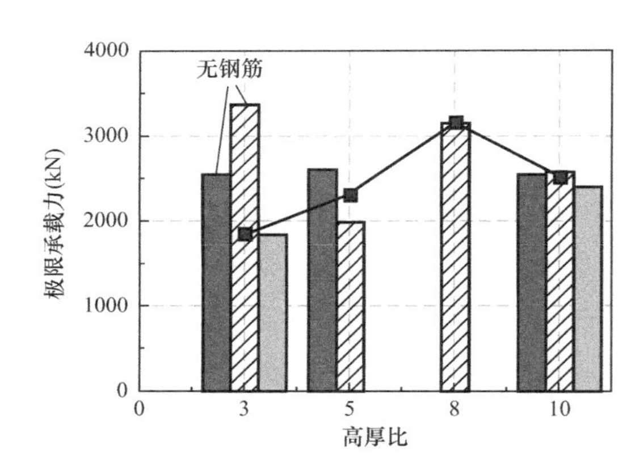

图 9-32 各试件极限承载力对比图

（2）荷载-混凝土应变全过程曲线

高厚比为 3 的试件混凝土应变片布置如图 9-33 所示，MW720C01N、MW720C02N 和 MW720C03S 三个试件的荷载-混凝土应变全过程曲线分别如图 9-34、图 9-35 和图 9-36 所示。

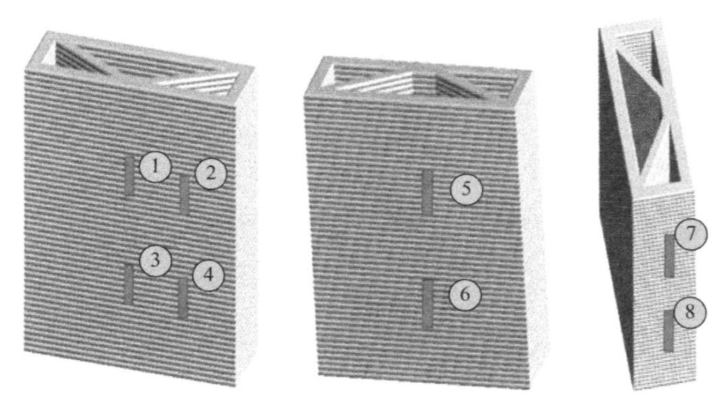

图 9-33 高厚比为 3 试件混凝土应变片布置

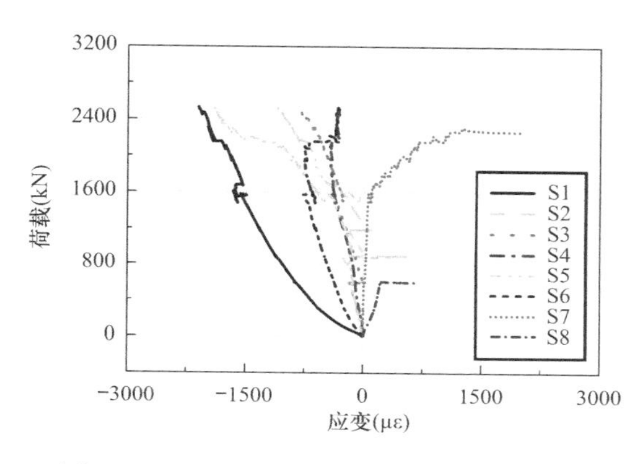

图 9-34 MW720C01N 荷载-混凝土应变曲线

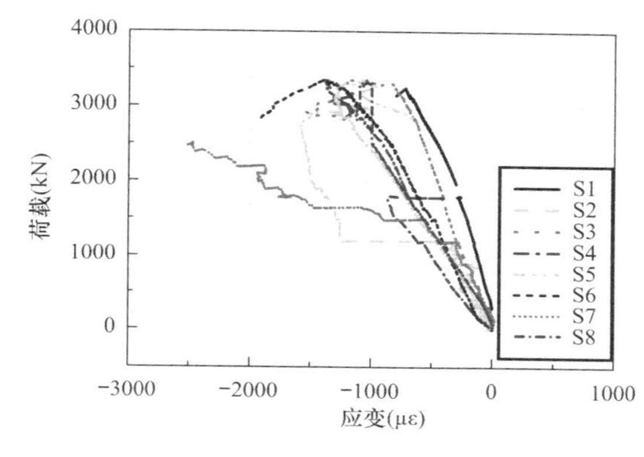

图 9-35 MW720C02N 荷载-混凝土应变曲线

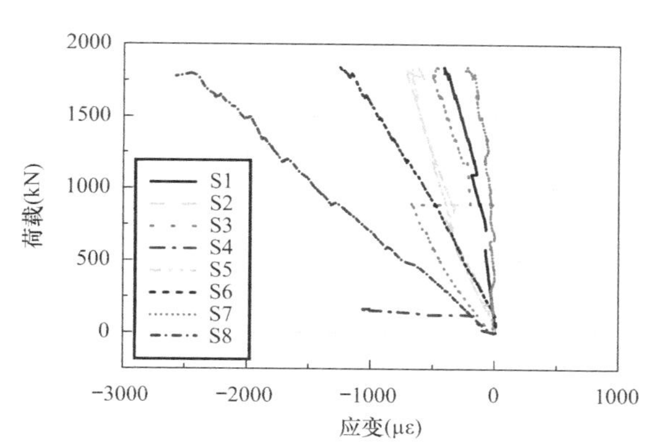

图 9-36 MW720C03S 荷载-混凝土应变曲线

高厚比为 5 的试件混凝土应变片布置如图 9-37 所示，MW1200C01S 和 MW1200C02S 两个试件的混凝土荷载-应变全过程曲线分别如图 9-38 和图 9-39 所示。高厚比为 8 的试件混凝土应变片布置如图 9-40 所示，试件 MW1920C01S 的混凝土荷载-应变全过程曲线如图 9-41所示。高厚比为 10 的试件混凝土应变片布置如图 9-42 所示，MW2400C01S、MW2400C02S 和 MW2400C03S 三个试件的混凝土荷载-应变全过程曲线分别如图 9-43、图 9-44 和图 9-45 所示。

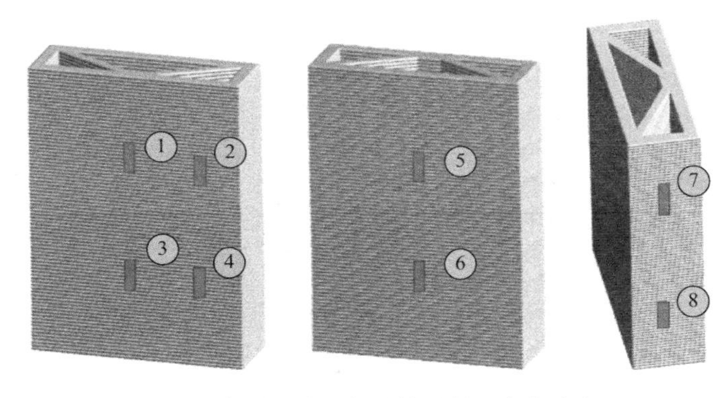

图 9-37　高厚比为 5 的试件混凝土应变片布置

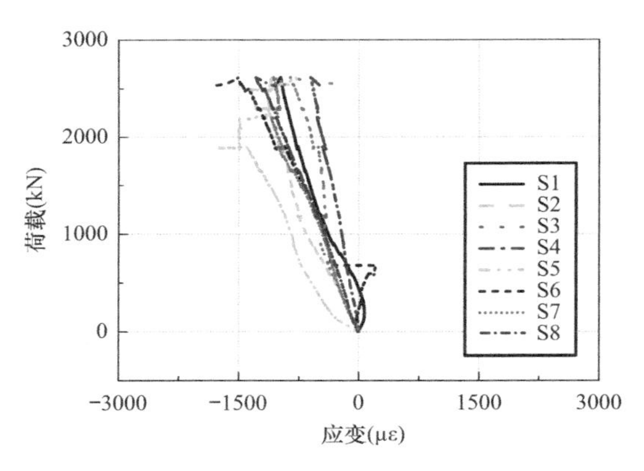

图 9-38　MW1200C01S 荷载-混凝土应变

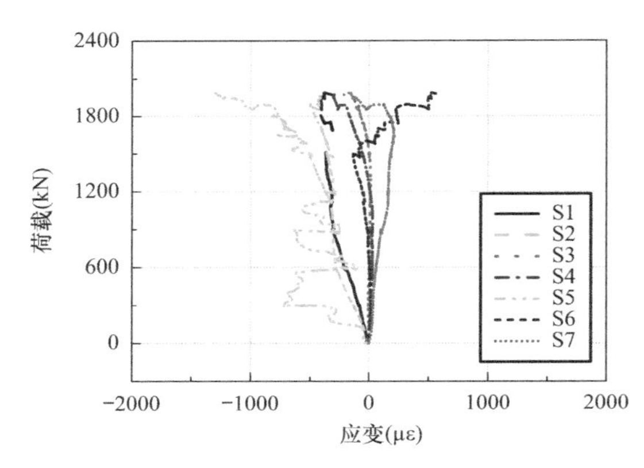

图 9-39　MW1200C02S 荷载-混凝土应变

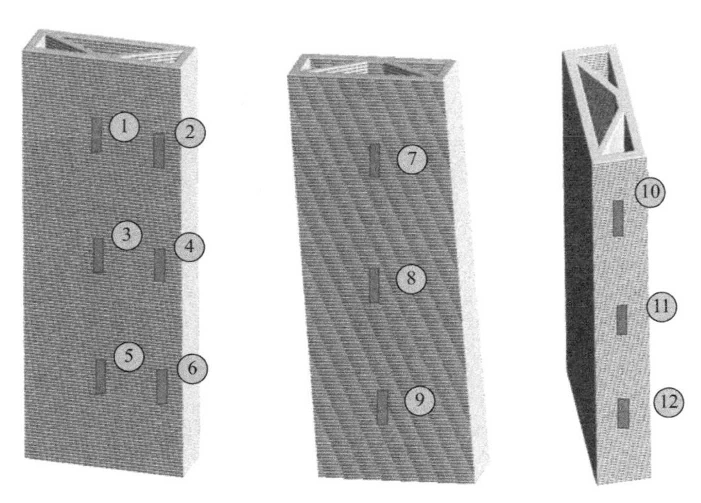

图 9-40　高厚比为 8 试件混凝土应变片布置

混凝土应变片数值基本为负，说明大部分混凝土受压，少部分混凝土因为初始缺陷，裂缝开展等处于受拉状态，应变片数值突变大多是由于混凝土裂缝发展，试件内部破坏导致。从上述各图可以看出，试件在加载过程中，各测点应变均不相同，可见试件在受压过程中，各测点受力是不均匀的。

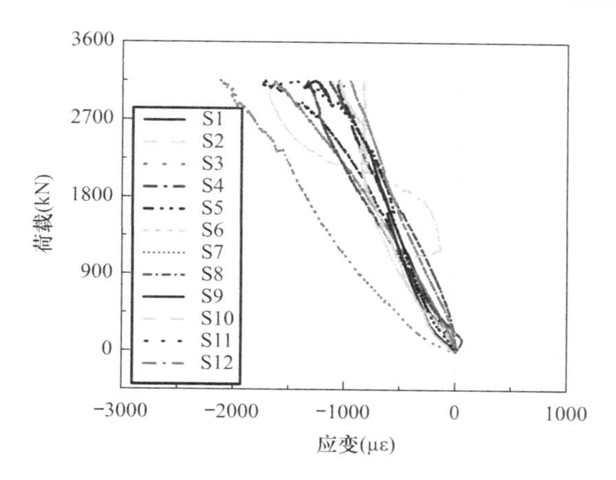

图 9-41　MW1920C01S 荷载-混凝土应变

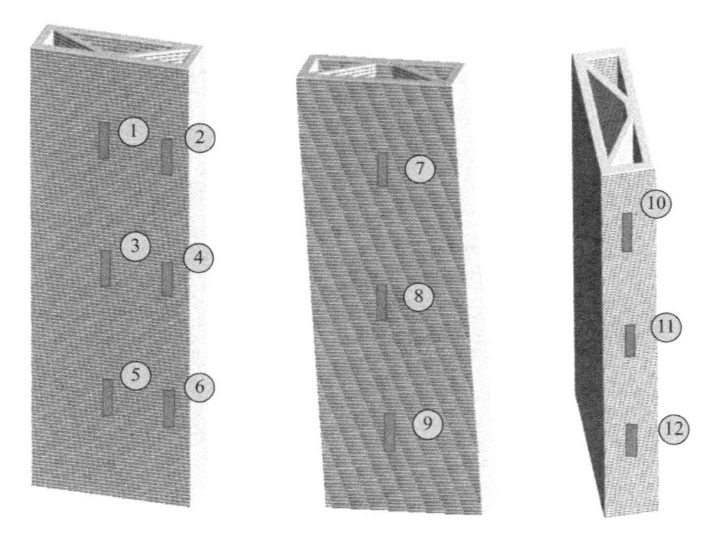

图 9-42　高厚比为 10 试件混凝土应变片布置

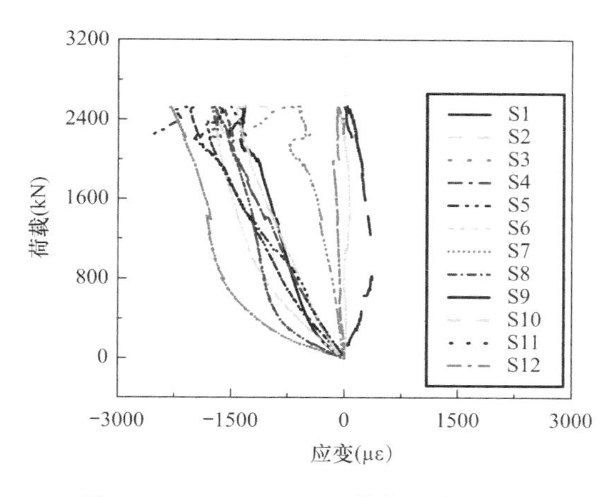

图 9-43　MW2400C01S 荷载-混凝土应变

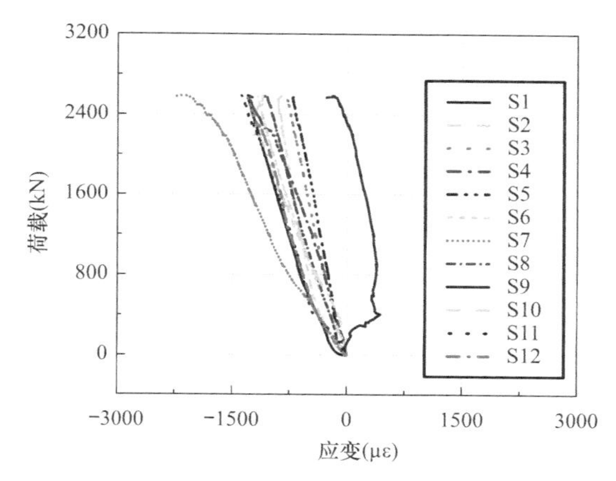

图 9-44　MW2400C02S 荷载-混凝土应变

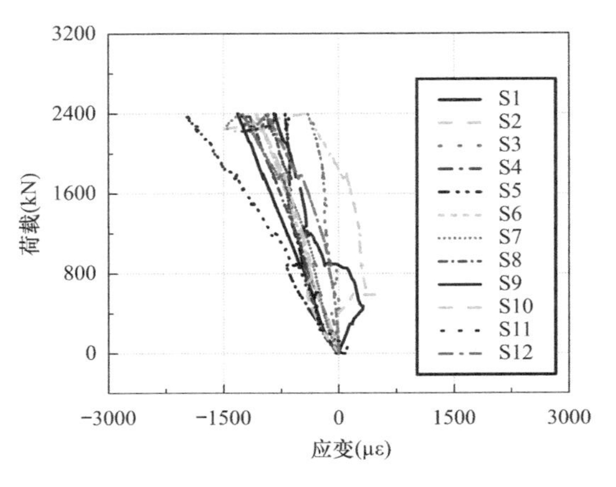

图 9-45 MW2400C03S 荷载-混凝土应变

(3) 荷载-钢筋应变全过程曲线

试件 MW720C03S 的钢筋应变片布置图及钢筋的荷载-应变全过程曲线如图 9-46 和图 9-47所示，钢筋应变片数值均为正，说明水平钢筋在轴压荷载下受拉，试件有着向外侧膨胀的趋势，这也是造成试件在转角处尤其是钢筋层位置处破坏的原因之一。

试验结果表明 3D 打印混凝土墙试件在轴压荷载下发生脆性破坏，破坏模式表现为先从底部出现竖向裂缝，随着荷载增加，竖向裂缝向上发展，顶端也开始出现竖向裂缝，随后出现贯通裂缝，贯通裂缝不断变宽，最终试件压溃，未布置水平钢筋的试件在墙转角处崩裂，而布置水平钢筋的试件最后则会在靠近顶端或底端的钢筋层处崩裂，且也是墙转角处最先破坏。

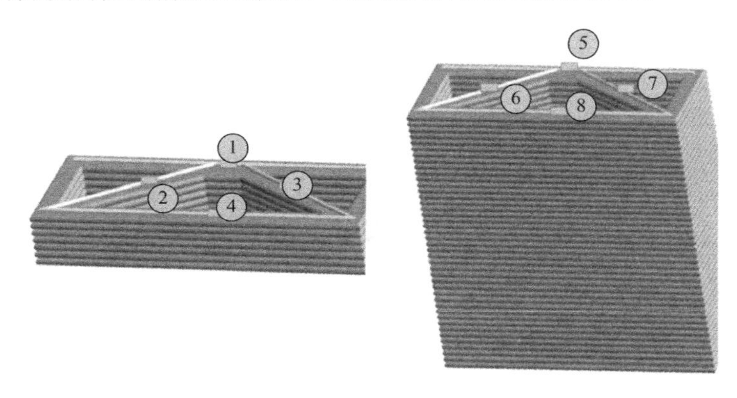

图 9-46 钢筋应变片布置

由此可知布置水平钢筋会削弱 3D 打印混凝土墙的轴压承载力，且布置水平钢筋处为试件薄弱层。考虑到配筋是混凝土结构的基本加强措施，水平钢筋对混凝土试件的约束作用会提高承载力，但由于试件中空，混凝土打印宽度仅为 5cm，钢筋直径 8mm，布置水平钢筋的试件减少了层间混凝土的粘结面积，削弱了层间混凝土的粘结作用，且钢筋与混凝土的粘结效果不好，其劈裂作用会加剧 3D 打印的初始缺陷，对试件承载力的削弱作用超过配筋的加强作用，最终导致布置水平钢筋削弱了 3D 打印混凝土墙的轴压承载力。若布置钢筋网片，且墙体内部填充混凝土可减弱布置水平配筋的削弱作用。

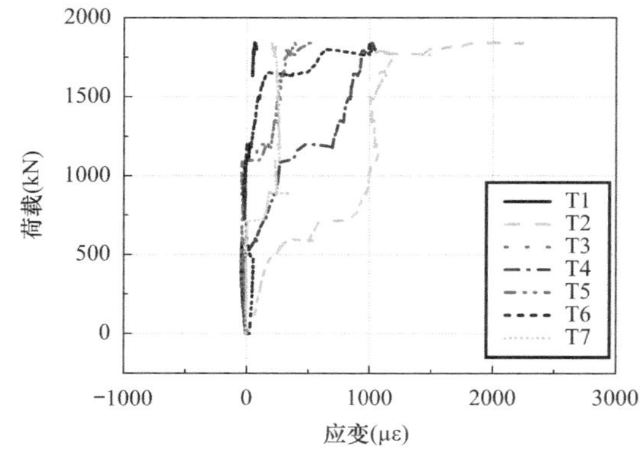

图 9-47 C03S 荷载-钢筋应变曲线

从试件 MW1920C01S 破坏后的图片中，可以得知，布置水平钢筋不仅会造成层间水平裂缝，也会由于钢筋的劈裂效应产生竖向裂缝。钢筋应变片数值均为正，说明水平钢筋在轴压荷载下受拉，有着向外侧膨胀的趋势，这也是造成在试件转角处尤其是钢筋层处破坏的原因之一。

对于不同的高厚比，试验分别对比了高厚比为3、5、8和10的试件，由于3D打印混凝土材料离散性较大，试件的极限承载力影响因素较多，试验结果表明试件的极限承载力随着高厚比的增加呈现出先增大后减小的特点，这是由于高厚比越大，3D打印所造成的初始缺陷影响会越小，轴压荷载下裂缝有更大的空间去发展，去释放能量，极限承载力会变大；但随着高厚比的增加，试件初始偏心增大，极限承载力会下降。

（4）轴压承载力计算模型

3D打印混凝土墙构件由于其特殊的施工方法及3D打印混凝土材料离散性，与普通混凝土墙构件轴压承载力计算有一定区别，主要考虑三方面的影响：

1）打印中的初始缺陷造成3D打印混凝土材料力学性能的折减，包括混凝土的层间粘结特性，打印过程中的机械抖动等。

2）钢筋层的削弱作用，布置水平钢筋的构件减小了层间混凝土的粘结面积，削弱了层间混凝土的粘结作用，并且布置水平钢筋不仅会造成层间的水平裂缝，也会产生竖向劈裂裂缝。

3）试件高厚比的影响，试件的轴压承载力随着高厚比的增加呈现出先增大后减小的特点。

本书根据现行《混凝土结构设计规范》GB 50010—2010提出了3D打印混凝土墙轴压承载力计算公式：

$$N_{3D} = 0.55\alpha_1\alpha_2(\alpha_3 f_c A + f'_y A'_s) \tag{9-1}$$

式中，N_{3D}为3D打印混凝土墙轴压承载力；0.55为3D打印混凝土缺陷影响系数；α_1为钢筋层的削弱作用对应的折减系数，取0.8-0.9，若无水平钢筋取1.0；α_2为构件高厚比β对应的折减系数，$\alpha_2 = 1-0.05\,|\beta-8|$，取0.75-1.0，若无钢筋，试件初始缺陷会减少，可适当放大；α_3为3D打印混凝土材料强度折减系数，取0.85-0.95；f_c为3D打印混凝土的轴心抗压强度；A为构件的截面面积；f'_y为纵向钢筋的抗压强度；A'_s为全部纵向钢筋的截面面积。

试验中因试件中没有纵向钢筋，故舍去$f'_y A'_s$项。代入3D打印混凝土材性试验数据，3D打印试件截面面积$A = 119280\text{mm}^2$，得出试件轴压承载力计算值见表9-4。

试件轴压承载力计算值和实测值对比 **表9-4**

试件编号	α_1	α_2	α_3	实测值（kN）	计算值（kN）	百分比	平均值
MW720C01N	1.0	0.85	0.9	2531.8	2866.1	1.13	1.07（cov：0.13）
MW720C02N	1.0	0.85	0.9	3352.5	2866.1	0.86	
MW720C01S	0.8	0.75	0.9	1842.1	2023.2	1.10	
MW1200C01S	0.9	0.85	0.9	2616.9	2579.8	0.99	
MW1200C02S	0.9	0.85	0.9	1987.0	2579.8	1.30	
MW1920C01S	0.9	1.0	0.9	3152.0	3034.7	0.96	
MW2400C01S	0.9	0.9	0.9	2533.6	2731.3	1.08	
MW2400C02S	0.9	0.9	0.9	2587.9	2731.3	1.06	
MW2400C03S	0.9	0.9	0.9	2401.9	2731.3	1.14	

由表 9-4 可知，3D 打印混凝土墙试件的离散性较大，现场打印受外界条件影响大，试件内部存在缺陷，应良好养护。布置水平钢筋位置为薄弱层，受压易破坏，使极限承载力下降。随着高厚比的增加，3D 打印混凝土试件的极限承载力趋于稳定，离散性减小。

9.1.2.4 3D 打印混凝土墙体的抗剪切性能

(1) 3D 打印墙体剪切破坏模式

试件 MW710S01N 正式加载开始后，当剪力施加到 180kN 时，试件沿浇筑层界面剪断、形成一个剪断面，如图 9-48、图 9-49 所示。

图 9-48 MW710S01N 破坏现象 a

图 9-49 MW710S01N 破坏现象 b

试件 MW710S02N 正式加载开始后，当剪力施加到 177kN 时，试件沿浇筑层界面剪断、形成一个剪断面（图 9-50、图 9-51）。试件 MW710S03N 正式加载开始后，当剪力施加到 170kN 时，试件沿浇筑层界面剪断、形成一个剪断面（图 9-52）。

图 9-50 MW710S02N 破坏现象 a

图 9-51 MW710S02N 破坏现象 b

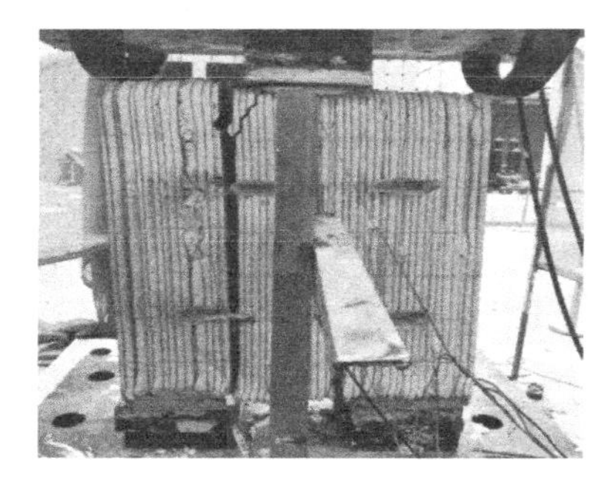

图 9-52 MW710S03N 破坏现象

(2) 3D 打印混凝土墙体结构剪切试验结果

以三个抗剪试件在加载过程中破坏失效（剪断）时刻的最大荷载作为对应试件的极限承载能力，将极限承载力与对应时刻的相对布置的两个竖向位移计测得的试件沿加载方向的变形量，统计于表 9-5，试件的荷载-位移曲线如图 9-53-图 9-55 所示。

试件极限承载能力统计表 **表 9-5**

试件编号	MW710S01N		MW710S02N		MW710S03N	
极限承载能力（kN）	183.9		177.0		170.4	
变形量（mm）	D2 位移计	D4 位移计	D2 位移计	D4 位移计	D2 位移计	D4 位移计
	1.31	−0.32	−2.16	3.38	0.87	0.77

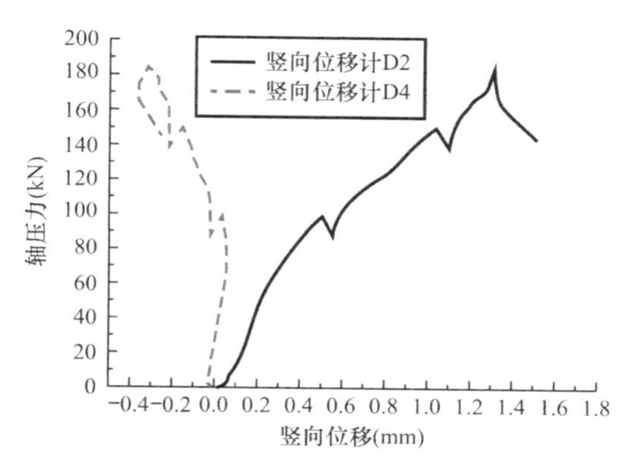

图 9-53　MW710S01N 荷载位移曲线

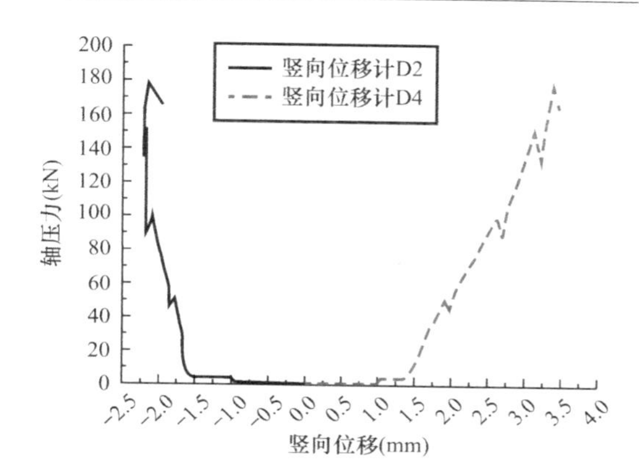

图 9-54　MW710S02N 荷载位移曲线

试件表面混凝土应变随荷载施加的变化曲线如图 9-56-图 9-58 所示。

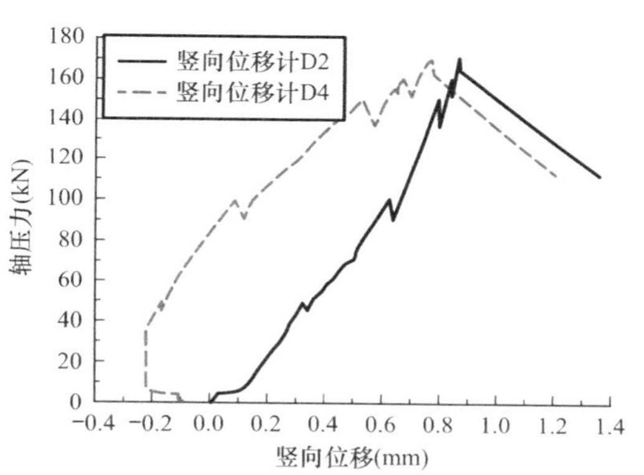

图 9-55　MW710S03N 荷载位移曲线

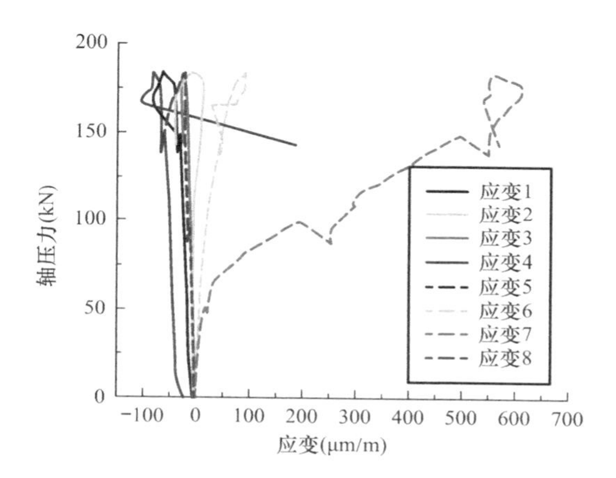

图 9-56　MW710S01N 荷载-应变曲线

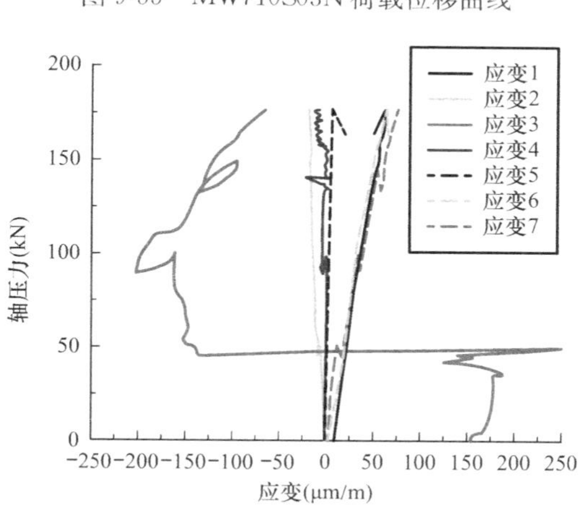

图 9-57　MW710S02N 荷载-应变曲线

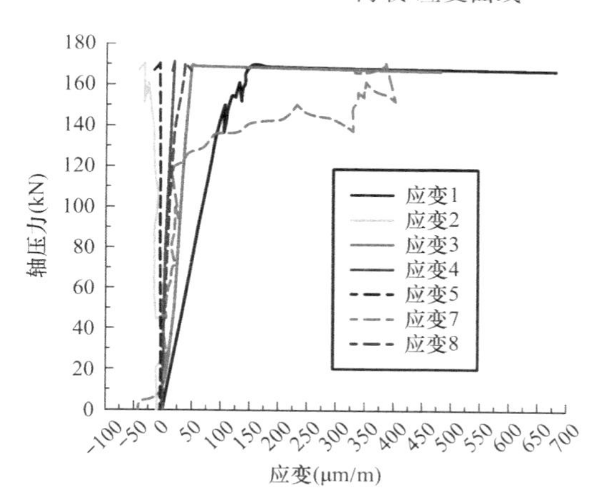

图 9-58　MW710S03N 荷载-应变曲线

受现场打印的影响，3D 打印混凝土构件的层间连接强度不高，实际工程中应考虑到这一点，尽量不让墙体内混凝土层间受剪，在规定长度内设置构造柱来抗剪。

因此，3D 打印钢筋混凝土结构和构件的设计除应符合现行国家标准《混凝土结构设计规范》GB 50010 的基本要求外，应采取有效措施加强 3D 打印永久性模板与现浇混凝土的连接强度；3D 打印永久性模板与现浇混凝土的材料强度、受力性能应互相匹配；经现场试验确定采用的 3D 打印永久性模板材料强度值高于现浇混凝土强度值时，计算仍按混凝土强度取值；3D 打印结构应受力明确、构造可靠，并应满足承载力、延性和耐久性等要求；应根据连接节点的构造方式和性能，确定结构的整体计算模型。

9.1.3 混凝土办公建筑的原位打印施工工艺

建筑 3D 打印目前多在局部采用钢筋网片或钢筋进行加强，难以达到钢筋混凝土结构的设计规范要求。现在混凝土普遍的打印形式有两种：一种是带肋打印墙体形式，如图 9-59 所示；另一种是纯粹的打印模板的空心墙体形式，如图 9-60 所示。两种的共同之处是打印完成后墙体中空部分可以填充混凝土、砂浆或者保温材料。但打印两种形式的墙体却有很大的不同。

带肋 3D 打印墙体具有整体性更好的特点，一般在打印墙体构件的时候大多采用这种打印形式。但是在这个原位 3D 打印建筑中如果采用这种形式，其打印路径变长，3D 打印建造效率会降低；采用这种打印形式后建筑设计构造柱结构不易实现，竖向钢筋问题难以解决；另外，带肋打印路径上的水平钢筋的网片加工和空心部分混凝土灌注施工效率低。

相比前者，3D 打印中空墙体这种打印形式相当于只打印了模板，是纯粹的混凝土 3D 打印免模板施工、打印路径短，施工效率高。在 3D 打印中空墙体中空腔体中，在构造柱设计的地方吊装钢筋笼，通过在打印墙体底部预留焊孔就可以使钢筋笼与基础生根钢筋焊接在一起，后浇筑混凝土使之成为满足规范的构造柱结构。另外墙体中空部分没有打印肋隔阻，后期现浇混凝土或者保温材料施工会更加便捷，并结合砌体结构水平配筋方法浇筑材料与布置的中空拉结筋成为一体，结构性能更好。

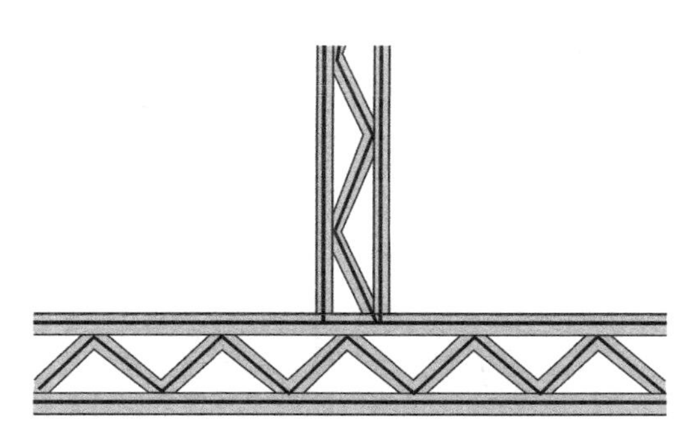

图 9-59 3D 打印带肋墙体形式

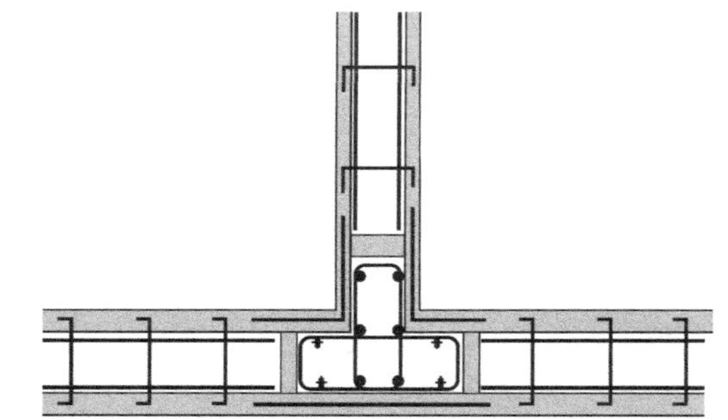

图 9-60 3D 打印中空墙体形式

所以，项目选择利用 3D 打印模板的空心墙体形式作为此次示范建筑的打印方式。在结构设计时主要参照了《砌体结构设计规范》GB 50003，又结合了一些剪力墙结构的设计特点，进行相对保守的结构设计，使得打印建筑结构既符合现有标准规范，也能保证结构的安全性。图 9-61-图 9-67 展示了结构施工中的一些要点。

按结构设计，梁采用叠合梁，楼板采用预制叠合板，走廊廊柱为 3D 打印轮廓，内部现浇混凝土。叠合梁板施工过程如图 9-68-图 9-71 所示，主要工艺流程为：叠合梁板预制—叠合梁板运输—施工准备（进场验收及管理）—竖向构件的验收—测量、放线—叠合板底板支撑布置—底板支撑梁安装—底板位置标高调整、检查—吊装叠合梁—叠合梁调整（叠合梁斜撑搭设）—吊装叠合板底板—调整支撑高度、校核板底标高—试件表面清理（敷设管线）—叠合梁侧模板安装—叠合梁板现浇层钢筋布置（拼缝处理）—浇筑叠合层混凝土。

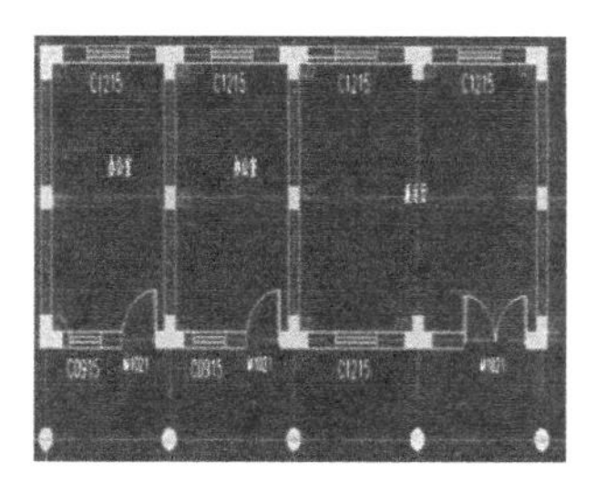

图 9-61　建筑结构设计

图 9-62　水平拉筋

图 9-63　竖向钢筋笼

图 9-64　基础-钢筋笼焊接

图 9-65　竖向钢筋笼安装完成

图 9-66　构造柱混凝土灌注

图 9-67　屋面预制梁板结构

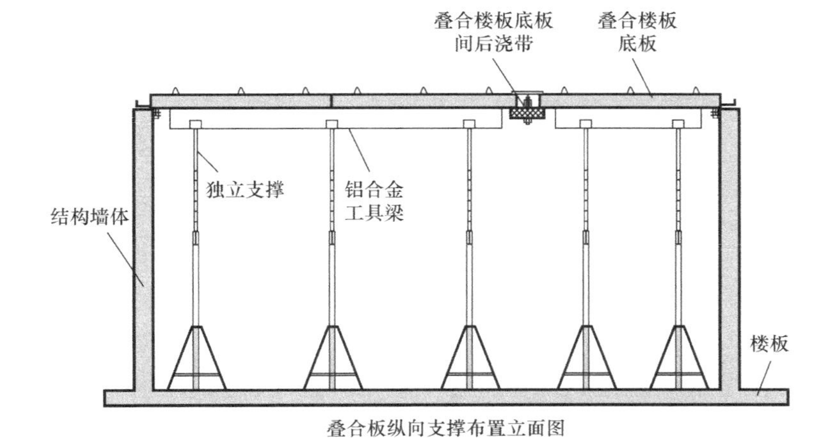

图 9-68　叠合板施工图示

图 9-69 预制梁

图 9-70 预制楼板

图 9-71 预制梁板吊装

廊柱的施工过程为：先 3D 打印制备廊柱外模板，每根廊柱由 2 根打印柱叠加组成。施工安装廊柱钢筋笼，钢筋笼轴心误差不大于±5mm，将打印完成的廊柱模板吊装由上至下套入钢筋笼，放置于底板或楼板，底部采用垫块调平，吊装完成后两侧设支撑，调整廊柱垂直度，用支撑套箍支撑，后期灌注混凝土，如图 9-72-图 9-74 所示。

图 9-72 3D 打印廊柱模

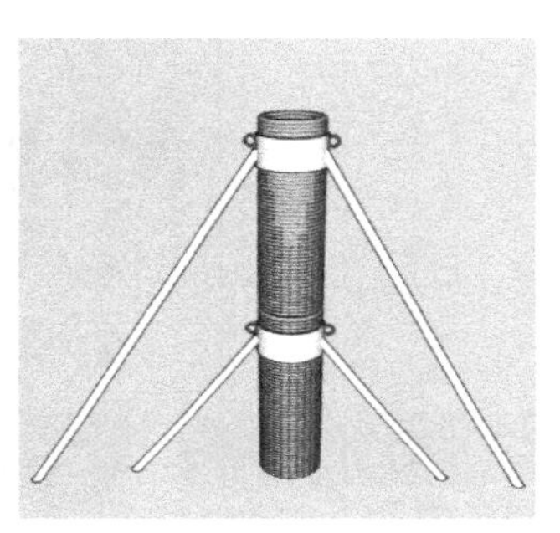

图 9-73 廊柱打印模的支撑

图 9-74 施工完成的廊柱

9.2 原位增材智造混凝土叠合结构碳排放分析

为了评估增材智造施工方法对环境的定量影响，本节计算比较了 3D 打印结构与传统建造方法在物化阶段的碳排放量。由于原位打印建筑仅针对墙、柱，而楼板、基础工程以及楼梯等其他附属设施按传统方法制造的，因此仅对施工方式有差异的墙、梁和柱三类结构进行碳排放核算。

三种方案结构的相关参数采用符合规范要求的经验值，同时保持提供分隔空间、结构承重及围护保温等基本功能，不考虑找平层、防水层、砌体墙保温层、装饰面工程及家具、家电等末端设备的碳排放核算过程；建材生产阶段纳入计算的主要建材总重不低于建筑所耗建材总重 95%，同时计入重量占比较小但碳排放系数较高的建材；施工阶段现浇所用材料如现场搅拌的混凝土、砂浆等归为生产阶段碳排放，不计入该阶段办公、生活用临时场地建造碳排放；由于结构、材料差异，三种方案的承载能力不同，但都满足基础工程承载力要求；为方便计算和对比，钢混框架、砖混砌体以及 3D 打印三种结构方案均采用前文初步设计的建筑整体尺寸（图 9-1），同时三种方案的建筑开间、进深以及墙体厚度设置为相同，布置如图 9-75 所示。

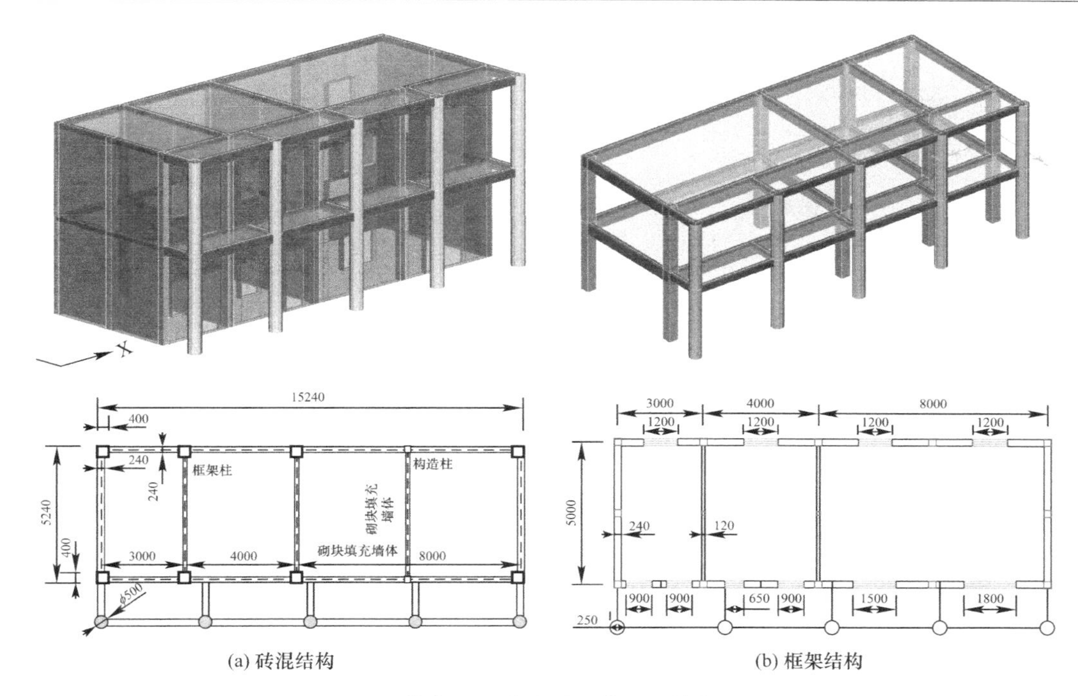

(a) 砖混结构 (b) 框架结构

图 9-75 传统施工建造对比模型（单位：mm）

9.2.1 碳排放核算模型

建筑物化阶段碳排放包括材料生产阶段碳排放、建材运输阶段碳排放以及施工阶段碳排放，具体包括墙、柱等地上各分部分项工程施工过程的碳排放和支架、模板等各项措施项目实施过程的碳排放。选择排放系数法来计算生命周期各阶段的碳排放量，物化阶段碳排放总量按式（9-2）计算：

$$C = C_{\mathrm{p}} + C_{\mathrm{t}} + C_{\mathrm{c}} \tag{9-2}$$

式中：C 为物化阶段碳排放总量；C_{p} 为建材生产阶段碳排放量；C_{t} 为建材运输阶段碳排放量；C_{c} 为建筑施工阶段碳排放量。

其中建材生产阶段内的碳排放由建材消耗量及碳排放因子得到，按式（9-3）计算：

$$C_{\mathrm{p}} = \sum_{i=1}^{a} m_i n_i \tag{9-3}$$

式中：a 为材料种类；m_i 为第 i 种材料的消耗量（t）；n_i 为第 i 种材料的碳排放因子（$\mathrm{kgCO_2e/t}$）。

运输阶段碳排放主要是由于交通车辆消耗燃料导致，等于车辆的碳排放因子乘以运输距离。不考虑车辆空载状况，按式（9-4）计算：

$$C_{\mathrm{t}} = \sum_{f=1}^{b} q_{\mathrm{f}} \sum_{i=1}^{a} d_i m_i \tag{9-4}$$

式中：b 为车辆种类；d_i 为第 i 种材料运至施工现场的平均距离（km）；q_{f} 为公路或铁路运输 f 型车辆的碳排放因子（$\mathrm{kgCO_2e/(t \cdot km)}$）。

施工阶段碳排放包含施工机械和人工两部分，其中施工机械的碳排放量由其消耗能源的碳排放因子和台班数相乘得到，人工的碳排放量由每天人均碳排放因子和人工日数相乘得到，具体数值可按式（9-5）计算：

$$C_c = \sum_{j=1}^{k} p_j r_j + x \cdot t \cdot w \tag{9-5}$$

式中：k 为施工机械种类；p_j 为施工机械 j 的台班数量（台·班）；r_j 为施工机械 j 的碳排放因子（$kgCO_2e$/台班）；x 为人工数量（人次）；t 为工时总长（h）；w 为人日工作量碳排放因子（$kgCO_2e$/(人·h)）；

9.2.2 建筑材料碳排放量分析

由混凝土组成原材料的碳排放因子，可以计算得到各配合比 3D 打印材料的碳排放因子，核算建筑所需建材碳排放因子如表 9-6 所示。

建筑材料碳排放因子 表 9-6

名称	单位	碳排放因子（$kgCO_2e$/）	名称	单位	碳排放因子（$kgCO_2e$/）
水	t	0.21	钢筋	t	2138.5
砂	t	6.6	M5 砌筑水泥砂浆	m^3	165
碎石	t	4.4	M10 砌筑混合砂浆	m^3	234
木材	t	178	蒸压灰砂砖	m^3	375
普硅水泥	t	795	加气混凝土砌块	m^3	270
PVC	t	9060	钢模板	t	2200
板材模板	t	487	3D 打印混凝土	m^3	842.66
复合模板	m^2	26.04	泵送混凝土 C30	m^3	316

参考规范和标准确定各方案建材消耗量，核算内容不包括结构建造及养护过程消耗的土工布、塑料薄膜等非主要建材。3D 打印结构建造方案中材料核算仅包括 3D 打印混凝土和钢筋两种建材的消耗量。考虑运输、搬运及操作损耗，传统结构所用建材损耗率 C30 混凝土取为 2.5%，其他建材取为 3%；由于机器自动化操作精准快速，3D 打印混凝土损耗率忽略不计。砖混结构方案、框架结构方案以及 3D 打印结构方案建材生产阶段的碳排放，如表 9-7-表 9-9 所示。砖混结构建材生产阶段碳排放总量为 37345.4$kgCO_2e$。

砖混结构建材生产阶段碳排放量 表 9-7

材料类型	消耗量	碳排放因子	碳排放量（$kgCO_2e$）
标准蒸压灰砂砖	61.31m^3	375$kgCO_2e/m^3$	22991.25
M10 砌筑混合砂浆	13.62m^3	234$kgCO_2e/m^3$	3187.08
钢筋	1026.81kg	2138.5$kgCO_2e$/t	2195.83
C30 混凝土	28.39m^3	316$kgCO_2e/m^3$	8971.24

框架结构建材生产阶段碳排放量 表 9-8

材料类型	消耗量	碳排放因子	碳排放量（$kgCO_2e$）
MU10 混凝土砌块	55.62m^3	270$kgCO_2e/m^3$	15017.4
M10 砌筑混合砂浆	1.58m^3	234$kgCO_2e/m^3$	369.72

续表

材料类型	消耗量	碳排放因子	碳排放量（$kgCO_2e$）
钢筋	3010.09kg	2138.5$kgCO_2e$/t	6437.08
C30 混凝土	29.77m^3	316$kgCO_2e/m^3$	9407.32

3D 打印结构建材生产阶段碳排放量　　表 9-9

材料类型	消耗量	碳排放因子	碳排放量（$kgCO_2e$）
钢筋	102.57kg	2138.5$kgCO_2e$/t	219.35
3D 打印混凝土材料	49.24m^3	842.66$kgCO_2e/m^3$	41492.58

传统施工方案模板不考虑周转，按总面积核算复合模板用量，按重量核算钢支撑用量，得到传统施工方案模板工程材料用量，若考虑模板钢支撑回收率 98.5%，模板周转一次，则碳排放量会显著减小，如表 9-10 所示。

模板工程用量及碳排放核算　　表 9-10

类别	砖混结构		框架结构	
	工程量	碳排放量（$kgCO_2e$）	工程量	碳排放量（$kgCO_2e$）
复合模板	131.15	3666.17	328.69	8559.09
模板钢支撑	10548.07	23205.75	21553.16	47416.95
木材	5.95	847.28	12.97	1846.93
一次性模板总量	—	27719.2	—	57822.97
模板回收总量	—	4977.57	—	11354.36

计入考虑回收后的模板工程碳排放，则三种方案材料生产阶段碳排放总量如表 9-11 所示。计入模板工程的碳排放与否直接决定了 3D 打印施工在碳排放方面是否比传统施工有优势，如图 9-76 所示。可以看到，3D 打印无模板施工的特点在减碳方面优势明显。但是单单就混凝土或钢筋这些结构性材料而言，3D 打印混凝土如不进行绿色优化设计，在保持高性能的同时也有高碳排放的特点。

材料生产阶段碳排放总量　　表 9-11

结构类型	砖混结构	框架结构	3D 打印结构
碳排放量（$kgCO_2e$）	42322.97	42585.88	41711.93

9.2.3　运输阶段碳排放量分析

建材运输均采用公路柴油运输车，不同材料的运输距离采用工程案例平均值，不考虑空载运输，钢材及水泥制品采用载重 10t 重型柴油货车碳排放因子采用 0.166$kgCO_2e$/(t·km)，墙体材料、模板等其他建材采用公路柴油运输碳排放因子采用 0.162$kgCO_2e$/(t·km)。3D 打印机重量较大，参考钢材运输核算，传统方案施工忽略施工机械的运输。通过运输重量或体积和运输距离可以计算出材料运输阶段碳排放量如表 9-12 所示。运输阶段各材料对碳排放量的贡献特点如图 9-77 所示。因为砖混结构承重墙的要求使用了大量实心砖和砌筑砂浆，所用材料重量最大。框架结构墙体使用的蒸压加气混凝土砌块质轻且无承重要求，3D 打印结构墙体有大量的空隙，使得结构轻量，从而降低运输阶段的碳排放。

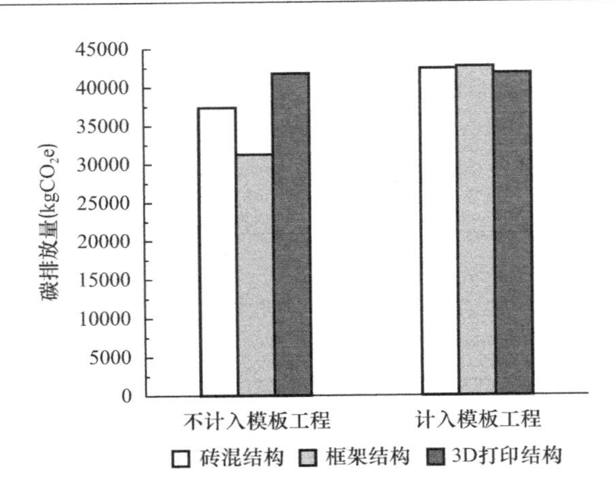

图 9-76　两种情形下碳排放情况对比

材料运输阶段碳排放量　　表 9-12

运输碳排放（$kgCO_2e$）	砖混结构	框架结构	3D 打印结构
钢筋	10.43	30.57	1.04
墙体材料	460.89	86.74	0
混凝土、砂浆	441.66	207.46	301.55
模板工程	128.74	268.9	0
机械设备	0	0	49.55
总计	1041.72	593.67	352.14

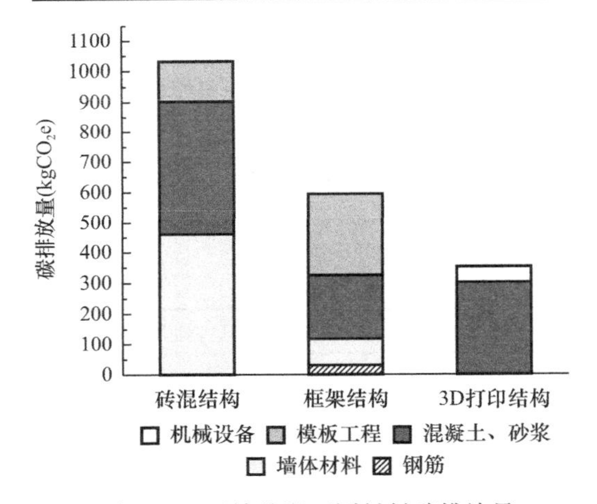

图 9-77　运输阶段不同材料碳排放量

9.2.4　施工阶段碳排放量分析

建筑建造碳排放核算中往往忽略施工人员活动及次要施工机械的影响。研究表明：人工碳排放占到机械碳排放达到一定的比重，对施工阶段的碳排放有一定影响。为了对比3D打印自动化施工与传统施工的差异，取中度劳动人员工日碳排放因子 2.42$kgCO_2$/(人・日）作为传统施工工日碳当量排放因子，轻度劳动人员工日碳排放因子 2.09$kgCO_2$/(人・日）作为 3D 打印施工工日碳当量排放因子。三种方案主要施工机械台班、能耗、人工工日如表 9-13 所示。由于 3D 打印机电能消耗明显，为便于比较，3D 打印机运行的碳排放归入到电能碳排放中。由此可以计算得到施工阶段详细碳排量如表 9-14 所示，得出三种方案施工、物化阶段碳排放量如表 9-14、表 9-15 和图 9-78 所示。

施工机械台班数和施工人员工时　　表 9-13

消耗	砖混结构	框架结构	3D 打印结构
工日	137.38	183.42	25
5kN 电动单筒快速卷扬机（台班）	21.6	25.92	无

续表

消耗	砖混结构	框架结构	3D打印结构
3D打印机（h）	无	无	60
用电量（kW・h）	6.01	10.55	1160

施工阶段碳排放量　　表 9-14

碳排放量（$kgCO_2e$）	砖混结构	框架结构	3D打印结构
施工机械	270	324	无
人工	332.46	443.88	52.25
电能	3.87	6.8	747.89
总计	606.33	774.68	800.14

物化阶段碳排放总量　　表 9-15

碳排放量	砖混结构	框架结构	3D打印结构
材料生产阶段	42322.97	42585.88	41711.93
运输阶段	1041.72	593.67	352.14
施工阶段	606.33	774.68	800.14
总计	43971.02	43954.23	42853.19

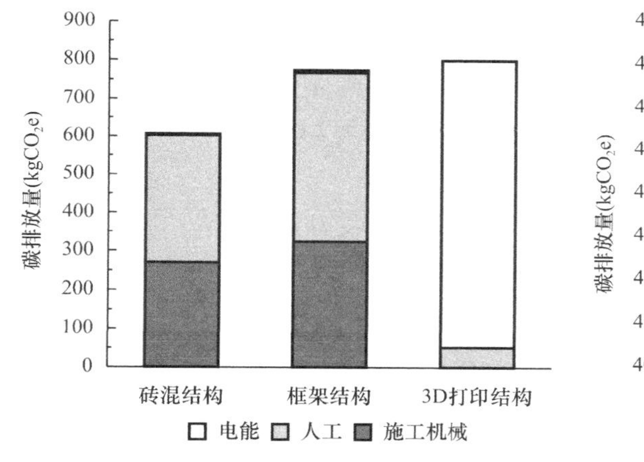

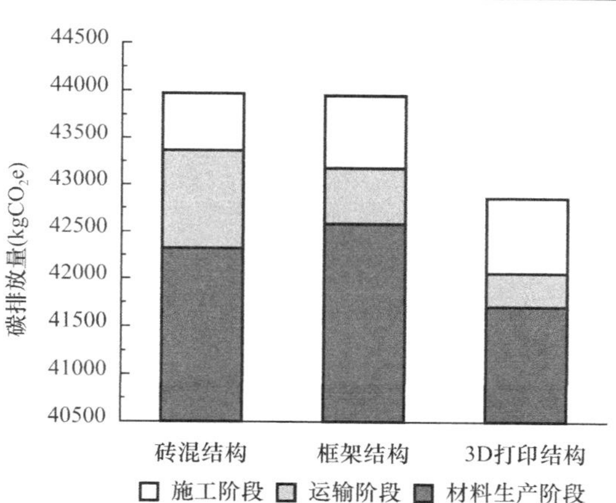

图 9-78　施工阶段碳排放量

由以上可以看出，与传统施工方案相比，3D 打印施工方案物化阶段的碳排放量最低，但优势不突出。施工阶段由于 3D 打印机自动化程度高，用电量远超过传统方案，所以施工机械碳排放高于传统结构，但这种差异不明显而且可以接受。施工阶段的碳排放差异可以通过研发能耗更低效率更高的 3D 打印机而缩小。在传统方案还需要大量人工和工时的同时，3D 打印技术可以实现完全自动化、节省了大量时间。运输阶段的差异体现在材料重量和运输距离上，这可以通过研发更轻质高强的材料、提升运输效率来缩小差异。

不论是哪种施工方法，在物化阶段中碳排放量最大的仍是材料生产过程，均达到 96%以上。因此建筑建设过程碳排放进行优化，最有减排潜力的还是材料生产阶段。而且，与水泥相比，混凝土其他组分的碳排放贡献相对较低。因此，为了降低水泥影响，目前浙江大学增材智造课题组正在开发适合 3D 打印施工的固废低碳水泥、高强低碳打印材料，来降低3D打印建筑的碳排放量，使其更具备节能环保的优势。

9.3 非线性巢穴酒店建筑的打印建造

自20世纪后半叶以来，科学技术领域在探索太空方面已经开展了持续尝试。这些研究增加了人们对火星系统的了解，主要集中在其地质和居住潜力上。人类探索火星一直是一个长期的愿望，2019年，美国国家航空航天局（NASA）发起了一项竞赛，探索在火星上设计人类栖息地的可能性。我国“十四五”规划也已经开始立项月球基地建设的探索项目。总体上目前蛋形的建筑形式被认为是3D打印技术能够较为容易在地外空间打印成型的建筑结构形式。因此火星基地3期巢穴酒店工程采用了如图9-79所示的非线性蛋状结构形式，整体高度9m，分为上下2层。

图9-79 巢穴酒店三维设计图

9.3.1 3D打印建筑混凝土结构的配筋设计

经结构计算分析，建筑结构采用3D打印混凝土永久性模板和模板内部现浇钢筋混凝土的叠合结构形式。为了保证结构的安全性，环状结构在打印的过程中放置水平钢筋网片、水平拉结钢筋以及竖向插筋，并设置钢筋混凝土现浇构造柱。

9.3.1.1 环向水平钢筋网片布置

按照3D打印建筑的尺寸，利用10mmHRB400钢筋制作环向钢筋网片（如图9-80所示），每打印25cm高度的混凝土放置一层钢筋网片，以保证打印结构的整体性和安全性，如图9-81所示。

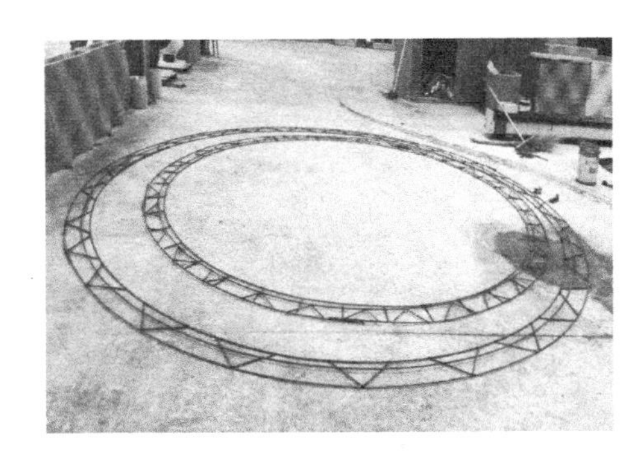

图9-80 环向水平钢筋

图9-81 打印过程中环向钢筋网片的放置

9.3.1.2 打印模板内的拉结钢筋设计

巢穴酒店采用打印中空的混凝土永久性外模，然后内浇混凝土的结构模式。外模打印过程中，为了实现结构竖向的非线性造型，上下层混凝土之间需要有一定的递进，两层混凝土间的非完全接触对混凝土打印建造工艺提出了更高的要求。为增加内外打印模板的稳固性和打印过程中的安全性，打印一定厚度放置一层ϕ10mm的拉结钢筋，如图9-82和

图 9-83所示。当拉结钢筋与水平环向钢筋网片临近时，采用绑扎的形式与钢筋网片固定，以增加打印结构的稳定性。

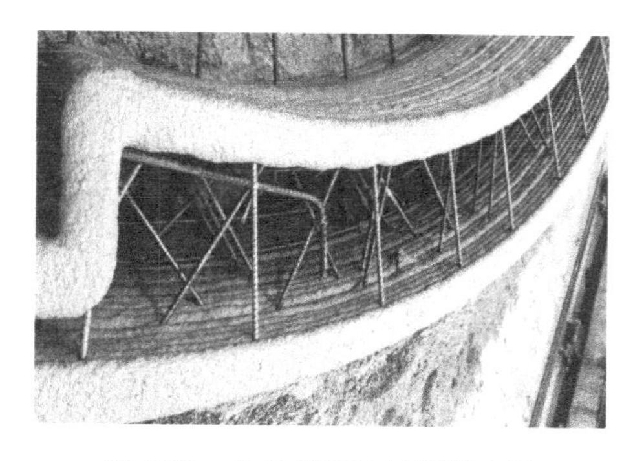

图 9-82　内外模板拉结钢筋布置

图 9-83　拉结钢筋与水平钢筋网片的绑扎连接

9.3.1.3　竖向钢筋及构造柱设计

如图 9-84 所示，每块外模打印完成后，隔一定距离插入 ϕ12mm 的竖向钢筋，并与水平筋绑扎后浇筑 C40 自密实混凝土，形成 3D 打印永久性模板-钢筋混凝土叠合结构体系。为了保证结构的安全性和抗震性能，等距离布置四个钢筋混凝土构造柱，如图 9-84 所示。

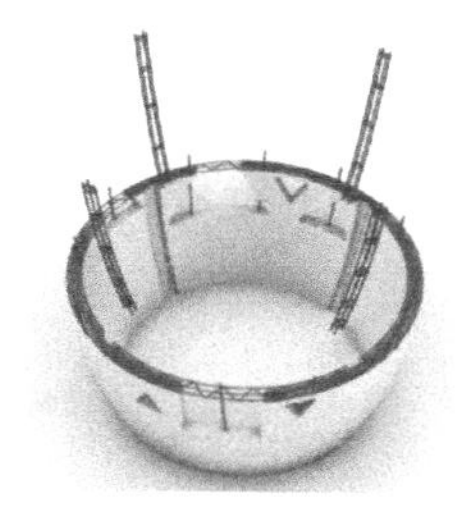

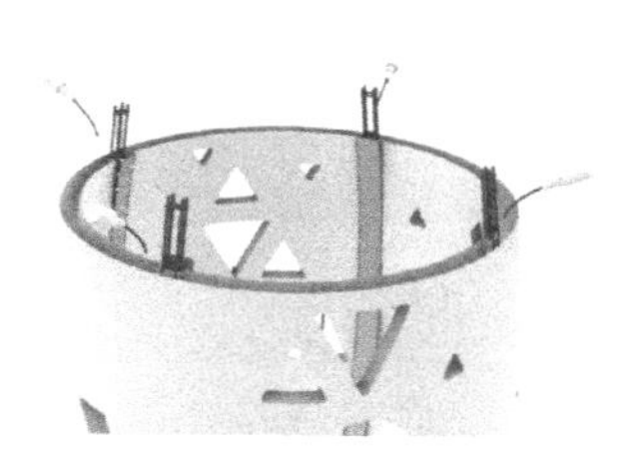

图 9-84　竖向钢筋和构造柱设计

9.3.2　巢穴酒店的打印施工

9.3.2.1　3D 打印施工的人、材、机准备

3D 打印混凝土采用 C50 强度等级的混凝土。钢筋采用 10mm、12mm、16mmHRB400 带肋钢筋。混凝土打印采用 2 台 14.8m×8.6m×5m 工业级混凝土 3D 打印机，如图 9-85 所示。

图 9-85　火星巢穴房屋所使用的 3D 打印机

9.3.2.2　3D 打印巢穴房屋施工流程

由于现场不具备原位打印建造的施工条件，而预制工厂中打印具有工艺可控、场地和条件较为完善的优势，对建筑构件的质量控制有利，因此该火星巢穴房屋采用预制打印异形结构，运输至项目建设地进行现场安装的技术路线。

工厂进行巢穴房屋构件 3D 打印预制时，将犀牛软件建模的 3D 模型导入建筑 3D 打印机控制软件，设置好打印宽度、单层打印高度等基本参数后，即可进行打印材料的搅拌、泵送和房屋部件的打印实施，如图 9-86、图 9-87 所示。打印过程中为了保证打印混凝土条带层间具有良好的层间粘结力，在新旧混凝土界面层间涂刷 3D 打印界面剂，如图 9-88 所示。在打印过程中人工放置预制好的钢筋网片和拉结筋，整体模板打印完成后插竖向钢筋和吊装环，再灌注 C40 自密实混凝土即可完成房屋构件的建造，建造完成后的构件养护 28d 后运输到现场进行装配式安装，如图 9-89 所示。

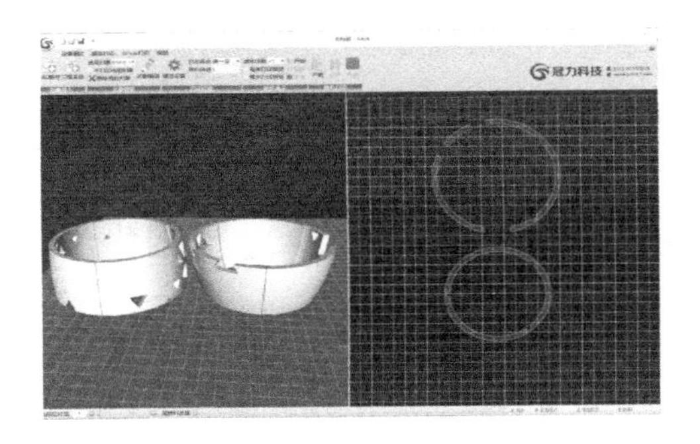

图 9-86　建筑三维模型导入控制软件

图 9-87　模型导入后打印的成品构件

图 9-88　涂刷冷缝层间界面剂

图 9-89　打印完成的异形房屋部件

异形房屋部件运输至现场进行安装前，完成房屋基础的浇筑与养护、钢筋混凝土基础的回填和部分钢筋的切割及基础找平层，以保证安装房屋的垂直度（图 9-90）。基础处理完成后，利用 10 余组钢丝绳进行环状房屋部件的吊装，每一环状房屋部件吊装完成后，将 ϕ16mm 的钢筋插入构造柱并错截面焊接，以保证竖向钢筋完整贯通，然后灌注打印材料封闭构造柱，使其形成整体结构，如图 9-91-图 9-93 所示。

图 9-90　巢穴房屋结构基础与回填处理

图 9-91 焊接完成的构造柱

图 9-92 环状房屋部件的吊装

图 9-93 完成吊装的建筑

巢穴酒店房屋的整个安装建造过程安全、快速，得益于 3D 打印数字化设计以及建造过程的准确性和装配式安装工艺的完善。此异形结构是国际首例大型空间非线性配筋混凝土增材智造项目，其建造实施可为后期更多的 3D 打印混凝土结构设计施工和推广应用提供技术经验。

9.4 增材智造混凝土结构的应用与发展趋势

混凝土结构在一百多年的发展时间里，已经通过工程建造让世界发生了翻天覆地的变化。一座座摩天大楼拔地而起，高效率地改善了人类的生活空间；一座座桥梁、隧道、机场形成交通网络，利用航空、公路、高铁把地球高速度联动，形成现代村落。尽管混凝土与 3D 打印技术的结合只有短短十余年，但是随着学科交叉、信息共享、科技飞速发展的智能时代的到来，多元化建造功能需求会加快增材智造混凝土技术的发展。增材智造混凝土结构通过色彩、质感、纹理、造型和不规则线条的三维空间数字设计，实现结构与空间统一布局，图案与颜色的有机组合，形成自然独特的建筑效果和装饰风格。随着技术进步，增材智造混凝土结构不仅将会被广泛应用于民居建筑、城市场馆、公园景观、艺术雕塑等建筑领域，还会发展到桥梁、隧道、市政工程、海洋工程和园林工程等诸多领域。增材智造混凝土结构势必会加快我国工程建设的装配化、机械化、智能化和绿色化的发展步伐，成为助推土建产业升级转型的重要举措。

随着现代科技的高速发展，人类活动区域正逐渐向高海拔陆地、低海拔深海/深地、地外深空等方向探索。这些极端环境条件下的科研基地和工程采用传统建筑材料和施工工艺进行建造极为困难。与传统建筑相比，增材智造混凝土结构的技术优势在于数字设计、免模施工、机械建造，可以显著节省人力成本、提高建造效率。随着建筑 3D 打印技术的发展，未来会促进各类极端环境下的无人远程智能建造。

我国地域辽阔，华北、东北、青海、新疆等地区冬季的平均气温均低于−5℃，低温环境下不仅建筑工程的施工作业会受到极大影响，水泥材料的凝结硬化以及服役性能等技术问题都带来巨大挑战。研发低温施工环境中增材智能建造的新型 3D 打印混凝土材料和建造工艺，以解决在高原、寒冷及冬期施工等特殊条件下的基建和国防建设工程需求是非常有必要的。

地外星球的探索伴随着人类科技和文明发展的整个过程，作为距离地球最近的星球，月球基地的建设目标已经被提上日程。现阶段利用月球原位资源增材智造混凝土结构作为探月基地被认为是最适宜的技术方案。针对月壤原位增材智造的真空试验、恶劣环境模拟试验及相应材料打印试验已经在开发中，该系列研究对于未来火星基地的太空建造提供了有价值的科学基础。

水下施工建造是梁桥、港口、岛礁和桩柱等建筑工程普遍涉及的特殊施工环境，传统工程建造一般采用水上拌制、水下灌注的技术思路，但复杂的水下环境造成模板支护困难、作业工序复杂、建造成本高昂。水下智能建造需要在复杂的水下环境实现混凝土免模板施工、数字建造，对材料和建造装备提出了严峻挑战。现有水下混凝土材料设计和建造技术难以满足水下智能建造的技术需求，目前浙江大学智能建造课题组已经在国家自然科学基金的支持下开始了水下 3D 打印混凝土的技术探索。随着增材智造混凝土材料、建造工艺和装备等系列研究成果的不断丰富，混凝土 3D 打印技术将在水下工程建造中崭露头角。

总之，随着工程技术的进步及建造标准的不断完善，混凝土增材智能建造在个性化定制建筑、景观建筑和特殊作业环境、极端建造条件下的无人建造领域具有显著的技术优势，有望在工程建设中发挥重要作用。适于各种工程需求的增材智造混凝土材料、装备、工艺也成为发展和应用的核心和关键技术。随着建筑业的机械化、自动化和高度集成化，混凝土 3D 打印技术将推动实现建筑工业化、数字化、低碳化的智能建造，未来发展平台更加广阔。